"十二五"普通高等教育本科国家级规划教材

机械制图

Jixie Zhitu

第7版

同济大学、上海交通大学等院校《机械制图》编写组 编
何铭新 钱可强 徐祖茂 主编

高等教育出版社·北京

内容提要

本书是“十二五”普通高等教育本科国家级规划教材，是在2010年第6版的基础上，根据教育部高等学校工程图学教学指导委员会2015年制订的《普通高等院校工程图学课程教学基本要求》、使用本书第6版的任课教师的反馈意见、当前与本书有关的最新国家标准以及本课程教学改革的发展趋势修订而成的。

本书除绪论外，包括制图的基本知识和基本技能，AutoCAD基础，点、直线、平面的投影，立体的投影，组合体的视图与形体构思，轴测图，机件的常用表达方法，标准件和齿轮，零件图，装配图，展开图与焊接图等共11章，以及附录、参考文献。

本书可作为普通高等教育各院校本科机械类、近机械类（多学时）各专业本课程的教材，也可供学时数相近的其他专业、其他类型学校有关专业选用。与本书配套的《机械制图习题集》（第7版）以及配套的课件《机械制图电子教案》、《机械制图习题与解答》也作了相应的修订。

图书在版编目(CIP)数据

机械制图/何铭新，钱可强，徐祖茂主编；同济大学、上海交通大学等院校《机械制图》编写组编. --7版. --北京：高等教育出版社，2016.2(2025.3重印)

ISBN 978-7-04-044189-5

Ⅰ.①机… Ⅱ.①何…②钱…③徐…④同… Ⅲ.①机械制图-高等学校-教材 Ⅳ.①TH126

中国版本图书馆CIP数据核字(2015)第263572号

策划编辑 肖银玲　责任编辑 肖银玲　封面设计 钟 雨　版式设计 童 丹
插图绘制 杜晓丹　责任校对 王 雨　责任印制 高 峰

出版发行	高等教育出版社	网　　址	http://www.hep.edu.cn
社　　址	北京市西城区德外大街4号		http://www.hep.com.cn
邮政编码	100120	网上订购	http://www.hepmall.com.cn
印　　刷	固安县铭成印刷有限公司		http://www.hepmall.com
开　　本	787mm×1092mm 1/16		http://www.hepmall.cn
印　　张	26	版　　次	1978年3月第1版
字　　数	640千字		2016年2月第7版
购书热线	010-58581118	印　　次	2025年3月第18次印刷
咨询电话	400-810-0598	定　　价	52.00元

本书如有缺页、倒页、脱页等质量问题，请到所购图书销售部门联系调换

物 料 号 44189-A0

第7版前言

本版是在2010年第6版的基础上，根据教育部高等学校工程图学课程教学指导委员会2015年制订的《普通高等院校工程图学课程教学基本要求》、使用本书第6版教师的意见、当前与机械制图有关的最新国家标准、当前很多学校在本课程教学中使用的 AutoCAD 2014 中文版软件、本课程教学改革的趋势修订而成的。本书从1978年初版以来，被许多学校选作教材，印数已达三四百万册。第二版于1988年获全国第一届高等学校优秀教材优秀奖；第四版是普通高等教育“九五”国家教委级重点教材；第五版是普通高等教育“十五”国家级规划教材，被评选为高等教育出版社“高等教育百门精品课程教材建设计划”项目的达标教材，并获第七届全国高校出版社协会优秀畅销书一等奖；第6版是普通高等教育“十一五”国家级规划教材，入选教育部2011年度精品教材书目。

为了适应当前科学技术的进展，以及我国大多数机械类、近机械类各专业本课程的教学现状和教学改革发展趋势，本版在继承第6版的特色和基本构架的基础上，作了一些相应的修改调整。修订时，主要考虑了下述几个方面：

(1) 从利于教学出发，继续完善本书立体化系列配套，同步修订了与本教材配套的《机械制图习题集》和教学课件《机械制图电子教案》《机械制图习题与解答》。与第6版相同，书中的插图按需红黑套印，重要的内容和结论用楷体字排印，在第一次出现的术语下加排实心小圆点。由于学生及时做与教材同步配套的习题与作业，已能起到对教材相应的主要内容的复习、理解、应用、巩固作用，所以仍与第6版一样，本版在绪论和各章后不编写复习思考题。

(2) 本版与第6版一样，在绪论后即介绍制图的基本知识和基本技能、AutoCAD 基础，有利于培养工程意识和贯彻执行国家标准的标准化意识，也有利于培养用仪器绘图、徒手绘图和用计算机绘图的能力。在本课程后继的各章节的教学中，教师可以按需指定用其中的任一种绘图方法做习题或作业，不断提高这三种绘图能力。

(3) 有些采用本教材与配套习题集执教本课程的教师反映，最好能将在第6版第三章点、直线、平面中分散讲述的有关投影变换的内容都集中在一起系统地讲述，这样教学效果会更好，因而本版采纳了这个意见，将第三章中分散在各部分内的投影变换的内容抽出来集中在一起，在第三章的最后加编一节§3-6投影变换，予以系统地讲述。

(4) 本版对计算机绘图基础内容的编排方式仍与第6版相同，先在第二章系统讲述 AutoCAD 基础，然后在第四章立体的投影末尾，亦即立体的投影、平面与立体相交、两立体相交有关内容之后，加一节§4-5AutoCAD 三维实体建模，于是就可在后面各章的必学内容的末尾分别增补一节有关计算机绘图基础的内容，扩展加深，着重于应用和操作。这样，不仅非常适合本课程将三种绘图方法结合在一起的学校的教学，而且对将计算机绘图基础集中于本课程最后进行教学的学校，以及计算机绘图单独设课、本课程不进行计算机绘图基础教学的学校，使用我们这套教材与习题集，在教学上也颇为方便，只要将第二章 AutoCAD 基础以及其后各章末尾的计算机绘图基础的一节内容全部抽出，集中在本课程的最后阶段进行教学或全部删去。

(5) 本次修订前向各校征询对本书与配套习题集的使用意见时，有些本课程学时数较多的重点高校的任课教师建议，在教材的专业绘图基础（即本版的第八、九、十章）中希望能再酌量增添一些加深加宽的内容，让教师可按需选用；有些教师建议将原第6版的§5-7展开图和§10-7焊接图这两节选学内容，分别从第五章和第十章中抽出，合并成一章，明确是选学内容，作为最后一章。对于第一个意见，由于当前各校给予本课程的学时数较紧，且本书在第6版修订时已对第九章零件图和第十章装配图刚作了一些增补，本书的篇幅已较大，不宜再作较多的扩展，所以本版只在第八章在保证讲述本课程教学基本要求必学内容所规定的标准件和齿轮外，对在机械图样中其他的一些较常见的标准件和一些具有较常见的标准结构的零件虽不作详细介绍，也提出了这些标准件的国标编号和这些标准结构的表示法的国标编号，以及书后参考文献中可供参考的教材序号，供读者需用时查阅。本版采纳了上述第二个意见，将原第6版的两节选学内容抽出，编成最后的第十一章展开图与焊接图。

(6) 因为当前各校本课程的教学时数都偏紧，所以建议使用本教材和配套习题集的教师关注：重点高校的机械类专业在教学计划中本课程的学时数为教学基本要求所建议的低限或靠近低限者、一般高校的机械类专业、重点高校与一般高校的近机械类专业，在教学中都必须确保教学基本要求提出的各项必学内容，除有特殊需要的少数专业外，不要选学本版的第十一章展开图与焊接图，适当少选学教学基本要求提出的必学内容的加深加宽部分，以免加重学生的学习负担。

(7) 除了上述各点外，本版对本书第6版的其他所有内容都适当作了一些理顺、调整和勘误的工作，并按最近修订发布的与本书有关的国家标准作了全面的修正和更新。

本书由高等教育出版社委托中国工程院院士、浙江大学谭建荣教授和北京理工大学董国耀教授审阅，他们提出了许多宝贵意见，在此向他们表示衷心的感谢。

本书除作为高等学校机械类、近机械类各专业的教材外，还可供学时数相近的其他专业，以及其他类型的学校有关专业选用。

本书由何铭新、钱可强、徐祖茂主编，参加本书与配套课件《机械制图电子教案》修订工作的有同济大学何铭新、钱可强、徐祖茂、司徒妙年、李怀健、杨裕根、陈立群、潘群、陈晓蕾、陈国根、孙雄，上海交通大学卞樽。

由于水平有限，书中难免还存在一些缺点和疏误，请使用本书的师生和有关同志批评指正。

编　者

2015年5月

目录

绪论

一、本课程的性质和任务

工程图样是工程与产品信息的载体,按规定的方法表达出机械、土建和水利等工程与产品的形状、大小、材料和技术要求。工程图学是研究工程与产品信息表达、交流与传递的学科,机械制图是工程图学的一个分支。在现代工业中,设计、制造、安装各种机械、电机、电器、仪表以及采矿、冶金、化工等各方面的设备,都离不开机械图样,在使用这些机器、设备和仪表时,也常常要通过阅读机械图样来了解它们的结构和性能。因此,每个与机械有关的工程技术人员都必须能够绘制和阅读机械图样。

本课程学习绘制和阅读工程图样的原理和方法,培养学生的形象思维能力,是一门既有系统理论又有较强实践性的技术基础课。本课程包括平行投影法(主要是正投影法)的原理和应用,与机械制图有关的国家标准的一些规定,绘制机械图样的方法(包括仪器绘图、徒手绘图和计算机绘图),基本立体、简单组合体的构型过程和方法,机件的常用表达方法,零件图和装配图等内容[①]。学习本课程的主要目的是:培养学生阅读和绘制机械图样的基本能力,并以读图为重点,为他们在后继课程和课程设计、毕业设计中进一步巩固、提高和发展阅读与绘制机械图样的能力打好基础。

本课程的主要任务是:

(1) 培养使用平行投影法(主要是正投影法)以二维平面图形表达三维空间形状的能力。

(2) 培养对空间形体的形象思维能力。

(3) 培养创造性构型设计能力。

(4) 培养使用绘图软件绘制机械图样及进行三维造型设计的能力。

(5) 培养用仪器绘图、徒手绘图绘制机械图样和阅读机械图样的基本能力。

(6) 培养工程意识、标准化意识、创新意识。

(7) 培养认真负责的工作态度和严谨细致的工作作风。

此外,在教学过程中还必须有意识地培养自学能力、分析问题和解决问题的能力,从而提高学生各方面的素质。

---

① 零件与部件统称机件,部件由若干个零件装配而成。表达零件的图样称为零件图,表达部件的图样称为装配图。

二、本课程的学习方法

坚持理论联系实际的学风。应在学习、理解投影原理和与机械图样有关的基本知识的基础上,认真做习题、作业,由浅入深地通过一系列的绘图和读图实践,不断地由物画图,由图想物,分析和想象空间形体与图纸上图形之间的对应关系,逐步提高形象思维能力;按正确的方法和顺序绘图,养成正确使用绘图仪器和工具的习惯,学会徒手绘图的方法和计算机绘图的操作过程;熟悉制图的基本规定和基本知识,执行有关国家标准的规定,会查阅和使用有关的手册和国家标准。必须通过习题和作业的实践,才能培养阅读和绘制机械图样的基本能力。制图作业应该做到:表达完整,投影正确,视图选择与配置恰当,图线分明,尺寸齐全,字体工整,符合国家标准的规定,图面整洁。

由于图样在生产建设中起着很重要的作用,绘图和读图的差错都会带来损失,所以在做习题和作业时,就应培养认真负责的态度和严谨细致的作风。

三、我国工程图学的发展概况

我国是世界文明古国之一,在工程图学方面也积累了很多经验,留下了丰富的历史遗产。从三千多年前殷商时代留下的陶器、骨板和铜器上的花纹就可看出,我们的祖先在当时就已有简单的绘图能力,掌握了画几何图形的技能。早在两千多年前的春秋时代,在技术著作《周礼·考工记》中已述及了使用规矩、绳墨、悬垂等绘图和施工的工具。在两千多年前的数学名著《周髀算经》中,就已讲述用边长为3、4、5定直角三角形的绘图方法,以及固定直角三角形的弦,直角顶点的轨迹便是圆的绘图原理,汉代刘歆(约公元前30年)求出了近似圆周率为3.141 6。在我国历代遗留下来的许多著作中也有很多工程图样,如宋代李诫的《营造法式》(公元1100年成书,公元1103年刊行),共36卷,其中建造房屋的图样达6卷之多,对建筑制图的规格、营造技术、工料估算等阐述详尽,有很高的水平;具有各种器械图样的著作也相当多,如宋代苏颂的《新仪象法要》、元代王祯的《农书》、明代宋应星的《天工开物》和徐光启的《农政全书》、清代程大位的《算法统筹》等。

虽然我国历代在工程图学学科领域里曾有过很多成就,但由于长期处于封建制度下,工农业生产发展迟缓,工程图学的发展也受到阻碍。中华人民共和国成立后,随着工农业生产的发展,使我们在工程图学学科领域里的理论图学、应用图学、计算机图学、制图技术、制图标准、图学教育等各个方面,都得到了相应的发展。尤其是在制图标准方面,结束了旧中国遗留下来的混乱局面,于1956年由原第一机械工业部发布了第一个部颁标准《机械制图》,1959年由国家科学技术委员会发布了第一个国家标准《机械制图》,在其他工程领域里也都分别制订了有关制图方面的国家标准或部颁标准,还按需制订了各类技术图样共同适用的国家标准《技术制图》,同时在设计和制图中还会用到一些其他的相关标准。这些标准每隔几年或稍长一些的时间,都要随着科学技术和工农业生产的发展而不断修订或增颁。我国执行改革开放的政策后,尤其是21世纪以来,科学技术与工农业生产迅速发展,标准的修订和增颁频繁,因而我们应该怀着强烈的21世纪的时代感,认真学习,勇于创新,树立标准化意识,在当前学习阶段和今后的工作中,关注、了解和严格遵守执行现行的国家标准《机械制图》、《技术制图》与其他的相关标准。

应该重视和学会计算机绘图(CG),因为CG与计算机辅助设计(CAD)联系密切,CG为CAD

的发展提供了条件和基础，CAD 又促进了 CG 的发展，从 20 世纪末以来，我国各设计部门已实现从手工绘图为主转变到全部都用计算机绘图的制图自动化的重大变革。应该指出的是，用计算机绘制机械图样，仍需人来指挥和操纵，因而对初学机械制图的读者而言，必须认真学习和理解本课程所述的投影原理，了解、遵守和执行现行的有关国家标准的规定，理解与机械图样有关的机械知识，具有构型设计能力，掌握计算机绘图的操作方法，才能指挥和操纵计算机绘制所需的机械图样。

如读者对工程图学的发展概况、计算机绘图技术的应用等内容感兴趣，还可参阅书后的参考文献[1]中绪论的有关内容。

回顾在工程制图领域中古代的光辉业绩，以及新中国建立以来的成就，面对现状，瞻望未来，一定能激励自己努力学习，面向现代化，面向世界，面向未来，掌握阅读和绘制机械图样的技能。

第一章 制图的基本知识和基本技能

§1-1 国家标准《技术制图》《机械制图》的有关规定

机械图样是设计和制造机械过程中的重要资料，是交流技术思想的语言，对图样画法、尺寸注法等都有统一规定。国家标准《技术制图》是我国颁布的一项重要技术标准，对各类技术图样和有关技术文件作出了一些共同适用的统一规定；我国还按科学技术和生产建设发展的需要，分别发布了各不同技术部门只适用于自身的、更明确和细化的制图标准，如国家标准《机械制图》等。因而对机械图样而言，凡在国家标准《机械制图》中有所规定的，都应遵守执行；无明文规定的，则应遵守执行国家标准《技术制图》的有关规定。国家标准可简称国标。本节介绍国家标准《技术制图》和《机械制图》中对图纸的幅面及格式、比例、字体、图线、尺寸注法等的有关规定。

一、图纸幅面和格式、标题栏

GB/T 14689—2008《技术制图　图纸幅面和格式》[①]规定：在图纸上必须用粗实线画出图框，其格式分为不留装订边和留有装订边两种，但同一产品的图样只能采用一种格式；每张图纸上必须画出标题栏，标题栏的位置应位于图纸的右下角。标题栏的长边置于水平方向并与图纸的长边平行时，构成 X 型图纸；标题栏的长边与图纸的长边垂直时，则构成 Y 型图纸。这两种图纸的格式如图 1-1 所示。绘制图样时，优先采用表 1-1 所示的基本幅面及图框尺寸。表中的 e 是无装订边图纸的周边宽度尺寸，a、c 分别是有装订边图纸的装订边、非装订边的宽度尺寸。在这样的情况下，看图的方向与看标题栏的方向一致。

GB/T 14689 还规定：必要时允许加长幅面；在图框上、图纸周边的四个角上，还可按需画出附加符号，如对中符号、方向符号、剪切符号等；对整个图幅进行分区；对于用作缩微摄影的原件，可在图纸下边设置米制参考分度。这些内容本书不再一一详细介绍，需用时请查阅该标准。

GB/T 10609.1—2008《技术制图　标题栏》对标题栏的基本要求、内容、格式与尺寸等作了

---

① GB/T 14689—2008 为标准编号，14689 为标准顺序号，GB 表示国家标准代号，T 表示推荐性的，2008 表示国家标准的批准年号。本书中所有国家标准的批准年号都用四位数表示，对推荐性的国标，在 GB 后都加/T。如在国家标准的顺序号后不写年号，则表示是当前正在执行的国家标准。由于部分国家标准是在国家标准清理整顿前批准的，年号只用后两位数，在推荐性的国标代号后也未加/T，请读者在查阅有关资料时注意。

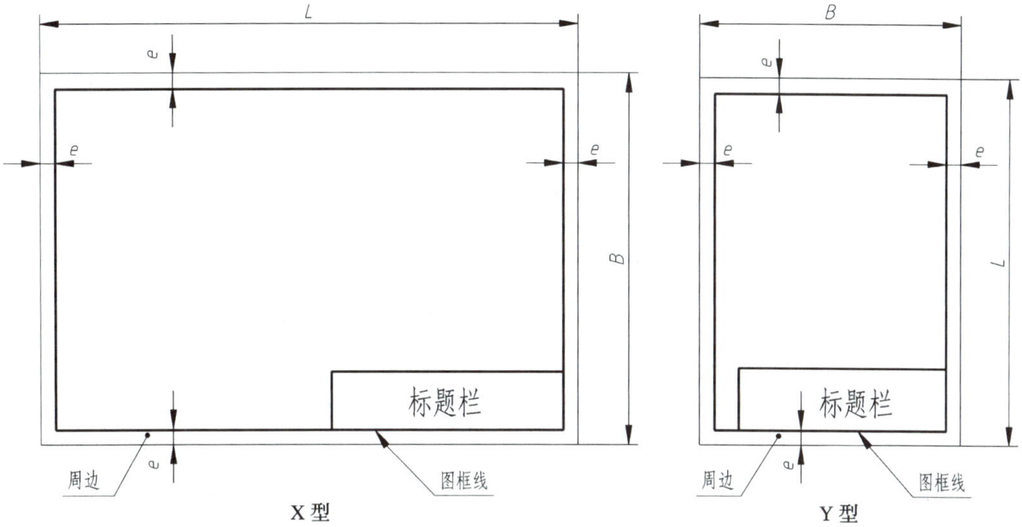

(a) 无装订边图纸的图框格式

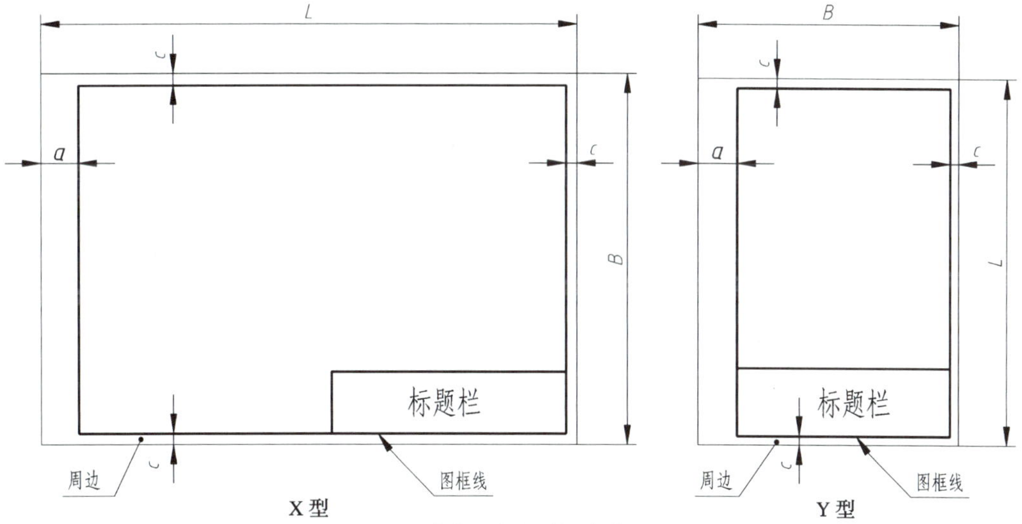

(b) 有装订边图纸的图框格式

图 1-1　图纸幅面和格式

规定，如图 1-2 所示。标题栏的位置应按 GB/T 14689 所规定的位置配置，图 1-2 是该标准的附录中所列的标题栏的格式举例。

表 1-1　基本幅面及图框尺寸　　mm

幅面代号	A0	A1	A2	A3	A4
$B\times L$	841×1 189	594×841	420×594	297×420	210×297
e	20		10		
a	25				
c	10			5	

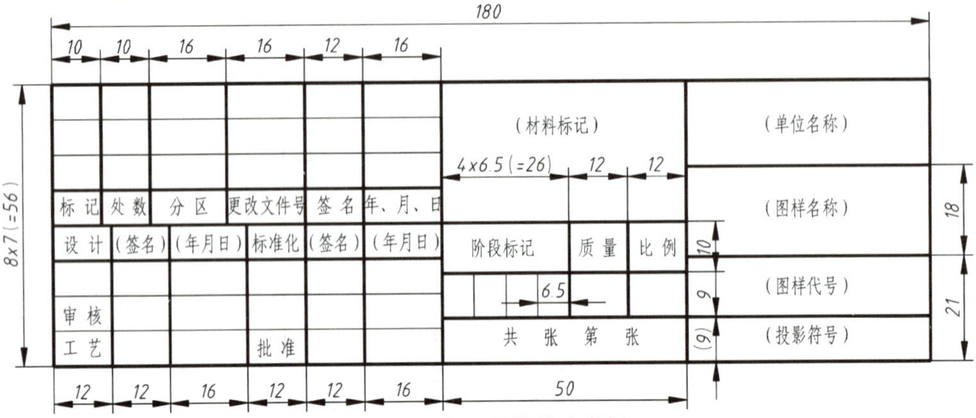

图 1-2 标题栏的格式举例

学生的制图作业建议采用有装订边的图纸格式，在学完本课程后装订成册保存，可采用 A3 幅面(X 型)横装或 A4 幅面(Y 型)竖装。制图作业的标题栏建议采用图 1-3 所示的格式。汉字都写长仿宋字。图名和校名都分别写 10 号字，其他都写 5 号字；图号按教师布置的作业张数顺序写 7 号阿拉伯数字；材料栏只是在画零件图作业时要求在右侧框格内具体写出，画其他作业图时均留出空格不填。

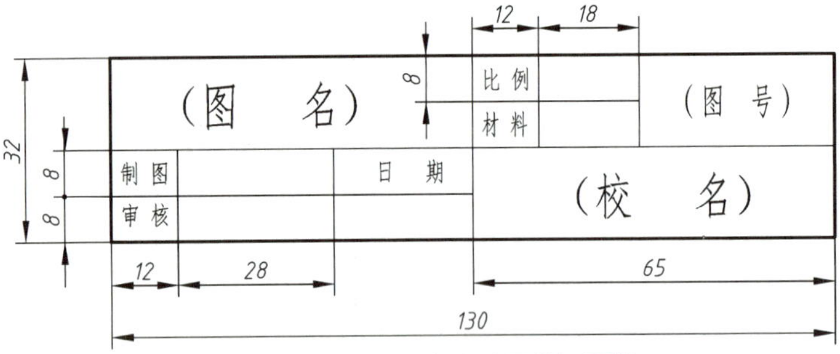

图 1-3 制图作业建议采用的标题栏

二、比例

GB/T 14690—1993《技术制图 比例》规定：比例是指图中图形与其实物相应要素的线性尺寸之比。

绘制图样时，一般应从表 1-2 规定的系列中选取不带括号的适当比例，必要时也允许选取表 1-2 中带括号的比例。

表 1-2 绘图的比例

原值比例	1 : 1
缩小比例	(1 : 1.5) 1 : 2 (1 : 2.5) (1 : 3) (1 : 4) 1 : 5 (1 : 6) 1 : 1×10^n (1 : 1.5×10^n) 1 : 2×10^n (1 : 2.5×10^n) (1 : 3×10^n) (1 : 4×10^n) 1 : 5×10^n (1 : 6×10^n)
放大比例	2 : 1 (2.5 : 1) (4 : 1) 5 : 1 1×10^n : 1 2×10^n : 1 (2.5×10^n : 1) (4×10^n : 1) 5×10^n : 1

注：n 为正整数。

比例一般应标注在标题栏的比例栏内；必要时，可标注在视图名称的下方或右侧。

三、字体

在图样上除了表示机件形状的图形外，还要用文字和数字来说明机件的大小、技术要求和其他内容。

GB/T 14691—1993《技术制图　字体》规定：

在图样中书写的字体必须做到：字体工整、笔画清楚、间隔均匀、排列整齐。如果在图样上的文字和数字写得很潦草，不仅会影响图样的清晰和美观，而且还会造成差错，给生产带来麻烦和损失。

字体的号数，即字体高度 h，其公称尺寸系列为：1.8、2.5、3.5、5、7、10、14、20 mm。汉字应写长仿宋体，并采用国家正式公布推行的简化字。汉字的高度不应小于 3.5 mm，其宽度一般为 $h/\sqrt{2}$。数字及字母分 A 型和 B 型，A 型字体的笔画宽度为字高的 1/14，B 型字体的笔画宽度为字高的 1/10。数字和字母可写成斜体或直体，常用斜体。斜体字字头向右倾斜，与水平基准线成 75°。为了保证字体大小一致和整齐，书写时可先画格子或横线，然后写字。

汉字示例见图 1-4a；汉字常由几个部分组成，为了使所写的汉字结构匀称，书写时应恰当分配各组成部分的比例，如图 1-4b 所示。

10号字

字体工整 笔画清楚 间隔均匀 排列整齐

7号字

横平竖直 注意起落 结构均匀 填满方格

5号字

技术制图机械电子汽车航空船舶土木建筑矿山井坑港口纺织服装

3.5号字

螺纹齿轮端子接线飞行指导驾驶舱位挖填施工引水通风闸阀坝棉麻化纤

(a) 长仿宋体汉字示例

(b) 汉字的结构分析示例

图 1-4　汉字及其结构分析示例

汉字的基本笔画为点、横、竖、撇、捺、挑、折、勾，其笔法可参阅表 1-3。

表 1-3　汉字的基本笔法

名称	点	横	竖	撇	捺	挑	折	勾
基本笔画及运笔法	尖点 垂点 撇点 上挑点	平横 斜横	竖	平撇 斜撇 直撇	斜捺 平捺	平挑 斜挑	左折 右折 斜折 双折	竖勾 左曲勾 右曲勾 平勾 竖弯勾 包勾 横折弯勾 竖折折勾

数字及字母的A型斜体字的笔序、书写形式和综合应用示例，见图1-5。字体的综合应用有下述规定：用作指数、分数、极限偏差、注脚等的数字及字母，一般应采用小一号的字体；图样中的数学符号、物理量符号、计量单位符号，以及其他符号、代号，应分别符合国家有关法令和标准的规定。

(a) A型斜体阿拉伯数字及其书写笔序

(b) A型斜体大写拉丁字母

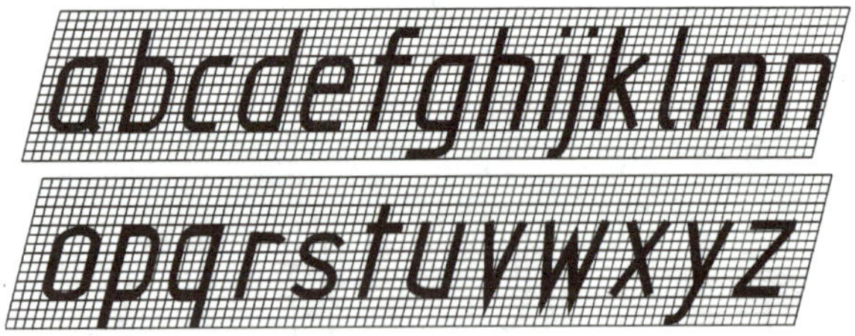

(c) A型斜体小写拉丁字母

(d) A型斜体罗马数字

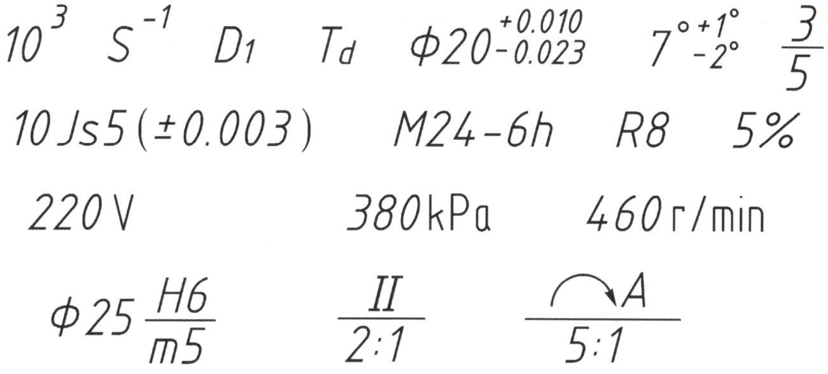

(e) 综合应用示例

图 1-5 数字、字母以及综合应用示例

四、图线

GB/T 17450—1998《技术制图 图线》规定了适用于各种技术图样的图线的名称、线型、线宽、构成、标记及画法规则等；GB/T 4457.4—2002《机械制图 图样画法 图线》规定了机械制图中所用图线的一般规则，适用于机械工程图样。

按 GB/T 4457.4—2002 规定，在机械图样中采用粗、细两种线宽，它们之间的比例为2∶1，设粗线的线宽为 d，d 应在 0.25、0.35、0.5、0.7、1、1.4、2 mm 中根据图样的类型、尺寸、比例和缩微复制的要求确定，优先采用 0.5 或 0.7。表 1-4 所示是各种图线的名称、线型、线宽和主要用途。不连续线的独立部分，如点、长度不同的画和间隔，称为线素，手工绘图时，线素的长度宜符合 GB/T 17450—1998 的规定。但为了图样清晰和绘图方便起见，可按习惯用很短的短画代替点，用表中套红的尺寸（单位为 mm）或相近的尺寸画各种线型。在图样中，图线不宜互相重叠，不可避免时可按习惯画线宽粗的图线；若线宽相同，也可按习惯处理，例如细实线与细虚线、细点画线重叠时画细实线，细虚线与细点画线重叠时画细虚线。图 1-6 是常用图线的用途示例。

表 1-4 各种图线的名称、线型、线宽和主要用途

图线名称	线 型	线宽	主 要 用 途
细实线		0.5d	过渡线、尺寸线、尺寸界线、指引线和基准线、剖面线、重合断面的轮廓线等。
波浪线		0.5d	断裂处边界线，视图与剖视图的分界线。在一张图样上，一般采用其中的一种线型。
双折线		0.5d	
粗实线		d	可见棱边线、可见轮廓线、可见相贯线等。
细虚线	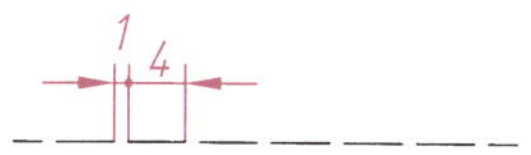	0.5d	不可见棱边线、不可见轮廓线等。

续表

图线名称	线型	线宽	主要用途
粗虚线		d	允许表面处理的表示线。
细点画线	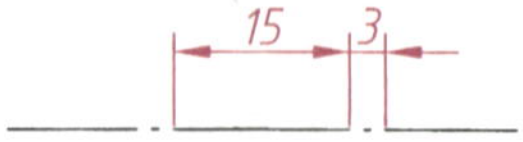	0.5d	轴线、对称中心线等。
粗点画线		d	限定范围表示线(例如:限定测量热处理表面的范围)。
细双点画线	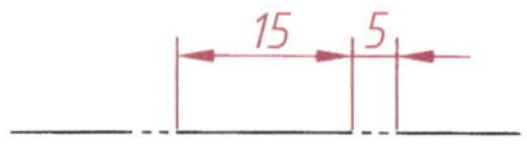	0.5d	相邻辅助零件的轮廓线、可动零件的极限位置的轮廓线、成形前轮廓线、剖切面前的结构轮廓线、轨迹线、中断线等。

注:双折线较长时,也可画两个双折符号。

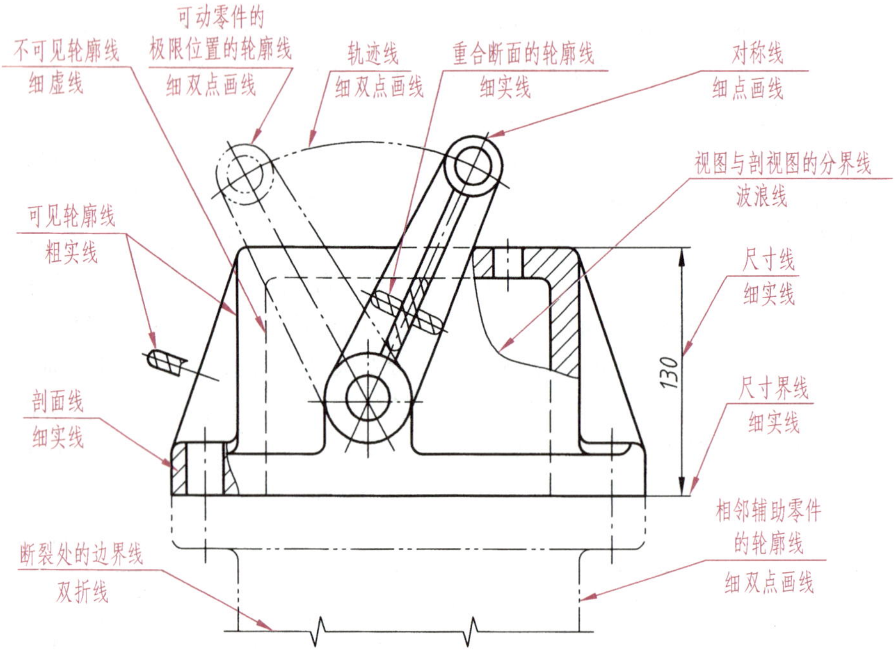

图 1-6 常用图线的用途示例

图 1-7 用正误对比的方法说明绘图时图线画法的注意点:

1. 在同一图样中,同类图线的宽度应基本一致。虚线、点画线及双点画线的短画、长画的长度和间隔应各自大小相等。

2. 绘制圆的对称中心线(简称中心线)时,圆心应为长画的交点。点画线和双点画线的首末两端应是长画而不是点。

3. 在较小的图形上绘制细点画线、细双点画线有困难时,可用细实线代替。

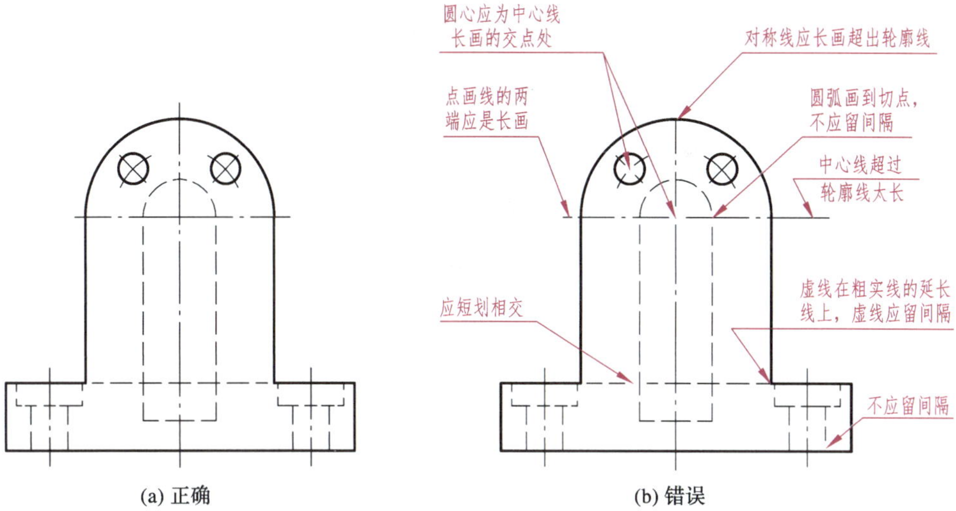

图 1-7　图线画法的注意点

4. 轴线、对称线、中心线、双折线和作为中断线的细双点画线，应超出轮廓线 2~5 mm。

5. 点画线、虚线和其他图线相交时，都应在长画、短画处相交，不应在间隔或点处相交。

6. 当虚线处于粗实线的延长线上时，粗实线应画到分界点，而虚线应留有间隔。当虚线圆弧和虚线直线相切时，虚线圆弧的短画应画到切点，而虚线直线需留有间隔。

此外还应注意：两条平行线之间的距离不得小于 0.7 mm。

五、尺寸注法

图形只能表达机件的形状，而机件的大小则由标注的尺寸确定。标注尺寸是一项极为重要的工作，必须认真细致，一丝不苟。如果尺寸有遗漏或错误，都会给生产带来困难和损失。

下述的(一)、(二)、(三) 介绍 GB/T 4458.4—2003《机械制图　尺寸注法》中的一些主要内容，列举了一些常用的尺寸注法示例；(四) 列举了 GB/T 16675.2—2012《技术制图　简化表示法　第 2 部分：尺寸注法》中的一部分简化注法。对不够详尽之处，需用时可查阅这两个标准。

(一) 基本规则

1. 机件的真实大小应以图样上所注的尺寸数值为依据，与图形的大小及绘图的准确度无关。

2. 图样中(包括技术要求和其他说明)的尺寸，以 mm 为单位时，不需标注单位符号或名称，如采用其他单位，则应注明相应的单位符号。

3. 图样中所标注的尺寸，为该图样所示机件的最后完工尺寸，否则应另加说明。

4. 机件的每一尺寸，一般只标注一次，并应标注在反映该结构最清晰的图形上。

(二) 尺寸的组成

如图 1-8 所示，一个完整的尺寸一般应包括尺寸数字、尺寸线、尺寸界线和表示尺寸线终端的箭头或斜线。

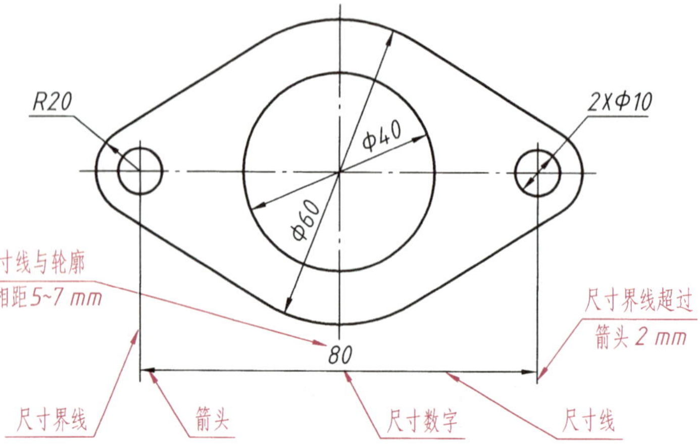

图 1-8　尺寸的组成及标注示例

1. 尺寸数字

线性尺寸的数字一般应注写在尺寸线的上方，也允许注写在尺寸线的中断处。线性尺寸数字的方向一般应按后述的表 1-5 第一项中所示的方法注写。国标还规定了一些标注尺寸的符号及代号，可参阅表 1-5。例如：在标注直径时，应在尺寸数字前加注符号“ϕ”；标注半径时，应在尺寸数字前加注符号“R”（通常对于小于或等于半圆的圆弧注半径，对大于半圆的圆弧则注直径）。在标注球面的直径或半径时，应在符号“ϕ”或“R”前再加注符号“S”。标准还规定：标注参考尺寸时，应将尺寸数字加上圆括号。

2. 尺寸线

尺寸线用细实线绘制，不能用其他图线代替，一般也不得与其他图线重合或画在其延长线上。标注线性尺寸时，尺寸线必须与所标注的线段平行；当有几条互相平行的尺寸线时，大尺寸要注在小尺寸外面，以免尺寸线与尺寸界线相交。在圆或圆弧上标注直径或半径尺寸时，尺寸线一般应通过圆心或延长线通过圆心。

尺寸线的终端有两种形式，如图 1-9 所示：箭头适用于各种类型的图样，图中的 d 为粗实线的宽度；斜线用细实线绘制，图中的 h 为字体高度。圆的直径、圆弧半径及角度的尺寸线的终端应画成箭头。在采用斜线形式时，尺寸线与尺寸界线必须互相垂直。机械图样中一般采用箭头作为尺寸线的终端。

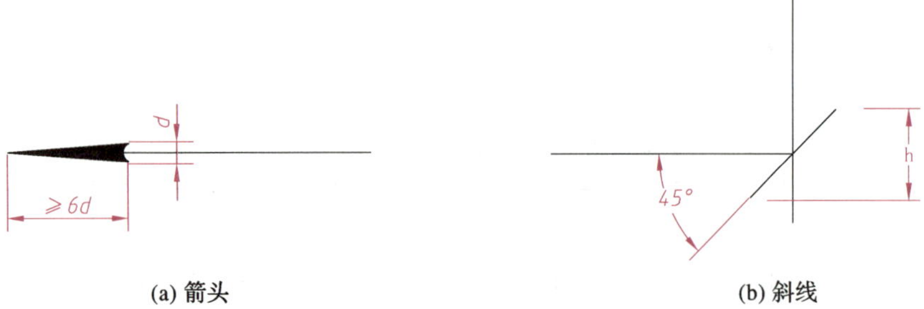

(a) 箭头　　(b) 斜线

图 1-9　尺寸终端的两种形式

3. 尺寸界线

尺寸界线用细实线绘制，并应由图形的轮廓线、轴线或对称中心线处引出。也可利用轮廓线、轴线或对称中心线作尺寸界线。尺寸界线一般应与尺寸线垂直，并超出尺寸线的终端 2 mm 左右。

（三）尺寸注法示例

图 1-10 用正误对比的方法，列举了初学标注尺寸时的一些常见错误。

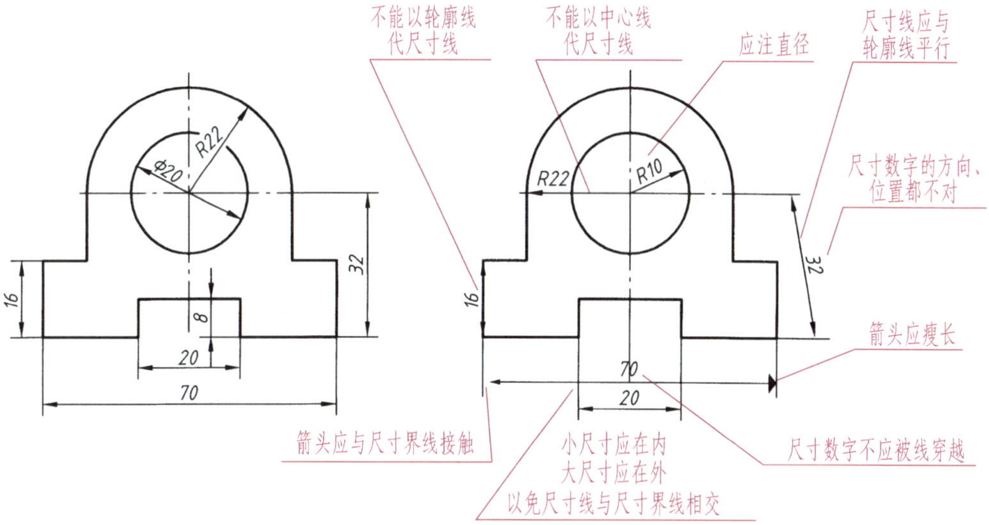

(a) 正确　　(b) 错误

图 1-10　尺寸标注的正误对比示例

表 1-5 中列出了 GB/T 4458.4—2003 规定的一些尺寸注法示例，未详尽处请查阅该标准。

表 1-5　尺寸注法示例

标注内容	示　　例	说　　明
线性尺寸的数字方向	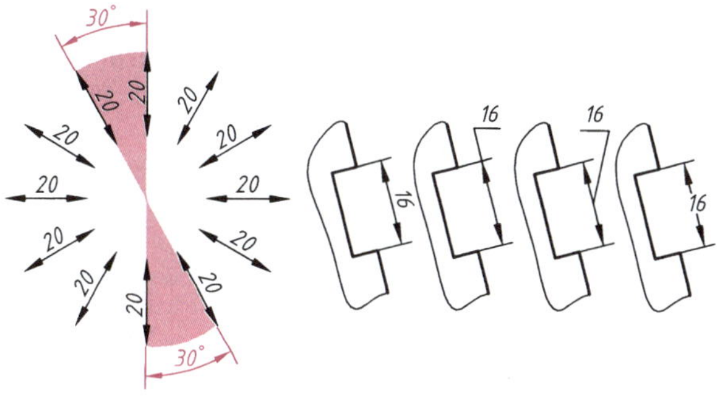	尺寸数字应按左图所示方向注写，并尽可能避免在图示 30°范围内标注尺寸。当无法避免时，可如右图左起第一图所示的方向标注；也可如第二、三图所示，引出标注；还可如右图的最右的一个图所示，按非水平方向的尺寸注法将尺寸数字水平地写在尺寸线的中断处。

续表

标注内容	示　　例	说　　明
角度	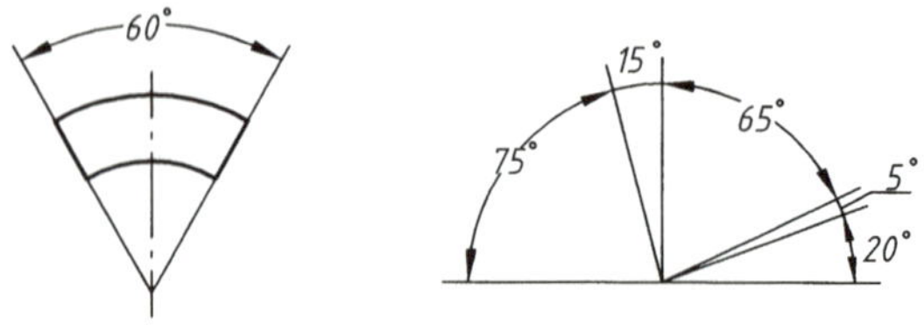	尺寸界线应沿径向引出，尺寸线画成圆弧，圆心是该角的顶点。尺寸数字应一律水平书写，一般注在尺寸线的中断处，必要时也可如右图标注在尺寸线的外侧或上方，也可引出标注。
圆的直径	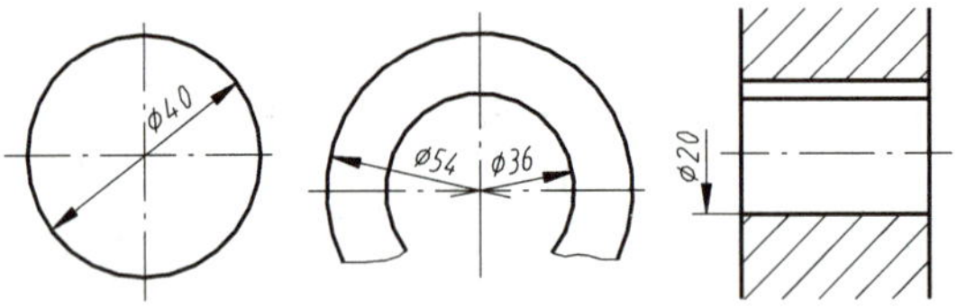	圆的直径尺寸一般应按这三个例图标注。
圆弧的半径	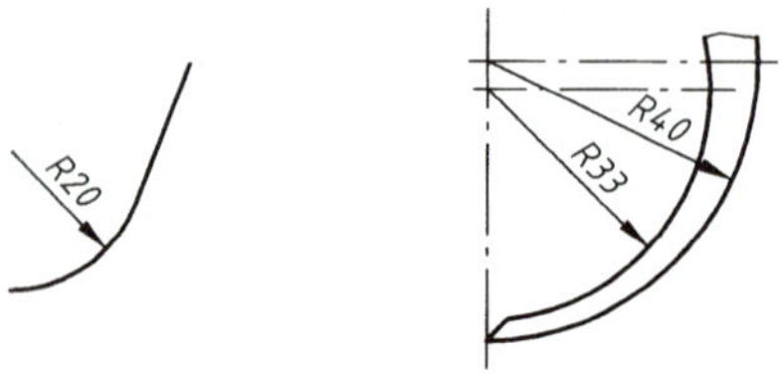	圆弧的半径尺寸一般应按这两个例图标注。
	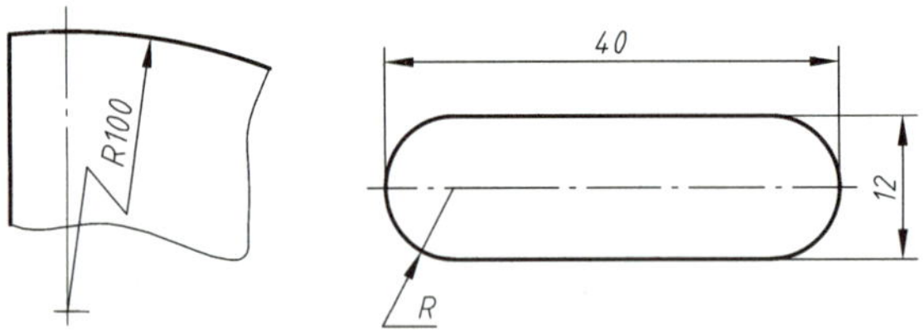	当圆弧的半径过大，在图纸范围内无法标出圆心位置时，可按左图标注；当需要指明半径尺寸是由其他尺寸所确定时，应用尺寸线和符号“*R*”标出，但不要注写尺寸数字。
小尺寸	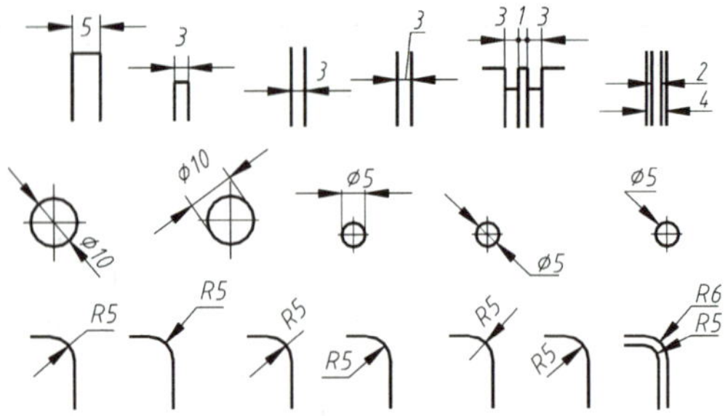	如上排例图所示，没有足够地位时，箭头可画在外面，或用小圆点或斜线代替两个箭头；尺寸数字也可写在外面或引出标注。圆和圆弧的小尺寸，可按下两排例图标注。
球面	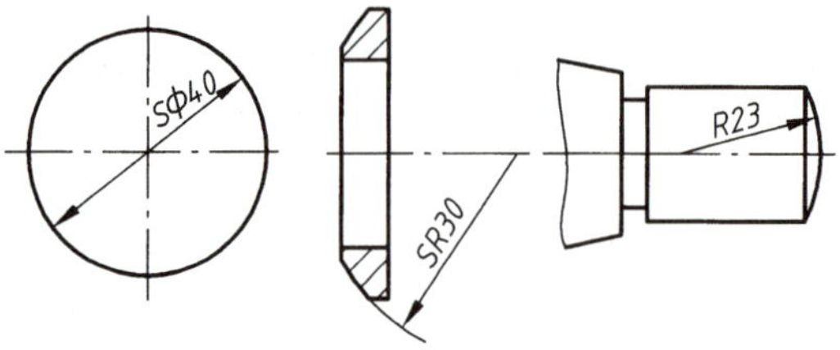	标注球面的尺寸，如左侧两图所示，应在 ϕ 或 R 前加注“S”；不致引起误解时，则可省略符号“S”，如右图中的右端球面。

续表

标注内容	示　　例	说　　明
弦长和弧长	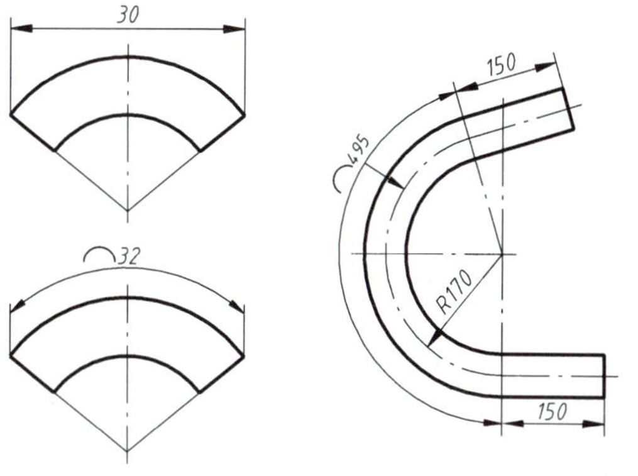	标注弦长和弧长时，如左侧两例图所示，尺寸界线应平行于弦的垂直平分线。标注弧长尺寸时，尺寸线用圆弧，并应在尺寸数字左方加注符号“⌒”（是以字高为半径的细实线半圆弧）。当弧度较大时，标注弧长的尺寸线可沿径向引出，如右图所示。
对称机件	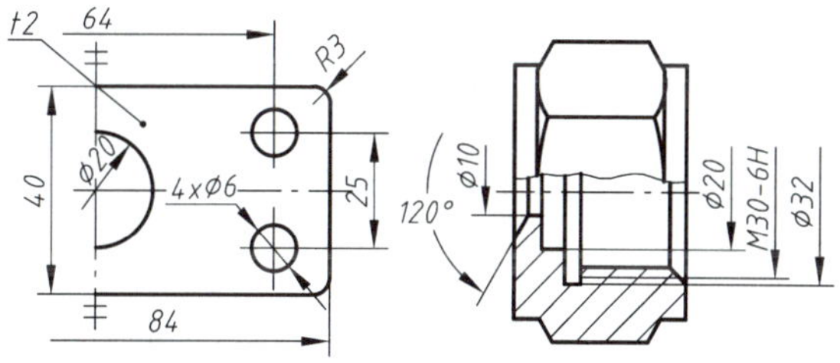	当对称机件只画出一半或略大于一半时，尺寸线应略超过对称中心线或断裂处的边界线，此时仅在尺寸线的一端画出箭头。左图在对称中心线两端分别画出的两条与其垂直的平行细实线是对称符号。下方右图中的字母 M 是普通螺纹特征代号，6H 是螺纹的公差带代号，图中的螺纹画法和尺寸注法详见 § 8-1。
板状零件		标注板状零件的厚度尺寸时，可如左图所示，在尺寸数字前加注符号“*t*”。
尺寸相同的孔、槽等要素		如左图所示，相同直径的圆孔只需在一个圆孔上标注直径尺寸，并在其前加注“个数×”，即个数和直径尺寸用符号×隔开。
光滑过渡处的尺寸	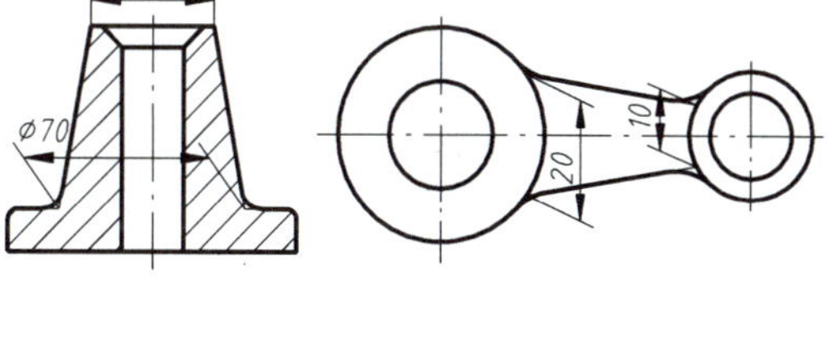	如例图所示，在光滑过渡处，必须用细实线将轮廓线延长，并从它们的交点引出尺寸界线。
允许尺寸界线倾斜		尺寸界线一般应与尺寸线垂直，必要时允许倾斜，如例图所示。

标注内容	示　　例	说　　明
正方形结构	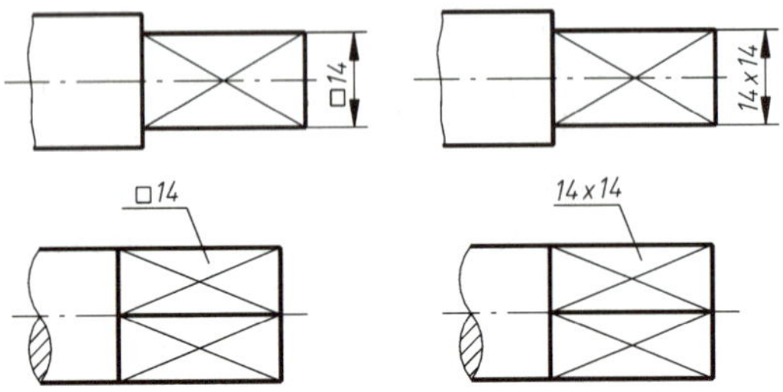	如例图所示，标注机件的断面为正方形结构的尺寸时，可在边长尺寸数字前加注符号“□”（边长等于字高，线宽是字高的 1/10），或用“$B\times B$”（B 为正方形断面的对边距离）标注，例如这里用 14×14 代替“□14”。图中相交的两条细实线是平面符号（当图形不能充分表达平面时，可用这个符号表示平面）。
斜度和锥度	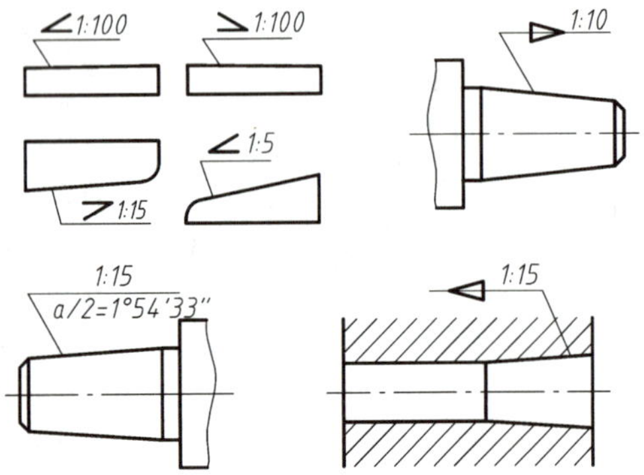	斜度、锥度可用七个例图中所示的方法标注，符号的方向应与斜度、锥度的方向一致。一般不需在标注锥度的同时，再注出其角度值（α 为圆锥角），如上排右图和下排右图所示；如需同时注出，则可如下排左图，同时注出锥度和圆锥角 α。
图线通过尺寸数字时的处理	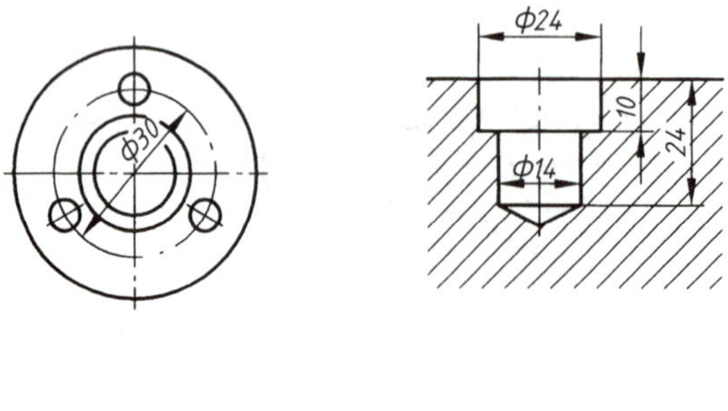	尺寸数字不可被任何图线通过。当尺寸数字无法避免被图线通过时，图线必须断开，如例图所示。

续表

标注内容	示　　例	说　　明
曲线轮廓	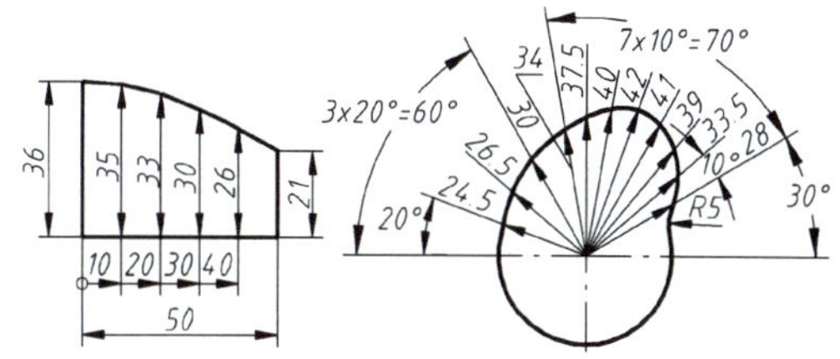	当表示曲线轮廓上各点的坐标时，可将尺寸线或其延长线作为尺寸界线，如这两个例图所示。
倒角	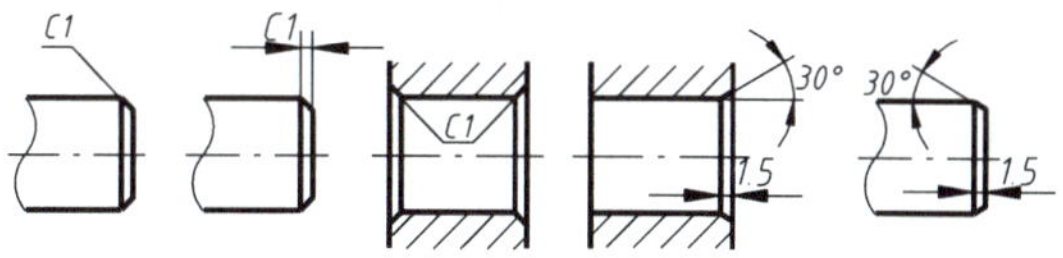	45°的倒角可按左三图的形式标注，如图中的 *C*1 表示 1×45°倒角；非 45°的倒角则可按右两图的形式标注。

（四）简化注法

在表 1-6 中列举了 GB/T 16675.2—2012 中所述的一部分简化注法，未详尽处请查阅该标准。

表 1-6　简化注法示例

示　　例	说　　明
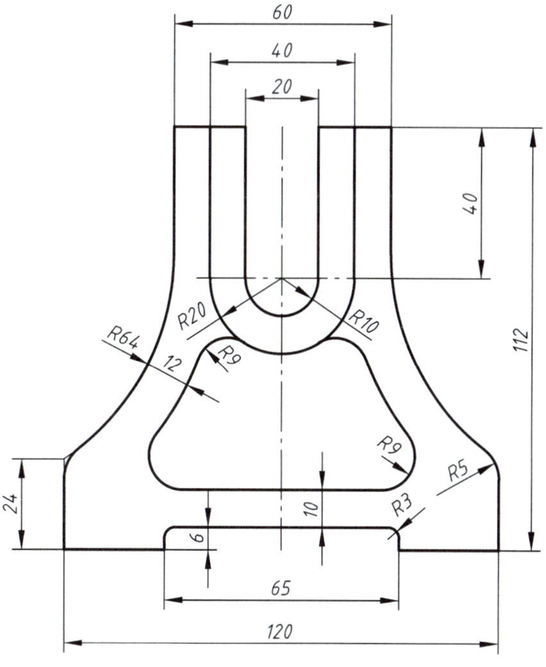	当图形具有对称中心线时，分布在对称中心线两边的相同结构，可仅标注其中一边的结构尺寸，如左图中的尺寸 *R*64、12、*R*9、*R*5 等。

示　　例	说　　明
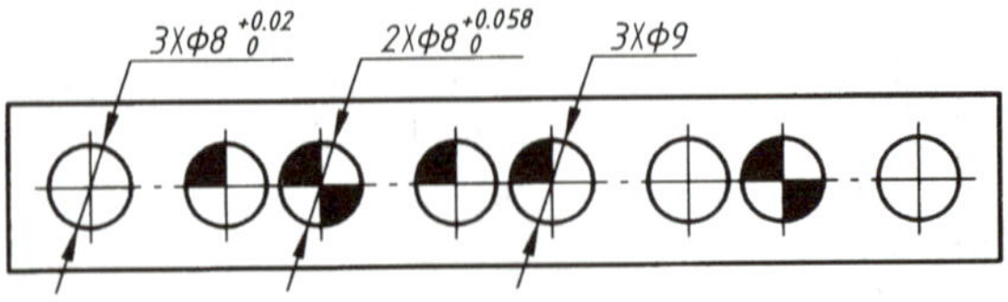	在同一图形中具有几种尺寸数值相近而又重复的要素（如孔等）时，可采用涂色标记或标注字母的方法来区分，孔的尺寸和数量可直接注在图形上。
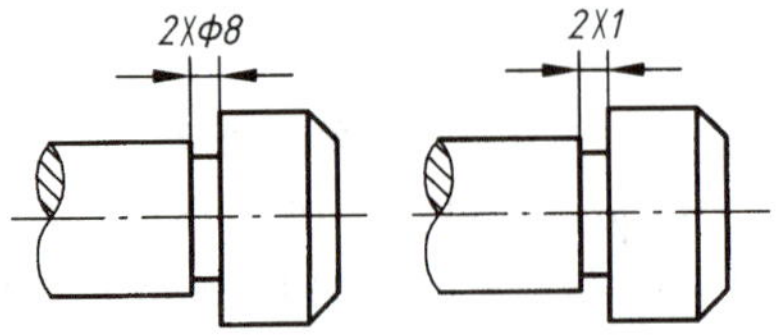	槽的尺寸可按图中所示的任一种形式标注：左图所注的是“槽宽×直径”；右图所标注的是“槽宽×槽深”。
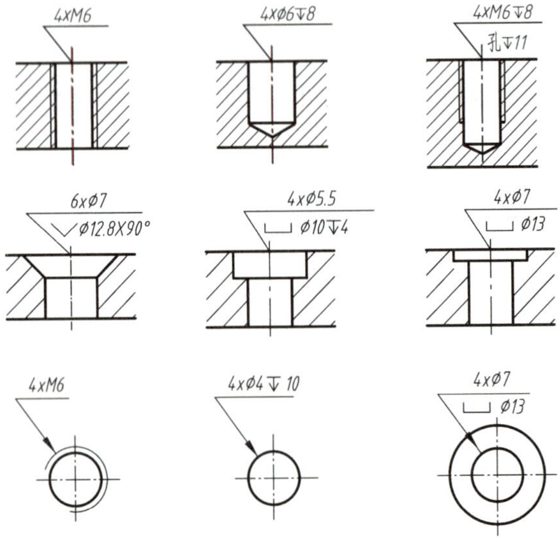	各种孔（螺孔、光孔、埋头孔、或锪平等）可采用符号以旁注法标注，如上两排例图所示，也可旁注在表示为圆的图上，如下排的例图所示。图中符号的线宽为 $h/10$（h 为尺寸字体的高度）。深度符号↧左右对称，横线和竖线长都是 h，两斜线间的夹角为 60°，斜线高为 0.6 h。埋头孔符号⌵左右对称，两斜线间的夹角为 90°，斜线高为 h。沉孔或锪平符号⌴左右对称，横线长 2 h，两侧竖线高 h，后面加注深度符号和深度尺寸时为沉孔；无深度尺寸时为锪平，即只要按沉头座尺寸刮出圆平面为止，无深度要达到多少的要求。 有关螺孔的规定画法和标记，将在 §8-1 中介绍。
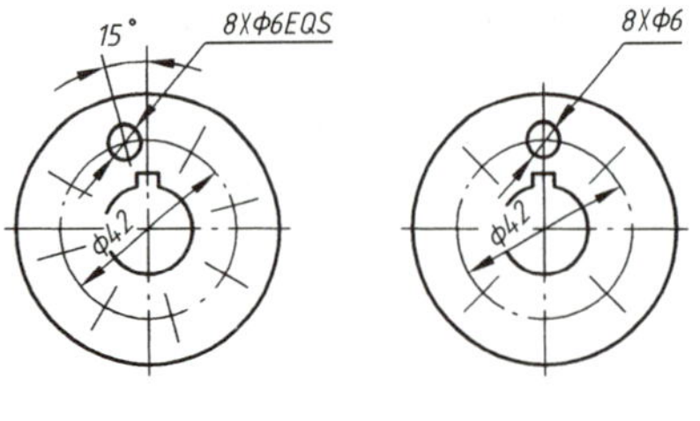	如左图所示，均匀分布的成组要素（如孔等），只要在一处标注出确定其形状大小和位置的尺寸、个数、均布的缩写词 EQS，其他各处可省略标注；如右图所示，当成组要素的定位和分布情况在图中已明确时，还可不标注左图中的角度和缩写词 EQS。

示　　例	说　　明
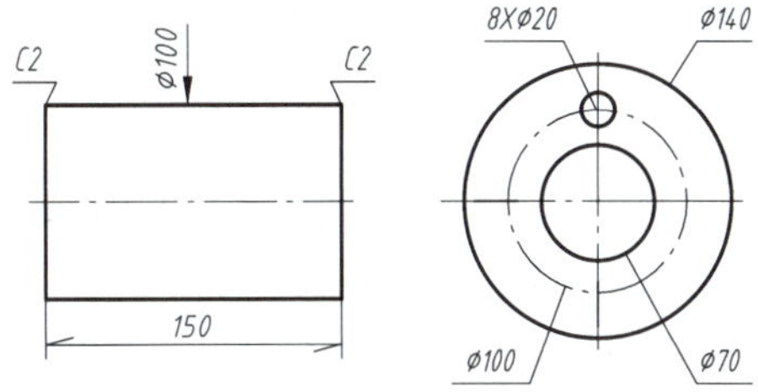	如例图所示，尺寸线端可简化画成单边箭头；标注尺寸时，可采用带箭头或不带箭头的指引线。
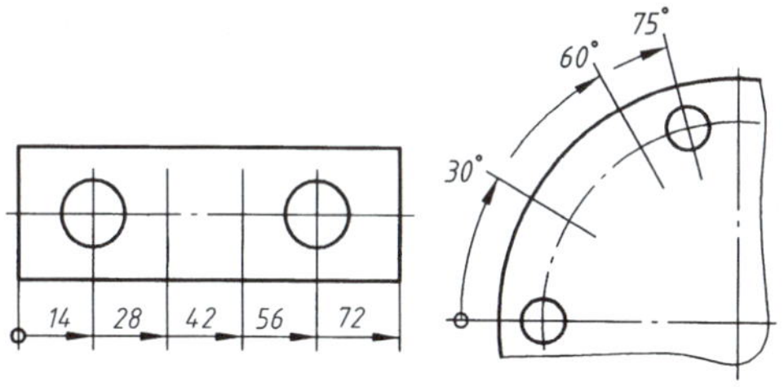	从同一尺寸基准出发的尺寸，可按例图所示的形式标注，除由基准出发的第一段尺寸线应画全外，后面的尺寸线可连续，也可不连续。
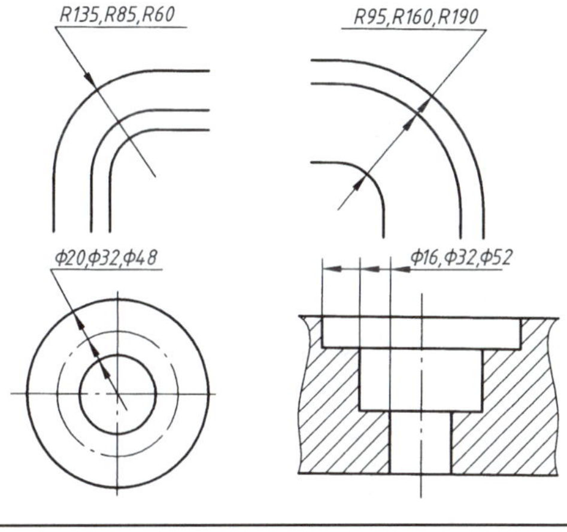	如例图所示，一组同心圆弧或圆心位于一条直线上的多个不同心圆弧的尺寸，一组同心圆或尺寸较多的台阶孔的尺寸，都可用共同的尺寸线和箭头依次表示。

§1－2　绘制机械图样的三种方法以及仪器绘图的操作方法和制图步骤

一、绘制机械图样的三种方法

绘制机械图样可用仪器绘图、徒手绘图、计算机绘图三种方法。由于仪器绘图需要依靠绘图仪器和制图工具作图，而最主要的仪器是圆规和分规，最主要的制图工具是丁字尺、三角板和直尺，所以人们常将仪器绘图称为尺规绘图。本章只介绍仪器绘图的操作方法和制图步骤，徒手绘图及其画法。计算机绘图及其上机操作将于第二章讲述。这三种绘图方法都将在后面绘制习题和作业的过程中不断地得到实践，从而逐步提高绘图能力。

二、仪器绘图的仪器、工具及其用法

常用的绘图仪器有圆规、分规等，常用的工具有图板、丁字尺、三角板、比例尺、曲线板、绘图铅笔等，其他还有胶带纸、削笔刀、砂纸、橡皮等。

（一）铅笔以及用铅笔沿尺边画线的方法

铅笔一般磨削成圆锥形，如图 1-11a 所示。图样中的底稿线和描深的细线，用 2H 或 H 铅笔画，铅芯要磨得很尖；描深粗线则用 B、HB 铅笔，铅芯要磨得较钝，或磨成厚度等于粗线线宽的楔形或长方形，使能画出选定的粗线线宽的图线；写字用 HB 铅笔，铅芯要磨得稍钝。底稿线应细、淡；描深时应适当用力，使细线细而明显，粗线则粗而浓。

沿尺边画线时，铅芯要靠着尺边，位于垂直于图纸的平面内，不要向外或向内倾斜，如图 1-11b和 c 的正误对比所示。

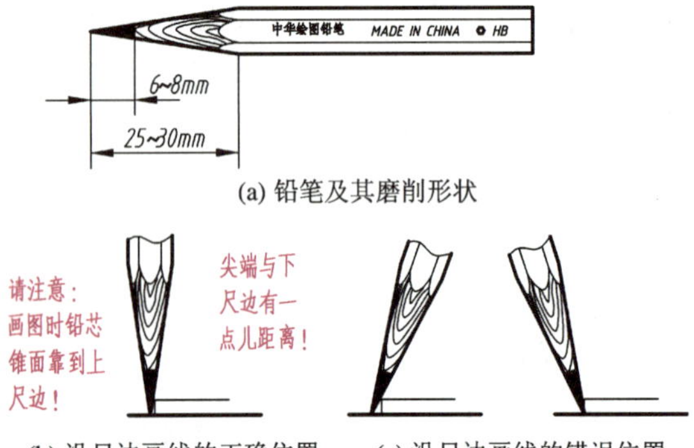

图 1-11　铅笔及用铅笔沿尺边画线的方法

（二）图板、丁字尺、三角板，以及画水平线、铅垂线、与水平线成 30°、45°、60°、15°、75°斜线的方法

如图 1-12a 和 b 所示，将图纸用胶带纸固定在图板上；画图时，丁字尺头部要靠紧图板左边，按需在图板和图纸上作上下移动。用丁字尺画水平线的方法见图 1-12a，应从左向右画；用丁字尺、三角板画铅垂线的方法见图 1-12b，应从下向上画。

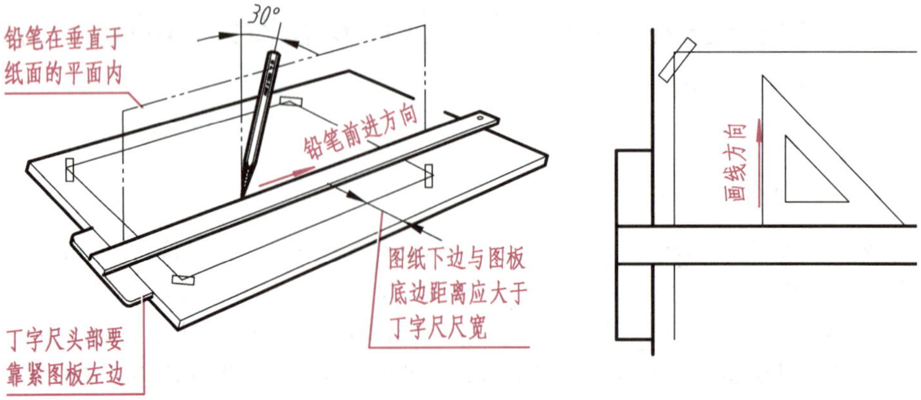

(a) 在图板上固定图纸和画水平线的方法　　(b) 画竖直线的方法

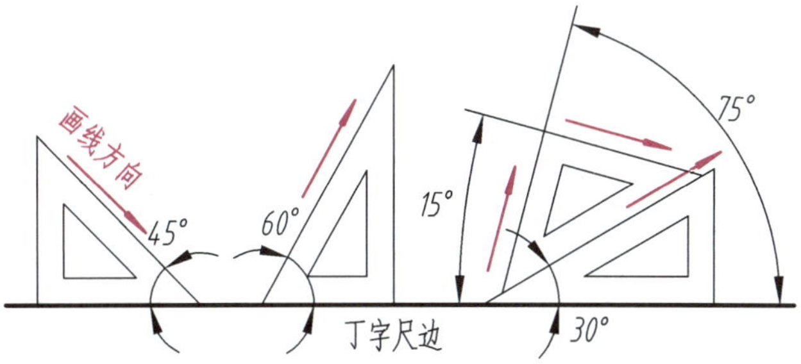

(c) 画与水平线成 30°、45°、60°、15°、75° 斜线的方法

图 1-12　图板、丁字尺、三角板以及画水平线、铅垂线以及与水平线成 30°、45°、60°、15°、75°斜线的画法

用丁字尺、三角板画与水平线成 30°、45°、60°、15°、75°斜线的方法见图 1-12c，应从左向右画。同理，若将三角板放置成与图 1-12c 左右对称的位置，就可画另一方向的与水平线成 30°、45°、60°、15°、75°的斜线。

（三）圆规和分规的用法

如图 1-13a 所示，使用圆规前，应先调整好针脚，使圆心脚从圆管端伸出的针光略长于铅芯，铅芯可磨成铲形；描深时，铅芯应比描相同线型的直线的铅芯软一号。如图 1-13b所示，圆心脚的针管和针应垂直纸面，并将圆规向前进方向倾斜；画直径较大的圆，应使圆规两脚都垂直纸面；画直径很大的圆，应在铅芯头接脚上部加装延伸杆（也称加长杆）需用时可参阅书后所列的参考文献[1]或[3]。

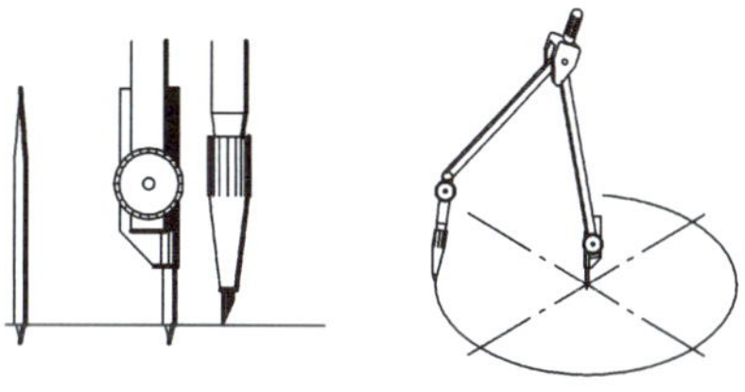

(a) 磨好铅芯，调好针脚　　(b) 画较大的圆时，两脚应垂直纸面

图 1-13　圆规及其用法

分规常用于以试分法等分线段和圆周或圆弧。用几何作图等分线段在中学已学过，不再介绍。分规的两个脚都是针尖脚，两脚的针尖在并拢后应能对齐，如图 1-14a 所示。

今以五等分线段 *AB* 为例，作图过程如图 1-14b 所示：按目测将两针尖的距离调整到大致为 *AB*/5，从 *A* 量得 *1*；在 *1* 处的针尖不动，另一针脚移至 *2*；在 *2* 处的针尖不动，另一针脚移至 *3*；依此继续进行，直到获得分点 *5* 为止。若 *5* 恰好落在 *B* 上，则试分完成。若 *5* 落在 *AB* 内，与 *B* 相距 *b*，则将针尖距离按目测增加 *b*/5 再试分；若 *5* 落在 *AB* 外，与 *B* 相距 *b*，则针尖距离按目测减少 *b*/5 再试分。经过几次试分，就可以完成。

以同样的方法也可用试分法等分圆周或圆弧。

（四）比例尺及其用法

比例尺是刻有不同比例的直尺，常见的形式如图 1-15 所示。在这种比例尺上刻有六种不同的比例，但市场上供应的这种比例尺所刻的六种比例也不完全相同。今以刻有1∶100、1∶200、1∶300、1∶400、1∶500、1∶600 的比例尺为例说明它的用法，如图 1-16 所示：

1. 以 1∶100 作为 1∶1，量取 20 mm

由于 1∶100 与 1∶1 相比是缩小了 100 倍，所以 1∶100 的刻度用作 1∶1 时需放大 100 倍。因此，在图 1-16a 中的刻度 2 m 上，即可量得 20 mm。

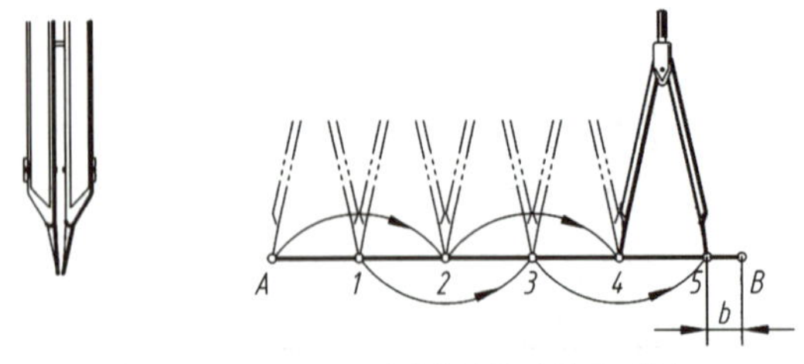

(a) 针尖应对齐　　(b) 以试分法等分线段示例

图 1-14　分规及其用法

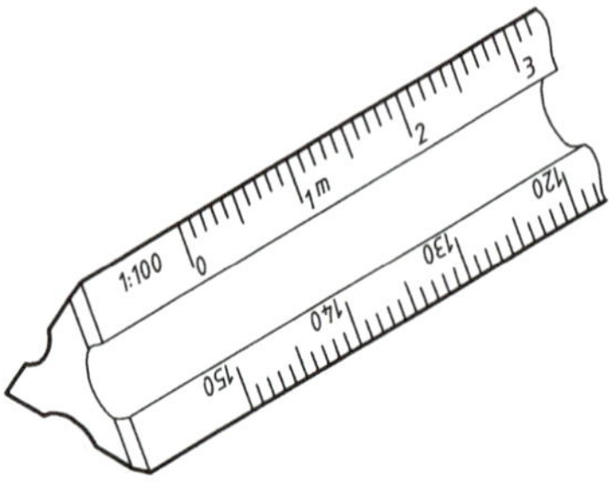

图 1-15　比例尺

2. 以 1∶200 作为 1∶2，量取 20 mm

由于 1∶200 与 1∶2 相比是缩小了 100 倍，所以 1∶200 的刻度用作 1∶2 时需放大 100 倍。因此，在图 1-16b 中的刻度 2 m 上，即可量得 20 mm。

3. 以 1∶500 作为 2∶1，量取 20 mm

由于 1∶500 与 2∶1 相比是缩小了 1 000 倍，所以 1∶500 的刻度用作 2∶1 时需放大 1 000 倍。因此，在图 1-16c 中的刻度 20 m 上，即可量得 20 mm。

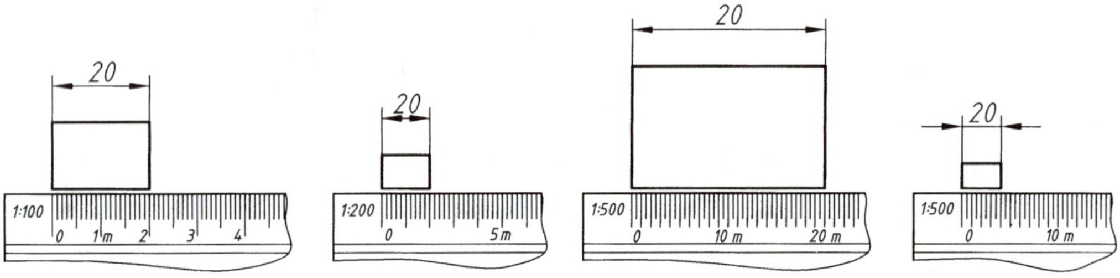

(a) 用1:100画1:1　　(b) 用1:200画1:2　　(c) 用1:500画2:1　　(d) 用1:500画1:2.5

图 1-16　比例尺的用法示例

4. 以 1∶500 作为 1∶2.5，量取 20 mm

由于 1∶500 与 1∶2.5 相比是缩小了 200 倍，所以 1∶500 的刻度用作 1∶2.5 时，需放大 200 倍。因此，在图 1-16d 中的刻度 4 m 上，即可量得 20 mm。

（五）曲线板的用法

曲线板用于画非圆曲线。已知曲线上的离散点愈密，曲线的准确度愈高。用曲线板将这些离散点连成光滑曲线的画法如图 1-17 所示：

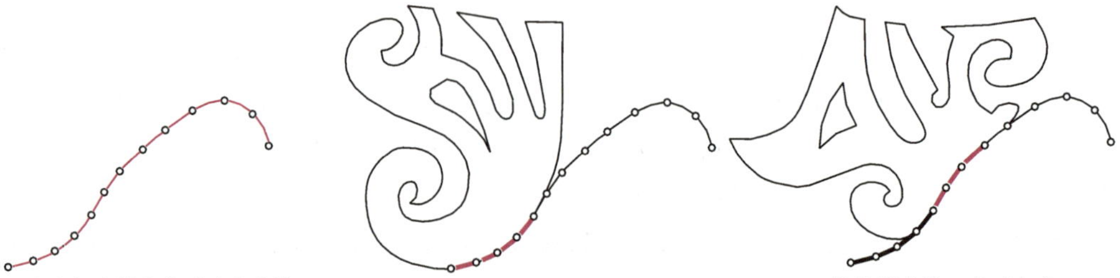

(a) 将全部离散点徒手连成曲线　　(b) 从一端开始，描第一段曲线　　(c) 继续描曲线，直至完成

图 1-17　曲线板的用法

（1）如图 1-17a 所示，先徒手将这些离散点轻轻地用细实线连成曲线。

（2）如图 1-17b 所示，从一端开始，找出曲线板上与所画曲线吻合的一段，需通过四点或四点以上，通过的点愈多愈好，沿吻合的曲线板边连接这些点，但最后两点不连。图中有六点吻合，只能由第一点连到第五点，第五至第六点不连，见图中的粗实线。

（3）如图 1-17c 所示，第四点开始，再继续找出曲线板上与后面的曲线相吻合的一段，同样需通过四点或四点以上，仍是通过得愈多愈好，图中是从第四点吻合到第九点，于是就可继续用粗实线沿板边从第五点连到第八点。

（4）继续再这样进行下去，同样，后段曲线的前两点间的曲线要与前段曲线的后两点间的曲线重复，最后两点间不连。继续凑到最后一段，前面仍要通过上段的最后两点，后段则直接画到终点。

三、几何作图

虽然机件的轮廓形状是多种多样的，但它们的图样基本上都是由直线、圆弧和其他一些曲线所组成的几何图形，因而在绘制工程图样时，常常要运用一些几何作图方法。虽然几何作图方法读者在中学里已学过，这里再在下述四个方面作一些复习和补充。

（一）作斜度与锥度

斜度与锥度的作图方法见图 1-18。

斜度是指一直线或一平面对另一平面的倾斜度。作法和标注如图 1-18a所示，这是对水平面为斜度 1∶6 的作法示例，图中的线段 *DE* 为一个单位长度。

锥度是指正圆锥底圆的直径长度与正圆锥的高度之比，作法和标注如图 1-18b 所示，这是锥度 1∶3 的作法示例，图中的点 *A* 和 *B* 对圆锥轴线的距离分别为 0.5 个单位长度。

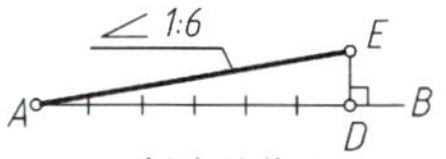

(a) 斜度的作法

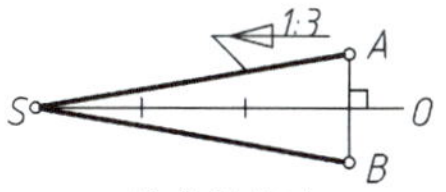

(b) 锥度的作法

图 1-18　斜度与锥度的作图方法示例

（二）作圆内接正多边形

如图 1-19 所示，正三、四、六边形可按它们的外接圆或边长直接用丁字尺、三角板和圆规作出，也可用一副三角板和圆规作出。由于正六边形的边长就是它的外接圆的半径长度，所以还可直接用外接圆半径长度六等分外接圆圆周后作出。已知正三、四、六边形的外接圆作这些正多边形的作图过程已清晰地显示于图 1-19 中；已知它们的边长作这些正多边形的作图过程，读者也可从观察和思考图 1-19 而看出。这里就不再一一详细说明了。

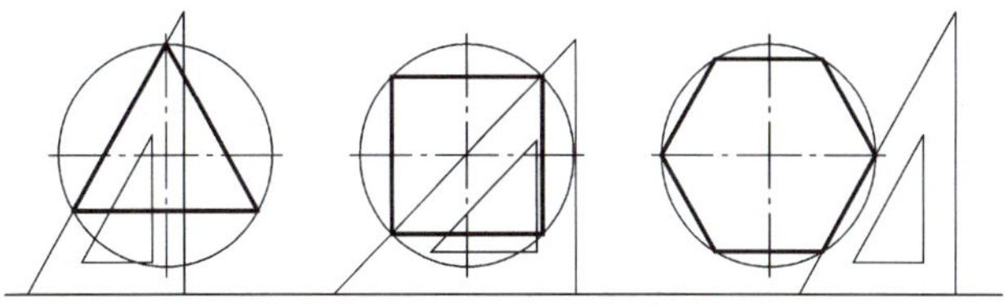

图 1-19　圆内接正多边形的作图方法示例

若已知正多边形的外接圆，任何边数的正多边形，都可用图 1-14 等分直线段长度的作图方法所示的试分法等分正多边形外接圆圆周而作出。

（三）圆弧连接

圆弧连接是指：用已知半径的圆弧连接已知的直线或圆弧，也就是作连接圆弧与已知的直线或圆弧光滑相切。作图时，可设连接圆弧的半径为 R，已知圆弧的半径为 R_1、R_2。圆弧连接应准确作出连接圆弧的圆心和切点，作图方法如图 1-20 所示。

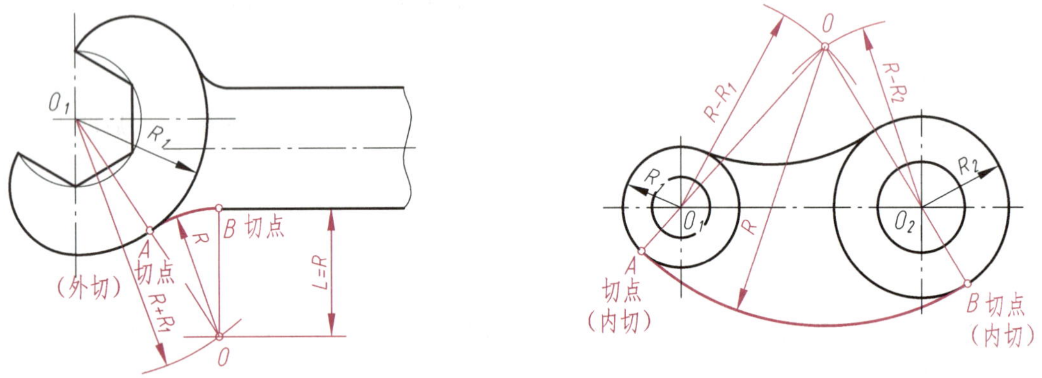

(a) 作连接直线、圆弧的连接圆弧　　(b) 作两圆弧的连接圆弧

图 1-20　圆弧连接的作图方法示例

连接圆弧的圆心应是下列两条轨迹的交点：

（1）与直线相切时，轨迹是与直线的距离 $L=R$ 的平行线（图 1-20a）。

（2）与圆心为 O_1 或 O_2、半径为 R_1 或 R_2 的圆弧内切时，轨迹是以 O_1 或 O_2 为圆心、$R-R_1$ 或 $R-R_2$ 为半径的圆弧（图 1-20b）。

（3）与圆心为 O_1 或 O_2、半径为 R_1 或 R_2 的圆弧外切时，轨迹是以 O_1 或 O_2 为圆心、$R+R_1$ 或 $R+R_2$ 为半径的圆弧（图 1-20a）。

切点的位置应是：

（1）与直线相切时，切点是由连接圆弧的圆心向被连接直线所作的垂线的垂足（图 1-20a）。

（2）与圆弧内切或外切时，切点是连接圆弧和被连接圆弧的圆心连线或其延长线与被连接圆弧的交点（图 1-20a 和 b）。

作出了连接圆弧的圆心和切点后，就可画出这段连接圆弧与已知的直线或圆弧相切。

（四）由长短轴或一对共轭轴作椭圆

图 1-21 是已知长、短轴 AB、CD 作椭圆和近似椭圆的作图方法。

图 1-21a 是由长、短轴作椭圆的一种方法：以 O 为圆心、长半轴 OA 和短半轴 OC 为半径分别作圆。由 O 作若干射线，与两圆相交，再由各交点分别作长、短轴的平行线，即可相应地交得椭圆上的各点。最后，用曲线板将这些点连成椭圆。因为这种方法是用两个同心圆作出的，所以称为同心圆法。

图 1-21b 是由长短轴作椭圆的一种比较粗略的作法：过长、短轴的端点作这一对对称轴的平行线，得矩形 $EFGH$，连对角线。以矩形的任意半条边为斜边，作等腰直角三角形，从这条边的中点向两侧量取直角边的长度，由量得的点作矩形邻边的平行线，与矩形的对角线交得点 *1*、*2*、*3*、*4*，顺次用曲线板将点 A、*1*、C、*4*、B、*3*、D、*2*、A 连成光滑的曲线，即得所求的椭圆。由于这种方法是用椭圆曲线上的八个点连成的，所以称为八点法。

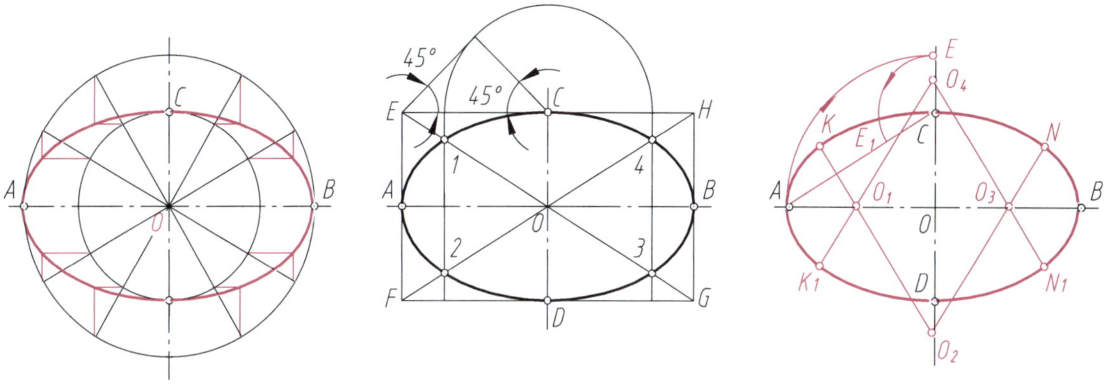

(a) 用同心圆法作椭圆　　(b) 用八点法作椭圆　　(c) 用四心圆法作近似椭圆

图 1-21　由长、短轴作椭圆

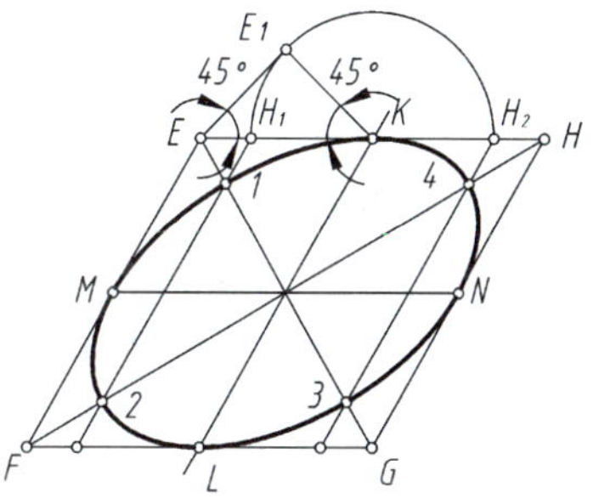

图 1-22　由一对共轭轴用八点法作椭圆

图 1-21c 是机械制图中用得较多的由长、短轴的端点作椭圆的一种近似作法：连长、短轴的端点 A、C，取 $CE_1=CE=OA-OC$。作 AE_1 的中垂线，与两轴交得点 O_1、O_2，再取对称点 O_3、O_4。分别以 O_1、O_2、O_3、O_4 为圆心，O_1A、O_2C、O_3B、O_4D 为半径作弧，拼成近似椭圆，切点为 K、N、N_1、K_1。由于近似椭圆是由圆心在长轴和短轴延长线上的四段圆弧拼成，习惯上称为四心圆法。

图 1-22 所示的八点法，是由一对共轭轴作椭圆的一种比较粗略的作法：过共轭轴 MN、KL 的端点 M、N、K、L 作共轭轴的平行线，得平行四边形 $EFGH$，连对角线。再作等腰直角三角形 EE_1K，取 $KH_1=KH_2=KE_1$。分别由 H_1、H_2 作 KL 的平行线，交对角线于点 1、2、3、4，用曲线板将它们和共轭轴的端点顺次连成椭圆。

四、仪器绘图的制图步骤

为了提高图样质量和绘图速度，除了正确使用绘图工具和仪器外，还必须掌握正确的绘图方法和顺序。

1. 制图前的准备工作

(1) 准备工具　准备好所用的绘图工具和仪器，磨削好铅笔及圆规上的铅芯。

(2) 安排工作地点　使光线从图板的左前方射入，并将需要的工具放在方便之处，以便顺利地进行制图工作。

(3) 固定图纸　一般是按对角线方向用胶带纸顺次固定，使图纸平整。当图纸较小时，应将图纸布置在图板的左下方，但要使图板的底边与图纸下边的距离大于丁字尺的宽度。

2. 画底稿的方法和顺序

画底稿时，宜用削尖的 H 或 2H 铅笔轻淡地画出，并经常磨削铅笔。

画底稿的一般步骤是：先画图框、标题栏，后画图形。画图形时，先画轴线或对称中心线，再画主要轮廓，然后画细部；如图形是剖视图或断面图时，则最后画剖面符号或剖面线[①]，剖面符号或剖面线在底稿中只需画出一部分，其余可待加深时再全部画出。图形完成后，画其他符号、尺寸线、尺寸界线、尺寸数字横线和仿宋字的格子等。

3. 铅笔加深的方法和顺序

在加深时，应该做到线型正确，粗细分明，连接光滑，图面整洁。

加深粗实线用 B 或 HB 铅笔；加深细虚线、细实线、细点画线，以及其他各类细线，都用削尖的 H 或 2H 铅笔；写字和画箭头用 HB 铅笔。画图时，圆规的铅芯应比画直线的铅芯软一级。加深图线时用力要均匀，还应使图线均匀地分布在稿线的两侧，如图 1-23 所示。

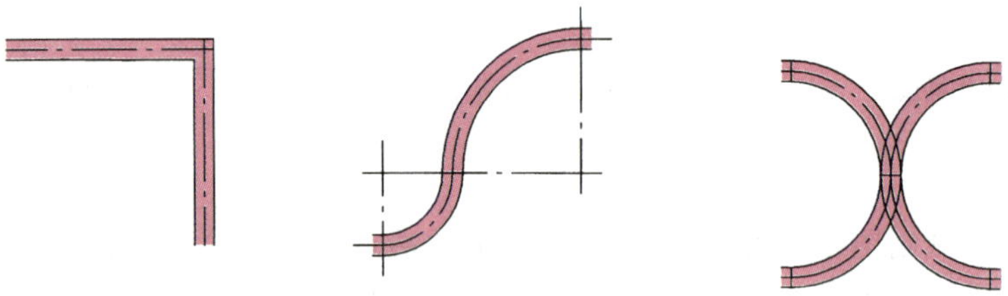

图 1-23　加深的图线均匀地在稿线两侧

在加深前，应认真校对底稿，修正错误和缺点，并擦净多余线条和污垢。

铅笔加深的一般步骤如下[②]：

(1) 加深所有的细点画线。

(2) 加深所有的粗实线圆和圆弧。

(3) 从上向下依次加深所有水平的粗实线。

(4) 从左向右依次加深所有铅垂的粗实线。

(5) 从图的左上方开始，依次加深所有倾斜的粗实线。

(6) 按加深粗实线的同样步骤依次加深所有细虚线圆及圆弧，水平的、铅垂的和倾斜的细虚线。

(7) 加深所有的细实线、波浪线等。

(8) 画符号和箭头，注尺寸，书写注解和标题栏等。

(9) 检查全图，如有错误和缺点，即行改正，并作必要的修饰。

§1-3　平面图形的尺寸标注和圆弧连接的线段分析

一、平面图形的尺寸标注

在注写平面图形的尺寸时，首先要确定长度方向和高度方向的尺寸基准，确定尺寸位置的几何元素（点、直线）称为尺寸基准。平面图形常用的基准是对称图形的对称线，较大的圆的中心

① 关于剖视图、断面图和剖面符号或剖面线，将在本书第七章中介绍。

② 这里所建议的步骤，仅供参考。

线或较长的直线。平面图形的尺寸按其作用分为确定各部分形状大小的定形尺寸(如直线段的长度、圆弧的直径或半径、角度的大小等),以及确定图形各部分之间相对位置的定位尺寸。

标注尺寸要求正确,完整,清晰。

正确是指尺寸要按照国标的规定标注,尺寸数值不能写错和出现矛盾。

完整是指尺寸要注写齐全。也就是不遗漏各组成部分的定形尺寸和定位尺寸;在一般情况下,不注重复尺寸(也就是不注可以按已标注的尺寸计算或作图所画出的图线的尺寸)。这样,按照图上所注的尺寸,既能完整地画出这个图形,又没有多余不用的尺寸。如需标注重复尺寸供读图者参考,则可注成参考尺寸(尺寸数字写在圆括号内)。

清晰是指尺寸的位置要安排在图形的明显处,标注清楚,布局整齐。

如图 1-24a 的黑色图形所示,要标注这个平面图形的尺寸。

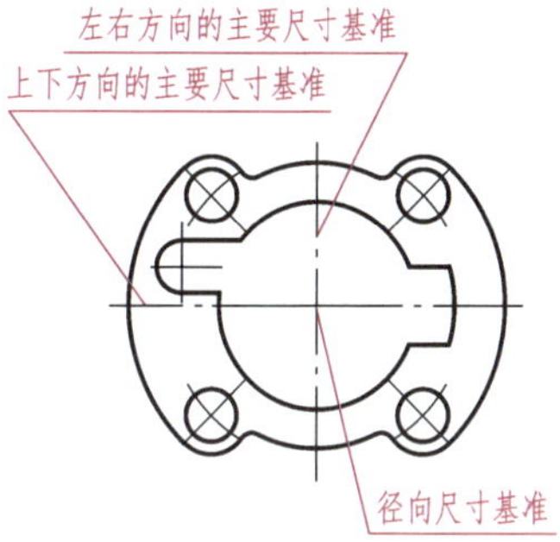

(a) 选择基准

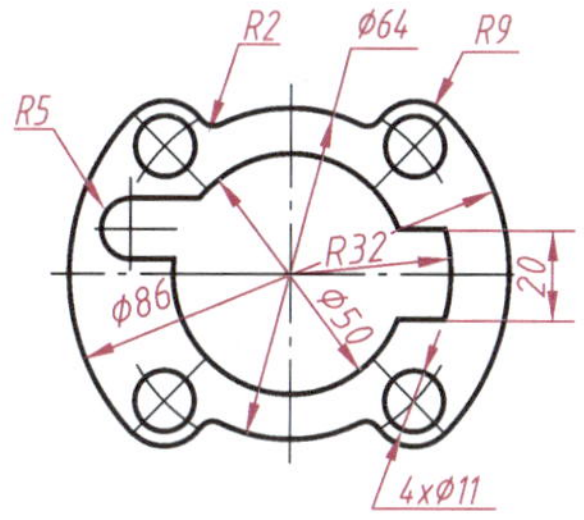

(b) 标注定形尺寸

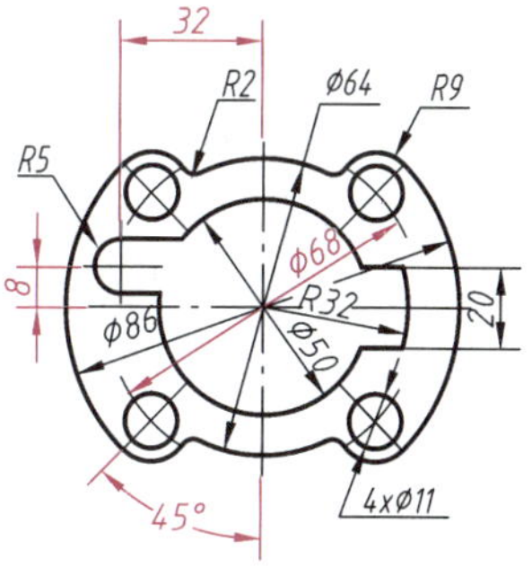

(c) 标注定位尺寸

图 1-24 平面图形尺寸的分析与标注

先分析形状,确定尺寸基准。每个方向上至少有一个基准;当有两个或两个以上的基准时,其中一个称主要基准,其余称辅助基准。仍如图 1-24a 所示,由于这个平面图形的形状,在左右、上下两个方向上,都不是完全对称的,但除了内孔的两个槽以外,在两个方向上是对称的,因而从总体而言,可以认为在这两个方向上都属基本对称。于是就可选定外轮廓圆弧的两条中心线分别作为左右方向和上下方向的主要尺寸基准,并可将外轮廓圆弧的圆心作为径向尺寸基准。

在分析了这个平面图形的形状后,如图 1-24b 所示,考虑并注出各部分定形尺寸。

再如图 1-24c 所示,根据对这个平面图形的形状分析,考虑并注出各部分所需的定位尺寸,例如尺寸 32 和 8 就是这个平面图形的槽的半圆弧 $R5$ 的圆心的定位尺寸,该圆心也就是画这个槽的左右和上下方向的辅助基准。

最后,按正确、完整、清晰的要求,校核所注的尺寸,如发现有遗漏、重复、不够清晰,或其他缺点和错误,应及时修改。

二、圆弧连接的线段分析

在前面的几何作图中,已经讲述了关于圆弧连接的作图法。在包含圆弧连接的图形中,不论是直线与圆弧相切,还是圆弧与圆弧相切,为了能获得光滑相切的图形,都必须准确地作出连接圆弧的圆心和切点。圆弧连接部分的线段(包括圆弧和直线)的尺寸标注、绘图步骤,都与连接情况有关,因而对这些线段应该加以分析。圆弧连接部分的线段可以分为三类:(1) 有足够的定形尺寸和定位尺寸，不依靠与其他线段相切的作图，就能直接按所注尺寸画出的线段，称为已知线段；(2) 缺少一个定位尺寸，必须依靠一端与另一线段相切而画出的线段，称为中间线段；(3) 缺少两个定位尺寸，因而要依靠两端与另两线段相切，才能画出的线段，称为连接线段。在画圆弧连接部分的线段时，如包含有已知线段、中间线段和连接线段，必须先画已知线段，然后画中间线段，最后画连接线段。

在图 1-25a 中可见，右侧的圆弧连接部分包含了 $\phi 38$ 的圆、$R100$ 的圆弧、$R25$ 的圆弧，以及下端的一段竖直线等四条线段。对这个平面图形作尺寸分析，就能分析出在图 1-25a 中用红字所指出的右侧圆弧连接部分的四个线段的性质：

(1) 可以把这个平面图形中最左的竖直线和最下的水平线，或者 $\phi 20$、$\phi 38$ 这两个圆共同的中心线，作为左右、上下方向的主要尺寸基准。因此 $\phi 38$ 的圆和下端的竖直线，可按图中所注的尺寸直接作出，是已知线段，也就是已知弧和已知直线。

(2) $R100$ 的圆弧有定形尺寸 $R100$ 和圆心的一个定位尺寸 11，但圆心的定位尺寸还缺少一个，必须依靠一端与已知弧（$\phi 38$ 的圆）相切才能作出，所以是中间线段，也就是中间弧。

(3) $R25$ 的圆弧只有定形尺寸 $R25$，圆心的两个定位尺寸都没有，必须依靠两端分别与已画出的中间弧（$R100$ 的圆弧）、已知直线（竖直线）相切才能作出，所以是连接线段，即连接弧。

由此可知，画这一部分圆弧连接的线段时，应该先画已知弧和已知直线，然后画中间弧，最后画连接弧。在作图过程中应该准确求出中间弧、连接弧的圆心和切点。具体作图如图 1-25b 所示：

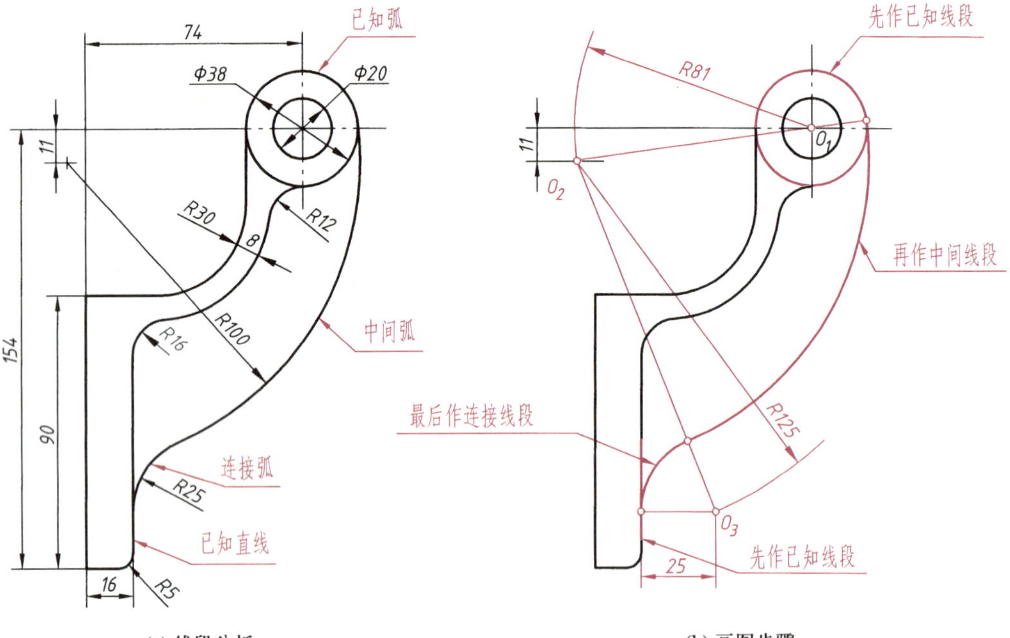

(a) 线段分析　　(b) 画图步骤

图 1-25　圆弧连接部分的线段分析和画图步骤

(1) 按已知尺寸画出已知线段：即按图 1-25a 所示的尺寸，画出前面所分析的 $\phi 38$ 的圆及竖直线。

（2）画中间弧：因为两圆内切，所以作图时所用的尺寸 $R81$，是由中间弧的半径 100 减去已知弧的半径 19 得到的。

（3）根据已画出的已知直线和中间弧，画连接弧：由于两圆外切，所以作图时所用的尺寸 $R125$，是由连接弧的半径 25 加上中间弧的半径 100 得出的。

§1-4　徒手绘图及其画法

不用绘图仪器和工具，按目测比例徒手画出的图样，称为徒手草图，简称草图。当绘画设计草图以及在现场测绘时，都采用徒手画。徒手草图仍应基本上做到：图形正确，线型分明，比例匀称，字体工整，图面整洁。

画徒手图一般选用 HB 或 B、2B 的铅笔，也常在印有浅色方格的纸上画图。

画直线时，眼睛看着图线的终点，姿势可参阅图 1-26：由左向右画水平线；由上向下画竖直线。当直线较长时，也可用目测在直线中间定出几个点，然后分几段画出。画短线常用手腕运笔，画长线则以手臂动作。

(a) 画水平线　　(b) 画竖直线

图 1-26　徒手画直线的姿势

画 30°、45°、60°的斜线，可如图 1-27 所示，按直角边的近似比例定出端点后，连成直线。

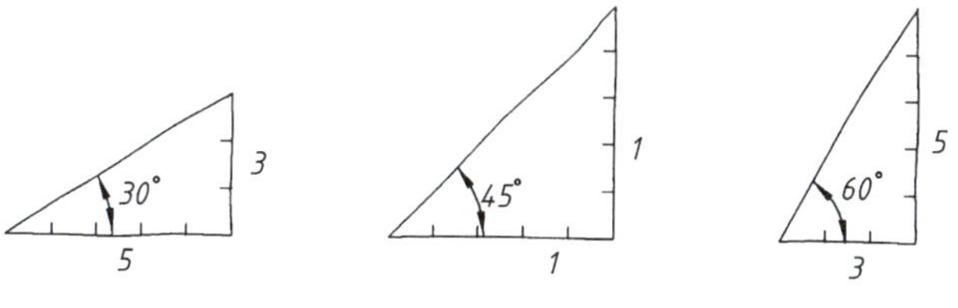

图 1-27　30°、45°、60°斜线的画法

画直径较小的圆时，可如图 1-28a 所示，在中心线上按半径目测定出四点，然后徒手连成圆。画直径较大的圆时，则可如图 1-28b 所示，除中心线以外，再过圆心画几条不同方向的直线，在中心线和这些直线上按半径目测定出若干点，再徒手连成圆。

已知长短轴画椭圆，可如图 1-29a 所示：过长短轴端点作长短轴的平行线，得矩形 $EFGH$；连矩形 $EFGH$ 的对角线，并在诸半对角线上，从中心向角点按目测取 7∶3 的点，如图中所示，按

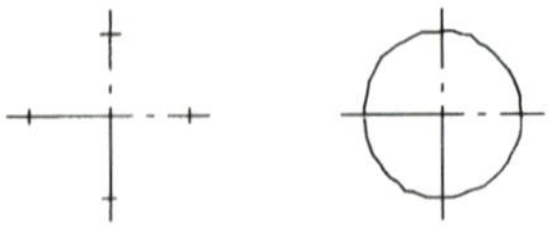

(a) 画较小的圆

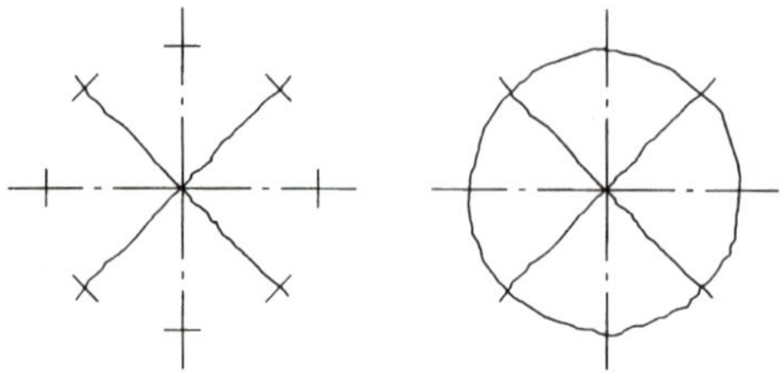

(b) 画较大的圆

图 1-28 圆的画法

$O1:1E=O2:2F=O3:3G=O4:4H\approx7:3$ 取点 *1*、*2*、*3*、*4*；徒手顺次连接长短轴的端点和半对角线上所取的四个点 *A*、*1*、*C*、*2*、*B*、*3*、*D*、*4*、*A*，即为所求的椭圆。

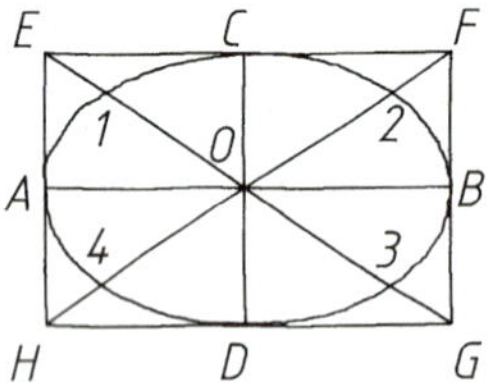

(a) 由长短轴作椭圆

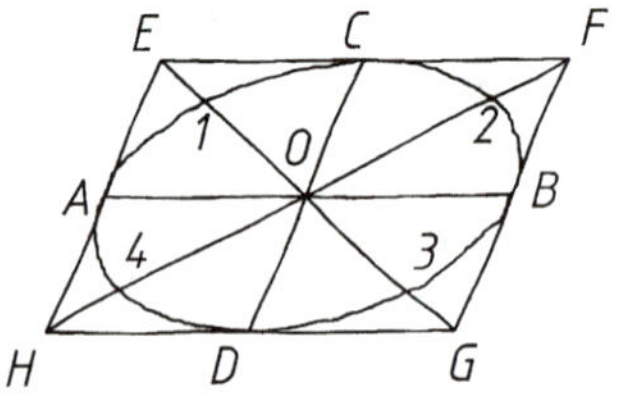

(b) 由共轭直径作椭圆

图 1-29 椭圆的画法

已知共轭直径作椭圆，则可如图 1-29b 所示：通过已知的共轭直径 *AB*、*CD* 的端点作共轭轴的平行线，得平行四边形 ***EFGH***；然后用与已知长短轴作椭圆（图 1-29a）相同的方法，连对角线，在诸对角线上，从中心向角点按目测取等于 7 : 3 的点 *1*、*2*、*3*、*4*；徒手顺次连接共轭轴的端点和半对角线上所取的四个点 *A*、*1*、*C*、*2*、*B*、*3*、*D*、*4*、*A*，就可作出所求的椭圆。

第二章　AutoCAD 基础

人们过去一直用尺规手工绘图，效率低、精度差、劳动量大。随着计算机的发展，出现了计算机绘图。计算机绘图具有出图速度快、作图精度高等特点，而且便于管理、检索、修改。计算机绘图是利用计算机及其外围设备绘制各种图样的技术，它使人们逐渐摆脱了繁重的手工绘图，使无纸化生产成为可能。

本书以 AutoCAD 2014 中文版为软件环境，介绍绘制二维图形和三维造型的基本方法。本章不探讨计算机绘图的理论和算法，仅结合具体绘图软件介绍必要的基本概念、基本方法，并在本章后各章结合相关内容介绍计算机绘图技术在制图中的应用。

§2-1　计算机绘图系统

计算机绘图需要计算机绘图系统的支持，现在的微型计算机均支持计算机绘图。计算机绘图系统应具备以下基本功能：

(1) 输入功能　把各种图形数据和图形处理命令输入到计算机中去。

(2) 存储功能　存放图形数据，数据能够随时检索和调用。

(3) 计算功能　对图形数据进行分析计算，进行各种几何变换和特殊处理。如曲线、曲面的生成，图形剪裁，三维立体的消隐和渲染着色等。

(4) 输出功能　输出图形和计算结果。

(5) 交互功能　进行人—机对话，实现绘图过程中的实时人工干预。

计算机绘图系统由系统硬件和系统软件两部分组成。

一、系统硬件

计算机绘图系统的硬件包括计算机和图形输入、输出设备，如图 2-1 所示。

图 2-1　计算机绘图系统硬件基本配置

1. 计算机

计算机绘图系统可根据使用的计算机类型的不同分为：

(1) 大型机系统　这种系统以一台大型机为主机，支持多个图形或字符终端，用户可以共享主机资源。其优点是主机性能优良，配有高精度、大幅面的图形输出设备，而且拥有功能强大的图形软件、设计软件及各种自行开发的应用软件，因此可以进行大型计算、复杂模拟、管理等。

（2）小型机系统　与大型机系统相似，只是以小型机作为主机，用户工作站的数量较少，一般为 4～6 个。

（3）微机系统　由一台微机配备若干台输入、输出设备组合而成。随着网络技术的发展，多台微机和公用输出设备连在一起，能做到资源共享，从而进一步降低使用成本。

（4）工作站系统　工作站系统和微机系统很相似，只是采用的计算机比一般微机的性能更好一些，具有高速的科学计算和强大的图形处理能力，通常也在网络环境下运行。

2. 输入设备

输入设备将各种信息转换成电信号，传递给计算机。常见的输入设备包括键盘、鼠标、扫描仪、数字化仪等。

键盘是最常见、最基本的输入设备，具有输入字符和数据等功能。

鼠标器作为指点设备，应用十分广泛，绘图系统一般推荐中键是滚轮的三键鼠标，因为中键往往被系统赋予特殊的控制功能。

扫描仪可以把图形或图像以像素点为单位输入到计算机中。通常把扫描得到的像素图用专门的软件处理得到矢量图，这个过程称为矢量化处理。这种输入方法可将原有纸质图样数字化，而且效率比较高。对于用计算机做的全新设计，这种方法就没用了。

3. 输出设备

输出设备可以将计算机处理后的信息输出，供用户使用。

显示器是人机交互的重要设备之一，它能随时让设计者观察到设计结果，以便在必要时对设计进行相应的调整、修改等。

打印机是一种常用的图形硬拷贝设备，它的种类繁多，一般分为撞击式与非撞击式两种。撞击式如针式打印机；非撞击式如喷墨打印机、激光打印机等，可以实现高速度、高质量、低噪声的打印输出。

绘图仪分为笔式绘图仪、喷墨绘图仪、静电绘图仪等多种。笔式绘图仪又可分为平板式和滚筒式两种。其实，绘图仪就相当于大幅面的打印机（通常是指幅面为 A2 及 A2 以上的打印机）。

二、软件系统

计算机绘图系统有了系统硬件后，还需要适合硬件的绘图系统软件。现在使用的多数为交互式图形软件。

交互式图形软件一般具有良好的用户界面，通常以菜单和工具栏图标的方式为用户提供用于二维或三维图形的绘制、编辑和打印等功能。一些功能较完备的交互式图形软件还提供自动标注尺寸、标准件调用、参数化绘图等功能。

常用的交互式软件有 CAXA、AutoCAD、Inventor、SolidEdge、SolidWorks、Pro/E 等。

AutoCAD 是美国 Autodesk 公司开发的具有代表性的二维、三维交互式图形软件，是目前微机上应用最为广泛的通用图形软件之一。它具有如下特点：

（1）交互式用户界面，提供多种输入方式。

(2) 二维图形功能,提供灵活多样的二维绘图和编辑功能。

(3) 三维造型功能,可以构造三维实体模型,特别是 2007 版以后三维功能有较大的提高。

(4) 二次开发功能,AutoCAD 是开放性体系结构,可以用 Autolisp 编程语言和 VBA 编程语言进行开发。

(5) 数据交换功能,提供了 DXF 数据输出格式,便于和其他图形系统或 CAD/CAM 系统交换数据。

§2-2 AutoCAD 的基本知识

一、AutoCAD 的坐标系

AutoCAD 常用笛卡儿(直角)坐标系统,系统内有两个坐标系:一个是被称为世界坐标系(World Coordinator System,简称 WCS)的固定坐标系,一个是被称为用户坐标系(User Coordinator System,简称 UCS)的可移动坐标系。通常在二维视图中,WCS 的 X 轴水平,Y 轴垂直,WCS 的原点为 X 轴和 Y 轴的交点(0,0)。默认情况下,这两个坐标系在新图形中是重合的,也可以重新定位和旋转用户坐标系,以便于使用坐标输入、栅格显示、栅格捕捉、正交模式和其他图形工具。实际上,所有坐标输入以及其他操作,均参照当前的 UCS。如果仅画二维图形时不必移动和旋转 UCS,使用 WCS 就足够了。

二、AutoCAD 的操作界面

1. AutoCAD 的启动与退出

AutoCAD 2010 的启动可以双击桌面上 AutoCAD 2010 的图标,或者在“开始”菜单中“程序”组下选择 AutoCAD 程序组中的 AutoCAD 2010 项,即可以启动 AutoCAD 2010,启动后屏幕如图 2-2所示。

2. 用户界面

AutoCAD 的用户界面主要由标题栏、菜单栏、工具栏、绘图区、命令窗口和状态栏等组成。

(1) 标题栏和快速工具栏　标题栏中间显示软件的名称 AutoCAD 2010 和当前编辑的图形文件名称。在标题栏的左侧是快速工具栏,包含文件新建、打开、保存、操作撤销、操作重做、打印等图标,右侧有命令、联机、帮助、搜索。

(2) 工具栏选项卡和面板　在“二维草图与注释”环境下,选项卡有常用、插入、注释、视图、管理、输出等七项。每个选项卡下含有多个面板,如“常用”选项卡下就有绘图、修改、图层、注释、块、特性、实用工具和剪贴板等 8 个面板。

利用不同选项卡中的面板图标可以满足各种操作的需要。

(3) 绘图区域　用户界面中间的大矩形框为绘图区域,其右上角有对当前文档窗口的控制图标,左下角有当前坐标指示,在其附近有模型/布局切换标签,一般情况下应在模型状态下绘制图形。

(4) 命令行提示区　可以在命令行提示区内键入命令全名或者命令别名。命令别名就是命令的缩写,如 Line 命令,它的别名就是 L。

(5) 状态栏　在整个用户界面的最下面,反映当前的绘图状态,其内容如图 2-3 所示。点

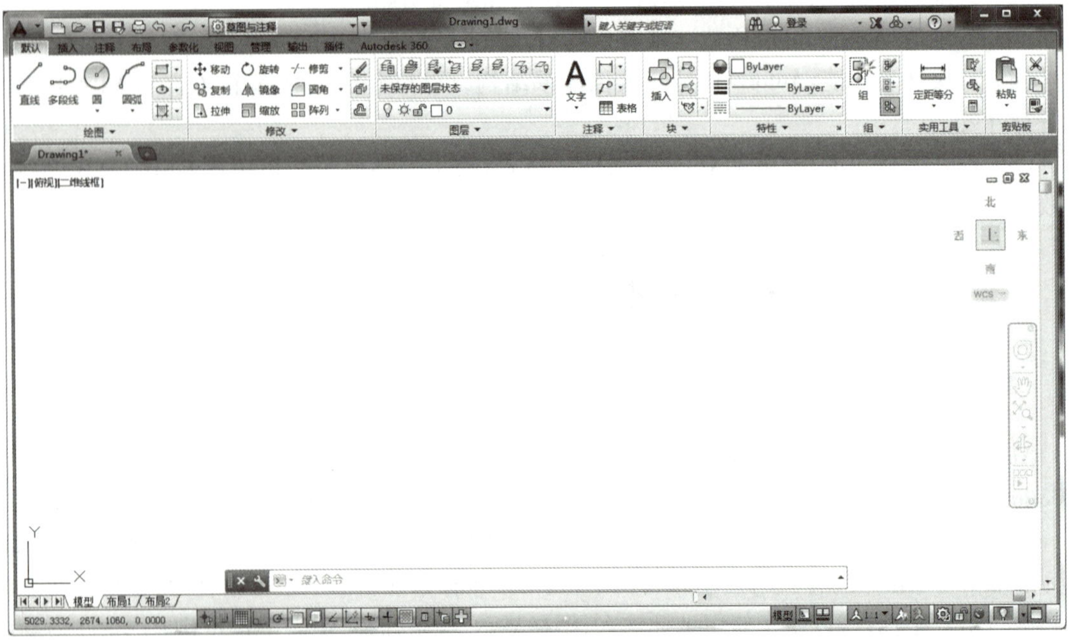

图 2-2　AutoCAD 用户界面

击工作空间右侧的黑三角,可以选择不同的工作空间,以满足不同的操作需要。系统内预置了三个工作空间,分别是二维草图与注释、三维建模和 AutoCAD 经典。其中 AutoCAD 经典是特意为老用户准备的,其风格与早先的版本一致。

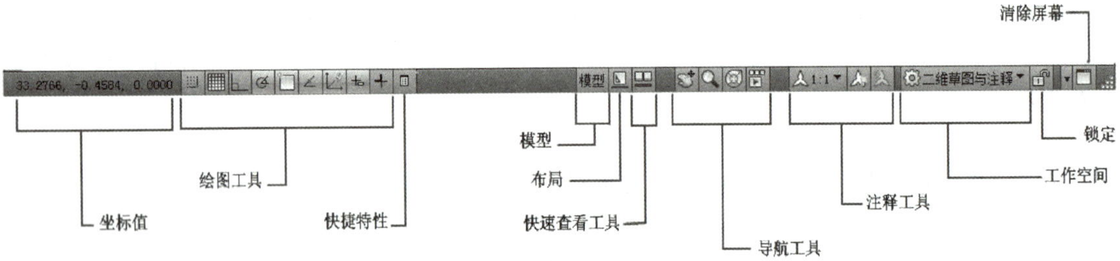

图 2-3　状态栏

三、命令的输入方式

AutoCAD 的命令必须在“命令:”状态下输入。

其他状态,除非是透明命令可以执行,否则会出错。透明命令是指在命令前加“'”后,可以在其他命令执行过程中嵌入执行的命令。此命令完成后仍回到原来命令的状态,如'ZOOM、'PAN和'CAL 等。

(1) 键盘输入　直接从键盘输入 AutoCAD 命令,然后按空格键或回车键,但在输入字符串时,只能用回车键。输入的命令用大写或小写均可。建议键盘输入用别名输入,这样更快捷。

(2) 菜单输入　单击菜单名,在弹出的下拉式菜单中选择所需命令。

（3）图标输入　鼠标移至某图标，会自动显示图标名称，单击该图标。

（4）重复输入　在出现提示符“命令：”时，按回车键或空格键，可重复上一个命令，也可单击鼠标右键，在弹出快捷菜单中选择“重复××（××为上一个命令）”命令。

（5）终止当前命令　按下“Esc”键可终止或退出当前命令，连续按两下进入待命状态。

（6）取消上一个命令　输入“U”命令或按工具栏上的↶图标后，可取消上一次执行的命令。

（7）命令重做　输入“REDO”或工具栏上的↷图标后可重做被取消的命令。

四、数据输入

1. 点的输入

当命令行窗口出现“指定点：”提示时，用户可通过多种方式指定点的位置。

（1）使用十字光标　在绘图区内，十字光标具有定点功能。移动十字光标到适当位置，然后单击左键，十字光标点处的坐标就自动输入。

（2）笛卡儿坐标　使用键盘以“x，y”的形式直接键入目标点的坐标。比如，在回答“指定点：”时，就可输入“20，10<Enter>”表示点的坐标为“20，10”。

在平面绘图时，一般不需要键入 z 坐标，而是由系统自动添上当前工作平面的 z 坐标。如果需要，也可以“x，y，z”的形式给出 z 坐标。比如“20，10，5”等。

（3）相对笛卡儿坐标　相对坐标指的是相对于当前点的坐标，而不是相对于坐标系原点而言的。使用相对坐标方式输入点的坐标，必须在输入值的前键入字符“@”作为前导。例如，输入“@ 20，10”表示该点相对当前点在 X 轴正方向前进 20 个单位，在 Y 轴正方向前进 10 个单位。

（4）相对极坐标　相对极坐标是以从当前点到下一点的距离和连接这两点的向量与水平正向的夹角来表示的，其形式为“@ d<α”。其中“d”表示距离，“α”表示角度，中间用“<”分隔。比如，键入“@ 50<30”，则表示下一点距当前点的距离为 50，与水平正向的夹角为 30°。

2. 角度的输入

默认以度为单位，以 X 轴正向为 0°，以逆时针方向为正，顺时针方向为负。在提示符“角度：”后，可直接输入角度值，也可输入两点，后者的角度大小与输入点的顺序有关，规定第一点为起点，第二点为终点，起点和终点的连线与 X 轴正向的夹角为角度值。

3. 位移量的输入

位移量是指一个图形从一个位置平移到另一个位置的距离，其提示为“指定基点或位移：”，可用两种方式指定位移量：

（1）输入基点 P1（x1，y1），再输入第二点 P2（x2，y2），则 P1、P2 两点间的距离就是位移量，即

$$\Delta X = x2 - x1, \Delta Y = y2 - y1。$$

（2）输入一点 P（x，y），在“指定位移的第二点或<用第一点作位移>：”提示下直接回车响应，则位移量就是该点 P 的坐标值 x、y，即 $\Delta X = x$、$\Delta Y = y$。

五、文件操作

1. 新建文件

单击左上快速工具栏上的新建文件图标□，系统将弹出图 2-4 所示的对话框：

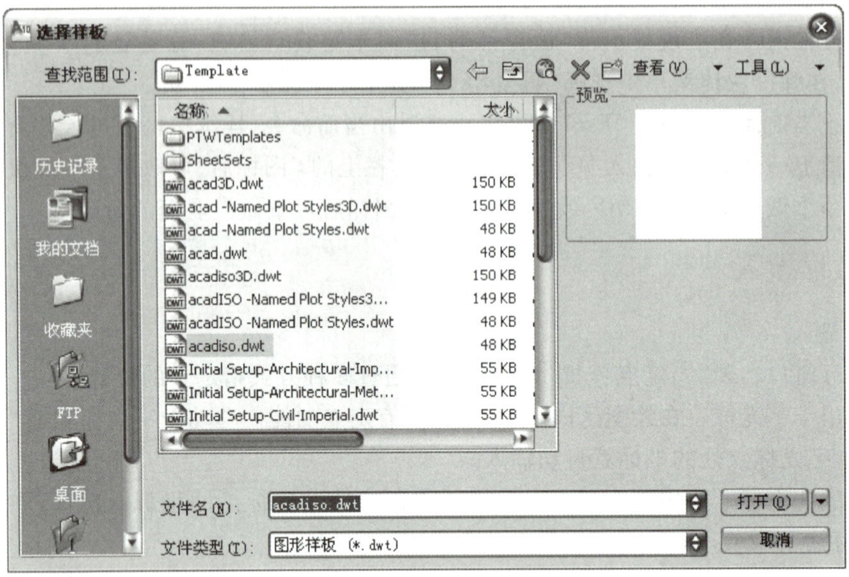

图 2-4　新建文件

新建文件时，需要选择样板，样板文件含有关图形文件的多种格式设定，比如单位制、工作范围、文字样式、尺寸样式、图层设置和图框标题栏等。样板文件扩展名是“dwt”。AutoCAD 提供了多种文件样板，存放在 AutoCAD 安装目录的下一级目录“\template”下，用户也可根据需要自己定制样板文件。

2. 打开文件

单击左上快速工具栏上的打开文件图标，系统将弹出图 2-5 所示的对话框。利用此对话框，可以打开下列不同类型的文件：

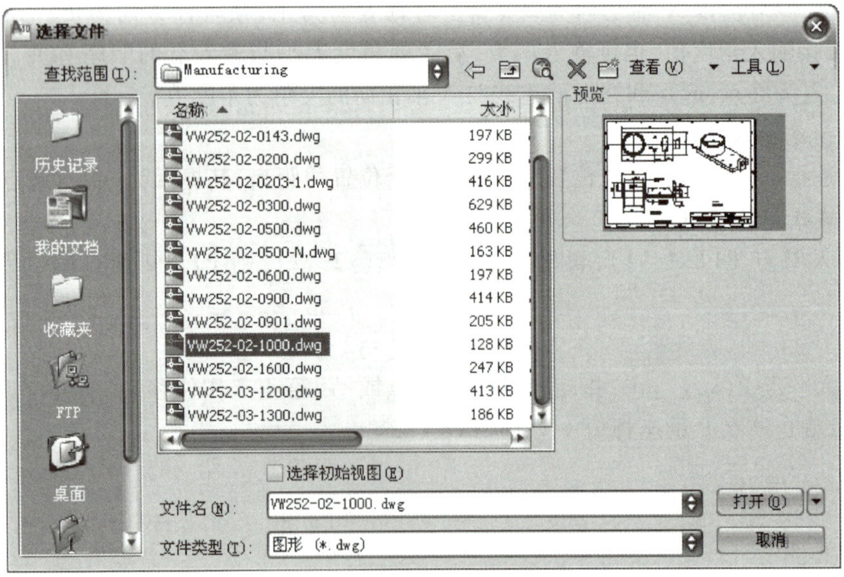

图 2-5　打开文件

（1）AutoCAD 图形文件（＊.dwg）；

（2）AutoCAD 图形文件交换文件（＊.dxf）；

（3）AutoCAD 图形样板文件（＊.dwt）；

（4）AutoCAD 图形标准文件（＊.dws）。

在对话框的右上位置有图形预览，方便用户确定是否是需要打开的文件。

3. 保存文件

单击左上工具栏上的保存文件图标，可以快速保存正在编辑的文件。如果当前文件还没有命名，系统将弹出类似于图 2-5 所示的对话框。系统默认扩展名为“dwg”，键入文件名，按下保存按钮，系统就能保存当前图形。注意 AutoCAD2010 的图形文件无法在较早版本的 AutoCAD 中打开，若要在较早版本中打开，保存时必须在文件类型中指定为较早版本的格式。

§2-3 AutoCAD 的基本操作

一、绘图命令

任何复杂的图形都是由基本图元，如线段、圆、圆弧、矩形和多边形等组成的。这些图元在 AutoCAD 中，称为实体。

基本绘图命令位于“常用”选项卡的“绘图”面板上，常用绘图命令包括画直线、多段线、圆、圆弧和正多边形等，单击“绘图”两字右边的三角，还会弹出其他常用的绘图命令，当光标移到图标上面时会显示此图标的名称，悬停在图标上时会显示此命令的简要操作举例。表 2-1 列出了常用绘图命令图标的英文全名和简化命令，在命令提示符下输入英文全名和简化命令具有相同的作用。

表 2-1　常用绘图命令图标的名称对照

工具图标	中文名称	英文命令	简化命令	工具图标	中文名称	英文命令	简化命令
	直线	Line	L		修订云线	Revcloud	
	构造线	Xline	XL		样条曲线	Spline	SPL
	多段线	Pline	PL		椭圆	Ellipse	EL
	正多边形	Polygon	POL		椭圆弧	Ellipse	EL
	矩形	Rectang	REC		插入块	Insert	I
	圆弧	Arc	A		创建块	Block	B
	圆	Circle	C	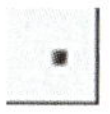	点	Point	PO

续表

工具图标	中文名称	英文命令	简化命令	工具图标	中文名称	英文命令	简化命令
	图案填充	Bhatch	BH、H		表格	Table	TB
	面域	Region	REG		多行文字	Mtext	MT、T

下面介绍最基本的绘图命令，括号中的字母为简化命令，使用简化命令可以提高绘图速度，应尽量记住括号中的简化命令。

限于篇幅，命令只作常用功能的介绍，不能面面俱到，如有需要请参考联机帮助，在执行任何命令时按下 F1 就能得到所需的帮助。

1. 直线(L)

功能：绘制直线。

操作规则：指定起点后，只要给出下一点就能连续画出多个直线段，直至按回车键或鼠标右键结束命令。

直线命令的选项有：

(1) 放弃(U)　可以取消上一线段，直至重新开始直线段命令。

(2) 闭合(C)　当连续绘制线段多于一段时，出现此选项，它将当前点与该组线段的起始点相连，构成一个封闭图形，同时退出直线命令。

2. 多段线(PL)

功能：绘制不同宽度或同宽度的直线或圆弧的组合线段，一次绘制的多段线为一个实体，可以用分解命令分解成多个直线或圆弧实体。

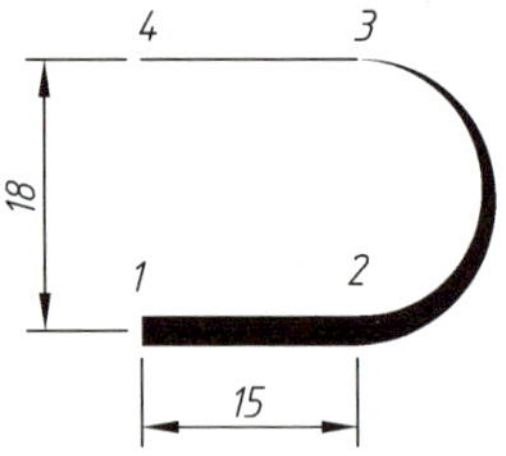

图 2-6　用多段线绘制图形

操作规则：先指定起点，然后按提示操作。以图 2-6 说明多段线命令的用法：

命令：_pline

指定起点：(指定 *1* 点)

当前线宽为 0.0000

指定下一个点或[圆弧(A)/半宽(H)/长度(L)/放弃(U)/宽度(W)]：W(改变线宽)

指定起点宽度<0.0000>：2(指定新线宽)

指定端点宽度<2.0000>：(不指定宽度，就是尖括号内当前默认值)

指定下一个点或[圆弧(A)/半宽(H)/长度(L)/放弃(U)/宽度(W)]：15(光标水平向右移动，输入 15，即得 *2* 点)

指定下一点或[圆弧(A)/闭合(C)/半宽(H)/长度(L)/放弃(U)/宽度(W)]：A(切换成画圆弧模式)

指定圆弧的端点或

[角度(A)/圆心(CE)/闭合(CL)/方向(D)/半宽(H)/直线(L)/半径(R)/第二个点(S)/

放弃(U)/宽度(W)]:W(改变宽度)

指定起点宽度<2.0000>:(不指定宽度,就是尖括号内当前默认值)

指定端点宽度<2.0000>:0

指定圆弧的端点或

[角度(A)/圆心(CE)/闭合(CL)/方向(D)/半宽(H)/直线(L)/半径(R)/第二个点(S)/放弃(U)/宽度(W)]:18(垂直向上移动光标,输入 18,即得 *3* 点)

指定圆弧的端点或

[角度(A)/圆心(CE)/闭合(CL)/方向(D)/半宽(H)/直线(L)/半径(R)/第二个点(S)/放弃(U)/宽度(W)]:L(切换到画直线模式)

指定下一点或[圆弧(A)/闭合(C)/半宽(H)/长度(L)/放弃(U)/宽度(W)]:15(光标水平向左移动,输入 15,即得 *4* 点)

指定下一点或[圆弧(A)/闭合(C)/半宽(H)/长度(L)/放弃(U)/宽度(W)]:(回车,结束命令)

3. 圆(C)

功能:圆命令用于绘制一整圆。

操作规则:CIRCLE 命令含有多种不同的选项,这些选项分别对应不同的画圆方法。

指定圆的圆心或[三点(3P)/两点(2P)/相切、相切、半径(T)]:

(1) 指定圆心和半径或直径画圆。

(2) 三点(3P)通过指定圆周上的三点画圆。

(3) 两点(2P)通过指定圆周上直径的两个端点画圆。

(4) 相切、相切、半径(T)通过指定与圆相切的两实体(直线、圆弧或者圆),然后给出圆的半径画圆。具体操作如图 2-7 所示。

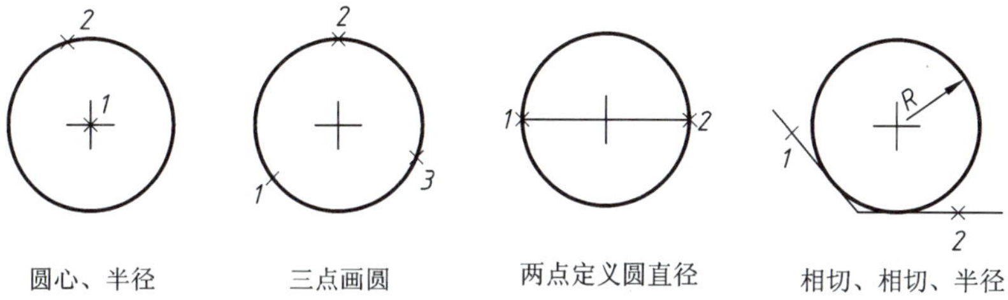

图 2-7　画圆

4. 圆弧(A)

功能:绘制圆弧。

操作规则:绘制圆弧有 11 种方式,默认方式为三点画圆弧。单击圆弧图标边上的小三角就会弹出图 2-8 所示的对话框,根据已知条件选用合适的方式。

下列是最常用的两种画法:

(1) 三点(P)　这是圆弧的缺省画法。通过依次指定圆弧上的起点、中间点和终点来画圆弧,如图 2-9a 所示。

(2) 起点,端点,半径(R)　通过指定圆弧的起始点、端点和半径画圆弧,如图 2-9b 所示。用这种方法可用来绘制相贯线的近似圆弧,但要注意圆弧是按起点到端点的逆时针方向绘制的。

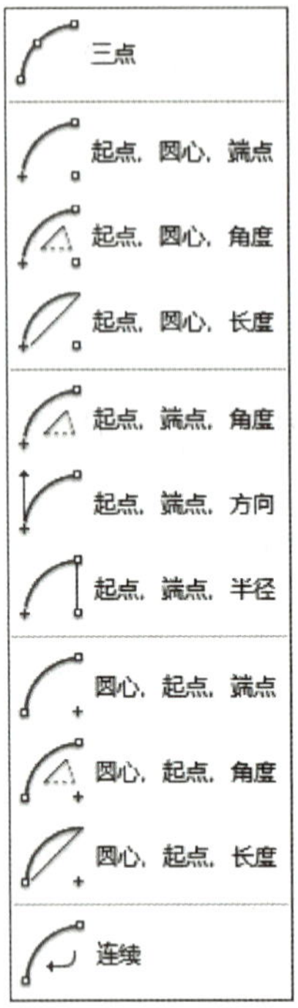

图 2-8　画圆弧的方法

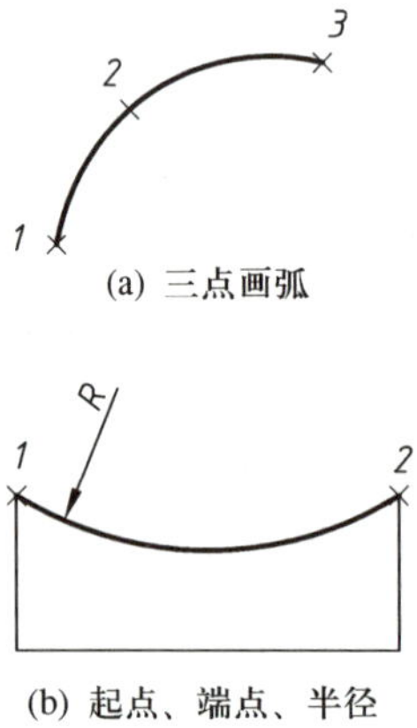

图 2-9　画弧

5. 点(PO)命令

功能:绘制点,点在绘图中可以用作辅助点或者作为标记。

操作规则:绘制点时只要指定点的坐标就可以了。画点前一般应先用“DDPTYPE”设定点的显示样式及其大小。

6. 单行文本(DT)和多行文本(T)

功能:单行文本用于注写每行作为一个实体的文字,多行文本用来注写每段作为一个实体的文字。

操作规则:注写文本时一般须首先指定采用的字体样式,AutoCAD 可以使用自身专用的矢量字体和 WINDOWS 中的 TrueType 字体。推荐使用 AutoCAD 专用的矢量字体(扩展名为.shx)。

用 DTEXT 命令注写中文时,字体样式中必须同时指定中文字库(大字体)和西文字库。若仅指定西文字库,则中文字符将以“?”来显示。

(1) 文字样式(ST)命令

设定字体命令对话框如图 2-10 所示。下面以定义工程字样式为例说明设定过程。

1) 单击“新建”按钮,在弹出的窗口中键入新字体名“工程字”,然后单击确定按钮关闭窗口。

2) 单击“字体”下面的“使用大字体”前的方框中打钩,确认使用 AutoCAD 大字体字库。

3) 单击“SHX 字体”,在列表中选择“gbeitc.shx”西文字体。

4) 单击“大字体”,在列表中选择“gbcbig.shx”中文单线长仿宋字体。

5) 单击“应用”按钮完成对字体的定义,然后按“关闭”按钮退出。

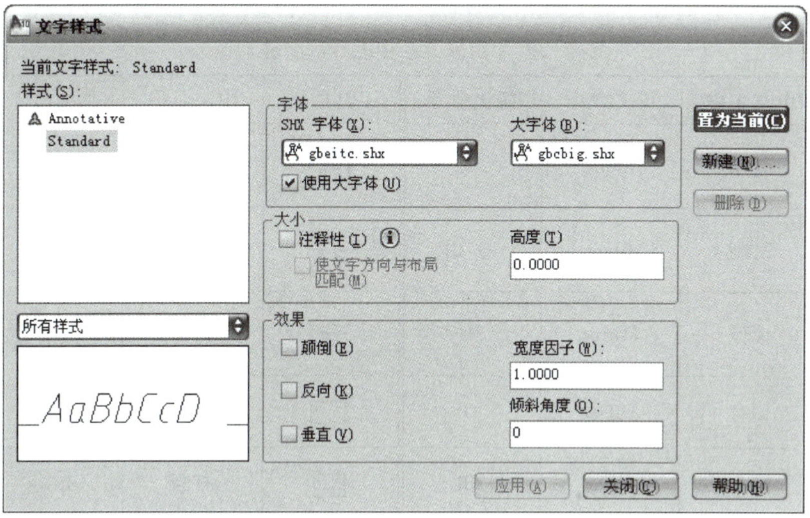

图 2-10 定义字体样式

建议将“Standard”样式中的字体也改成“gbeitc.shx”和“gbcbig.shx”，这样可以满足绘图过程中的所有注写和标注的需要。

(2) 对齐方式的说明

文本起始点为文字的对准基点，系统提供以下对齐选项：

[对齐(A)/调整(F)/中心(C)/中间(M)/右(R)/左上(TL)/中上(TC)/右上(TR)/左中(ML)/正中(MC)/右中(MR)/左下(BL)/中下(BC)/右下(BR)]：

其中：“对齐”和“调整”要求用户指定文本的填充范围，但“对齐”是通过改变整个文本的比例来实现的，而“调整”是在不改变文字高度的情况下，通过自动调整字符的宽度因子来实现的。

(3) 特殊字符的输入

一些特殊字符不能在键盘上直接输入，AutoCAD 用控制码来实现，常用的控制码如表 2-2 所示：

表 2-2 特殊字符与控制码

符号	代号	示例	文本
°	%%d	30%%d	30°
±	%%p	%%p0.012	±0.012
Φ	%%c	%%c50	Φ50

二、编辑命令

编辑命令位于“常用”选项卡的“修改”面板上，常用命令包括删除、剪切、移动和复制等，点击“修改”两字右边的三角，还会弹出其他常用的编辑命令，当光标移到图标上面时会显示此图标的名称，悬停在图标上时会显示此命令的简要操作举例。表 2-3 列出了常用修改命令图标的英文全名和简化命令。

表 2-3　常用修改命令图标的名称对照

工具按钮	中文名称	英文命令	简化命令	工具按钮	中文名称	英文命令	简化命令
	删除	Erase	E		拉伸	Strecth	S
	复制	Copy	CO、CP		修剪	Trim	TR
	镜像	Mirror	MI		延伸	Extend	EX
	偏移	Offset	O		打断于点	Break	BR
	阵列	Array	AR		打断	Break	BR
	移动	Move	M		倒角	Chamfer	CHA
	旋转	Rotate	RO		圆角	Fillet	F
	缩放	Scale	SC		分解	Explode	X

1. 选择对象的方式

对图形中的一个或者多个实体进行编辑时，首先要选择被编辑的对象，即构造选择集。AutoCAD 提供多种对象选择的方法，用户可灵活选用。

在“选择对象:”的提示出现后，此时十字光标将会变成一个拾取框，选中的对象将以虚线显示，常用的选择方式有：

(1) 点选方式　这是默认的方式，将拾取框移至目标，按下鼠标左键，即可选中，可重复操作以选取多个对象。

(2) 默认窗口　光标在绘图区域的空白处确定第一个对角点，然后从左向右侧移动构成矩形框的另一对角点，出现一个实线的矩形框，框内的所有对象被选中。

(3) 默认交叉窗口　光标在绘图区域的空白处确定第一个对角点，然后从右向左侧移动构成矩形框的另一对角点，出现一个虚线的矩形框，框内的以及与框线相交的所有对象被选中。

(4) 全部方式　输入“ALL”，回车，可选择可操作的全部对象。

(5) 栏选方式　输入“F”，回车，此时在绘图区域画一直线，与直线相交的所有对象被选中。

(6) 扣除模式　输入“R”，回车，切换到“扣除”模式，此时使用任何一种对象选择方式都可以将对象从当前选择集中扣除。如果在“添加”模式下要去除选择集的对象，先按住“SHIFT”键，再选择要去除的对象。

(7) 添加模式　输入“A”，回车，切换到“添加”模式，可以使用任何对象选择方式将选定对象添加到选择集。系统默认为添加模式。

2. 删除(E)

功能:删除已有实体。

操作规则:先单击“删除”命令,在“选择对象”提示下,使用任意的选择方法选择要删除的对象,选择完毕后按鼠标右键或回车就可删除对象。也可先选择好要删除的对象,然后单击“删除”命令。

3. 偏移(O)

功能:偏移可以创建与选定对象形状相同且等距的新对象,如创建同心圆、平行线和平行曲线。可以偏移的实体是直线、二维多段线、圆弧、圆、椭圆和椭圆弧等。

操作规则:

(1) 启动“偏移”命令。

(2) 指定偏移距离(可以输入值或在绘图区域内指定两点)。

(3) 选择要偏移的对象。

(4) 指定要放置新对象的一侧的任意一点。

(5) 另一个对象要偏移相同距离可重复(3)、(4)步骤,或按 ENTER 键结束命令。

以图 2-11 为例说明操作过程,图中的线段为多段线。

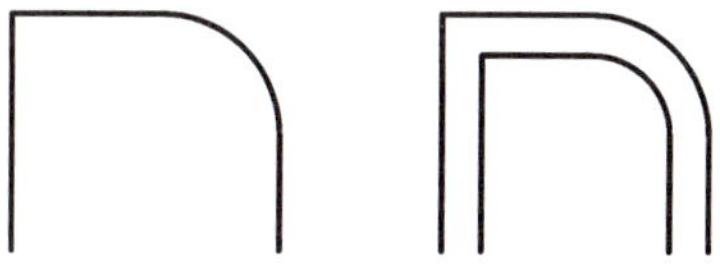

图 2-11 偏移

命令:OFFSET

指定偏移距离或[通过(T)]<1.0000>:5

选择要偏移的对象或<退出>:(选中图中的对象)

指定点以确定偏移所在一侧:(指定点在内侧)

选择要偏移的对象或<退出>:(回车)

命令:

说明:

指定偏移距离时,也可采用“通过(T)”方式指定一个点,让新对象通过该点建立偏移对象。

4. 修剪(TR)

功能:用指定的剪切边裁剪所选定的对象。

操作规则:

(1) 启动“修剪”命令。

(2) 选择作为剪切边的对象,按回车键(若要选择图形中的所有对象作为可能的剪切边,直接按回车键)。

(3) 选择要修剪的对象。

以图 2-12a 为原图,通过以下操作可得到图 2-12b。

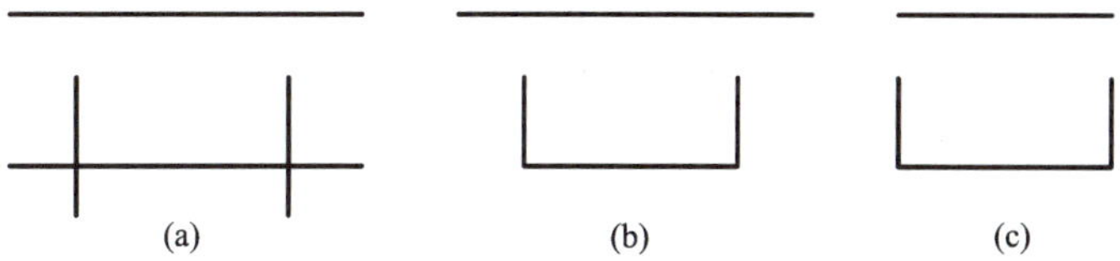

图 2-12 修剪

命令:_trim
当前设置:投影=UCS,边=无
选择剪切边…
选择对象或<全部选择>:找到 1 个(选择左边的竖线)
选择对象:找到 1 个,总计 2 个(选择右边的竖线)
选择对象:(回车)
选择要修剪的对象,或按住 Shift 键选择要延伸的对象,或
[栏选(F)/窗交(C)/投影(P)/边(E)/删除(R)/放弃(U)]:(选择下面那条直线的左端)
选择要修剪的对象,或按住 Shift 键选择要延伸的对象,或
[栏选(F)/窗交(C)/投影(P)/边(E)/删除(R)/放弃(U)]:(选择下面那条直线的右端)
选择要修剪的对象,或按住 Shift 键选择要延伸的对象,或
[栏选(F)/窗交(C)/投影(P)/边(E)/删除(R)/放弃(U)]:(回车)

再启动修剪命令。通过以下操作从图 2-12b 得到图 2-12c。

命令:_trim
当前设置:投影=UCS,边=无
选择剪切边…
选择对象或<全部选择>:找到 1 个(选择左边的竖线)
选择对象:找到 1 个,总计 2 个(选择右边的竖线)
选择对象:(回车)
选择要修剪的对象,或按住 Shift 键选择要延伸的对象,或
[栏选(F)/窗交(C)/投影(P)/边(E)/删除(R)/放弃(U)]:e(回车)
输入隐含边延伸模式[延伸(E)/不延伸(N)]<不延伸>:e(回车)
选择要修剪的对象,或按住 Shift 键选择要延伸的对象,或
[栏选(F)/窗交(C)/投影(P)/边(E)/删除(R)/放弃(U)]:(选择上面那条直线的左端)
选择要修剪的对象,或按住 Shift 键选择要延伸的对象,或
[栏选(F)/窗交(C)/投影(P)/边(E)/删除(R)/放弃(U)]:(选择上面那条直线的右端)
选择要修剪的对象,或按住 Shift 键选择要延伸的对象,或
[栏选(F)/窗交(C)/投影(P)/边(E)/删除(R)/放弃(U)]:(回车)

说明:

(1) 剪切边和被修剪的对象可以是直线、圆弧、圆、多段线和样条曲线等,同一个对象既可以作为剪切边,同时也可以作为被裁剪的对象。

(2) 修剪时,在完成了剪切边的选择后,选择需要剪去的那部分对象,也就是选择什么就剪去什么。若延长某个线段可按住 Shift 键,然后选中它。

(3) 选项中的投影(P)选项在二维平面图中不用。

5. 复制(CO)

功能:将指定的对象复制到指定位置,可多次复制。

操作规则:先选定要复制的对象,再选择基点,然后指定目标位置。图 2-13 所示的操作过程如下:

命令:_copy

选择对象:指定对角点(窗口选择):找到 3 个

选择对象:(回车)

当前设置:复制模式=多个

指定基点或[位移(D)/模式(O)]<位移>:(指定基点为圆心)

指定第二个点或<使用第一个点作为位移>:(指定第一个位置)

指定第二个点或[退出(E)/放弃(U)]<退出>:(指定第一个位置)

指定第二个点或[退出(E)/放弃(U)]<退出>:(指定第一个位置)

指定第二个点或[退出(E)/放弃(U)]<退出>:(回车,结束复制)

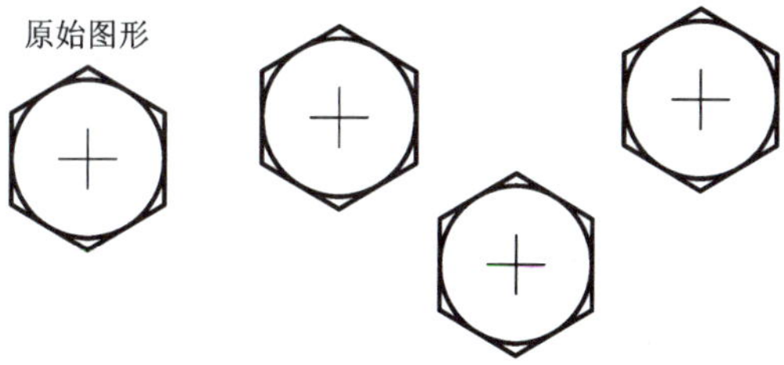

图 2-13 复制

6. 移动(M)

功能:用于将选定的实体从当前位置平移到一个新的指定位置。

操作规则:与复制差不多,不同之处就是原图被删除了。

7. 旋转(RO)

功能:用于将选定的图形对象围绕一个指定的基点进行旋转。

操作规则:先选定需要旋转的对象,再选择旋转基点,然后指定旋转角度。图 2-14 所示的操作过程如下:

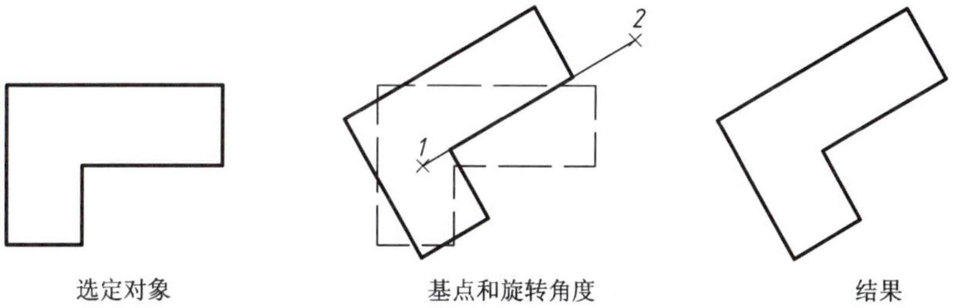

图 2-14 图形旋转

命令:_rotate

UCS 当前的正角方向:ANGDIR=逆时针 ANGBASE=0

选择对象:指定对角点:(选择需要旋转的对象)

选择对象:(回车)

指定基点:(指定图形中一点为基点)

指定旋转角度，或［复制（C）/参照（R）］<0>：（移动光标，图形随之旋转，按下鼠标左键完成旋转）

说明：

（1）在给出旋转角度时，可直接输入一个角度值，也可给出一个点。若给出一个点，则该点与基点连线的倾角即为旋转角。

（2）若输入参考（R），则可以先指定当前参照角的位置，然后指定相对参照角位置的旋转角度。一般常用于将对象与图形中的几何特征（或其他对象）对齐。

（3）若输入复制（C），则原图保留。

8. 缩放（SC）

功能：用于放大或缩小选定的图形对象。

操作规则：先选定需要缩放的对象，再选择基点，然后指定缩放的比例因子。图 2-15 所示的操作过程如下：

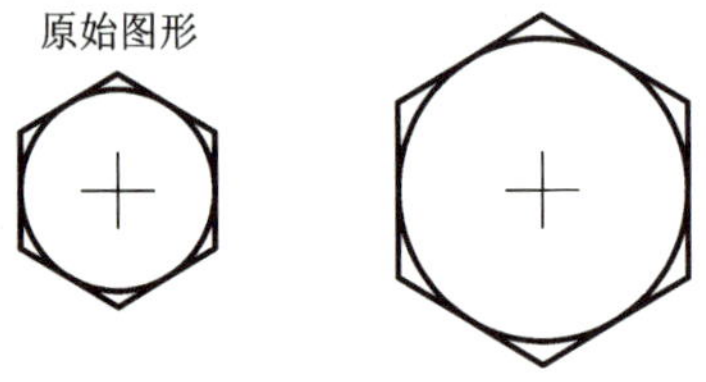

图 2-15 缩放

命令：_scale

选择对象：指定对角点：（选择要放大的对象）

选择对象：（回车）

指定基点：（指定位置不动的那一点）

指定比例因子或［复制（C）/参照（R）］<1.0000>：1.5

说明：

选项复制（C）/参照（R）的意思与旋转命令类似。

9. 镜像（MI）

功能：创建对象的镜像图形，绘制对称的图形可起到事半功倍的效果。

操作规则：先选择需要镜像的对象，再指定镜像线的两个端点，然后确认原来的对象是否要删除，默认为不删除，可以直接按鼠标右键或回车键。图 2-16 所示的操作过程如下：

命令：_mirror

选择对象：（选择需要镜像的对象）

选择对象：（回车）

指定镜像线的第一点：

指定镜像线的第二点：

要删除源对象吗？［是（Y）/否（N）］<N>：

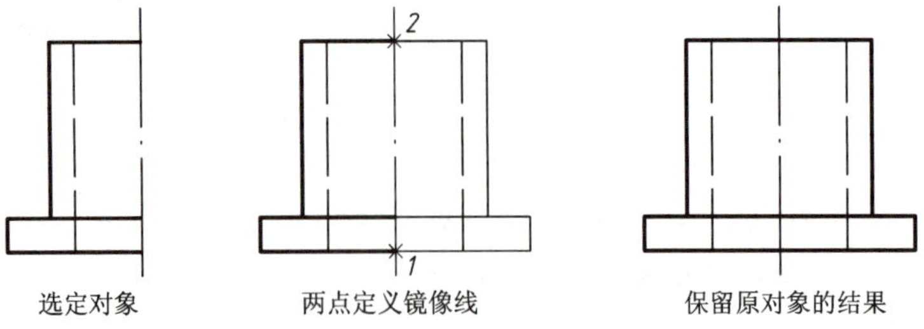

图 2-16 镜像

10. 阵列（AR）

功能：将指定对象以矩形或环形的方式进行多重复制。

操作规则：选择阵列对象、选择阵列类型（矩形阵列或环形阵列）、弹出阵列对话框，指定阵列的参数，绘图区域有预览，认为合适按“关闭阵列”按钮。

（1）矩形阵列，以图 2-17 为例：

命令：_array

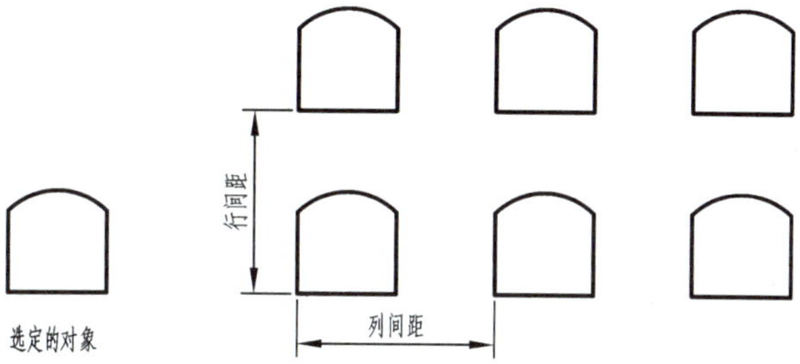

图 2-17　矩形阵列

1）选定阵列对象后，选择“矩形阵列”，此时系统在上方工具栏处弹出图 2-18 对话框。

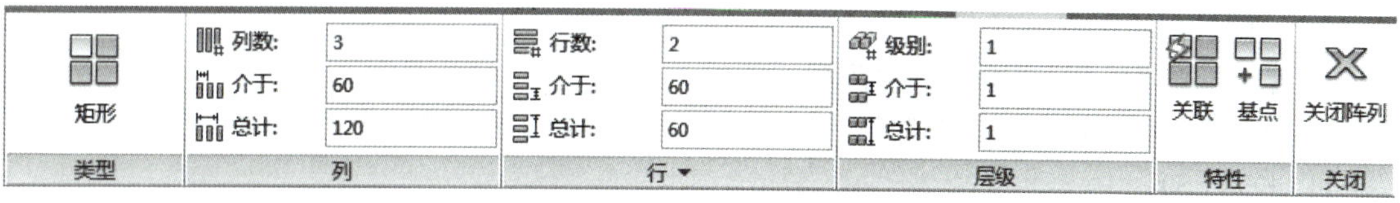

图 2-18　矩形阵列对话框

2）在“列数”和“行数”框中，输入阵列中的行数和列数（级别为 Z 方向，可保留默认值“1”）。

3）在“介于”框中，输入列间距和行间距。

4）绘图区域可见真实效果。

5）“关联”有效时，阵列后的对象是一个整体，否则为单个对象。

6）“基点”为重新设定基点位置。

7）单击“关闭阵列”以完成创建阵列。

（2）环形阵列，以图 2-19 为例：

命令：_array

1）选定阵列对象后，选择“环形阵列”、选定环形阵列的中心后系统在上方工具栏处弹出图 2-20对话框。

2）在“项目数”框中输入个数，“介于”为每个阵列对象的间隔角度，“填充”为总的阵列角度。

3）“行数”和“级别”保持默认值“1”。

4）“旋转项目”有效时，选中的阵列对象会跟随旋转。

5）“方向”有效时，选中的对象绕基点逆时针方向阵列，否则为顺时针方向阵列。

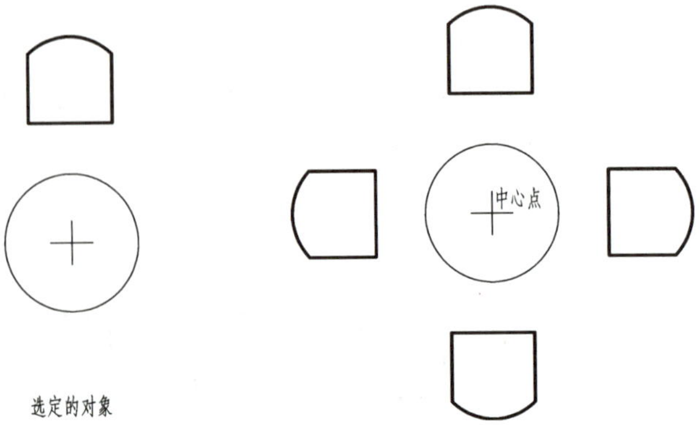

图 2-19　环形阵列

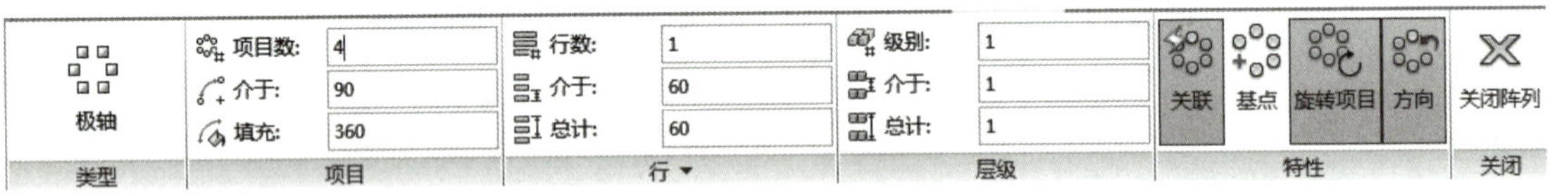

图 2-20　环形阵列对话框

6）绘图区域可见真实效果。

7）单击“关闭阵列”以完成创建阵列。

注意：工作空间在“AutoCAD 经典”模式下，不会有图 2-18 和图 2-20 的对话框出现。

11. 拉伸(S)

功能：用于拉伸所选定的图形对象。

操作规则：以交叉窗口选定需要拉伸的对象，再选择基点，然后指定拉伸的距离。图 2-21 所示的操作过程如下：

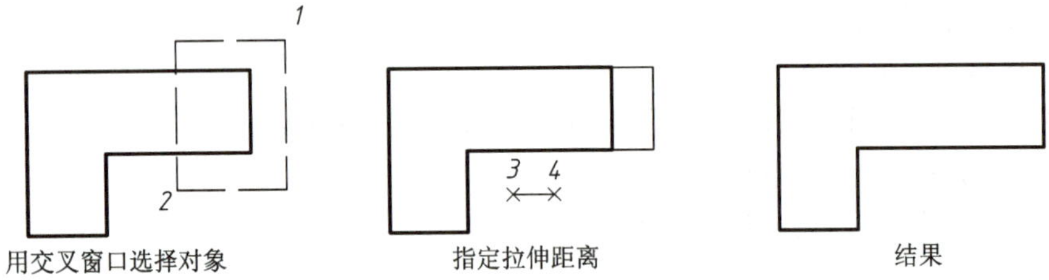

图 2-21　拉伸

命令：_stretch

以交叉窗口或交叉多边形选择要拉伸的对象...

选择对象：指定对角点(*1* 点到 *2* 点的交叉窗口选择要拉伸的对象)

选择对象：(回车)

指定基点或[位移(D)]<位移>：(指定 *3* 点)

指定第二个点或<使用第一个点作为位移>：(移动光标时，图形随之拉伸，至 *4* 点按下左键

拉伸完成)

12. 延伸(EX)

功能:延伸对象到指定的边界。

操作规则:先选定需要延伸的对象,然后指定边界对象。图 2-22 所示的操作过程如下:

图 2-22 延伸

命令:_extend

当前设置:投影=UCS,边=无

选择边界的边…

选择对象或<全部选择>:(若直接回车,则所有的线都是边界)

选择对象:(回车)

选择要延伸的对象,或按住 Shift 键选择要修剪的对象,或

[栏选(F)/窗交(C)/投影(P)/边(E)/放弃(U)]:

说明:

此命令操作与修剪命令的操作类似。

13. 拉长(LEN)

功能:可以改变直线、圆弧、开放的椭圆弧、多段线和开放的样条曲线的长度。

操作规则:先选定拉伸方式,然后选择对象中需要拉长的那一端。

命令:_lengthen

选择对象或[增量(DE)/百分数(P)/全部(T)/动态(DY)]:dy

选择要修改的对象或[放弃(U)]:

指定新端点:

选择要修改的对象或[放弃(U)]:

说明:

(1) 增量,是指从端点开始测量的增加的长度或角度。

(2) 百分数,是按总长度或角度的百分比指定新长度或角度。

(3) 全部,是指定对象的总的绝对长度或包含角。

(4) 动态,动态拖动对象的端点。

(5) 此命令不改变其位置或方向,仅拉长或缩短选定对象。

14. 打断(BR)

功能:用于删除所选定对象的一部分,或者将对象分解为两个部分。

操作规则:在默认情况下,选择对象的那个点为第一个打断点,指定第二个打断点后,将删除两点之间的部分。

若要将对象分解为两个部分，请选用“打断于点”的图标，先选择要分解的对象，然后选择打断点。

15. 圆角(F)

功能：在两条线之间创建圆角。

操作规则：先指定圆角的半径和圆角模式，然后分别指定要绘制圆角的两个对象。图 2-23 所示的操作过程如下：

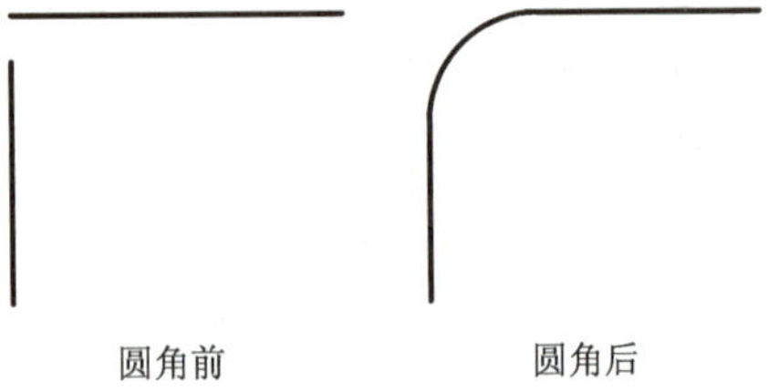

图 2-23 圆角

命令：_fillet

当前设置：模式=修剪，半径=0.0000

选择第一个对象或[多段线(P)/半径(R)/修剪(T)/多个(U)]：r

指定圆角半径<0.0000>：10

选择第一个对象或[多段线(P)/半径(R)/修剪(T)/多个(U)]：

选择第二个对象：

说明：

(1) 多段线(P)，让用户选择一条多段线，并对多段线的各个顶点处倒圆角。

(2) 修剪(T)，设定创建圆角时的剪切模式。

输入修剪模式选项[修剪(T)/不修剪(N)]<修剪>：

选择修剪(T)模式，系统将自动对选择的对象进行延伸或裁剪，然后再用圆弧连接(图 2-23)；否则，系统仅建立圆弧连接。

(3) 注意半径的大小，一定要先设定你需要的半径，否则不会出现你预期的结果。

16. 夹点编辑

夹点是一些小方框。使用鼠标指定对象时，对象关键点上将出现夹点，不同的对象出现的夹点不同。操作时，先选中一对象，然后将光标的靶区和某夹点重合，单击左键使其变红色，这时可以拖动夹点直接而快速地编辑对象。

利用夹点编辑可以执行拉伸、移动、旋转、缩放、复制或镜像等操作，夹点编辑是编辑图形时采用的方法，不需要启动任何编辑命令，所以快捷方便。

三、显示控制命令

由于显示器屏幕的大小有限，绘图时，就要对图形的大小进行控制，使图形以合适的大小显示在屏幕上。

显示控制最基本的方法是利用鼠标的中键滚轮，当滚轮向前滚时图形放大；向后滚时图形缩小；按下滚轮移动鼠标时，图形平移；双击鼠标中键滚轮显示全部图形。显示控制只改变图形在屏幕上显示的大小，并不改变图形的实际尺寸。

如果出现图形缩小或放大到一定程度后不能继续放大或缩小，可在命令提示符下输入“REGEN”，重新生成图形，就可继续放大或缩小。

§2-4 AutoCAD的绘图工具和图层操作

一、辅助绘图工具

AutoCAD提供了一些辅助绘图工具，帮助用户更快、更精确地绘图，常用的有正交、极轴追踪和对象捕捉等，它们可以在执行其他命令的过程中使用。想快速精确地绘制图形必须学会灵活运用绘图辅助工具。

1. 正交状态

正交使光标只能沿水平和垂直方向移动，便于用户绘制精确的水平线和垂直线。按F8键或单击“正交”图标即可进入或解除正交状态。

2. 极轴追踪

使光标沿极轴角度按指定增量进行移动。按F10键，或单击状态栏上的“极轴”图标即可进入或解除极轴追踪。需设定极轴角增量大小时，将光标移到图标上，单击鼠标右键，在快捷菜单上选择“设置”就会弹出图2-24所示的对话框。可直接输入需要的增量角，也可单击增量角修改框右边的尖角，选择列表框内的数值。

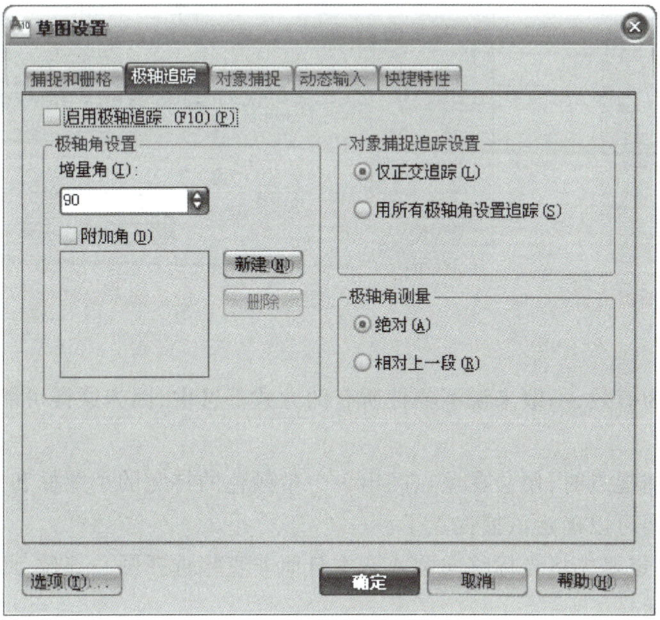

图2-24 极轴追踪对话框

3. 目标捕捉方式

AutoCAD共有13种目标捕捉方式，用于捕捉实体上的几何特征点。目标捕捉在使用中有两种方式，临时目标捕捉方式和自动目标捕捉方式。

(1) 临时目标捕捉方式

按住“Ctrl”键,单击鼠标右键会弹出快捷菜单,如图 2-25 所示,选择需要的捕捉方式。也可以在键盘上输入捕捉方式英文单词的前 3 个字母,然后去捕捉那个点。这种方式仅本次有效,下次使用时还需再次选择。

(2) 自动目标捕捉方式

按 F3 键,或单击状态栏上的“目标捕捉”图标即可进入或解除目标捕捉。进入目标捕捉方式后,系统就会自动捕捉。需设定不同捕捉方式时,将光标移到图标上,单击鼠标右键,在快捷菜单上选择“设置(S)...”就会弹出图 2-26 所示的对话框,选择需要的捕捉方式,单击“确定”退出对话框。

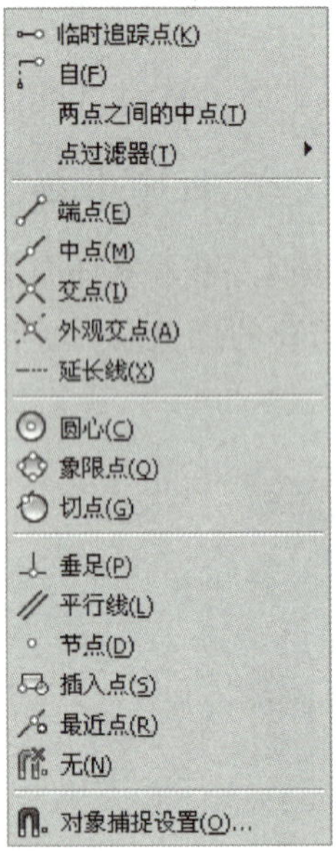

图 2-25 临时目标捕捉方式

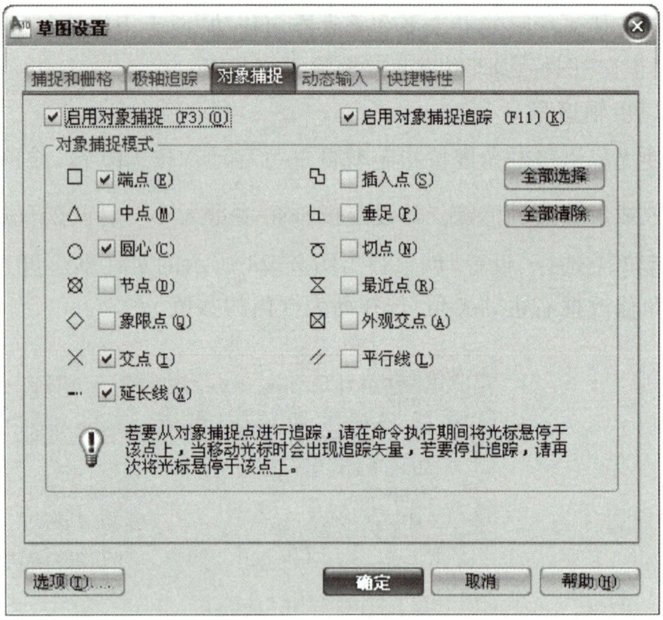

图 2-26 目标捕捉对话框

说明:

小方框打钩的为有效,一般来说不要把所有的方式都选中,因为这样可能反而选不到用户需要的点。

当靶区捕捉到捕捉点时,便会在该点闪出一个带颜色的特定的小图标和文字说明,以提示用户不需再移动靶区便可以确定该捕捉点了。

捕捉圆心时,一定要先将光标移向圆或弧本身而非直接选择圆心部位,此时小图标和文字说明便会在圆心处显示。

执行延伸线捕捉方式时,先悬停在需延伸线的端点,端点小图标出现后需用户顺着已知线段的方向移动才会出现。

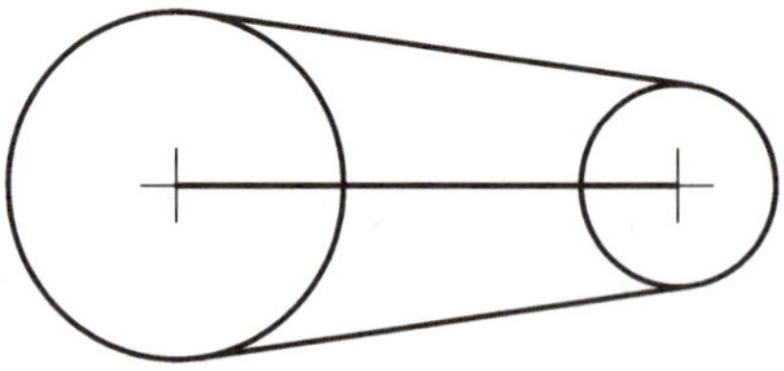

图 2-27 绘制两圆的公切线和连心线

(3) 捕捉应用举例

图 2-27 所示绘制两圆公切线和连心线的操作步骤如下:

1）用“圆”命令绘制好一大一小两个圆。

2）在对象捕捉对话框中选择“圆心”和“切点”。结束对话框后，注意激活状态栏上的“对象捕捉”按钮使捕捉有效。

3）使用“直线”命令画出两个圆的连心线。输入画线命令“Line”，回车后将移动鼠标到大圆圆周上，即会出现圆心标记，此时单击鼠标左键，直线的起点就在大圆的圆心上，再移动鼠标到小圆圆周上，小圆的圆心位置就会出现圆心标记，此时单击左键并按回车键，连心线绘制结束。

4）用“直线”命令绘制两圆的公切线。输入画线命令“Line”，回车后移动鼠标到大圆圆周上，即会出现圆心标记，这不是我们希望的，我们希望它出现切点符号，此时应重新设置“对象捕捉”，将“圆心”捕捉去掉。然后，将鼠标移向大圆圆周的适当位置（切点的大致位置），此时便会出现切点符号，单击鼠标右键，再将鼠标移向小圆圆周的适当位置，同样会出现切点符号，单击鼠标左键并回车，一条公切线画好。重复上述动作可画另一条公切线。

二、参数化绘图工具

参数化图形是一项用于具有约束的设计技术，是 AutoCAD2010 的新功能，为设计绘图提供了更大的方便。约束是应用于二维几何图形的关联和限制。常用的约束类型有两种：

（1）几何约束　控制对象相对于彼此的关系。

（2）标注约束　控制对象的距离、长度、角度和半径值。

参数化图形可以通过约束图形中的几何图形来保持设计规范和要求，在标注约束中包括公式和方程式，通过修改变量值可快速进行设计修改。一般来说建议在设计中首先应用几何约束以确定设计的形状，然后应用标注约束以确定对象的大小。

使用约束进行设计，创建或更改设计时，图形会处于以下三种状态之一：

（1）未约束　未将约束应用于任何几何图形。

（2）欠约束　将部分约束应用于几何图形。

（3）完全约束　将所有相关几何约束和标注约束应用于几何图形。完全约束的一组对象还需要包括至少一个固定约束，以锁定几何图形的位置。

因为程序有自动防止过约束情况的出现，所以当你需要对完全约束的图形增加约束时，必须先删除原先不必要的约束。

单击图 2-28 所示的参数化选项卡中“几何”字样右边的向右下的箭头就能弹出图 2-29 所示的几何约束对话框。AutoCAD 提供了包括垂直、平行、水平、竖直等 12 种几何约束。通过参数化选项卡上的图标来完成约束的操作。

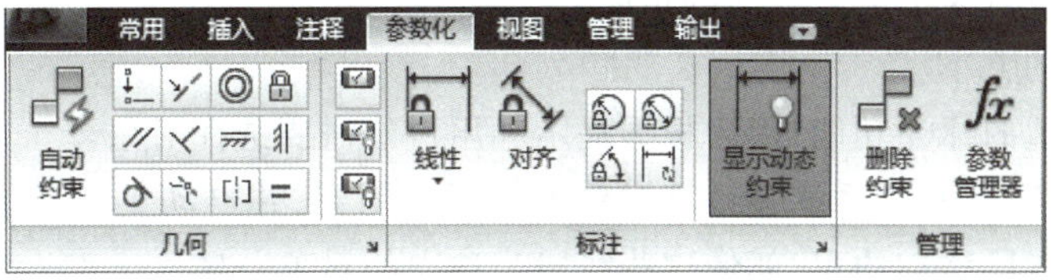

图 2-28　参数化选项卡

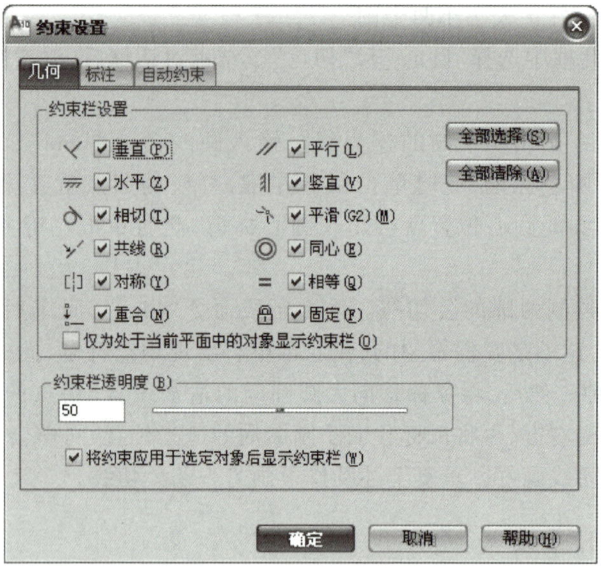

图 2-29　几何约束

约束的操作步骤：

1. 添加几何约束

添加约束时，在图 2-28 所示的选项卡中点击要增加的几何约束图标，然后根据命令区的提示选择需要约束的对象。一般应在图 2-29 所示的自动约束选项卡内设置好自动约束的种类，这样系统会根据用户所画的图形情况自动加上必要的几何约束，必要时可根据需要再作调整。

2. 删除或释放几何约束

需要对设计进行更改时，有两种方法可取消约束效果：

（1）单独删除约束，然后应用新约束。将光标悬停在几何约束图标上时，可以使用 Delete 键或快捷菜单删除该约束。

（2）临时释放选定对象上的约束以进行更改。已选定夹点或在编辑命令使用期间指定选项时，轻敲 Ctrl 键以交替释放约束和保留约束。

进行编辑期间不保留已释放的约束。编辑过程完成后，仍然有效的约束会自动恢复。不再有效的约束将被删除。

3. 添加标注约束

标注约束功能：

（1）约束对象之间或对象上的点之间的距离。

（2）对象之间或对象上的点之间的角度。

（3）圆弧和圆的大小。

操作时选择合适的标注功能，然后根据提示和用户的需要选择对象。

如果更改标注约束的值，系统会计算对象上的所有约束，并自动更新受影响的对象。此外，可以向多段线中的线段添加约束，就像这些线段为独立的对象一样。

在默认情况下，标注约束并不是对象，只是以一种标注样式显示，在缩放操作过程中保持大小相同，且不能打印，如果需要打印标注约束或使用标注样式，需另作设定。

标注约束的值中可以包含自定义变量和方程式,通过参数管理器 fx,可以定义自定义用户变量,可以从标注约束及其他用户变量内部引用这些变量。定义的表达式可以包括各种预定义的函数和常量。每个标注约束的名称也是个变量。可以使用包含标注约束的名称、用户变量和函数的数学表达式控制几何图形。

例如,图 2-30 表示将圆约束到矩形中心的设计,圆中某个区域与该矩形的某个区域面积相等。

长度和宽度标注约束设置为常量。d1 和 d2 约束为引用 Length 和 Width 的简单表达式。半径标注约束设置为包含平方根函数的表达式,用括号括起以确定操作的优先级顺序、Area 用户变量、除法运算符以及常量 PI。这些参数均显示在图 2-31 所示的参数管理器中。

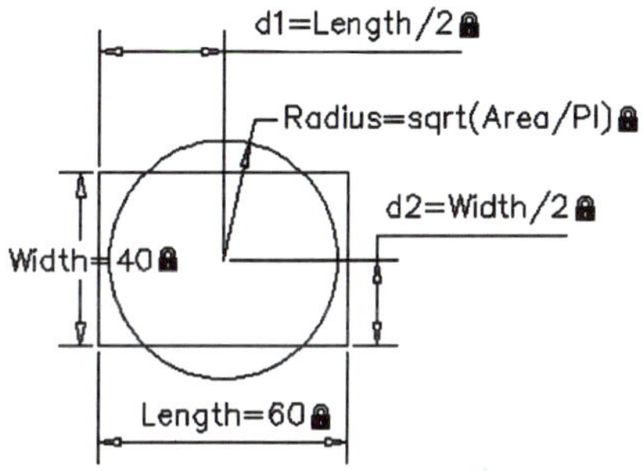

图 2-30 圆和矩形的参数化

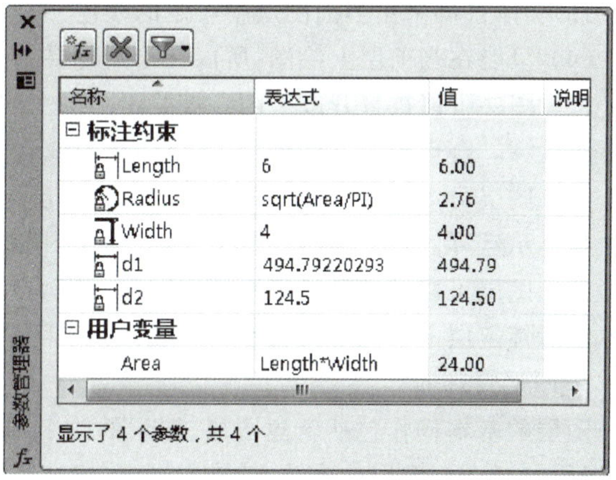

图 2-31 参数管理器

如图 2-31 所示,用于确定圆的面积的方程式,有一部分包括在半径标注约束中,一部分由用户变量进行定义。或者,可能已将整个表达式 sqrt(Length * Width/PI)指定给半径标注约束,也可能已在用户变量或某些其他组合中进行定义。在这个图形中只要改变 fx 中 Area 的值,图形大小就会变化,而形状不变。

参数管理器显示标注约束(动态约束和注释性约束)、参照约束和用户变量。可以从参数管理器轻松创建、修改和删除参数。

参数管理器支持以下操作:

1)单击标注约束的名称以亮显图形中的约束。

2)双击名称或表达式以进行编辑。

3)单击鼠标右键并单击“删除”以删除标注约束或用户变量。

4)单击列标题以按名称、表达式或值对参数的列表进行排序。

注意使用英制单位时,参数管理器将减号(-)当作单位分隔符而不是减法运算符。要指定减法,请在减号的前面或后面包含至少一个空格。例如,计算 5′减去 9″时输入 5′- 9″而不是5′-9″。

三、图层操作

1. 图层的基本概念

图层可看作透明的纸,绘图时可使用多张透明重叠的纸。每一层上可设定默认的一种线型、一种颜色和一种线宽。有了图层,用户就可以将一张图上的不同性质的实体分别画在不同的层上,如绘制零件图时,可以将图形的粗轮廓线、剖面线、中心线、尺寸、文字和标题栏等分别放在不同的层上,这样既便于管理和修改,还可加快绘图速度。

2. 图层的性质

(1) 一个图形文件中可以创建任意多个图层,每个图层上的实体数量没有限制。

(2) 图层名最多可由 31 个字符组成,这些字符可以包括字母、数字和专用符号“$”、“-”(连字符)和“_”(下划线)。“0”层是 AutoCAD 固有的,“Defpoints”层是由 AutoCAD 尺寸标注时自动生成的特殊图层,这两个层不能改名,不能删除。

(3) 图层可被赋予颜色、线型和线宽。若当前图形颜色、线型和线宽使用“BYLAYER”绘图时,图形实体自动采用当前图层中设定的颜色、线型和线宽。

(4) 只能在当前层上绘图,所以在绘图时要首先确认当前层。

(5) 图层可以被打开或关闭。被关闭图层上的图形既不能显示,也不能打印输出,但仍然参与显示运算。合理关闭一些图层,可以使绘图或看图时显得更清楚。

(6) 图层可以被冻结或解冻。被冻结的图层上的图形同样既不能显示,也不能打印输出,且不参与显示运算。合理冻结一些图层,能加快图形重新生成时的速度。

(7) 图层可以锁定和解锁。锁定图层不影响其上图形的显示状况,锁定层上可以绘制图形但不能对锁定层上的图形进行编辑。通过锁定图层可防止对这些图层上的图形产生误操作。

3. 图层管理

图层的基本操作包括新建图层、图层的改名、指定当前层、图层的开/关、图层的冻结/解冻和锁定/解锁等操作。

在用户界面的图层控制面板(图 2-32)上第一行是对图层操作的图标,单击第一个图标,系统弹出如图 2-33 所示的图层特性管理器对话框。利用该对话框,可以对图层进行全面操作。

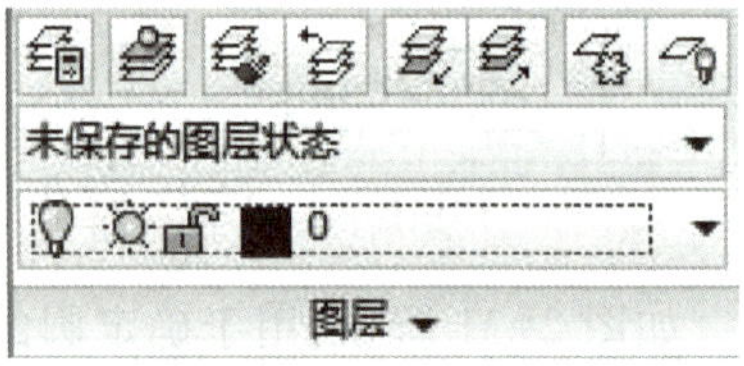

图 2-32 图层控制面板

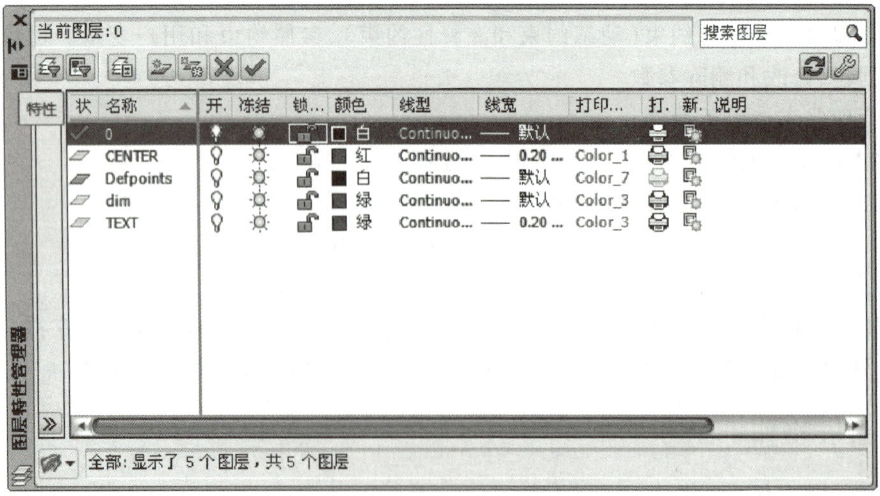

图 2-33 图层特性管理器

图形文件中的图层很多可以利用图层的过滤器功能，要改变某图层的颜色，可以在本层的颜色文字上单击一下，就会弹出“选择颜色”对话框，选定需要的颜色后按“确定”即可。要改变线型可在本层的线型文字上单击一下，就会弹出“线型选择”对话框，如对话框中没有所需要的线型可按下面的“加载”按钮，在“加载和重载线型”对话框中选择需要加载的线型。单击图层线宽从弹出的列表框内选择需要的线宽。

对图层的控制除了利用对话框中的图标工具以外，还可以在对话框的空白处，单击鼠标右键就会弹出快捷菜单（图 2-34），从快捷菜单中选择需要的功能。

对图层的快捷操作，可以用图 2-32 中第三行的图层控制列表框，单击其右边的三角符号，即能列出当前图形文件中的可见图层。

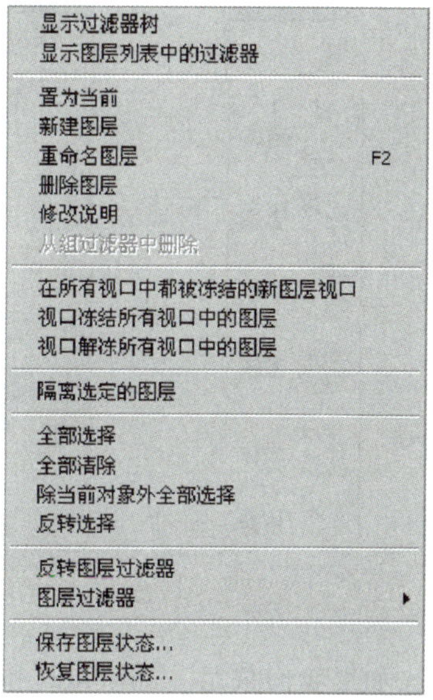

图 2-34　图层特性管理快捷菜单

4. 对象特性的更改

如果要改变现有对象的特性可先选中此对象然后单击特性面板（如图 2-35）的相关图标来改变颜色、线型和线宽等，也可在图层控制区选择相关的图标来改变对象的图层归属。

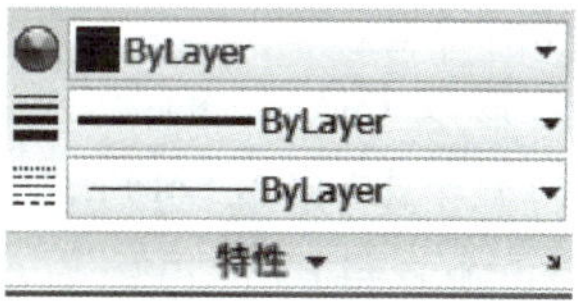

图 2-35　特性面板

如果线型比例不合适，过大或过小，就不能正确显示线型，此时可通过命令“LTSCALE”（可简写为“LTS”）改变线型比例因子以得到正确的显示效果。

线宽的显示必须先激活状态栏上的线宽按钮，才能在屏幕上看到对象的线宽信息。如果激活线宽按钮后，线宽的显示仍不理想，还可将光标移到线宽按钮上，然后单击右键，选择设置，此时可以改变线宽的显示比例。

如果想改变当前绘出对象的颜色、线型和线宽可单击颜色、线型和线宽控制框，并在弹出列表框中选择适当值，然后松开左键即可指定当前的颜色、线型和线宽。

§2－5　AutoCAD 的尺寸标注命令

在 AutoCAD 中，标注尺寸可通过 AutoCAD 用户界面（图 2-2）上的“常用”选项卡的“注释”区的尺寸标注工具栏（图 2-36）上的命令按钮来完成。

一、尺寸标注样式的设定

在尺寸标注中，尺寸样式的设定至关重要，只要尺寸样式设定合理，对于各种不同的尺寸标注就变得得心应手了。系统提供了 ISO-25 的尺寸标注样式，它与我们的国标有一些差别，需要对其默认值作适当的修改。

单击“注释”两字右边的三角，选择标注样式图标，在命令行键入命令“D”来启动标注样式管理器（图 2-37）。

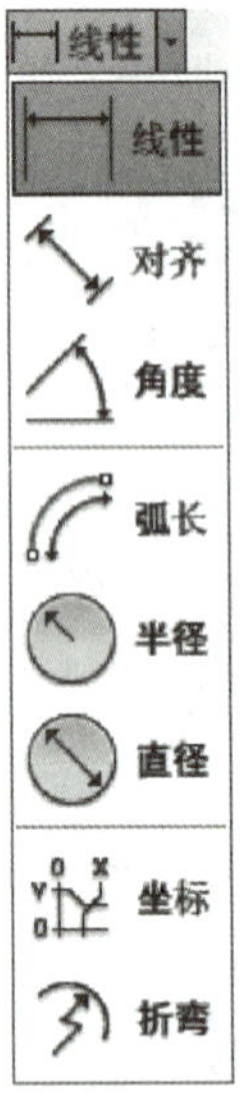

图 2-36 尺寸标注工具栏

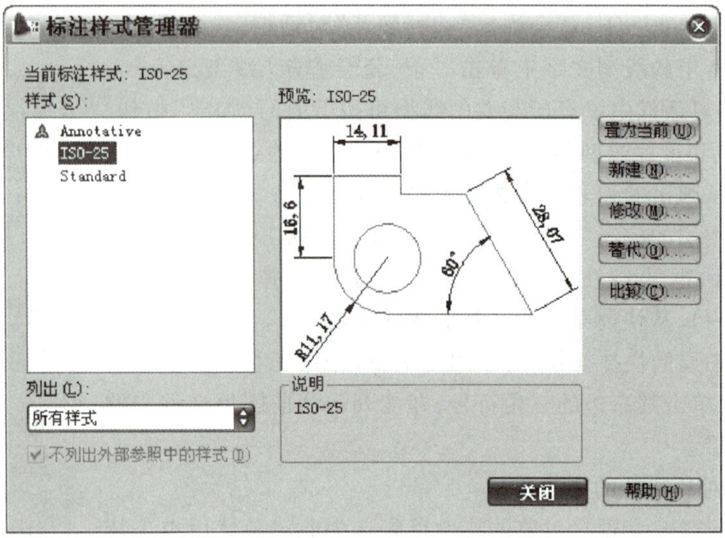

图 2-37 标注样式管理器

如果我们采用 acadiso.dwt 作为样板图,系统默认的是 ISO-25 的尺寸标注样式,在此样式中尺寸数字的高度为 2.5,箭头长度 2.5。在此样式的基础上通过以下步骤可以建立符合国标要求的尺寸样式。

1. 修改 ISO-25 的部分参数

(1) 单击"修改(M)...",在"直线和箭头"选项卡中(如图 2-38),将"基线间距(A)"设置为 5,"起点偏移量(F)"设置为 0。

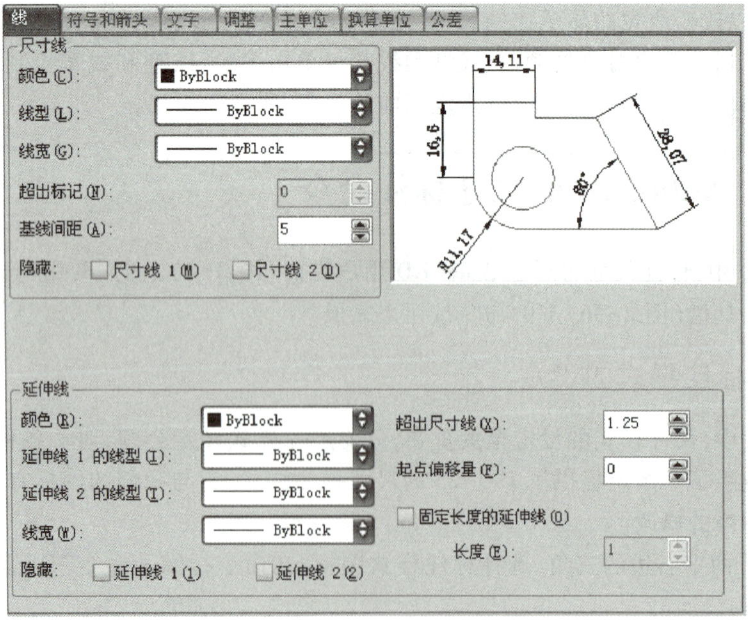

图 2-38 设置尺寸线和箭头

(2) 若要调整标注的字高和箭头长度,请选择“调整”选项卡(图 2-39),在“使用全局比例(S)”右边的数值框中将 1 改成 1.4,这样就可以使尺寸数字的高度和尺寸箭头的长度扩大 1.4 倍,变为 3.5,千万不要去单独调整字高和箭头长度,那样太麻烦。如果不需要调整字高和箭头长度请跳过此操作。

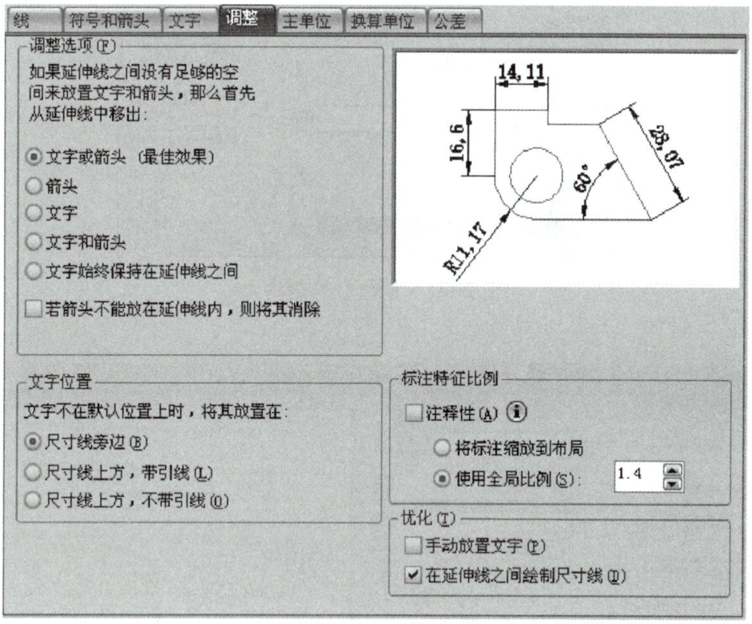

图 2-39 设置全局比例

(3) 选择“主单位”选项卡(图 2-40),将“小数分隔符(C)”设置为“‘.’句点”,然后单击“确定”。其他选项卡中的参数不做修改。

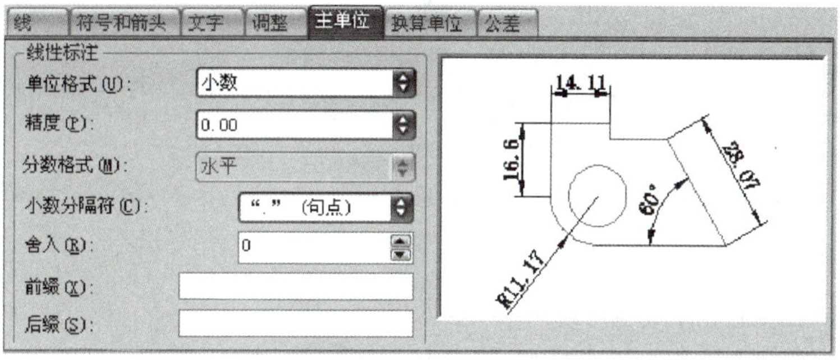

图 2-40 主单位设置

2. 在 ISO-25 中建立标注子样式

子样式可以使标注尺寸时,线性尺寸、角度尺寸、半径尺寸和直径尺寸等按各自不同的参数进行标注,从而满足国标的要求。

(1) 建立角度标注子样式

在标注样式管理器(图 2-37)中,单击“新建(N)...”命令按钮开始建立尺寸标注样式。首先在弹出的对话框(图 2-41),在“用于(U)”的列表框中选择“角度标注”,然后单击“继续”按钮进入设置窗口,选择“文字”选项卡如图 2-42 所示。在“文字对齐(A)”中选择“水平”,再选择“调整”选项卡,如图 2-43 所示,在“调整选项(F)”下选择“文字”,然后单击确定。

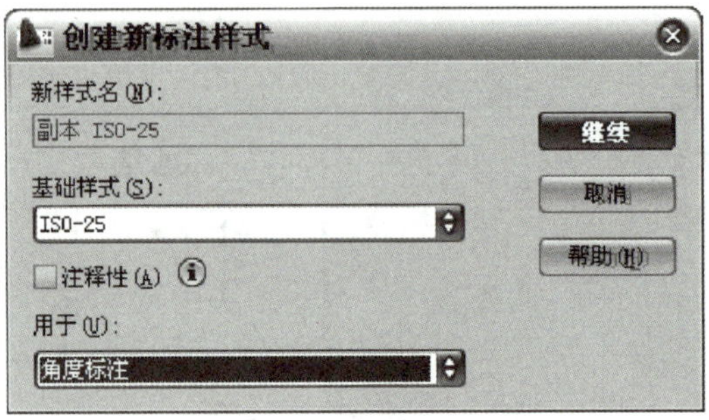

图 2-41　创建新标注样式

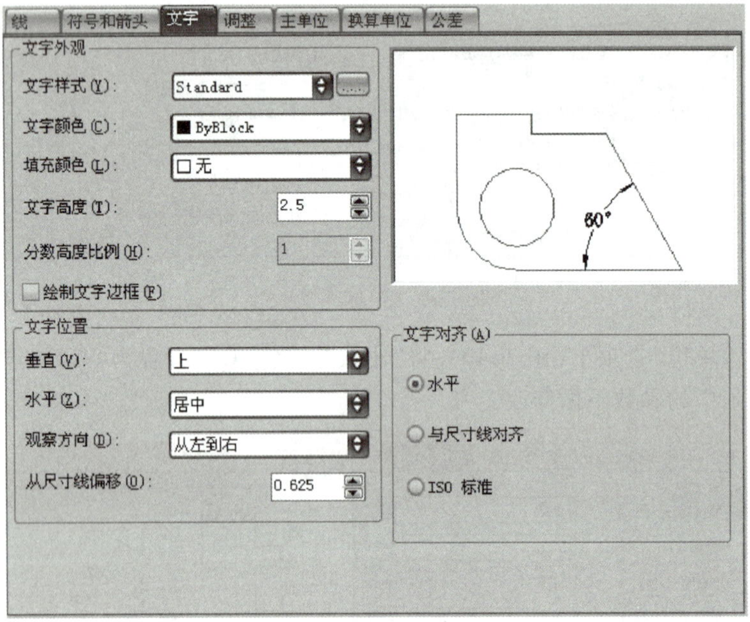

图 2-42　“文字”选项卡

(2) 建立半径标注子样式

单击“新建(N)…”命令按钮,弹出的对话框(图 2-41),在“用于(U)”的列表框中选择“半径标注”,然后,单击“继续”按钮进入设置窗口,选择“文字”选项卡,如图 2-42 所示,在“文字对齐(A)”中,选择“ISO 标准”,再选择“调整”选项卡,如图 2-43 所示,在“调整选项(F)”下选择“文字”,然后单击“确定”。

(3) 建立直径标注子样式

与建立半径标注子样式基本相同,只是在“用于(U)”的列表框中选择“直径标注”。

这样就完成了尺寸样式的修改,能基本满足国标中尺寸标注的需要。

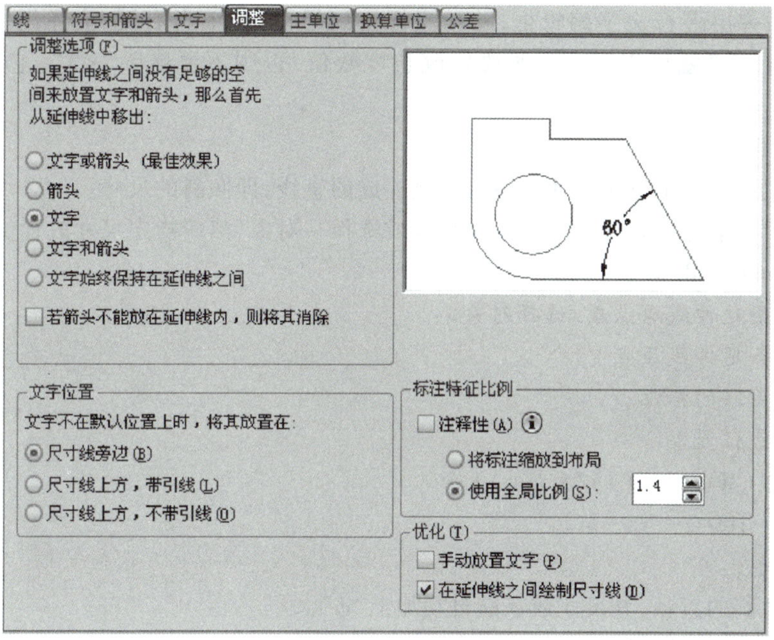

图 2-43 “调整”选项卡

二、尺寸标注命令

AutoCAD 提供了全面的尺寸标注命令，如：长度型、圆弧型和角度型等。一般通过 AutoCAD 用户界面(图 2-2)上的“常用”选项卡的“注释”区的标注面板(图 2-44)上的图标进行尺寸标注。在进行尺寸标注前，先将“对象捕捉”设置成端点、交点和圆心等功能有效。

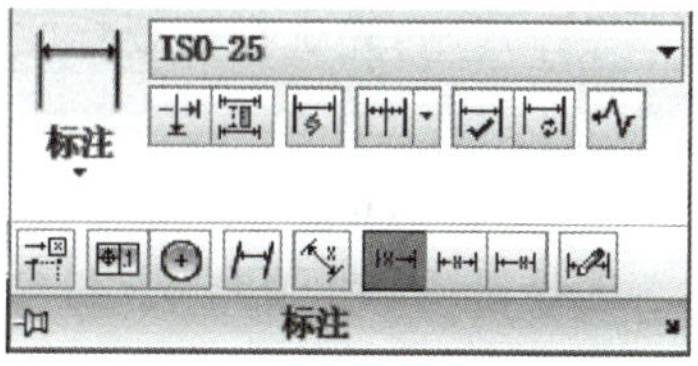

图 2-44 标注面板

1. 线性(水平/垂直型)标注

功能：标注水平型和垂直型尺寸。

操作规则：先选择需要标注尺寸的两个点或选择一对象，然后指定尺寸放置位置。

命令：_dimlinear

指定第一条延伸线原点或<选择对象>：

指定第二条延伸线原点：

指定尺寸线位置或

[多行文字(M)/文字(T)/角度(A)/水平(H)/垂直(V)/旋转(R)]：

标注文字=100(系统自动测量得到的尺寸数值)

说明：

(1) 在指定标注起点时，若按回车键，则选择要标注的对象，系统会测量此对象的长度。

(2) 在需要指定尺寸线位置时，系统会根据光标移动的路径自动选择垂直型或水平型。若要强制水平，请输入“H”；强制垂直，请输入“V”。

(3) 要改变系统默认的尺寸数值，可输入“M”或“T”。如需人工加入直径符号“ϕ”时，可输入“M”，回车后弹出多行文字编辑框，移动光标至编辑框内，单击右键，会弹出快捷菜单，选择“符号”中的“直径”就可以了。除非要修改长度数值，否则不要删除“<>”，它是系统默认的测量值。

2. 对齐型标注

功能：标注尺寸线平行于尺寸界线两起点连成的直线，即倾斜的尺寸。

操作规则：先选择需要标注尺寸的两个点或选择一对象，然后指定尺寸放置位置。

命令：_dimaligned

指定第一条延伸线原点或<选择对象>：

指定第二条延伸线原点：

创建了无关联的标注。

指定尺寸线位置或

[多行文字(M)/文字(T)/角度(A)]：

标注文字=100

3. 直径标注

功能：标注圆的直径，其尺寸数字前自动加上“ϕ”。

操作规则：先选择圆周上的任意一点，然后指定尺寸放置的位置。

4. 半径标注

功能：标注圆弧的半径，其尺寸数字前自动加上“R”。

操作规则：先选择圆弧上的任意一点，然后指定尺寸放置的位置。

5. 角度标注

功能：标注两条直线之间的夹角，或者三点构成的角度，其尺寸数值后会自动加上“°”。

操作规则：先选择需要标注的对象或指定顶点、起始点和结束点三个点，然后指定尺寸放置位置。

命令：_dimangular

选择圆弧、圆、直线或<指定顶点>：

指定角的第二个端点：

指定标注弧线位置或[多行文字(M)/文字(T)/角度(A)]：

标注文字=120

说明：

(1) 若选择直线，则通过指定的两条直线来标注其角度。

(2) 若选择圆弧，则以圆弧的圆心作为角度的顶点，以圆弧的两个端点作为角度的两个端点来标注弧的夹角。

(3) 若选择圆，则以圆心作为角度的顶点，以圆周上指定的两点作为角度的两个端点来标注弧的夹角。

三、尺寸编辑命令

1. 编辑标注

功能：编辑标注文字和尺寸界线。命令操作过程为：

命令:_dimedit

输入标注编辑类型[默认(H)/新建(N)/旋转(R)/倾斜(O)]<默认>:↵

选择对象:找到 1 个

选择对象:↵

说明:

(1) 默认(H):使尺寸文字回归到默认位置。

(2) 新建(N):重新输入尺寸文字。

(3) 旋转(R):旋转尺寸文字。

(4) 倾斜(O):调整尺寸界线的倾斜角度。

2. 编辑标注文字

功能:改变尺寸文字的位置。其操作过程为:

命令:_dimtedit

选择标注:

指定标注文字的新位置或[左(L)/右(R)/中心(C)/默认(H)/角度(A)]:

说明:

(1) 左(L):将标注文字放在尺寸线的左侧。

(2) 右(R):将标注文字放在尺寸线的右侧。

(3) 中心(C):将标注文字放在尺寸线的中间。

(4) 默认(H):将标注文字放在默认位置。

(5) 角度(A):修改标注文字的角度。

除了以上命令,也可以双击需要编辑的标注,在特性对话框中修改。一般情况下不要用分解命令将尺寸标注分解,因为一旦分解就失去了其标注的关联属性,要对尺寸标注进行放大或缩小就麻烦了。

§2-6 平面图形绘制示例

绘制平面图形是绘制工程图样的基础,平面图形包含直线和圆弧的连接,可以利用 AutoCAD 提供的绘图工具、编辑工具和对象捕捉工具精确地完成图形的绘制。下面通过绘制具体的平面图形(图 2-45)说明绘图的方法和步骤。

(1) 图层设置。用 LAYER 命令按表 2-4 设定图层,赋予图层颜色、线型、线宽和其他需要设定的参数。

表 2-4 图层设置

图层名	描述	线型	颜色	线宽
01 粗实线	粗实线,剖切面的粗剖切线	continuous	绿色	0.5
02 细实线	细实线,细波浪线,细折断线	continuous	白色	0.25
04 细虚线	细虚线	ACAD_ISO02W100	黄色	0.25

续表

图层名	描述	线型	颜色	线宽
05 细点画线	细点画线，剖切面的剖切线	ACAD_ISO04W100	红色	0.25
06 粗点画线	粗点画线	ACAD_ISO04W100	棕色	0.5
07 细双点画线	细双点画线	ACAD_ISO05W100	粉色	0.25
08 尺寸标注	尺寸标注，投影连线，尺寸终端与符号细实线	continuous	白色	0.25
09 辅助线	参考圆，包括引出线和终端（如箭头）	continuous	白色	0.25
10 剖面符号	剖面符号	continuous	白色	0.25
11 细文本	文本（细实线）	continuous	白色	0.25
13 粗文本	文本（粗实线）	continuous	白色	0.5

（2）绘制中心线。设置“正交”有效，“01 粗实线”层设为当前层，关闭线宽显示，用直线命令绘制一水平线和一垂直线，然后用偏移命令将水平线向上连续偏移 55 和 40，结果如图 2-46 所示。

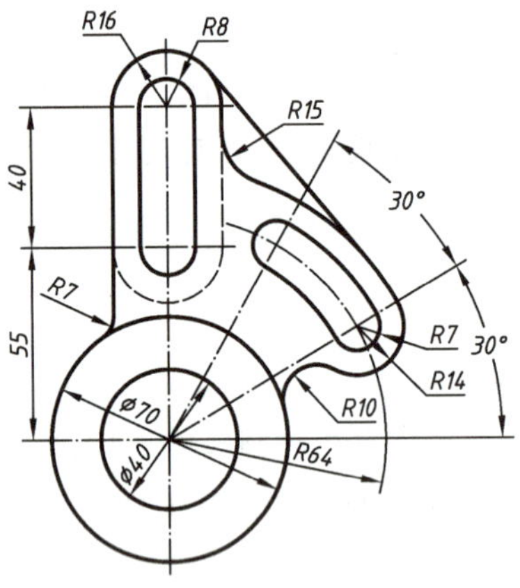

图 2-45　平面图形

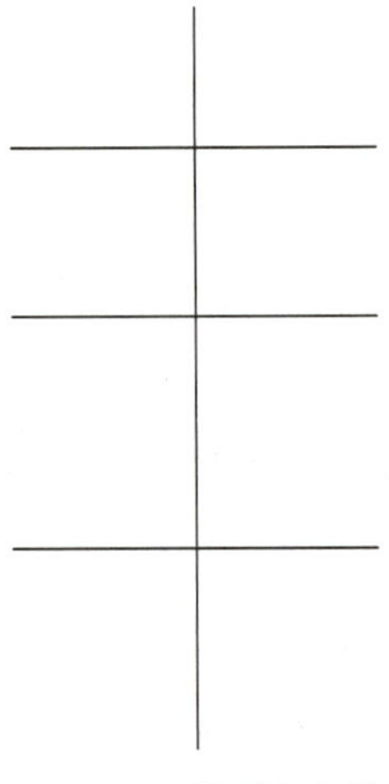

图 2-46　绘制中心线

（3）用圆命令绘制 $R64$ 的圆。将“极轴”按下，并将增量角设为 30°，然后用画线命令绘制角度为 30°的两条中心线，结果如图 2-47 所示。

（4）用圆命令绘制 $\phi40$、$\phi70$、$R8$ 和 $R16$ 6 个圆，结果如图 2-48 所示。

（5）将对象捕捉设为端点、交点和圆心，用直线命令分别作 $R8$ 和 $R16$ 两圆的公切线，用修剪命令，选择两水平线作为剪切边，修剪掉不需要的圆弧，结果如图 2-49 所示。

（6）用圆命令绘制 $R7$ 的两个圆和 $R14$ 的一个圆，用偏移命令将 $R64$ 的圆向内偏移 1 次、向外偏移 2 次，距离均为 7，结果如图 2-50 所示。

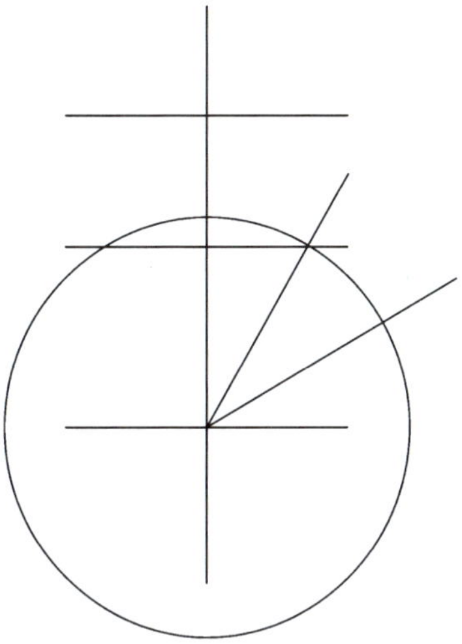

图 2-47　绘制 *R*64 的圆和角度为 30°的两条中心线

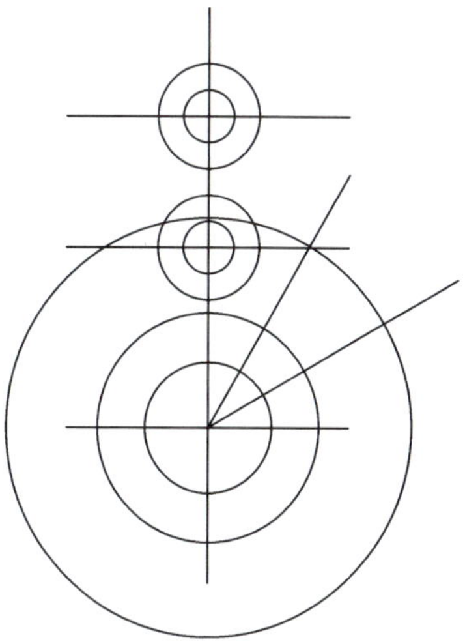

图 2-48　绘制 *ϕ*40、*ϕ*70、*R*8 和 *R*16 的圆

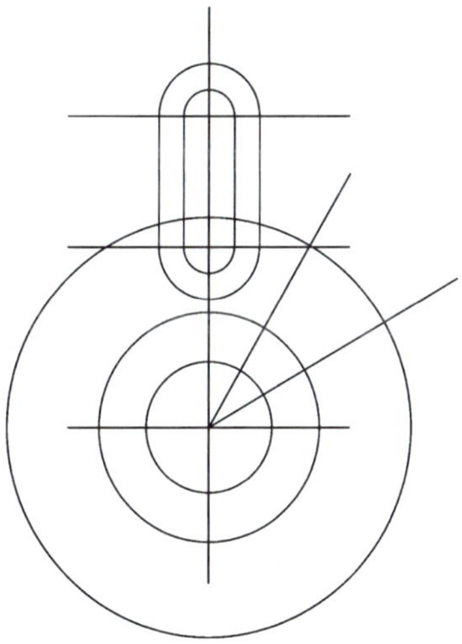

图 2-49　绘制公切线

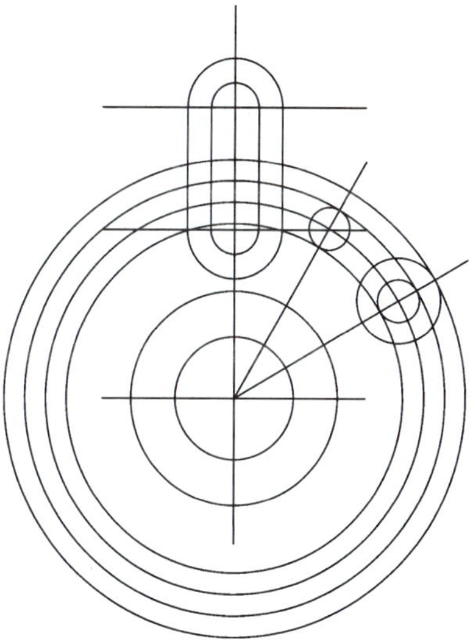

图 2-50　绘制与 *R*7 和 *R*14 相切的圆

(7) 用修剪命令选择两条角度尺寸为 30°的中心线为剪切边，将多余的圆弧剪掉，结果如图 2-51所示。

(8) 用圆角命令分别绘制 *R*7、*R*15 和 *R*10 的圆弧连接，注意 *R*7 是竖线和圆 *ϕ*70 的连接，而不是 *R*16 和圆 *ϕ*70 的连接，结果如图 2-52 所示。

(9) 用直线命令补出在作 *R*15 时自动修剪掉的竖线，将对象捕捉设成仅切点有效，用直线命令绘制右上的切线，注意画切线时光标应移到大致的切点位置上，结果如图 2-53 所示。

(10) 用拉长命令的动态(dy)选项，调整每根中心线的长度到合适的长度(调整中心线长度时也可以用夹点编辑的方法)，然后选择所有中心线并单击图层工具栏上的图层控制列表框，在其中选择“05 细点画线”层，按一下“Esc”键，再选择需要变成虚线的圆弧和线段，单击图层工具栏上的图层控制列表框，在其中选择“04 细虚线”层，按一下“Esc”键，结果如图 2-54 所示。

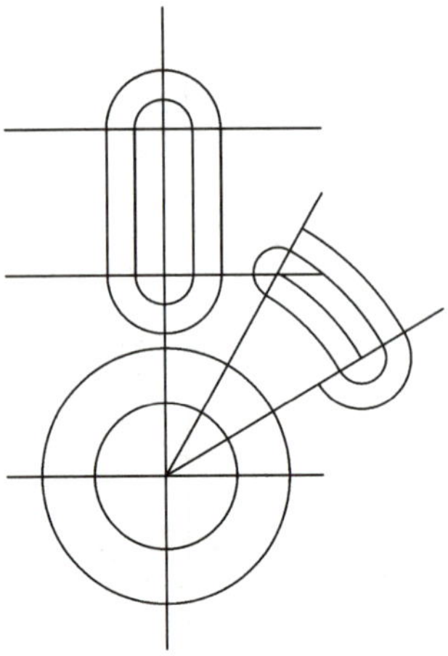

图 2-51　修剪多余的圆弧

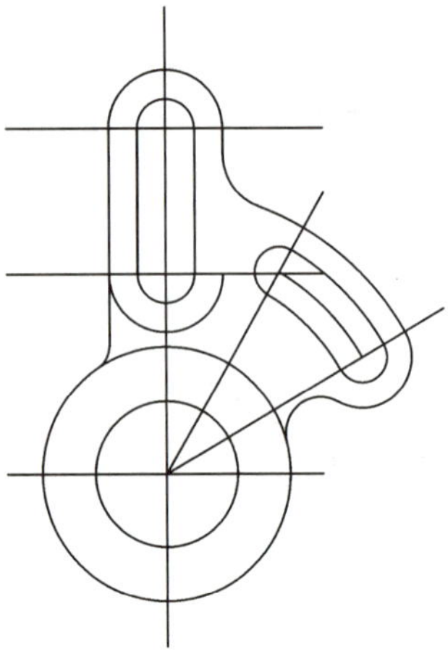

图 2-52　绘制连接圆弧

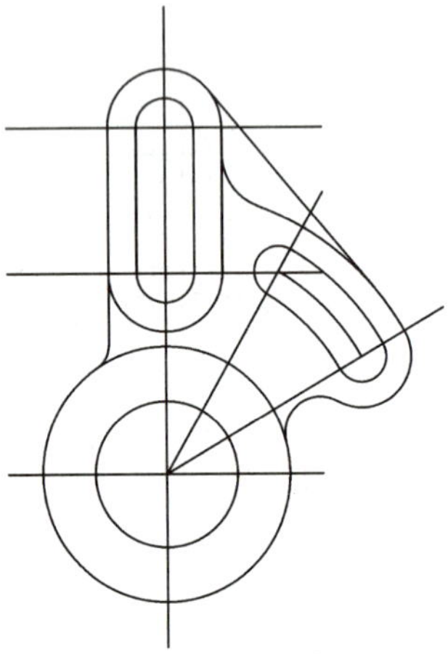

图 2-53　补线和绘制切线

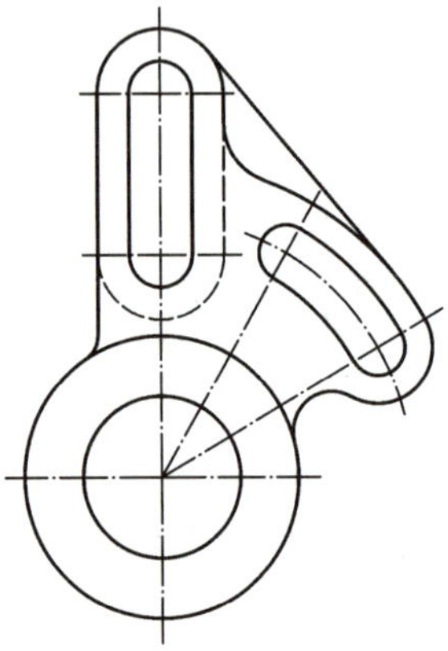

图 2-54　调整中心线长度和改变图层

(11) 将图层“08 尺寸标注”层设成当前层，标注尺寸，打开线宽显示，完成全图，如图 2-45 所示，保存图形。

第三章 点、直线、平面的投影

§3-1 投影法

一、投影法的基本知识

在图 3-1 中，平面 P 称为投影面，点 S 称为投射中心，直线 SA 称为投射线，SA 与 P 的交点 a 称为点 A 的投影或投影图。投射线通过物体，向选定的面投射，并在该面上得到图形的方法，称为投影法。所有投射线的起源点，称为投射中心。发自投射中心且通过被表示物体上各点的直线，称为投射线。在投影法中得到投影的面，称为投影面。根据投影法所得到的图形，称为投影或投影图。有关投影法的术语和内容可查阅 GB/T 16948—1997《技术产品文件 词汇 投影法术语》和 GB/T 14692—2008《技术制图 投影法》。立体图中的空间点用大写字母表示，它的投影则用同名小写字母表示。为了叙述方便，本书将直线段统称直线。

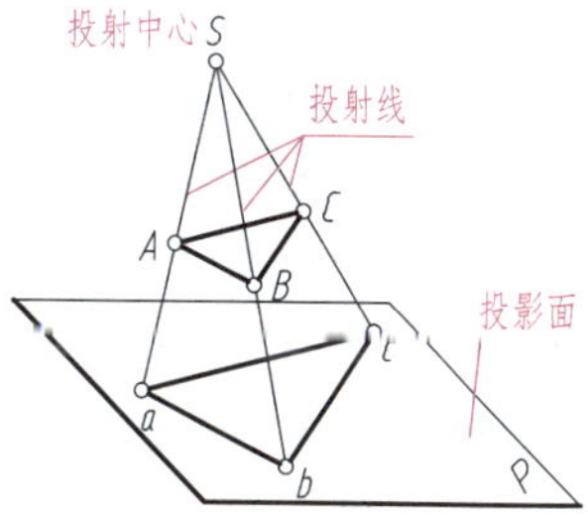

图 3-1 中心投影法

投影法分为两类：中心投影法和平行投影法。

二、中心投影法

如图 3-1 所示，投射中心位于有限远处，投射线汇交于一点的投影法，称为中心投影法，所得的投影称为透视投影、透视图或透视。

中心投影法通常用来绘制建筑物或产品的富有逼真感的立体图。

三、平行投影法

如图 3-2 所示，若投射中心位于无限远处，投射线 Aa、Bb、Cc 按给定的投射方向互相平行，分别与投影面 P 交出点 A、B、C 的投影 a、b、c，直线 ab、bc、ca 分别是直线 AB、BC、CA 的投影，$\triangle abc$ 是 $\triangle ABC$ 的投影，这种投射线都相互平行的投影法，称为平行投影法，所得的投影称为平行投影。

平行投影法又分为正投影法和斜投影法。如图 3-2a 所示，正投影法是投射线与投影面相垂直的平行投影法，所得的投影称为正投影或正投影图；如图 3-2b 所示，斜投影法是投射线与投影面相倾斜的平行投影法，所得的投影称为斜投影或斜投影图。

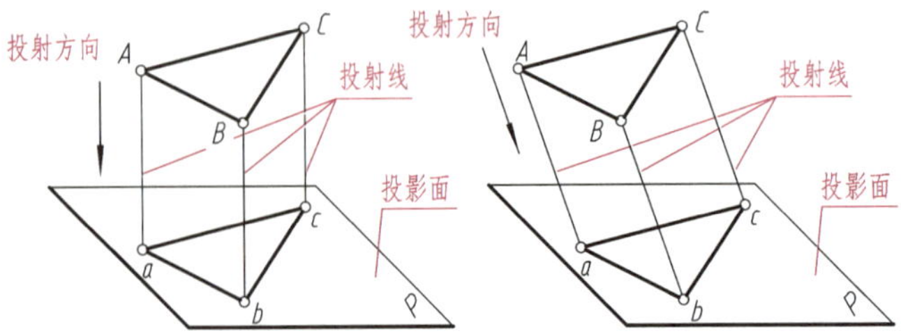

(a) 正投影法　　(b) 斜投影法

图 3-2　平行投影法

工程图样主要用正投影，本书将“正投影”简称“投影”。

§3-2　多面正投影和点的投影

一、多面正投影

如图 3-3 所示，由空间点 A 作垂直于投影面 P 的投射线，与平面 P 交得唯一的投影 a。反之，若已知点 A 的投影 a，由于在从点 a 所作的平面 P 的垂线上的各点(如 A、A_0 等)的投影都位于 a，如果不补充其他条件，就不能唯一确定点 A 的空间位置。并且，在本书第五、七章中还将说明：根据物体的一个投影，不补充其他条件，也不能确定这个物体的形状。因此，常将几何形体放置在两个或更多的投影面之间，向这些投影面作投影，形成多面正投影。GB/T 16948—1997 规定：物体在互相垂直的两个或多个投影面上得到正投影之后，将这些投影面旋转展开到同一图面上，使该物体的各正投影图有规则地配置，并相互之间形成对应关系，这样的正投影图称为多面正投影或多面正投影图。

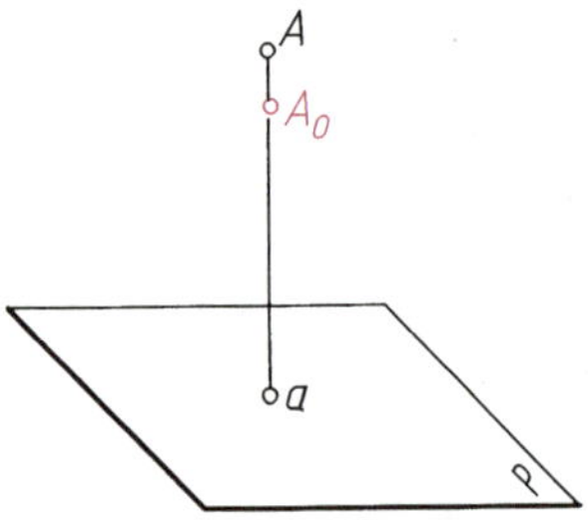

图 3-3　由点的一个投影不能确定点的空间位置

二、点在 V、H 两投影面体系第一分角中的投影

如图 3-4 所示，设立互相垂直的正立投影面(简称正面或 V 面)和水平投影面(简称 H 面)，组成两投影面体系。相互垂直的投影面的交线称为投影轴。V 面与 H 面相交于投影轴 OX，将空间划分为四个分角：第一分角，第二分角，第三分角和第四分角。本书只着重讲述在第一分角中的几何形体的投影。将物体(包括几何形象)置于第一分角内，即物体处于观察者与投影面之间进行投射，然后按规定展开投影面，生成物体的多面正投影图的表示法，称为第一角画法，本书也只着重讲述第一角画法。

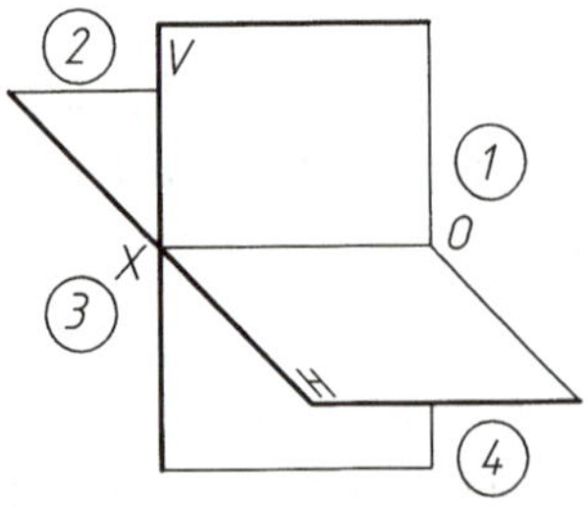

图 3-4　四个分角的划分

如图 3-5a 所示，由第一分角中的点 A 作垂直于 V 面、H 面的投射线 Aa'、Aa，分别与 V 面、H 面交得点 A 的正面(V 面)投影 a'

和水平（H 面）投影 a[①]。

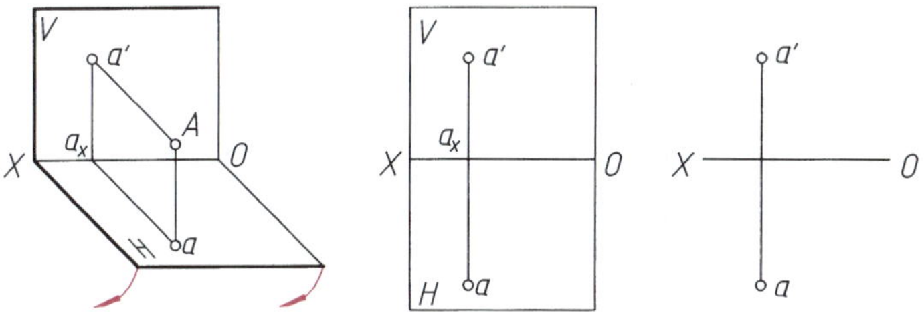

(a) 立体图　(b) 投影面展开后　(c) 投影图

图 3-5　点在 V、H 两面体系中的投影

由于平面 $Aa'a$ 分别与 V 面、H 面相垂直，所以这三个互相垂直的平面必定交于一点 a_X，且三条交线互相垂直，即 $a_Xa' \perp a_Xa \perp OX$。又因四边形 Aaa_Xa'是矩形，所以 $a_Xa'=aA$，$a_Xa=a'A$。亦即：点 A 的 V 面投影 a'与投影轴 OX 的距离，等于点 A 与 H 面的距离；点 A 的 H 面投影 a 与投影轴 OX 的距离，等于点 A 与 V 面的距离。

使 V 面不动，将 H 面绕 OX 轴向下旋转 90°，与 V 面展开成同一个平面，如图 3-5b 所示。因为在同一平面上，过 OX 轴上的点 a_X，只能作 OX 轴的一条垂线，所以点 a'、a_X、a 共线，即 $a'a \perp OX$。点在互相垂直的投影面上的投影，在投影面展成同一平面后的连线，称为投影连线。

如图 3-5c 所示，在实际画图时，不必画出投影面的边框和点 a_X，即为点 A 的投影图。

由此就可概括出点的两面投影特性：

（1）点的投影连线垂直于投影轴，即 $a'a \perp OX$。

（2）点的投影与投影轴的距离，等于该点与相邻投影面的距离，即 $a_Xa'=aA$，$a_Xa=a'A$。

已知一点的两面投影，就能唯一地确定该点的位置。可以想象：若将图 3-5c 中的 OX 轴之上的 V 面保持正立位置，将 OX 轴以下的 H 面绕 OX 轴向前转折 90°，恢复到水平位置，再分别由 a'、a 作垂直于 V 面、H 面的投射线，就唯一地交出点 A 在空间的位置。

三、点在 V、H、W 三投影面体系第一分角中的投影

虽然由点的两面投影已能确定该点的位置，但有时为了更清晰地图示某些几何形体，再设立一个与 V 面、H 面都垂直的侧立投影面（简称侧面或 W 面），如图 3-6a 所示，三个投影面之间的交线，即三条投影轴 OX、OY、OZ，必定互相垂直，形成三投影面体系，用三面投影表达几何形体。

如图 3-6a 所示，由点 A 分别作垂直于 V 面、H 面、W 面的投射线，交得点 A 的正面投影 a'、水平投影 a、侧面（W 面）投影 a''[②]。与在两面体系中相同，每两条投射线分别确定一个平面，与三个投影面分别相交，构成一个长方体 $Aaa_Xa'a_Za''a_YO$。

---

① 本书用大写字母作为空间点的符号，分别用小写同名字母加一撇和小写同名字母作为该点的正面投影和水平投影的符号。

② 本书用与空间点字母的同名小写字母加两撇，作为该点的侧面投影的符号。

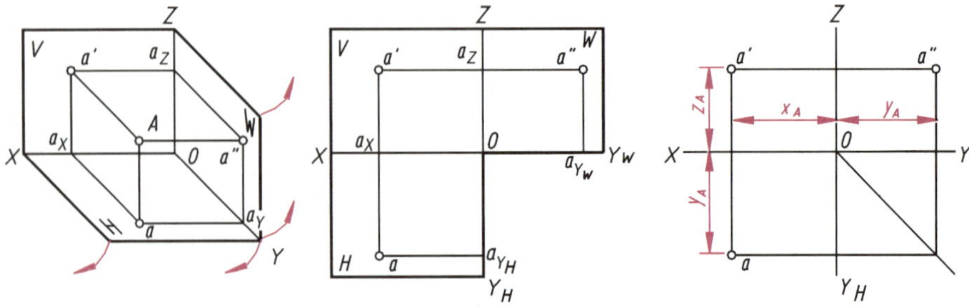

(a) 立体图　　(b) 投影面展开后　　(c) 投影图

图 3-6　点在 V、H、W 三面体系中的投影

沿 OY 轴分开 H 面和 W 面，V 面保持正立位置，H 面向下转，W 面向右转，使三个投影面展成同一个平面，如图 3-6b 所示。这时，OY 轴成为 H 面上的 OY_H 和 W 面上的 OY_W，点 a_Y 成为 H 面上的 a_{Y_H}和 W 面上的 a_{Y_W}。仍与 V、H 两面体系相同，$a'a \perp OX$；同理，$a'a'' \perp OZ$；由于 H 面和 W 面在沿 OY 轴分开后，分别绕 OX 轴和 OZ 轴转到与 V 面成为同一个平面，便有下述关系：$a_{Y_H}a \perp OY_H$，$a_{Y_W}a'' \perp OY_W$，$Oa_{Y_H} = Oa_{Y_W}$。

实际的投影图如图 3-6c 所示，为了作图方便，可作过点 O 的 45°辅助线，$a_{Y_H}a$、$a_{Y_W}a''$的延长线必与这条辅助线交会于一点。

若将三投影面体系看作直角坐标系，则投影轴、投影面、点 O 分别是坐标轴、坐标面、原点。由于图 3-6a 中的长方体 $Aa a_X a' a_Z a'' a_Y O$ 的每组平行边分别相等，所以点 $A(x_A、y_A、z_A)$ 的投影与坐标有下述关系：

x 坐标 $x_A(Oa_X) = a_Z a' = a_{Y_H} a =$ 点 A 与 W 面的距离 $a''A$；

y 坐标 $y_A(Oa_{Y_H} = Oa_{Y_W}) = a_X a = a_Z a'' =$ 点 A 与 V 面的距离 $a'A$；

z 坐标 $z_A(Oa_Z) = a_X a' = a_{Y_W} a'' =$ 点 A 与 H 面的距离 aA。

由此概括出点的三面投影特性：

(1) 点的投影连线垂直于投影轴。除了 $a'a \perp OX$ 和 $a'a'' \perp OZ$ 之外，应该注意到：点的 H 面投影与 W 面投影的连线分为两段，在 H 面上的一段垂直于 H 面上的 OY_H 轴，在 W 面上的一段垂直于 W 面上的 OY_W 轴，且 $Oa_{Y_H} = Oa_{Y_W}$或两者交会于过点 O 的 45°辅助线上。

(2) 点的投影到投影轴的距离，等于点的坐标，也就是该点与对应的相邻投影面的距离。

由此可知：只要已知一点的两面投影，就可确定它的坐标，也可确定它的第三个投影，只要从已知的该点的两投影分别作与它的第三个投影的投影连线，就可交出它的第三个投影。

需要时可将 V、H 两投影面体系扩展成 V、H、W 三投影面体系，如图 3-7 所示，从用黑色图形表示的已知点 A 在 V、H 两投影面体系中的投影图(图 3-5c)上的 OX 轴的原点 O 分别向上、下、右和右下作 OZ 轴、OY_H 轴、OY_W 轴和 45°辅助线，并由点 A 的正面投影 a'、水平投影 a 作出与侧面投影 a''的投影连线，两者便交得点 A 的侧面投影 a''，如图中的红色图形所示，但图中的箭头作图时不要画出，这里是为了帮助读者初学时易于理解而画出的。对比图 3-5c 和图 3-6c 还可看出：在 V、H 两面体系中，O 与投影连线 aa'的距离、a 和 a'与 OX 的距离，分别就是点 A 的坐标 x_A、y_A 和 z_A，如图 3-8 中的红色图形所示。

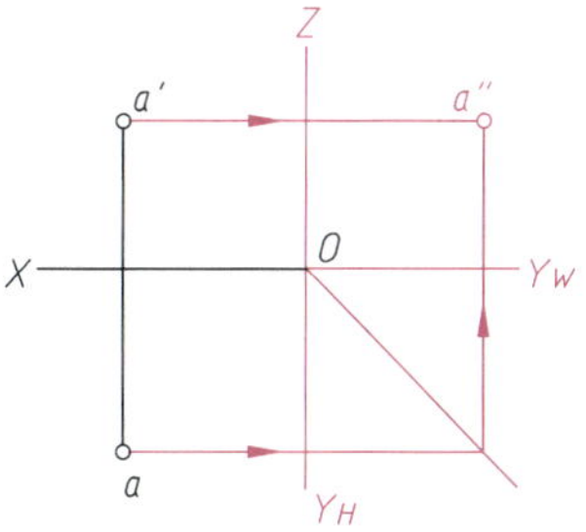

图 3-7　将 *V*、*H* 两面体系扩展为 *V*、*H*、*W* 三面体系

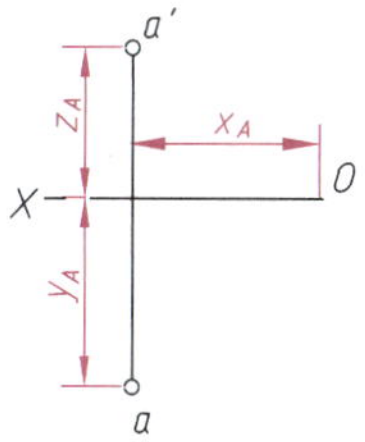

图 3-8　点在 *V*、*H* 两面体系中的投影显示该点的坐标

四、点在 *V*、*W* 两投影面体系第一分角中的投影

由图 3-5、图 3-6、图 3-7 读者还能联想到也可用 *V* 面和 *W* 面组成 *V*、*W* 两投影面体系来表示第一分角中的点和几何形体。实际上只要删去图 3-6 中的水平投影面 *H* 以及它与正立投影面 *V*、侧立投影面 *W* 交得的投影轴 *OX*、*OY*，删去点 *A* 向 *H* 面的投射线和有关点 *A* 的 *H* 面投影 *a* 与 *V* 面投影 *a*′、*W* 面投影 *a*″的投影连线的所有内容，就形成了 *V*、*W* 两面体系以及点 *A* 在 *V*、*W* 两面体系中的投影图，具体的形成过程如图 3-9 所示，请读者们自行阅读理解。与 *V*、*H* 两面体系一样，*V*、*W* 两面体系在需要时也可扩展成 *V*、*H*、*W* 三面体系，并可在 *V*、*H*、*W* 三面体系中由点 *A* 的 *V* 面投影 *a*′和 *W* 面投影 *a*″作出 *H* 面投影 *a*，具体的作图过程如图 3-10 所示，也请读者自行阅读理解，不再赘述。

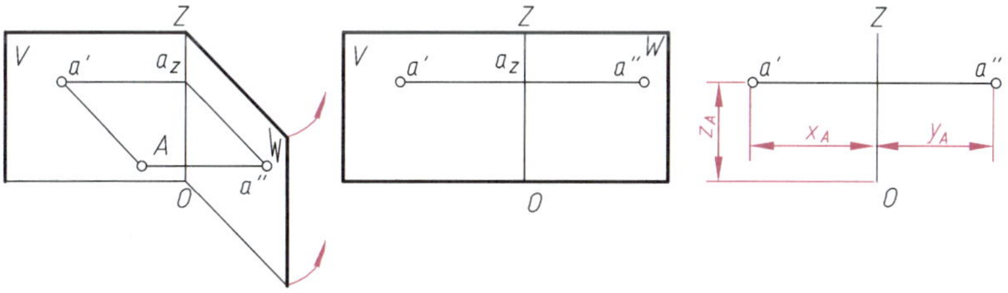

(a) 立体图　　(b) 投影面展开后　　(c) 投影面及其显示的坐标

图 3-9　点在 *V*、*W* 两投影面体系中的投影

由上述可知：*V*、*H* 两面体系，*V*、*H*、*W* 三面体系，*V*、*W* 两面体系都可用来生成几何形体的多面正投影图，今后我们可以按需选用。本书在讲述投影原理时，常用 *V*、*H* 两面体系和 *V*、*H*、*W* 三面体系，有时也用 *V*、*W* 两面体系，两个两面体系在需要时都可扩展成 *V*、*H*、*W* 三面体系，三者之间是互相关连贯通的，两个两面体系中的几何形体的投影特性都分别包含在该几何形体在三面体系的投影特性中，所以下文中的第一分角内的各种位置的点的坐标和投影特性、两点的相对位置、重影点都只在 *V*、*H*、*W* 三面体系中讲述，读者学过后就可在 *V*、*H* 或 *V*、*W* 两面体系中直接应用。本节所述的

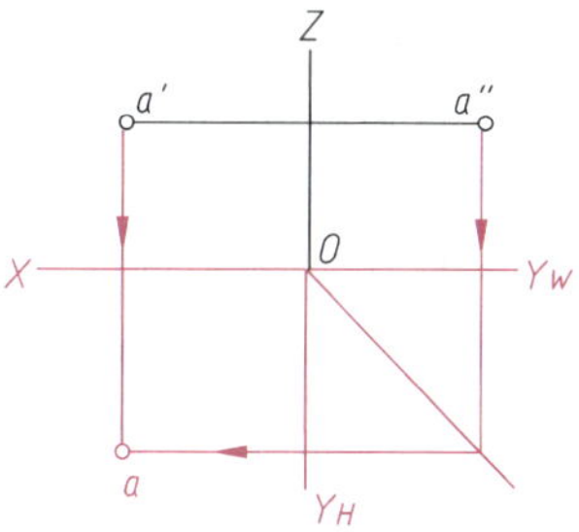

图 3-10　将 *V*、*W* 两面体系扩展为 *V*、*H*、*W* 三面体系

内容是后述的几何形体的多面正投影图的基础。

五、第一分角内的各种位置的点的坐标和投影特性

在第一分角内，点按其与投影面的相对位置可分成四种：不在任一投影面上的点称为空间点，如图 3-6 所示的点 A；只在一个投影面上的点称为投影面上的点，分别是 H 面上的点、V 面上的点或 W 面上的点，图 3-11 中的点 B、点 C 分别是 V 面上的点、H 面上的点；只在一条投影轴上的点称为投影轴上的点，分别是 OX 轴上的点、OY 轴上的点或 OZ 轴上的点，图 3-11 中的点 D 是 OX 轴上的点；与原点 O 重合的点称为重合于原点的点，必定是三个投影面唯一的共点，也是三条投影轴唯一的共点，读者可按图 3-11 思考和理解，但图 3-11 中只画出了原点 O，未画出具体的与它重合的点。

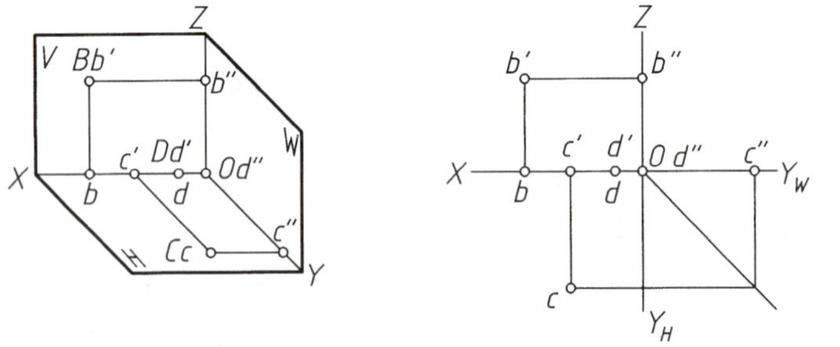

(a) 立体图　　(b) 投影图

图 3-11　投影面上的点和投影轴上的点

通过阅读分析图 3-6 和图 3-11 后可知，在投影图上，第一分角内的四种不同位置的点的坐标和投影具有下述特性：

(1) 空间点的三个坐标都不是零，三个投影都不在投影轴上。

(2) 投影面上的点有一个坐标为零：在该投影面上的投影与该点重合，在相邻投影面上的投影分别在该点所在的投影面与投影所在的投影面相交的投影轴上。值得注意的是：图 3-11 中的 H 面上的点 C 的 W 面投影 c''在 OY 轴上，在投影图中必须画在 W 面的 OY_W 轴上，而不能画在 H 面的 OY_H 轴上；又因投影图中只能画出几何形体的投影，不能画出和标注出实际的几何形体及其符号，所以在图 3-11b 中，在点 B 的 V 面投影 b'处，不能标注与 b'重合的 B，同理也不能在点 C 的 H 面投影 c 处标注与 c 重合的 C。

(3) 投影轴上的点有两个坐标为零；在包含这条轴的两个投影面上的投影都与该点重合，在另一投影面上的投影则与点 O 重合。值得注意的是：如图 3-11 中的位于投影轴 OX 上的点 D，在投影图中必须于 OX 轴上画出和标注点 D 的互相重合的 H 面投影 d、V 面投影 d'，但不能同时标注与 d、d'重合的点 D。读者还可联想到：OY 轴上的点的 H 面投影应画和标注在 H 面的 OY_H 上，而它的 W 面投影则应画和标注在 W 面的 OY_W 轴上，且两者与原点 O 的距离相等。

(4) 重合于原点的点的三个坐标都为零；三个投影都与原点 O 重合。在原点 O 处标注出该点的三个相互重合的投影，标注出三个投影的投影符号；同样，不能标注实际的点的大写字母符号。

六、两点的相对位置

如图 3-12 所示，两个点的投影沿左右、前后、上下三个方向所反映的坐标差，即这两个点对投影面 *W*、*V*、*H* 的距离差，能确定两点的相对位置；反之，若已知两点的相对位置以及其中的一个点的投影，也能作出另一点的投影。

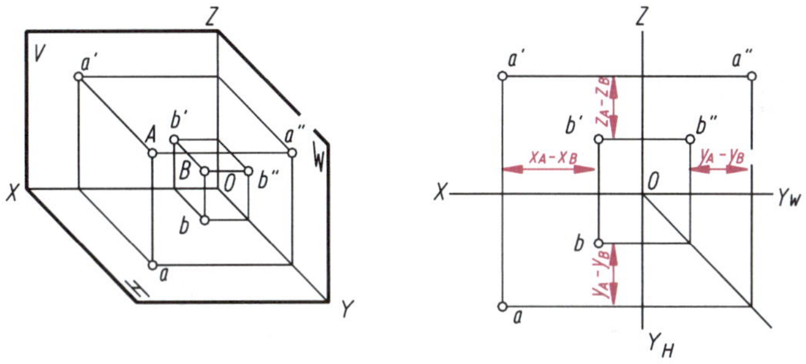

(a) 立体图　　(b) 投影图

图 3-12　两点的相对位置

由于投影图是 *H* 面绕 *OX* 轴向下旋转、*W* 面绕 *OZ* 轴向右旋转而形成的，所以必须注意：对水平投影而言，由 *OX* 轴向下是表示向前；对侧面投影而言，由 *OZ* 轴向右也表示向前。从而就可以看出在图 3-12b 中点 *A* 与点 *B* 的相对位置是：点 *A* 在点 *B* 之左 x_A-x_B、之前 y_A-y_B、之上 z_A-z_B 处，也可说成点 *B* 在点 *A* 之右 x_A-x_B、之后 y_A-y_B、之下 z_A-z_B 处。

七、重影点

若两个或两个以上的点的某一**同面投影**（几何元素在同一投影面上的投影称为同面投影）重合，则这些点称为对这个投影面或这个投影的**重影点**。

从图 3-13 可知：点 *C* 在点 *A* 之后 y_A-y_C 处，两点无左右距离差（$x_A-x_C=0$），无上下距离差（$z_A-z_C=0$），于是点 *C* 在点 *A* 的正后方，这两点的正面投影互相重合，点 *A* 和点 *C* 称为对正面投影的重影点。同理，若一点在另一点的正下方或正上方，是对水平投影的重影点；若一点在另一点的正右方或正左方，则是对侧面投影的重影点。

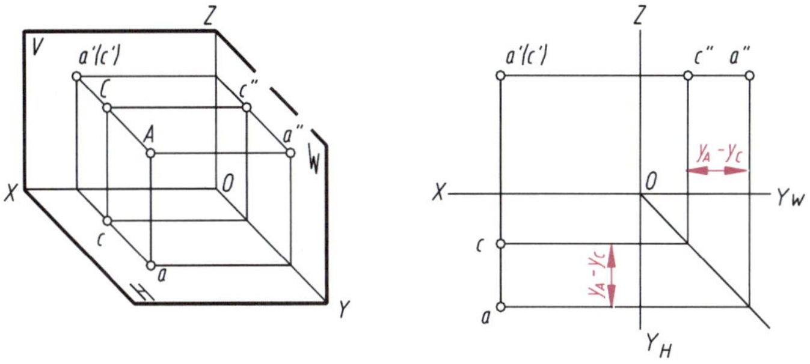

(a) 立体图　　(b) 投影图

图 3-13　重影点

用第一角画法获得的多面正投影是将几何形体放在第一分角中，且置于观察者和投影面之间，以垂直于投影面的投射线进行投影所得到的。因此，重影点反映在同一投射线上的点沿这条投射线的投射方向观察时的遮挡关系。对正面投影、水平投影、侧面投影的重影点的互相重合的投影的可见性，分别应该是前遮后、上遮下、左遮右。例如在图 3-13 中，应该是较前的点 A 的投影 a'可见，而较后的点 C 的投影 c'被遮而不可见。在重影点的投影重合处，可以不表明可见性；若需表明，则应在不可见点的投影符号上加括号，如图 3-13b 中的(c')。

§3-3　直线的投影

一、直线及直线上点的投影特性

如图 3-14 所示，直线 AB 不垂直于 V 面，则过 AB 上各点的投射线形成的平面与 V 面的交线，就是 AB 的正面投影 $a'b'$；直线 DE 垂直于 V 面，则过 DE 上各点的投射线，都与 DE 位于同一直线上，它与 V 面的交点，就是直线 DE 的正面投影 $d'e'$，称 $d'e'$积聚成一点，或称直线 DE 的正面投影有积聚性①。由此可见：不垂直于投影面的直线的投影，仍为直线；垂直于投影面的直线的投影，积聚成一点。

仍如图 3-14 所示，过直线 AB 上点 C 的投射线 Cc'，必位于平面 $ABb'a'$上，故 Cc'与 V 面的交点 c'，也必位于平面 $ABb'a'$与 V 面的交线 $a'b'$上；由于在平面 $ABb'a'$上，$Aa' /\!/ Cc' /\!/ Bb'$，所以 $AC : CB = a'c' : c'b'$。又因过直线 DE 上点 F 的投射线 Ff'也与 DE 位于同一直线上，则 f'也积聚在 $d'e'$上。

由此可见：直线上点的投影，必在直线的同面投影上；不垂直于投影面的直线段上的点，分割直线段之比，在投影图上仍保持不变②。

为了叙述方便起见，本书按习惯常将直线段、曲线段简称直线、曲线。

【例 3-1】　如图 3-15b 中的黑色图形所示，作出分线段 AB 为 3 : 2 的点 C 的两面投影c'、c。

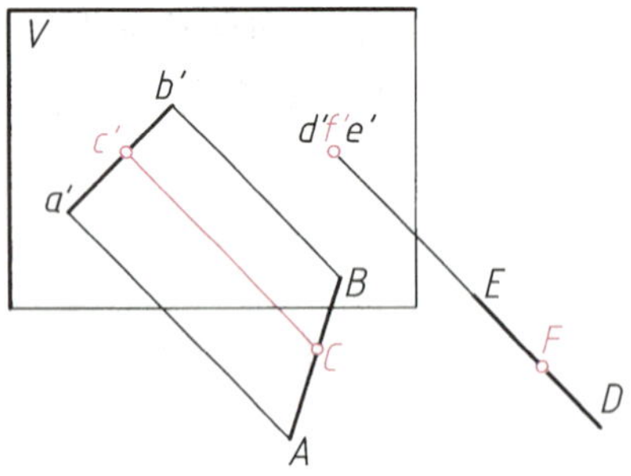

图 3-14　直线及其上的点

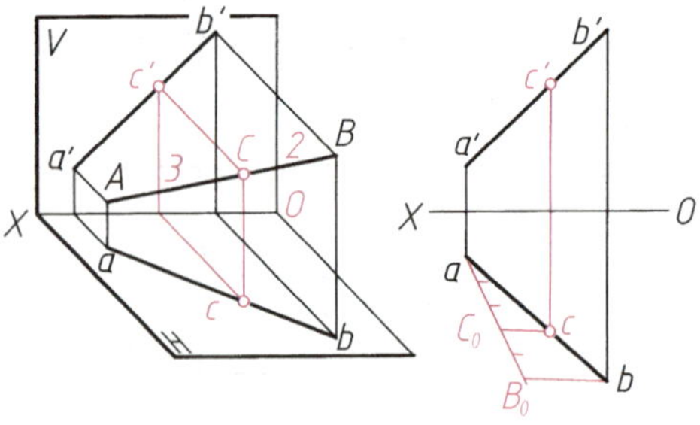

(a) 立体图　　(b) 投影图

图 3-15　作分线段 AB 为 3 : 2 的分点 C

---

① 直线的投影为点，面的投影为线，这种投影特性称为积聚性。也常说：直线的投影积聚成点；平面的投影积聚成直线；曲面的投影积聚成曲线。

② 与投影面不垂直的直线段，被其上的点分割成两直线段的长度比，在投影图中保持不变的投影特性，通常称为定比性。

【**解**】 解题过程如图 3-11b 中的红色图形所示。根据直线上点的投影特性，可先将线段 AB 的任一投影分为 3∶2，从而得出分点 C 的一个投影，然后再作点 C 的另一投影。

具体的作图过程是：

（1）由 a 作任意直线，在其上量取 5 个单位长度，得 B_0。在 aB_0 上取 C_0，使 $aC_0 : C_0B_0 = 3:2$。

（2）连 B_0 和 b，作 $C_0c /\!/ B_0b$，与 ab 交得 c。

（3）由 c 作投影连线，与 $a'b'$ 交得 c'。

二、直线对投影面的各种相对位置

直线按对投影面的相对位置可分为下表所示的三类。后两类又可再各分三种，统称**特殊位置直线**。

直线
- **一般位置直线**：对 V、H、W 面都倾斜。
- **投影面平行线**（只平行于一个投影面）
  - **正平线（V 面平行线）**：$/\!/ V$ 面，对 H、W 面都倾斜。
  - **水平线（H 面平行线）**：$/\!/ H$ 面，对 V、W 面都倾斜。
  - **侧平线（W 面平行线）**：$/\!/ W$ 面，对 V、H 面都倾斜。
- **投影面垂直线**（垂直于一个投影面，平行于另外两个投影面）
  - **正垂线（V 面垂直线）**：$\perp V$ 面，$/\!/ H$ 面，$/\!/ W$ 面。
  - **铅垂线（H 面垂直线）**：$\perp H$ 面，$/\!/ V$ 面，$/\!/ W$ 面。
  - **侧垂线（W 面垂直线）**：$\perp W$ 面，$/\!/ V$ 面，$/\!/ H$ 面。

直线与它的水平投影、正面投影、侧面投影的夹角，分别称为该直线对投影面 H、V、W 的倾角 α、β、γ。当直线平行于投影面时，倾角为 0°；垂直于投影面时，倾角为 90°；倾斜于投影面时，则倾角大于 0°，小于 90°。

（一）一般位置直线

如图 3-16 所示的一般位置直线 AB，对投影面 V、H、W 都倾斜，两端点分别沿前后、上下、左右方向对 V、H、W 面的距离差（即相应的坐标差）都不等于零，所以 AB 的三个投影都倾斜于投影轴。

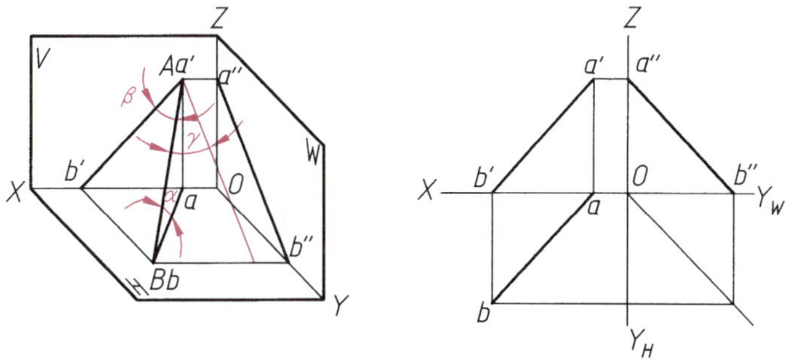

(a) 立体图　　(b) 投影图

图 3-16　一般位置直线

从图 3-16a 中可看出：$ab = AB\cos\alpha < AB$，$a'b' = AB\cos\beta < AB$，$a''b'' = AB\cos\gamma < AB$。同时还可看出：$AB$ 的投影与投影轴的夹角，不等于 AB 对投影面的倾角。

由此可得一般位置直线的投影特性：三个投影都倾斜于投影轴；投影长度小于直线的真长；投影与投影轴的夹角，不反映直线对投影面的倾角。

已知一般位置直线的两面投影或三面投影，虽然在投影图中不能直接显示其真长以及它对投影面的倾角，但通过作图可以作出它的真长以及对投影面的倾角。如图 3-17b 中的黑色图形所示，已知一般位置直线 AB 的两面投影，求作 AB 的真长以及对 H 面的倾角 α。图 3-17a 是阐明解题作图过程的几何原理和投影原理的立体图，读者对照阅读图 3-17a 和图 3-17b，可以更清晰地帮助理解作图过程的几何原理和投影原理。

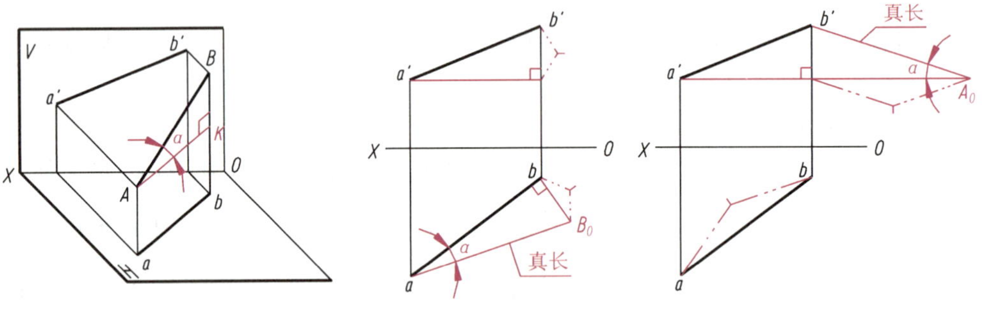

图 3-17　用直角三角形法作 AB 的真长和倾角 α

作图过程如图 3-17b 中的红色图形所示：

（1）以 ab 为一直角边，由 b 作 ab 的垂线。

（2）由 a'作水平线，从而在正面投影中作出直线 AB 的两端点 A、B 与 H 面的距离差，将这段距离差量到由 b 所作的垂线上，得 B_0，bB_0 即为另一直角边。

（3）连 a 和 B_0，aB_0 即为直线 AB 的真长，$\angle B_0ab$ 即为 AB 的真实倾角 α。

由此读者还可联想到，如在图 3-17b 的黑色图形中，同理可在 H 面投影中作出两端点 A、B 与 V 面的距离差；以 AB 的 V 面投影为底边，两端点 A、B 与 V 面的距离差为高，作直角三角形，则这个直角三角形的斜边，也就是 AB 的真长，斜边与底边（即 $a'b'$）的夹角就是 AB 对 V 面的倾角 β。这种求作一般位置直线段的真长及其对投影面的真实倾角的作图法，通常称为直角三角形法。

由此可以归纳出用直角三角形法求一般位置直线真长与倾角的方法是：以该直线在某一投影面上的投影为底边，两端点与这个投影面的距离差为高，形成的直角三角形的斜边是该直线的真长，斜边与底边的夹角就是该直线对这个投影面的倾角。

这个题目也可用图 3-17c 所示的另一种作法求解。请读者自行阅读理解。

按照上述的作图原理和方法，也可以在 V、W 两投影面体系中将 $a'b'$或 $a''b''$为一直角边，直线 AB 的两端点与 V 面或 W 面的距离差为另一直角边，从而作出 AB 的真长及其对 V 面的倾角 β 或对 W 面的倾角 γ。

【例 3-2】 如图 3-18a 和 b 中的黑色图形所示，已知点 A 的两面投影 a'和 a，并知直线 AB 的真长，$\alpha=30°$，$\beta=45°$，由 A 至 B 的方向为向右、向后、向下，求作 AB 的两面投影 $a'b'$和 ab。

【解】 已知直线的投影长度和两端点与投影面的距离差，可用直角三角形法求作直线的真

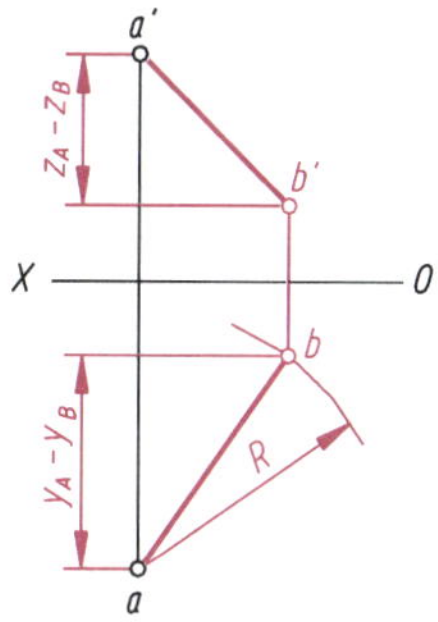

(a) 已知条件与作图结果

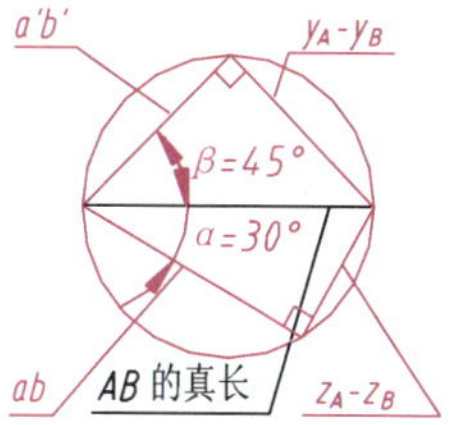

(b) 已知条件以及求投影长度和两端点离投影面的距离差

图 3-18　过点 *A* 作已知真长和方向的直线 *AB*

长和倾角；这个方法也可用于由直线的已知真长和倾角，逆求它的投影长度和两端点与投影面的距离差。因此，用直角三角形法逆求，就可按题目所给出的真长、倾角和方向，由点 *A* 作出直线 *AB* 的两面投影 *a'b'* 和 *ab*。

作图过程如图 3-18b 和 a 中的红色图形所示：

（1）由 *AB* 的真长和倾角作出它的投影长度和两端点与投影面的距离差（与 *H* 面的距离差即为 z_A-z_B，与 *V* 面的距离差则是 y_A-y_B）。如图 3-18b 所示：以 *AB* 的真长为直径作圆，从直径的一个端点分别作与直径成 $\alpha=30°$、$\beta=45°$的直线，并将它们与圆周的交点分别再与该直径的另一端点相连。因为半圆所对的圆周角是直角，就得到两个直角三角形，从而作出 *ab* 的长度、z_A-z_B，以及 *a'b'* 的长度、y_A-y_B。

（2）只要用图 3-18b 所得到的四个结果中的任意三个，例如 *ab* 的长度、z_A-z_B、y_A-y_B，就可按已给出的方向求作 *ab* 和 *a'b'*。如图 3-18a 所示：以 *a* 为圆心，*ab* 的长度为半径 *R* 作圆弧；再在过 *a* 的投影连线上，由 *a* 向后量取 y_A-y_B，从量得的点作 *OX* 的平行线，与已作出的圆弧在 *a* 的右侧交得 *b*；连 *a* 与 *b*，就作出了 *ab*。在过 *a'* 的投影连线上，由 *a'* 向下量取 z_A-z_B，从量得的点作 *OX* 的平行线，再由 *b* 作投影连线，两者交得 *b'*；将 *a'* 与 *b'* 连成 *a'b'*。*a'b'*、*ab* 即为所求。

（二）投影面平行线

表 3-1 列出了三种投影面平行线的立体图、投影图和投影特性。

表 3-1　投影面平行线

名称	正平线 （//*V* 面，对 *H*、*W* 面倾斜）	水平线 （//*H* 面，对 *V*、*W* 面倾斜）	侧平线 （//*W* 面，对 *V*、*H* 面倾斜）
立体图	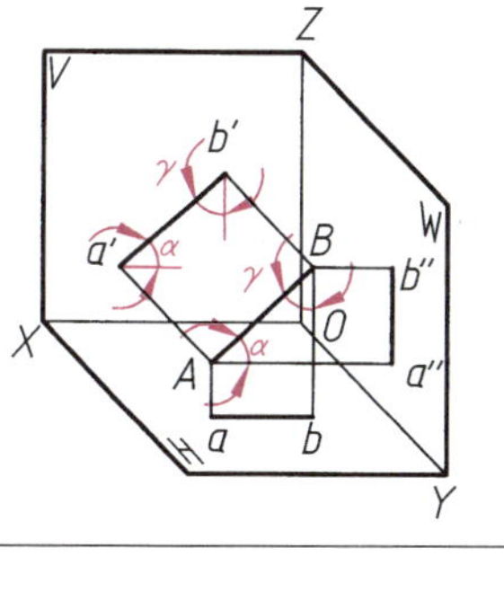	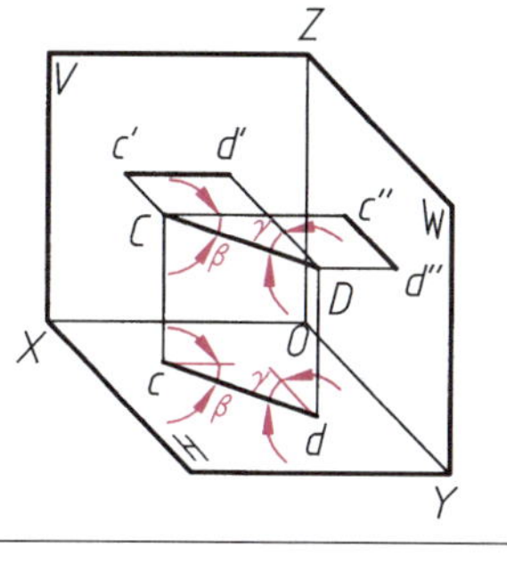	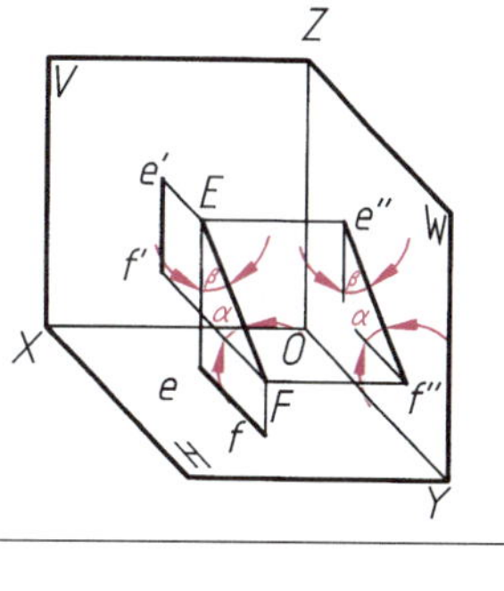

续表

名称	正平线 （//V 面，对 H、W 面倾斜）	水平线 （//H 面，对 V、W 面倾斜）	侧平线 （//W 面，对 V、H 面倾斜）
投影图	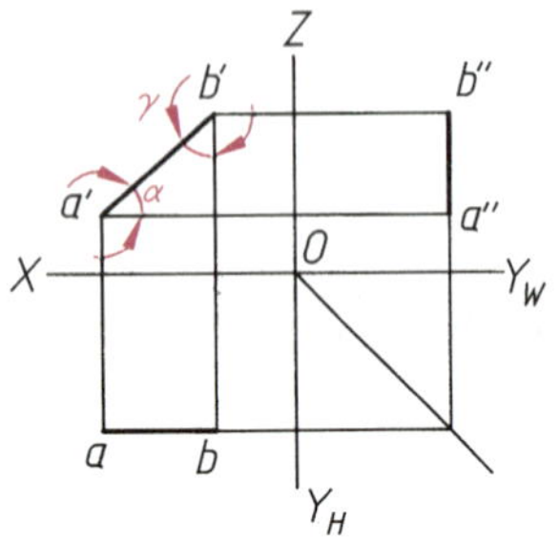	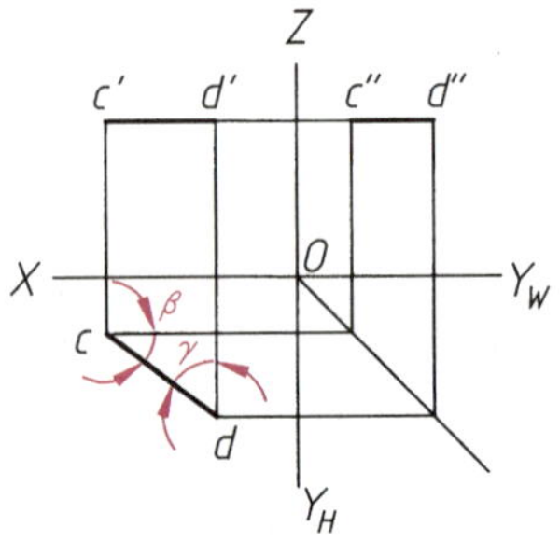	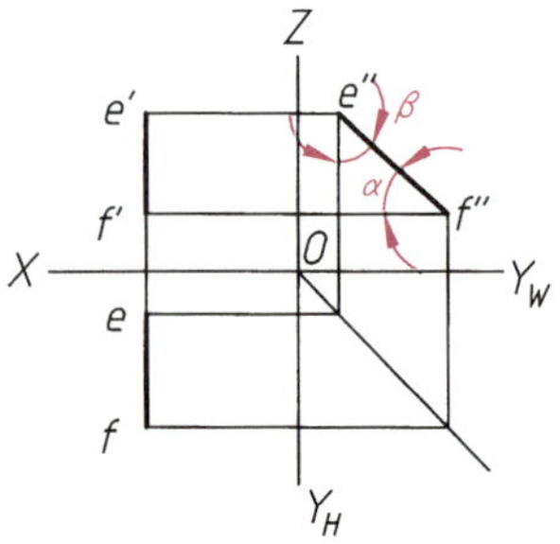
投影特性	1. $a'b'$ 反映真长和真实倾角 α、γ。 2. ab // OX，$a''b''$ // OZ，长度缩短。	1. cd 反映真长和真实倾角 β、γ。 2. $c'd'$ // OX，$c''d''$ // OY_W，长度缩短。	1. $e''f''$ 反映真长和真实倾角 β、α。 2. $e'f'$ // OZ，ef // OY_H，长度缩短。

从表 3-1 中的正平线的立体图可知：

因为 $ABb'a'$ 是矩形，所以 $a'b'$ // AB，$a'b'=AB$。

因为 AB 上各点与 V 面等距，即 y 坐标相等，所以 ab // OX，$a''b''$ // OZ。

因为 AB // $a'b'$，ab // OX，$a''b''$ // OZ，所以 $a'b'$ 与 OX、OZ 的夹角，即为 AB 对 H 面、W 面的真实倾角 α、γ。

同时还可看出：$ab=AB\cos\alpha<AB$，$a''b''=AB\cos\gamma<AB$。

于是就得出表 3-1 中所列的正平线的投影特性。同理，也可证明水平线和侧平线的投影特性。

从表 3-1 可概括出投影面平行线的投影特性：

(1) 在平行的投影面上的投影，反映真长；它与投影轴的夹角，分别反映直线对另两投影面的真实倾角。

(2) 在另两投影面上的投影，平行于相应的投影轴，长度缩短。

(三) 投影面垂直线

表 3-2 列出了三种投影面垂直线的立体图、投影图和投影特性。

从表 3-2 中正垂线 AB 的立体图可知：

因为 $AB\perp V$ 面，所以 $a'b'$ 积聚成一点。

因为 AB // W 面、AB // H 面，AB 上各点的 x 坐标、z 坐标分别相等，所以 ab // OY_H、$a''b''$ // OY_W，且 $ab=AB$、$a''b''=AB$。

于是就得出表 3-2 中所列的正垂线的投影特性。同理，也可证明铅垂线和侧垂线的投影特性。

表 3-2　投影面垂直线

名称	正垂线（$\perp V$ 面，$\parallel H$ 面、$\parallel W$ 面）	铅垂线（$\perp H$ 面，$\parallel V$ 面、$\parallel W$ 面）	侧垂线（$\perp W$ 面，$\parallel V$ 面、$\parallel H$ 面）
立体图	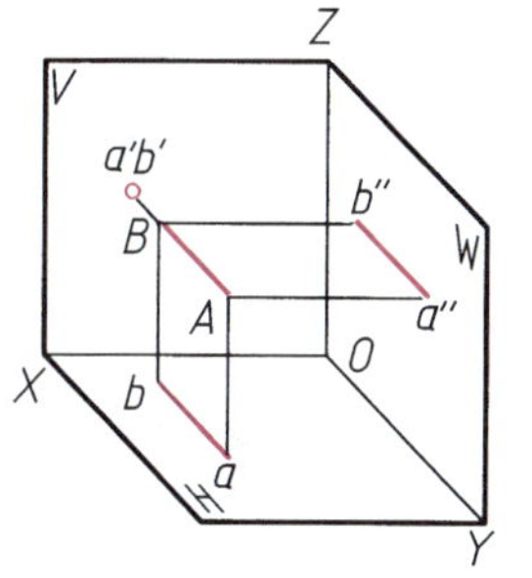	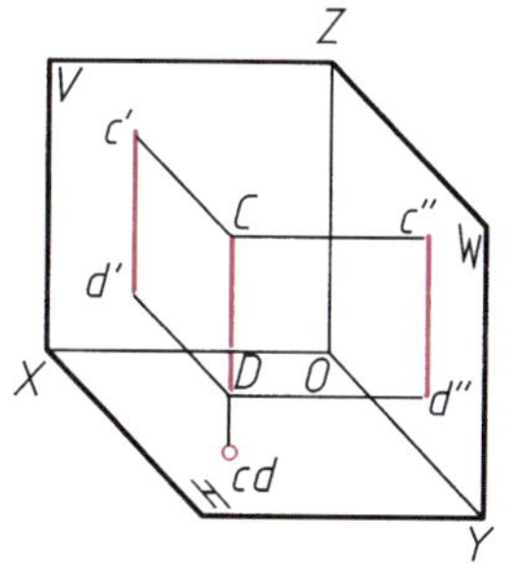	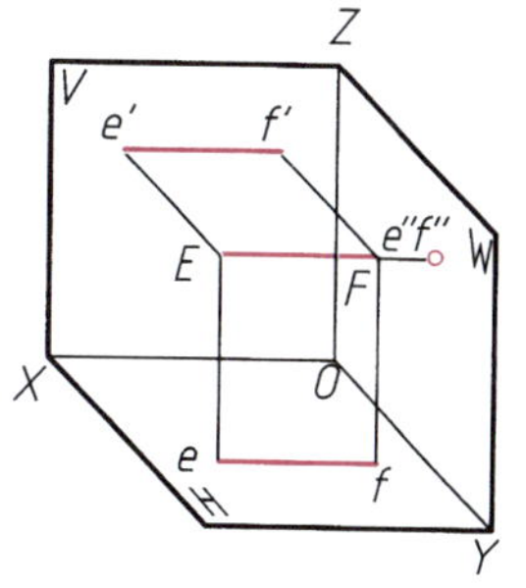
投影图	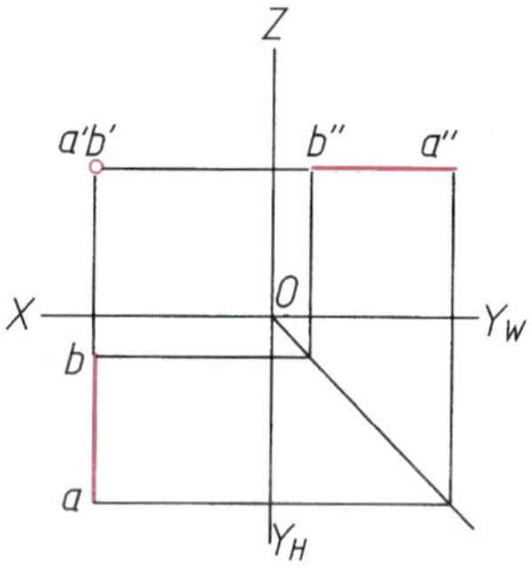	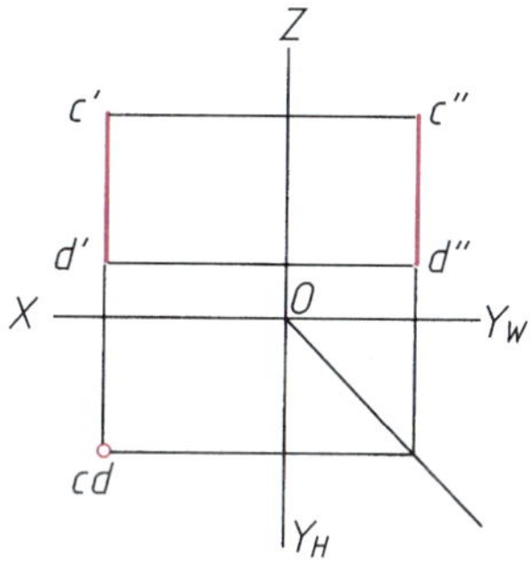	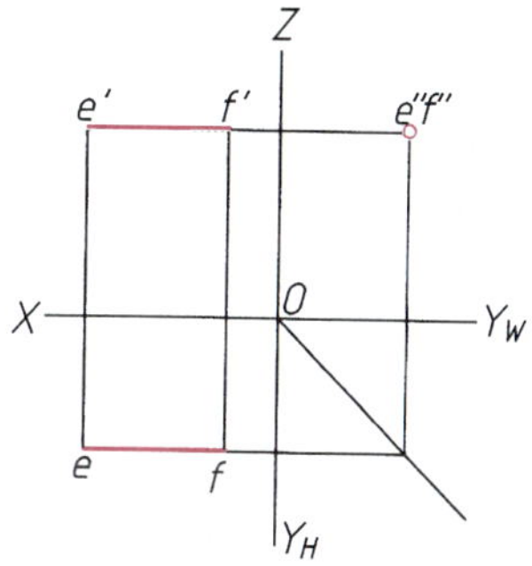
投影特性	1. $a'b'$积聚成一点。 2. $ab\parallel OY_H$，$a''b''\parallel OY_W$，都反映真长。	1. cd 积聚成一点。 2. $c'd'\parallel OZ$，$c''d''\parallel OZ$，都反映真长。	1. $e''f''$积聚成一点。 2. $ef\parallel OX$，$e'f'\parallel OX$，都反映真长。

从表 3-2 可概括出投影面垂直线的投影特性：

（1）与直线垂直的投影面上的投影，积聚成一点。

（2）在另两投影面上的投影，平行于直线所平行的投影轴，反映真长。

三、两直线的相对位置

如图 3-19 所示，两直线的相对位置有三种：平行，相交，交叉（既不平行，又不相交，即不在同一平面上，称这两直线不共面，亦称异面）。

如图 3-19a 所示，过平行两直线 AB、CD 上各点的投射线所形成的两个平面互相平行，它们与 V 面的交线也互相平行，即 $a'b'\parallel c'd'$。同理可证：$ab\parallel cd$，$a''b''\parallel c''d''$。

如图 3-19b 所示，AB 与 BC 交于 B，则 B 是两直线的共有点，b'应同时位于 $a'b'$和 $b'c'$上，即在这两条直线的 V 面投影的交点处。同理可证：b 和 b''也应分别位于这两条直线的同面投影的交点处。由于 b'、b、b''是点 B 的三面投影，因而可知它们应符合一点的三面投影特性：$b'b\perp OX$，$b'b''\perp OZ$，$bb_{Y_H}\perp OY_H$、$b''b_{Y_W}\perp OY_W$ 和 $Ob_{Y_H}=Ob_{Y_W}$ 或 Ob_{Y_H}、Ob_{Y_W}延长后交会于过原点 O 的 45°辅助线上的同一点。

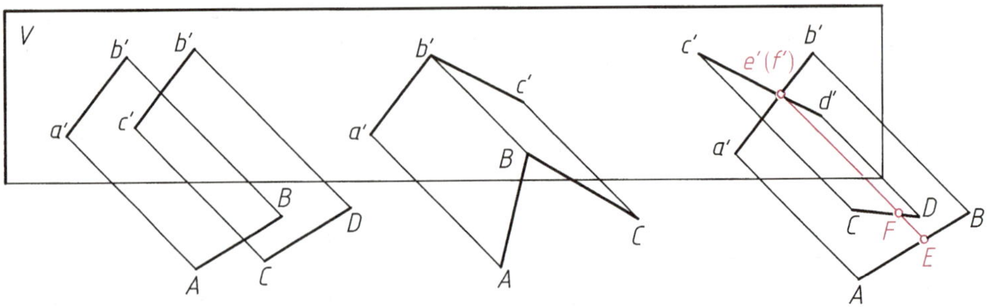

(a) 平行两直线　　(b) 相交两直线　　(c) 交叉两直线

图 3-19　两直线的相对位置

如图 3-19c 所示，虽然 $a'b'$ 与 $c'd'$ 相交，而它们的交点是分别位于 AB、CD 上的对 V 面投影的重影点 E、F 的投影 $e'(f')$，因而 AB 和 CD 不共面，是交叉两直线。由于 E 在 F 之前，所以 e' 是可见点 E 的投影，(f') 是不可见点 F 的投影。

由于交叉两直线在空间既不相交，又不平行，所以若它们的三对同面投影都相交，则如表 3-3中所示，同面投影的交点不能符合一点的三面投影特性；此外，也可能它们的同面投影有一对或两对相交，其余的同面投影分别平行。上述两种情况都表明了交叉两直线的投影既不符合平行两直线的投影特性，也不符合相交两直线的投影特性。

由前面的讨论可归纳出：两直线的相对位置在投影图中具有表 3-3 所示的投影特性。

表 3-3　两直线的相对位置的投影特性

情况	平行两直线	相交两直线	交叉两直线
投影图	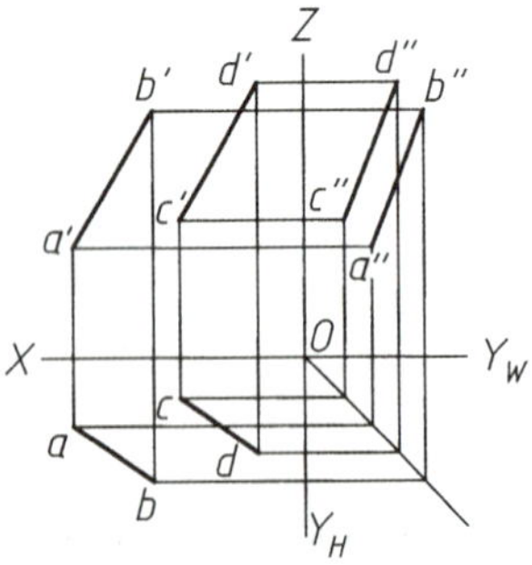	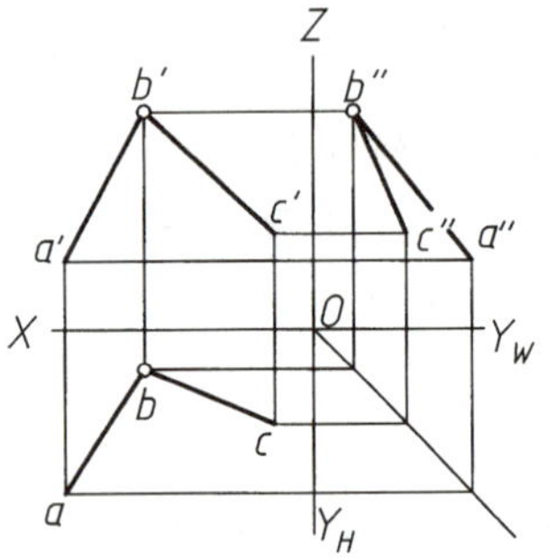	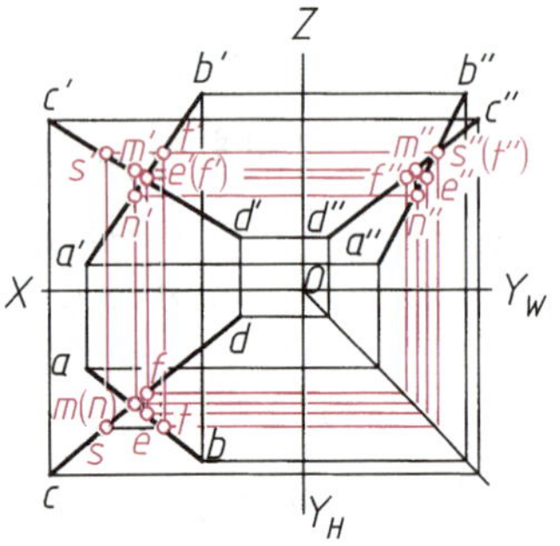
投影特性	三对同面投影分别互相平行。	三对同面投影都分别相交，且投影的交点符合一点的三面投影特性。	既不符合平行两直线的投影特性，又不符合相交两直线的投影特性。

此外，请读者自行考虑当两直线中有投影面垂直线时的三种相对位置的投影特性。

【例 3-3】 如图 3-20 中的黑色图形所示，判断两侧平线的相对位置。

【解】 图 3-20a、b、c 分别列举了三种解法，如图中的红色图形所示。由于两侧平线有左右距离差，它们不相交。

解法一：如图 3-20a 所示，添加 W 面，将两面投影添加成三面投影，作出 a″b″和 c″d″。若 a″b″∥c″d″，则 AB∥CD；若 a″b″∦ c″d″，则 AB 和 CD 交叉。按作图结果可以判定 AB∥CD。

解法二：如图 3-20b 所示，分别连接 A 和 D、B 和 C，检查 a′d′与 b′c′的交点和 ad 与 bc 的交点是否在 OX 轴的同一条垂线上？若在同一条垂线上，则 AD 和 BC 相交，点 A、B、C、D 共面，AB∥CD；若不在同一条垂线上，则 AD 和 BC 交叉，点 A、B、C、D 不共面，AB 和 CD 也交叉。按作图结果可以判定 AB∥CD。

解法三：如图 3-20c 所示，先检查 AB 和 CD 对向前或向后、向上或向下的指向是否一致？若不一致，则 AB 和 CD 交叉；若一致，则再检查 a′b′ : ab 是否等于 c′d′ : cd？相等时 AB∥CD，不相等时 AB 和 CD 交叉。从图中可看出：AB 和 CD 都是向前、向下；继续检查 a′b′ : ab 是否等于 c′d′ : cd？其作图过程是：在 a′b′上量 a′1=ab，然后过 a′任作一直线，在其上量取 a′2=cd、a′3=c′d′，连接 1 和 2、b′和 3，因图中所作出的 12∥b′3，也就是 a′b′ : ab=c′d′ : cd，所以由作图结果可以判定 AB∥CD。若指向不一致，或指向一致而 12 ∦ b′3，也就是 a′b′ : ab≠c′d′ : cd，则 AB 与 CD 交叉。

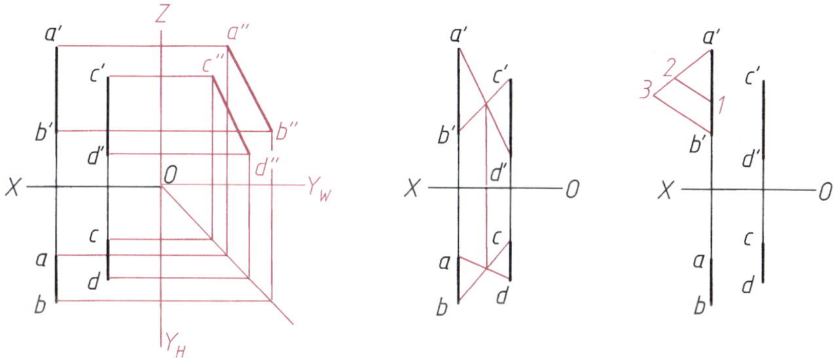

(a) 解法一　　(b) 解法二　　(c) 解法三

图 3-20　判断 AB、CD 的相对位置

【例 3-4】　如图 3-21 中的黑色图形所示，判断直线 AB、CD 的相对位置。

【解】　由于两直线的同面投影不平行，所以 AB ∦ CD。

在两面投影中，若两直线的投影都不与投影连线相重合，就可以直接判断它们的相对位置。否则，可如例 3-3 中的图 3-20a 那样，添加 W 面，作出它们的侧面投影，按表 3-3 所述的投影特性判断；但也可以如图 3-21 中的红色图形所示，用直线上的点分割直线段长度比的投影特性判断。

图 3-21 的解题原理是：若 AB、CD 相交，则 a′b′和 c′d′的交点是 AB 和 CD 的交点的投影；若 AB、CD 交叉，则 a′b′和 c′d′的交点分别是位于 AB、CD 上对正面投影的重影点的重合的投影。

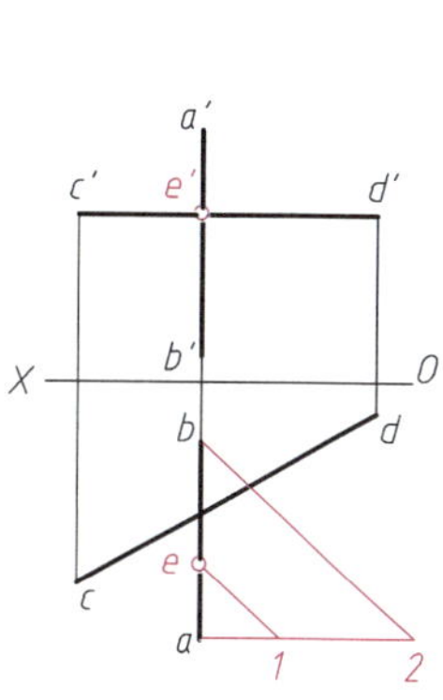

图 3-21　判断 AB、CD 的相对位置

判断的作图过程如图 3-21 中的红色图形所示：

(1) 在 a′b′和 c′d′的相交处，定出 AB 上的点 E 的正面投影 e′。

(2) 由 a 任作一直线，在其上量取 a1=a′e′、12=e′b′。

（3）连 2 和 b，作 $1e /\!/ 2b$，与 ab 交于 e，即为点 E 的水平投影。因为 e 不在 ab 和 cd 的交点处，所以 AB 与 CD 交叉。

【例 3-5】 如图 3-22 中的黑色图形所示，已知直线 AB、CD、EF。作水平线 MN，与 AB、CD、EF 分别交于点 M、S、T，点 N 在 V 面之前 6 mm。

【解】 先按已知条件和题目要求作几何分析和投影分析：由于水平线 MN 与直线 AB、CD、EF 的交点 M、S、T 都是 MN 上的点，且在图中已显示 AB、CD、EF 分别为侧平线、正垂线、铅垂线，于是就可由直线上的点的投影特性和特殊位置直线的投影特性确定水平线 MN 上的点 S 的正面投影 s' 和点 T 的水平投影 t、MN 的正面投影的高度位置，从而获得点 M 和 T 的正面投影 m' 和 t'；然后按与投影面不垂直的直线段被其上的点分割成两直线段的长度比在投影图中保持不变的定比性求出点 M 的水平投影 m，与点 T 的水平投影 t 连得 MN 的水平投影的一段 mt，从而获得点 S 的水平投影 s；最后由点 N 在 V 面前 6 mm，按点的投影特性在 mt 的延长线上，作出点 N 的水平投影 n，再由 n 在 MN 的正面投影的高度位置上作出点 N 的正面投影 n'。于是就作出这条水平线 MN 的两面投影 mn 和 $m'n'$。作图步骤如图 3-22 中的红色图形所示：

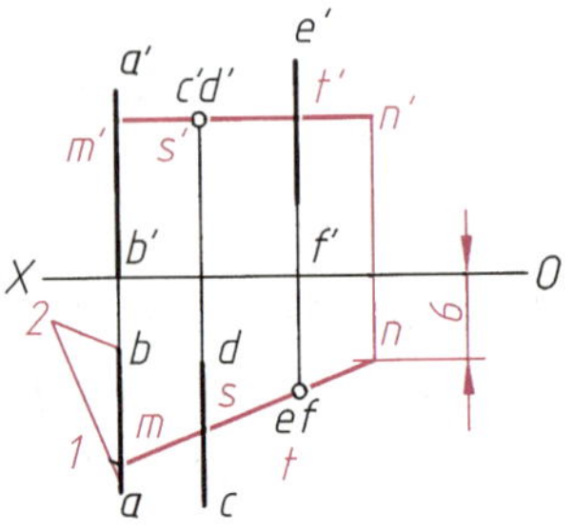

图 3-22 按给定条件作水平线 MN

（1）s' 积聚在 $c'd'$ 上，由 s' 作水平线，与 $a'b'$、$e'f'$ 分别交得 m'、t'。

（2）t 积聚在 ef 上。由 a 任作一直线，在其上量取 $a1=a'm'$、$12=m'b'$；连 b 和 2，作 $1m /\!/ 2b$，与 ab 交得 m。连 m 和 t，mt 与 cd 交得 s。

（3）从 OX 向下（即向前）6 mm 作水平线，与 mt 的延长线交得 n。由 n 作投影连线，与 $m't'$ 的延长线交得 n'。于是就作出了水平线 MN 的正面投影 $m'n'$ 和水平投影 mn。

四、一边平行于投影面的直角的投影

空间两直线成直角（相交或交叉），若两边都与某一投影面倾斜，则在该投影面上的投影不是直角。

一边平行于某一投影面的直角，在该投影面上的投影仍是直角①。如图 3-23a 所示，以一边平行于水平面的直角为例，证明如下：

(a) 立体图　　(b) 投影图

图 3-23 一边平行于投影面的直角的投影

① 有两个特例：当直角的另一边也平行于该投影面时，在该投影面上的投影也是直角；当直角的另一边垂直于该投影面时，在该投影面上的投影成为一直线。

已知 $AB /\!/ H$，$\angle ABC$ 是直角。

因为 $AB /\!/ H$，$Bb \perp H$，所以 $AB \perp Bb$。

因为 $AB \perp BC$、$AB \perp Bb$，则 $AB \perp$ 平面 $BCcb$。又因 $AB /\!/ H$，所以 $ab /\!/ AB$。

由于 $ab /\!/ AB$、$AB \perp$ 平面 $BCcb$，则 $ab \perp$ 平面 $BCcb$，于是 $ab \perp bc$，即 $\angle abc$ 仍是直角。

图 3-23b 是这个一边平行于水平面的直角（$\angle ABC$）的投影图。

【例 3-6】 如图 3-24 中的黑色图形所示，过点 C 作正平线 AB 的垂线 CD 及其垂足 D，并求点 C 与正平线 AB 的距离。

【解】 因为 CD 与正平线 AB 垂直相交，D 为交点，所以 CD 即为所求的垂线，点 D 即为所求的垂足，CD 的真长即为点 C 与正平线 AB 的距离。于是按一边平行于投影面的直角的投影特性作 $c'd' \perp a'b'$，d' 为 $c'd'$ 与 $a'b'$ 的交点。由 d' 在 ab 上求得 d，从而连得 cd。作出 CD 以后，再用直角三角形法作出 CD 的真长，即为点 C 与 AB 的距离。

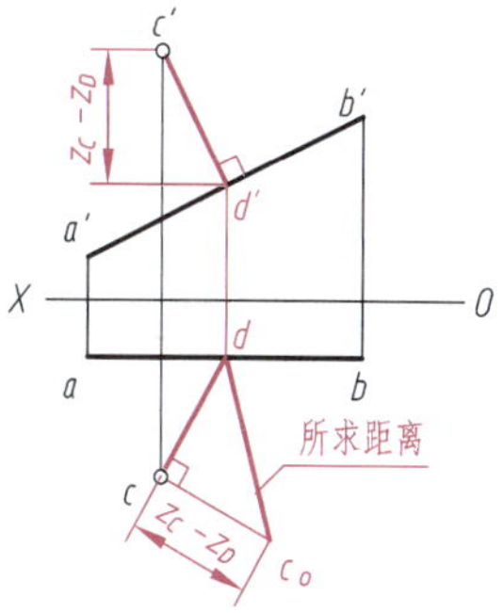

图 3-24　过 C 作 AB 的垂线 CD 及其垂足 D，并求 C 与 AB 的距离

作图过程如图 3-24 中的红色图形所示：

（1）过 c' 作 $c'd' \perp a'b'$，与 $a'b'$ 交得 d'。

（2）由 d' 引投影连线，与 ab 交得 d。

（3）连 c 和 d，$c'd'$、cd 即为垂线 CD 的两面投影；d'、d 则是垂足 D 的两面投影。

（4）用直角三角形法作 CD 的真长：以 cd 为一条直角边，再以点 C、D 与 H 面的距离差 $z_C - z_D$ 为另一条直角边 cc_0，则组成的直角三角形的斜边 c_0d 即为 CD 的真长，也就是点 C 与正平线 AB 的距离。

【例 3-7】 如图 3-25a 中的黑色图形所示，求作交叉两直线 AB、CD 的公垂线以及 AB、CD 之间的距离。

【解】 如图 3-25b 所示，AB、CD 的公垂线 EF，是与 AB、CD 都垂直相交的直线。设垂足分别为点 E 和 F，则 EF 的真长就是交叉两直线 AB、CD 之间的距离。

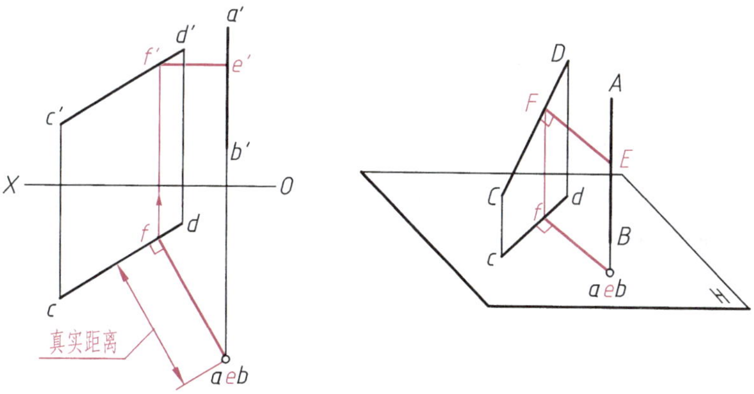

(a) 投影图　　(b) 立体图

图 3-25　作交叉两直线的公垂线和距离

因为 $AB \perp H$、$EF \perp AB$，所以 $EF /\!/ H$，并且垂足 E 的水平投影 e 一定积聚在 ab 上。又因 $EF /\!/ H$、$EF \perp CD$，所以 $ef \perp cd$。又由于 $EF /\!/ H$，则 ef 反映 EF 的真长，即为 AB、CD 之间的距离。于是可以先作出 ef，再由 ef 作出 $e'f'$。

作图过程如图 3-25a 中的红色图形所示：

（1）在 ab 处定出 e，作 $ef \perp cd$，与 cd 交于 f。

（2）由 f 引投影连线，在 $c'd'$ 上作出 f'；再由 f' 作 $e'f' /\!/ OX$，与 $a'b'$ 交于 e'。$e'f'$、ef 即为所求作的公垂线 EF 的两面投影，而 ef 就直接反映出 AB、CD 之间的真实距离。

§3-4 平面的投影

一、平面的表示法

平面通常用确定该平面的点、直线或平面图形等几何元素的投影表示，如图 3-26 所示。

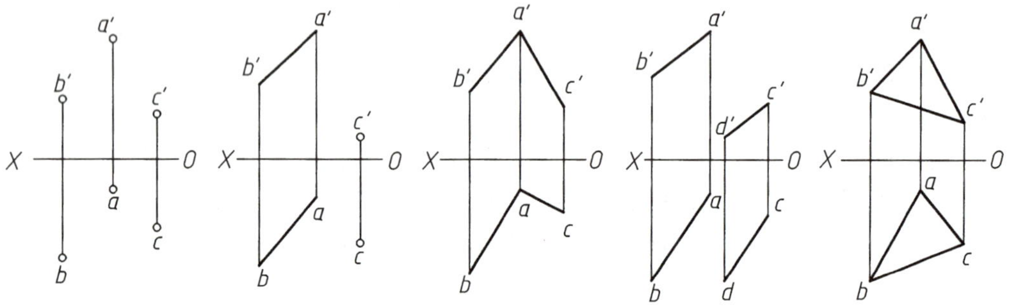

(a) 不在同一直线上的三点　(b) 直线与线外一点　(c) 相交两直线　(d) 平行两直线　(e) 平面图形

图 3-26　用几何元素表示平面

二、平面对投影面的各种相对位置

平面按对投影面的相对位置，可分为下表所示的三类。后两类又可再各分成三种，统称**特殊位置平面**。

- 平面
  - **一般位置平面**：对 V、H、W 都倾斜。
  - **投影面垂直面**（只垂直于一个投影面）
    - **正垂面**（**V 面垂直面**）：$\perp V$，对 H、W 倾斜。
    - **铅垂面**（**H 面垂直面**）：$\perp H$，对 V、W 倾斜。
    - **侧垂面**（**W 面垂直面**）：$\perp W$，对 V、H 倾斜。
  - **投影面平行面**（平行于一个投影面，垂直于另外两个投影面）
    - **正平面**（**V 面平行面**）：$/\!/ V$。
    - **水平面**（**H 面平行面**）：$/\!/ H$。
    - **侧平面**（**W 面平行面**）：$/\!/ W$。

平面与 H、V、W 面的两面角，分别就是平面对投影面 H、V、W 的倾角 α、β、γ。当平面平行于投影面时，倾角为 0°；垂直于投影面时，倾角为 90°；倾斜于投影面时，倾角大于 0°，小于 90°。

（一）一般位置平面

如图 3-27 所示，$\triangle ABC$ 对投影面 V、H、W 都倾斜，是一般位置平面。

因为 $\triangle ABC$ 与 H 面不垂直，所以 ab、bc、ca 不可能重合，$\triangle abc$ 即为 $\triangle ABC$ 的水平投影。

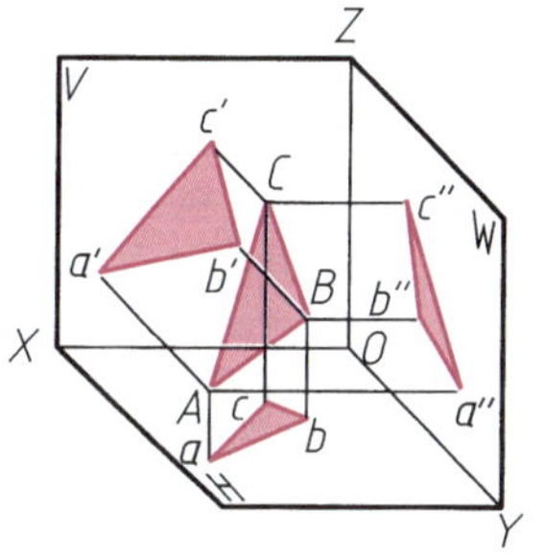

(a) 立体图

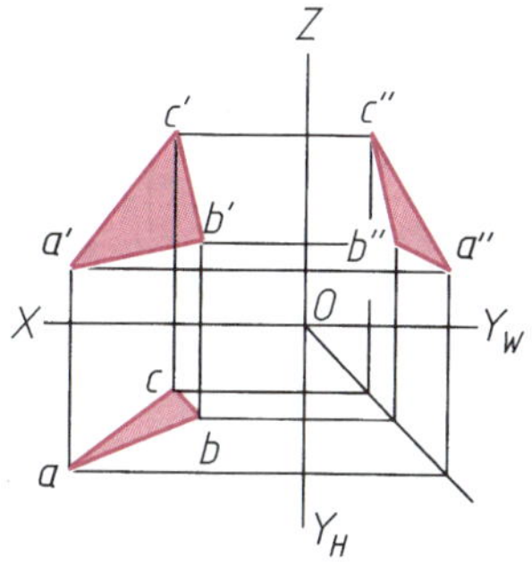

(b) 投影图

图 3-27　一般位置平面

由于 $\triangle ABC \nparallel H$，且 AB、BC、CA 都倾斜于 H，则 ab、bc、ca 都比真长缩短；或者其中两条倾斜于 H，一条平行于 H，则 ab、bc、ca 中有两条比真长缩短，一条反映真长。因此，$\triangle abc$ 的面积一定比 $\triangle ABC$ 缩小。同理，因为 $\triangle ABC$ 也对 V、W 倾斜，所以正面投影 $\triangle a'b'c'$、侧面投影 $\triangle a''b''c''$ 也都是三角形，且面积缩小。图 3-27b 是 $\triangle ABC$ 的三面投影，显然，$\triangle ABC$ 的三个投影都不能直接反映该平面对投影面的真实倾角。

由此可得处于一般位置的平面图形的投影特性：它的三个投影都是平面图形，而且是面积缩小的类似形①。倾斜于投影面的平面图形在该投影面上的正投影必定是这个平面图形的类似形，这样的投影特性通常称为类似性。

（二）投影面垂直面

表 3-4 列出了处于三种投影面垂直面位置的平面图形的立体图、投影图和投影特性。

表 3-4　处于投影面垂直面位置的平面图形

名称	正垂面（$\perp V$，对 H、W 倾斜）	铅垂面（$\perp H$，对 V、W 倾斜）	侧垂面（$\perp W$，对 V、H 倾斜）
立体图	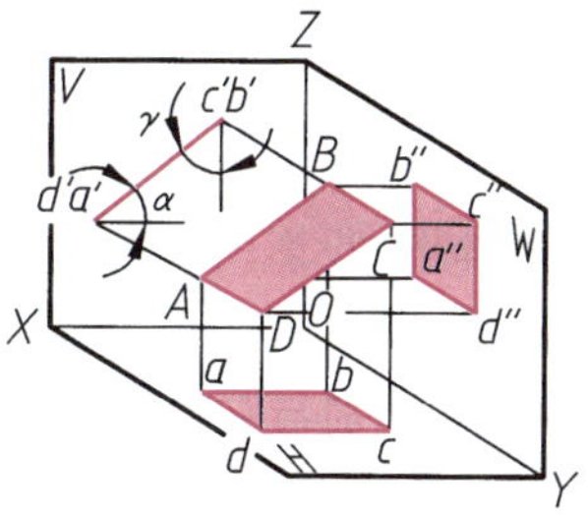	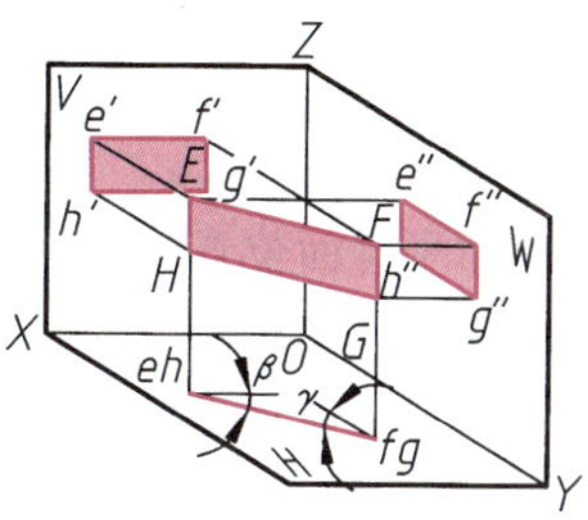	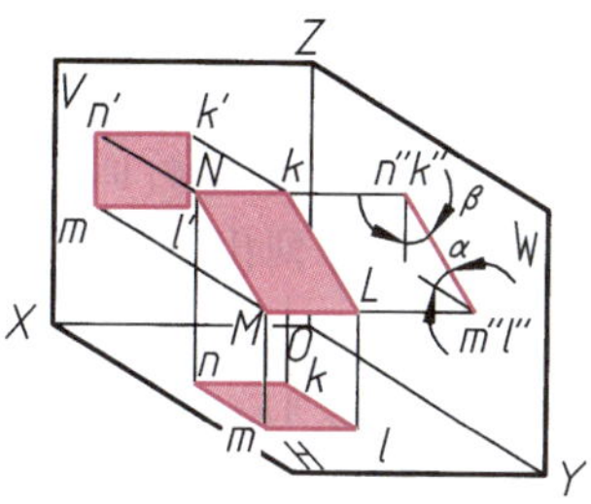

① 平面图形的类似形在几何学中亦称相仿形，例如 n 边平面图形的类似形仍为 n 边平面图形，且凹凸不变；圆和椭圆是同一种类似形。

续表

名称	正垂面（⊥*V*，对 *H*、*W* 倾斜）	铅垂面（⊥*H*，对 *V*、*W* 倾斜）	侧垂面（⊥*W*，对 *V*、*H* 倾斜）
投影图	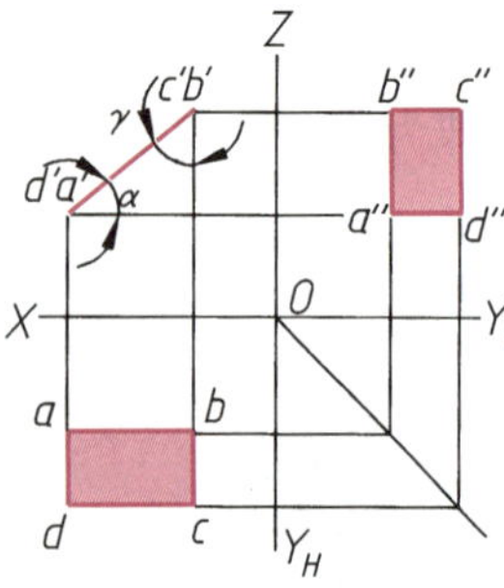	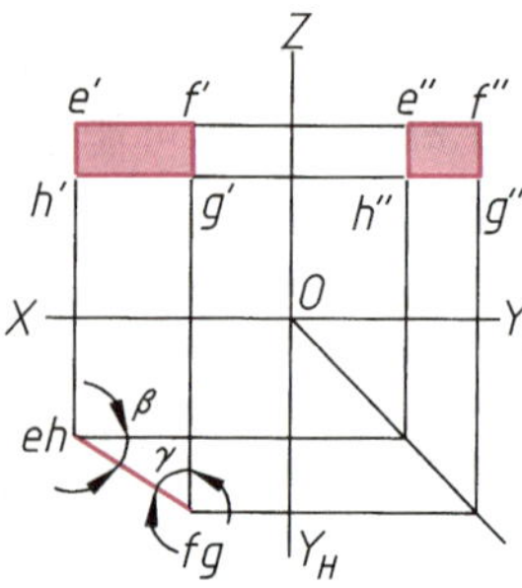	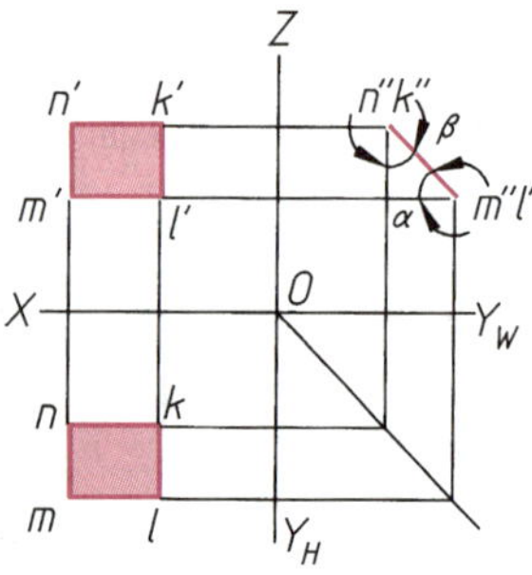
投影特性	1. 正面投影积聚成直线，并反映真实倾角 α、γ。 2. 水平投影、侧面投影仍为平面图形，是面积缩小的类似形。	1. 水平投影积聚成直线，并反映真实倾角 β、γ。 2. 正面投影、侧面投影仍为平面图形，是面积缩小的类似形。	1. 侧面投影积聚成直线，并反映真实倾角 β、α。 2. 正面投影、水平投影仍为平面图形，是面积缩小的类似形。

从表 3-4 中处于正垂面位置的矩形 *ABCD* 的立体图可知：

因为矩形 *ABCD*⊥*V*，通过矩形上各点向 *V* 面所引的投射线都位于矩形平面内，这些投射线组成的平面就相当于将这个矩形平面向后延伸，与 *V* 面交于一直线，即为它的正面投影 $a'b'c'd'$。

因为矩形 *ABCD*、*H*、*W* 面都垂直于 *V* 面，它们与 *V* 面的交线分别是 $a'b'c'd'$、*OX*、*OZ*，所以 $a'b'c'd'$与投影轴 *OX*、*OZ* 的夹角，分别是矩形 *ABCD* 与 *H*、*W* 面的两面角的平面角，也就是矩形 *ABCD* 对投影面 *H*、*W* 的倾角 α、γ。

因为矩形 *ABCD* 倾斜于 *H*、*W* 面，所以水平投影 *abcd*、侧面投影 $a''b''c''d''$仍是四边形，但面积缩小。

由此得出表 3-4 中所列的正垂的平面图形的投影特性。同理，也可得出铅垂的和侧垂的平面图形的投影特性。

从表 3-4 可概括出处于投影面垂直面位置的平面图形的投影特性：

(1) 在垂直的投影面上的投影，积聚成直线；它与投影轴的夹角，分别反映平面对另两投影面的真实倾角。

(2) 在另两投影面上的投影为面积缩小的类似形。

（三）投影面平行面

表 3-5 中列出了处于三种投影面平行面位置的平面图形的立体图、投影图和投影特性。

从表 3-5 中处于正平面位置的矩形 *ABCD* 的立体图可知；

因为矩形 *ABCD*∥*V* 面，四条边都平行于 *V* 面，它们的正面投影都分别与它们相平行，且长度也对应相等，所以矩形 *ABCD* 的正面投影 $a'b'c'd'$反映真形。

由于矩形 *ABCD*∥*V* 面，必定⊥*H* 面和⊥*W* 面，且矩形内各点的 *y* 坐标都相等，因而水平投影 *abcd*∥*OX*，侧面投影 $a''b''c''d''$∥*OZ*，分别积聚成直线。

表 3-5　处于投影面平行面位置的平面图形

名称	正平面（// V 面）	水平面（// H 面）	侧平面（// W 面）
立体图	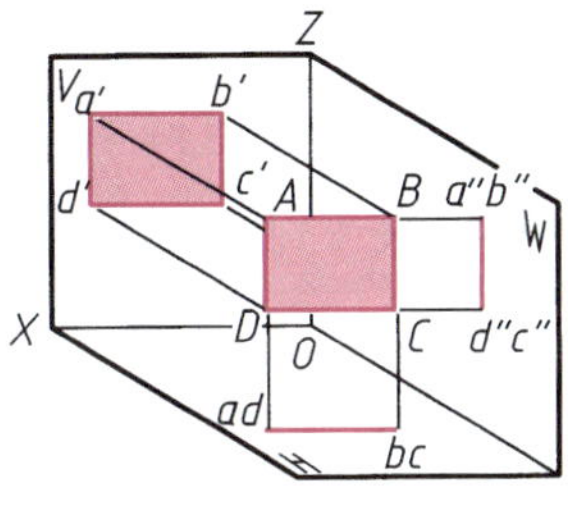	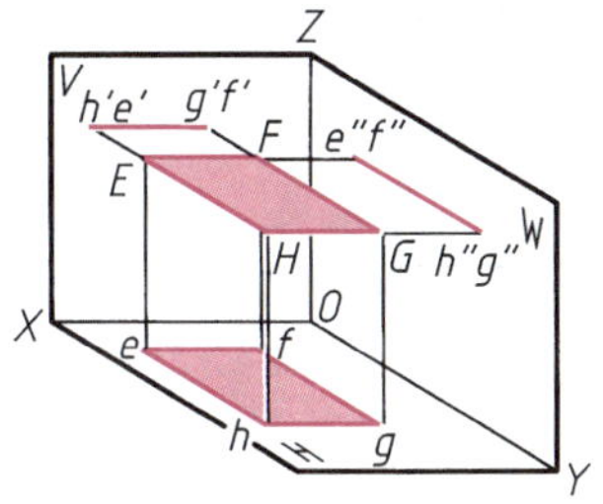	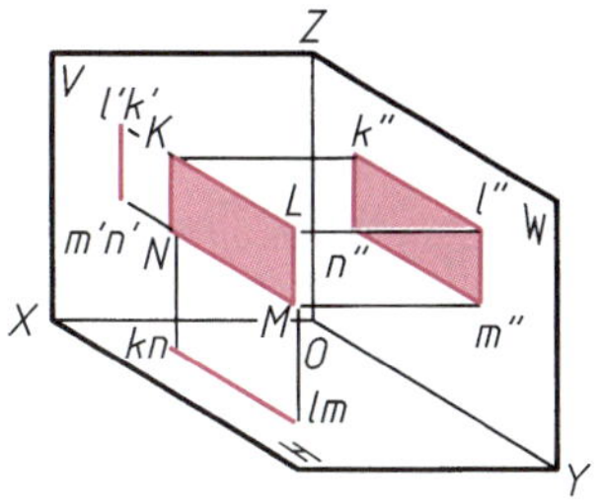
投影图	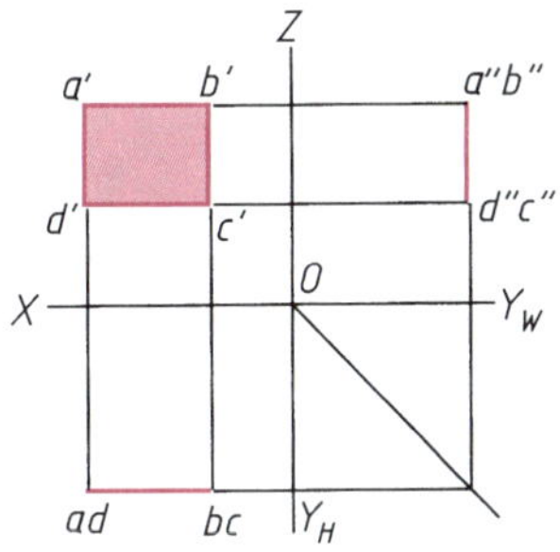	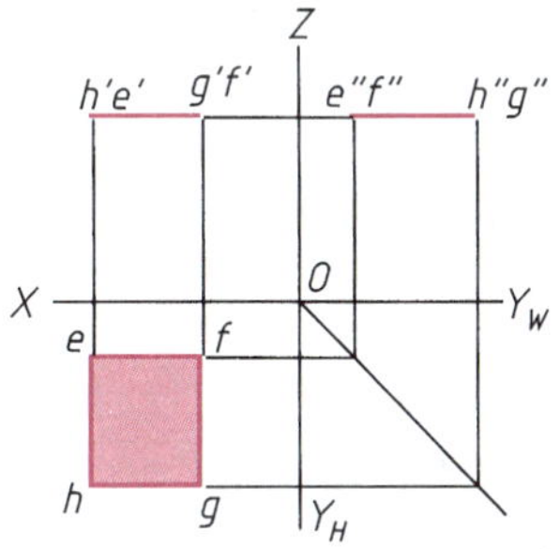	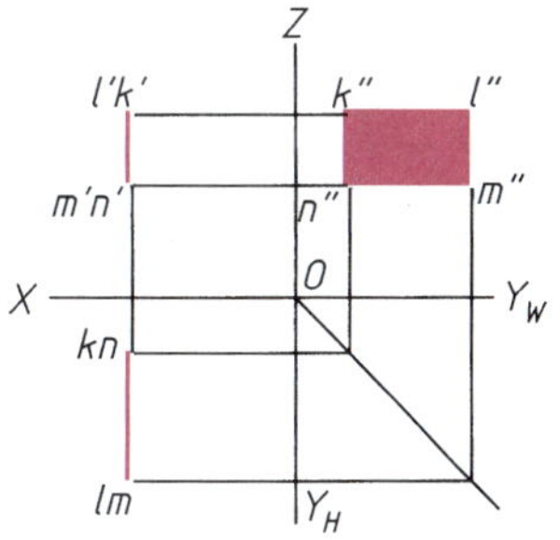
投影特性	1. 正面投影反映真形。 2. 另两个投影分别积聚成直线：水平投影 // OX，侧面投影 // OZ。	1. 水平投影反映真形。 2. 另两个投影分别积聚成直线：正面投影 // OX；侧面投影 // OY_W。	1. 侧面投影反映真形。 2. 另两个投影分别积聚成直线：正面投影 // OZ，水平投影 // OY_H。

由此得出表 3-5 中所列的处于正平面位置的平面图形的投影特性。同理，也可得出处于水平面和侧平面位置的平面图形的投影特性。

从表 3-5 可概括出处于投影面平行面位置的平面图形的投影特性：

（1）在平行的投影面上的投影，反映真形。

（2）在另两投影面上的投影，分别积聚成直线，平行于相应的投影轴。

三、平面的迹线表示法

平面主要用几何元素表示，也可以用迹线表示。迹线是平面与投影面的交线。

如图 3-28 所示，平面与投影面的交线，称为平面的迹线，也可以用迹线表示平面。用迹线表示的平面称为迹线平面。平面与 V 面、H 面、W 面的交线，分别称为正面迹线（V 面迹线）、水平迹线（H 面迹线）、侧面迹线（W 面迹线）。迹线的符号用平面名称的大写字母附加投影面名称的注脚表示，如图 3-28 中的 P_V、P_H、P_W。迹线是投影面上的直线，它在该投影面上的投影与自身重合，用粗实线表示，并标注上述符号；它在另外两个投影面上的投影，分别在相应的投影轴上，不需作任何表示和标注。

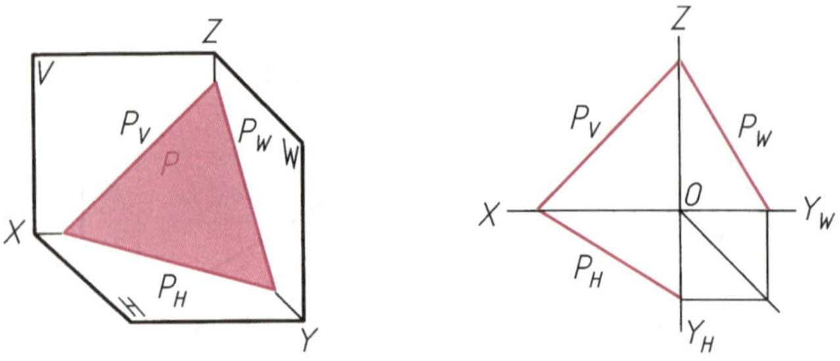

(a) 立体图　　(b) 投影图

图 3-28　用迹线表示平面

由于图 3-28 所示的平面 P 对 V、H、W 面都倾斜，所以平面 P 是一般位置平面。显然可见：一般位置平面在三个投影面上都有迹线，都与投影轴倾斜，每两条迹线分别相交于相应的投影轴上的同一点，由其中的任意两条迹线即可表示这个平面。

图 3-29 是用迹线表示的正垂面 P。从图 3-29a 所示的立体图可知：

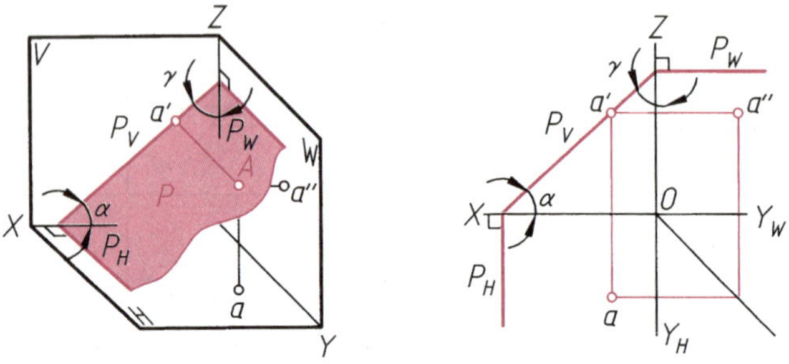

(a) 立体图　　(b) 投影图

图 3-29　用迹线表示的投影面垂直面示例(正垂面)

因为 $P \perp V$，平面 P 在 V 面上的有积聚性的投影与平面 P 的 V 面迹线 P_V 重合，过平面 P 上的任一点 A 向 V 面所引的投射线 Aa' 必位于平面 P 内，所以它与 V 面的交点 a' 一定位于平面 P 的正面迹线 P_V 上，由此便可推知平面 P 上的任何点、直线和图形的正面投影都位于 P_V 上。

因为平面 P 和 H、W 面都垂直于 V 面，与 V 面的交线分别是 P_V 和 OX、OZ，所以 P_V 与 OX、OZ 的夹角，分别是平面 P 对投影面 H、W 的倾角 α、γ。

因为平面 P 和 H、W 面都垂直于 V 面，P 和 H 面的交线 P_H、P 和 W 面的交线 P_W 也都垂直于 V 面，所以水平迹线 $P_H \perp OX$，侧面迹线 $P_W \perp OZ$。

同理，可得出用迹线表示的铅垂面的投影特性：水平迹线与这个铅垂面在 H 面上的有积聚性投影相重合，并反映真实倾角 β、γ；正面迹线 $\perp OX$，侧面迹线 $\perp OY_W$。也可得出用迹线表示的侧垂面的投影特性：侧面迹线与这个侧垂面在 W 面上的有积聚性的投影相重合，并反映真实倾角 β、α；正面迹线 $\perp OZ$，水平迹线 $\perp OY_H$。

于是可概括出处于投影面垂直面位置的迹线平面的投影特性：

(1) 在垂直的投影面上的迹线与这个平面在该投影面上的有积聚性的投影相重合；它与投影轴的夹角，分别反映平面对另两投影面的真实倾角。

(2) 在另两投影面上的迹线，分别垂直于相应的投影轴。

由于已知投影面垂直面的一条倾斜于投影轴的有积聚性的迹线，就可以确定这个平面的空间位置，所以在本书中约定，当已知是投影面垂直面时，可以采用简化表示法，即只用一条倾斜于投影轴的迹线表示该平面，不再画出其他两条垂直于相应投影轴的迹线。

图 3-30 是用迹线表示的水平面 Q。从图 3-30a 所示的立体图可知：

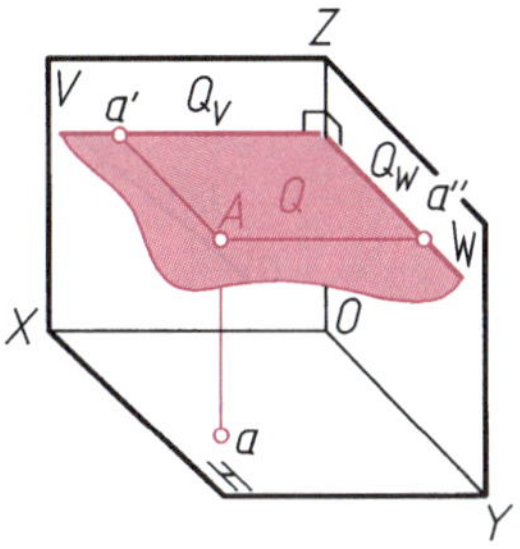

(a) 立体图

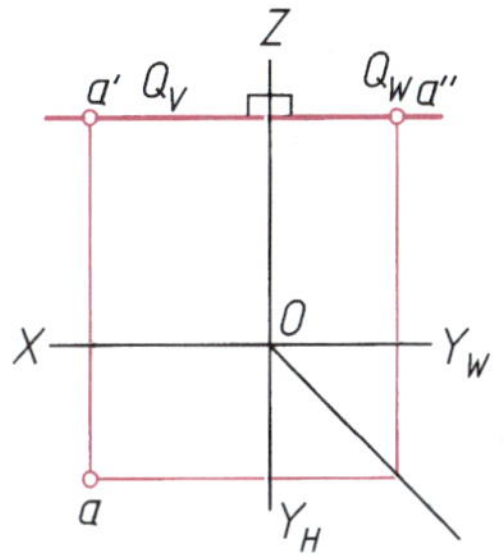

(b) 投影图

图 3-30 用迹线表示的投影面平行面示例(水平面)

因为 $Q /\!/ H$，所以平面 Q 与 H 面不相交，无水平迹线 Q_H。

因为 $Q /\!/ H$，必定 $\perp V$ 和 $\perp W$，过 Q 面上的任一点 A 向 V 面、W 面所引的投射线 Aa'、Aa'' 必都位于平面 Q 内，所以它们与 V 面、W 面的交点 a'、a''，一定分别位于平面 Q 的正面迹线 Q_V、侧面迹线 Q_W 上，由此便可推知平面 Q 上的任何点、直线和平面图形的正面投影、侧面投影都分别位于 Q_V、Q_W 上，正面迹线 Q_V、侧面迹线 Q_W 分别与这个水平面 Q 在 V 面、W 面上的有积聚性的投影相重合。

因为 $Q /\!/ H$，Q 面、H 面与 V 面的交线相平行，Q 面、H 面与 W 面的交线相平行，所以 $Q_V /\!/ OX$、$Q_W /\!/ OY_W$。

同理，可得出用迹线表示的正平面的投影特性：无正面迹线；水平迹线与这个正平面在 V 面上的有积聚性的投影相重合，与 OX 平行；侧面迹线与这个正平面在 W 面上的有积聚性的投影相重合，与 OZ 平行。也可得出用迹线表示的侧平面的投影特性：无侧面迹线；水平迹线、正面迹线分别与这个侧平面在 H 面、V 面上的有积聚性的投影相重合，且分别平行于 OY_H、OZ。

于是可概括出处于投影面平行面位置的迹线平面的投影特性：

(1) 在平行的投影面上无迹线。

(2) 在另两投影面上的迹线分别与这个平面在迹线所在的投影面上的有积聚性的投影相重合，且平行于迹线所在的投影面与该平面平行的投影面相交的投影轴。

由于已知投影面平行面的一条有积聚性的迹线，就可以确定这个平面的空间位置，所以本书约定，当已知是投影面平行面时，可简化表示，即可以只用一条与这个平面的有积聚性的投影重合的迹线表示该平面，需要时也可同时用两条与这个平面的有积聚性的投影重合的迹线表示该平面。这种用有积聚性的迹线表示特殊位置平面的方法在解题中经常使用。

四、平面上的点和直线

点和直线在平面上的几何条件是：

(1) 点在平面上，则该点必定在这个平面的一条直线上。

(2) 直线在平面上，则该直线必定通过这个平面上的两个点；或者通过这个平面上的一个点，且平行于这个平面上的另一直线。

图 3-31 是用上述条件在投影图中说明：点 D 和直线 DE 位于相交两直线 AB、BC 所确定的平面 ABC 上。

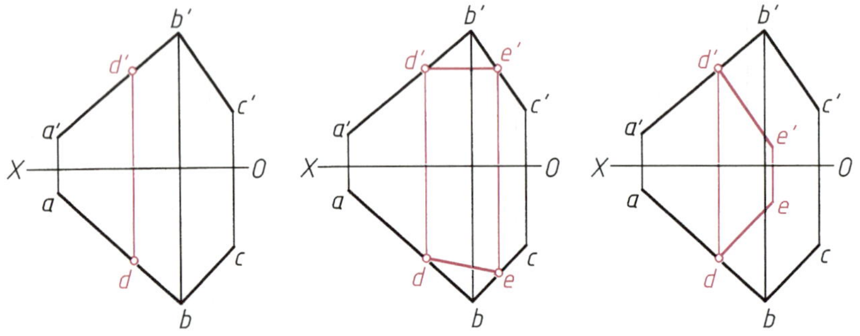

(a) 点 D 在平面 ABC 的直线 AB 上　(b) 直线 DE 通过平面 ABC 上的两个点 D、E　(c) 直线 DE 通过平面 ABC 上的点 D，且平行于平面 ABC 上的直线 BC

图 3-31　平面上的点和直线

【例 3-8】 如图 3-32 中的黑色图形所示，判断点 D 是否在 $\triangle ABC$ 上？

【解】 若点 D 能位于平面 $\triangle ABC$ 的一条直线上，则点 D 在平面 $\triangle ABC$ 上；否则，就不在平面 $\triangle ABC$ 上。

判断过程如图 3-32 中的红色图形所示：连点 A、D 的同面投影，并延长到与 BC 的同面投影相交。因为图中的直线 AD、BC 的同面投影的交点在一条投影连线上，便可确定是直线 BC 上的一点 E 的两面投影 e'、e，于是点 D 在平面 $\triangle ABC$ 的直线 AE 上，就判断出点 D 是在平面 $\triangle ABC$ 上。

【例 3-9】 如图 3-33 的黑色图形所示，已知▱$ABCD$ 的两面投影，在其上取一点 K，使点 K 在 H 面之上 10 mm，在 V 面之前 15 mm。

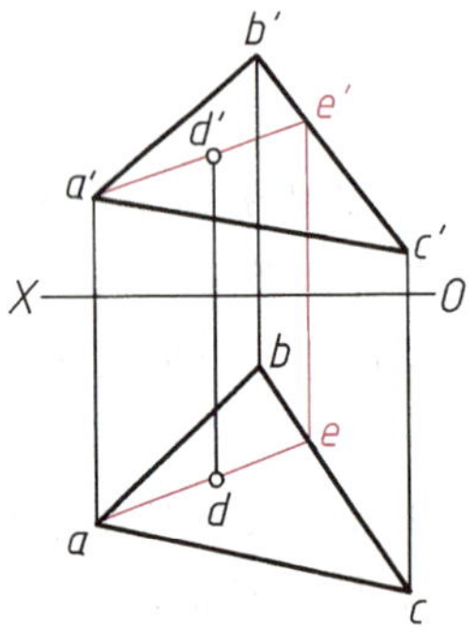

图 3-32　判断点 D 是否在平面 $\triangle ABC$ 上

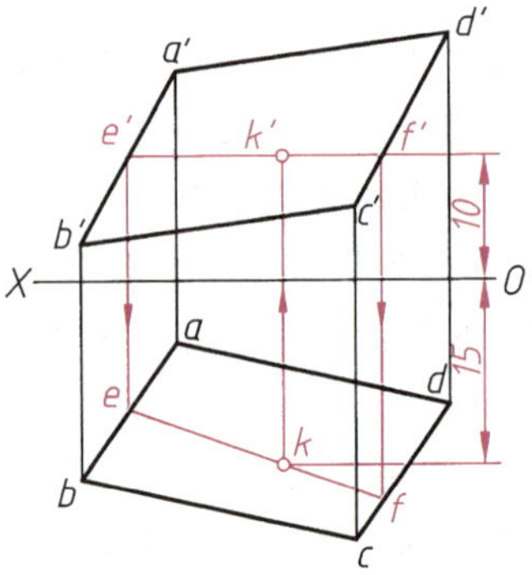

图 3-33　在▱$ABCD$ 上取离两投影面为已知距离的点 K

【解】 可先在▱$ABCD$ 上取位于 H 面之上 10 mm 的水平线 EF，再在 EF 上取位于 V 面之前 15 mm 的点 K。

作图过程如图 3-33 的红色图形所示：

（1）在 OX 之上 10 mm 处作出 $e'f'$，再由 $e'f'$ 作 ef。

（2）在 ef 上取位于 OX 之前 15 mm 的点 k，即为所求的点 K 的水平投影。由 k 在 $e'f'$ 上作出所求的点 K 的正面投影 k'。

因为特殊位置平面在它所垂直的投影面上的投影积聚成直线，所以特殊位置平面上的点、直线和平面图形在该平面所垂直的投影面上的投影，都位于这个平面的有积聚性的同面投影或迹线上。图 3-34 举例画出了在特殊位置平面上的点、直线和平面图形的三面投影：

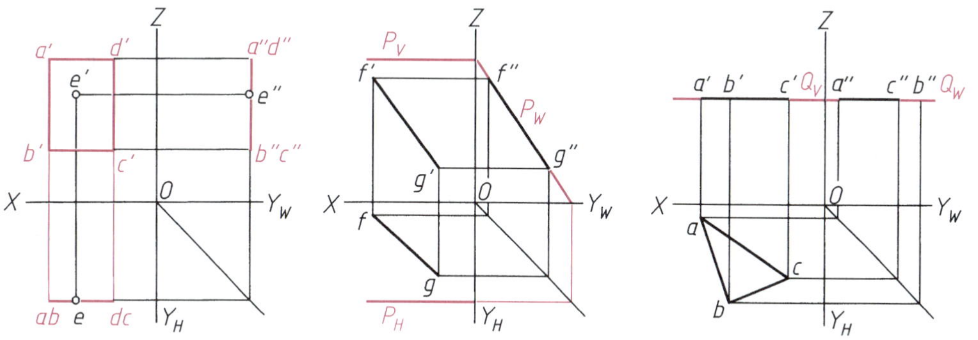

(a) 点E在正平面▱$ABCD$上　　(b) 直线FG在侧垂面P上　　(c) △ABC在水平面Q上

图 3-34　特殊位置平面上的点、直线和图形

在图 3-34a 中，因为 e、e''分别积聚在 $abcd$、$a''b''c''d''$上，所以点 E 在正平面▱$ABCD$ 上。

在图 3-34b 中，因为$f''g''$位于侧垂面 P 的与有积聚性投影重合的倾斜于投影轴的迹线 P_W 上，所以直线 FG 位于这个侧垂面 P 上；图中的 P_V、P_H 按本书特殊位置平面可以只画一条与有积聚性的投影相重合的迹线的约定，是可以省略不画的。

在图 3-34c 中，因为△ABC 的正面投影 $a'b'c'$积聚成一直线，位于有积聚性的垂直于 OZ（平行于 OX）的迹线 Q_V 上，所以△ABC 位于水平面 Q 上；按本书特殊位置平面可以只画一条与该平面 Q 的有积聚性的投影相重合的迹线的约定，图中可省略不画迹线 Q_W，也可只画有积聚性的垂直于 OZ（平行于 OY_W）的迹线 Q_W，省略不画迹线 Q_V，但不论省略画图 3-34c 中用红色粗水平线表示的哪一条迹线，保留的用红色粗水平线表示的迹线与在省略的另一条用红色粗水平线表示的迹线上的用黑色粗水平线表示的三角形 ABC 的投影之间应加绘用黑色细水平线表示的投影连线。此外，还可如图 3-34c 中所画的那样，同时画出这个水平面 Q 的两条迹线 Q_V 和 Q_W。

【例 3-10】 如图 3-35 的黑色图形所示，已知点 A、B 和直线 CD 的两面投影。过点 A 作正平面；过点 B 作正垂面，$\alpha=45°$；过直线 CD 作铅垂面。

【解】 因为特殊位置平面在与它相垂直的投影面上的迹线和这个平面在与它垂直的投影面上的有积聚性的投影相重合，就可按本书的约定画出一条这样的迹线来表示特殊位置平面。作图过程如图 3-35 中的红色图形所示：

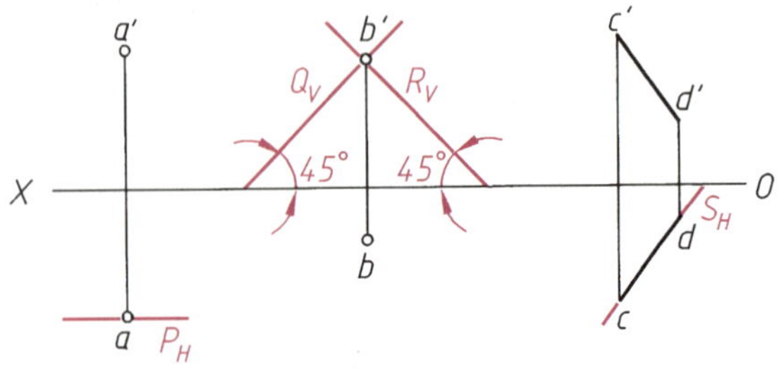

(a) 过 A 作正平面

(b) 过 B 作正垂面，α=45°

(c) 过 CD 作铅垂面

图 3-35　过点或直线作特殊位置平面

(1) 过点 A 只能作出一个正平面 P 与 V 面相平行，P_H 与该正平面 P 在 H 面上的有积聚性的投影重合，平行于 OX。因此，过 a 作 OX 的平行线，即为 P_H，就作出了所求的正平面 P。

(2) 过点 B 可作无限多个正垂面，但 $\alpha=45°$ 的只有两个平面 Q 和 R。因为正垂面在 V 面上的有积聚性的投影与正垂面的正面迹线相重合，且反映与 H 面的真实倾角 α，所以过 b' 作两条与 OX 成 45°的倾斜线，即为 Q_V 和 R_V，于是按本书的约定，便作出了所求的正垂面 Q 和 R。

(3) 过直线 CD 只能作出一个铅垂面 S，因为 S_H 与这个铅垂面 S 在 H 面上的有积聚性的投影相重合，cd 必定积聚在其上，于是 cd 及其延长线即为所求铅垂面 S 的水平迹线 S_H，按本书的约定，便作出了所求的平面 S。

五、圆平面的投影

图 3-36 是圆心为 C 的一个水平面圆的三面投影，根据投影面平行面的投影特性可知：水平投影反映真形；正面投影和侧面投影分别积聚成水平线，长度都等于直径。

由解析几何可知：圆在与它倾斜的投影面上的投影是椭圆。圆的每一对相互垂直的直径，分别投射成椭圆的一对共轭直径；而椭圆的各对共轭直径中，有一对是相互垂直的，成为椭圆的对称轴，也就是椭圆的长轴和短轴。根据投影特性可以想象出：长轴是平行于投影面的直径的投影，而短轴则是与上述直径相垂直的直径的投影。

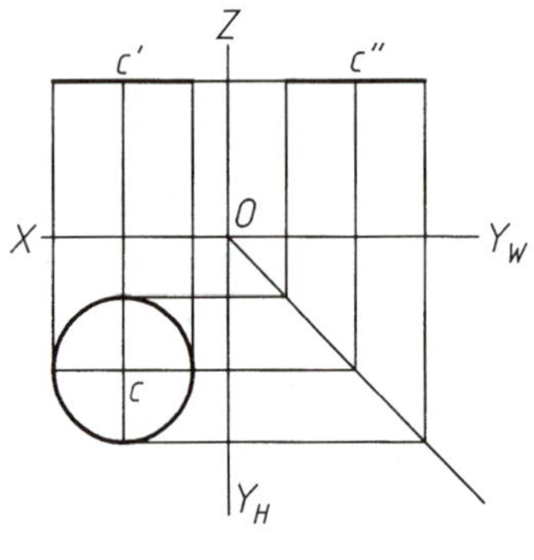

图 3-36　水平圆的投影

图 3-37 是圆心为 C 的一个正垂圆的两面投影。由图 3-37a可见：正垂圆在 V 面上的投影积聚成直线，长度等于直径。在 H 面上的投影为椭圆：长轴是平行于 H 面的直径 AB（在正垂圆上的正垂线）的投影，长度等于直径；短轴是与 AB 垂直的直径 DE（在正垂圆上的正平线）的投影。这个正垂圆的投影图如图 3-37b 所示，当作出投影椭圆的长、短轴后，可用在几何作图中介绍的四心圆法作近似椭圆，如要求画得比较准确，则可用几何作图中介绍的同心圆法作椭圆。

同理，在三面体系中也可推导出：这个正垂圆的侧面投影椭圆的长轴是 $a''b''$，短轴是 $e''d''$。

从对图 3-36、图 3-37 的讨论中可以概括出圆的投影特性：

(1) 在与圆平面平行的投影面上的投影反映真形。

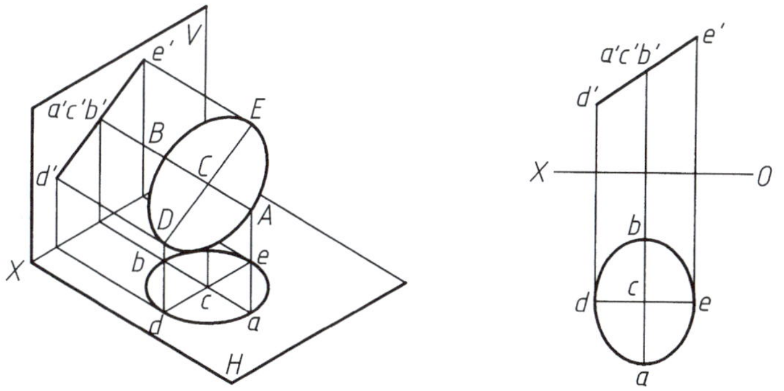

(a) 立体图　　　(b) 投影图

图 3-37　正垂圆的投影

(2) 在与圆平面垂直的投影面上的投影积聚成为一直线,长度等于圆的直径。

(3) 在与圆平面倾斜的投影面上的投影是椭圆,长轴是圆的平行于这个投影面的直径的投影,短轴是圆的与上述直径相垂直的直径的投影。

§3-5　直线与平面以及两平面之间的相对位置

直线与平面以及两平面之间的相对位置,除了直线位于平面上或两平面位于同一平面上的特例外,只可能相交或平行。垂直是相交的特例。

当直线或平面垂直于投影面时,在它所垂直的投影面上的投影有积聚性,能较明显和简捷地图示和图解有关相交、平行、垂直等问题,因而本书只讲述至少两者之一垂直于投影面时的特殊情况。若需求解有关直线、平面都不垂直于投影面时的相对位置的问题,由于作图常较复杂,建议用下一节投影变换中的换面法变换成特殊情况求解;如读者需要了解不通过换面法直接解决直线、平面都不垂直于投影面时的直线与平面以及两平面之间的相对位置的各类图示和图解问题,可参阅书后的参考文献〔3〕、〔4〕、〔6〕,由于这种情况的作图常较复杂,所以本书就不再详细讲述了。

一、相交

直线与平面的交点是直线和平面的共有点;两平面的交线是两平面的共有直线。

如图 3-38b 中的黑色图形所示,已知直线 AB 和铅垂的▭$STUV$ 的两面投影,求作交点 K,并表明 $a'b'$在▭$s't'u'v'$内的可见性(在未判定前用细双点画线表示)。从图 3-38a 所示的立体图可以想象出:k'将是 $a'b'$的可见段与不可见段的分界点。

由于▭$STUV \perp H$,所以它的水平投影 $stuv$ 积聚成一直线。因为交点 K 是 AB 与▭$STUV$ 的共有点,就可如图 3-38b 中的红色图形所示:直接在 ab 与 $stuv$ 的交点处定出 k,再由 k 在 $a'b'$上作出 k'。

在图 3-38b 中,对照 AB 和▭$STUV$ 的两面投影可知:直线 AB 在交点 K 右下方的线段位于▭$STUV$之前,因而 $a'b'$在▭$s't'u'v'$内 k'右下方的一段是可见的,应画成粗实线;直线 AB 在交点 K

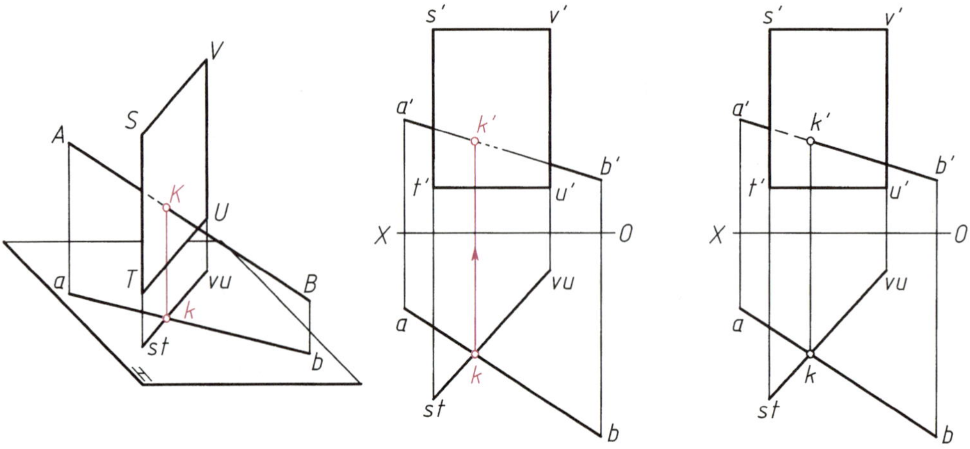

(a) 立体图　　(b) 已知条件和作图过程　　(c) 表明可见性后的作图结果

图 3-38　直线与投影面垂直面相交

左上方的线段则位于□*STUV* 之后，于是 *a′b′* 在□*s′t′u′v′* 内 *k′* 左上方的一段不可见，应画成细虚线。

作图结果如图 3-38c 所示。

由此可知：直线与垂直于投影面的平面相交，平面的有积聚性的投影与直线的同面投影的交点，就是交点的一个投影，从而可以作出交点的其他投影；并可在投影图中直接判断直线投影的可见性。

如图 3-39b 中的黑色图形所示，已知△*ABC* 和铅垂的□*STUV* 的两面投影，求作交线 *KL*，并表明这两个平面图形在正面投影重合处区域内可见性（在未判定前用细双点画线表示）。从图 3-39a所示的立体图可以想象出：交线将是可见与不可见的分界线。

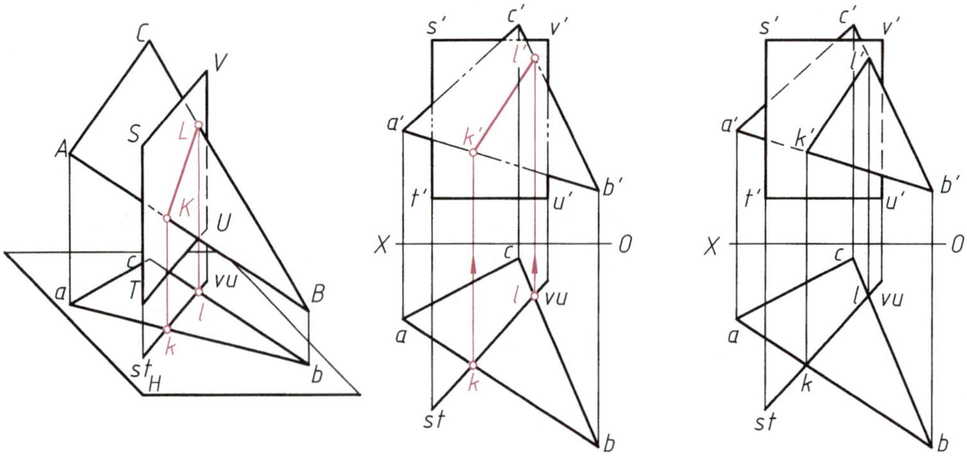

(a) 立体图　　(b) 已知条件和作图过程　　(c) 表明可见性后的作图结果

图 3-39　平面与投影面垂直面相交

作图过程如图 3-39b 中的红色图形所示：

（1）与图 3-38b 相同，作出△*ABC* 的 *AB* 边与▱*STUV* 的交点 *K* 的两面投影 *k*′和 *k*。

（2）同理，作出△*ABC* 的 *CB* 边与▱*STUV* 的交点 *L* 的两面投影 *l*′、*l*。

（3）连 *k*′与 *l*′；而 *kl* 就积聚在 *stuv* 上。*k*′*l*′、*kl* 即为所求交线 *KL* 的两面投影。

（4）对照△*ABC* 和▱*STUV* 的两面投影可知：△*ABC* 在交线 *KL* 的右下部分位于▱*STUV* 之前，因而在△*a*′*b*′*c*′与▱*s*′*t*′*u*′*v*′重合处的 *k*′*l*′右下方，属△*a*′*b*′*c*′的部分为可见，轮廓线画成粗实线；属▱*s*′*t*′*u*′*v*′的部分不可见，轮廓线画成细虚线；而△*ABC* 在交线 *KL* 的左上部分则位于▱*STUV*之后，于是在△*a*′*b*′*c*′与▱*s*′*t*′*u*′*v*′重合处的 *k*′*l*′左上方的可见性便相反，属△*a*′*b*′*c*′部分的轮廓线画成细虚线，属▱*s*′*t*′*u*′*v*′部分的轮廓线画成粗实线。

表明可见性后的作图结果如图 3-39c 所示。

由此可知：平面图形与垂直于投影面的平面相交，可以作出前者的任两直线与后者的交点，然后连成交线；并可在投影图中直接判断投影重合处的可见性。

如图 3-40a 中的黑色图形所示，已知▱*ABCD* 和侧平面 *P*，求作它们的交线，并表明▱*ABCD* 的侧面投影的可见性（在未判定前用细双点画线表示）。

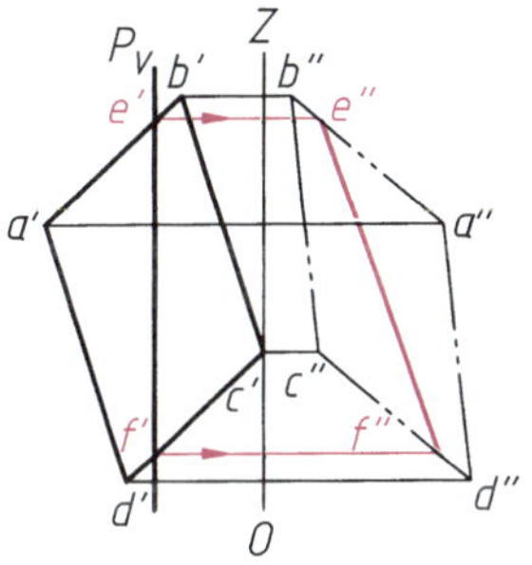

(a) 已知条件和作图过程

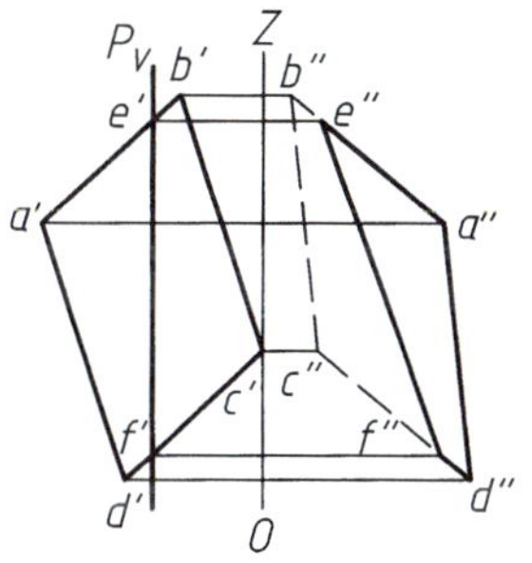

(b) 表明可见性后的作图结果

图 3-40　作▱*ABCD* 与侧平面 *P* 的交线，并表明可见性

作图过程如图 3-40a 中的红色图形所示：分别作出▱*ABCD* 的 *AB*、*CD* 边与平面 *P* 的交点 *E*、*F* 的两面投影 *e*′和 *e*″、*f*′和 *f*″，连接同面投影，即得交线 *EF* 的两面投影 *e*′*f*′和 *e*″*f*″，*e*′*f*′重合在 P_V 上。从图 3-40a 可直接看出：在交线 *EF* 的 *AD* 一侧，▱*ABCD* 位于 *P* 面之左，▱*ABCD* 的侧面投影可见，*e*″*f*″和 *e*″*a*″、*a*″*d*″、*d*″*f*″画成粗实线；在交线 *EF* 的另一侧则相反，*e*″*b*″、*b*″*c*″、*c*″*f*″画成细虚线。

表明可见性后的作图结果如图 3-40b 所示。

如图 3-41a 中的黑色图形所示，已知正垂线 *DE* 和△*ABC* 的两面投影，求作交点 *K*，并表明 *de* 在△*abc* 内的可见性（在未判定前用细双点画线表示）。

由于 *DE* 是正垂线，*d*′*e*′积聚成一点，交点 *K* 的正面投影 *k*′必定与 *d*′*e*′重合。又因点 *K* 是 *DE* 与△*ABC* 的共有点，所以就转化为：已知△*ABC* 上的点 *K* 的正面投影 *k*′，求水平投影 *k*。至于 *de* 在△*abc* 内的可见性，可以利用交叉线对 *H* 面投影的重影点来判断，也可以想到点 *k* 是可见与不可见的分界点。

作图过程如图 3-41a 中的红色图形所示：

（1）*k*′重合于 *d*′*e*′。连 *a*′与 *k*′，延长 *a*′*k*′，与 *b*′*c*′交于 *f*′。由 *f*′作投影连线，与 *bc* 交于 *f*。连 *a* 与 *f*，*af* 与 *de* 交得 *k*。*k*′和 *k* 即为所求交点 *K* 的两面投影。

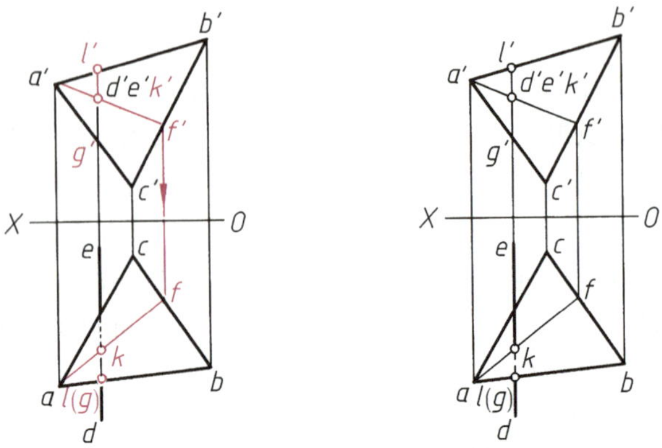

(a) 已知条件和作图过程　　(b) 表明可见性后的作图结果

图 3-41　投影面垂直线与平面相交

（2）取交叉两直线 AB、DE 对 H 面投影的重影点，AB 上的点 L 的正面投影 l' 在 $a'b'$ 上，DE 上的点 G 的正面投影 g' 重合于 $d'e'$。因为 l' 比 g' 高，所以 AB 上的点 L 的水平投影 l 可见，DE 上的点 G 的水平投影 (g) 不可见，在不可见点 G 的 H 面投影符号 g 上加括号，写成 (g)。于是 $k(g)$ 不可见，应画成细虚线；过了分界点 k 后就成为可见，应画粗实线。

表明可见性后的作图结果如图 3-41b 所示。

由此可知：投影面垂直线与平面的交点的一个投影，就积聚在该直线的积聚成一点的同面投影上，其他的投影可按平面上取点的方法作出；并可用交叉线的重影点来判断直线投影的可见性。

如图 3-42a 中的黑色图形所示，已知水平面 $\triangle ABC$ 和正垂面 $\triangle DEF$ 的两面投影，求作它们的交线 MN，并表明水平投影的可见性（在未判定前用细双点画线表示）。

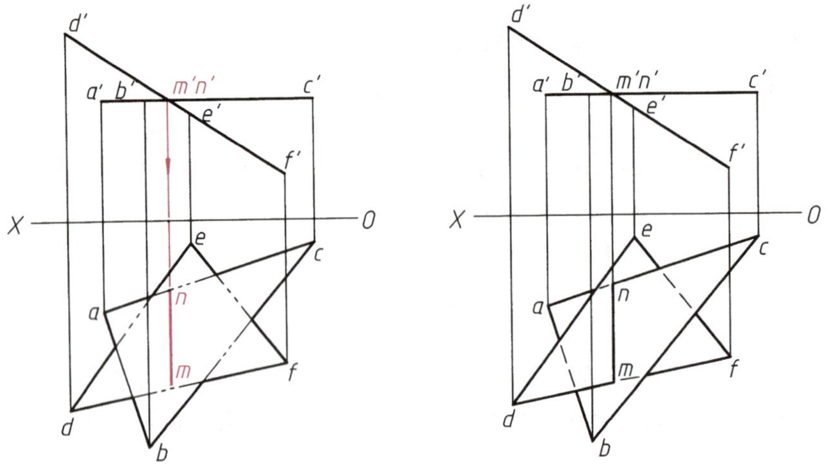

(a) 已知条件和作图过程　　(b) 表明可见性后的作图结果

图 3-42　两个垂直于正面的平面相交

因为这两个三角形都垂直于正面，交线是正垂线，所以它们的有积聚性的正面投影 $a'b'c'$ 和 $d'e'f'$ 的交点，就是交线 MN 的有积聚性的正面投影 $m'n'$，从而作出水平投影 mn。由于 $\triangle ABC$ 和 $\triangle DEF$ 的正面投影都有积聚性，从而就可以直接判断它们的水平投影的可见性，交线是可见与不可见的分界线。

作图过程如图 3-42a 中的红色图形所示：

（1）在 $a'b'c'$ 和 $d'e'f'$ 的交点处，定出积聚成一点的 $m'n'$；由 $m'n'$ 引投影连线，在两个三角形的水平投影相重合的范围内作出 mn，就求得交线 MN 的两面投影 $m'n'$ 和 mn。

（2）从图 3-42a 的正面投影中还可看出：在交线 MN 左侧，$\triangle DEF$ 高于 $\triangle ABC$；而在右侧则相反。于是就可判定两三角形水平投影重合处的可见性，应将由细双点画线表示的轮廓线相应地分别画成粗实线和细虚线。

表明可见性后的作图结果如图 3-42b 所示。

由此可见：两个垂直于同一投影面的平面的交线，一定是这个投影面的垂直线，两平面的有积聚性的投影的交点，就是交线的有积聚性的投影，从而作出交线的其他投影；并可在投影图中直接判断投影重合处的可见性。

图 3-43 中的黑色图形是用本书约定的只用一条有积聚性的迹线表示垂直于投影面的平面的画法，在两面体系中给出了正平面 P 和铅垂面 Q，要作出它们的交线。作图过程如图 3-43 中的红色图形所示，因为平面 P、Q 都垂直于 H 面，所以交线 AB 一定是铅垂线。又因水平迹线 P_H、Q_H 都分别与铅垂面 P、Q 有积聚性的 H 面投影重合，所以它们的交点就是交线 AB 的有积聚性的水平投影 ab，由 ab 引投影连线，即可作出交线 AB 的正面投影 $a'b'$。于是就作出了所求交线 AB 的两面投影 $a'b'$、ab。

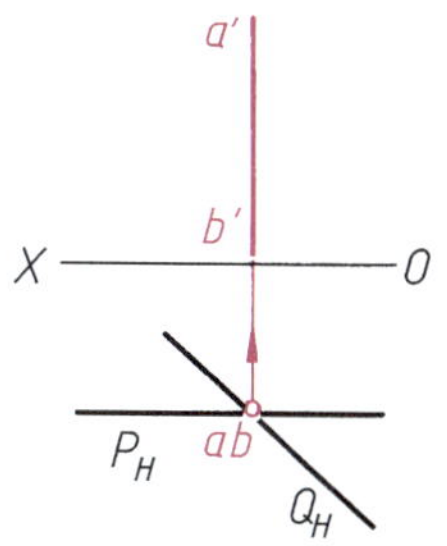

图 3-43 作正平面 P 与铅垂面 Q 的交线

二、平行

如图 3-44 所示，当直线与垂直于投影面的平面相平行时，直线的投影平行于平面的有积聚性的同面投影，或者，直线、平面在同一投影面上的投影都有积聚性。例如图中的 $AB /\!/ \square CDEF$，$ab /\!/ cdef$，以及 $MN /\!/ \square CDEF$，mn、$cdef$ 都有积聚性。

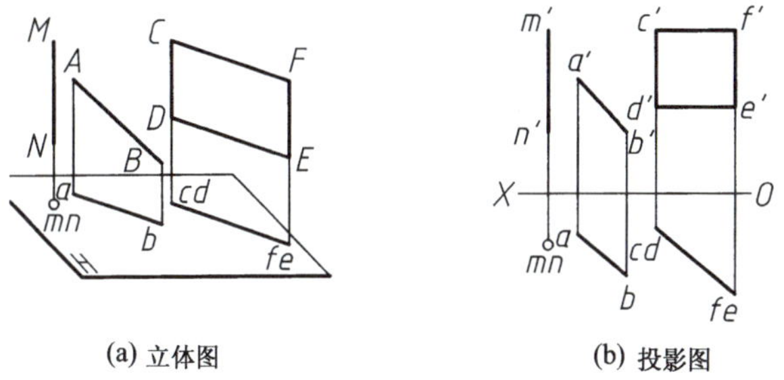

图 3-44 直线与垂直于投影面的平面相平行

如图 3-45 所示，当垂直于同一投影面的两平面平行时，两平面有积聚性的同面投影相互平行。例如图中的 $\square ABGJ /\!/ \square CDEF$，$abgj /\!/ cdef$。

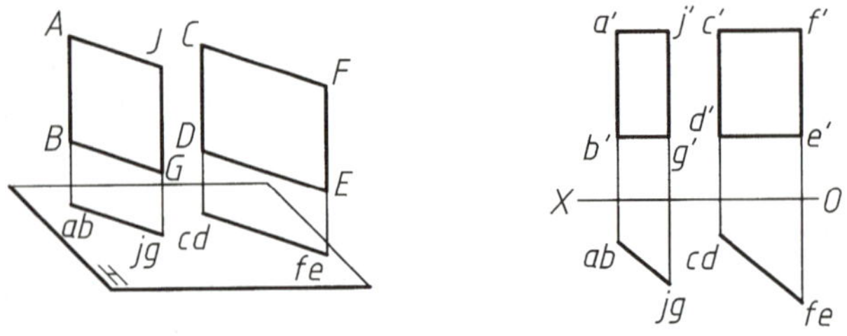

(a) 立体图　　(b) 投影图

图 3-45　垂直于同一投影面的两平面相平行

【例 3-11】 如图 3-46 中的黑色图形所示，已知点 A、直线 BC、□$DEFG$。求作过点 A 的平行于 BC 的正垂面 P 以及过点 A 的平行于□$DEFG$ 的平面 Q。

【解】 因为图中的□$DEFG$ 的水平投影 $defg$ 积聚成一条与投影轴倾斜的直线段，所以□$DEFG$是铅垂面，与它相平行的 Q 面也一定是铅垂面。正垂面 P 的正面迹线 P_V 和铅垂面 Q 的水平迹线 Q_H 都有积聚性，由于平面的有积聚性的迹线就是平面的有积聚性的投影，就可按上述直线与垂直于投影面的平面相平行和垂直于同一投影面的两平面相平行的投影特性，过点 A 用迹线平面作出 P 和 Q。

作图过程如图 3-46 中的红色图形所示：

（1）过 a' 作 $P_V /\!/ b'c'$；由 P_V 与 OX 的交点作垂直于 OX 的 P_H，就作出了平行于直线 BC 的平面 P。按本书的约定，因为 P_V 是正垂面 P 的正面迹线，也可以省略不画 P_H。

（2）过 a 作 $Q_H /\!/ defg$；由 Q_H 与 OX 的交点作垂直于 OX 的 Q_V，就作出了平行于□$DEFG$ 的平面 Q。按本书的约定，因为 Q_H 是铅垂面的水平迹线，同样也可省略不画 Q_V。

三、垂直

如图 3-47 所示，当直线与垂直于投影面的平面相垂直时，直线一定平行于该平面所垂直的投影面，而且直线的投影垂直于平面的有积聚性的同面投影。因图中的直线 AB 垂直于铅垂的□$CDEF$，故 AB 必定是水平线，且 $ab \perp cdef$。

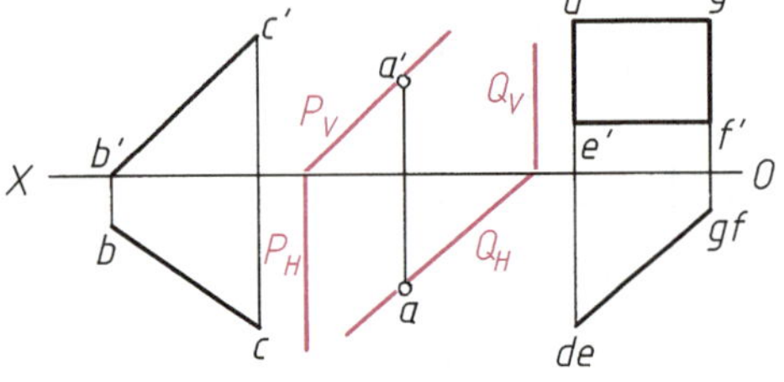

图 3-46　过点 A 作平面 $P /\!/ BC$，$Q /\!/$□$DEFG$

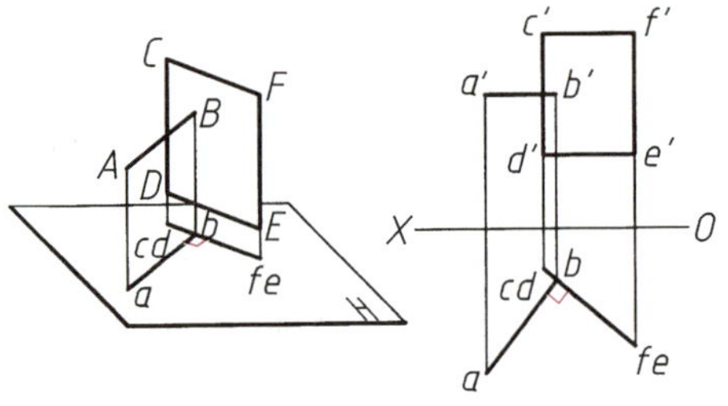

(a) 立体图　　(b) 投影图

图 3-47　直线与垂直于投影面的平面相垂直

如图 3-48 所示，当平面与投影面垂直线相垂直时，平面一定平行于该直线所垂直的投影面，仍具有上述投影特性。因图中的矩形平面 $STUV$ 垂直于铅垂线 MN，故 $STUV$ 必定是水平面，且 $m'n' \perp s't'u'v'$。

【例 3-12】 如图 3-49 中的黑色图形所示，已知点 A 和▭$BCDE$。过点 A 向▭$BCDE$ 作垂线 AF，并作出垂足 F 以及点 A 与▭$BCDE$ 的真实距离。

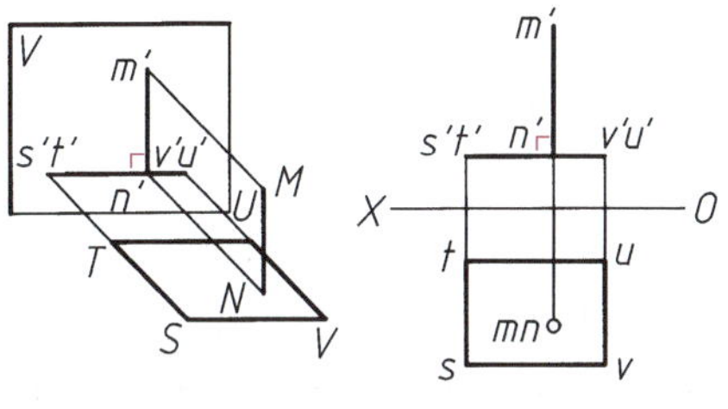

(a) 立体图　(b) 投影图

图 3-48　平面与投影面垂直线相垂直

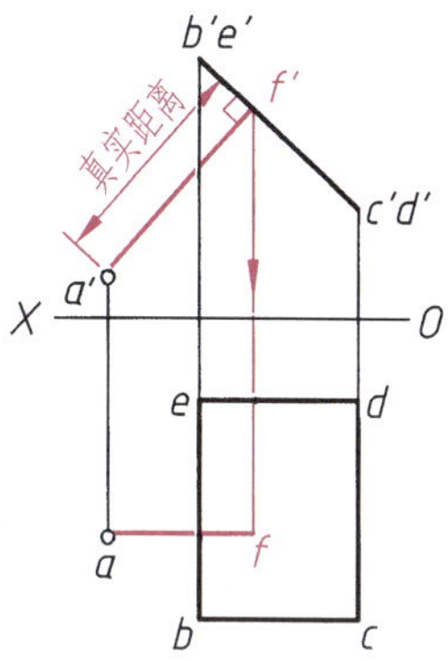

图 3-49　由点 A 作▭$BCDE$ 的垂线、垂足，并求真实距离

【解】 过一点向一平面只能作一条垂线，由于▭$BCDE$ 是正垂面，按直线与垂直于投影面的平面相垂直以及直线与垂直于投影面的平面相交的投影特性可知：AF 是正平线，$a'f' \perp b'c'd'e'$；$a'f'$与 $b'c'd'e'$的交点，即为垂足 F 的正面投影 f'；$a'f'$即为点 A 与▭$BCDE$ 的真实距离。

作图过程如图中的红色图形所示：

(1) 由 a 作 $af // OX$，由 a'作 $a'f' \perp b'c'd'e'$。

(2) $a'f'$与 $b'c'd'e'$交于 f'，由 f'作投影连线，与 af 交于 f。$a'f'$、af 和 f'、f 即为所求的垂线 AF 和垂足 F 的两面投影。

(3) $a'f'$反映点 A 与▭$BCDE$ 的真实距离，在图上标注出这段距离。

与垂直于投影面的已知平面相垂直的平面必定包含已知平面的垂线，该垂线是与已知平面相垂直的投影面的平行线，垂线的投影垂直于已知平面的有积聚性的同面投影，因而与垂直于投影面的已知平面相垂直的平面可能是符合上述条件的一般位置平面；或者是平行于已知平面所垂直的投影面的投影面平行面；还可能是垂直于已知平面所垂直的投影面的垂直面，这时，两个有积聚性的同面投影也互相垂直。

如图 3-50 所示，当垂直于同一投影面的两平面相垂直时，它们的有积聚性的同面投影也互相垂直。

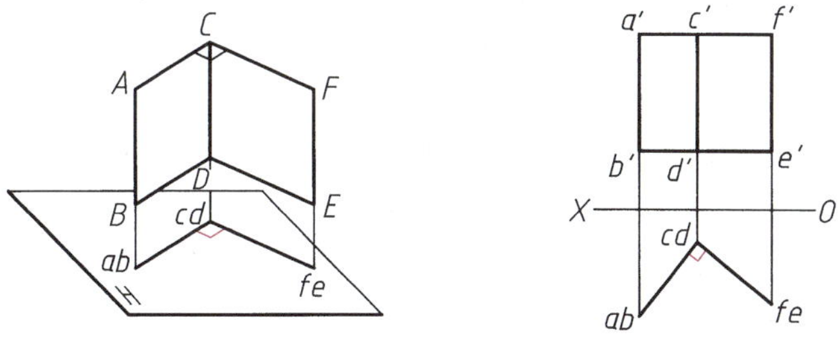

(a) 立体图　(b) 投影图

图 3-50　垂直于同一投影面的两平面相垂直

§3-6 投影变换

一、概述

（一）投影变换及其目的

投影变换是研究如何通过改变空间几何元素对投影面的相对位置或改变投射方向达到简化解题的目的。

本章已讲述了一些有关图示和图解点、直线、平面的问题，这些问题可归纳为定位和度量问题。当点、直线、平面等几何元素对投影面处于某些特殊位置时，它们的投影图能直接反映一些度量关系，也便于解决一些定位问题。例如投影面平行线和投影面垂直线能直接反映直线的真长和对投影面的倾角；投影面垂直面能直接反映平面对投影面的倾角；投影面平行面能直接反映平面图形的真形等。由此可知，当空间的诸几何元素对投影面都处于一般位置，若求解定位和量度问题作图较复杂，则可使空间的诸几何元素的位置不动，通过更换投影面转变它们与投影面的相对位置，使其中的某些几何元素转变为所需的特殊位置，由原投影作出新投影，在新投影中作出求解结果，在需要时还可将在新投影中求出的解题结果，返回到原投影中去。这就是投影变换中的换面法。

投影变换还可通过另一种形式实现，使互相垂直的两个投影面不动，而在保持空间的诸几何元素彼此间的相对位置不变的前提下，将它们全部旋转到使其中的某些几何元素对投影面处于所需的特殊位置，由原投影作出新投影，在新投影中作出求解结果，同样，在需要时也可将求解结果返回到原投影中去。

用这两种形式都可达到在求解几何元素的定位和度量问题时简化作图的目的，这两种简化解题的方法都属投影变换。

（二）两种常用的投影变换的方法

为了达到上述投影变换的目的，投影变换的方法很多，本书只讲述常用的两种：着重讲解变换投影面法（简称换面法），即上述的第一种形式；简略介绍绕垂直于投影面的轴的旋转法（简称旋转法），即上述的第二种形式。

今以图 3-51a 和 b 所示的两个立体图为例说明如下：

如图 3-51a 所示，在 V、H 两面体系中有铅垂的直角三角形 ABC，为了显示它的真形，可以保留 H 面，用与它平行的 V_1 面（V_1 面也与 H 面垂直）更换 V 面，则 H 面和 V_1 面就构成一个互相垂直的新的 V_1、H 两面体系，而直角三角形 ABC 在新投影面体系中就成为 V_1 面的平行面，在 V_1 面上的投影 $\triangle a'_1b'_1c'_1$ 就反映出它的真形。

如图 3-51b 所示，在 V、H 两面体系中有一般位置直线 AB，为了显示它的真长和对 H 面的倾角 α，可以过端点 A 取一条铅垂线 AC 为轴线，使 AB 绕 AC 旋转到平行于 V 面的新位置 AB_1，则 AB_1 就成为 V、H 两面体系中的正平线，AB 的新位置 AB_1 的正面投影 $a'b'_1$ 就反映出它的真长，$a'b'_1$ 与 OX 的夹角就反映出它对 H 面的倾角 α。

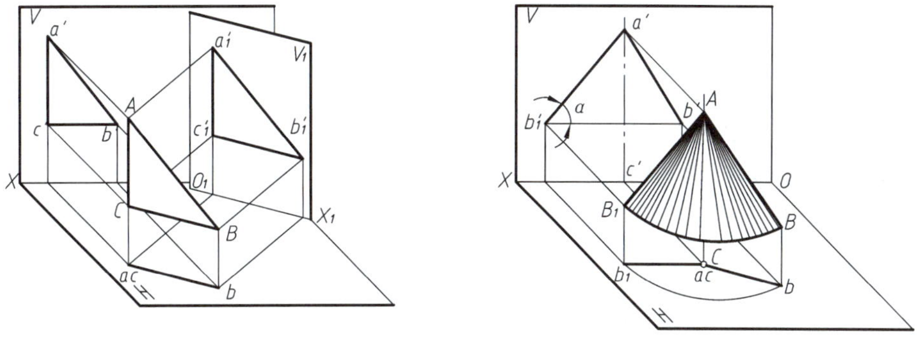

(a) 换面法　　　　(b) 旋转法

图 3-51　两种常用的投影变换方法

二、换面法

（一）用换面法解题时应遵循的原则及其基本作图

如图 3-52a 所示，在 V、H 两投影面体系 V/H 中有一般位置直线 AB，需求作其真长和对 H 面的倾角 α。设新投影面 V_1 平行于平面 $ABba$，由于 $ABba \perp H$，则 $V_1 \perp H$，于是 AB 在新投影面体系 V_1/H 中就成为 V_1 面平行线，作出它的 V_1 面投影 $a'_1b'_1$，就反映出 AB 的真长和对 H 面的倾角 α。这时，新投影轴 X_1 必定平行于被保留的投影 ab，又因只要新投影面 $V_1 /\!/ ABba$，所以新投影轴 X_1 与 ab 的距离可以按需自定，于是就可在图 3-52b 的黑色图形所示的 V/H 体系的投影图的基础上，作出新体系 V_1/H 中的新投影 $a'_1b'_1$，从而获得求解结果。读者从图 3-52a 可想出诸投影面展开成在同一个平面上表示的投影图的过程是：原体系 V/H 中的 V 面保持不动，且保持 H 面与 V_1 面的相对位置，将 H 面连同与它垂直的 V_1 面，一起绕原投影轴 X 旋转，使 H 面转到处于与 V 面在同一个平面上的位置；再将 V_1 面绕新投影轴 X_1 旋转到处于与 V 面在同一个平面上的位置，便获得将诸投影面展开在同一平面上的投影图，如图 3-52b 所示。按点在两投影面体系中的投影特性可知：在原体系 V/H、新体系 V_1/H 中，分别是 $a'a \perp X$、$a'_1a \perp X_1$；a'是被更换的投影，H 面是原体系 V/H 中被保留的投影面，a 是原体系 V/H 中被保留的投影，a'_1是新投影，X 是被更换的投影轴，由于新旧体系中点 A 离 H 面的距离 Aa 未变，于是因 a'与 X 的距离、a'_1与 X_1 的距离都等于点 A 与 H 面的距离 Aa，就可导出新投影 a'_1与新投影轴 X_1 的距离等于被更换的投影 a 与被更换的投影轴 X 的距离的结论。

根据上述的分析和论述，就可在投影图中求解一般位置直线 AB 的真长和对 H 面的倾角 α 作图过程如图 3-52b① 中的红色图形所示：

（1）在适当位置作 $X_1 /\!/ ab$（设置新投影轴时，应使几何形体在新投影面体系中的两个投影分别位于新投影轴的两侧）。

（2）由 a 向 X_1 作垂线，即为点 A 在新投影面体系 V_1/H 中的两个投影 a'_1、a 的投影连线，在此投影连线上从 X_1 向 a 的另一侧量取被更换的投影轴与被更换的投影 a'的距离，即得点 A 的新

---

① 在图 3-52b 中画出了分规的形状表示量取距离，实际作图时不画分规，后面的一些插图也是这样。

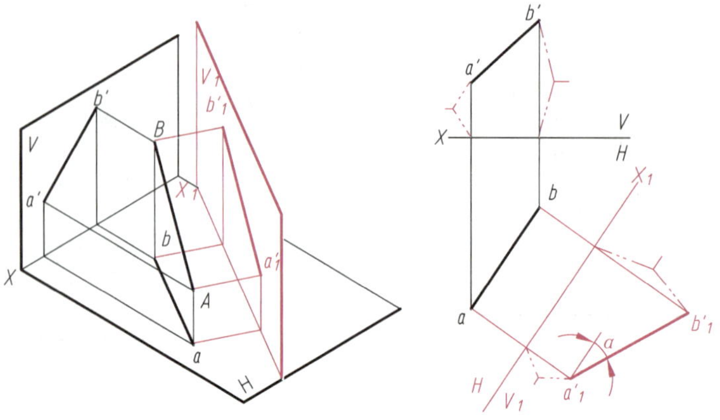

(a) 立体图　　(b) 投影图

图 3-52　将一般位置直线变换成 V_1 面平行线

投影；同样地再由 b 作出点 B 的新投影 b_1'。

(3) 连接 a_1' 与 b_1'，即得直线 AB 的新投影 $a_1'b_1'$，$a_1'b_1'$ 的长度即为 AB 的真长，$a_1'b_1'$ 与 X_1 的夹角即为 AB 对 H 面的倾角 α。

从图解图 3-52b 的过程中可以看出用换面法解题时应遵循下列两条原则：

(1) 新投影面应选择在新投影面体系中使几何形体处于便利解题的位置。

(2) 新投影面必须垂直于原投影面体系中的一个投影面，并与它组成新投影面体系。需要时可连续变换。

在 V、H 两投影面体系或 V、W 两投影面体系中，都可使用换面法，需要时也可以各自分别进行连续变换。在原投影面体系中的投影符号、投影面和投影轴的符号不加下标数字，而在第一、第二次换面后的投影符号、投影面、投影轴的符号的右下角分别加注数字 1、2，多次换面时可依此类推，但都不注投影轴上的原点符号 O，投影面的符号标注在投影轴的相应一侧，投影轴的符号可标注在投影轴的任一端。

由于直线可由两点定位，平面可由不在同一直线上的三点定位，因而只要掌握了点的投影变换，就可进行直线、平面的投影变换，因此，点的投影变换是用换面法进行投影变换的基本作图，从图 3-52b 的例图中可以看出，其作图过程如下：

(1) 按实际需要确定新投影轴后，由点的原投影面体系中的被保留的投影作垂直于新投影轴的投影连线。

(2) 在这条投影连线上，从新投影轴向新投影面一侧，量取点的被更换的投影与被更换的投影轴之间的距离，就得到该点所求的新投影。

(二) 直线、平面在换面法中常用的六种情况

情况一：一次换面可将一般位置直线变换成投影面平行线。新投影轴应平行于直线在原投影面体系中的被保留的投影。

这种情况的作图原理和作图方法，已在图 3-52b 中所示的求解一般位置直线 AB 的真长和对 H 面的倾角 α 的例图的过程中详细讲解了，这里就不再重复。同理，读者还可以想到：若将一般位置直线变换成 H_1 面平行线，也可作出它的真长和对 V 面的倾角 β；在 V、W 两投影面体系

中，也可用情况一求解一般位置直线的真长以及对投影面的倾角 β、γ。

【例 3-13】 如图 3-53 中的黑色图形所示，已知直线 AB 的正面投影 $a'b'$ 和水平投影 ab，求 AB 的真长及其对 V 面的倾角 β。

【解】 要作出倾角 β，必须将一般位置直线 AB 变换成 V/H_1 中的 H_1 面平行线，这时，X_1 应平行于 $a'b'$。

作图过程如图 3-53 中的红色图形所示：

（1）作 $X_1 /\!/ a'b'$。

（2）按投影变换的基本作图分别作出点 A、B 的 H_1 面投影 a_1、b_1。连线 a_1b_1 即为 AB 的真长；a_1b_1 与 X_1 的夹角也就是 AB 对 V 面的倾角 β。

【例 3-14】 如图 3-54 中的黑色图形所示，已知直线 AB 的正面投影 $a'b'$ 和侧面投影 $a''b''$，求 AB 的真长及其对 W 面的倾角 γ。

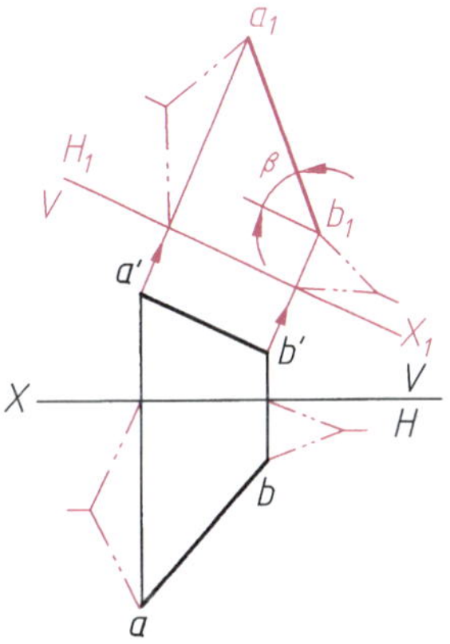

图 3-53　求 AB 的真长及倾角 β

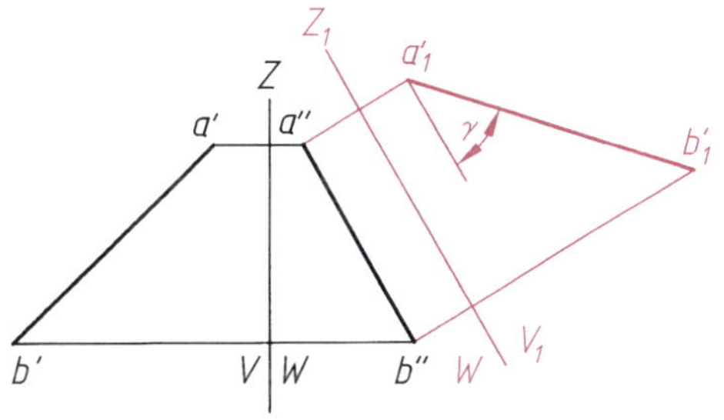

图 3-54　求 AB 的真长及倾角 γ

【解】 设一个既垂直于 W 面、又平行于 AB 的 V_1 面更换 V 面，使 V/W 中的一般位置直线 AB 变换为 V_1/W 中的 V_1 面平行线，作出 V_1 面投影 $a_1'b_1'$，$a_1'b_1'$ 反映 AB 的真长，$a_1'b_1'$ 与 Z_1 轴的夹角就是 AB 对 W 面的倾角 γ。新投影轴 Z_1 应平行直线 AB 的原投影 $a''b''$。

作图过程如图 3-54 中的红色图形所示：

（1）在适当位置作 $Z_1 /\!/ a''b''$。

（2）按投影变换的基本作图作出端点 A、B 的 V_1 面投影 a_1'、b_1'：由原有投影 a''、b'' 作垂直于 Z_1 轴的投影连线，在其上从 Z_1 轴向 V_1 面一侧量取 a'、b' 与 Z 轴之间的距离，即得 a_1'、b_1'。

（3）连 a_1' 和 b_1'，连线 $a_1'b_1'$ 就反映 AB 的真长，a_1'、b_1' 与 Z_1 轴的夹角就是 AB 对 W 面的倾角 γ。

【例 3-15】 如图 3-55 中的黑色图形所示，已知直线 AB 的正面投影 $a'b'$ 和点 A 的水平投影 a，并知点 B 在点 A 的后方，AB 对 V 面的倾角 $\beta=45°$，求 AB 的水平投影 ab。

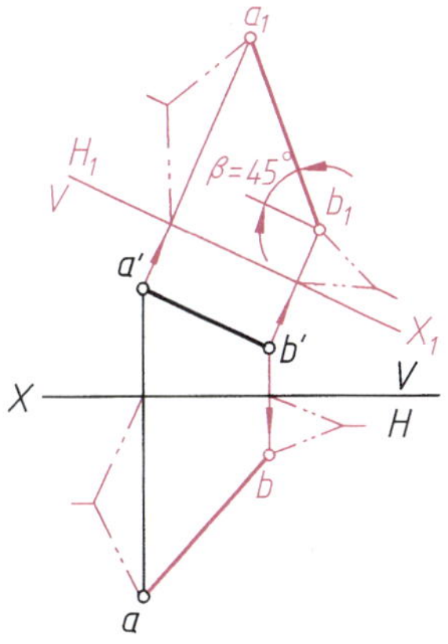

图 3-55　按已知条件求 ab

【解】 因为已知倾角 β，所以应将 AB 变换成 V/H_1 中的 H_1 面平行线，利用 a_1b_1 直接在投影图中反映出 β 角而作出 a_1b_1。由点 B

在 V/H_1 中的投影 b'、b_1，可按投影变换的基本作图逆求原体系 V/H 中的投影 b，然后与 a 连得 ab。

作图过程如图 3-55 中的红色图形所示：

（1）作 $X_1 /\!/ a'b'$，由 a'、a 作出 a_1。在 V/H_1 中，由 a_1 向后（也就是向 X_1 轴）作与 X_1 成 45°的直线，与过 b'所作的投影连线交得 b_1，于是就作出了 a_1b_1。

（2）在 V/H 中，由 b'作投影连线，并在其上从 X 轴向 H 面一侧量取 V/H_1 中的 b_1 与 X_1 的距离，得 b。连 a 和 b，ab 即为所求。

情况二：一次换面可将投影面平行线变换成另一投影面的垂直线。新投影轴应垂直于直线被保留的反映真长的投影。

如图 3-56a 所示，在 V/H 中有正平线 AB，因为垂直于 AB 的平面都垂直于 V 面，就可用这样的一个平面作为 H_1 面来更换 H 面，使 AB 成为 V/H_1 中的 H_1 面垂直线。在 V/H_1 中，按照 H_1 面垂直线的投影特性：新投影轴 X_1 应垂直于 $a'b'$。由于只要 H_1 面 $\perp AB$，点 B 与 H_1 面的距离可以任意，所以 X_1 轴与 b'的距离可以任取。作图过程如图 3-56b 中的红色图形所示：

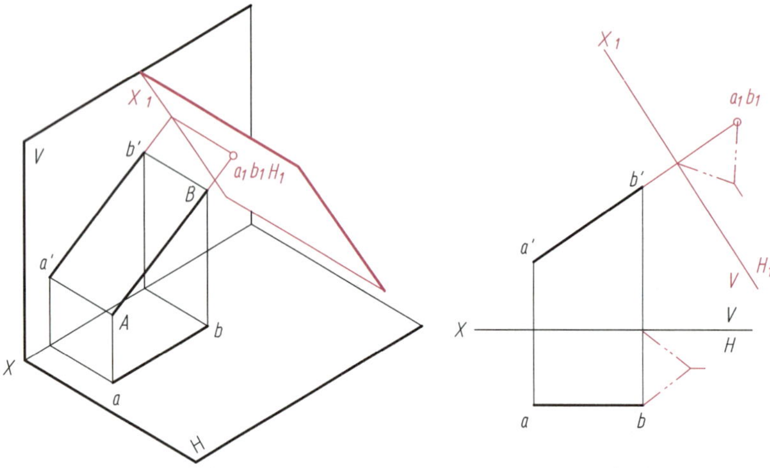

(a) 立体图　　(b) 投影图

图 3-56　将 V 面平行线变换成 H_1 面垂直线

（1）在适当位置作 $X_1 \perp a'b'$。

（2）按投影变换的基本作图求得点 A、B 互相重合的投影 a_1 和 b_1，a_1b_1 即为 AB 积聚成一点的 H_1 面投影。AB 就成为 V/H_1 中的 H_1 面垂直线。

同理，通过一次换面也可将水平线变换成 V_1 面垂直线，V_1 面投影便积聚成一点。

情况三：两次换面可将一般位置直线变换成投影面垂直线，先将一般位置直线变换成投影面平行线，再将投影面平行线变换成投影面垂直线。

如图 3-57a 所示，要把一般位置直线 AB 变换成投影面垂直线。由于与 AB 相垂直的平面是一般位置平面，与 H、V 都不垂直，所以不能用一次换面达到这个要求。但是，将情况一和二结合起来，先将 AB 变换成 V_1/H 中的 V_1 面平行线，再继续换面，就可将 V_1/H 中的 V_1 面平行线 AB 变换成 V_1/H_2 中的 H_2 面垂直线。作图过程如图 3-57b 中的红色图形所示：

（1）与图 3-52b 相同，作 $X_1 /\!/ ab$，将 V/H 中的 $a'b'$变换为 V_1/H 中的 $a_1'b_1'$。

（2）再在 V_1/H 中作 $X_2 \perp a_1'b_1'$，将 V_1/H 中的 ab 变换为 V_1/H_2 中的 a_2b_2，继续按投影变换的基

本作图，与图 3-56b 相同，由 $a'_1b'_1$ 和 ab 作出点 A、B 互相重合的新投影 a_2、b_2。a_2b_2 即为 AB 积聚成一点的 H_2 面投影。AB 就成为 V_1/H_2 中的 H_2 面垂直线。

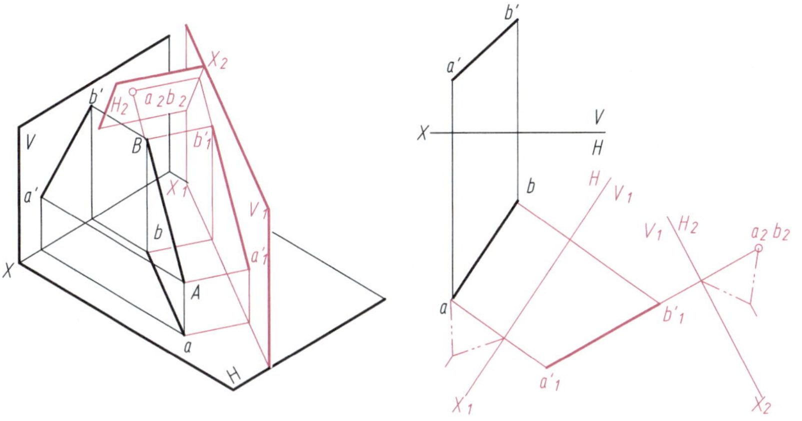

(a) 立体图　　(b) 投影图

图 3-57　将一般位置直线变换成投影面垂直线

同理，通过两次换面也可将一般位置直线变换成 V_2 面垂直线，亦即先将一般位置直线变换成 H_1 面平行线，再将 H_1 面平行线变换成 V_2 面垂直线。

情况四：一次换面可将一般位置平面变换成投影面垂直面。新投影轴应与平面上平行于原投影面体系中被保留的投影面的直线的投影相垂直，从而可显示该一般位置平面对这个投影面的真实倾角。

如图 3-58a 所示，在 V/H 中有一般位置的 $\triangle ABC$，要将它变换成 V_1/H 中的 V_1 面垂直面，可在 $\triangle ABC$ 上任取一条水平线，例如 AD，再加一个垂直于 AD 的 V_1 面来更换 V 面。由于 V_1 面垂直于 $\triangle ABC$，又垂直于 H 面，就可将 V/H 中的一般位置的 $\triangle ABC$ 变换成 V_1/H 中的 V_1 面垂直面，$a'_1b'_1c'_1$ 积聚成直线。这时，新投影轴 X_1 应与 $\triangle ABC$ 上平行于原体系 V/H 中被保留的投影面 H 的直线 AD 的投影 ad 相垂直。由于只要 V_1 面 $\perp$ 水平线 AD，X_1 只要垂直于 ad，与 a 或 d 的距离也可任意。作图过程如图 3-58b 中的红色图形所示：

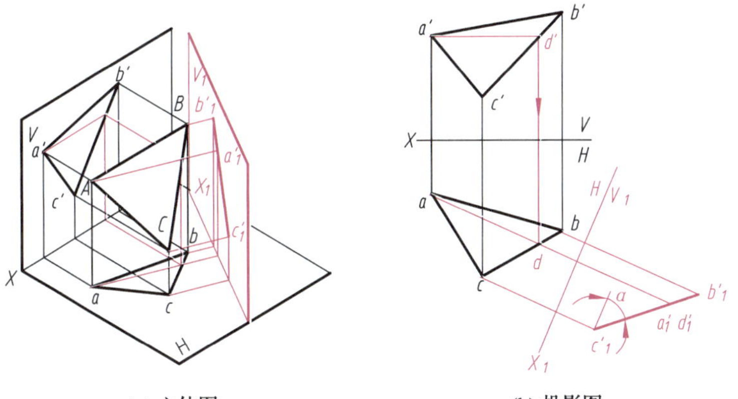

(a) 立体图　　(b) 投影图

图 3-58　将一般位置平面变换成 V_1 面垂直面

(1) 在 V/H 中作 $\triangle ABC$ 上的水平线 AD：先作 $a'd' /\!/ X$，再由 $a'd'$ 作出 ad。

（2）作 $X_1 \perp ad$，按投影变换的基本作图作出点 A、B、C 的新投影 a'_1、b'_1、c'_1，连成一直线，即为△ABC 的有积聚性的 V_1 面投影。△ABC 是在 V_1/H 中的 V_1 面垂直面，$a'_1b'_1c'_1$ 与 X_1 的夹角，就是△ABC 对 H 面的真实倾角 α。

若要求作△ABC 对 V 面的倾角 β，应在△ABC 上取正平线，加新投影面 H_1 垂直于这条正平线，△ABC 就变换成 V/H_1 中的 H_1 面垂直面，有积聚性的 H_1 面投影 $a_1b_1c_1$ 与 X_1 的夹角，即为△ABC 对 V 面的真实倾角 β。

情况五：一次换面可将投影面垂直面变换成投影面平行面。新投影轴应平行于原体系中这个平面的有积聚性的被保留的投影，从而可显示该投影面垂直面的真形。

如图 3-59 所示，在 V/H 中有垂直于 V 面的△ABC，加 H_1 面与△ABC 相平行，则 H_1 面也垂直于 V 面，△ABC 就可以从 V/H 中的 V 面垂直面变换成 V/H_1 中的 H_1 面平行面。这时，X_1 应与 a′b′c′相平行。由于只要 H_1 面∥△ABC，△ABC 与 H_1 面的距离可以任意，所以 X_1 与 a′b′c′之间的距离可以任意。作图过程如图 3-59 中的红色图形所示：

（1）作 X_1∥a′b′c′。

（2）按投影变换的基本作图作出点 A、B、C 的新投影 a_1、b_1、c_1，连成△ABC 的 H_1 面投影 $\triangle a_1b_1c_1$，即为△ABC 的真形。

同理，若要求作处于铅垂面位置的平面图形的真形，则可加与它平行的 V_1 面，这个平面图形就成为 V_1/H 中的 V_1 面平行面，它的 V_1 面投影即为真形。

【例 3-16】 如图 3-60 中的黑色图形所示，已知 V/W 中的侧垂面△ABC 的两面投影，求作它的真形。

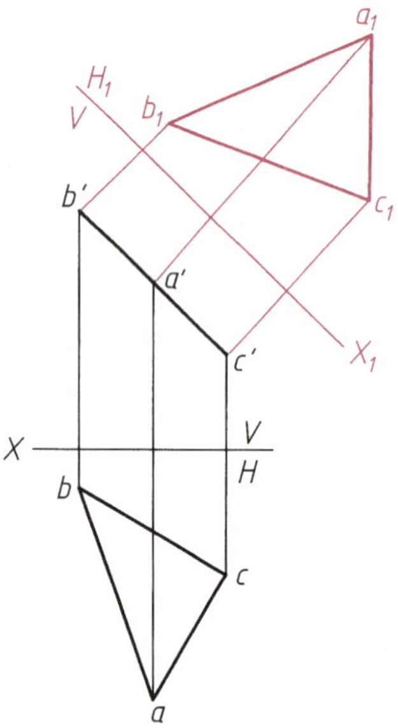

图 3-59 将 V 面垂直面变换成 H_1 面平行面

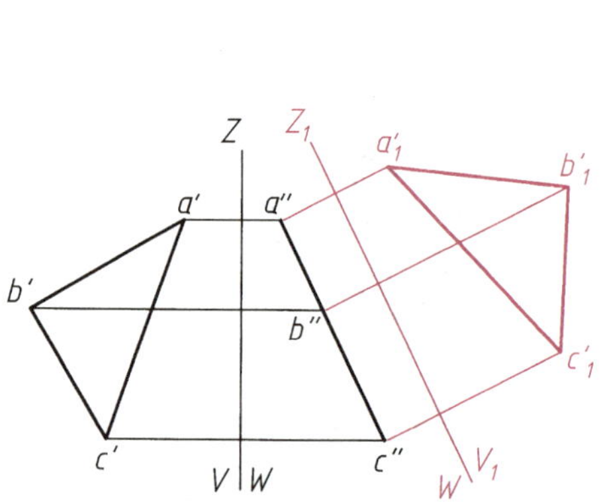

图 3-60 作侧垂面△ABC 的真形

【解】 解题的原理和方法与图 3-59 相同。加 V_1∥△ABC，则△ABC 变换成新投影面体系 V_1/W 中的 V_1 面平行面，它的 V_1 面投影 $\triangle a'_1b'_1c'_1$ 反映真形，作图过程如图 3-60 中的红色图形所示：

（1）作新投影轴 Z_1∥a″b″c″。

(2) 按投影变换的基本作图由点 A、B、C 的投影 a'、b'、c'和 a''、b''、c''作出新投影 a'_1、b'_1、c'_1。

(3) 将 a'_1、b'_1、c'_1连成$\triangle a'_1b'_1c'_1$，即为$\triangle ABC$ 的真形。

【例 3-17】 如图 3-61 中的黑色图形所示，已知等边三角形 ABC 为正垂面，点 C 在 AB 的前方，补全$\triangle ABC$ 的两面投影。

【解】 经一次换面可将正垂的等边三角形 ABC 变换为 H_1 面平行面，H_1 面投影反映真形，于是就可在新投影面体系 V/H_1 中作出这个$\triangle ABC$，再返回到原投影面体系 V/H，补全它的两面投影。

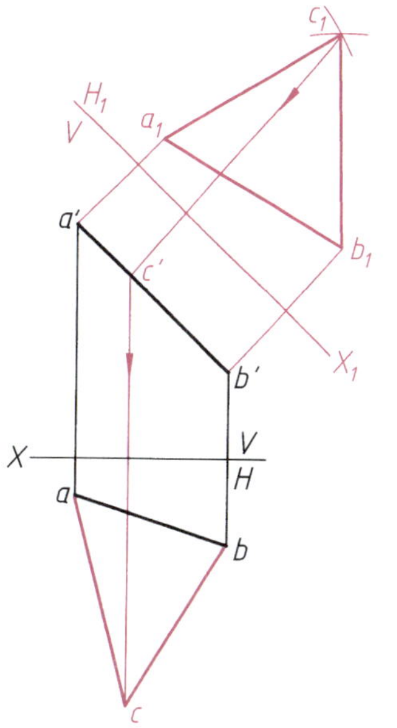

图 3-61 作正垂面等边$\triangle ABC$

作图过程如图 3-61 中的红色图形所示：

(1) 作 $H_1 /\!/ \triangle ABC$，并作出 a_1b_1：作 $X_1 /\!/ a'b'$（因$a'b'c'$积聚成一直线，与 $a'b'$重合）；按投影变换的基本作图作出 a_1 和 b_1，连成 a_1b_1。

(2) 在 V/H_1 中作出$\triangle ABC$：分别以 a_1、b_1 为圆心，a_1b_1 为半径作圆弧，于 a_1b_1 的前方（即从 a_1、b_1，向远离 X_1 的一方）交得 c_1，连得$\triangle a_1b_1c_1$；由 c_1 作垂直于 X_1 的投影连线，与 $a'b'$交得 c'，即得$\triangle ABC$ 的有积聚性的 V 面投影 $a'b'c'$。

(3) 将新投影返回原投影面体系 V/H，作出$\triangle abc$：由 c'作垂直于 X 的投影连线，在其上由 X 向 H 一侧量取在 V/H_1 体系中由 X_1 至 c_1 的距离，得 c，与 ab 连成$\triangle abc$，于是就补全了$\triangle ABC$ 在 V/H 体系中的两面投影。

情况六：两次换面可将一般位置平面变换成投影面平行面，先将一般位置平面变换成投影面垂直面，再将投影面垂直面变换成投影面平行面，从而可显示处于一般位置的平面图形的真形。

如图 3-62 中的黑色图形所示，在 V/H 中有处于一般位置的$\triangle ABC$，要求作$\triangle ABC$ 的真形。若能加一个与$\triangle ABC$ 相平行的新投影面，则$\triangle ABC$ 的新投影就反映真形。因为$\triangle ABC$ 是一般位置平面，与它相平行的新投影面既不垂直于 H 面，也不垂直于 V 面，所以一次换面不能解决问题。但是，先按情况四作第一次换面，将 V/H 体系中的一般位置的$\triangle ABC$ 变换成 V_1/H 中的 V_1 面垂直面，再按情况五作第二次换面，就可将 V_1/H 体系中处于 V_1 面垂直面位置的$\triangle ABC$ 变换成 V_1/H_2 体系中的 H_2 面平行面，$\triangle a_2b_2c_2$即为$\triangle ABC$ 的真形。作图过程如图 3-62 中的红色图形所示：

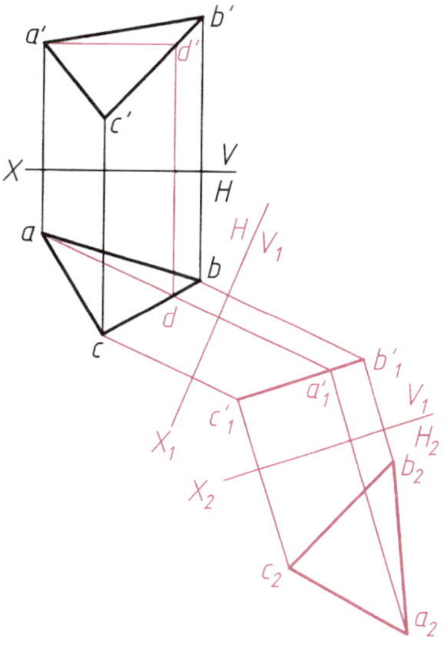

图 3-62 将一般位置平面变换成投影面平行面

(1) 与图 3-58b 相同，先在 V/H 体系中作$\triangle ABC$ 上的水平线 AD 的两面投影 $a'd'$和 ad，再作$X_1 \perp ad$，按投影变换的基本作图作出点 A、B、C 的 V_1 面投影 a'_1、b'_1、c'_1，连成$\triangle ABC$ 的积聚为直线的 V_1 面投影 $a'_1b'_1c'_1$。

（2）与图 3-59 相同，作 $X_2 /\!/ a'_1b'_1c'_1$，按投影变换的基本作图，由 $\triangle abc$ 和 $a'_1b'_1c'_1$ 作出 $\triangle a_2b_2c_2$，即为 $\triangle ABC$ 在 V_1/H_2 体系中处于与 H_2 面平行时的 H_2 面投影，反映 $\triangle ABC$ 的真形。

当然，也可先在 $\triangle ABC$ 上取正平线，第一次换面时加垂直于这条正平线的 H_1 面，将 $\triangle ABC$ 变换为 V/H_1 体系中的 H_1 面垂直面；第二次换面时再加平行于 $\triangle ABC$ 的 V_2 面，将 $\triangle ABC$ 变换为 V_2/H_1 体系中的 V_2 面平行面，作出它的 V_2 面投影 $\triangle a'_2b'_2c'_2$，即为 $\triangle ABC$ 的真形。

（三）用换面法解有关点、直线、平面之间的定位和度量问题的方法与步骤

学习了前述的用换面法解题应遵循的原则、基本作图、常用的六种基本情况以及一些例题后，就可概括出用换面法求解有关点、直线、平面之间的度量和定位问题的总体思路与规律，以最简便的途径确定解题的方法和步骤，从而逐步解出所求的答案。今简述如下：

（1）仔细分析已知的几何元素的投影图和通过换面法按需将某些几何元素由一般位置变换为特殊位置后显示解题结果的投影图的投影特性和几何关系。预期的解题结果的投影图除了本书前述的有关直线、平面对投影面处于特殊位置时的投影特性外，还可推导出许多能直接反映点、直线、平面之间的投影图的投影特性，例如图 3-63 所示的在投影图中能直接反映点、直线、平面之间的真实距离或真实夹角的投影图示例。该图中的有些例图所示的投影特性还可进一步扩展，如图 3-63b 中的点 M 是直线 AB 的平行线上的任一点，就可直接反映两平行直线之间的真实距离；图 3-63d 中的点 M 是与平面 $ABCD$ 平行的直线或平行平面上的任一点，就可直接反映互相平行的直线与平面或两平行平面之间的真实距离；图 3-63e、f、g 中的 $\theta=90°$ 时，就可以直接反映两相交直线、直线与平面、两平面互相垂直的投影特性。由此可见，这些能直接反映点、直线、平面之间的度量问题的投影图所示的投影特性，有时对解决它们的定位问题也常有帮助。

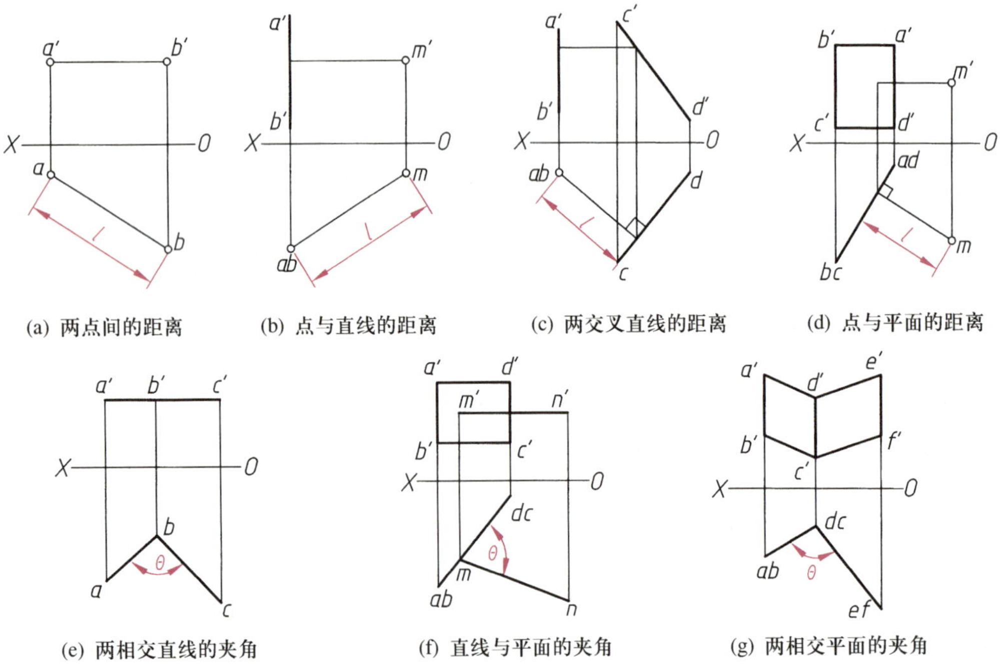

图 3-63　在投影图中能直接反映点、直线、平面之间的真实距离或真实夹角的度量情况示例

(2) 通过上述分析，考虑需按直线、平面在换面法中常用的六种情况的哪一个来完成这个题目，从而确定解题的作图步骤。

(3) 按已定的作图步骤，用换面法的基本作图方法，作出求解结果。若是求解度量问题，答案就已完成；若是求解定位问题，则还需将这里的求解结果按换面法的基本作图的逆过程返回到最早的原投影面体系中去。

今再按上面所讨论的求解的方法和步骤举几个例题。请读者注意：图 3-63 中所示的直接反映点、直线、平面之间的真实度量情况都是显示在 V、H 两投影面体系的 H 面投影中，解题时也可以使其直接显示在 V 面投影中；若在 V、W 的投影面体系中，则使其直接显示在 V 面投影或 W 面投影中都可以。

【例 3-18】 如图 3-64 中的黑色图形所示，已知点 A 和一般位置的 $\triangle BCD$ 的两面投影，过点 A 作 $\triangle BCD$ 的垂线 AK、垂足 K 以及点 A 与 $\triangle BCD$ 之间的真实距离。

【解】 按直线、平面在换面法中常用的六种情况的情况四经一次换面可将一般位置的 $\triangle BCD$ 变换成投影面垂直面，在新投影面体系中，就可按特殊情况下的直线与平面相垂直和相交的投影特性求解，还可在投影图中直接显示点 A 与 $\triangle BCD$ 的真实距离，也就是按图 3-63d 的情况求解，再将作出的垂线和垂足返回到原投影面体系中去，亦即先在 V/H 体系中作出 $\triangle BCD$ 平面上的 V 面平行线，再作新投影轴 X_1 垂直于这条 V 面平行线的 V 面投影，按换面法的基本作图作出新体系 V/H_1 中的新投影 a_1 和 $\triangle b_1c_1d_1$，再在新体系中作出垂线 AK 和垂足 K 的投影 a_1k_1、$a'k'$ 和 k_1、k'，以及点 A 与 $\triangle BCD$ 之间真实距离 $a'_1k'_1$，最后按换面法的基本作图的逆过程，作出垂线 AK 和垂足 K 的 H 面投影 ak 和 k。解这个题目也就是将图 3-63d 在 H 面投影上直接反映的这些情况都改为直接显示在新投影面体系中的新的 V_1 面投影上来解题。按上述的解题思路，就可确定解题步骤。解题过程如图 3-64 中的红色图形所示：

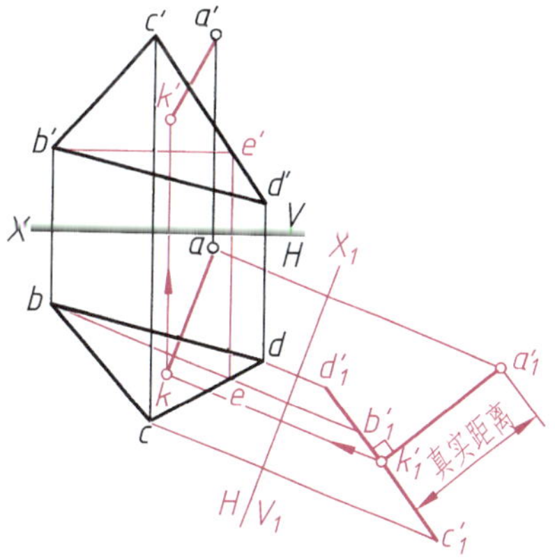

图 3-64 过点 A 作 $\triangle BCD$ 的垂线和垂足，作出点 A 与 $\triangle BCD$ 的距离

(1) 作出 $V_1 \perp \triangle BCD$，并作出点 A 和 $\triangle BCD$ 的 V_1 面投影：在 $\triangle BCD$ 上作水平线 BE（先作出 $b'e' /\!/ X$，再由 $b'e'$ 作出 be）。作 $X_1 \perp be$，按投影变换的基本作图作出点 A、B、C、D 的 V_1 面投影 a'_1、b'_1、c'_1、d'_1，将 b'_1、c'_1、d'_1 连成 $\triangle BCD$ 积聚成一直线的 V_1 面投影 $b'_1c'_1d'_1$。

(2) 在 V_1/H 中作出垂线 AK、垂足 K 和点 A 与 $\triangle BCD$ 之间的真实距离：因为 $\triangle BCD$ 是 V_1 面垂直面，所以垂线 AK 必定是 V_1 面平行线，且 $a'_1k'_1 \perp b'_1c'_1d'_1$。令点 K 是 AK 与 $\triangle BCD$ 的交点，则点 K 就是垂足，AK 的真长即为点 A 与 $\triangle BCD$ 之间的真实距离。于是作 $a'_1k'_1 \perp b'_1c'_1d'_1$，作 $ak /\!/ X_1$，$a'_1k'_1$ 与 $b'_1c'_1d'_1$ 交出 k'_1，由 k'_1 作垂直于 X_1 的投影连线，与 ak 交得 k，就作出了垂线 AK 和垂足 K，$a'_1k'_1$ 即为点 A 与 $\triangle BCD$ 之间的真实距离。

(3) 将垂线 AK 和垂足 K 返回 V/H，作出 $a'k'$ 和 k'：由 k 作垂直于 X 的投影连线，在其上由 X 向 V 一侧量取在 V_1/H 中由 X_1 至 k'_1 的距离，得 k'，连 a' 与 k'，就作出了垂线 AK 和垂足 K 在 V/H 中的两面投影。

【例 3-19】 如图 3-65 中的黑色图形所示，已知由四个梯形平面组成的料斗，求料斗的相邻两平面 *ABCD* 和 *CDEF* 的夹角 θ。

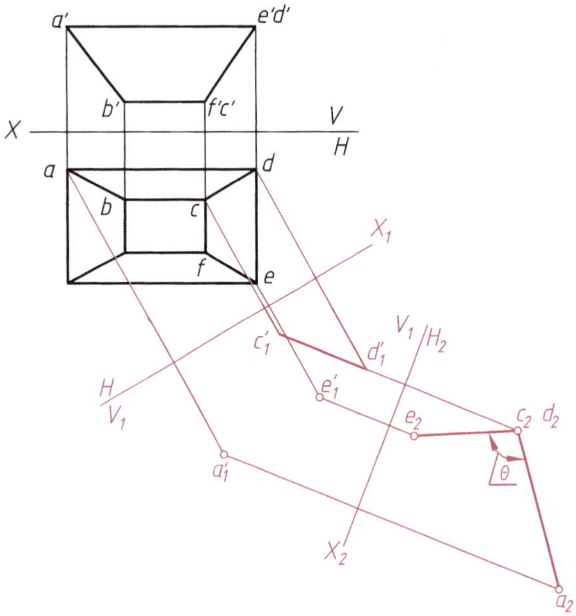

图 3-65 求平面 *ABCD* 和 *CDEF* 的夹角

【解】 根据图 3-63g 可知，只要将两个平面同时变换成同一投影面的垂直面，也就是将它们的交线变换成投影面垂直线，则两个平面的有积聚性的同面投影之间的夹角，就反映出这两个平面之间的真实夹角。将一般位置的交线 *CD* 变换为投影面垂直线，按直线、平面在换面法中常用的六种情况的情况三可知，必须经过两次换面。由于直线与线外一点就可确定一个平面，所以在用换面法进行作图时，对平面 *ABCD* 和 *CDEF* 只要分别变换 *CD* 以及点 *A* 和点 *E* 就可以了。

作图过程如图 3-65 中的红色图形所示：

(1) 作 $X_1 /\!/ cd$。按投影变换的基本作图作出 c'_1、d'_1、a'_1、e'_1，连 c'_1与 d'_1，$c'_1d'_1$即为 *CD* 变换为 V_1/H 中的 V_1 面平行线的 V_1 面投影。

(2) 作 $X_2 \perp c'_1d'_1$。按投影变换的基本作图作出 c_2、d_2、a_2、e_2，c_2、d_2 重合，c_2d_2 即为 *CD* 变换为 V_1/H_2中的 H_2 面垂直线的有积聚性的 H_2 面投影。将 a_2、e_2 分别与 c_2d_2 相连，即为这两个平面的有积聚性的 H_2 面投影，它们之间的夹角即为所求的夹角 θ。

【例 3-20】 如图 3-66 中的黑色图形所示，已知△*ABC*，在△*ABC* 内求作一点 *D*，点 *D* 在 *H* 面之上 10 mm 与端点 *C* 相距 20 mm。

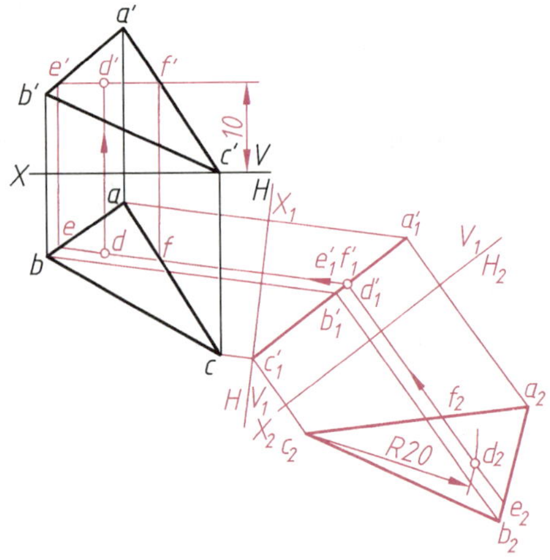

图 3-66 按已知条件作△*ABC* 内的点 *D*

【解】 在$\triangle ABC$上作出一条位于H面之上10 mm的水平线EF，点D就一定在直线EF上。因为$\triangle ABC$在V/H中处于一般位置，所以按直线、平面在换面法中常用的六种情况的情况四，经两次换面可变换成投影面平行面，在反映真形的新投影中，以点C为圆心，20 mm为半径作弧，就可与直线EF交得点D。将在新投影面体系中作出的点D返回原投影面体系，就可作出点D在V/H中的两面投影。作图过程如图3-66中的红色图形所示：

(1) 在$\triangle ABC$内作位于H面之上10 mm的水平线EF：先作出$e'f'$，再由$e'f'$作出ef。

(2) 作$X_1 \perp ef$。按投影变换的基本作图作出点A、B、C的新投影a'_1、b'_1、c'_1，连成一直线，即为$\triangle ABC$在与它相垂直的V_1面上的投影$a'_1b'_1c'_1$。再作出直线EF的V_1面投影$e'_1f'_1$，积聚在$a'_1b'_1c'_1$上，成为一点。

(3) 作$X_2 /\!/ a'_1b'_1c'_1$。按投影变换的基本作图作出点A、B、C的新投影a_2、b_2、c_2，连成$\triangle a_2b_2c_2$，即为$\triangle ABC$在与它相平行的H_2面上的反映真形的投影。再作出直线EF的H_2面投影e_2f_2。

(4) 在H_2面投影中，以c_2为圆心、20 mm为半径作弧，与e_2f_2交出d_2。由d_2作垂直于X_2的投影连线，与$a'_1b'_1c'_1$交得d'_1，d'_1就积聚在$e'_1f'_1$上。于是就在V_1/H_2中作出了点D的两面投影d'_1和d_2。

(5) 在V_1/H中，于过d'_1的投影连线上，从X_1向H一侧量取一段距离，等于在V_1/H_2由X_2到d_2的距离，得ef上的点d。由d作V/H中的投影连线，与$e'f'$交得d'，便作出了点D在V/H中的两面投影d'和d。

三、绕投影面垂直线为轴的旋转法简介

用投影变换来帮助解决有关直线、平面等的一些图示和图解问题时，除了常用换面法外，有时还用旋转法。旋转法可用绕投影面垂直线为轴的旋转法、绕投影面平行线为轴的旋转法等，今通过用绕投影面垂直线为轴的旋转法作一般位置直线段的真长及其对投影面的真实倾角为例，简要阐述绕投影面垂直线为轴的旋转法应遵循的原则及其基本作图。由于在解决几何形体的图示、图解问题和表示机件时，换面法比绕投影面垂直线为轴的旋转法用得更广泛，所以本书仅对绕投影面垂直线为轴的旋转法作简略介绍。绕投影面垂直线为轴的旋转法与换面法相类似，也有常用的六种情况：(1)情况一：一次旋转可将一般位置直线变换为投影面平行线。(2)情况二：一次旋转可将投影面平行线变换成另一投影面的垂直线。(3)情况三：两次旋转可将一般位置直线变换为投影面垂直线。(4)情况四：一次旋转可将一般位置平面变换为投影面垂直面。(5)情况五：一次旋转可将投影面垂直面变换为投影面平行面。(6)情况六：两次旋转可将一般位置平面变换为投影面平行面。本节将简要介绍其中最常用的情况一和情况五。

读者如需较全面地了解和应用投影变换中的旋转法（包括绕投影面垂直线为轴的旋转法和绕投影面平行线为轴的旋转法，以及直线、平面在绕投影面垂直线为轴的旋转法中常用的六种情况的其余四种情况等更深入的内容），可参阅参考文献[4]。

（一）用绕投影面垂直线为轴的旋转法解题时应遵守的原则及其基本作图

如图3-67b中的黑色图形所示，在V、H两投影面有一条一般位置的直线段AC，要求用绕投影面垂直线为轴的旋转法求作它的真长及其对H面的倾角α的真实大小。

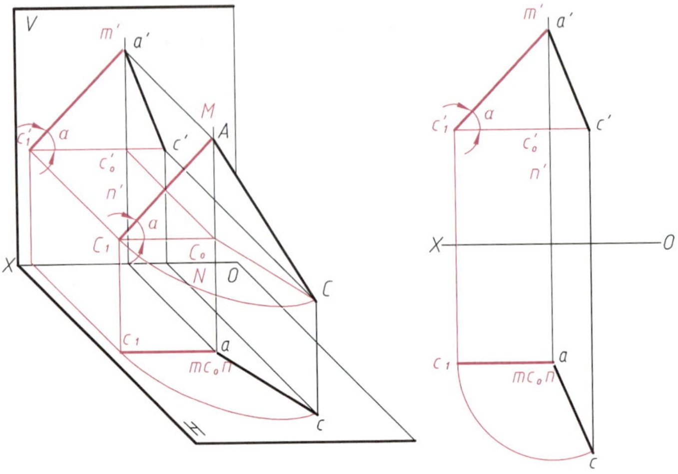

(a) 立体图　　　　(b) 投影图

图 3-67　用绕投影面垂直线为轴的旋转法求作一般位置的直线段的真长及其倾角示例

由立体几何分析图 3-67a 所给出的已知投影和解题要求可知：过一般位置直线段 AC 的端点 A 作铅垂线 MN，将 AC 绕 MN 旋转一周，则 AC 的运动轨迹是一个圆锥面；由于点 A 位于旋转轴 MN 上，所以点 A 在旋转过程中的位置不变，而 AC 上的其他各点的运动轨迹分别是在过该点且垂直于旋转轴 MN 的平面上的一个圆周，这个圆周的圆心就是 MN 与这个圆周平面的交点，半径则是圆心与该点的连线，例如 AC 的另一端点 C 的运动轨迹是过点 C 且垂直于铅垂旋转轴 MN 的水平面上的一个圆周，圆心是旋转轴 MN 与这个圆周所在的水平面的交点 C_0，半径是 C_0C。这个水平圆周的水平投影反映真形，圆心 c_0 与 a、mn 重影，该水平圆周的正面投影应位于过 c' 的水平线上。在旋转过程中，AC 的每个瞬时位置也就是点 A 和点 C 的瞬时位置的连线，AC 的每个瞬时位置对 H 面的倾角 α 不变，因此，当 AC 旋转到圆锥面上的最左或最右的位置，也就是处于正平线位置 AC_1 时，其水平投影 ac_1 平行于投影轴 OX，正面投影 $a'c_1'$ 就能显示 AC_1 的真长及其对 H 面的倾角 α，也就是 AC 的真长和 AC 对 H 面的倾角 α 的真实大小。图中 AC_1 的位置是 AC 转到圆锥面上的最左素线的位置。

通过上述的分析，就可如图 3-67 中的红色图形所示，确定求解步骤：

（1）过端点 A 作铅垂旋转轴 MN：过 a' 作 $m'n' \perp OX$，积聚性投影 mn 与 a 相重合。

（2）作出将 AC 绕 MN 旋转到正平线新位置 AC_1 时的新的水平投影 ac_1：由 a 作 OX 的平行线，以 a 为圆心、ac 为半径作弧，两者交得 c_1，ac_1 即为所求。在求解这个例图所提出的要求时，AC_1 的新位置有两处可取，只要任取一处即可，这里所取的是在 AC 绕 MN 旋转一周所得的圆锥面上的最左位置，另一个是在这个圆锥面上的最右位置。

（3）作出 AC_1 的新的正面投影 $a'c_1'$：过 c' 作 OX 的平行线，由 c_1 作垂直 OX 的投影连线，两者交得 c_1'，连 a' 与 c_1'，$a'c_1'$ 即为正平线 AC_1 的新的正面投影，$a'c_1'$ 显示 AC_1 的真长与对投影面 H 的倾角 α 的真实大小，也就是 AC 的真长与对投影面 H 的倾角 α 的真实大小。

通过解例图 3-67b 所示的题目，读者可以联想到：若需求 AC 的真长与对投影面 V 的倾角 β 的真实大小，则可用过点 A 的正垂线为旋转轴，将 AC 经一次旋转变换成水平线后求出；还可联

想到在 V、W 两面体系中，同样地用绕投影面垂直线为轴的旋转法，通过一次旋转可求一般位置直线段的真长与对投影面 V 或 W 的倾角 β 或 γ 的真实大小。

从上述例图的讲解中可以看出，用绕投影面垂直线为轴的旋转法解题时，应遵循下列两条原则：

（1）旋转轴必须垂直于两面体系中的某一投影面，并选择在使几何形体能转到便于解题的位置。

（2）旋转时，应使诸几何形体的所有几何元素都绕同一条旋转轴按同一方向旋转同一角度，旋转前后诸几何形体的各几何元素间的相对位置都不变。诸几何形体在旋转轴所垂直的投影面上的投影的形状和大小都不变，是全等图形。

在上述例图的讲解中，请读者注意到：若点或直线段位于旋转轴上，则它们在旋转过程中和旋转前后的位置都不变，所以在选旋转轴时，常选用过几何形体上的点的投影面垂直线或直接选用几何形体上的投影面垂直线；当进行一次旋转时，旋转后的几何形体上的诸点的投影符号都加注脚“1”，但在旋转轴上的点的位置不变，不再另外标注注脚符号。

若进行多次旋转，则第二次旋转后的点的投影符号加注脚“2”，进行更多次旋转后，也依次类推；进行多次旋转时，后一次的旋转轴必须是垂直于前一次旋转时的旋转轴所垂直的投影面的另一投影面，相互交替地选用。

与换面法相同，在用绕投影面垂直线为轴的旋转法进行解题时，也只要掌握了点的投影变换，就可进行直线、平面的投影变换。因而在用绕投影面垂直线为轴的旋转法中，点的投影变换也就是用这种方法进行投影变换的基本作图，其作图过程如下：

（1）在旋转轴所垂直的投影面上的投影图中，以旋转轴的有积聚性的投影为圆心，过该点的原有投影按解题的需要的方向画一段旋转角度为 θ 的圆弧，到达解题所需的位置，得该点的新投影，由此作垂直于投影轴的投影连线。

（2）在另一个投影面上的投影图中，过该点的原有投影作投影轴的平行线，与上述投影连线就交得该点在这个投影面上的新投影。

应该向读者说明的是：在用绕投影面垂直线为轴的旋转法解题时，不需标绘出旋转轴以及诸点的旋转圆弧路径的圆心，在图 3-67b 中，是为了帮助读者理解作图过程及其原理而标绘了旋转轴 MN 以及点 C 的旋转圆弧路径的圆心 C_0 的两面投影。

（二）用绕投影面垂直线为轴的旋转法将一般位置直线变换为投影面平行线和将投影面垂直面变换为投影面平行面的应用示例

上述图 3-67 就是其中的一个例图，现再举几个例题。

【例 3-21】 如图 3-68 中的黑色图形所示，已知一般位置的直线段 AB 的两面投影，试作出 AB 的真长和对投影面 V 的倾角 β 的真实大小。

【解】 从上一个例图（图 3-67）可以联想到：在 V、H 两面体系中，用铅垂线或正垂线为轴的旋转法将一般位置的直线段变换成另一投影面的平行线，都可求出它的真长；若要求出它对 H 面的倾角 α，必须将它绕铅垂线为轴旋转，变换成正平线才能求出，而要求出它对 V 面的倾角 β，则必须将它绕正垂线为轴旋转，变换成水平线就可求出。于是就

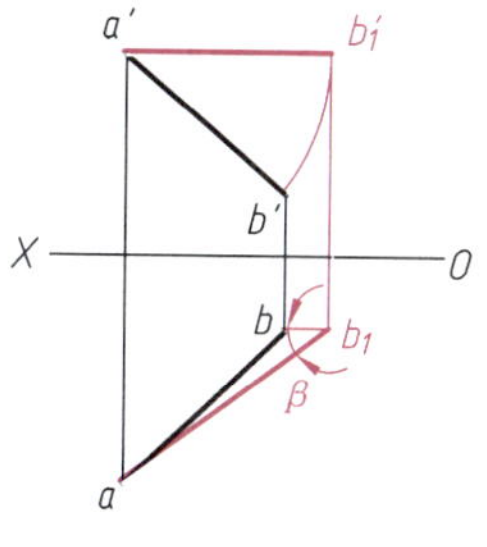

图 3-68　求一般位置直线段 AB 的真长及其对 V 面的倾角 β

可如图 3-68 中的红色图形所示的作图求解：

（1）以 a' 为圆心将 $a'b'$ 向左或向右旋转成平行于投影轴 OX 的 $a'b_1'$，再由 b_1' 作垂直于 OX 的投影连线。

（2）由 b 作 OX 的平行线，与上述投影连线交得 b_1，连 a 与 b_1，则 $a'b_1'$、ab_1 即为 AB 绕过点 A 的正垂线为轴旋转到水平位置的 AB_1 的两面投影，ab_1 即为 AB 的真长，ab_1 与 OX 的夹角，也就是 ab_1 与 bb_1 的夹角，即为 AB 对投影面 V 的倾角 β 的真实大小。

【例 3-22】 如图 3-69 中的黑色图形所示，已知铅垂面 $\triangle ABC$ 的两面投影，求作 $\triangle ABC$ 的真形。

【解】 通常只要将这个铅垂面 $\triangle ABC$ 绕过任一顶点的铅垂线为轴将这个三角形向左或向右旋转到正平面的位置，它的正面投影就显示它的真形，现在由于 $\triangle ABC$ 的边 AB 是铅垂线，便可以 AB 为旋转轴将 $\triangle ABC$ 旋转成正平面，作图时只需转一个顶点 C 就可以了。作图过程如图中的红色图形所示：

（1）过 AB 的有积聚性的投影 ab 作 OX 的平行线，以 ab 为圆心过 $\triangle ABC$ 的顶点 C 的水平投影 c 作弧，两者交得 $\triangle ABC$ 旋转成正平面 $\triangle ABC_1$ 后的顶点 C_1 的水平投影 c_1 便得 $\triangle ABC_1$ 的有积聚性的水平投影 abc_1，由 c_1 作垂直于 OX 的投影连线。

（2）由 c' 作 OX 的平行线，与上述投影连线交得 c_1'，连 a' 与 c_1'、b' 与 c_1'，即得 $\triangle ABC$ 旋转成正平面 $\triangle ABC_1$ 的正面投影 $\triangle a'b'c_1'$，即为所求的铅垂面 $\triangle ABC$ 的真形。

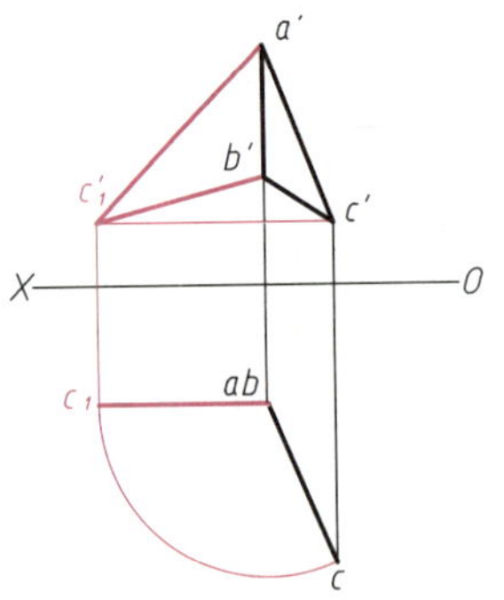

图 3-69 求铅垂面 $\triangle ABC$ 的真形

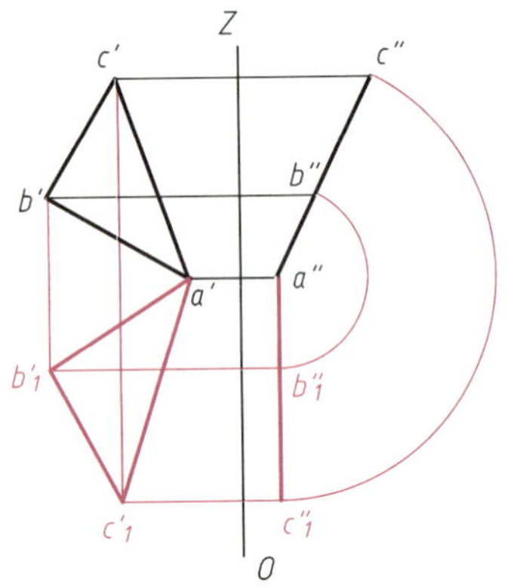

图 3-70 求侧垂面 $\triangle ABC$ 的真形

【例 3-23】 如图 3-70 中的黑色图形所示，在 V、W 两面体系中，已知侧垂面 $\triangle ABC$ 的两面投影，求作 $\triangle ABC$ 的真形。

【解】 通过例 3-22 读者可以联想到：在 V、H 两面体系中将正垂面多边形绕过其任一顶点的正垂线为轴旋转到水平面，从而求出它的真形；同理，还可进一步联想到在 V、W 两面体系中，可将正垂面多边形绕过其任一顶点的正垂线旋转到侧平面，从而求出它的真形，也可将侧垂面多边形绕过其任一顶点的侧垂线旋转到正平面，从而求出它的真形。因此，本题可将这个侧垂面 $\triangle ABC$ 绕过顶点 A 的侧垂线旋转到正平面的新位置 $\triangle AB_1C_1$，则新投影 $\triangle a'b_1'c_1'$ 就显示它的真形，得到求解结果。具体的作图过程如图 3-70 中的红色图形所示：

（1）使 $\triangle ABC$ 绕过顶点 A 的侧垂线向下或向上旋转到正平面的新位置，图中是向下旋转。

首先过 a'' 作 OZ 轴的平行线，再以 a'' 为圆心分别过 b''、c'' 作弧，与上述平行线交得 b''_1、c''_1，则直线 $a''b''_1$、c''_1 即为新位置 $\triangle AB_1C_1$ 的新投影。再分别由 b''_1、c''_1 作垂直于 OZ 的投影连线。

（2）由 b'、c' 分别作 OZ 的平行线，与上述由 b''、c'' 所作的投影连线对应地交得 b'_1、c'_1，连 a' 与 b'_1、a' 与 c'_1，则 $\triangle a'b'_1c'_1$ 即为 $\triangle ABC$ 旋转到正平面新位置处的 $\triangle AB_1C_1$ 的反映真形的正面投影，也就是所求的 $\triangle ABC$ 真形。

第四章　立体的投影

§4-1　立体及其表面上的点与线

立体可分为两类:表面都是平面的平面立体和表面是曲面或曲面与平面的曲面立体。

一、平面立体

平面立体的表面是若干个平面多边形,因此,绘制平面立体的投影,可归结为绘制它的所有平面多边形表面的投影,也就是绘制这些多边形的边和顶点的投影。多边形的边是平面立体的轮廓线,分别是平面立体的相邻两个多边形表面的交线。当轮廓线的投影为可见时,画粗实线;不可见时,画细虚线;当粗实线与细虚线重合时,应画粗实线。

工程上常用的平面立体是棱柱和棱锥(包括棱台)。

图 4-1 是一个正五棱柱的立体图和投影图。本书从这里开始,在投影图中都不画投影轴。但各点的正面投影和水平投影应位于竖直的投影连线上,正面投影与侧面投影位于水平的投影连线上,以及任两点的水平投影和侧面投影保持前后方向的宽度相等和前后对应的投影关系,在实际应用中通常也不画投影轴。

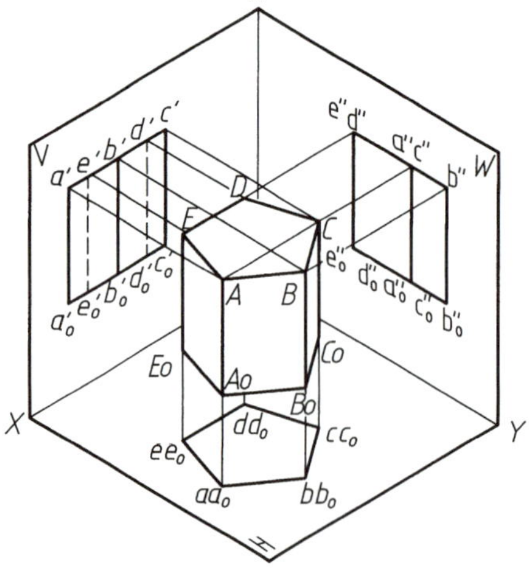

(a) 立体图

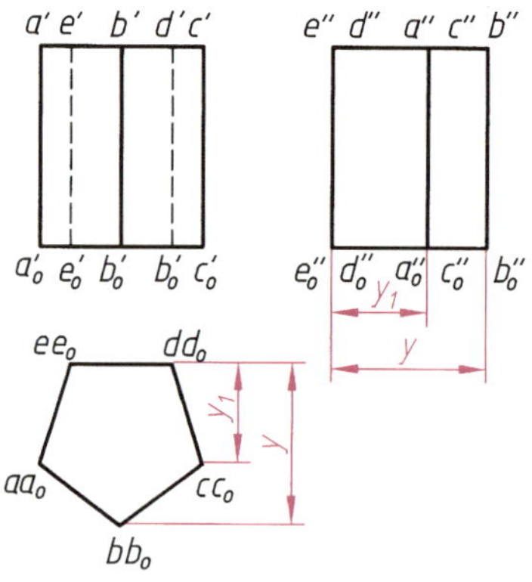

(b) 投影图

图 4-1　正五棱柱的投影

如图 4-1a 所示，正五棱柱的顶面和底面都是水平面，它们的边分别都是四条水平线和一条侧垂线，棱面是四个铅垂面和一个正平面，棱线是五条铅垂线。图 4-1b 是正五棱柱的投影图，请读者自行阅读分析棱线和棱面的投影及其可见性。

在图 4-1b 中，请特别注意水平投影与侧面投影之间必须符合宽度相等和前后对应的关系。例如前棱线与后棱面之间的宽度，左、右棱线与后棱面之间的宽度，分别为 y 和 y_1；并且，前棱线和左、右棱线都分别在后棱面之前。这种水平投影和侧面投影之间的关系，一般可如图 4-1b 所示，直接量取相等的距离作图；但也可如图 4-2 所示，用添加 45°辅助线作图。当棱柱的棱线处于水平位置时，棱柱的底面也可称为端面。

图 4-2 是一个正三棱锥的投影图。从图中可见：底面是水平面；前、后棱面都是一般位置平面；右棱面是正垂面。从图中还可看出：除了底面的正面投影和侧面投影、右棱面的正面投影有积聚性外，三个棱面的水平投影都可见，底面的水平投影不可见；前棱面的正面投影可见，后棱面的正面投影不可见；前、后棱面的侧面投影可见，右棱面的侧面投影不可见。

作平面立体表面上的点和线的投影，就是作它的多边形表面上的点和线的投影，即作平面上的点和线的投影。

如图 4-3 中的黑色图形所示，已知五棱柱表面上的点 F 和 G 的正面投影 $f'(g')$，求作它们的水平投影和侧面投影。

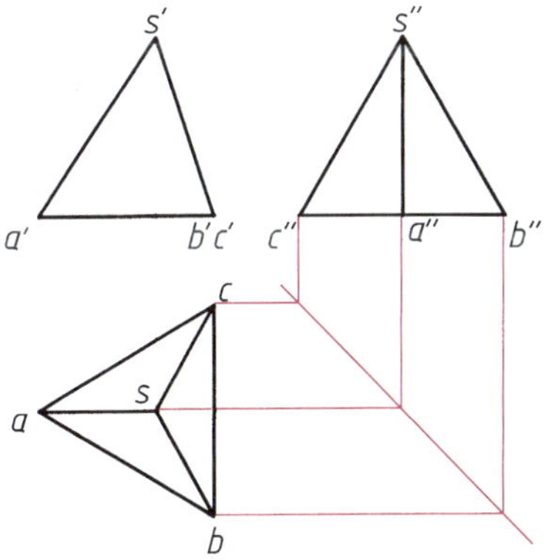

图 4-2 正三棱锥的投影

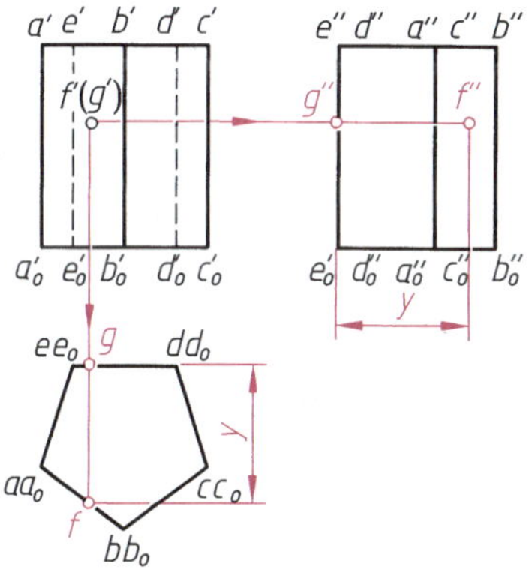

图 4-3 作五棱柱表面上的点

由正面投影对照水平投影可以看出：由于 $f'(g')$ 位于棱面 BB_0A_0A 的可见投影 $b'b_0'a_0'a'$ 和棱面 DD_0E_0E 的不可见投影 $d'd_0'e_0'e'$ 的重合处，所以就可断定点 F 在棱面 BB_0A_0A 上，点 G 在棱面 DD_0E_0E 上。

作图过程如图 4-3 中的红色图形所示：

(1) 由 $f'(g')$ 分别在这两个棱面的有积聚性的水平投影上作出 f、g。

(2) 由 (g') 在棱面 DD_0E_0E 的有积聚性的侧面投影上作出 g''。

(3) 由 f'、f 作出 f''。

如图 4-4a 中的黑色图形所示，已知三棱锥表面上的点 D 和 E 的水平投影 $d(e)$，求作它们的正面投影。

由水平投影对照正面投影可以看出：由于 $d(e)$ 位于棱面 SAB 的可见投影 sab 和底面 ABC 的

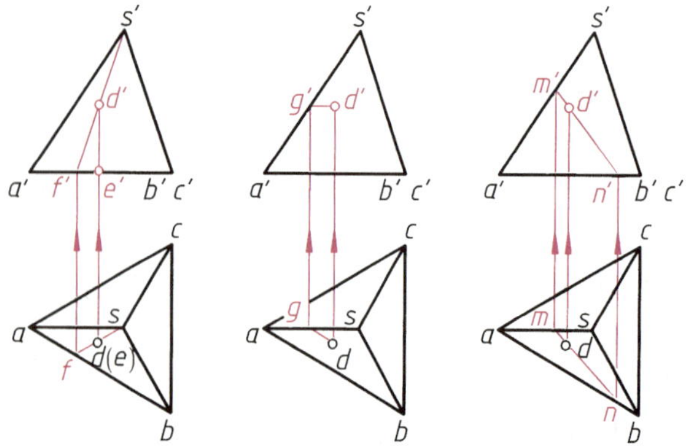

(a) 作法一　(b) 求 d' 的作法二　(c) 求 d' 的作法三

图 4-4　作三棱锥表面上的点

不可见投影 abc 的重合处，所以就可断定点 D 在棱面 SAB 上，点 E 在底面 ABC 上。

作图过程如图 4-4a 中的红色图形所示：

（1）由 (e) 作投影连线，在底面 ABC 的积聚性的正面投影 $a'b'c'$ 上作出 e'。

（2）用锥顶 S 与点 D 的连线作出 d'：连 s 与 d；延长 sd，与 ab 交出 f；由 f 作投影连线，与 $a'b'$ 交得 f'；连 s' 与 f'；由 d 作投影连线，在 $s'f'$ 上交出 d'。

由已知三棱锥表面 $\triangle SAB$ 上的点 D 的一个投影求作另一投影的问题，按照点在平面上的几何条件，只要过点 D 在 $\triangle SAB$ 上作任何直线，都可作出它的另一投影，图 4-4a 中是在 $\triangle SAB$ 上过点 D 与锥顶 S 作连线 SD，从而作出 d'。同理，也可如图 4-4b 的红色图形所示，用过点 D 在 $\triangle SAB$ 上引 AB 的平行线 DG 作出 d'；或者，如图 4-4c 的红色图形所示，用过点 D 在 $\triangle SAB$ 上引任意直线 MN 作出 d'。

在图 4-5 中又画出了一些平面立体的三面投影的例图，请读者自行阅读，读懂它们的形状，并分析这些立体上各个表面的投影及其可见性。从图中可以看出：*平面立体的投影的外围轮廓总是可见的，应画粗实线；而在投影的外围轮廓内部的图线，则应根据线、面的投影分析，按前遮后、上遮下、左遮右直接判断投影的可见性，决定画粗实线或细虚线，需要时还可利用交叉两直线的重影点的可见性进行判断*（如图 4-5c 中的红色图形所示）。

从图 4-5f 所示的平面立体的三面投影可以看出：这个立体是左右对称的，顶面和底面都是水平面，左壁和右壁是正垂面，前壁是侧垂面，后壁是正平面。由于相邻壁面的四条交线延长后不能交会于一点，所以它不是棱台，而是一个楔形块。

对称的立体，需要时可用细点画线画出它们的有积聚性的对称面的投影，如图 4-5b、e、f 所示；不需要时也可省略不画，如图 4-5a 以及前述的图 4-1b 和图 4-2 所示。

【例 4-1】　如图 4-6 中的黑色图形所示，求作斜三棱柱的侧面投影及其表面上的折线 PQR 的水平投影和侧面投影。

【解】　从已知的正面投影和水平投影可以看出：这个斜三棱柱的顶面和底面是水平面，左前和右前棱面都是一般位置平面，后棱面是正平面；棱线是正平线。由它的正面投影和水平投影就可作出侧面投影。由于折线 PQR 的线段 PQ、QR 的正面投影 $p'q'$、$q'r'$ 都可见，所以 PQ、QR 应

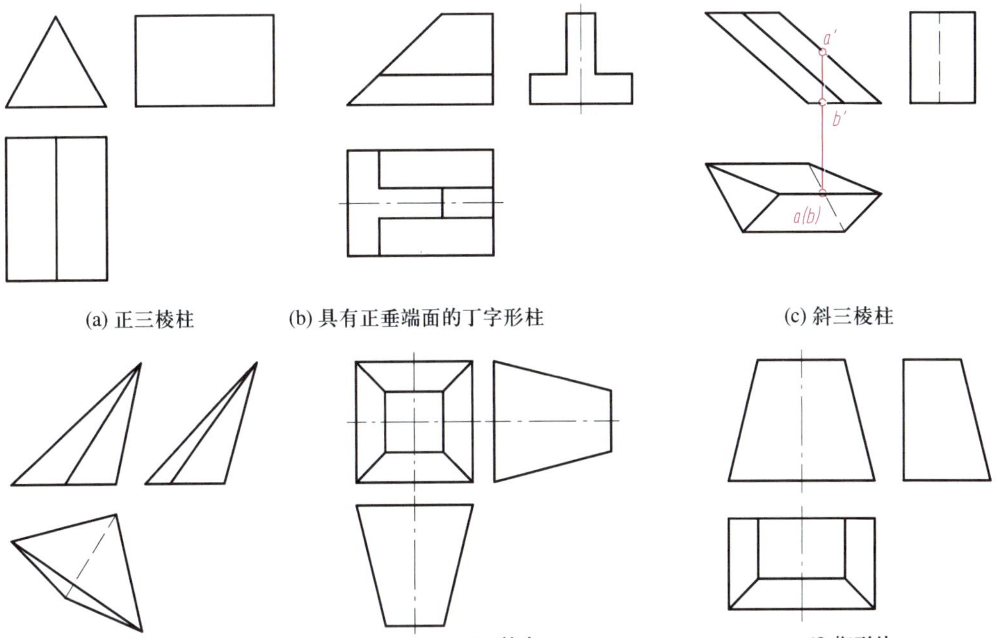

(a) 正三棱柱　(b) 具有正垂端面的丁字形柱　(c) 斜三棱柱

(d) 斜三棱锥　(e) 正四棱台　(f) 楔形块

图 4-5　平面立体的三面投影示例

分别位于正面投影可见的 $ADEB$、$BEFC$ 棱面上，可由 $p'q'$、$q'r'$ 分别在这两个棱面的水平投影和侧面投影上作出 pq、qr 和 $p''q''$、$q''r''$。

作图过程如图 4-6 中的红色图形所示：

（1）作斜三棱柱的侧面投影：在斜三棱柱正面投影右方的适当地位处作铅垂线，由点的正面投影与侧面投影应位于水平的投影连线上的特性，就可作出处于正平面位置的后棱面 $ADFC$ 的侧面投影 $a''d''f''c''$。由 $a''d''f''c''$ 向前量取在水平投影中已显示的距离 y，就可作出顶面 ABC、底面 DEF 和前棱线 BE 的侧面投影 $a''b''c''$、$d''e''f''$ 和 $b''e''$，便围成这个斜三棱柱的侧面投影。

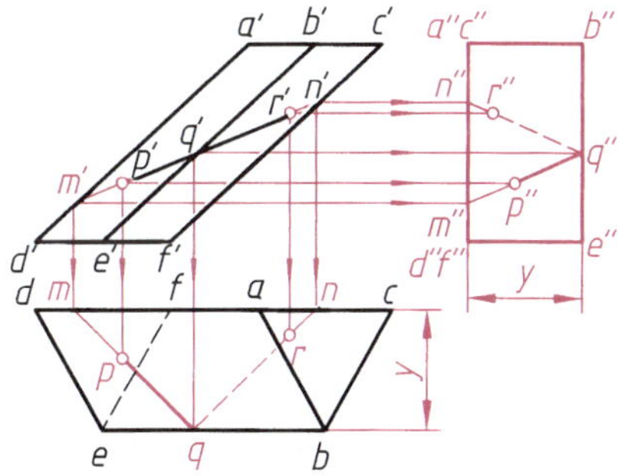

图 4-6　作斜三棱柱的侧面投影和表面上折线 PQR 的水平投影和侧面投影

（2）作线段 PQ 的水平投影和侧面投影：延长 $p'q'$，与 $a'd'$ 交得 m'；由 m'、q' 作铅垂的和水平的投影连线，分别与 ad、be 交得 m、q，与 $a''d''$、$b''e''$ 交得 m''、q''；连 m 与 q、m'' 与 q''，再由 p' 作铅垂的和水平的投影连线，与 mq 和 $m''q''$ 交得 p 和 p''。由于棱面 $ADEB$ 的水平投影 $adeb$ 和侧面投影 $a''d''e''b''$ 都是可见，所以 pq 和 $p''q''$ 都可见，画成粗实线。

（3）作线段 QR 的水平投影和侧面投影：作图的原理与方法与作 PQ 相同，但由于 QR 位于水平投影和侧面投影都不可见的棱面 $BEFC$ 上，所以 qr、$q''r''$ 都不可见，画成细虚线。

二、曲面立体

曲面立体的表面是曲面或曲面和平面。有的曲面立体有轮廓线，即表面之间的交线，如圆柱的顶面与圆柱面的交线圆；有的曲面立体有尖点，如圆锥的锥顶；有的曲面立体全部由光滑的曲面所围成，如球。在画曲面的投影时，除了画出轮廓线和尖点的投影外，还要画出曲面投影的转向轮廓线。例如在图 4-7 中画出了球面的水平投影，是球面上的水平大圆的水平投影，这个水平大圆是水平投影可见的上半球面与不可见的下半球面的分界线，因此，这个水平大圆的水平投影就是球面的水平投影的转向轮廓线。可以想象：球面的正面投影、侧面投影的转向轮廓线，分别是球面上的正平大圆的正面投影、侧平大圆的侧面投影。又如在图 4-8a 中也表明了圆柱面的正面投影和侧面投影的转向轮廓线，分别是圆柱面上的最左、最右素线的正面投影和最前、最后素线的侧面投影。由此可见：曲面投影的转向轮廓线是切于曲面的诸投射线与投影面的交点的集合，也就是这些投射线所组成的平面或柱面与曲面的切线的投影，常常是曲面的可见和不可见表面分界线的投影，因此，曲面立体的投影就是它的所有曲面表面或曲面表面与平面表面的投影，也就是曲面立体的轮廓线、尖点的投影和曲面投影的转向轮廓线。

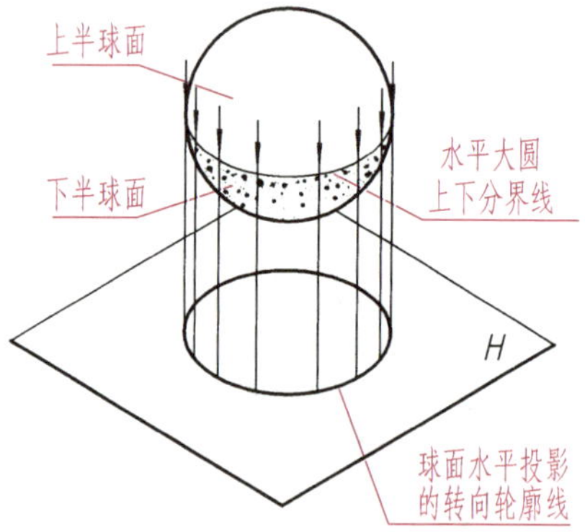

图 4-7 球面的水平投影的转向轮廓线

某些曲面可看作由一条线按一定的规律运动所形成，这条运动的线称为母线，而曲面上任一位置的母线称为素线。母线绕轴线旋转，形成回转面。母线上的各点绕轴线旋转时，形成回转面上垂直于轴线的纬圆。

作曲面立体表面上的点和线的投影，就是作它的曲面或平面表面上的点和线的投影。作曲面上的点与作平面上的点相类似；作曲面上的线，除了曲面上可能存在的直线以及平行于投影面的圆可以直接作图外，通常是作出线上的很多点连成的。垂直于投影面的柱面在这个投影面上的投影有积聚性，柱面上的点和线的投影，都积聚在柱面的有积聚性的同面投影上；在其他曲面上取点时，常常通过该点在曲面上作一条线，然后在这条线的投影上，作出该点的同面投影，若曲面上存在直线或平行于投影面的圆，则应利用它们作图就简捷得多。

机械零件中用得最多的曲面立体是回转体，常见的是圆柱、圆锥和球，有时也用到环和具有环面的回转体，因此，本书只重点讲述这些常见的回转体。

（一）圆柱

圆柱表面有圆柱面、顶面和底面。圆柱面由直线绕与它相平行的轴线旋转而成。

如图 4-8a 所示，当轴线为铅垂线时，圆柱面上所有素线都是铅垂线，圆柱面的水平投影积聚成一个圆周，圆柱面上的点和线的水平投影都积聚在这个圆周上。圆柱的顶面和底面是水平面，它们的水平投影反映真形，是互相重合的圆，其轮廓线也就是圆柱面的有积聚性的投影圆周。用细点画线画出对称中心线，对称中心线的交点是轴线的水平投影。

圆柱的顶面、底面的正面投影都分别积聚成直线；圆柱的轴线和素线的正面投影、侧面投影仍是铅垂线，用细点画线画出轴线的正面投影和侧面投影。圆柱的正面投影的左右两侧是圆柱

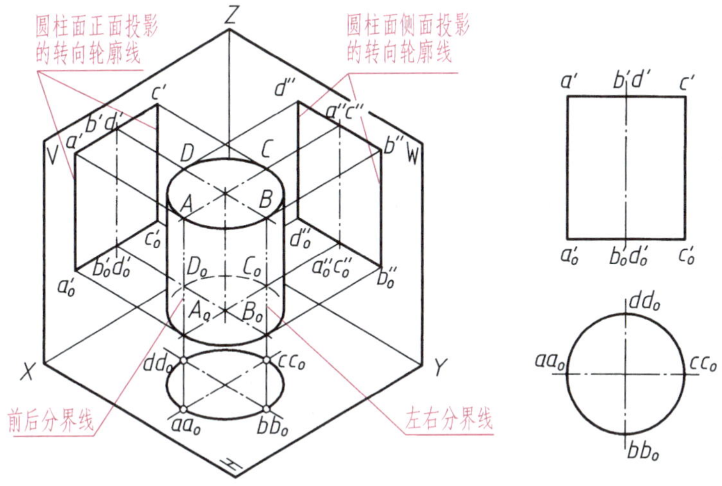

(a) 立体图　　(b) 投影图

图 4-8　圆柱的投影

面的正面投影的转向轮廓线 $a'a_0'$ 和 $c'c_0'$，它们分别是圆柱面上最左、最右素线 AA_0、CC_0（也就是正面投影可见的前半圆柱面和不可见的后半圆柱面的分界线）的正面投影；AA_0 和 CC_0 的侧面投影 $a''a_0''$ 和 $c''c_0''$ 则与轴线的侧面投影相重合。圆柱的侧面投影的前后两侧是圆柱面的侧面投影的转向轮廓线 $b''b_0''$ 和 $d''d_0''$，它们分别是圆柱面上最前、最后素线 BB_0 和 DD_0（也就是侧面投影可见的左半圆柱面和不可见的右半圆柱面的分界线）的侧面投影；BB_0 和 DD_0 的正面投影 $b'b_0'$ 和 $d'd_0'$ 则与轴线的正面投影相重合。

这个圆柱的三面投影，如图 4-8b 所示。

如图 4-9 中的黑色图形所示，已知圆柱面上的点 A 和 B 的正面投影 $a'(b')$，求作它们的水平投影和侧面投影。

作图过程如图 4-9 中的红色图形所示：

（1）从 a' 可见和 (b') 不可见得知，点 A 在前半圆柱面上，而点 B 在后半圆柱面上，于是就可由 $a'(b')$ 引铅垂的投影连线，在圆柱面的有积聚性的水平投影上作出 a 和 b。

（2）由 $a'(b')$ 引水平的投影连线，由 a、b 按宽相等和前后对应，就可作出 a'' 和 b''。由于点 A 和 B 都在左半圆柱面上，所以 a''、b'' 都是可见的。

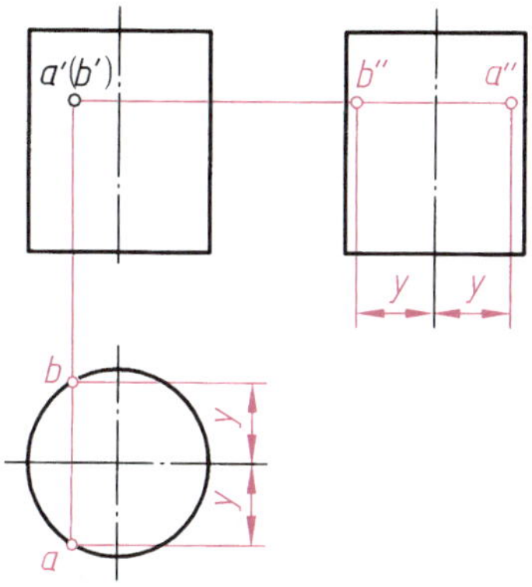

图 4-9　作圆柱面上的点的投影

（二）圆锥

圆锥的表面有圆锥面和底面。圆锥面由直线绕与它相交的轴线旋转而成。

如图 4-10 所示，当圆锥的轴线为铅垂线时，底面的正面投影、侧面投影分别积聚成直线，水平投影反映它的真形——圆。

用细点画线画出轴线的正面投影和侧面投影；在水平投影中，用细点画线画出对称中心线，对称中心线的交点，既是轴线的水平投影，又是锥顶 S 的水平投影 s。

圆锥面正面投影的转向轮廓线 $s'a'$、$s'b'$ 是圆锥面上最左、最右素线 SA、SB（也就是正面投影可见的前半圆锥面和不可见的后半圆锥面的分界线）的正面投影；SA、SB 的侧面投影 $s''a''$、$s''b''$，与轴线的侧面投影相重合。圆锥面侧面投影的转向轮廓线 $s''c''$、$s''d''$ 是圆锥面上最前、最后素线 SC、SD（也就是侧面投影可见的左半圆锥面和不可见的右半圆锥面的分界线）的侧面投影；SC、SD 的正面投影 $s'c'$、$s'd'$，与轴线的正面投影相重合。

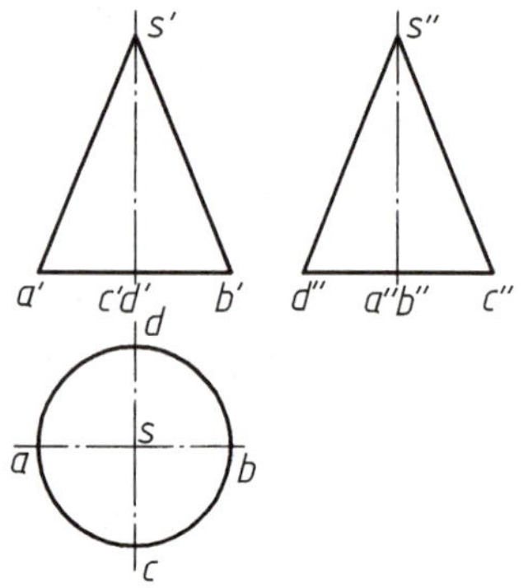

图 4-10　圆锥的投影

在图 4-10 中，清楚地表明了锥顶 S 的正面投影 s'、侧面投影 s'' 和水平投影 s。圆锥面的水平投影与底面的水平投影相重合。显然，圆锥面的三个投影都没有积聚性。

如图 4-11 所示的黑色图形，已知圆锥的三面投影以及圆锥面上的点 A 的正面投影 a'，求作它的水平投影 a 和侧面投影 a''。由于圆锥面的三个投影都没有积聚性，所以需要在圆锥面上通过点 A 作一条辅助线。为了作图方便，应选取素线或垂直于铅垂轴线的纬圆（水平圆）作为辅助线，今分述如下。

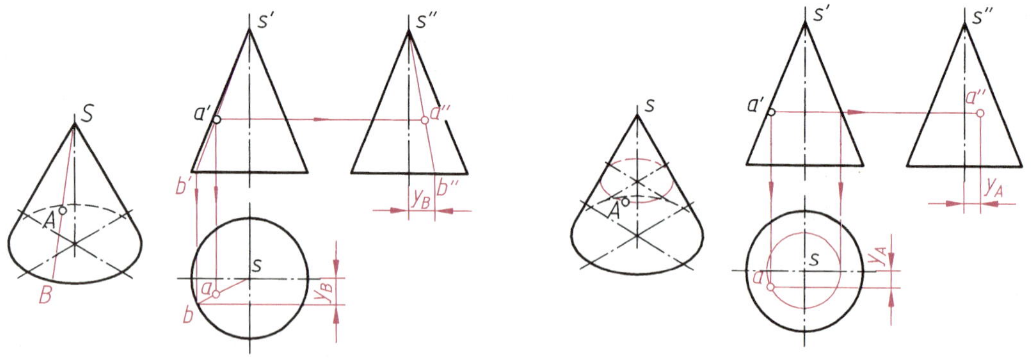

(a) 素线法　　(b) 纬圆法

图 4-11　作圆锥面上的点的投影

方法一（素线法）：先参阅图 4-11a 中的立体图，连 S 和 A，延长 SA，交底圆于点 B，因为 a' 可见，所以素线 SB 位于前半圆锥面上，点 B 也在前半底圆上。作图过程如图 4-11a 投影图中的红色图形所示：

（1）连 s' 和 a'，延长 $s'a'$，与底圆的正面投影相交于 b'。由 b' 引竖直的投影连线，在前半底圆的水平投影上交得 b。由 b 按宽相等和前后对应（y_B）在底圆的侧面投影上作出 b''。分别连 s 和 b、s'' 和 b''，即得过点 A 的素线 SB 的三面投影 $s'b'$、sb 和 $s''b''$。

（2）由 a' 分别引竖直的和水平的投影连线，在 sb 上作出 a 和在 $s''b''$ 上作出 a''。由于圆锥面的水平投影可见，所以 a 也可见；又由于点 A 在左半圆锥面上，所以 a'' 亦为可见。

方法二（纬圆法）：先参阅图 4-11b 中的立体图，通过点 A 在圆锥面上作垂直于轴线的水平纬圆，这个圆实际上就是点 A 绕轴线旋转所形成的。作图过程如图 4-11b 投影图中的红色图形所示：

（1）过 a' 作垂直于轴线的水平纬圆的正面投影，其长度就是这个纬圆的直径的真长，它与轴线的正面投影的交点，就是圆心的正面投影，而圆心的水平投影则重合于轴线的有积聚性的水平投影上，与 s 相重合。由此就可作出这个圆的反映真形的水平投影（也可如图中所示，利用这个圆在最右素线上的点作出）。

（2）因为 a' 可见，所以点 A 应在前半圆锥面上，于是就可由 a' 引竖直的投影连线，在水平纬圆的前半圆的水平投影上作出 a。由 a' 引水平的投影连线，又由 a 按宽相等和前后对应（y_A），即可作出点 A 的侧面投影 a''。可见性的判断在方法一中已阐述，不再重复。

（三）球

球的表面是球面。球面由圆绕其直径为轴线旋转而成。

如图 4-12 中的黑色图形所示，球的三面投影都是直径与球直径相等的圆，它们分别是这个球面的三个投影的转向轮廓线。正面投影的转向轮廓线是球面上平行于正面的大圆（前后半球面的分界线）的正面投影；水平投影的转向轮廓线是球面上平行于水平面的大圆（上下半球面的分界线）的水平投影；侧面投影的转向轮廓线是球面上平行于侧面的大圆（左右半球面的分界线）的侧面投影。在球的三面投影中，应分别用细点画线画出对称中心线，对称中心线的交点是球心的投影。

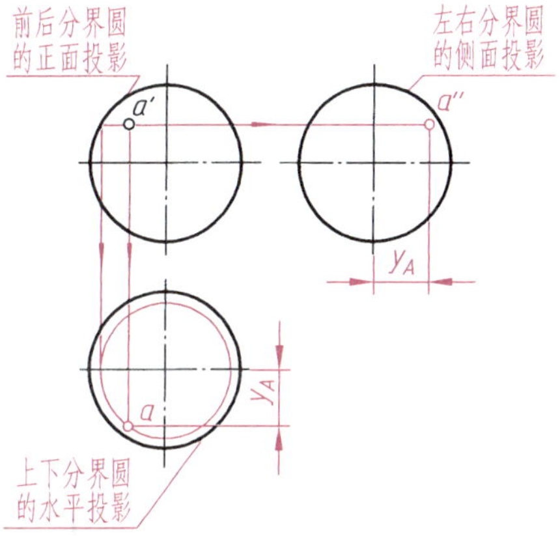

图 4-12　球和球面上的点的投影

仍如图 4-12 的黑色图形所示，已知球面上点 A 的正面投影 a'，求作它的水平投影和侧面投影。因为球面的三个投影都没有积聚性，而且球面上不存在直线，但可以在球面上过点 A 作平行于投影面的圆，所以图中过点 A 作球面上的水平圆，这个圆实际上就是点 A 绕球的铅垂轴线旋转所形成的纬圆。

作图过程如图 4-12 中的红色图形所示：

（1）过 a' 作水平线，与球的正面投影的转向轮廓线圆相交，水平弦长就是过球面上点 A 的水平圆的直径的真长，在水平投影中作出反映该水平圆真形的投影。

（2）因为 a' 可见，便可由 a' 引铅垂的投影连线，在这个圆的前半圆的水平投影上作出 a。

（3）由 a' 引水平的投影连线，由 a 按宽相等和前后对应（y_A），就可作出 a''。因为从 a' 可看出点 A 位于上半和左半球面上，所以 a 和 a'' 都是可见的。

读者可以想到：用同样的作图原理和方法，也可在图 4-12 中用过点 A 的球面上平行于侧面的圆求作 a'' 和 a；还可用过点 A 的球面上平行于正面的圆求作 a 和 a''。

（四）环

环的表面是环面。环面由圆绕圆平面上不与圆心共线且在圆外的直线为轴旋转而成。

图 4-13 的黑色图形所示的环，是圆心为 O 的正平圆绕圆平面上不与圆周相交或相切的铅垂轴线旋转而形成的。

轴线的水平投影积聚为一点（对称中心线的交点）；圆母线的水平投影成为直线，延长后应通过轴线的有积聚性的水平投影。在旋转过程中，圆母线上的各点都形成垂直于轴线的水平纬圆；而环面的水平投影的转向轮廓线，是圆母线上离轴线最远的点 A 和最近的点 B 旋转形成的最大和最小的纬圆的水平投影。圆心 O 旋转形成的水平圆周的水平投影，用细点画线表示。

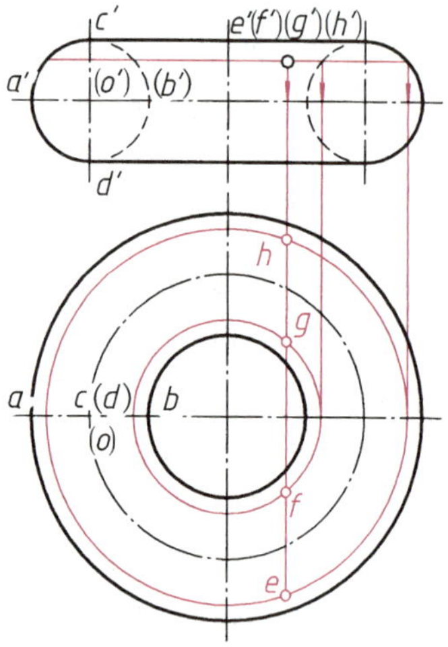

图 4-13　环和环面上的点的投影

轴线的正面投影是竖直线。正面投影中的左、右两个圆，是平行于正面的两条圆素线的正面投影；而上、下两条水平线，则是圆母线上的最高点 C 和最低点 D 旋转形成的水平圆周的正面投影。它们都是环面的正面投影的转向轮廓线。圆母线的圆心 O 以及点 A、B 旋转形成的三个水平圆的正面投影，都重合在用细点画线表示的环的上下对称线上。

圆母线离轴线较远的半圆旋转形成的曲面是外环面；离轴线较近的半圆旋转形成的曲面是内环面。在正面投影中，前半外环面的投影是可见的；后半外环面的投影不可见，但与前半外环面的投影相重合。内环面的正面投影都不可见，内环面的正面投影的转向轮廓线也不可见而画成细虚线。在水平投影中，上半环面的投影可见；下半环面的投影不可见，且与上半环面的投影相重合。

在图 4-13 的黑色图形中，还画出了环面上的四个重影点 E、F、G、H 的正面投影 $e'(f')(g')(h')$（按由前向后的顺序排列），求作它们的水平投影。

根据上述排列的顺序可知，E、H 分别是前、后外环面上的点，而 F、G 则分别是前、后内环面上的点。由于这些点都在上半环面上，所以它们的水平投影都可见。通过点 F 和 G、点 E 和 H 分别在内、外环面上作水平纬圆，就可作出这四个点的水平投影。具体的作图过程如图 4-13 中的红色图形所示，请读者自行阅读。

在图 4-14 中又画出了一些曲面立体的两面投影的例图，请读者自行阅读，读懂它们的形状，并分析这些立体各个表面的投影及其可见性。曲面立体投影的轮廓线和转向轮廓线的可见性的判断方法，与平面立体相同。

图 4-14a、d 是轴线倾斜于水平面的圆柱、圆锥。

图 4-14b 是由两个直径相同的水平圆为顶面和底面，以及素线与其中任一个圆的圆周相交、且平行于两圆心连线的柱面所围成的斜圆柱；图 4-14e 是由水平圆为底面，以及素线通过锥顶、且与底面圆周相交的锥面所围成的斜圆锥。斜圆柱和斜圆锥都不属于回转体。

圆台是圆锥被平行于底面的平面切割后形成的几何体，图 4-14f 是轴线为铅垂线的上下倒置的圆台。

图 4-14c、g 和 h 所示的立体都有槽。图 4-14c 所示的是左上角有 1/4 圆柱槽的四棱柱，因为它是由曲面和平面围成的立体，所以也列入曲面立体中，但不属回转体，图 4-14g 所示的立体只能说成是半个回转体；图 4-14h 是有半球槽的圆柱体，是回转体。

图 4-14i、j 是由两个回转体组成的组合回转体，图 4-14i 是半球与圆柱相切形成的，图 4-14j 是圆台与截去球冠的半球相交于共同的纬圆形成的。值得注意的是图中用红字指出的：表面相

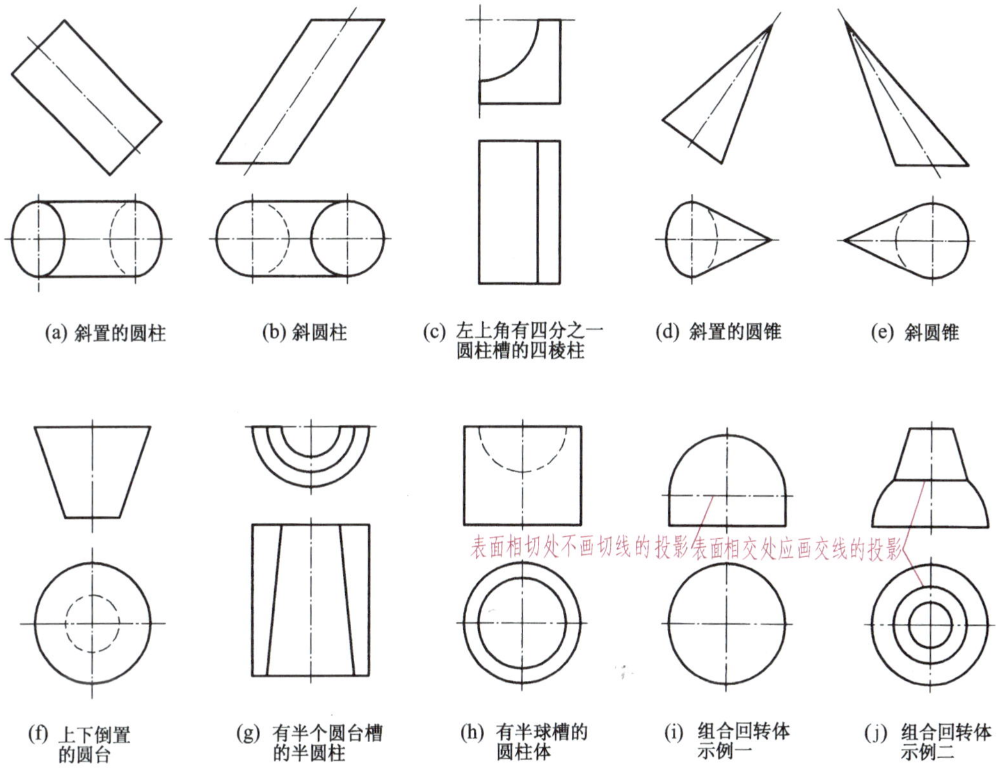

图 4-14　曲面立体的两面投影示例

切处不画切线，即不画图 4-14i 中球面与圆柱面相切的水平圆；而表面相交处应画出交线，即应画出图 4-14j 中球面与圆台面相交的水平圆。

作回转体表面上的线时应先作分析：如有直线和平行于投影面的纬圆或其上的圆弧时，便可直接作出；除此之外，应按在回转面上取点的方法定出线上的若干点，再顺次连成线。线上如有下述诸点时，都应分别画出：不封闭的线的端点，回转体轮廓线上的点，组合回转体表面上不同回转面的切线上的点，回转面投影的转向轮廓线上的点等，这些点往往是这条线的各直线段、各光滑曲线段的交接点或可见投影与不可见投影的分界点。今举例说明如下。

【例 4-2】　如图 4-15 中的黑色图形所示，已知具有共同侧垂轴的相切的半球和圆柱组成的组合回转体的三面投影，并知这个组合回转体表面上一组闭合的线 *ABCDEFGA* 的正面投影，求作这组线的水平投影和侧面投影。

【解】　分析图 4-15 中已知的黑色图形可知：组合回转体左侧的半球与右侧的圆柱相切，切线是垂直于轴线的侧平圆周，也就是半球面和圆柱面的分界线，不需另行画出；半球和圆柱的侧面投影相互重合，也就是图中已画出的黑色大圆；组合回转体的右端面是一个侧平圆，侧面投影反映真形，仍是图中已画出的这个大圆，它的正面投影和水平投影则分别积聚成垂直于轴线的直线。

对组合回转体作了投影分析后，再分析它表面上的闭合线 *ABCDEFGA*。由于 *ABCDEFGA* 在半球面上和圆柱面上各段的正面投影分别前、后重合；在右端面上的一段 *FE* 的正面投影显示积

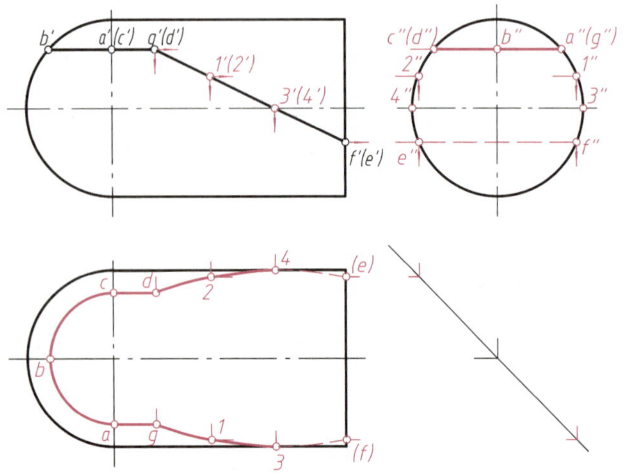

图 4-15　作组合回转体表面上的线 *ABCDEFGA* 的水平投影和侧面投影

聚成一点 $f'(e')$，是正垂线，这组闭合线对组合回转体的前后对称面也前后对称。同时还可看出：左端是上半球面上的水平的半个圆周 $\widehat{ABC}$，相当于完整的球面上的一个水平纬圆左边的一半；*AG*、*CD* 分别是前、后半圆柱面上的各一段侧垂素线；*GF*、*DE* 分别是前、后半圆柱面上的各一段椭圆弧；在右端面上的正垂线 *FE* 将前、后半圆柱面上的各一段椭圆曲线的端点 *F* 和 *E* 连起来，使这个组合回转体表面上的上述诸线段连成闭合的线。

通过分析就可从左到右顺次作出上述诸线段的水平投影和侧面投影，并继续分析表明投影的可见性，完成题目所提出的要求，具体的作图过程见图 4-15 中的红色图形所示：

(1) 由水平半圆周 $\widehat{ABC}$ 的正面投影 $a'b'(c')$ 作出反映其真形的水平投影 $\widehat{abc}$，即以半球球心的水平投影（组合回转体水平投影中两条点画线的交点）为圆心，以 $\widehat{ABC}$ 的半径的真长 $a'b'$ 为半径，在半球面的水平投影内作半圆周；在半球面的侧面投影内作出投射成水平直线段的侧面投影 $a''b''c''$。由于上半半球面的水平投影可见，半球面的侧面投影也可见，所以 $\widehat{abc}$ 和 $a''b''c''$ 都可见，画粗实线。

(2) 由圆柱面上的侧垂素线 *AG*、*CD* 的正面投影 $a'g'$、$(c')(d')$ 分别作出它们在前、后半圆柱面的有积聚性的侧面投影上，作出积聚成一点的侧面投影 $a''(g'')$、$c''(d'')$，再由 $a'g'$ 和 $a''(g'')$、$(c')(d')$ 和 $c''(d'')$ 作出 *ag*、*cd*；由于 *AG*、*CD* 都在水平投影可见的上半圆柱面上，所以 *ag*、*cd* 都可见，画粗实线。

(3) 由圆柱面上的椭圆弧 *GF*、*DE* 的正面投影 $g'f'$、$(d')(e')$ 分别先在前半、后半圆柱面的有积聚性的侧面投影上作出它们的侧面投影，然后再由它们的正面投影和侧面投影分别作出它们的水平投影。从 $g'f'$、$(d')(e')$ 可知，*GF*、*DE* 分别通过圆柱面的最前、最后素线（其水平投影是圆柱面水平投影的转向轮廓线）上的点Ⅲ、Ⅳ，于是这两段椭圆弧必须分别作出它们的端点 *G*、*F* 和 *D*、*E*，以及在圆柱面上的点Ⅲ和Ⅳ；现在点 *G*、*D* 已经作出，再由 f' 和 $3'$、(e') 和 $(4')$ 分别在前、后半圆柱面的有积聚性的侧面投影上作出 f'' 和 $3''$、e'' 和 $4''$，然后再由 f''、e'' 在下半圆柱面右端轮廓线圆的水平投影上作出 (f)、(e)，由 $3'$、$(4')$ 在圆柱面的最前、最后素线的水平投影上作出 3、4。为了能较准确地作出这两段非圆曲线，可按需在端点和圆柱面投影的转向轮廓线上的点之间适当选取一些中间点，例如图中所选取的 GF 上的点 Ⅰ 和 DE 上的点 Ⅱ，从作图简捷考虑，选用点 Ⅰ、Ⅱ 是对正面的重影点，于是先在互相重合的 GF、DE 的正面投影 g′f′、(d′)(e′)上作出互相重合的 1′、(2′)，由 1′、(2′)先分别在前、后半圆柱面的有积聚性的侧面投影与作出 1″、2″，再由 1′和 1″、(2′)和 2″作出 1、2。最后，在前、后半圆柱面的水平投影上，按正面投影或侧面投影中的顺序，用光滑曲线连出 GF、DE 的水平投影 g13(f)、d24(e)，从正面投影或侧面投影中可知，G Ⅰ Ⅲ、D Ⅱ Ⅳ 在上半圆柱面上，g13、d24 可见，画粗实线，Ⅲ F、Ⅳ E 在下半圆柱面上，3(f)、4(e)不可见，画细虚线，需特别注意的是点 3、4 是圆柱面水平投影转向轮廓线和椭圆弧水平投影的切点，也是椭圆弧水平投影可见性的分界点；而 GF、DE 的侧面投影(g″)1″3″f″、(d″)2″4″e″分别积聚在前、后半圆柱面的有积聚性的侧面投影上，不需再连。因为 GF、DE 的侧面投影被半球面与圆柱面相切的侧平圆周所遮，应分别连成细虚线，与已画出的圆柱面的有积聚性的可见的侧面投影粗实线相重合，仍应该用粗实线表达，所以不需再连。

(4) 连接前、后半圆柱面上的线的右端点 F、E，由于它们的正面投影 f′、(e′)互相重合，水平投影(f)、(e)和正面投影都分别积聚在这个组合回转体的右端面侧平圆上，所以连线 FE 是右端面上的正垂线，其正面投影、水平投影在图中已显示，不需再作图，只要连接 F、E 的侧面投影 f″、e″；因为右端面的侧面投影不可见，所以 f″e″画细虚线。

至此就作出了这个组合回转体表面上的闭合的线 ABCDEFGA 的水平投影和侧面投影。

在表达立体表面上的点的投影符号时，通常不论点的投影是否可见，都不加括号，但在图 4-15 的水平投影和正面投影中，对立体表面上的诸点的不可见的投影符号都加了括号，在侧面投影中，对立体表面上的点 D、G 的不可见投影符号 d″、g″也加了括号，这是为了使读者在初学时易于理解立体表面上的点和线的投影的可见性而添加的，实际上，点 Ⅰ、Ⅲ、F 和 Ⅱ、Ⅳ、E 的侧面投影 1″、3″、f″和 2″、4″、e″也是不可见的，在投影符号上就未加括号。为了避免读者疑虑，在此再作一些补充说明。

§4-2 平面与平面立体表面相交

平面与立体表面的交线，称为**截交线**；当平面切割立体时，由截交线围成的平面图形，称为**断面**。

一、平面立体的截交线和断面

如图 4-16a 所示，平面立体的截交线是截平面上的一个平面多边形，它的顶点是平面立体的棱线或底边与截平面的交点，它的边是截平面与平面立体表面的交线。图中截平面 P 与三棱锥的截交线是一个三角形 Ⅰ Ⅱ Ⅲ。

如图 4-16b 中的黑色图形所示，已知三棱锥 SABC 和正垂的截平面 P，求作截交线的三面投影。

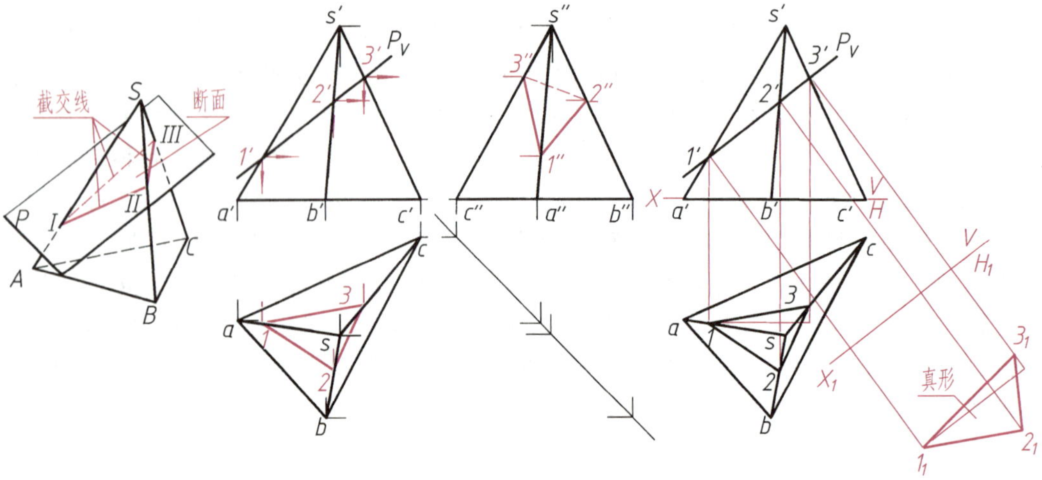

(a) 立体图　　(b) 作截交线的三面投影　　(c) 作断面真形

图 4-16　作平面立体的截交线和断面真形示例一（棱锥）

作图过程如图 4-16b 中的红色图形所示：

（1）在棱线 SA、SB、SC 的正面投影 $s'a'$、$s'b'$、$s'c'$ 与截平面 P 的有积聚性的正面投影相重合的迹线 P_V 的相交处，作出它们的交点 Ⅰ、Ⅱ、Ⅲ 的正面投影 $1'$、$2'$、$3'$，与 P_V 相重合的直线 $1'2'3'$，即为截交线△ⅠⅡⅢ的正面投影。

（2）由 $1'$、$2'$、$3'$ 引投影连线，分别与 sa、sb、sc 和 $s''a''$、$s''b''$、$s''c''$ 交出 1、2、3 和 $1''$、$2''$、$3''$。连接这些点的同面投影，就作出了截交线△ⅠⅡⅢ的水平投影△123 和侧面投影△$1''2''3''$。由于三个棱面的水平投影和棱面 SAB、SCA 的侧面投影都可见，在其上的截交线的同面投影 12、23、31 和 $1''2''$、$3''1''$ 也都可见，画粗实线；棱面 SBC 的侧面投影不可见，在其上的截交线的侧面投影 $2''3''$ 也不可见，画细虚线。

最后，作出断面△ⅠⅡⅢ的真形。按图 4-16b 在 V、H 两投影面体系中作出了断面△ⅠⅡⅢ的两面投影后，就可加投影轴，用换面法作出它的真形，作图过程如图 4-16c 中的红色图形所示：

（1）在 V/H 中适当地位作垂直于投影连线的 X 轴，图中与 $a'b'c'$ 相重合。

（2）作平行于 P_V 的 X_1 轴，按换面法的基本作图，由 $1'$、$2'$、$3'$ 和 1、2、3 作出 1_1、2_1、3_1，连得在 V/H_1 中平行于 H_1 面的断面△ⅠⅡⅢ的 H_1 面投影△$1_12_13_1$，即为断面△ⅠⅡⅢ的真形。

在不画出投影轴的投影图中用换面法求垂直于投影面的断面的真形时，当作出截交线的投影后，通常可以不必如上述作图那样地添加投影轴，而只需按图 4-16c 中不加 X 轴和 X_1 轴的红色图形直接按投影关系作图①：

（1）在 H 面投影中，过△123 的任一顶点 1 作截平面 P 上的 V 面平行线，并作出点 Ⅱ、Ⅲ 与

① 在不画出投影轴的投影图中用换面法求断面真形时，还可参阅图 4-17b 中的红色图形，该图表示得更清晰明显。在图 4-16c中是为了让读者理解在不画出投影轴的投影图中求垂直于投影面的平面图形的真形，与在画出投影轴的投影图中的作图原理和方法相同，使读者便于对照，所以画在同一个图中一起讲述。

点 Ⅰ 对 V 面的距离差，图中作出了点 Ⅱ 在点 Ⅰ 之前的差距和点 Ⅲ 在点 Ⅰ 之后的差距。

（2）过 $1'$、$2'$、$3'$ 作 P_V 的垂线，在过 $1'$ 的垂线上任取点 1_1，从 1_1 作 P_V 的平行线，与过 $2'$、$3'$ 的垂线相交，再由交点在垂线上量取 H 面投影中的对 V 面的差距，按前、后向不同的两侧量得点 2_1、3_1，将 1_1、2_1、3_1 连成△$1_1 2_1 3_1$，即为断面△ Ⅰ Ⅱ Ⅲ 的真形。

如图 4-17a 中的黑色图形所示，已知五棱柱的正面投影和水平投影，并用正垂面 P 切割掉左上方的一块，被切割掉的部分用细双点画线表示，求作截交线以及五棱柱被切割后的三面投影，并用不加投影轴的换面法作出断面真形。

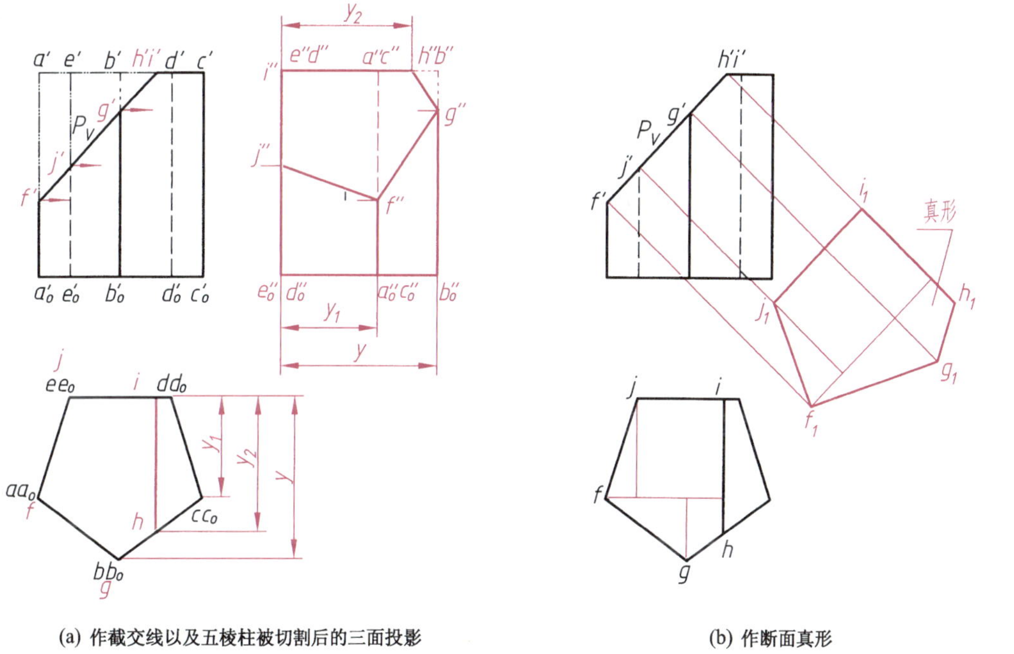

图 4-17　作平面立体的截交线和断面真形示例二（棱柱）

因为截交线的各边是正垂面 P 与五棱柱的棱面和顶面的交线，它们的正面投影都重合在 P_V 上，所以截交线的正面投影已知，五棱柱被切割后的正面投影也已知，只要作出截交线的水平投影，就可作出五棱柱被切割后的水平投影。根据五棱柱的正面投影和水平投影，可以作出它的侧面投影；同理，由已作出的截交线的正面投影和水平投影，也可作出截交线的侧面投影，从而作出五棱柱被切割后的侧面投影。从已知的正面投影可以直观地看出，断面的水平投影和侧面投影都是可见的。

作图过程如图 4-17a 中的红色图形所示：

（1）在五棱柱正面投影右侧的适当地位画表示后棱面有积聚性的侧面投影的竖直线，用水平投影中从后棱面向前的距离 y 和 y_1，按侧面投影与水平投影宽相等和前后对应，以及五棱柱顶面、底面的正面投影和侧面投影应分别在同一水平线上的原理，就可由已知的正面投影和水平投影作出完整的五棱柱的侧面投影。

（2）在截交线已知的正面投影上，标注出棱线 AA_0、BB_0、EE_0 与截平面 P 的交点 F、G、J 的正面投影 f'、g'、j'，标注出截平面 P 与顶面的交线 HI 的正面投影 $h'i'$，HI 是正垂线，它的正面投影积聚成一点，这就标明了截交线五边形 $FGHIJ$ 的正面投影 $f'g'h'i'j'$。

在 aa_0、bb_0、ee_0 上分别标出 f、g、j，由 $h'i'$ 作出 hi，于是就画出了截交线五边形 $FGHIJ$ 的水平投影 $fghij$，也就补全了五棱柱被切割后的水平投影。

由 f'、g'、j' 分别在 $a''a''_0$、$b''b''_0$、$e''e''_0$ 上作出 f''、g''、j''；由于点 I 在顶边侧垂线 ED 上，所以可直接在积聚成一点的 $e''d''$ 上标注出 i''；在顶面的侧面投影上，从 i'' 向前量取水平投影中 h 在 i 前的距离 y_2，就可作出 h''。连 j'' 与 f''、f'' 与 g''、g'' 与 h''，$h''i''$、$i''j''$ 分别积聚在顶面、后棱面的侧面投影上，便画出截交线五边形 $FGHIJ$ 的侧面投影 $f''g''h''i''j''$。因为棱线 AA_0 在点 F 之上的一段已被切割掉，而棱线 CC_0 仍是全部存在的，所以在侧面投影中应将 f'' 以上的粗实线改为细虚线，仅表示侧面投影不可见的棱线 CC_0 的上部的一段；同时还应将 h'' 以前和 g'' 以上的五棱柱被切割掉的侧面投影的外轮廓线擦去或改为细双点画线，也就作出了五棱柱被切割后的侧面投影。

在图 4-17b 中，直接在不画出投影轴的投影图中用不加投影轴的换面法作出了断面五边形 $FGHIJ$ 的真形。当按图 4-17a 于 V、H 两投影面体系中作出了截交线的投影后，就可如图 4-17b 中的红色图形所示，作出断面的真形：

（1）在水平投影中过 f 作断面上正平线的投影，与 hi 相交，并分别作出点 G 和 J 在点 F 之前或后的距离。

（2）过 f'、j'、g' 和 $h'i'$ 分别作 P_V 的垂线。在过 f' 的垂线上的适当地位任取 f_1，过 f_1 作 P_V 的平行线，与其他各条垂线相交。将在水平投影中所反映出的点 J、G、H、I 在点 F 之前或后的距离，分别由垂足量到这些垂线上，在点 F 之前的距离量在过 f_1 的 P_V 的平行线的远离 P_V 一侧，而在点 F 之后的距离则量在靠近 P_V 的另一侧，就可得到点 j_1、g_1、h_1、i_1，然后将点 f_1、g_1、h_1、i_1、j_1 顺次相连，得五边形 $f_1g_1h_1i_1j_1$，即为在 V/H 体系中的正垂面断面 $FGHIJ$ 变换为 V/H_1 体系中的 H_1 面平行面后的 H_1 面投影，反映出断面 $FGHIJ$ 的真形。

二、平面立体的缺口

在形状较为复杂的机件上，有时会见到由几个平面与平面立体切割而形成的具有缺口的平面立体，只要逐个作出各个截平面与平面立体的交线，并画出截平面之间的交线，就可作出具有缺口的平面立体的投影图。

如图 4-18a 中的黑色图形所示，已知一个缺口三棱锥的正面投影，要补全它的水平投影和侧面投影。从正面投影中可见：缺口是由一个水平面和一个正垂面切割三棱锥而形成的，左棱线 SA 有一段被切割掉，在正面投影中画成细双点画线，而在水平投影和侧面投影中，则于未经作图确定 SA 被切割掉的一段棱线的投影之前，暂时先将 sa 和 $s''a''$ 都画成细双点画线。

可以想象：因为水平截平面平行于底面，所以它与前、后棱面的交线 DE、DF 分别平行于底边 AB、AC，正垂截平面分别与前、后棱面相交于直线 GE、GF。由于两个截平面都垂直于正面，所以它们的交线 EF 一定是正垂线。想象的结果如图 4-18a 右下角的立体图所示。画出这些交线的投影，也就画出了这个缺口的投影。

作图过程如图 4-18a 中的红色图形所示：

（1）因为这两个截平面都垂直于正面，所以 $d'e'$、$d'f'$ 和 $g'e'$、$g'f'$ 都分别重合在它们的有积聚性的正面投影上，$e'f'$则位于它们的有积聚性的正面投影的交点处。于是在正面投影中标注出这些交线的投影。

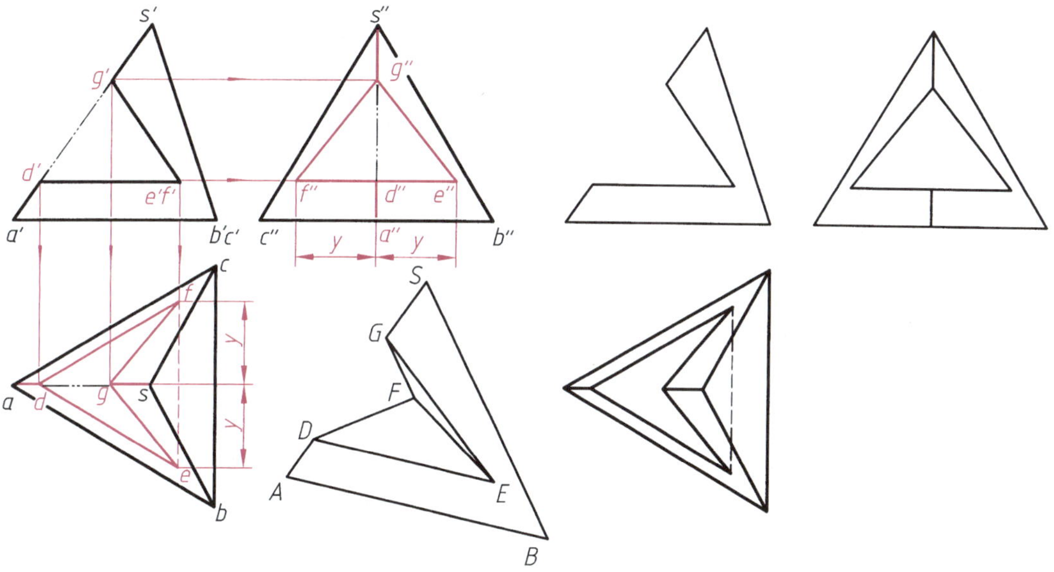

(a) 已知条件，分析和作图过程

(b) 作图结果

图 4-18　补全缺口三棱锥的水平投影和侧面投影

(2) 由 d'在 sa 上作出 d。由 d 作 $de /\!/ ab$、$df /\!/ ac$，再分别由 e'、f'在 de、df 上作出 e、f。由 $d'e'$、de 作出 $d''e''$，由 $d'f'$、df 作出 $d''f''$，它们都重合在水平截平面的积聚成直线的侧面投影上。

(3) 由 g'分别在 sa、$s''a''$上作出 g、g''，并分别与 e、f 和 e''、f''连成 ge、gf 和 $g''e''$、$g''f''$。

(4) 连 e 和 f，由于 ef 被三个棱面 SAB、SBC、SCA 的水平投影所遮而不可见，画成细虚线；$e''f''$则重合在水平截平面的有积聚性的侧面投影上。

(5) 用粗实线加深在棱线 SA 上实际存在的 SG、DA 段的水平投影 sg、da 和侧面投影 $s''g''$、$d''a''$；原来用细双点画线表示的 GD 段的三面投影 $g'd'$、gd、$g''d''$实际上是不存在的，不应画出。

由此就补全了缺口三棱锥的水平投影和侧面投影，作图结果如图 4-18b 所示。

三、两平面立体相贯

两个或多个立体相交（也称为两个或多个立体相贯）形成的形体，称为**相贯体**，立体表面的交线，称为**相贯线**。相贯体是一个整体，将相贯体看作两个或多个立体相交，仅是在对相贯体各部分的形状和相对位置进行分析时的一种假设。

两立体相贯有两平面立体相贯、平面立体与曲面立体相贯、两曲面立体相贯三种情况。由于在§4-1 中已述及本书对曲面立体只着重讲述常见的回转体，所以后两种情况将分别在§4-3、§4-4 中讲述。下面将通过两平面立体相贯的一个例图讲述相贯线、相贯体的投影及其画法。

两平面立体的相贯线通常是一组或两组闭合的空间折线，在特殊情况下可能是不闭合的（例如当两立体具有连在一起的公共的平面表面时），也可能是平面上的闭合折线，即平面多边形（例如一个立体只在另一立体的一个棱面上全部穿进或穿出时）；折线的每一折线段都是两立体各一个平面表面的交线，每一个折点都是一个立体的棱线或底边与另一个立体表面的交点。因此，只要分别作出一个立体的诸平面表面与另一个立体的平面表面的交线，就可连接成两立体的相贯线。

图 4-19 是一个正垂的三棱柱和铅垂的六棱柱相交形成的相贯体、相贯线的三面投影和立体图。在立体图中，用红色的图形和大写字母表示了这个相贯体上的相贯线。

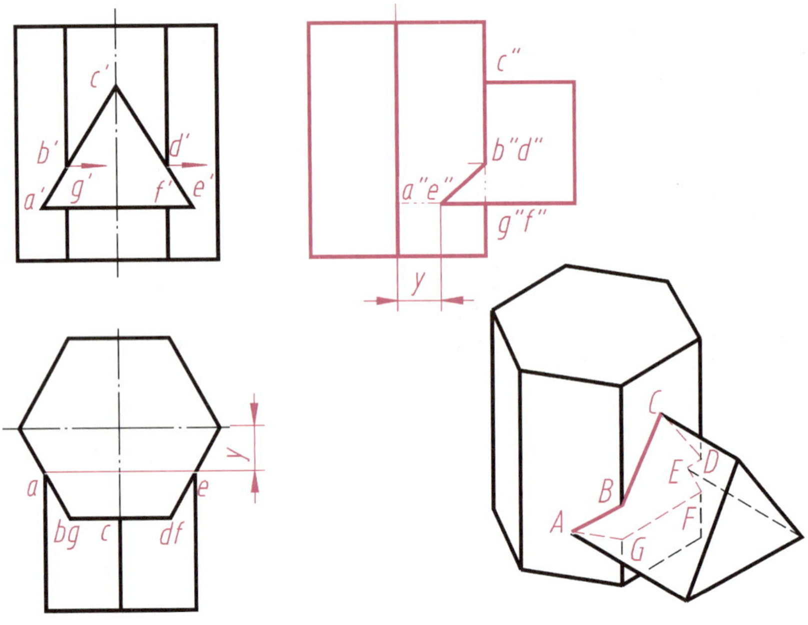

(a) 三面投影

(b) 立体图

图 4-19　两平面立体相交形成的相贯体、相贯线的投影及其画法示例

从图 4-19 中可见：这个相贯体可假设为正垂三棱柱从前方全部穿入铅垂六棱柱，穿入后就不穿出来了，所以这两个立体的表面有一组相贯线，就是顺次将三棱柱的左棱面与六棱柱的左前棱面、前棱面的交线 *AB*、*BC*，三棱柱的右棱面与六棱柱的前棱面、右前棱面的交线 *CD*、*DE*，三棱柱的下棱面与六棱柱的右前、前、左前棱面的交线 *EF*、*FG*、*GA*，连接而成闭合的空间折线 *ABCDEFGA*。

相贯体和相贯线投影的画法是：按铅垂六棱柱和正垂三棱柱的投影图画法和它们之间的相对位置（它们有共同的左右对称面，三棱柱下棱面在六棱柱底面之上的距离，三棱柱端面在六棱柱前棱面之前的距离），先用黑色图形画出这两个棱柱的正面投影和水平投影，再用红色图形按正面投影和侧面投影位于水平的投影连线上，且保持前后方向的宽度相等和前后对应，由已作出的正面投影和水平投影画出这两个棱柱的侧面投影。然后，用红色图形讲述和作出两立体的相贯线。最后，确定在画相贯体和相贯线过程中，前阶段未能完全确定的暂时先用细双点画线表达的棱线的部分投影，从而完成这个相贯体的投影图。读者应该注意的是：由于相贯体是一个整体，看作两个立体相交，仅是一种假设，所以不应画出一个立体穿入另一立体内部的轮廓线，只要想到很多机械零件都是用熔化后的钢铁浇铸成毛坯后，再经机械加工而形成的，是一个整体，不是两个立体相交，因而若一立体的轮廓线穿入或穿出另一立体，只能画到穿入或穿出的贯穿点为止，即只能画到相贯线的折点为止，实际上一立体穿入另一立体内的轮廓线是不存在的，所以在作相贯线和相贯体投影前画出的两立体的投影图中，每个立体的轮廓线能确定穿入或穿出另一立体的贯穿点时，就画到贯穿点为止，不画穿进另一立体内部的轮廓线；不能确定时，暂先画成用细双点画线表示的假想投影线，待作出相贯线后，完成相贯体的投影图时，再明确应画出哪些轮廓线的投影，擦去或仍保留表示实际上不存在的穿入另一立体内部的细双点画线假想投影，于是在图 4-19a 的侧面投影中，在六棱柱的互相重合的左前、右前棱线于三棱柱的下棱线之上，分别保留了一小段用细双点画线表示的实际上不存在的穿入三棱柱内部的重合的棱线段的假想投影 $b''g''$ 和 $d''f''$，三棱柱的左下和右下棱线相互重合的侧面投影也在六棱柱前棱面之后，用细双点画线先画出比实际存在的更长一些的假想投影，其他各处的棱线的投影都是按相贯体的实际情况画出的。

如图 4-19a 所示，当画出了正垂三棱柱和铅垂六棱柱的三面投影后，由于三棱柱的三个棱面的正面投影都有积聚性，六棱柱的左前、前、右前棱面的水平投影也都有积聚性，且按上述对相贯线的分析，相贯线就位于这些棱面上，便可先在正面投影中按分析的顺序，于三棱柱的左、右、下棱面的有积聚性的正面投影上标注出相贯线诸折线段 AB 和 BC、CD 和 DE、EF 和 FG 及 GA 的正面投影 $a'b'$ 和 $b'c'$、$c'd'$ 和 $d'e'$、$e'f'$ 和 $f'g'$ 及 $g'a'$，再按相贯线各折线段的正面投影，在六棱柱的左前、前、右前棱面的有积聚性的水平投影上标注出相贯线诸折线段 AB 和 GA、BC 和 CD 及 FG、DE 和 EF 的水平投影 ab 和 ga、bc 和 cd 及 fg、de 和 ef，然后由 $a'b'$ 和 ab、$b'c'$ 和 bc、$c'd'$ 和 cd、$d'e'$ 和 de、$e'f'$ 和 ef、$f'g'$ 和 fg、$g'a'$ 和 ga 分别按投影关系作出 $a''b''$、$b''c''$、$c''d''$、$d''e''$、$e''f''$、$f''g''$、$g''a''$，由于相贯线和相贯体都左右对称，所以侧面投影可见的 $a''b''$ 与不可见的 $e''d''$ 互相重合，$b''c''$ 与 $d''c''$、$g''a''$ 与 $f''e''$ 分别积聚于六棱柱前棱面、三棱柱下棱面的有积聚性的、可见的侧面投影上，也都分别互相重合，都画粗实线，又由于三棱柱的下棱面是水平面，六棱柱的前棱面是正平面，它们的交线 GF 是侧垂线，GF 的侧面投影积聚成一点 $g''f''$。于是就全部画出了相贯线的三面投影。

仍如图 4-19a 所示，当作出了相贯线的三面投影后，必须从相贯体是一个整体出发，进一步审核在准确作出相贯线的三面投影前未知相贯体轮廓线投影端点（即假设的一立体的轮廓线与另一立体的贯穿点）的准确位置而暂先画成细双点画线假想投影之处，准确画出后，擦掉多余的细双点画线，例如图中三棱柱的左下、右下棱线应分别画到它们与六棱柱的贯穿点 A、E 为止，由于相贯体左右对称，所以左下棱线可见的侧面投影与右下棱线不可见的侧面投影互相重合，应画粗实线，只画到互相重合的贯穿点 A、E 的侧面投影 a''、e'' 为止，擦去多余的细双点画线，但也可以如图中所示，仍保留不属这两条轮廓线侧面投影的这段作图过程中的细双点画线假想投影。同理，六棱柱的互相重合的左前棱线可见的侧面投影和右前棱线不可见的侧面投影，应画粗实线，并应从上向下画到左前、右前棱线与三棱柱的贯穿点 B、D 的互相重合的侧面投影 b''、d'' 为止，从下到上画到左前、右前棱线与三棱柱的贯穿点 G、F 的互相重合的侧面投影 g''、f'' 为止，中间的一段作图过程中所作的细双点画线假想投影应擦去，但也可如图中所示，仍保留不属于这两条轮廓线侧面投影的这段细双点画线假想投影。于是就作出了这个相贯体的三面投影。在机械制图中画相贯线和相贯体时，最后多余的用细点画线表示的假想投影线都应擦去，这里讲也可保留，是为了便于讲解和读者便于图文对照和前后联系阅读。

读者由上面这个例图可以联想到：如果正垂三棱柱穿入铅垂六棱柱后又从六棱柱后方穿出，则后面又产生一组与前面一组相贯线相前后对称的相贯线，共产生两组相贯线。若两立体相交时，不是一个立体全部穿入另一立体或穿进后又全部穿出来，而仅是一个立体的一部分与另一立体的一部分相交，则这个相贯体只有一组相贯线。

四、平面立体的穿孔

如前所述，若假设图 4-19 所示的三棱柱从前面穿入六棱柱后，又从后面穿出，就会产生前后对称的两组相贯线，后面的这组相贯线的作法与前面的相贯线相同，若再假设将这个相贯体中的从前穿入、从后穿出的整个三棱柱抽掉，就形成了图 4-20 所示的一个具有三棱柱穿孔的六棱柱，像这种具有穿孔的立体有时在机件中也会见到。这个穿孔立体前后对称，左右对称，前孔口与后孔口也前后对称。与图 4-19 相对照，读者会发现图 4-20 所示的穿孔立体的前孔口 *ABCDEFGA* 就是图 4-19 所示的相贯体表面上的相贯线 *ABCDEFGA*，可用图 4-19 中求作相贯线的分析和作图方法作出，于是再同样地作出与前孔口 *ABCDEFGA* 前后对称的后孔口 $A_0B_0C_0D_0E_0F_0G_0A_0$。读者应想到：画这个穿孔六棱柱的投影图时，还须画出三棱柱孔的孔壁之间的交线的投影。

如图 4-20a 中的黑色图形所示，已知一个具有正垂的三棱柱穿孔的正六棱柱的正面投影和六棱柱未穿孔时的水平投影正六边形，补全这个穿孔六棱柱的水平投影，作出它的侧面投影。

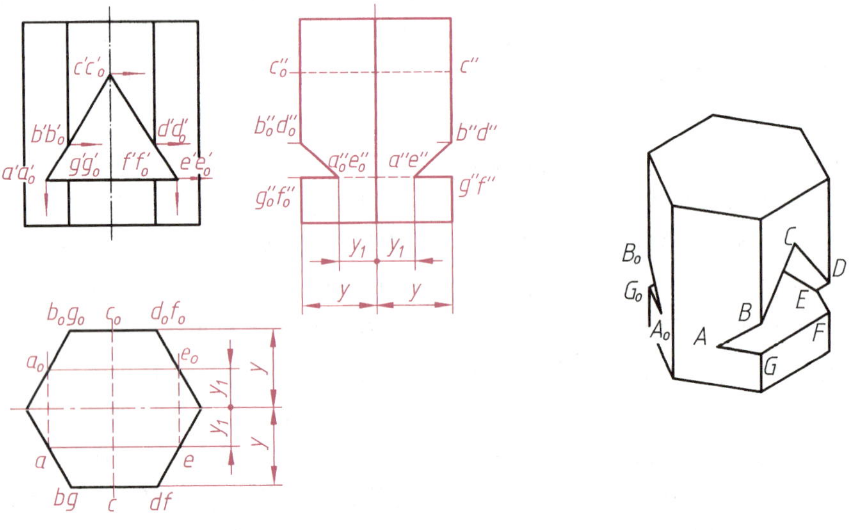

(a) 补全水平投影，作侧面投影　　(b) 立体图

图 4-20　补全穿孔六棱柱的水平投影，作出它的侧面投影

从已知的正面投影以及未穿孔时六棱柱的水平投影可以看出：这个穿孔六棱柱左右、前后都对称；前孔口是三棱柱孔的三个棱面与六棱柱左前、前、右前棱面的交线，而后孔口则是三棱柱孔的三个棱面与六棱柱左后、后、右后棱面的交线，前、后孔口的正面投影都重合在三棱柱孔的三个棱面的有积聚性的正面投影上，就是这个三棱柱孔的正面投影三角形，而三角形的顶点是三棱柱孔的棱面（孔壁）的交线的有积聚性的正面投影，也就是三棱柱孔的棱线的正面投影。想象出的形状如图 4-20b 所示。由正面投影作出三棱柱孔的三条棱线的水平投影，并补画这个穿孔六棱

柱左右、前后的对称线(细点画线),就能补全这个穿孔六棱柱的水平投影。最后,由穿孔六棱柱的正面投影和水平投影可以作出它的侧面投影。

作图过程如图 4-20a 中的红色图形所示:

(1) 在正面投影中标注出前孔口 $ABCDEFGA$ 的投影 $a'b'c'd'e'f'g'a'$ 和后孔口 $A_0B_0C_0D_0E_0F_0G_0A_0$ 的投影 $a_0'b_0'c_0'd_0'e_0'f_0'g_0'a_0'$,它们互相重合。三棱柱孔的三条正垂棱线 AA_0、CC_0、EE_0 的正面投影即为 $a'a_0'$、$c'c_0'$、$e'e_0'$,它们分别积聚成一点。

(2) 由于前孔口在水平投影中积聚在六棱柱的左前、前、右前这三个棱面的有积聚性的投影上,后孔口同样也积聚在左后、后、右后棱面的投影上,所以由前、后孔口的正面投影就可标注出它们的水平投影 $abcdefga$ 和 $a_0b_0c_0d_0e_0f_0g_0a_0$。分别连 a 与 a_0、c 与 c_0、e 与 e_0,aa_0、cc_0、ee_0 即为三棱柱孔的三条棱线 AA_0、CC_0、EE_0 的水平投影,由于它们都被六棱柱的顶面所遮,都画成细虚线。最后,在水平投影中用细点画线补画这个穿孔六棱柱的前后、左右对称线,其中左右对称线与三棱柱孔的上棱线的水平投影细虚线相重合,按细点画线与细虚线重合时应画细虚线的规定画细虚线,左右对称线只画出了前、后两端稍出头一点的细实线。于是就补全了穿孔六棱柱的水平投影。

(3) 在已知正面投影右侧的适当地位处作竖直线,按正面投影和侧面投影之间的投影连线应为水平线,作出互相重合的六棱柱的左、右棱线的侧面投影和前后对称线,按细点画线与粗线重合时应画粗实线的规定,这条前后对称线只画出了上、下端稍出头一点的细实线;然后就可按不画出投影轴的投影图的绘图原则,先画出六棱柱的侧面投影(穿孔后已不存在的左前、右前、左后、右后棱线的 BG、DF、B_0G_0、D_0F_0 诸段的侧面投影就不再画出);再按前、后孔口的正面投影和水平投影作出和标注出它们的侧面投影;由正面投影可作出三棱柱孔的三条棱线 AA_0、CC_0、EE_0 的侧面投影 $a''a_0''$、$c''c_0''$、$e''e_0''$,$a''a_0''$与 $e''e_0''$互相重合,由于这些棱线的侧面投影都不可见,都画细虚线。于是就作出了这个穿孔六棱柱的侧面投影。

§4-3 平面与回转体表面相交

在一些零件上,常常见到平面与回转体表面相交,如图 4-21a 中触头的端部和图 4-21b 中接头的槽口和凸榫。

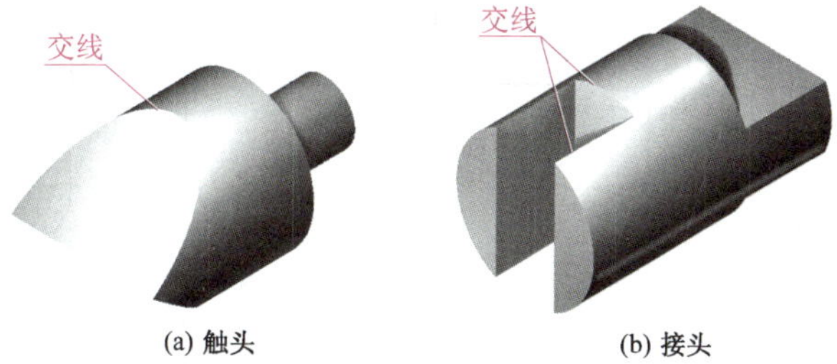

(a) 触头　　(b) 接头

图 4-21　平面与回转体表面相交示例

曲面立体的截交线通常是一条封闭的平面曲线,也可能是由截平面上的曲线和直线所围成的平面图形或多边形。截交线的形状与曲面立体的几何性质及其与截平面的相对位置有关。

截交线是截平面和曲面立体表面的共有线，截交线上的点也都是它们的共有点。当截平面为特殊位置平面时，截交线的投影就积聚在截平面的有积聚性的同面投影上，可用在曲面立体表面上取线和点的方法作截交线。

截交线上有一些能确定截交线的形状和范围的特殊点，包括曲面投影的转向轮廓线上的点，截交线在对称轴上的顶点，椭圆长短轴的端点，以及最高、最低、最左、最右、最前、最后点等，其他的点是一般点。求作曲面立体的截交线时，在可能和方便的情况下，通常先作出这些特殊点，然后按需要再作一些一般点，最后连成截交线的投影，并表明可见性。

下面介绍一些由特殊位置平面与常见的回转体表面相交而形成的截交线、缺口，以及平面立体与回转体相交而形成的相贯线、相贯体的画法，并联想到具有孔壁全部为平面的穿孔回转体的投影图的画法。

一、平面与圆柱相交

平面与圆柱面的交线有三种情况，见表 4-1。

表 4-1　平面与圆柱面的交线

立体图	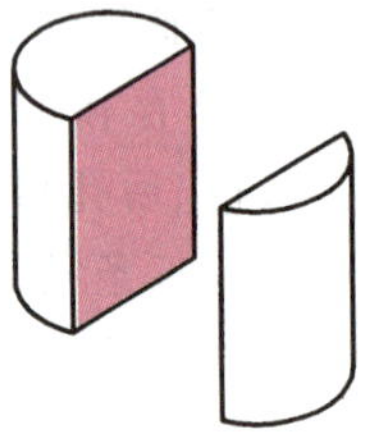	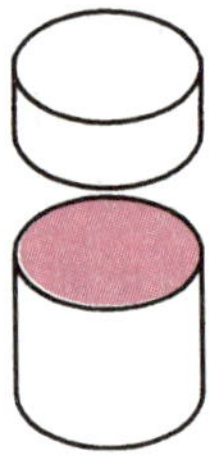	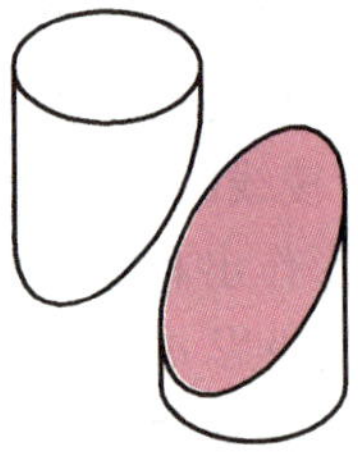
投影图	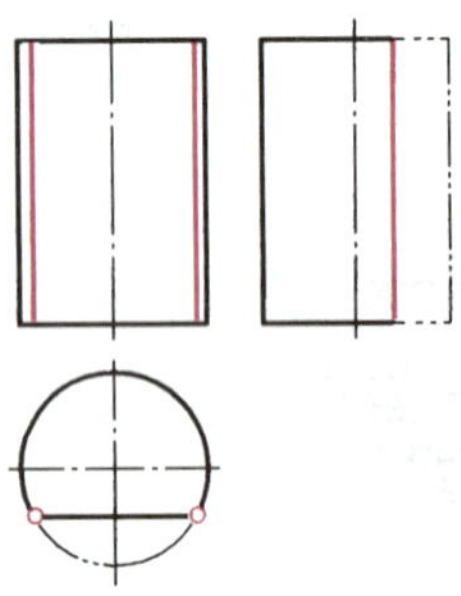	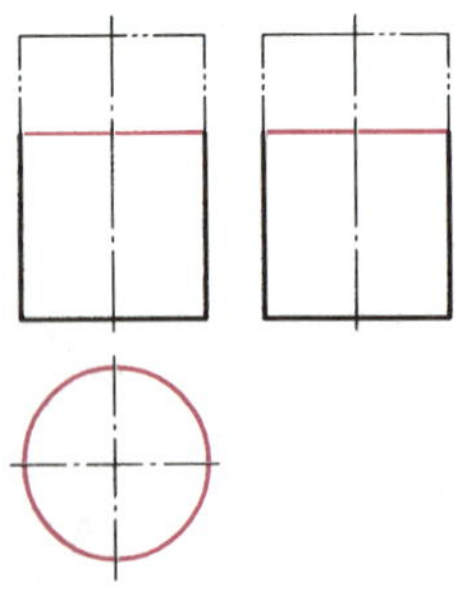	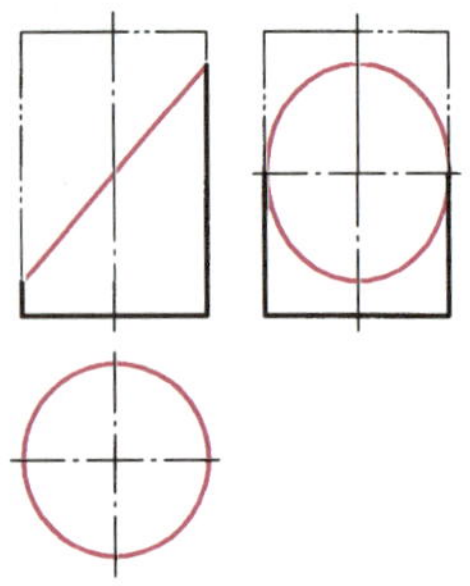
交线情况	截平面平行于轴线，交线为平行于轴线的两条直线。	截平面垂直于轴线，交线为圆。	截平面倾斜于轴线，交线为椭圆。

从表 4-1 可以看出：当截平面与圆柱（体）相交时，若截平面平行于柱轴，则与顶面、底面分别交得一段直线，与圆柱面上的两段直线交线围成矩形截交线；截平面垂直于柱轴，截交线为垂直于柱轴的圆；截平面倾斜于柱轴，若截平面只截到圆柱面，截交线是椭圆，若截平面既截到圆柱面，又截到顶面和底面，截交线由两段直线和两段椭圆弧所围成，若截平面既截到圆柱面，又只截到顶面或底面之一时，则截交线由一段直线和一段椭圆弧所围成。

【例 4-3】 如图 4-22 中的黑色图形所示，补全触头上截交线的水平投影。

【解】 先分析触头及其截交线的情况。从图中的已知条件可以看出，触头的轴线是侧垂线，由一个大圆柱和一个小圆柱所组成。大圆柱左端被上下对称的两个相交的正垂面所截，这两个截平面与大圆柱的左端面共同交于一条垂直于正面的直径，因而这条直径同时位于这两个截平面截切圆柱所得的截交线上，它与这两个截平面与大圆柱面的交线椭圆弧，分别围成这两个截平面与大圆柱的截交线。实际上这个触头就是图 4-21a 所示的触头。

因为截平面倾斜于轴线，与圆柱面的交线是上下对称的半椭圆：正面投影分别重合在截平面的有积聚性的正面投影上；侧面投影分别重合在大圆柱面的有积聚性的侧面投影上；水平投影分别仍为半椭圆，因为上下对称，投影互相重合，而这两个截平面与大圆柱左端面的共同的交线在图中已显示，所以只要作出上面的半椭圆就可以了。

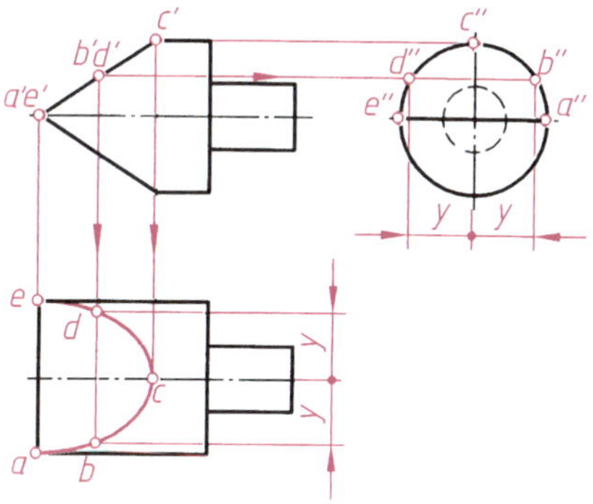

图 4-22　补全触头上截交线的水平投影

作图过程如图 4-22 中的红色图形所示：

（1）标注出两截平面与圆柱左端面的共同交线 AE 的三面投影符号，因为 AE 是圆柱的上下对称面上的一条直径，所以就是截交线半椭圆的短轴，半长轴就在前后对称面上，半长轴的端点 C 即为截交线上的最高点，由此标出 c'、c''，并由 c' 在圆柱面的最高素线的水平投影上作出 c。

（2）为了能光滑地连出截交线的水平投影，可在截交线上选取一些一般点，如在截交线上取对正面投影的重影点 B、D：先在截交线的正面投影上取重影点 b'、d'，由 b'、d' 在截交线的侧面投影上作出 b''、d''，再分别由 b'、b'' 和 d'、d'' 作出 b 和 d。

（3）顺序连接 a、b、c、d、e，就可补全截交线的水平投影。

【例 4-4】 如图 4-23a 中的黑色图形所示，补全接头的正面投影和水平投影。

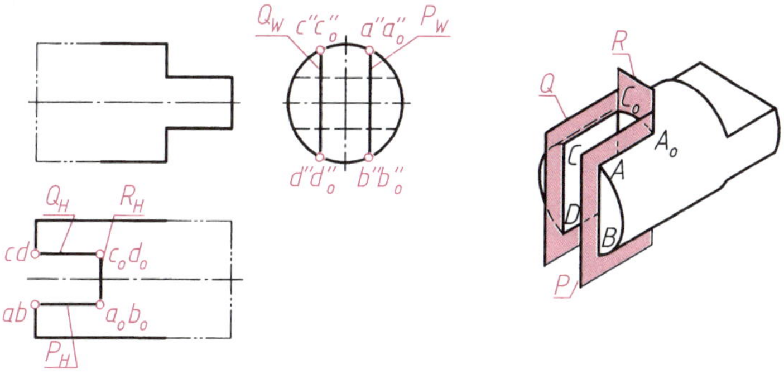

(a) 已知条件和初步分析　　(b) 立体图

图 4-23　补全接头的正面投影和水平投影

【解】 先分析怎样形成这个接头形体。根据图 4-23a 中的已知条件，可以将接头左端的槽口看作由两个平行于侧垂圆柱轴线的正平面 P、Q 和一个垂直于圆柱轴线的侧平面 R 切割圆柱而形成的缺口，截平面和圆柱表面的交线以及两截平面间的交线的初步分析如图 4-23a投影图和图 4-23b 立体图中套红的标注和图形所示。要在图中细双点画线所画的范围内，画出接头左端的正面投影；并请读者自行分析右端的凸榫（相当于用两个水平面和一个侧平面在圆柱的右上和右下各截切出一个缺口），也要在图中细双点画线所画的范围内，画出接头右端的水平投影。

对照图 4-23 继续进行分析和作图，作图过程如图 4-24 中的红色图形所示：

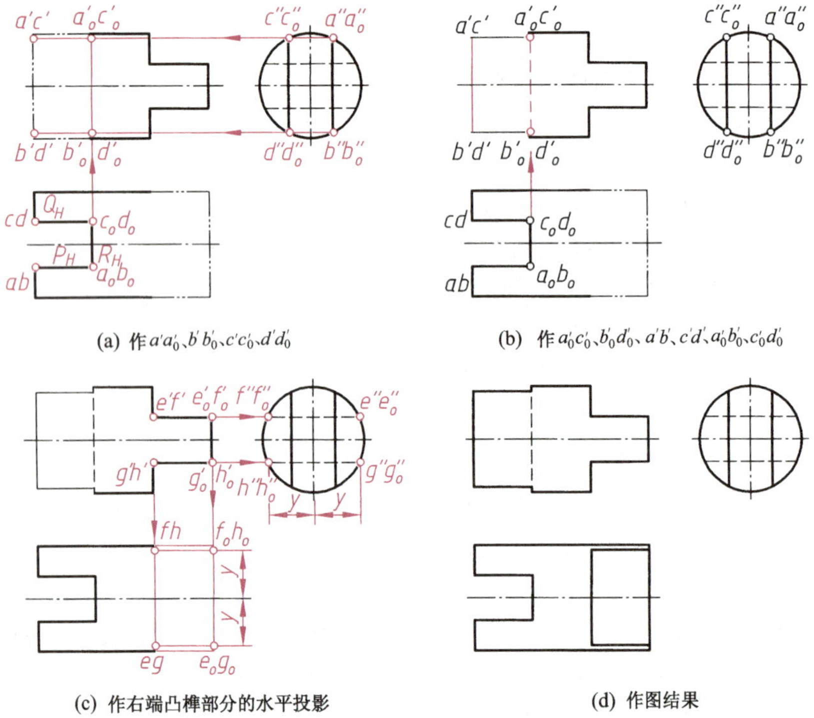

(a) 作 $a'a_0'$、$b'b_0'$、$c'c_0'$、$d'd_0'$　(b) 作 $a_0'c_0'$、$b_0'd_0'$、$a'b'$、$c'd'$、$a_0'b_0'$、$c_0'd_0'$

(c) 作右端凸榫部分的水平投影　(d) 作图结果

图 4-24　补全接头的正面投影与水平投影

（1）截平面 P、Q 与圆柱面的交线是四条侧垂线 AA_0、BB_0、CC_0、DD_0。它们的侧面投影 $a''a_0''$、$b''b_0''$、$c''c_0''$、$d''d_0''$分别积聚成点，位于圆柱面的有积聚性的侧面投影上；水平投影 aa_0、bb_0 重合在 P_H 上，cc_0、dd_0 重合在 Q_H 上。在图 4-24a 中标注出 $a''a_0''$、$b''b_0''$、$c''c_0''$、$d''d_0''$和 aa_0、bb_0、cc_0、dd_0，并由它们作出 $a'a_0'$、$b'b_0'$、$c'c_0'$、$d'd_0'$。由于前后对称，$a'a_0'$与 $c'c_0'$、$b'b_0'$与 $d'd_0'$分别相互重合。

（2）截平面 R 与圆柱面的交线是两段平行于侧面的圆弧$\overset{\frown}{A_0C_0}$、$\overset{\frown}{B_0D_0}$。它们的侧面投影$\overset{\frown}{a_0''c_0''}$、$\overset{\frown}{b_0''d_0''}$反映真形，分别重合在圆柱面有积聚性的侧面投影上；水平投影 a_0c_0、b_0d_0 重合在 R_H 上。于是就可在图 4-24b 中，由$\overset{\frown}{a_0''c_0''}$、$\overset{\frown}{b_0''d_0''}$和 a_0c_0、b_0d_0 作出 $a_0'c_0'$、$b_0'd_0'$，分别是位于 a_0'、c_0'之上和 b_0'、d_0'之下的前后投影重合的一小段竖直线。

在图 4-24b 中，连 a'和 b'、c'和 d'，得互相重合的 $a'b'$和 $c'd'$，是截平面 P、Q 与左端面的交线

的投影，也就是切割后的左端面的正面投影；连 a'_0 和 b'_0、c'_0 和 d'_0，得互相重合的 $a'_0b'_0$ 和 $c'_0d'_0$，是截平面 P、Q 与 R 的交线的投影，因被圆柱面所遮而不可见，画成细虚线。读者应该注意：截平面之间的交线在作图过程中不要遗漏。

（3）接头右端的凸榫可看作由水平面和侧平面切割圆柱而形成的，作法与左端槽口相类似，见图 4-24c，请读者自行阅读理解。

作图结果见图 4-24d。

【例 4-5】 如图 4-25a 中的黑色图形所示，补全具有三棱柱通孔的圆柱被水平面和正垂面切割掉左上部分后的侧面投影，画出被切割后的水平投影。

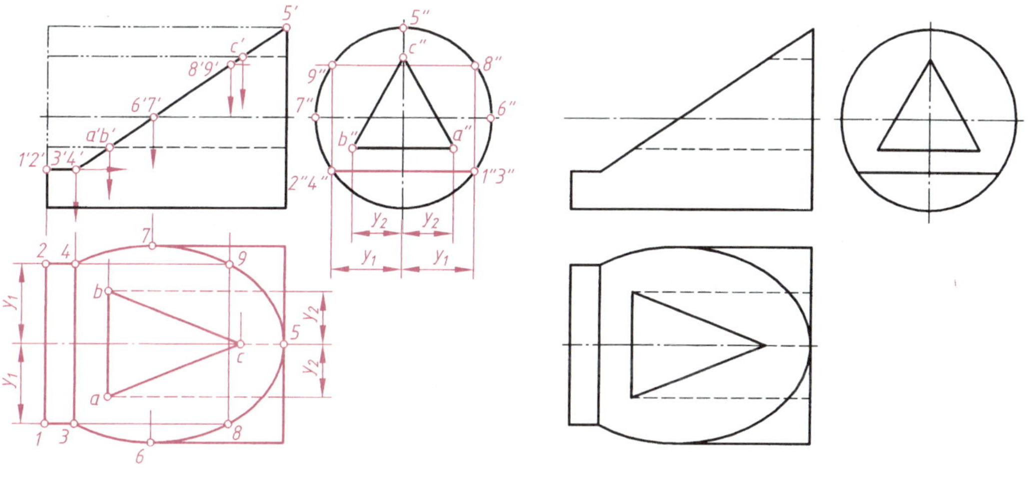

(a) 已知条件和作图过程　　　　(b) 作图结果

图 4-25　补全具有三棱柱通孔的圆柱被切割后的侧面投影，作水平投影

【解】 从已知条件可知：在正面投影中已将被切割掉的部分画成细双点画线，正面投影已表达完整。由于圆柱面上的交线和三棱柱孔壁面上的交线的侧面投影，都分别重合在圆柱面和三棱柱孔壁的有积聚性的侧面投影上，只要补全左端面上的交线；而两截平面交线的侧面投影就重合在左端面上的交线的侧面投影上，也就是水平截平面截得的这个穿孔圆柱的局部断面的有积聚性的侧面投影。当补全了穿孔圆柱被切割后的侧面投影之后，就可以根据这个具有三棱柱通孔的圆柱被切割后的正面投影和侧面投影，作出它的水平投影。显然，这个立体是前后对称的。

通过上述分析便可逐步解题，作图过程如图 4-25a 中的红色图形所示：

（1）在正面投影中标出投影符号

标注出水平截平面与左端面的截交线 Ⅰ Ⅱ 的正面投影 $1'2'$；水平截平面与圆柱面的交线 Ⅰ Ⅲ、Ⅱ Ⅳ 的正面投影 $1'3'$、$2'4'$，Ⅰ Ⅲ、Ⅱ Ⅳ 分别是圆柱面上的素线，$1'3'$ 与 $2'4'$ 互相重合；正垂截平面与前、后圆柱面的交线 Ⅲ Ⅴ Ⅳ 是圆柱面上的一段椭圆弧，$3'5'$ 与 $4'5'$ 互相重合；$3'4'$ 就是两个截平面的交线 Ⅲ Ⅳ 的正面投影，而 $5'$ 则是正垂截平面与右端面以及圆柱面的最高素线的交点 Ⅴ 的正面投影。同时也注出三棱柱孔的前下、后下、上棱线与正垂截平面的交点 A、B、C 的正面投影 a'、b'、c'，a' 与 b' 互相重合，积聚在正垂截平面的有积聚性的正面投影上的直线 $a'b'c'$，也就是正垂截平面与三棱柱孔壁的交线△*ABC* 的正面投影。

（2）补全侧面投影

由 $1'3'$、$2'4'$ 在圆柱面的有积聚性的侧面投影上作出 $1''3''$ 和 $2''4''$，分别积聚成一点；连 $1''$ 与 $2''$、$3''$ 与 $4''$，得互相重合的 $1''2''$ 和 $3''4''$，实际上就是水平截平面截得的圆柱的局部断面的有积聚性的投影。由 $5'$ 作出 $5''$；在圆柱面的有积聚性的侧面投影上的 $\overset{\frown}{3''5''4''}$ 就是正垂截平面与圆柱面的交线椭圆弧ⅢⅤⅣ的投影，$3''4''$ 和 $\overset{\frown}{3''5''4''}$ 就是正垂截平面截得的圆柱的局部断面的外轮廓线的侧面投影。标注出三棱柱孔的前下、后下、上棱线与正垂截平面的交点 *A*、*B*、*C* 的侧面投影 a''、b''、c''，$\triangle a''b''c''$ 就是正垂截平面与三棱柱孔壁的截交线△*ABC* 的侧面投影，重合在三棱柱孔壁的有积聚性的侧面投影上。于是补全了这个具有三棱柱通孔的圆柱被切割后的侧面投影。

（3）作水平投影

首先在适当位置作出圆柱轴线的水平投影，也就是这个具有三棱柱通孔的圆柱被切割后的立体的前后对称面的水平投影。按照点在三面投影中的投影特性，由 $1'$、$2'$、$3'$、$4'$ 和 $1''$、$2''$、$3''$、$4''$，以及这些点与圆柱轴线（也是与前后对称面）的前后距离 y_1，作出 1、2、3、4，连成水平截平面截得的圆柱的局部断面的水平投影▭1243；由 $5'$、$5''$ 作出 5；在正垂截平面与圆柱面的截交线上取位于最前、最后素线上的点Ⅵ、Ⅶ，注出它们的正面投影 $6'$、$7'$ 和侧面投影 $6''$、$7''$，$6'$ 与 $7'$ 互相重合，由 $6'$、$7'$ 在最前、最后素线的水平投影上作出 6、7，为了比较准确地连出正垂截平面与圆柱面的交线椭圆弧的水平投影，在已作出的交线上的点的稀疏处再取一般点，图中由于考虑作图方便，分别取与点Ⅲ、Ⅳ对前后对称面的距离 y_1 相同的点Ⅷ、Ⅸ，先取 $8''$、$9''$，由 $8''$、$9''$ 作出 $8'$、$9'$，再由 $8'$、$9'$ 和 $8''$、$9''$ 作出 8、9，分别顺次连接 3、6、8、5、9、7、4，就比较准确地作出了正垂截平面与前、后圆柱面的交线椭圆弧ⅢⅥⅧⅤⅨⅦⅣ的水平投影 3685974，34 和 3685974 是正垂截平面截得的圆柱的局部断面的外轮廓线的水平投影；由 a'、b'、c' 和 a''、b''、c''，以及点 *A*、*B* 与前后对称面的距离 y_2，作出 *a*、*b*、*c*，连成正垂截平面与三棱柱孔壁的交线△*ABC* 的水平投影△*abc*。从正面投影中可见，在点Ⅵ之右的圆柱前素线和在点Ⅶ之右的圆柱后素线于切割后仍是存在的，于是作出这两段素线的水平投影，并补全被切割后的右端面的水平投影，也就作出了圆柱被切割后的水平投影；同时，从正面投影中也可看出，在点 *A*、*B*、*C* 之右的三棱柱孔的棱线也仍是存在的，于是作出这三段棱线的水平投影，就作出了三棱柱孔被切割后的水平投影，至此就完成了这个具有三棱柱通孔的圆柱被切割后的水平投影的全部作图。

由于在补全和作出的所有图线中，只有三棱柱孔的三条棱线的水平投影不可见应画成细虚线外，其余图线的投影都是可见的，或不可见图线的投影重合在可见图线的同面投影上，所以都画成粗实线。

作图结果如图 4-25b 所示。

二、平面与圆锥相交

平面与圆锥面的交线有五种情况，见表 4-2。

表 4-2　平面与圆锥面的交线

立体图	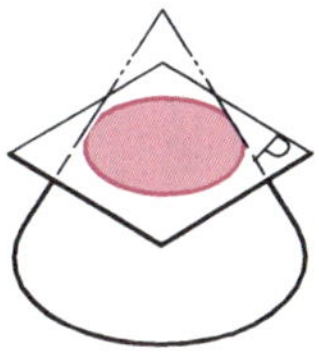	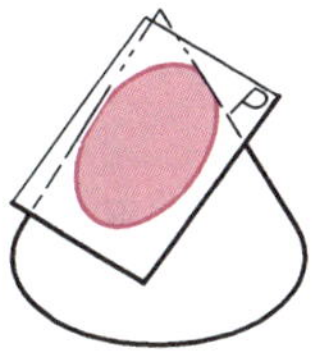	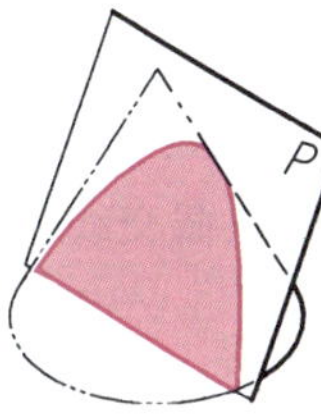	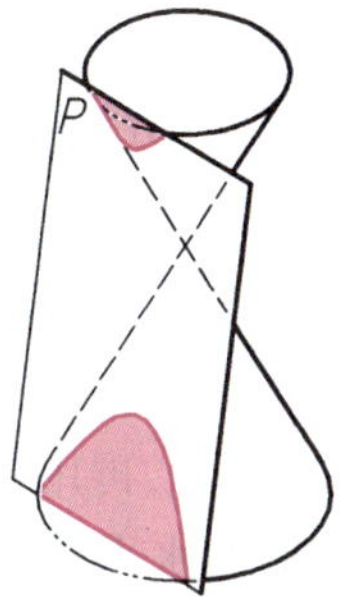	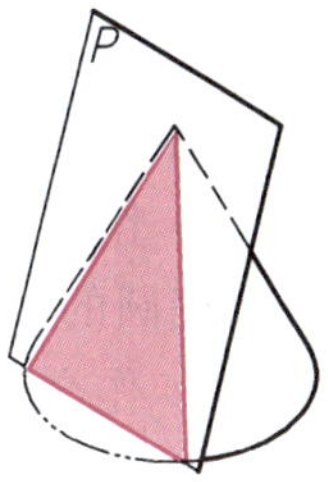
投影图	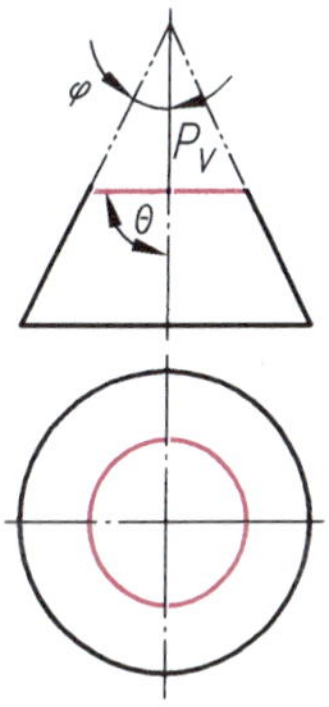	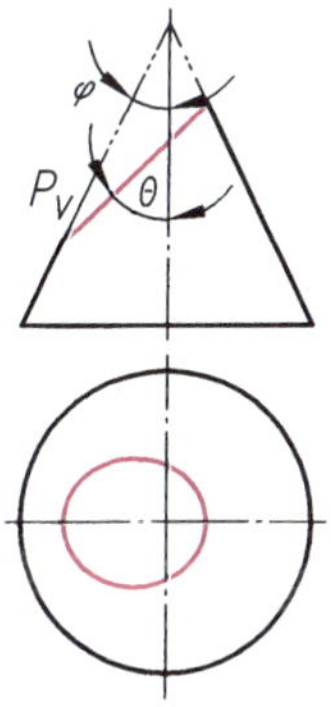	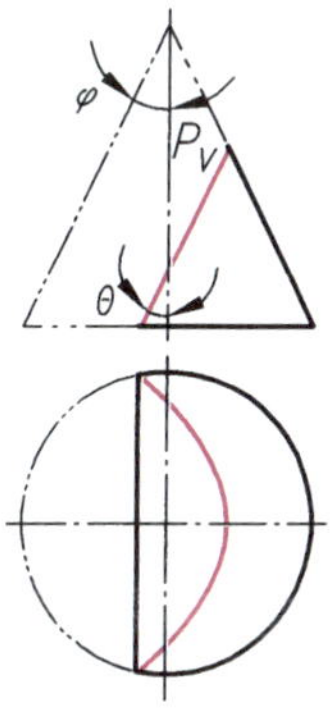	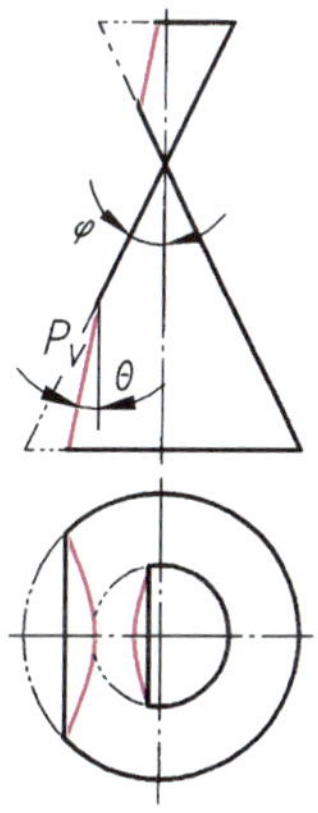	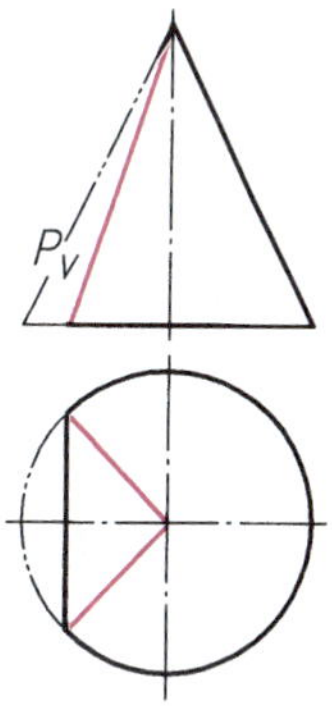
交线情况	截平面垂直于轴线（$\theta=90°$），交线为圆。	截平面倾斜于轴线，且 $\theta>\varphi$，交线为椭圆。	截平面倾斜于轴线，且 $\theta=\varphi$，交线为抛物线。	截平面倾斜于轴线，且 $\theta<\varphi$，或平行于轴线（$\theta=0°$），交线为双曲线。	截平面通过锥顶，交线为通过锥顶的两条相交直线。

从表 4-2 可以看出：当截平面与圆锥（体）相交时，若截平面垂直于锥轴，截交线为垂直于锥轴的圆。若截平面倾斜于锥轴：$\theta>\varphi$，未截到底圆，截交线为椭圆，截到底圆，截交线为椭圆弧和直线段；$\theta=\varphi$，截交线为抛物线段和直线段；$\theta<\varphi$，截交线为双曲线段和直线段。若截平面通过锥顶，截交线为三角形。

【例 4-6】 如图 4-26a 中的黑色图形所示，圆锥被正平面 P 切割掉前面用细双点画线表示的一部分，补出正平面 P 与圆锥面的交线的正面投影。图 4-26b 是这种交线的实例——螺母的倒角曲线。

【解】 先分析截交线：如图 4-26a 所示，截平面 P 与圆锥面的轴线平行，交线是双曲线的一叶，它的水平投影重合在 P_H 上，正面投影反映真形，左右对称。通

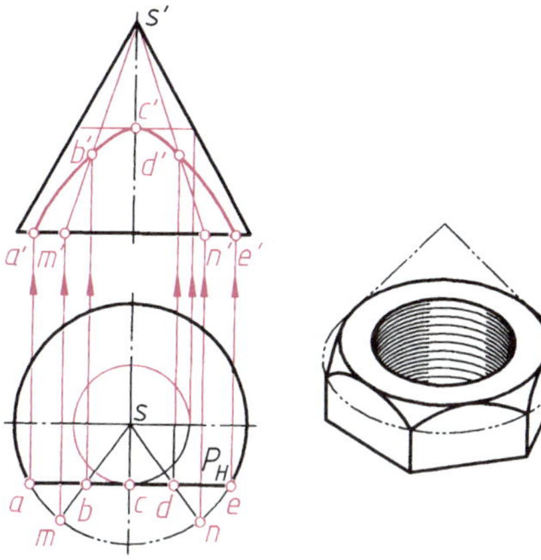

(a) 已知条件和作图过程　(b) 实例—螺母

图 4-26　补出平面与圆锥面的交线的正面投影

过分析可知，问题可归结为已知圆锥面上一段双曲线的水平投影，求作它的正面投影。截平面 P 与圆锥底面的交线是侧垂线，它的正面投影重合在底面具有积聚性的正面投影上，它的水平投影重合在截平面具有积聚性的水平迹线 P_H 上，因此，都不必求作。

作图过程如图 4-26a 中的红色图形所示：

(1) 作圆锥面交线上的最低点 A、E：在截交线与底圆周的水平投影的相交处，定出 a、e；再由 a、e 在底圆的正面投影上作出 a'、e'。

(2) 作交线上的最高点 C：在交线水平投影的中点处，定出交线的最高点 C（双曲线在对称轴上的顶点）的水平投影 c，再用在圆锥面上通过点 C 的水平纬圆作为辅助线作出 c'。亦即通过 c 作这个纬圆反映真形的水平投影，利用纬圆与最右素线的交点的水平投影，在最右素线的正面投影上作出这个交点的正面投影，从而作出纬圆的正面投影，并由 c 在其上作出 c'。

(3) 在截交线的适当位置上作两个一般点 B、D：在截交线的水平投影上取交线上的两个点 B、D 的投影 b、d，连 s、b 和 s、d，延长 sb、sd，与底圆的水平投影分别交于 m、n，则 B、D 是素线 SM、SN 上的点。由 m、n 作出 m'、n'，并与 s' 连成 $s'm'$、$s'n'$，就可由 b、d 分别在 $s'm'$、$s'n'$ 上作出 b'、d'。

(4) 按交线水平投影的顺序，将 a'、b'、c'、d'、e' 顺次连成所求交线的正面投影 $a'b'c'd'e'$。从图 4-26a 的水平投影可以看出，$a'b'c'd'e'$ 是可见的，所以应画成粗实线。

【例 4-7】 如图 4-27 中的黑色图形所示，圆锥被正垂面 P 截去左上端，被切割掉的圆锥的正面投影用细双点画线画出，作出截交线的水平投影和断面真形，并作出圆锥被切割后的侧面投影。

【解】 先分析截交线：因为截平面 P 倾斜于圆锥的轴线，且 $\theta>\varphi$，所以由表 4-2 可知，截交线是椭圆，其正面投影成一直线，重合在 P_V 上。

由于圆锥前后对称，所以正垂面 P 与它的截交线也是前后对称，断面椭圆的长轴是截平面 P 与圆锥的前后对称面的交线（正平线），端点在最左、最右素线上；而短轴则是通过长轴中点的正垂线。求出断面椭圆的水平投影后，可用图 4-17b 中所述的不画出投影轴的换面法，以正平线长轴为基准，量取断面上诸正垂线弦的真长，即可在 V/H_1 体系中作出断面的真形。

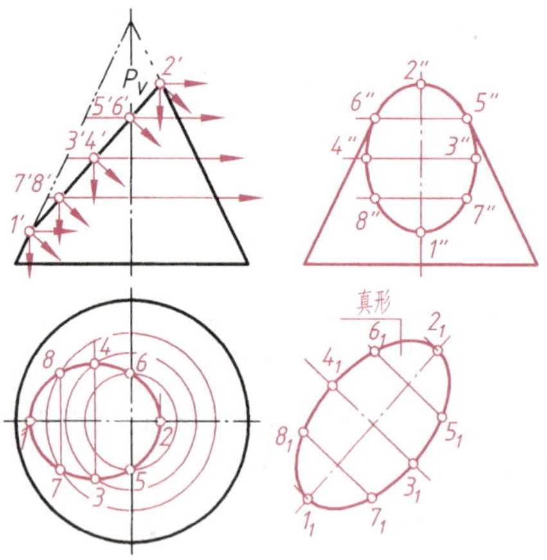

图 4-27 作截交线的水平投影和断面真形，并作圆锥被切割后的侧面投影

作图过程如图 4-27 中的红色图形所示：

(1) 在截交线和最左、最右素线的正面投影的交点处，作出 $1'$、$2'$，由 $1'$、$2'$ 作出 1、2。$1'2'$、12 就是断面椭圆长轴 Ⅰ Ⅱ 的投影。

(2) 取 $1'2'$ 的中点，即为断面椭圆短轴 Ⅲ Ⅳ 的有积聚性的正面投影 $3'4'$。由 $3'4'$ 作出在圆锥面上通过点 Ⅲ、Ⅳ 的水平纬圆的正面投影，从而作出这个纬圆的水平投影，由 $3'$、$4'$ 在其上作出 3、4。

(3) 为了能较准确地作出截交线的侧面投影，必须作出截交线在圆锥面的侧面投影的转向轮廓线上的点，也就是圆锥面的最前、最后素线上点的侧面投影，为此先作出截交线和最前、最后素线的交点Ⅴ、Ⅵ的正面投影 5′、6′，它们互相重合，由 5′、6′作出在圆锥面上通过点Ⅴ、Ⅵ的水平纬圆的正面投影，从而作出这个纬圆的水平投影，由 5′、6′在其上作出 5、6。

为了能较准确地作出截交线的水平投影和侧面投影，应在已作出的截交线上的点的稀疏处，作一些截交线上的一般点，例如先在截交线的正面投影上取对正面投影的重影点Ⅶ、Ⅷ的正面投影 7′、8′，它们互相重合，再分别作通过点Ⅶ、Ⅷ的水平纬圆的正面投影和水平投影，由 7′、8′在这个纬圆的水平投影上作出 7、8。

（4）将已作出的 1、7、3、5、2、6、4、8 等点连成封闭曲线，即为所求截交线的水平投影，因为截交线的水平投影可见，所以画成粗实线。12、34 分别为截交线水平投影椭圆的长、短轴。

（5）在适当位置作 1′2′的平行线，并从 1′、2′以及断面椭圆上诸正垂弦的正面投影 7′8′、3′4′、5′6′作 1′2′的垂线，除了与 1′2′的平行线交得 1_1、2_1 外，再在这些垂线上由 1′2′的平行线 1_12_1 出发，向两侧量取这些正垂弦的端点在水平投影中与 12 的相应距离，就得到 7_1、8_1、3_1、4_1、5_1、6_1 等点，然后按截交线的水平投影的顺序连得断面椭圆的真形，1_12_1 是它的长轴，3_14_1 是它的短轴。

（6）在圆锥正面投影的右侧适当位置作圆锥轴线的侧面投影，也就是圆锥的前后对称面的侧面投影。分别由已作出的截交线上的点Ⅱ、Ⅴ、Ⅵ、Ⅲ、Ⅳ、Ⅶ、Ⅷ、Ⅰ的正面投影 2′、5′、6′、3′、4′、7′、8′、1′和水平投影 2、5、6、3、4、7、8、1 作出它们的侧面投影 2″、5″、6″、3″、4″、7″、8″、1″，按截交线的水平投影的顺序就可连得截交线的侧面投影，请读者注意：5″、6″是圆锥面的侧面投影转向轮廓线与投影椭圆的切点；1″2″、3″4″分别是投影椭圆长、短轴的端点。由于圆锥被截断并取走被截掉的上部后，截交线的侧面投影都可见，所以画粗实线。由圆锥底面的正面投影和水平投影作出它的有积聚性的侧面投影，画粗实线。将圆锥底面上的最前、最后点的侧面投影分别与 5″、6″相连，便得切割后仍存在的前、后素线的侧面投影，即圆锥面侧面投影的转向轮廓线，画粗实线。于是就作出了圆锥被截切后的侧面投影。

【例 4-8】 如图 4-28 中的黑色图形所示，圆锥被正垂面 P、侧平面 Q、正垂面 R 截去左上端，平面 P 延伸后通过锥顶 S，被切割掉的圆锥的投影和 P_V 的延长线都用细双点画线画出，补全圆锥被切割后的侧面投影，并作出圆锥被切割后的水平投影。

【解】 从正面投影中可以看出，只要作出切割后的底面和圆锥面，截平面 P、Q、R 与圆锥面的交线和截平面 P 与底面的交线，并作出截平面 P 与 Q、Q 与 R 的交线，就可按上述要求补全侧面投影和作出水平投影。显然，圆锥被切割后仍前后对称；这些交线的正面投影都分别重合在这些截平面的正面迹线上，它们的侧面投影和水平投影都可见。

作图过程如图 4-28 中的红色图形所示：

（1）在正面投影中标注出圆锥被截切后的交线以及截平面之间的交线的投影符号

标注出截平面 P 与圆锥底面交得的正垂线ⅠⅡ的正面投影 1′2′，积聚成一点；截平面 P 与圆锥面交得的两段素线ⅢⅠ、ⅣⅡ的正面投影 3′1′、4′2′，互相重合；3′4′是截平面 P 与 Q 交得的正垂线ⅢⅣ的正面投影，积聚成一点；截平面 Q 与圆锥面交得的侧平纬圆的两段圆弧$\overset{\frown}{ⅢⅤ}$、$\overset{\frown}{ⅣⅥ}$的正面投影$\overset{\frown}{3'5'}$、$\overset{\frown}{4'6'}$，互相重合；5′6′是截平面 Q 与 R 交得的正垂线ⅤⅥ的正面投影，也积

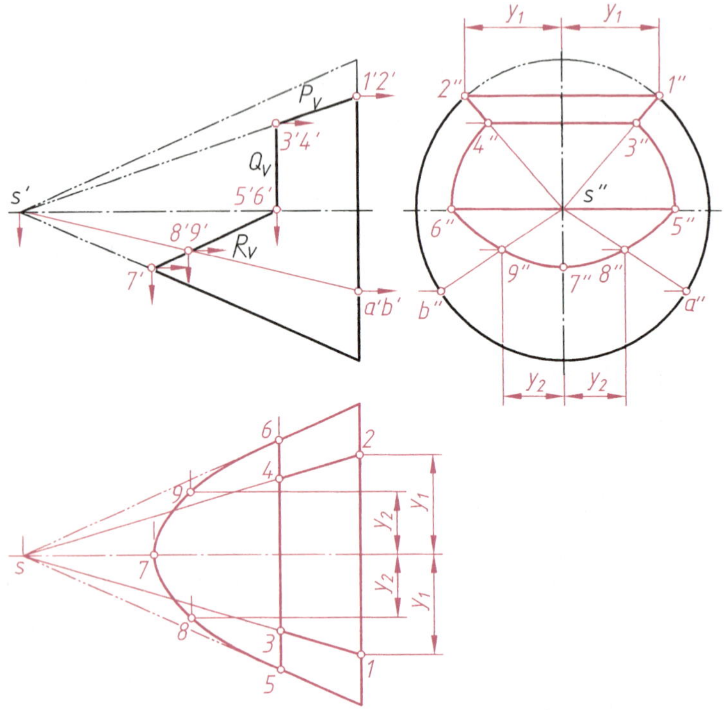

图 4-28　补全圆锥被切割后的侧面投影，并作出水平投影

聚成一点；截平面 R 与圆锥面交得的抛物线（因截平面 R 只平行圆锥面上的一条素线，即圆锥面被切割掉的最高素线）ⅤⅦⅥ的正面投影 $5'7'6'$，前半和后半圆锥面上的抛物线段ⅤⅦ和ⅥⅦ的正面投影 $5'7'$和$6'7'$互相重合。

（2）作未被切割时的圆锥的水平投影

在适当位置作圆锥轴线的水平投影，由锥顶和底圆的正面投影向 H 面投影作投影连线，根据底圆的已知半径即可作出圆锥的水平投影。因尚未确定圆锥面的最前、最后素线在何处被截掉，圆锥面的水平投影可先画成细双点画线表示的假想投影线。

（3）作截平面 P、Q 与圆锥面的交线以及 P、Q 和 Q、R 的交线，确定圆锥被切割后圆锥面水平投影的转向轮廓线

由截平面 P 与底圆的截交线ⅠⅡ的正面投影 $1'2'$作出它的侧面投影 $1''2''$，由 $1''2''$和 $1''$、$2''$在侧面投影中反映出的点Ⅰ、Ⅱ与前后对称面的距离 y_1，在底圆的水平投影上作出 12。分别将 s''与 $1''$、$2''$相连，s 与 1、2 相连；由 $3'$、$4'$在 $s''1''$、$s''2''$上作出 $3''$、$4''$，在 $s1$、$s2$ 上作出 3、4，就作出了截平面 P 与圆锥面的交线ⅠⅢ、ⅡⅣ的侧面投影$1''3''$、$2''4''$和水平投影 13、24；分别将 $3''$、$4''$和 3、4 连成截平面 P 与 Q 的交线ⅢⅣ的侧面投影 $3''4''$和水平投影 34；以圆锥轴线的侧面投影（截平面 Q 与圆锥面交得的侧平纬圆的圆心的侧面投影积聚在其上）为圆心、过 $3''$、$4''$作圆弧，与最前、最后素线的侧面投影交得 $5''$、$6''$，$\overset{\frown}{3''5''}$、$\overset{\frown}{4''6''}$即为这两段交线$\overset{\frown}{ⅢⅤ}$、$\overset{\frown}{ⅣⅥ}$的反映真形的侧面投影，由 $5'$、$6'$引投影连线，分别在最前、最后素线的水平投影上交得 5、6，连 3 与 5、4 与 6，即得$\overset{\frown}{ⅢⅤ}$、$\overset{\frown}{ⅣⅥ}$的水平投影 35、46，35、46 与 34 都在同一直线上，即都在截平面 Q 的有积聚性的水平投影上；连 $5''$和

6″,得截平面 Q 与 R 的交线 Ⅴ Ⅵ 的侧面投影 5″6″,而 Ⅴ Ⅵ 的水平投影 56,则与 35、46、34 重合在一起,都积聚在截平面 Q 的水平投影上,不必再求作。从正面投影中已看出,当圆锥被切割后,最前、最后素线在点 Ⅴ、Ⅵ 之右仍存在,它们是圆锥被切割后的圆锥面的水平投影的转向轮廓线,圆锥被切割后的水平投影中仍应画出,而且是可见的,从而修正在这个例题的前述解题过程中所画的以细双点画线表示的圆锥未被切割时的最前、最后素线的水平投影的假想投影线上的这两段,改画成粗实线;而在点 Ⅴ、Ⅵ 之左则被割切掉而不存在了,仍作为未被切割时圆锥面的最前、最后素线的假想投影而把细双点画线保留下来。

(4) 作截平面 R 与圆锥面的交线

从正面投影中已看出,因为截平面 R 只平行于圆锥面上的一条素线,即平行于圆锥未被切割时的圆锥面上的最高素线,它与圆锥面的截交线是前后对称的抛物线,点 Ⅴ、Ⅵ 是前后对称的两个端点;顶点 Ⅶ 在最低素线上,从 7′向最低素线的水平投影、侧面投影引投影连线,分别在它的同面投影上作出 7、7″;为了能较准确地连出截交线的水平投影和侧面投影,在截交线的适当位置上任取前后对称的一般点 Ⅷ、Ⅸ,可先在 R_V 上取重合的 8′、9′,用素线法作出 8″、9″,即利用过点 Ⅷ、Ⅸ 的素线 SA、SB 作图,先将 s' 与重合的 8′、9′相连,延长这两条素线重合的正面投影,与底圆的正面投影交得 a'、b',a' 与 b' 也互相重合,由 a'、b' 引正面投影与侧面投影的投影连线,与底圆的侧面投影交出 a''、b'',将 s'' 分别与 a''、b'' 相连,作出 SA、SB 的侧面投影 $s''a''$、$s''b''$,再分别由 8′、9′引正面投影与侧面投影的投影连线,在 $s''a''$、$s''b''$ 上交得 8″、9″,由 8′、9′以及在侧面投影中反映出的点 Ⅷ、Ⅸ 与前后对称面的距离 y_2,就可在水平投影中作出 8、9;按截交线上的点反映在正面投影中的顺序连 5、8、7、9、6 和 5″、8″、7″、9″、6″,即可作出截平面 R 与圆锥面的截交线的水平投影和侧面投影。

由于上述图线的侧面投影和水平投影都可见,所以都画粗实线。于是就完成了这个圆锥被切割后的侧面投影和水平投影的全部作图。

三、平面与球相交

平面与球面的截交线是圆。当截平面平行于投影面时,截交线的投影为真形;当截平面垂直于投影面时,截交线的投影为直线,长度等于截交线圆的直径;当截平面倾斜于投影面时,截交线的投影为椭圆。例如图 4-29 中的截平面是水平面,截交线圆的水平投影为真形,正面投影为长度等于截交线圆的直径的直线,图中画出了截去球冠(截去的球冠的正面投影用细双点画线表示,也可不画)后的球的两面投影。

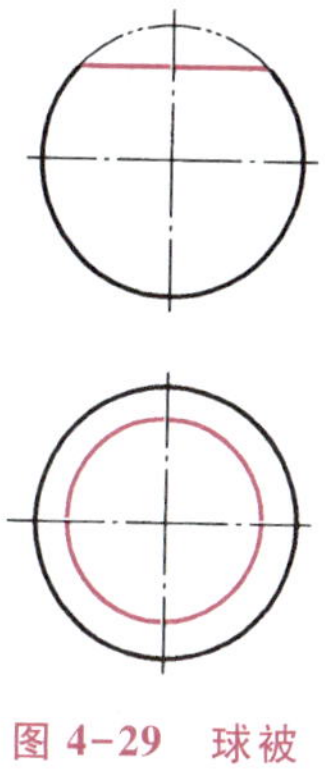

图 4-29 球被水平面截去球冠后的投影

【例 4-9】 如图 4-30a 中的黑色图形所示,球被正垂面截去左上方,图中被截去和尚未确定的投影用细双点画线表示,补全球被截断后的水平投影。

【解】 先按图 4-30a 所示的已知条件分析截交线以及球被截断后的情况。因为截平面是正垂面,所以截交线是一个正垂圆。截交线圆的正面投影为直线,反映截交线圆的直径的真长,即图 4-30a 中用粗实线表示的直线。截交线圆的水平投影为椭圆,由 §3-4 可知,正垂圆只有一条处于正垂线位置的直径平行于水平面,其水平投影是这个正垂圆的水平投影的长轴;而与上述直径相垂直的处于正平线位置的直径,其水平投影是这个正垂圆的水平投影的短轴。

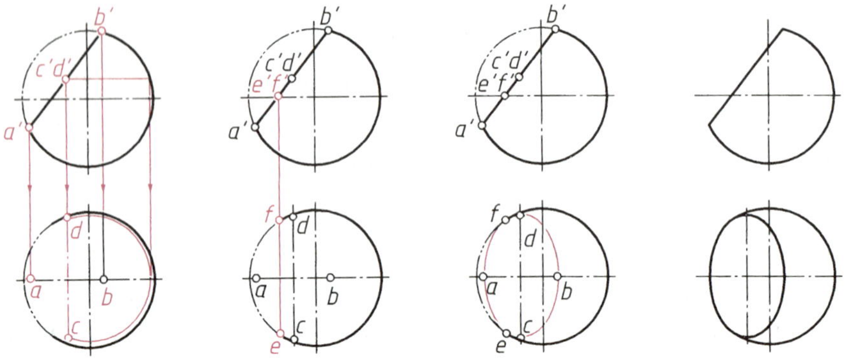

图 4-30　补全球被截断后的水平投影

从已知条件的正面投影中还可看出：球被截断后，球面的用细双点画线表示的正面投影的转向轮廓线被截掉了，球面的水平投影的转向轮廓线是一个不完整的圆，在图 4-30a 的水平投影中有一段用细双点画线表示的圆弧，截断后有一部分将不存在了；截去球的左上部后，截交线圆的水平投影是可见的。同时也可看出：球被截断后仍将是前后对称的。

作图过程如图 4-30 中的红色图形所示：

(1) 如图 4-30a 所示，因为截交线圆上处于正平线位置的直径 *AB* 的正面投影 *a'b'*，与截交线圆的正面投影重合，于是就可定出 *a'b'*，由 *a'b'* 在球的前后对称面的水平投影上作出 *ab*，*a* 和 *b* 即为截交线圆的水平投影椭圆短轴的端点。取 *a'b'* 的中点，就是截交线圆上处于正垂线位置的直径 *CD* 的投影 *c'd'*，通过点 *C*、*D* 在球面上作水平纬圆，就可由 *c'*、*d'* 在这个纬圆的水平投影上作出 *c*、*d*，即为截交线圆的水平投影椭圆长轴 *cd* 的端点。

(2) 如图 4-30b 所示，在截交线圆与球面的上下分界圆的正面投影相交处定出 *e'*、*f'*，由 *e'*、*f'* 在球面水平投影的转向轮廓线(即球面的上下分界圆的水平投影)上作出 *e*、*f*，*e*、*f* 即为截交线圆的水平投影与球面水平投影的转向轮廓线的切点，也是球面被截断后的水平投影转向轮廓线的端点。

(3) 如图 4-30c 所示，将 *a*、*e*、*c*、*b*、*d*、*f*、*a* 连成截交线圆的水平投影。球被截后的截交线圆的水平投影是可见的，应画粗实线；球面水平投影的转向轮廓线只存在 *e*、*f* 右边的一部分。如果为了使连出的截交线圆的水平投影更准确起见，仍可按求截交线圆上的点 *C*、*D* 那样，在已作出的截交线上的点之间较稀疏处，再作出若干截交线圆上的一些一般点后再连线。

作图结果如图 4-30d 所示。

【例 4-10】 如图 4-31a 的黑色图形所示，已知球阀阀芯的正面投影和阀芯上一个垂直于侧面的圆柱孔的侧面投影，补出这个阀芯的水平投影和侧面投影。在图 4-31a 的右下角画出了这个阀芯的立体图，供解题时参考；这个阀芯是由球被切割后形成的，正面投影中的球被切割部分的球面的转向轮廓线画成细双点画线，水平投影和侧面投影中的尚未确定的球面的转向轮廓线也暂时先画成细双点画线。

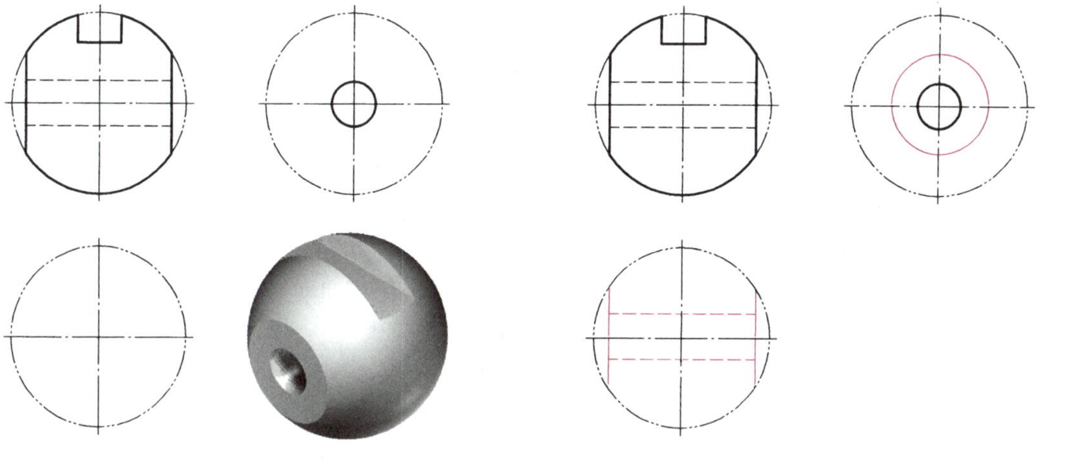

(a) 已知条件，分析阀芯的形状及其截交线　　(b) 作左、右两侧的截交线和圆柱孔的水平投影、侧面投影

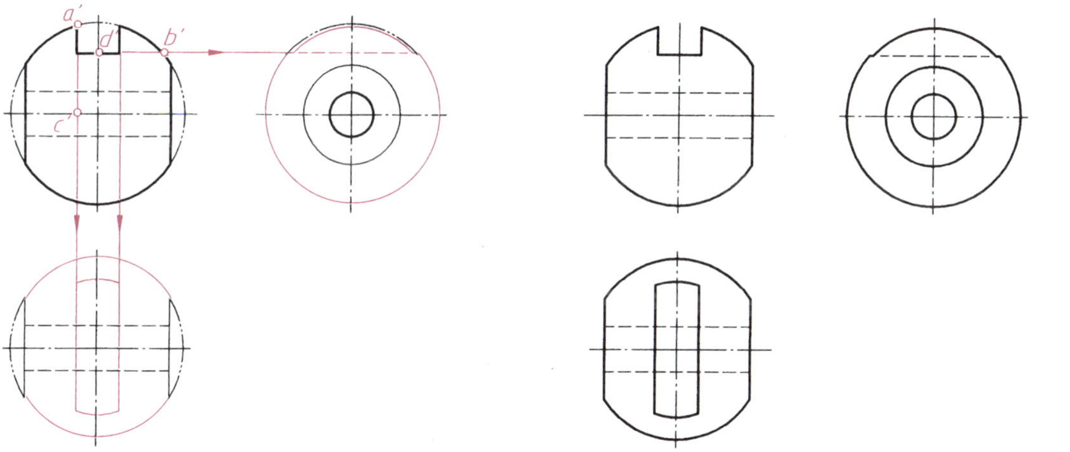

(c) 作凹槽的水平投影和侧面投影，确定球面水平投影和侧面投影的转向轮廓线　　(d) 清理图面，按规定线型和线宽加深图线，得作图结果

图 4-31　补出阀芯的水平投影和侧面投影

【解】 从图 4-31a 中可以看出，阀芯左右、前后对称，主体是一个球体，左、右被两个侧平面截成两个侧平圆，开通一个侧垂的圆柱孔；上部有一个前后贯通的凹槽，凹槽由两个侧平面和一个水平面切割而形成，两个侧平面各截得一段平行于侧面的圆弧，而水平面则截得前后各一段水平的圆弧，截平面之间的两条交线为正垂线。分析的结果如图 4-31a 右下角所附的立体图。

解题过程如图 4-31b 至 d 所示，主要的作图分别见图 4-31b、c 中逐步新增补的红色图形，图中的作图线、增补的图线，包括可见的粗实线和不可见的细虚线，一律都画成细线，将阀芯上实际存在的球面的水平投影转向轮廓线和侧面投影转向轮廓线，也由题目上所给的未确定时暂先画成的细双点画线补改成细实线；全部补改完成后，清理图面，按规定的线型和线宽描深图线，分清粗细，便得到图 4-31d 所示的作图结果。作图步骤如下：

(1) 如图 4-31b 所示，由两侧截交线圆的正面投影作出它们的侧面投影和水平投影；再由球体中部的圆柱孔的正面投影和侧面投影作出它的水平投影，因为圆柱孔的水平投影不可见，所以圆柱孔的水平投影转向轮廓线画成细虚线。

（2）如图 4-31c 所示，在正面投影中先扩展凹槽两侧的侧平截平面（图中扩展了左侧的截平面）的正面投影，得与球面的交线圆弧的半径的真长 $c'a'$，由此就可作出凹槽左、右两侧的交线侧平圆弧的重合的侧面投影，反映真形；两条交线圆弧的水平投影分别为直线，可由它们的正面投影引正面投影与水平投影之间的投影连线，并从它们的侧面投影量取圆弧的两个端点与前后对称面的距离作出。由阀芯的正面投影可以看出，槽口上的这两条侧平圆弧的水平投影可见，而左方的侧平圆弧的侧面投影可见，右方的侧平圆弧的侧面投影不可见，两者互相重合，所以都应画实线。

同理，在正面投影中再扩展凹槽的水平截平面，作出水平截平面与球面的交线（前、后两段圆弧）的水平投影和侧面投影，圆弧半径的真长为 $d'b'$，由于这两条水平圆弧前后对称，它们的正面投影互相重合，且已在图中显示，水平投影反映真形，于是就可由它们的正面投影和半径的真长，作出它们的水平投影，然后通过它们的正面投影和水平投影作出侧面投影，就是在与其正面投影相同高度上的从球面的侧面投影转向轮廓线到上述两条侧平圆弧的侧面投影的端点之间的很短很短的各一段水平线。由阀芯的正面投影还可以看出：槽口上的这两条水平圆弧的水平投影可见，它们的侧面投影分别左右对称，左面的半条水平圆弧的侧面投影可见，右面的半条水平圆弧的侧面投影不可见，于是也都应画实线。

凹槽的截平面之间的两条交线都是正垂线，它们的正面投影，分别积聚成一点，积聚在截平面的有积聚性的正面投影的交点处；水平投影分别与已作出的平行于侧面的交线圆弧的水平投影相重合，也就是这两个侧平截平面的有积聚性的水平投影；由这两条交线的正面投影和水平投影即可作出它们的互相重合的侧面投影，因为被左半球面所遮而不可见，画成细虚线，与已作出的两条水平的交线圆弧的侧面投影在同一条直线上，这条直线也就是水平截平面的有积聚性的侧面投影。

最后，从阀芯的正面投影可以看出：阀芯球面的水平投影转向轮廓线只存在位于两个左右对称的最左、最右侧平截平面之间的前后对称的两条圆弧，在这两个侧平截平面之左和之右的各一段球面的水平投影转向轮廓线则随着被截去的球冠而被截去了；阀芯球面的侧面投影转向轮廓线则只存在位于槽底之下的一段圆弧，而在槽底之上的一段圆弧也就随着被截去的这块槽的球体一起被截去了。将已知条件中暂先用细双点画线画出的尚未确定的阀芯球面的水平投影转向轮廓线和侧面投影转向轮廓线的实际存在的各段圆弧改画成实线。

于是就完成了补画阀芯的水平投影和侧面投影的全部作图。

（3）清理图面，即擦去一切不需要的图线（包括作图过程中的作图线，表示点的小圆圈，图中用细双点画线表示的被切割掉的球面投影的转向轮廓线等）和标注，按规定的图线的线型和线宽加深，作图结果如图 4-31d 所示。

读者从这个例题可以联想到：借助于平面与回转面交线的作图，还可求作具有回转面缺口或回转面穿孔的平面立体的投影。

四、平面与组合回转体相交

零件上有时也会有平面与组合回转体的截交线，今以由同轴的具有环面的回转体和圆柱组成的组合回转体为例，介绍组合回转体及其截交线的投影的画法。

图 4-32 是一个组合回转体的两面投影。从图中可以看出：这个回转体的表面，除了顶面、底面以外，还有上圆柱面、环面、下圆柱面、下圆柱顶面。上圆柱面、环面、下圆柱面的轴线位于同一条铅垂线上。环面的上端与上圆柱面相切，环面的下端与下圆柱顶面相切。画出这些表面的投影，也就画出了这个组合回转体的投影。在一般情况下，不必画出曲面与曲面、曲面与平面的切线的投影。

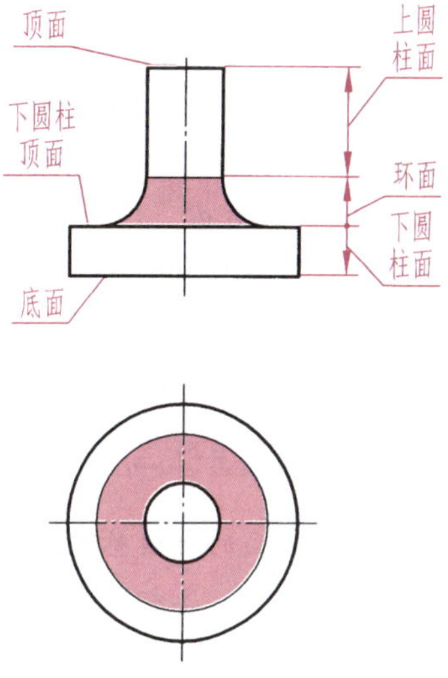

图 4-32 组合回转体的投影示例

在求作平面与组合回转体的截交线的投影时，可分别作出截平面与组合回转体的各段回转面以及诸平面表面的交线的投影，然后拼成所求的截交线的投影。

【例 4-11】 如图 4-33a 中的黑色图形所示，由同轴的上、下两个圆柱和中间一个具有环面的回转体所形成的组合回转体，被前后对称的正平面 P 和 Q 各截去一部分，补全这个组合回转体被切割后的正面投影。图中将被切割掉的部分的投影和尚未确定的投影都画成细双点画线。

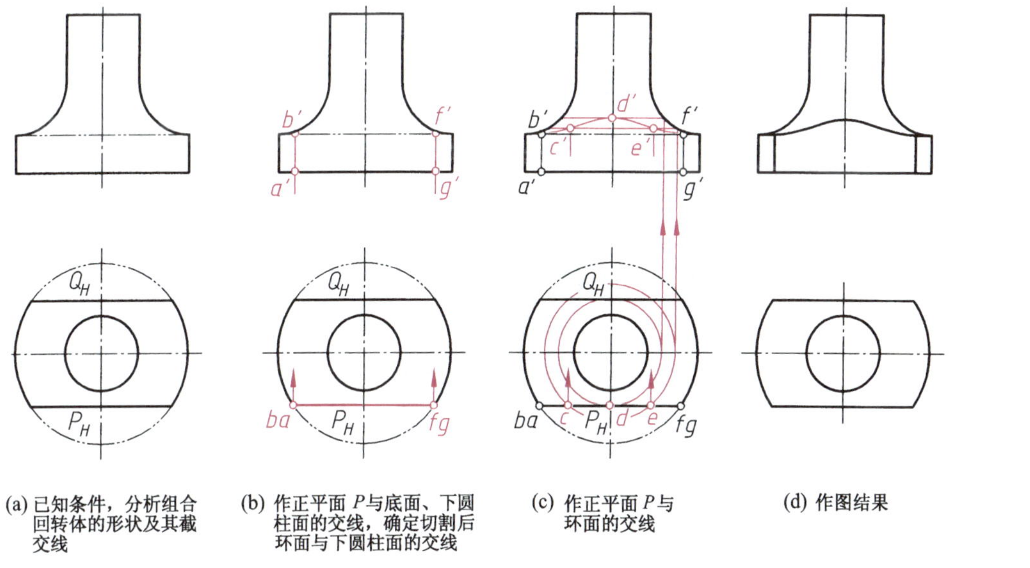

图 4-33 补全组合回转体被切割后的正面投影

【解】 从图 4-33a 中可以看出，这个组合回转体的表面有顶面、上圆柱面、环面、下圆柱面和底面。前、后截交线的水平投影分别重合在 P_H、Q_H 上，前后对称；正面投影都反映真形，左右对称，前截交线的投影可见，后截交线不可见，且前后重合。由此可见，只要作出前截交线（截平面 P 与组合回转体表面的交线）的正面投影就可以了。

解题过程如图 4-33b 至 d 所示，主要的作图见图 4-33b、c 中的红色图形。作图步骤如下：

(1) 如图 4-33b 所示，先在 P_H 上定出截平面 P 与底面的交线 AG 的水平投影 ag，由 ag 作出

$a'g'$。在 P_H 与下圆柱面的水平投影的相交处，定出截平面 P 与下圆柱面的交线 BA、FG 的水平投影 ba、fg，由 ba、fg 作出 $b'a'$、$f'g'$。切割后，环面与下圆柱面的交线圆只存在截平面 P、Q 之间的左右各一段，在正面投影中也就是在 b' 之左和在 f' 之右的各一段。

（2）如图 4-33c 所示，截平面 P 与环面的交线上的最低点 B、F 的正面投影 b'、f' 已经作出。在截交线的水平投影的中点处，定出截交线上最高点 D 的水平投影 d，利用环面上通过点 D 的水平纬圆，由 d 作出 d'。再在截交线的水平投影上，取左右对称的一般点 C、E 的水平投影 c、e，仍用环面上通过点 C 和 E 的水平纬圆作出 c'、e'。按截交线的水平投影中显示的顺序，将 b'、c'、d'、e'、f' 连成 P 面与环面的交线 $BCDEF$ 的正面投影 $b'c'd'e'f'$。

（3）清理图面，按规定的图线加深，作图结果如图 4-33d 所示。

五、平面立体与回转体相贯

两立体表面的交线称为相贯线。平面立体与回转体的相贯线，通常可分解为求作平面与回转体表面的交线。各相贯线段在一般情况下是平面曲线，在特殊情况下，个别相贯线可能是直线段；各相贯线段的连接点是平面立体的棱线或底边与回转体表面的贯穿点。

【例 4-12】 如图 4-34a 中的黑色图形所示，垂直于侧面的四棱柱与半球相交，作出相贯线和补全相贯体的正面投影与水平投影。在图 4-34a 的右下角画出了这个相贯体的立体图，供解题时参考；图中尚未确定的投影暂时先用细双点画线画出。

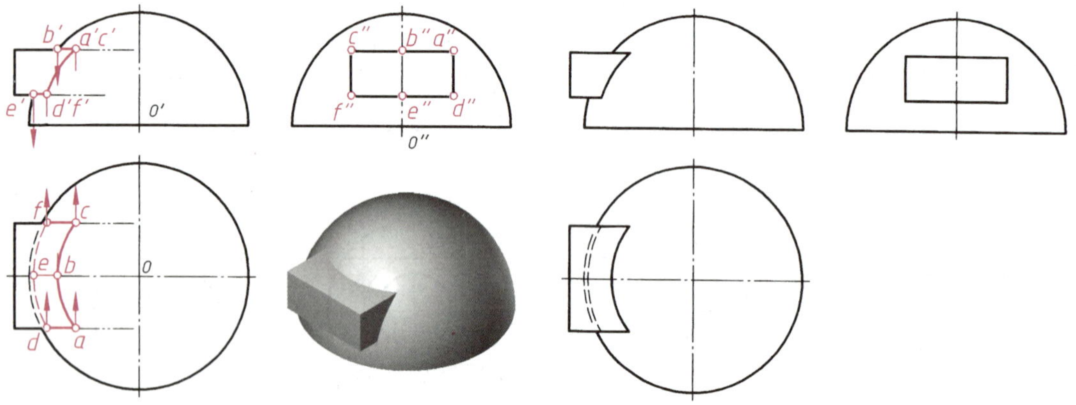

(a) 已知条件，立体图和作图过程　　(b) 作图结果

图 4-34　作四棱柱与半球的相贯线和补全相贯体的正面投影与水平投影

【解】 从图 4-34a 所示的已知条件可知：四棱柱的上、下棱面与半球相交于半径不等的两段水平圆弧；由于四棱柱和半球有公共的前后对称面，所以四棱柱的前、后棱面分别与半球相交于前后对称的两段圆弧。这四段交线圆弧组成四棱柱与半球的相贯线。图中用细双点画线表示的尚未确定的投影，待相贯线确定后再按实际情况改成相应的图线，就作出了相贯体的投影。通过上述分析，可以想象出这两个立体相交后形成的相贯体的形状，如图 4-34a 右下角所附的立体图所示。

作图过程如图 4-34a 中的红色图形所示：

(1) 作出四棱柱的上、下水平棱面与半球的交线

它们分别是一段水平圆弧，水平投影反映真形，正面投影则分别重合在上、下棱面的有积聚性的投影上。作图时，先作出半球面上平行于正面的大圆与上、下棱面的交点 B、E 的正面投影 b'、e'，由 b'、e'作正面投影与水平投影的投影连线，与半球面上正平大圆的水平投影交得 b、e。由于这两段水平圆弧的圆心的水平投影都重合在半球的铅垂轴线的有积聚性的水平投影上，所以都与球心 O 的水平投影 o 重合，于是分别以 o 为圆心，通过 b、e 作圆弧，分别与四棱柱的前、后棱面交得 a 和 c、d 和 f，$\overset{\frown}{abc}$、$\overset{\frown}{def}$即为四棱柱的上、下棱面与半球的交线$\overset{\frown}{ABC}$、$\overset{\frown}{DEF}$的水平投影；由于半球面和四棱柱的上棱面的水平投影都可见，所以交线$\overset{\frown}{ABC}$的水平投影$\overset{\frown}{abc}$可见，画粗实线，而四棱柱的下棱面的水平投影不可见，所以交线$\overset{\frown}{DEF}$的水平投影也不可见，$\overset{\frown}{def}$应画细虚线。由前后对称的 a 和 c、d 和 f 引正面投影与水平投影的投影连线，分别与四棱柱的上、下棱面的有积聚性的正面投影交得互相重合的 a'和 c'、d'和 f'，并将 b'与 $a'c'$、e'与 $d'f'$之间的细双点画线都改成粗实线，$a'b'c'$、$d'e'f'$分别是四棱柱的上、下棱面与半球的交线$\overset{\frown}{ABC}$、$\overset{\frown}{DEF}$的正面投影，在前半半球面上的$\overset{\frown}{AB}$、$\overset{\frown}{DE}$的正面投影 $a'b'$、$d'e'$，分别与后半半球面上的$\overset{\frown}{CB}$、$\overset{\frown}{FE}$的正面投影 $c'b'$、$f'e'$重合，都分别重合在四棱柱的上、下棱面的有积聚性的正面投影上。

(2) 作出四棱柱的平行于正面的前、后棱面与半球的交线

它们分别是平行于正面的圆弧，正面投影反映真形，前后重合；水平投影则分别重合在前、后棱面的有积聚性的水平投影上；这两段交线圆弧的圆心分别是前、后棱面的扩大面与球面的正垂轴线的交点，它们的正面投影都重合在球面的正垂轴线的有积聚性的正面投影上，也就是与球心 O 的正面投影 o'重合。作图时，以 o'为圆心，通过 a'作圆弧到四棱柱下棱面的正面投影上的 d'，$\overset{\frown}{a'd'}$即为四棱柱的前棱面与半球的交线$\overset{\frown}{AD}$的正面投影，而四棱柱的后棱面与半球的截交线$\overset{\frown}{CF}$的正面投影$\overset{\frown}{c'f'}$则与$\overset{\frown}{a'd'}$相重合，由于$\overset{\frown}{AD}$位于正面投影都可见的前棱面和前半球面上，所以$\overset{\frown}{a'd'}$可见，画粗实线；在水平投影中分别将 a 与 d、c 与 f 之间的细双点画线改画成粗实线，ad、cf，分别是$\overset{\frown}{AD}$、$\overset{\frown}{CF}$的水平投影，实际上，这两段粗实线 ad、cf 分别也是四棱柱的前、后棱面的有积聚性的水平投影，所以在这两个棱面上的$\overset{\frown}{AD}$、$\overset{\frown}{CF}$ 的水平投影 ad、cf 也都分别重合在这两个棱面的有积聚性的水平投影上。

(3) 检查并补全相贯体的投影

从相贯体是一个整体出发进行检查，正面投影和侧面投影都已完整画出；在水平投影中，由于四棱柱在 $\overset{\frown}{AD}$ 之左的前棱面和 $\overset{\frown}{CF}$ 之左的后棱面在相贯体上都是存在的，应将这两个棱面可见的有积聚性的水平投影都画成粗实线，所以在已知条件中暂时先画成细双点画线的这两个棱面的有积聚性的水平投影上，将 d 和 f 向左到半球底圆的水平投影之间的各一小段细双点画线(因为在书上印出的图形缩得很小，所以几乎看不清了)改画成粗实线，相贯体的水平投影也就补充完整了。

于是就作出了四棱柱与半球的相贯线和补全了相贯体的正面投影与水平投影。这四段相贯线圆弧的侧面投影，都分别重合在四个棱面的有积聚性的侧面投影上，图中标注了这四段圆弧的投影符号。最后，擦去细双点画线、作图线、表示点的投影的小圆圈和投影符号等，清理图面，作

图结果如图 4-34b 所示。

读者从这个例题可以联想到：如果侧垂四棱柱从左边穿入半球，再从半球右边穿出，则就有两组左右对称的相贯线；若再将该侧垂四棱柱从半球中全部抽走，则形成具有四棱柱穿孔的半球，左、右两组相贯线就成为两组孔口线。如果将上述从半球左边穿入、右边穿出的侧垂四棱柱向前平移到使相贯体成为侧垂四棱柱的一部分与半球的一部分相交的形状，则相贯体上的相贯线就成为一组。这时，若将侧垂四棱柱也从半球中全部抽走，便形成一个缺口半球，且缺口在半球面上的轮廓线也就是这组相贯线。为了有利于培养读者对空间形体的形象思维能力，在这里不再画出这些联想到的形体的投影图和立体图，请读者自行想象、思考、理解。

§4-4 两回转体表面相交

一、两回转体相贯

在一些零件上常会见到两回转体相贯形成的相贯体表面上的相贯线；也会见到被切割了回转面槽的缺口回转体表面上的缺口轮廓线，被切割了内壁为回转面的孔的穿孔回转体表面上的孔口线，从§ 4-2、§4-3 已讲述的缺口立体和穿孔立体可推知，在这些缺口回转体表面上的缺口轮廓线、穿孔回转体表面上的孔口线，在作图时都可作为两回转体相贯的相贯线作出；零件内部还可能有两个内壁为回转面的孔的孔壁交线，在作图时也可用求作轴线的相对位置与孔轴线相同，且外壁的形状、大小与孔的内壁的形状、大小分别完全相同的两个实心回转体的相贯线的方法作出。例如在图 4-35 所示的三通管上，就有两个圆柱的相贯线；还可想到在这个三通管的内部还有两个圆柱孔的孔壁相交所形成的相贯线。

图 4-35　两回转体的相贯线示例——三通管

两回转体的相贯线是两回转体表面的共有线，相贯线上的点是两曲面立体表面的共有点。在一般情况下，两回转体的相贯线是闭合的空间曲线；在特殊情况下，可能不闭合，也可能是平面曲线或直线。求作两回转体的相贯线时，应在可能和方便的情况下，先作出相贯线上的一些特殊点，即能够确定相贯线的形状和范围的点，如回转面投影的转向轮廓线上的点、对称的相贯线在其对称平面上的点，以及最高、最低、最左、最右、最前、最后点等，然后按需要再求作相贯线上一些其他的一般点，从而较准确地画出相贯线的投影，并表明可见性。当一段相贯线位于相贯体的可见表面上时，这段相贯线的投影才是可见的；否则就不可见。

当两个回转体中有一个是垂直于投影面的圆柱时，可用圆柱面投影的积聚性作相贯线；在一般情况下，常用辅助平面法作相贯线。在有些场合下，也可用辅助球面法作相贯线。本书只讲述用圆柱面投影的积聚性和辅助平面法作两回转体的相贯线，需用辅助球面法作两回转体的相贯线时，可参阅书后的参考文献[2]、[3]、[4]、[6]中的任一册。

读者应注意：两回转体相贯时，若回转面投影的转向轮廓线上有相贯线上的点，则回转面投影的转向轮廓线只能画到这一点为止，不能画出回转面投影的转向轮廓线穿入另一回转体内部的一段，因为相贯体是一个整体，作为两个立体相交仅是一种人为的假设；在两个内壁为回转面的孔或槽的内壁相交处，若内壁回转面投影的转向轮廓线上有相贯线（即孔壁交线）上的点，则孔壁回转面投影的转向轮廓线也只能画到该点为止，不能画出孔或槽壁回转面投影的转向轮廓线穿入另一孔或槽内的一段，因为在两个孔或槽的穿通处是空的。不论是两回转体相贯形成的相贯线，还是被切割了回转面槽的缺口的回转体或被切割了内壁为回转面的孔的穿孔回转体，具有内壁为回转面的两个相交的孔或槽的立体，都必须按实际情况画出它们的相贯线（包括相贯体外表面上的相贯线、回转体外表面上的缺口轮廓线、回转体外表面上的孔口线、两个孔或槽壁回转面的交线）以及回转体外壁回转面投影的转向轮廓线、孔或槽的内壁回转面投影的转向轮廓线，并判定和表达出它们在投影图上的可见性。

今分别将用圆柱面投影的积聚性和用辅助平面法求作相贯线的作图原理和方法阐述如下：

1. 用圆柱面投影的积聚性求相贯线

两回转体相交，如果其中至少有一个是轴线垂直于投影面的圆柱，则相贯线在该投影面上的投影，就重合在圆柱面的有积聚性的投影上，于是，求圆柱和另一回转体的相贯线的投影，可以看作是已知另一回转体表面上的线的一个投影，求作其他投影的问题。这样，就可以在相贯线上取一些点，按已知回转体表面上的点的一个投影求其他投影的方法，作出这些点，顺次连接这些点的同面投影，即可作出相贯线的投影。

如图 4-36a 中的黑色图形所示，已知两圆柱的三面投影，求作它们的相贯线。

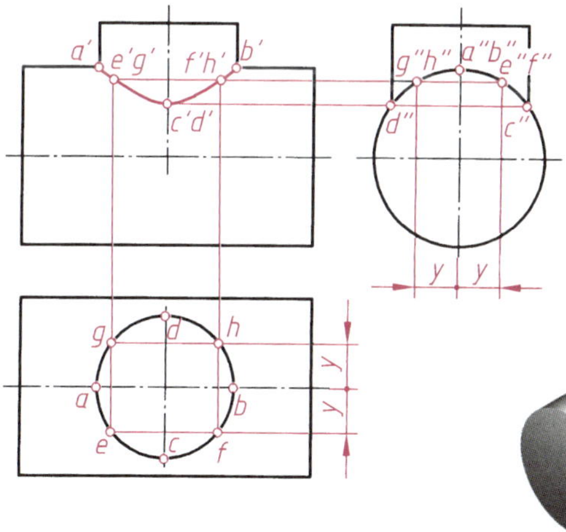

(a) 已知条件和作图过程

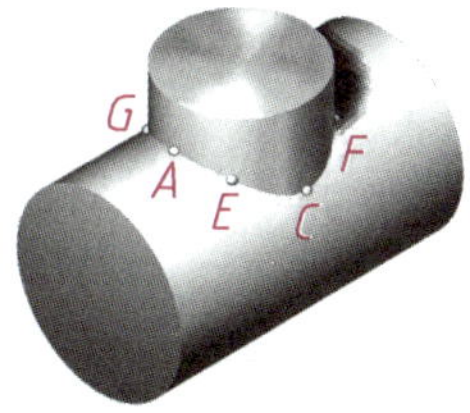

(b) 立体图

图 4-36 作两圆柱的相贯线的投影

从已知条件可知：两圆柱的轴线垂直相交，有共同的前后对称面和左右对称面，小圆柱全部穿进大圆柱。因此，相贯线是一条闭合的空间曲线，并且，也是前后对称和左右对称。

由于小圆柱面的水平投影积聚为圆，相贯线的水平投影便重合在其上；同理，大圆柱面的侧面投影积聚为圆，相贯线的侧面投影也就重合在小圆柱穿进处的一段圆弧上，且左半和右半相贯线的侧面投影互相重合。于是问题就可归结为已知相贯线的水平投影和侧面投影，求作它的正面投影。因此，可采用在圆柱面上利用圆柱面的积聚投影取点的方法，作出相贯线上的一些特殊点和一般点的投影，再顺序连成相贯线的投影。

通过上述分析，可想象出相贯线的大致情况，如图 4-36b 所示的立体图。

作图过程如图 4-36a 中的红色图形所示：

（1）作特殊点：先在相贯线的水平投影上，定出最左、最右、最前、最后点 A、B、C、D 的投影 a、b、c、d，再在相贯线的侧面投影上相应地作出 a''、b''、c''、d''。由 a、b、c、d 和 a''、b''、c''、d''作出 a'、b'、c'、d'。可以看出：点 A、B 和 C、D 分别也是相贯线上的最高、最低点。

（2）作一般点：在相贯线的水平投影上，定出左右、前后对称的四个点 E、F、G、H 的投影 e、f、g、h，由此可在相贯线的侧面投影上作出 e''、f''、g''、h''。由 e、f、g、h 和 e''、f''、g''、h''即可作出 e'、f'、g'、h'。

（3）按相贯线水平投影所显示的诸点的顺序，连接诸点的正面投影，即得相贯线的正面投影。对正面投影而言，前半相贯线在两个圆柱的可见表面上，所以其正面投影 $a'e'c'f'b'$ 为可见；而后半相贯线的投影 $a'g'd'h'b'$ 为不可见，与前半相贯线的可见投影相重合。

两轴线垂直相交的圆柱，在零件上是最常见的，它们的相贯线一般有图 4-37 所示的三种形式：

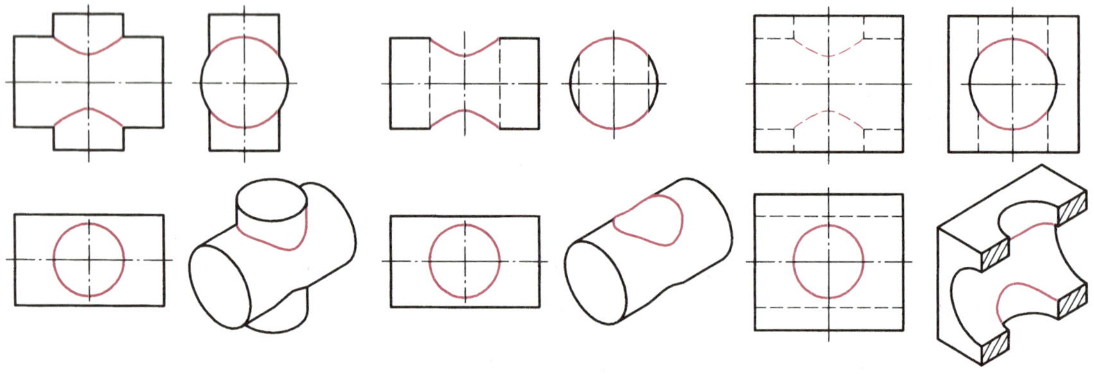

(a) 两实心圆柱相交　　(b) 圆柱孔与实心圆柱相交　　(c) 两圆柱孔相交

图 4-37　两圆柱相贯线的常见情况

（1）图 4-37a 表示小的实心圆柱全部贯穿大的实心圆柱，相贯线是上下对称的两条闭合的空间曲线。

（2）图 4-37b 表示圆柱孔全部贯穿实心圆柱，相贯线也是上下对称的两条闭合的空间曲线，且就是圆柱孔壁的上、下孔口曲线。

（3）图 4-37c 所示的相贯线是长方体内部两个圆柱孔的孔壁的交线，同样是上下对称的两条闭合的空间曲线。在投影图右下方所附的是这个具有圆柱孔的长方体被切割掉前面一半以后的立体图。

实际上，在这三个投影图中所示的相贯线，具有同样的形状，而且求这些相贯线投影的作图方法也是相同的。

【例 4-13】 如图 4-38a 中的黑色图形所示，已知在半球上穿通了一个圆柱孔，要求补全这个穿孔半球的正面投影和侧面投影。

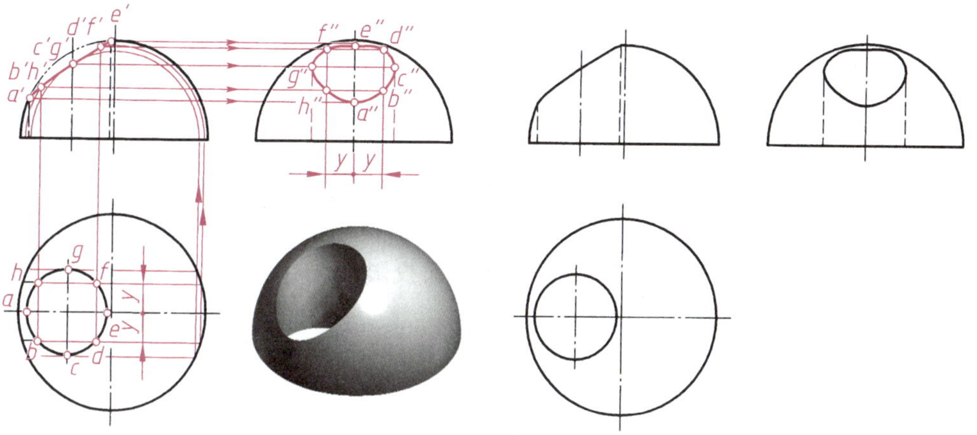

(a) 已知条件，分析和作图过程　　　　(b) 作图结果

图 4-38　补全具有穿孔的半球的正面投影和侧面投影

【解】 先分析相贯线：从图 4-38a 中黑色图形所示的已知条件可知：半球与圆柱孔有共同的前后对称面，所以孔口曲线（相贯线）也是前后对称。半球被圆柱孔穿通后有两条相贯线，即半球的球面与孔壁圆柱面的交线，以及半球的底面与孔壁圆柱面的交线：前者是一条闭合的空间曲线，它的水平投影重合在圆柱孔壁的有积聚性的投影上，正面投影由于前后对称而前半相贯线和后半相贯线的投影互相重合，侧面投影也应显示前后对称；后者是一个水平圆，它的水平投影也重合在圆柱孔壁的有积聚性的投影圆周上，正面投影、侧面投影则分别重合在半球底面的有积聚性的正面投影、侧面投影上。由此可见：只要作出球面与孔壁圆柱面的相贯线（也就是孔口曲线）的正面投影和侧面投影就够了。

此外，还应注意：不仅在正面投影中要画出孔壁圆柱面的正面投影转向轮廓线（最左、最右素线的正面投影），还应补全孔壁圆柱面的侧面投影转向轮廓线（最前、最后素线的侧面投影）。

通过上述分析可以想象出这个具有穿通圆柱孔的半球的形状，如图 4-38a 右下角所附的立体图所示。

作图过程如图 4-38a 中的红色图形所示：

（1）作特殊点：先在相贯线的水平投影上，定出最左、最右、最前、最后点 A、E、C、G 的投影 a、e、c、g。由 a、e 在半球面的正面投影转向轮廓线上定出 a'、e'，显然可见，点 A、E 同时也分别是最低、最高点。分别用在半球面上通过 C、G 的平行于正面的半圆（它们的正面投影互相重合），就可由 c、g 作出互相重合的 c'、g'。由于这个具有穿通圆柱孔的半球前后对称，就可按水平投影中所显示的孔径，作出这个圆柱孔的最左、最右、最前、最后素线的侧面投影，最左、最右素线的侧面投影与前后对称面的侧面投影（即图中已画出的黑色细点画线）相重合，而最前、最后素线的侧面投影则可由前后对称面的侧面投影向前、向后量取圆柱孔的半径长度而作出，它们是孔壁圆柱面的侧面投影的转向轮廓线，因为不可见而画细虚线。由 a'、e'、c'、g' 即可分别在最左、最右、最前、最后素线的侧面投影上作出 a''、e''、c''、g''。

（2）作一般点：在相贯线的水平投影上，定出与前后对称面相距 y 的四个点 B、D、H、F 的投

影 b、d、h、f，分别用在半球面上通过 B 和 D、H 和 F 的平行于正面的半圆（它们的正面投影互相重合），就可由 b、d、h、f 作出 b'、d'、h'、f'，b' 与 h'、d' 与 f' 分别互相重合。从 b'、d'、h'、f' 引正面投影与侧面投影的投影连线，由 b、d、h、f 按宽相等（与前后对称面的距离 y）和前后对应，即可作出 b''、d''、h''、f''。

（3）按相贯线在水平投影中所显示的诸点的顺序，连接诸点的正面投影，就作出了相贯线的正面投影，由于前后对称，所以前半和后半相贯线的正面投影 $a'b'c'd'e'$ 和 $a'h'g'f'e'$ 相重合。按同样的顺序连接诸点的侧面投影，作出相贯线的侧面投影，由于孔口曲线（相贯线）在左半半球面上，所以相贯线的侧面投影是可见的。

图 4-38b 是清理图面后的作图结果。

2. 用辅助平面法作相贯线

作两回转体的相贯线时，可以用与两个回转体都相交（或相切，有切线）的辅助平面切割这两个回转体，则两组交线（或切线）的交点，是辅助平面和两回转体表面的三面共点，即为相贯线上的点。用这种方法求作相贯线，称为辅助平面法。为了能方便地作出相贯线上的点，宜选用特殊位置平面作为辅助平面，并使辅助平面与两回转体的交线的投影为简单易画的直线或圆曲线，如交线为直线、平行于投影面的圆曲线或投影为圆曲线的椭圆曲线。

前面所讲述的用圆柱面投影的积聚性作两回转体相贯线的例图（图 4-36）和例题 4-13（图 4-38）也都可以用辅助平面法求作，用圆柱面投影的积聚性求作较简捷，但只能使用于参与相贯的回转体必须是至少有一个是圆柱面为有积聚性的投影的圆柱体的场合，而且用圆柱面投影的积聚性求作两回转体相贯线的问题，用辅助平面法都能解决，所以在一般情况下常用辅助平面法求作两回转体的相贯线。下面举三个用辅助平面法作两回转体的相贯线的例题，其中的例 4-14、例 4-16 也可用圆柱面投影的积聚性求作，例 4-15 则不能用圆柱面投影的积聚性求作，为了使读者加深理解和熟练掌握用辅助平面法求作两回转体相贯线的方法，都用辅助平面法求解。

【例 4-14】 如图 4-39a 中的黑色图形所示，求作圆柱和圆锥的相贯线，补全相贯体的水平投影。在圆锥的水平投影范围内，由于圆柱面水平投影的转向轮廓线的端点尚未确定，所以在黑色图形所示的已知条件中暂用细双点画线表示。

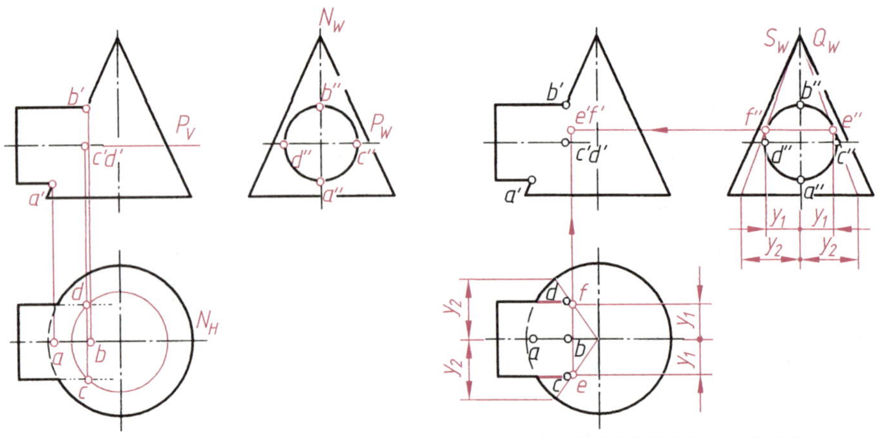

(a) 已知条件，作相贯线上的最前、最后、最高、最低点 C、D、B、A 的投影，c、d 是圆柱面水平投影的转向轮廓线的端点

(b) 作相贯线上的特殊点 E、F 的投影

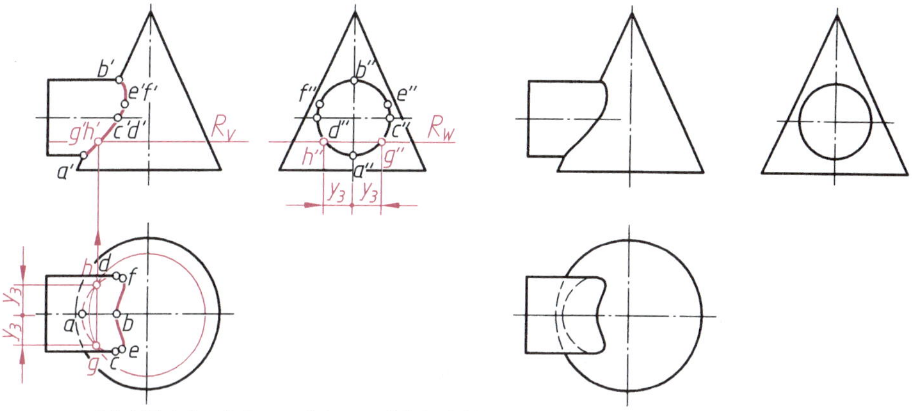

(c) 作相贯线上的一般点 G、H的投影，连接相贯线的水平投影和正面投影，并判断表明可见性

(d) 作图结果

图 4-39 作圆柱和圆锥的相贯线投影

【解】 先由图 4-39a 中已知条件所示的圆柱、圆锥及其相对位置来分析相贯线的大致情况。从已知条件可以看出，由于圆柱从左边全部穿进圆锥，所以相贯线是一条闭合的空间曲线。又由于这两个回转体有公共的前后对称面，所以相贯线也前后对称，前半相贯线与后半相贯线的正面投影互相重合。于是就可想象出圆柱和圆锥的相贯线的大致形状，与图 4-40 所示实例中的圆柱和圆台的相贯线相类似。

由于圆柱面的侧面投影积聚为一个圆周，相贯线的侧面投影也必定重合在该圆周上，于是问题可归结为已知圆锥面上相贯线的侧面投影，求作它的正面投影和水平投影，可用圆柱面投影的积聚性作相贯线，也可用辅助平面法作相贯线，今用辅助平面法作相贯线，并分析和说明作图过程如下。

图 4-40 相贯线的大致形状和实例

为了使辅助平面能与圆柱面、圆锥面相交于素线或平行于投影面的圆，对圆柱而言，辅助平面应平行或通过柱轴，也可垂直于柱轴；对圆锥而言，辅助平面应垂直于锥轴或通过锥顶。综合上述情况，最好选择如图 4-41所示的两种辅助平面：①

（1）如图 4-41a 所示，平行或通过柱轴，同时也垂直于锥轴，即不高于圆柱的最高素线和不低于圆柱的最低素线的水平面。

（2）如图 4-41b 所示，通过锥顶，且平行或通过柱轴，即通过锥顶的一些侧垂面以及过锥顶的正平面，但这些侧垂面不能超越过锥顶的圆柱面的前后各一个切平面。

根据上述分析，作图过程如图 4-39 中的红色图形所示：

（1）如图 4-39a，因为圆柱和圆锥有公共的前后对称面，即正平面 N，也就是过锥顶且通过

① 除了图 4-41 所示的这两种辅助平面外，还可用过锥顶且与圆锥面和圆柱面都相交的正垂面作为辅助平面，它能与圆锥面交得素线，与圆柱面交得侧面投影为圆的椭圆，于是，就可先作出作为圆锥面、圆柱面和辅助平面的三面共点的相贯线上的点的侧面投影，然后再作出它的其他投影。由于用这样的正垂面作为辅助平面，在解题过程中不如图 4-41 所示的两种辅助平面直观和易于理解，所以最好选择图 4-41 所示的两种辅助平面。

柱轴的平面,与圆柱面相交于最高、最低的素线,与圆锥面交于最左素线,在它们的正面投影的相交处,作出相贯线上的最高点 B 和最低点 A 的正面投影 b'和 a',由 b'、a'分别在 N_H 和 N_W 上作出 b、a 和 b''、a''。实际上,圆柱和圆锥的公共对称面上的相贯线上的点 A 和 B 的正面投影 a'和 b'、侧面投影 a''和 b''也可在投影图中直接确定,水平投影 a 和 b 则由 a'和 b'作投影连线在公共对称面的水平投影上定出。

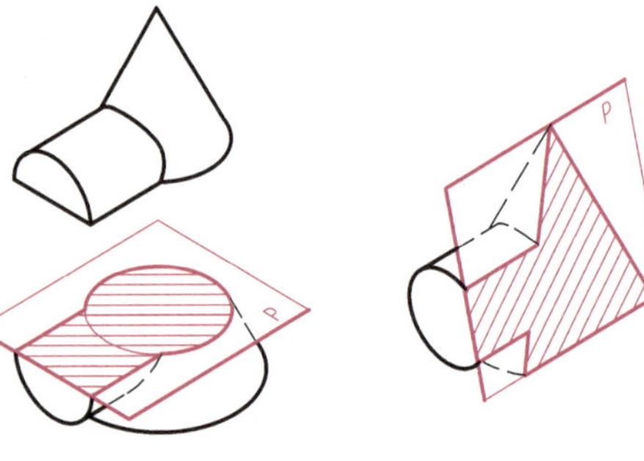

(a) 选择平行或通过柱轴且垂直于锥轴的平面　　(b) 选择过锥顶且平行或通过柱轴的平面

图 4-41　选择辅助平面

通过柱轴作水平面 P,与圆柱面相交于最前、最后两素线,与圆锥面相交于水平纬圆,在它们的水平投影的相交处,作出相贯线上的最前点 C 和最后点 D 的水平投影 c 和 d。由 c、d 分别在 P_V、P_W 上作出 c'、d'(c'、d'互相重合)和 c''、d''。

由于 c 和 d 就是圆柱面水平投影的转向轮廓线的端点,也就确定了圆柱面水平投影的转向轮廓线的范围。

(2) 如图 4-39b,因为在相贯体上的圆柱面水平投影的转向轮廓线已确定,便可将它们在图 4-39a 中未确定时所画的细双点画线于 c、d 之右的多余部分擦去,又因为它们在水平投影中都是可见的,所以确实存在的各一段应由细双点画线改画成粗实线,如图 4-39b 中所示的两段红色粗实线。

通过锥顶作与圆柱面相切的侧垂面 Q,与圆柱面相切于一条素线,其侧面投影积聚在 Q_W 与圆柱面侧面投影的切点处;与左圆锥面相交于一条素线,其侧面投影与 Q_W 相重合。这两条素线的交点 E,就是相贯线上的点,其侧面投影 e''就重合在圆柱面的切线的侧面投影上。于是就可由 Q 面与左圆锥面的这条交线上的点 E 的侧面投影 e'',按 y_1、y_2,由宽相等、前后对应就得到点 E 的水平投影 e。再由 e 和 e''作出 e'。

同理,通过锥顶作与圆柱面相切的侧垂面 S,也可作出相贯线上的点 F 的三面投影 f''、f 和 f'。点 E 和 F 是相贯线上的一对前后对称点,e'与 f'相互重合。

由于很难直接作出相贯线上的最右点,就将点 E 和 F 也看作是确定相贯线范围的特殊点,因为相贯线只能位于通过点 E、F 的两素线之间的左锥面上,在这两条素线之右的锥面上就不可能有相贯线。

(3) 如图 4-39c,在已作出的相贯线上的点较稀疏之处,作水平面 R,与圆柱面相交于两条素线,其侧面投影分别积聚在 R_W 与圆柱面侧面投影的交点处;与圆锥面相交于水平纬圆,其侧面投影重合在 R_W 上位于圆锥侧面投影范围内的一段,其长度也就是这个纬圆的直径的真长。这两条素线和水平纬圆的交点 G、H,就是相贯线上的点,其侧面投影 g''、h''分别积聚在这两条圆柱面素线的有积聚性的侧面投影上。作出这两条素线和水平纬圆的水平投影,在它们的交点处得出 g、h。由 g、h 在 R_V 上作出互相重合的 g'、h'。

按侧面投影中诸点的顺序,将诸点的正面投影、水平投影分别连成相贯线的正面投影、水平投影。按照“只有位于相贯体可见表面上的相贯线,其投影方可见”的原则,可以判断:$cebfd$ 可见,画粗实线;$dhagc$ 不可见,画细虚线。$b'e'c'g'a'$可见;$b'f'd'h'a'$不可见,且与 $b'e'c'g'a'$重合,画成粗实线。

清理图面后的作图结果见图 4-39d。

【例 4-15】 如图 4-42a 中的黑色图形所示，求作圆台和球的相贯线，补全相贯体的侧面投影。由于圆台表面的侧面投影的转向轮廓线的端点尚未确定，所以在黑色图形所示的已知条件中暂用细双点画线表示。

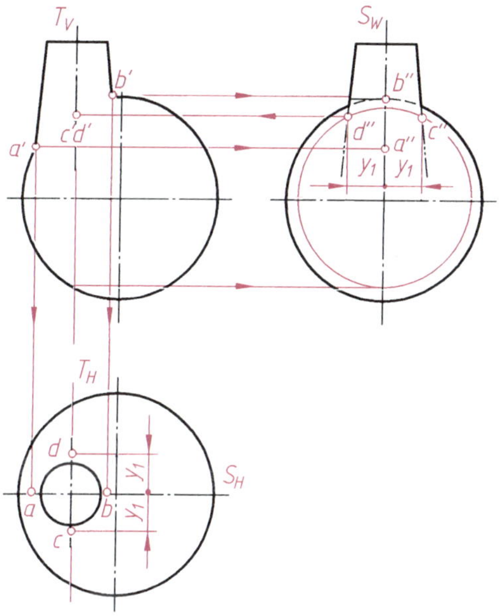

(a) 已知条件，作相贯线在圆台表面最左、最右、最前、最后素线上的点 *A*、*B*、*C*、*D* 的投影，*c''*、*d''* 是圆台表面的侧面投影的转向轮廓线的端点

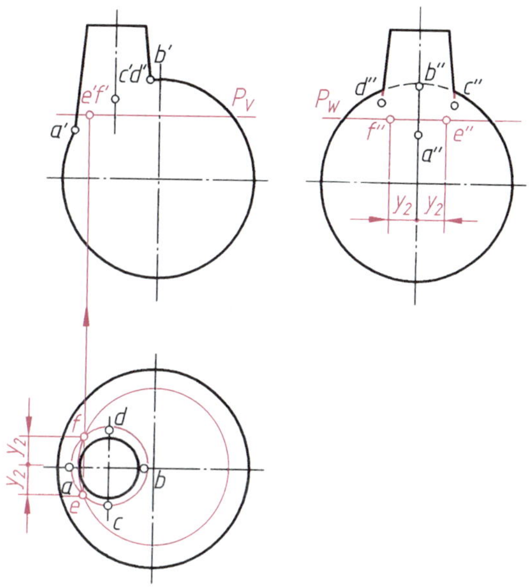

(b) 作相贯线上的一般点 *E*、*F* 的投影

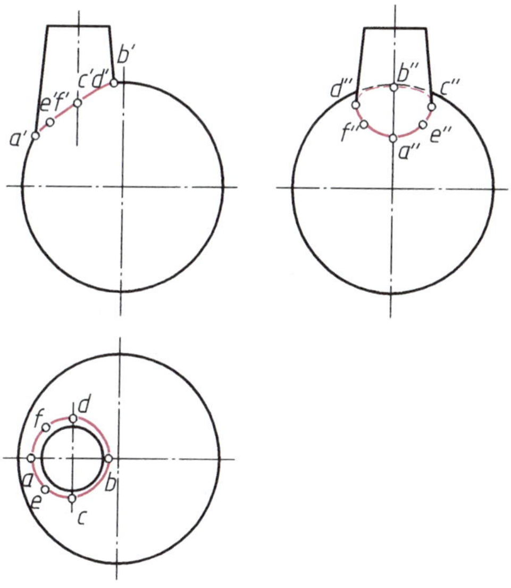

(c) 连接相贯线的三面投影，并表明可见性

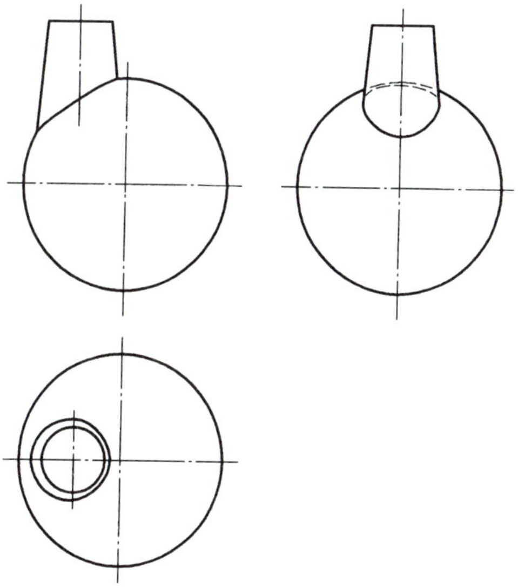

(d) 作图结果

图 4-42 作圆台和球的相贯线投影

【解】 先由圆台、球以及它们的相对位置来分析相贯线的大致情况。从已知条件可以看出：圆台的轴线不通过球心，但圆台和球有公共的前后对称面，圆台从球的左上方全部穿进球体。因此，相贯线是一条前后对称的闭合的空间曲线，可以想象出相贯线的大致形状，如图 4-43a 所示的实例轴承盖（图中只画出了半个轴承盖）表面上的相贯线。由于这两个回转体的回转面都不是圆柱面，它们的投影都没有积聚性，所以不能用圆柱面投影的积聚性作相贯线，但可用辅助平面法求出。因为相贯线前后对称，所以前半相贯线与后半相贯线的正面投影互相重合。为了使辅助平面能与圆台和球都相交于直线或平行于投影面的圆，对圆台而言，辅助平面应通过圆台延伸后的锥顶或垂直于圆台的轴线；对球而言，辅助平面可选用投影面平行面。综合这两种情况，辅助平面除了可选用过圆台轴线的正平面和侧平面外，只能选用水平面，见图4-43b。

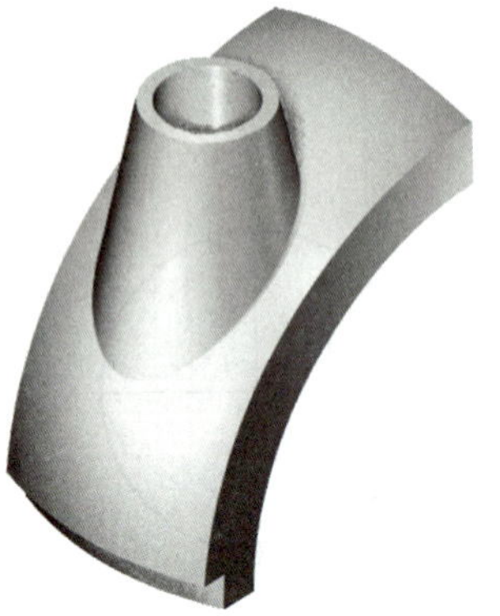

(a) 相贯线的大致形状与实例——轴承盖（局部）

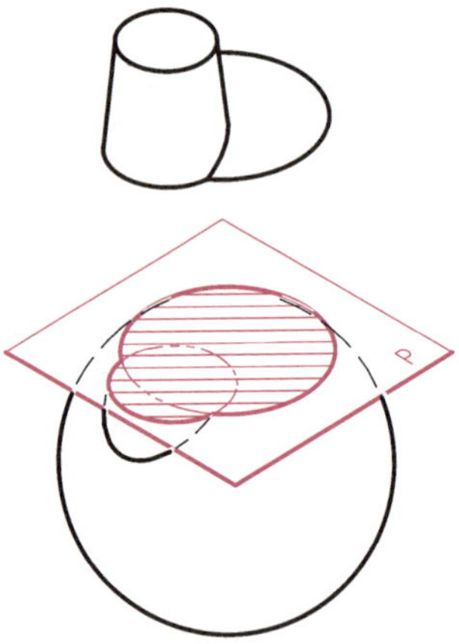

(b) 选择辅助平面

图 4-43 分析相贯线和选择辅助平面

根据上述分析，作图过程如图 4-42 中的红色图形所示：

（1）如图 4-42a，圆台和球的公共对称面 S，与圆台表面相交于最左、最右素线，与球面相交于平行正面的大圆，在它们的正面投影的相交处，作出相贯线在圆台表面最左、最右素线上的点 A、B 的正面投影 a'、b'，再由 a'、b'作出 a、b 和 a''、b''。

作通过圆台轴线的侧平面 T，与圆台表面相交于最前、最后素线，与球面相交于侧平圆，作出它们的侧面投影的交点 c''、d''，即为相贯线在圆台表面最前、最后素线上的点 C、D 的侧面投影，也就是圆台表面的侧面投影转向轮廓线的端点。再由 c''、d''作出 c'、d'（c'、d'互相重合）和 c、d。由于圆台表面的这两条侧面投影的转向轮廓线都在球面的侧面投影的转向轮廓线的左侧，所以都可见。

（2）如图 4-42b，先将圆台表面的侧面投影的转向轮廓线在 c''、d''之上的暂时画成细双点画线的各一小段改画成粗实线，并擦去多余的细双点画线。再在点 A 和 C、D 之间作水平面 P，与圆台表面、球面分别相交于水平的纬圆，作出它们的水平投影的交点 e、f，即为相贯线上两个一般点 E、F 的水平投影，再由 e、f 作出 e'、f'（e'、f'互相重合）和 e''、f''。

（3）如图 4-42c，按顺序连接所作出的各点的同面投影，即得相贯线的三面投影。按确定相贯线投影可见性的原则可以判定：相贯线的水平投影 $aecbdfa$ 全部可见，画粗实线；正面投影 $a'e'c'b'$ 可见，$a'f'd'b'$ 不可见，两者互相重合，画粗实线；侧面投影 $c''e''a''f''d''$ 可见，画粗实线，$d''b''c''$ 不可见，画细虚线。

清理图面后的作图结果见图 4-42d。

【例 4-16】 如图 4-44a 的黑色图形所示，求作轴线为正平线和侧垂线斜交的两圆柱的相贯线，并补全相贯体的水平投影。由于轴线为正平线的小圆柱面的水平投影的转向轮廓线的端点尚未确定，所以在黑色图形所示的已知条件中暂用细双点画线表示。

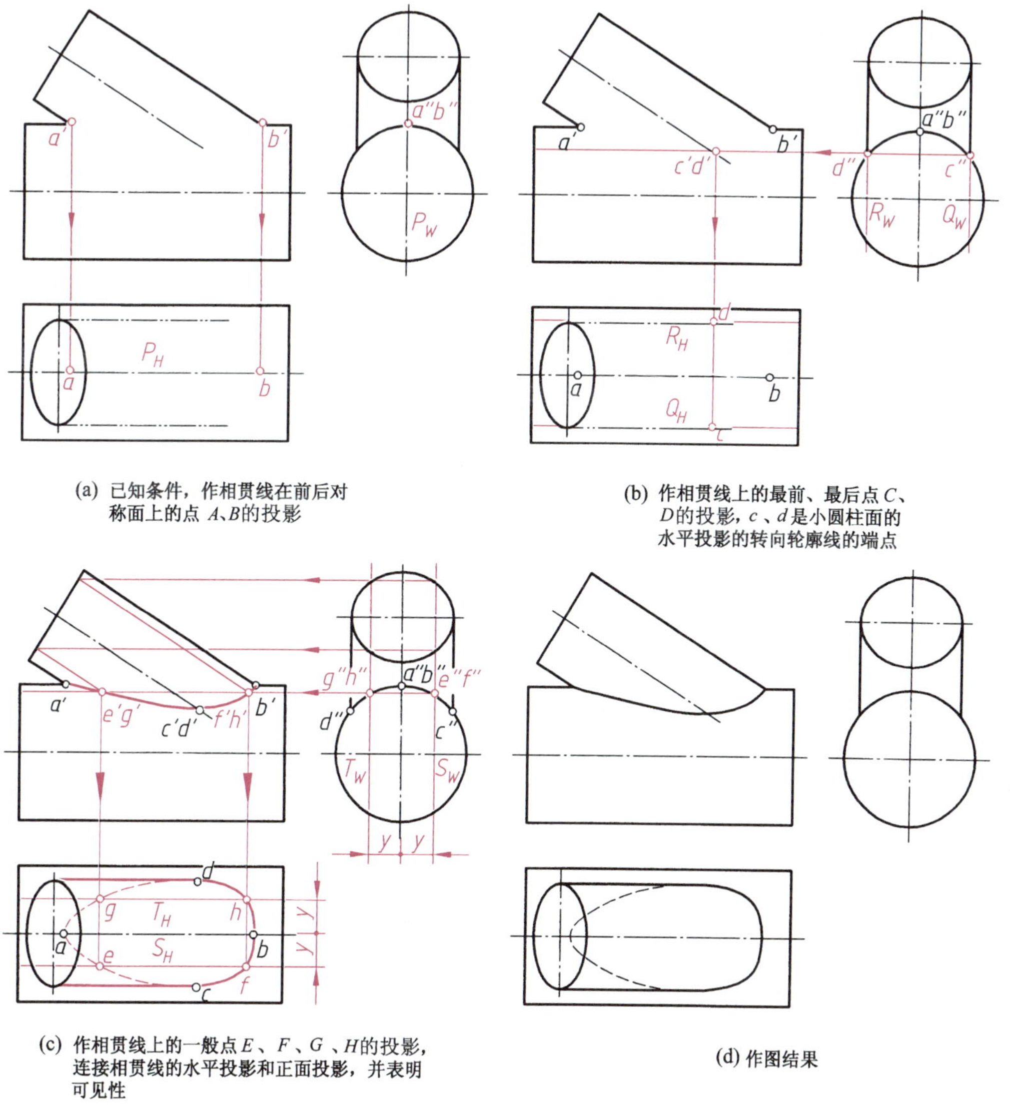

(a) 已知条件，作相贯线在前后对称面上的点 A、B 的投影

(b) 作相贯线上的最前、最后点 C、D 的投影，c、d 是小圆柱面的水平投影的转向轮廓线的端点

(c) 作相贯线上的一般点 E、F、G、H 的投影，连接相贯线的水平投影和正面投影，并表明可见性

(d) 作图结果

图 4-44 作轴线为正平线和侧垂线的两圆柱的相贯线

【解】 先由图 4-44a 中已知条件所示的两圆柱来分析相贯线的大致情况。由于轴线为正平线的小圆柱全部穿进轴线为侧垂线的大圆柱，所以相贯线是一条闭合的空间曲线。又由于这

两个圆柱有公共的前后对称面，所以相贯线也前后对称，可见的前半相贯线与不可见的后半相贯线的正面投影互相重合。因为小圆柱是在大圆柱的上半圆柱面上穿进，所以在小圆柱上半圆柱面上的相贯线的水平投影可见，而在小圆柱下半圆柱面上的相贯线的水平投影则为不可见。

由于大圆柱面的侧面投影积聚为一个圆周，相贯线的侧面投影就重合在该圆周上，可用圆柱面投影的积聚性或辅助平面法作相贯线，今用辅助平面法求作。作图时可选用同时平行于两个圆柱的轴线的正平面作为辅助平面，与两个圆柱面的截交线都是素线。

作图过程如图 4-44 中的红色图形所示：

(1) 如图 4-44a，用相贯体的前后对称面 P 截切两圆柱，与大圆柱面截得最高素线，与小圆柱面截得最高和最低素线，在它们的正面投影的相交处，作出相贯线在前后对称面上的点 A、B 的正面投影 a'、b'，并由 a'、b'分别在 P_H 和 P_W 上作出 a、b 和 a''、b''，a''与 b''互相重合。从图中可以看出，点 A 和 B 也是相贯线上的最高点，且分别是相贯线上的最左和最右点。

(2) 如图 4-44b，用与小圆柱面相切的正平面 Q、R 作为辅助平面，分别与小圆柱面相切于最前、最后素线，与大圆柱的上圆柱面各交得一条素线，从图中可以看出：小圆柱面的最前、最后素线的正面投影与小圆柱面轴线的正面投影相重合；大圆柱面上的两条截交素线的正面投影前后重合，在它们的正面投影的相交处，作出相贯线上的最前点 C 和最后点 D 的正面投影 c'和 d'。因为相贯线前后对称，所以 c'与 d'也互相重合。作图时，先在正平面 Q、R 与大圆柱面的有积聚性的侧面投影的相交处，定出这两条截交素线的侧面投影，它们分别积聚成一点，由它们引正面投影与侧面投影之间的投影连线，即可作出这两条截交素线相重合的正面投影，由此就分别作出了辅助平面 Q、R 与小圆柱面相切的素线和与大圆柱面相交的素线的交点 C、D 的互相重合的正面投影 c'、d'。因为点 C 和 D 也分别在正平面 Q 和 R 上，就可由 c'和 d'引投影连线，分别在 Q_H、Q_W 和 R_H、R_W 上作出 c、c''和 d、d''。从图中还可看出，点 C、D 同时也是相贯线上的最低点，而且也分别是小圆柱面水平投影的转向轮廓线的端点。

(3) 如图 4-44c，由于小圆柱位于大圆柱的上方，小圆柱面的水平投影的转向轮廓线是可见的，于是将在图 4-44b 中已确定的小圆柱面的两段原先画成细双点画线的水平投影的转向轮廓线改画成粗实线，并擦去多余的细双点画线。然后，在这些已作出的相贯线上诸特殊点之间的较稀疏处，作与前后对称面相距 y 的正平面 S、T，分别与大圆柱的上半圆柱面交得一条素线，与小圆柱面交得两条素线，在它们的正面投影的相交处，作出相贯线上的一般点 E、F、G、H 的正面投影e'、f'、g'、h'，e'与 g'、f'与 h'分别互相前后重合。从图中可以看出，这些截交素线的正面投影也是在先作出了它们的侧面投影后再作出的：由 S_W、T_W 与大圆柱面的有积聚性的侧面投影交出截交素线的有积聚性的侧面投影，由它们作投影连线，从而作出大圆柱的截交素线的前后重合的正面投影；由 S_W、T_W 与小圆柱顶圆圆周的侧面投影椭圆的交点作投影连线，与顶圆积聚成直线的正面投影相交，从交点作小圆柱轴线的正面投影的平行线，就可作出小圆柱的截交素线的前后重合的正面投影，由此就分别作出了辅助平面 S、T 与大圆柱面、小圆柱面相交的素线的交点 E 和 F、G 和 H 的正面投影 e'和f'、g'和 h'，e'与 g'、f'与 h'分别相互重合。因为点 E、F 都位于正平面 S 上，点 G、H 都位于正平面 T 上，就可由 e'、f'作投影连线，分别在 S_H 和 S_W 上作出 e、f和 e''、f''，由 g'、h'作投影连线，分别在 T_H 和 T_W 上作出 g、h 和 g''、h''。

按相贯线 $AECFBHDGA$ 上诸点在侧面投影中显示的顺序，将这些点的水平投影逐点连成相

贯线的水平投影 *aecfbhdga*，只有都位于两个圆柱的上半圆柱面上的相贯线的水平投影 *cfbhd* 是可见的，连成粗实线，位于小圆柱下半圆柱面上的相贯线的水平投影 *dgaec* 则不可见而连成细虚线；同样，将诸点的正面投影连成相贯线的正面投影 $a'e'c'f'b'h'd'g'a'$，位于两个圆柱的前半圆柱面上的相贯线的正面投影 $a'e'c'f'b'$ 可见，位于两个圆柱的后半圆柱面上的相贯线的正面投影 $b'h'd'g'a'$ 不可见，但前后重合，于是就连成粗实线。

清理图面后的作图结果见图 4-44d。

二、两回转体相贯的特殊情况

在一般情况下，两回转体的相贯线是空间曲线，但是，在某些特殊情况下，也可能是平面曲线或直线。今介绍相贯线为平面曲线的两种比较常见的特殊情况如下：

（一）轴线相交，且平行于同一投影面的圆柱与圆柱、圆柱与圆锥、圆锥与圆锥相交，若它们能公切一个球，则它们的相贯线是垂直于这个投影面的椭圆。

图 4-45 中的圆柱与圆柱、圆柱与圆锥、圆锥与圆锥相交，轴线都分别相交，并且都平行于正面，还可公切一个球，因此，它们的相贯线都是垂直于正面的两个椭圆，只要连接它们的正面投影的转向轮廓线的交点，得两条相交直线，即相贯线（两个椭圆）的正面投影。图 4-45 只分别画出了相贯体的正面投影。

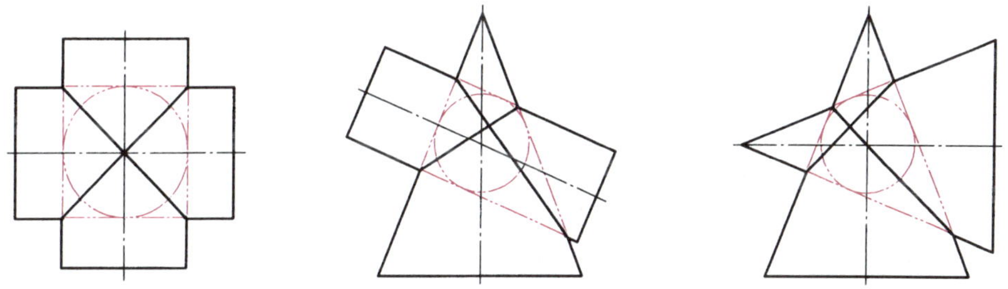

(a) 圆柱与圆柱　　(b) 圆柱与圆锥　　(c) 圆锥与圆锥

图 4-45　切于同一个球面的圆柱、圆锥的相贯线

（二）两个同轴回转体（轴线在同一直线上的两个回转体）的相贯线，是垂直于轴线的圆。

如图 4-46 所示的手柄，它的主体是一个具有铅垂的圆柱通孔的球，被两个水平面截去上、下各一块，截交线分别都是水平圆（上面的截交圆较下面的截交圆小一些）；右侧是一个组合回转体（由圆台和与它相切的球构成）。由于右侧的组合回转体的轴线通过主体球的球心，因此，它们可以看作是两个同轴回转体相交，它们的相贯线是垂直于轴线的圆。因为图中的轴线是正平线，所以相贯线是处于正垂面位置的圆，它的正面投影成为直线，水平投影是椭圆。

三、组合相贯线

三个或三个以上的立体相交，其表面形成的交线，称为组合相贯线，工程上有时会遇到具有组合相贯线的零件，这些相交的立体仍构成一个整体，组成一个相贯体。组合相贯线的各段相贯线，分别是两个立体表面的交线；而两段相贯线的连接点，则必定是相贯体上的三个表面的共有点。

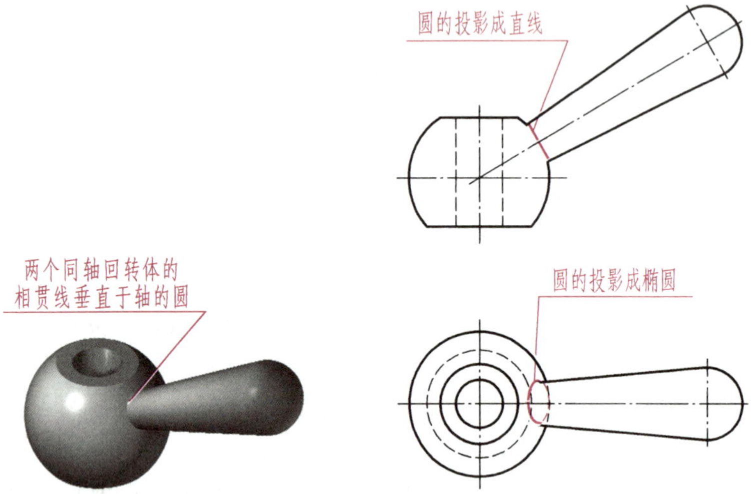

(a) 立体图　　(b) 投影图

图 4-46　两个同轴回转体的相贯线

【例 4-17】 如图 4-47a 的黑色图形所示，求作半球与两个圆柱的组合相贯线。

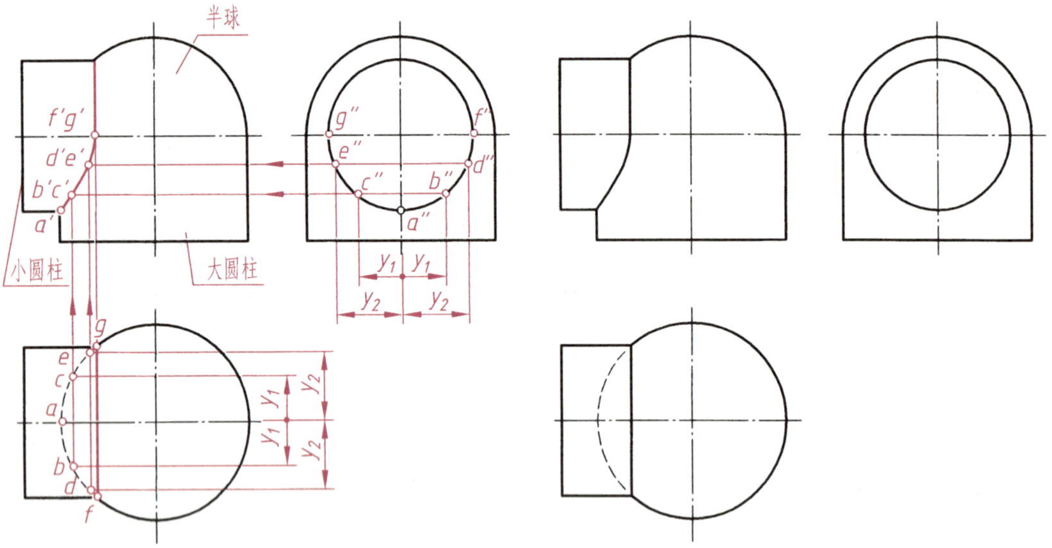

(a) 已知条件，分析和作图过程　　(b) 作图结果

图 4-47　作半球与两个圆柱的组合相贯线

【解】 先由图 4-47a 中已知条件所示的这三个立体及其相对位置来分析组合相贯线的大致情况。相贯体的右侧是半球与大圆柱相切，由于相切处是光滑过渡，不必画出相切的圆；相贯体的左侧是小圆柱，上部与半球有相贯线，可以看作是共有侧垂轴的同轴回转体（小圆柱和球）的上面一半，相贯线应是垂直于这条侧垂轴的半圆，下部与大圆柱有相贯线，是一段空间曲线，上部和下部的相贯线分别有前、后各一个连接点，它们是半球面、大圆柱面、小圆柱面的三面共点，

连接成闭合的组合相贯线。

由于这三个立体有公共的前后对称面，亦即相贯体前后对称，所以组合相贯线也前后对称，相贯线的正面投影也前后重合。由于小圆柱面的侧面投影有积聚性，积聚成一个圆周，半球面、大圆柱面与小圆柱面的交线的侧面投影就分别重合在上半、下半圆周上；同样，由于大圆柱面的水平投影有积聚性，也积聚成一个圆周，小圆柱面与大圆柱面的交线的水平投影就重合在这个圆周的小圆柱伸进大圆柱处的一小段圆弧上；由于大圆柱在小圆柱伸进去的部位是在小圆柱的上半圆柱面之下，所以这一部分的大圆柱面的有积聚性的水平投影圆周的一小段圆弧被小圆柱所遮而画成细虚线；其他的这三个立体组成的组合相贯体的三面投影的外轮廓线，读者们是都能自行阅读看懂的。因此，只要作出小圆柱面与半球面的交线的正面投影与水平投影，以及大圆柱面与小圆柱面的交线的正面投影就可以了。

作图过程如图 4-47a 的红色图形所示，请读者自行阅读，小圆柱面与半球面的相贯线是按两个同轴回转体的相贯线作出的，大圆柱面与小圆柱面的相贯线是用圆柱面投影的积聚性作出的，不再赘述。

清理图面后的作图结果如图 4-47b 所示。

§4-5 AutoCAD 三维实体建模

三维设计是工程设计的趋势，三维建模是三维设计的基础。AutoCAD 提供了强大的三维建模功能，并支持三种三维建模类型：线框建模（图 4-48a）、表面建模（图 4-48b）和实体建模（图 4-48c）。

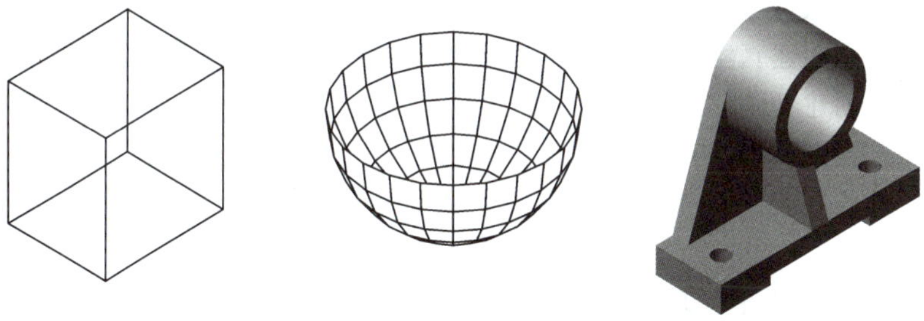

(a) 线框模型　　(b) 表面模型　　(c) 实体模型

图 4-48　三维模型的种类

实体建模是最常用的三维建模类型。使用实体建模，可以创建长方体、圆柱体、圆锥体、球体、棱锥体、楔体和圆环体等基本三维立体（图 4-49），并可通过对这些基本立体进行并集、差集或交集的布尔运算生成各种复杂的实体。此外还可以通过拉伸、旋转、扫掠和放样等方式来创建实体。本节简要介绍三维实体模型的创建及编辑方法。

实体模型是具有质量、体积、重心和惯性矩等特性的三维表示，可以用来分析实体的质量特性，并输出数据用于数控切削加工或进行有限元法应力分析。与传统线框模型相比，实体模型对复杂的实体形状更易于构造和编辑。如果需要，用户可以将实体分解为面域、体、曲面和线框对象。

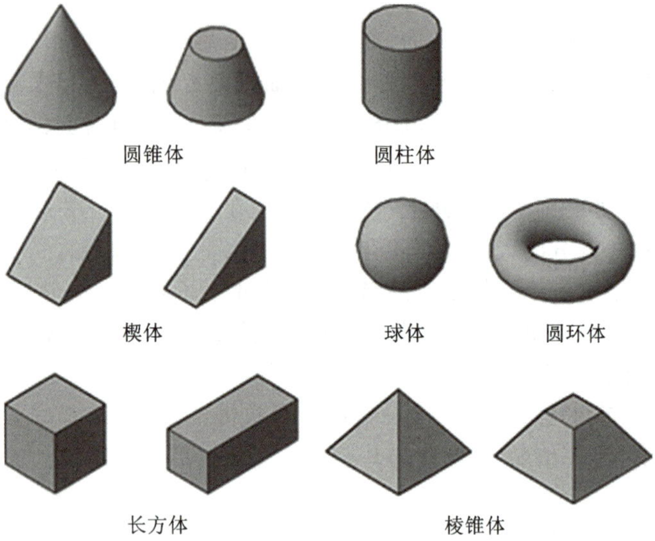

图 4-49　基本立体

实体建模有以下优点：

（1）可以从任何有利位置查看模型；

（2）自动生成可靠的标准或辅助二维视图；

（3）创建截面和二维图形；

（4）消除隐藏线并进行真实感着色；

（5）检查干涉和执行工程分析；

（6）添加光源和创建真实渲染；

（7）使用模型创建动画；

（8）提取加工数据，有利于无纸化加工。

一、用户坐标系

在 AutoCAD 中有两个坐标系：一个是被称为世界坐标系（WCS）的固定坐标系，一个是被称为用户坐标系（UCS）的可移动坐标系。默认情况下，这两个坐标系在新图形中是重合的。

通常在二维视图中，WCS 的 *X* 轴水平，*Y* 轴垂直。WCS 的原点为 *X* 轴和 *Y* 轴的交点（0，0）。图形文件中的所有对象均由其 WCS 坐标定义。因为三维建模用到的二维线框绘制时默认的平面是 *XY* 平面，所以建模过程中使用 UCS 来不断改变 *XY* 平面的位置以便创建和编辑对象。

UCS 命令

功能：可以重新定位和旋转用户坐标系，以便于使用坐标输入、栅格显示、栅格捕捉、正交模式和其他图形工具。

操作规则：“视图”标签⇨“坐标”面板⇨世界。根据需要选择新建用户坐标的方式，然后根据需要在图中选择对象。UCS 的图标如图 4-50 所示。

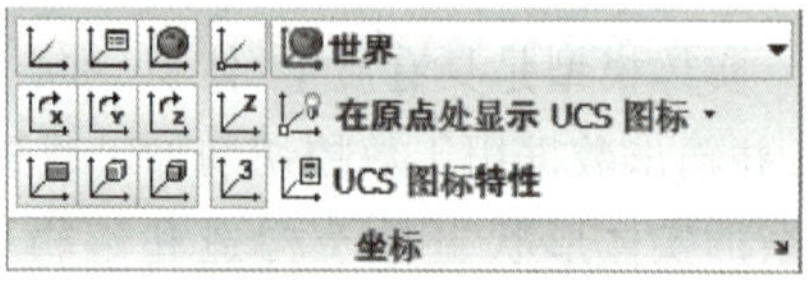

图 4-50　UCS 图标

命令：UCS

当前 UCS 名称：* 没有名称 *

指定 UCS 的原点或[面(F)/命名(NA)/对象(OB)/上一个(P)/视图(V)/世界(W)/X/Y/Z/Z 轴(ZA)]<世界>：

同时，AutoCAD 从 2007 版起，还提供了一个非常实用的动态 UCS 功能，绘制二维平面图形时，会自动选择坐标平面。动态 UCS 图标在屏幕下方的状态栏上，三维建模时务必使其有效。

二、建模方式和命令

三维建模时先将“工作空间”切换到“三维建模”，此时三维建模常用的工具图标显示在窗口上方(图 4-51)。

图 4-51 三维常用工具面板

工具栏包含常用、网格建模、渲染、插入、注释、视图、管理和输出等选项卡，主要使用常用和视图两个选项卡的面板，需要时可方便地切换到其他选项卡。

实体建模的方式除了图 4-49 所示的基本立体以外，常用的方法是拉伸、旋转、扫掠和放样，其中拉伸用得最多。

1. 拉伸(EXT)

功能：将二维对象拉伸成三维实体模型。

操作规则：“常用”标签⇨“建模”面板⇨“实体创建”，点三角下拉式⇨“拉伸”。先选择要拉伸的二维对象，然后给定拉伸高度或指定拉伸路径后再给定拉伸长度，拉伸时还能指定倾斜角以便拉伸出具有一定斜度的面，如铸件的拔模斜度，如图 4-52 所示。

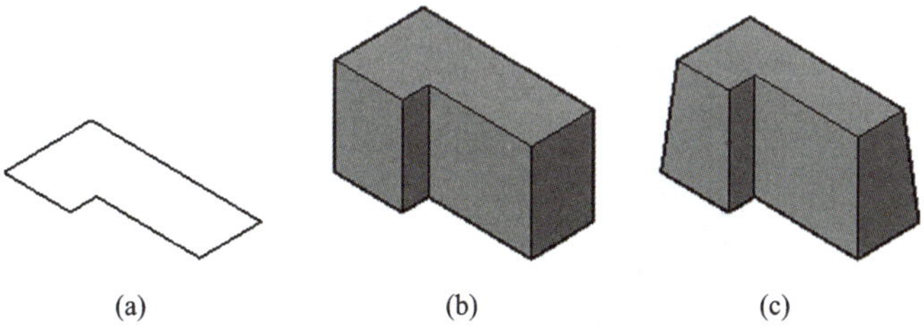

图 4-52 拉伸

先用多段线绘制一封闭二维线框(图 4-52a)，将其复制成两个，然后按以下操作生成图4-52b：

命令：EXTRUDE

当前线框密度：ISOLINES=4(对象上每个曲面的轮廓素线数目，有效设置为从 0 到 2 047 的整数)

选择要拉伸的对象:找到 1 个

选择要拉伸的对象:

指定拉伸的高度或[方向(D)/路径(P)/倾斜角(T)]<50>:50

再按以下操作拉伸出图 4-52c:

命令:EXTRUDE

当前线框密度:ISOLINES=4

选择要拉伸的对象:找到 1 个

选择要拉伸的对象:

指定拉伸的高度或[方向(D)/路径(P)/倾斜角(T)]<50>:T

指定拉伸的倾斜角度<0>:5

指定拉伸的高度或[方向(D)/路径(P)/倾斜角(T)]<50>:50

说明:

(1) 拉伸命令可创建指定形状的实体或曲面。可以将闭合对象(例如圆)转换为三维实体,将开放对象(例如直线)转换为三维曲面。

(2) 如果拉伸具有一定宽度的多段线,则将忽略宽度并从多段线路径的中心拉伸多段线。

(3) 必须将多个独立对象(例如多条直线或圆弧)转换为单个对象,才能创建拉伸实体。可以使用 Pedit 命令的"合并"选项将对象合并为多段线,或使用 Region 命令将对象转换为面域。

(4) 使用"路径"项可以通过指定路径来控制创建的实体或曲面(图 4-53)。拉伸实体始于轮廓所在的平面,止于路径端点处与路径垂直的平面。扫掠比使用路径拉伸更易控制,所以有了扫掠就不太需要再使用路径拉伸了。

2. 旋转(REV)

功能:通过绕轴扫掠二维对象来创建三维实体或曲面。

操作规则:"常用"标签⇨"建模"面板⇨"实体创建",点三角下拉式⇨"旋转"。先选择旋转对象,再指定旋转轴,然后给出旋转角度,如图 4-54 所示。

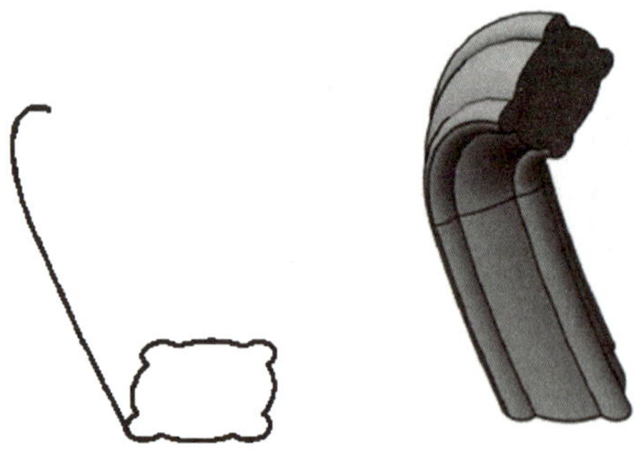

图 4-53 使用"路径"拉伸

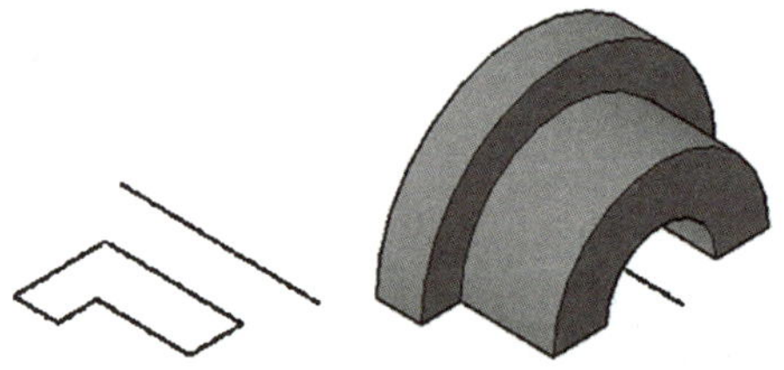

图 4-54 旋转

命令:REVOLVE

当前线框密度:ISOLINES=4

选择要旋转的对象:找到 1 个

选择要旋转的对象：

指定轴起点或根据以下选项之一定义轴[对象(O)/X/Y/Z]<对象>：

指定轴端点：

指定旋转角度或[起点角度(ST)]<360>：180

说明：

可以旋转闭合对象创建三维实体，也可以旋转开放对象创建三维曲面，可以将对象旋转360°或其他指定角度。

3. 扫掠(SWEEP)

功能：通过沿路径扫掠二维对象来创建三维实体或曲面。

操作规则："常用"标签⇨"建模"面板⇨"实体创建"，点三角下拉式⇨"扫掠"。先选择要扫掠的二维对象，然后选择扫掠路径，如图 4-55 所示。

命令：SWEEP

当前线框密度：ISOLINES=4

选择要扫掠的对象：找到 1 个

选择要扫掠的对象：

选择扫掠路径或[对齐(A)/基点(B)/比例(S)/扭曲(T)]：

说明：

(1) 使用扫掠命令，可以通过沿开放或闭合的二维或三维路径扫掠开放或闭合的平面曲线(轮廓)创建新曲面或实体。扫掠沿指定的路径以指定轮廓的形状绘制实体或曲面。可以扫掠多个对象，但是这些对象必须位于同一平面中。

(2) 对齐(A)　如果轮廓曲线不垂直于路径曲线起点的切向，则轮廓曲线将自动对齐。出现对齐提示时输入"No"以避免该情况的发生。

(3) 基点(B)　指定要扫掠对象的基点。如果指定的点不在选定对象所在的平面上，则该点将被投影到该平面上。

(4) 比例(S)　指定比例因子以进行扫掠操作。从扫掠路径的开始到结束，比例因子将统一应用到扫掠的对象。

(5) 扭曲(T)　设置当前扫掠对象的扭曲角度。扭曲角度指定沿扫掠路径全部长度的旋转量。

4. 放样(LOFT)

功能：在若干横截面之间的空间中创建三维实体或曲面，如图 4-56 所示。

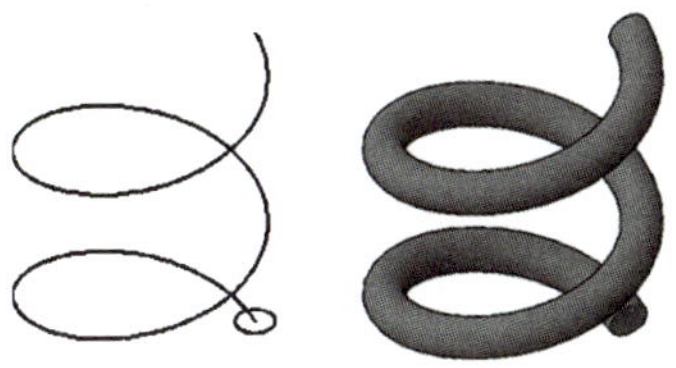

图 4-55　扫掠

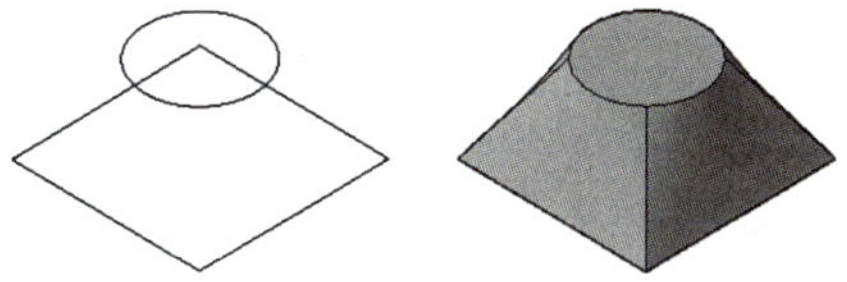

图 4-56　放样

操作规则："常用"标签⇨"建模"面板⇨"实体创建"，点三角下拉式⇨"放样"。先依次选择横截面，然后指定导向或路径，如果仅横截面回车即可。

命令:LOFT
按放样次序选择横截面:找到 1 个
按放样次序选择横截面:找到 1 个,总计 2 个
按放样次序选择横截面:
输入选项[导向(G)/路径(P)/仅横截面(C)]<仅横截面>:
说明:

(1) 横截面(通常为曲线或直线)可以是开放的(例如圆弧),也可以是闭合的(例如圆)。放样用于在横截面之间的空间内绘制实体或曲面。

(2) 使用放样命令时,必须至少指定两个横截面。

(3) 使用导向和路径可以更好地控制三维模型创建(图 4-57 和图 4-58)。

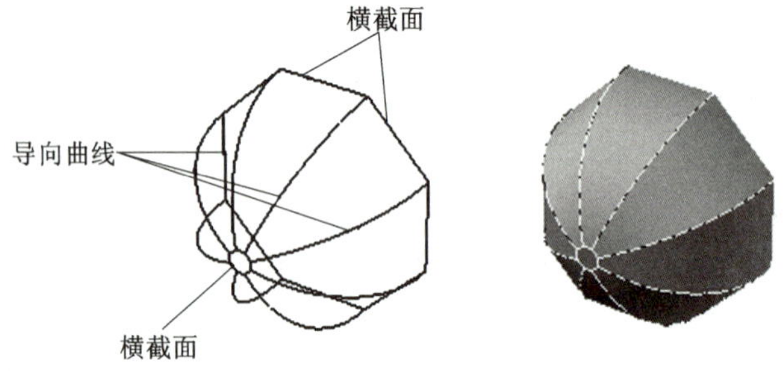

图 4-57 使用导向放样

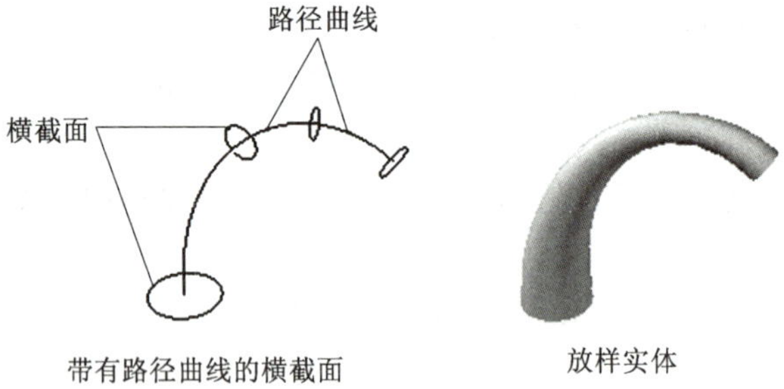

图 4-58 使用路径放样

三、模型编辑命令

1. 实体的并、交、差运算

通过并、交、差运算来创建复合三维对象。

(1) 并集(UNI)

功能:通过加操作来合并选定的三维实体。

操作规则:“常用”标签⇨“实体编辑”面板⇨“并集”。逐一选择需要合并的实体,然后按回车即可,如图 4-59 所示。

(2) 差集(SU)

功能:通过减操作来合并选定的三维实体。

操作规则:"常用"标签⇨"实体编辑"面板⇨"差集"。先选择被减的实体,按回车后,再选择减去的实体,然后按回车即可,如图 4-60 所示。

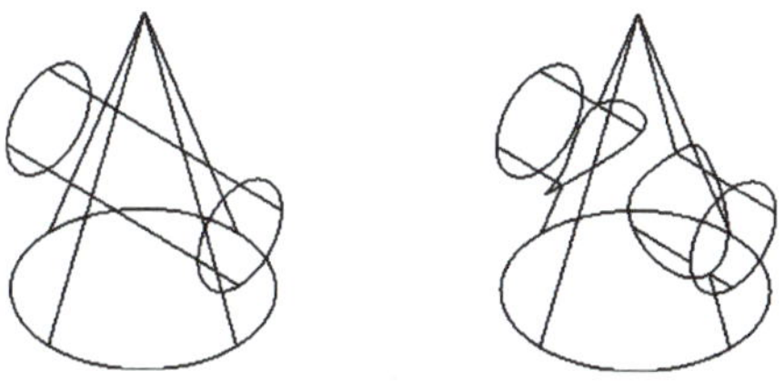

图 4-59 并集

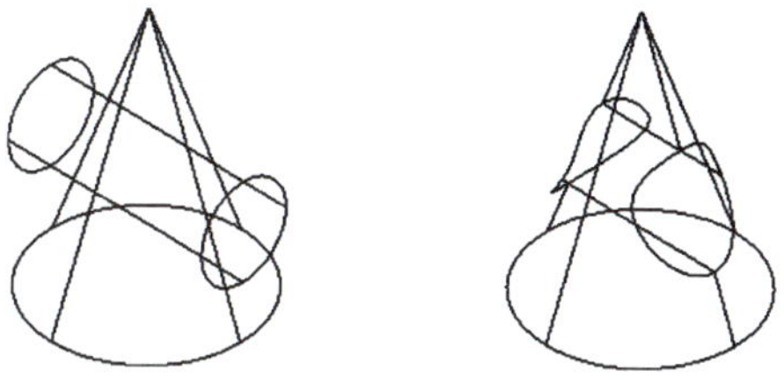

图 4-60 差集

(3) 交集(IN)

功能:通过几个实体的重叠操作创建三维实体。

操作规则:"常用"标签⇨"实体编辑"面板⇨"交集"。逐一选定需要求交的实体,然后按回车即可,如图 4-61 所示。

2. 剖切(SL)

功能:通过剖切或分割现有对象,创建新的三维实体。

操作规则:"常用"标签⇨"实体编辑"面板⇨"剖切"。先选择被剖切的实体,然后用适当方法选定剖切面的位置,可以选择切去一部分,也可以保留全部,图 4-62 保留了全部。

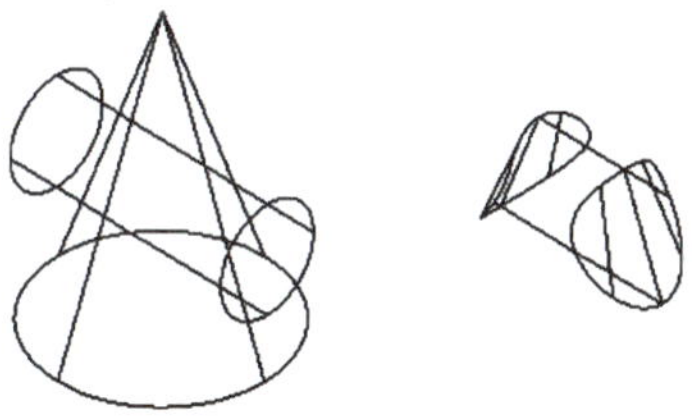

图 4-61 交集

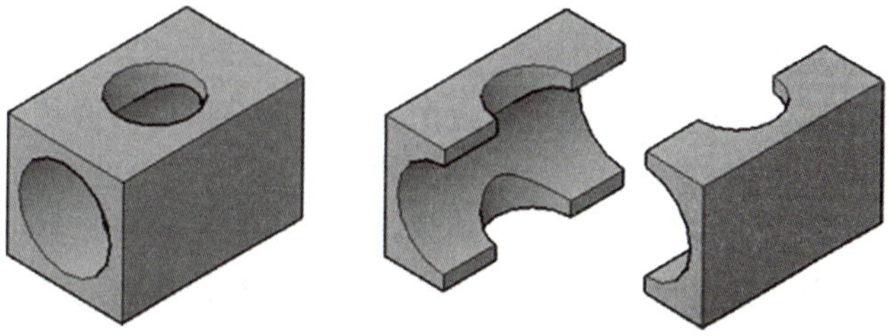

图 4-62 剖切

命令:SLICE

选择要剖切的对象:找到 1 个

选择要剖切的对象:

指定切面的起点或[平面对象(O)/曲面(S)/Z 轴(Z)/视图(V)/XY(XY)/YZ(YZ)/ZX(ZX)/三点(3)]<三点>:zx(剖切平面平行于 ZX 平面)

指定 ZX 平面上的点<0,0,0>:(指定圆心)

在所需的侧面上指定点或[保留两个侧面(B)]<保留两个侧面>:

将前面部分往右移动后,得到剖切后的结果。

3. 按住/拖动(PRESSPULL)

功能:按住或拖动有边界区域,从而改变实体的大小。

操作规则:"常用"标签⇨"建模"面板⇨"按住/拖动"。将光标移到需要拖动的封闭线框上,选中的面边框线会变虚线,此时按下鼠标左键,移动鼠标就能拖动此表面。

命令:_presspull

单击有限区域以进行按住或拖动操作。

已提取 1 个环。

已创建 1 个面域。

说明:

(1) 通过以零间距拾取点来填充的区域,即产生一个零厚度的实体。

(2) 可拖动由共面相交的公共部分线框和线性几何体(包括边和块中的几何体)围成的区域。

(3) 可拖动具有共面顶点的闭合多段线、面域、三维面和二维实体的面。

(4) 可拖动由与三维实体的面共面的几何图形(包括二维对象和面的边)封闭的区域。

(5) 可以部分替代拉伸命令的功能,有时比拉伸更灵活,如图 4-63 所示,先画两个相交的圆,然后把光标移到相交部分,就能捕捉到相交部分的线框,此时拖动鼠标,就能产生新的实体。

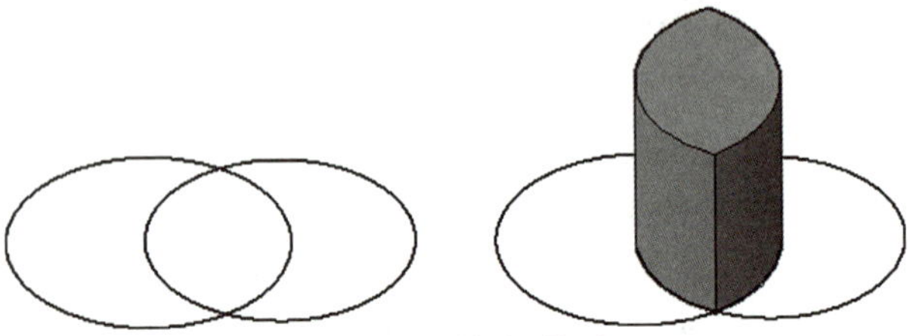

图 4-63　按住/拖动

4. 夹点编辑三维实体

功能:可以拖动夹点以更改图元实体和多段体的形状和大小。

操作规则:先选中一个三维实体,此时在实体上就会出现可控制的小三角形或小方块,不同类型实体会出现不同的夹点,图 4-64 中的长方体和圆锥就有不同的夹点。只要把光标移到和夹点重合并按下鼠标左键,夹点变红色,此时移动光标,就能改变实体的形状和大小。

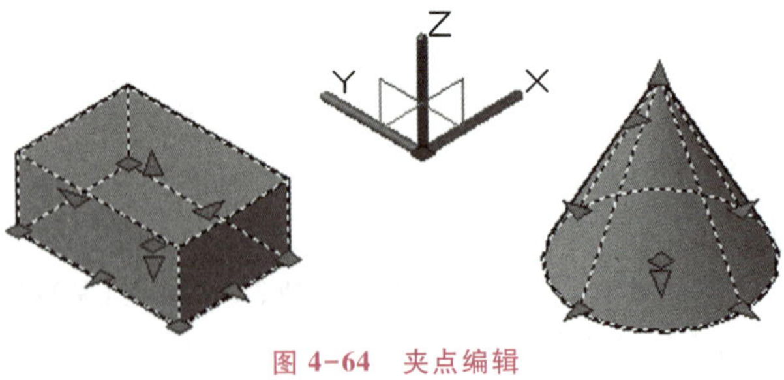

图 4-64　夹点编辑

四、模型的查看

模型的查看主要是缩放、移动和旋转。缩放和二维图形一样,模型旋转查看最常用三维动态观察、ViewCube 和视觉样式三个工具。

1. 三维动态观察包含三个命令,如图 4-65 所示。

（1）受约束的动态观察（3DO）

功能：沿 *XY* 平面或 *Z* 轴约束三维动态观察。

操作规则："视图"标签⇨"导航"面板⇨"三维动态"下拉式菜单⇨"动态观察"。

（2）自由动态观察（3DFORBIT）

功能：不参照平面，在任意方向上进行动态观察。

操作规则："视图"标签⇨"导航"面板⇨"三维动态"下拉式菜单⇨"自由动态观察"。

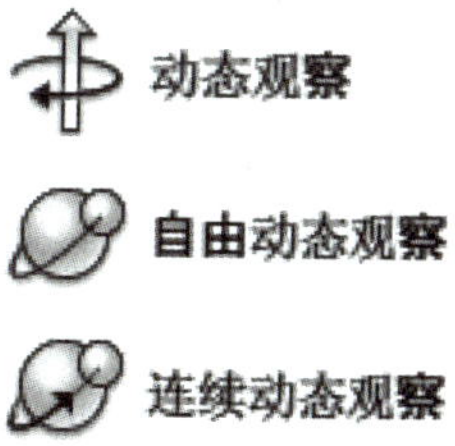

图 4-65　三维动态观察

（3）连续动态观察（3DCORBIT）

功能：连续地进行动态观察。在要使连续动态观察移动的方向上单击并拖动，然后松开鼠标按钮。动态观察沿该方向继续移动。

操作规则："视图"标签⇨"导航"面板⇨"三维动态"下拉式菜单⇨"连续动态观察"。

三维动态观察功能很多，在执行过程中按鼠标右键会弹出快捷菜单，如图 4-66 所示。利用快捷菜单可以方便地在三种导航模式中切换，也可以进行缩放等其他操作。如果观察时，模型转到窗口外面，可点击快捷菜单上的范围缩放，然后滚动中键调整大小。

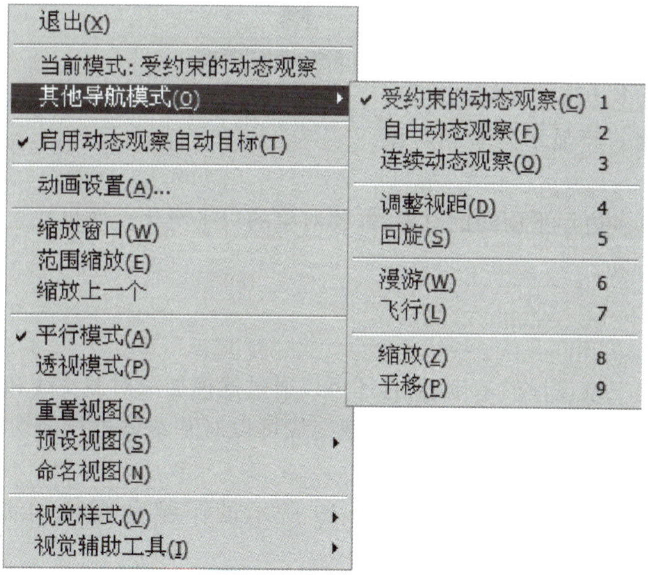

图 4-66　三维动态观察快捷菜单

2. ViewCube 是一个三维导航工具，在三维视觉样式中处理图形时显示在窗口的右上角。ViewCube 工具（图 4-67）是一种可单击、可拖动的常驻界面，用户可以用它在模型的标准视图和等轴测视图之间进行切换。ViewCube 工具显示后，将在窗口一角以不活动状态显示在模型上方，尽管 ViewCube 工具处于不活动状态，但在视图发生更改时仍可提供有关模型当前视点的直观反映。将光标悬停在 ViewCube 工具上方时，该工具会变为活动状态；用户可以切换至其中一个可用的预设视图，滚动当前视图

图 4-67　ViewCube 工具图标

或更改至模型的主视图。

可以点击或拖动 ViewCube 图标的点、线和面来改变对三维模型的观察方向。点击立方体的顶点切换到轴测图，点击立方体的面切换到正投影。比如你要看模型的正面投影就点击图标上的“前”字，看模型的侧面投影就点“左”字。

ViewCube 的功能很多，请在使用中慢慢体会，特别提醒的是，在二维线框的显示模式下，它是无效的，即不会在窗口右上角出现图标。用视觉样式命令将显示模式改成其他三维视觉样式，就能使用 ViewCube 功能了。

3. 视觉样式(VSM)

功能：视觉样式是一组设置，用来控制视口中边和着色的显示。

操作规则：“常用”选项卡⇨“三维选项板”面板⇨“视觉样式”。在视觉样式里有五种默认设置，如图 4-68 所示。

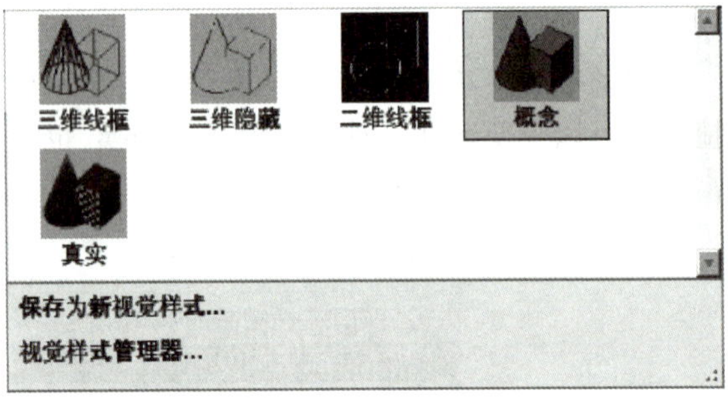

图 4-68　视觉样式

(1) 二维线框　显示用直线和曲线表示边界的对象。线型和线宽均可见。

(2) 三维线框　显示用直线和曲线表示边界的对象。

(3) 三维隐藏　显示用三维线框表示的对象并隐藏表示后面的直线。

(4) 真实　着色多边形平面间的对象，并使对象的边平滑化。将显示附着到对象的材质。

(5) 概念　着色多边形平面间的对象，并使对象的边平滑化。效果缺乏真实感，但是可以更方便地查看模型的细节。

五、实例

三维建模不仅是三维设计的基础，而且还可以通过建模加深对截交线和相贯线的认识，可以从任意角度来观察截交线和相贯线的形状。截交线可以对基本体进行剖切得到，相贯线可以用基本体进行并、交、差的集合运算得到。

表 4-3 说明了用 AutoCAD 绘制图 4-39 所示的圆锥和圆柱相贯的相贯线的形成过程。

表 4-3　圆锥和圆柱相贯的相贯线的形成过程

序号	内　　容	操 作 说 明	图　　例
1	将窗口生成西南等轴测	“视图”标签⇨“视图”面板⇨“视图管理器”，点三角下拉式⇨西南等轴测。	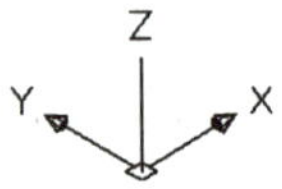
2	绘制圆锥	“常用”标签⇨“建模”面板⇨“实体图元”，点三角下拉式⇨圆锥体(半径 25，高度 50)。	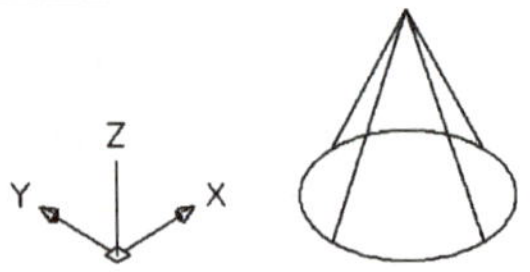

续表

序号	内　容	操作说明	图　例
3	改变用户坐标系统	“视图”标签⇨“坐标”面板⇨*Y* 轴(绕 *Y* 轴转 90°)。	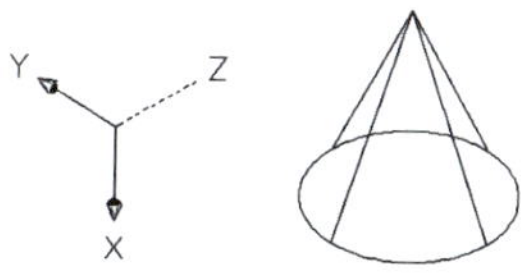
4	绘制圆柱	“常用”标签⇨“建模”面板⇨“实体图元”,点三角下拉式⇨圆柱(第一点捕捉圆锥底圆的圆心,半径 12,沿 *Z* 方向长度-35)。	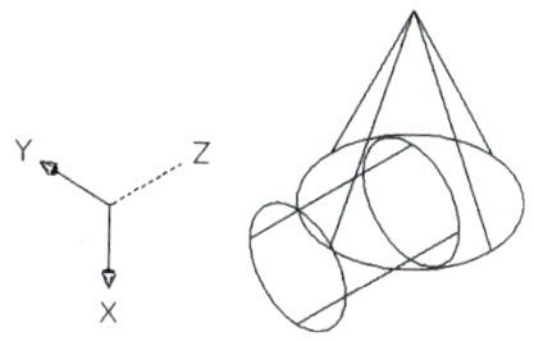
5	上移圆柱	夹点编辑,点击圆柱,此时夹点会出现,选择圆柱底圆圆心位置的方形夹点(方形夹点可移动圆柱位置,三角形夹点调整圆柱的大小)上,然后向上移动 15。	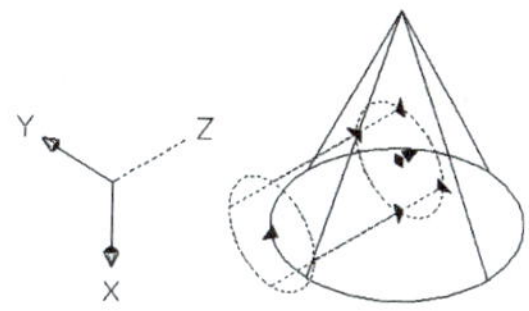
6	合并圆柱和圆锥	“常用”标签⇨“实体编辑”面板⇨并集。	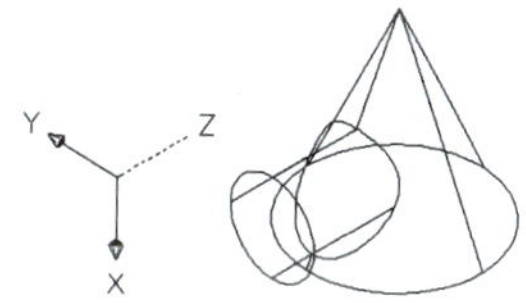
7	改变视觉样式	“常用”选项卡⇨“视图”面板⇨“视觉样式”⇨“概念”。	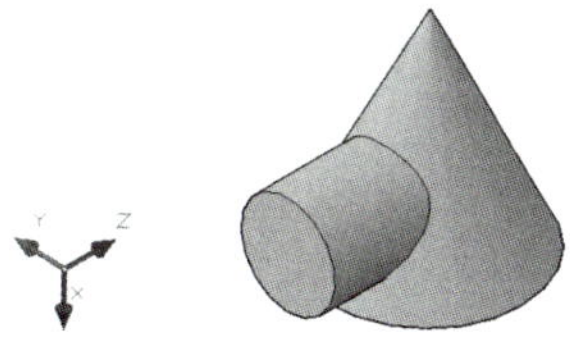
8	改变观察方向	用三维动态观察或 ViewCube 工具,可以从不同方向观察相贯线投影情况,若选择正面投影就能看到圆柱和圆锥相贯线的正面投影的情况。	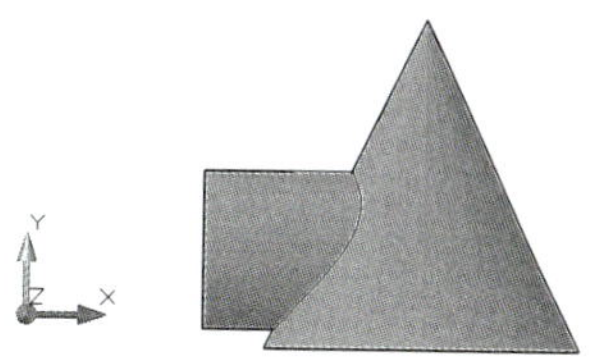
9	剖切	“常用”标签⇨“实体编辑”面板⇨剖切(选择剖切面平行于 *ZX* 平面且过圆柱的轴线,剖切后将上半部分移开,就能清楚看到截面的情况了)。	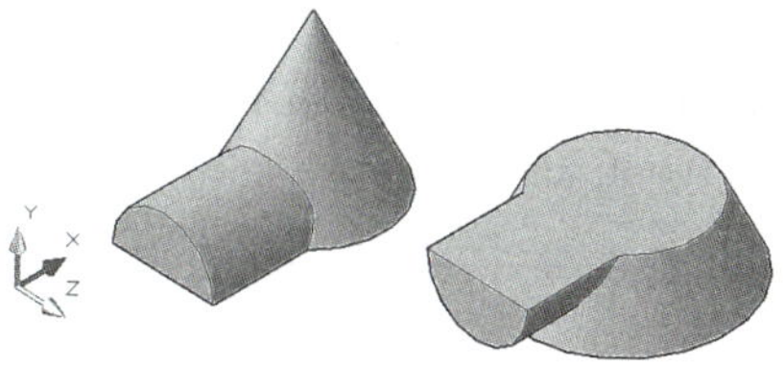

第五章 组合体的视图与形体构思

在工程图学中，常将棱柱、棱锥、棱台、圆柱、圆锥、圆台、球、环等立体，以及将这些立体经简单的叠加或切割后形成的立体，称为基本立体或基本形体，简称基本体；将基本体、叠加、切割、叠加和切割后形成的立体称为组合形体，简称组合体。基本体和组合体都是立体。GB/T 13361—2012《技术制图 通用术语》规定：根据有关标准和规定，用正投影法所绘制出物体的图形称为视图，所以组合体的视图也就是组合体的多面正投影。上一章立体的投影主要讲述在三面体系中的基本体、基本体表面上定点和定线、基本体被平面切割后的截交线、两基本体表面相交时的交线的作图方法的投影理论；其中还述及了穿孔、挖槽或具有切口的基本体，两个或几个基本体相交构成的相贯体，这些立体较简单的仍可视为基本体，较复杂的则可视为本章所述的组合体。本章将在上一章的基础上，再继续学习绘制和阅读组合体的三视图以及标注尺寸和形体构思，为培养学生创造性构型设计能力打下初步基础。

组合体也可看作是由机械零件抽象而成的几何模型。掌握组合体的画图与读图方法以及尺寸标注十分重要。将为进一步学习零件图的绘制与识读打下基础。

§5-1 三视图的形成和投影关系

一、三视图的形成

一般情况下，物体的一个投影不能确定其形状，要反映物体的完整形状，必须增加由不同投射方向得到的投影图，互相补充，才能将物体表达清楚。工程上常用三投影面体系来表达简单物体的形状。

如图 5-1a 所示，将物体置于第一分角内，并使其处于观察者与投影面之间进行投射，然后按规定展开投影面，所得到的多面正投影的方法，称为第一角画法。GB/T 4458.1—2002《机械制图 图样画法 视图》规定，机械图样采用正投影法绘制，除特别指明外，优先采用第一角画法。在工程图样中，根据有关标准绘制的多面正投影图称为视图。在三投影面体系中，物体的三面视图是国家标准规定的基本视图[①]中的三个，规定的名称是：

主视图——自前向后投射，在正立投影面上所得的视图；

俯视图——自上向下投射，在水平投影面上所得的视图；

① 国家标准规定的基本视图共有 6 个，将在第七章中阐述。

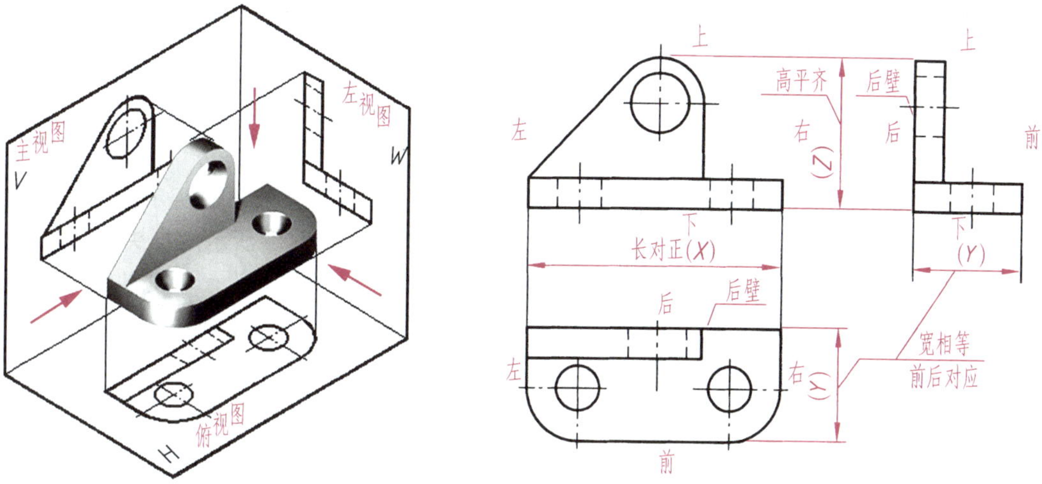

(a) 三视图的形成过程　　(b) 三视图的投影特性

图 5-1　三视图的形成及其特性

左视图——自左向右投射，在侧立投影面上所得的视图。

二、三视图的投影关系

从三视图的形成过程中可看出，三视图之间的关系是俯视图在主视图的正下方，左视图在主视图的正右方。按此位置配置的三视图，不需注写其名称。

物体有长、宽、高三个方向的尺寸，通常规定：物体左右之间的距离为长（X）；前后之间的距离为宽（Y）；上下之间的距离为高（Z）。从图 5-1b 可看出，一个视图只能反映物体两个方向的尺寸。主视图反映物体的长和高；俯视图反映物体的长和宽；左视图反映物体的宽和高。由此可归纳得出三视图之间的投影对应和位置配置关系：

主、俯视图反映了物体左、右方向的同样长度（等长），物体在主视图和俯视图上的投影在长度方向上分别对正；

主、左视图反映了物体上、下方向的同样高度（等高），物体在主视图和左视图上的投影在高度方向上分别平齐；

俯、左视图反映了物体前、后方向的同样宽度（等宽），物体在俯视图和左视图上的投影在宽度方向上分别相等。

在画图和读图的过程中，应特别注意俯视图和左视图之间的前、后对应关系：俯视图的下方和左视图的右方，表示物体的前方；俯视图的上方和左视图的左方，表示物体的后方。也就是说，在俯、左视图中，靠近主视图的一侧表示物体的后面，远离主视图的一侧，则表示物体的前面。因此，物体的俯、左视图之间除了宽相等以外，还应保持前、后位置的对应关系。

通过以上分析可知：三视图之间的投影关系可概括为：

主、俯视图长对正；

主、左视图高平齐；

俯、左视图宽相等，前后对应。

§5-2 画组合体的视图

一、组合体的组合形式

组合体按其形成方式，通常分为叠加型、切割型和综合型。如图 5-2a 所示的六角头螺栓(毛坯)，可看成是由六棱柱、圆柱和圆台三个基本体叠加而成；图 5-2b 所示的接头，则是从圆柱上切割掉三个简单体而形成；形状较复杂的机械零件常常是既有叠加又有切割的综合型组合体，如图 5-2c 所示的支架，是由一个大圆柱与耳板、底板叠加后，再切割掉一个小圆柱，使形成从大圆柱顶面到底板底面的一个小圆柱通孔。

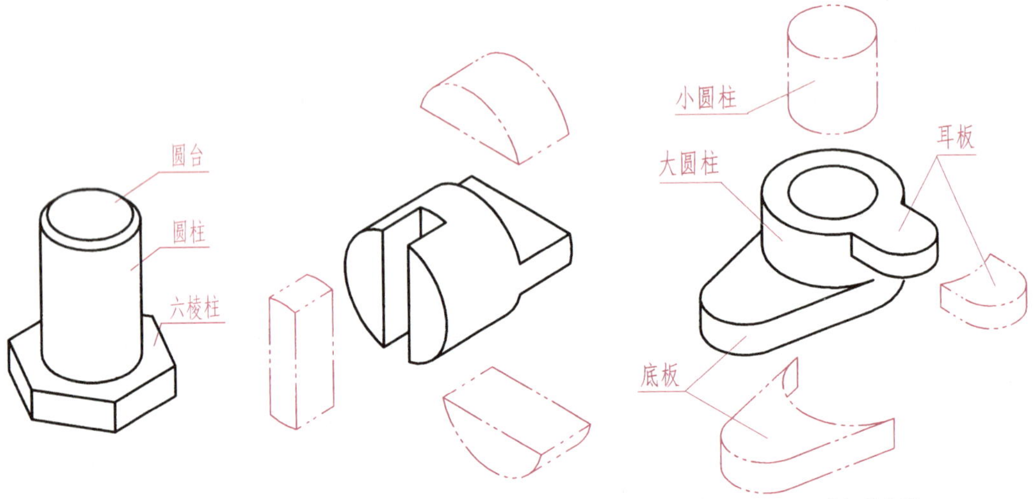

(a) 叠加型　　(b) 切割型　　(c) 综合型

图 5-2　组合体的组合形式

二、组合体上相邻表面之间的连接关系

为了正确绘制组合体的三视图，必须分析组合体上被叠加或切割掉的各基本体之间的相对位置和相邻表面之间的连接关系。无论哪种形式构成的组合体，在组合体中互相结合的两个基本体表面之间有平齐、相交、相切三种连接关系。如图 5-3a 所示支架的圆柱体与耳板的顶面平齐(即共面)，它们之间不存在分界线，所以在支架的俯视图(图 5-3b)中，圆柱与耳板的顶面连接处不应画线(图中为什么画细虚线圆弧，请读者自行分析)。仍如图 5-3b 所示，耳板的左、右侧面与圆柱体表面相交，必须画出交线(交线在左视图中的投影是由俯视图作出的)。必须注意，因为组合体实际上是一个整体，所以圆柱体与耳板实体交接部分的那段侧面投影轮廓线不应画出。图 5-3b 和 c 是该组合体的正确和错误画法对比，红线圈出处有错，请读者对照分析。

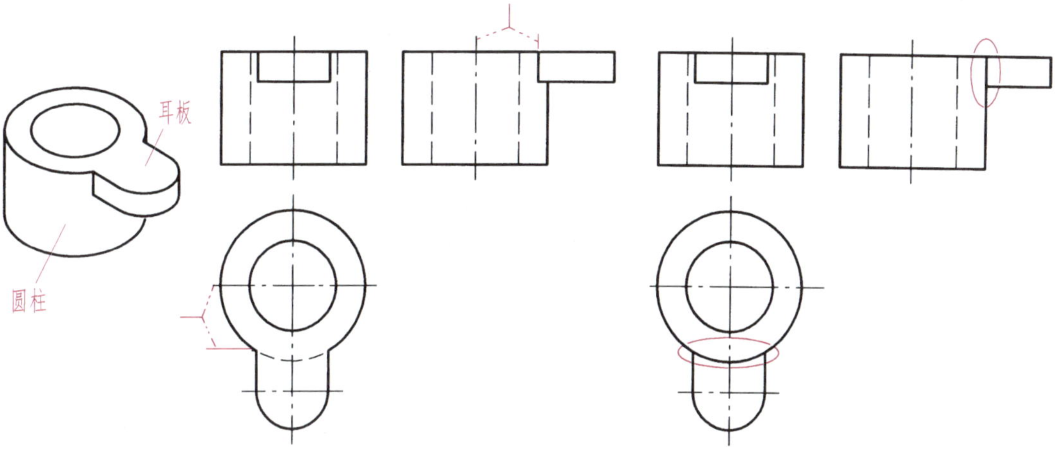

(a) 立体图　　(b) 正确　　(c) 错误

图 5-3　组合体的形体分析和画法示例(一)

如图 5-4a 所示,底板的前、后侧面与圆柱体表面相切,相切处不存在轮廓线,在视图上不画分界线。如图 5-4b 所示,通过俯视图在主、左视图上确定切线的位置,不应画出切线,但底板顶面在主、左视图中应画到切线的位置处。图 5-4c 是错误的画法,红线圈出处有错。

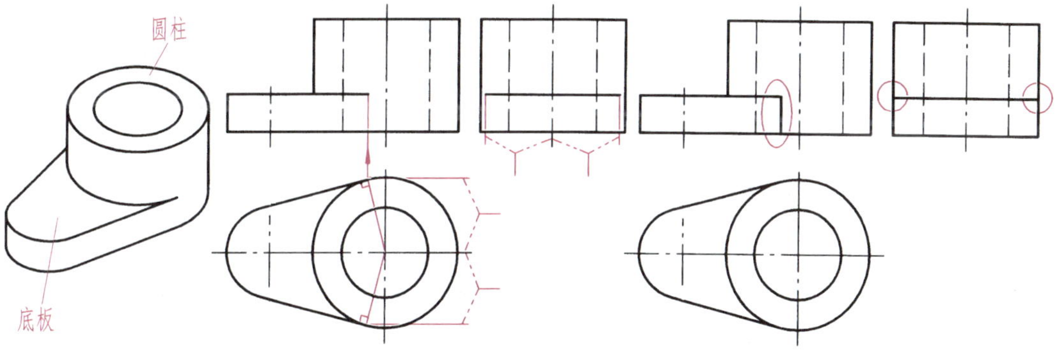

(a) 立体图　　(b) 正确　　(c) 错误

图 5-4　组合体的形体分析和画法示例(二)

三、画组合体视图的方法与步骤

在画组合体视图的过程中,假想将一个复杂的组合体分解为若干基本体,并对它们的形状和相对位置进行分析,在此基础上画出组合体的视图,这种思考方法称为**形体分析法**。形体分析法是指导画图和读图的基本方法,现以图 5-5 所示轴承座为例,阐述画组合体视图的方法和步骤。

(一) 形体分析

如图 5-5a 所示,轴承座由凸台①、轴承②、支承板③、肋板④以及底板⑤相互叠合所组成。

凸台和轴承是两个垂直相交的空心圆柱体，在外表面和内表面上都有相贯线；支承板、肋板和底板分别是不同形状的平板，支承板的左、右侧面与轴承的外圆柱面相切，肋板的左、右侧面与轴承的外圆柱面相交，轴承与肋板和支承板面分别是圆柱面叠合，底板、支承板、肋板间分别是平面叠合，支承板与底板的后端面平齐。

（二）视图选择

在三个视图中，主视图应尽量反映机件的形状特征。如图 5-5b 所示，将轴承座按自然位置安放后，对由箭头所示的 *A*、*B*、*C*、*D* 四个方向投射所得的视图进行比较，确定主视图。

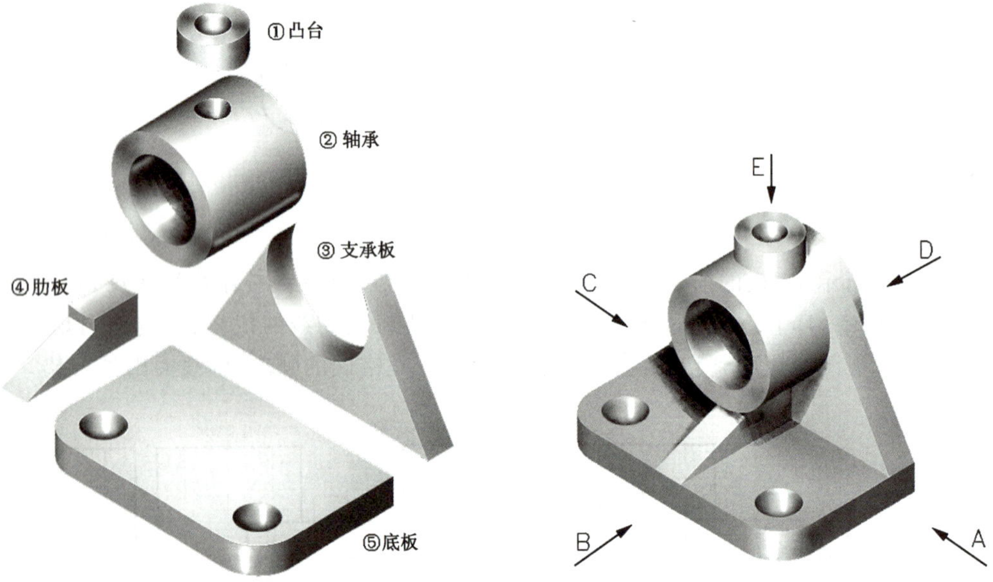

(a) 形体分析　　(b) 视图选择

图 5-5　轴承座的形体分析与视图选择

如图 5-6 所示，若以 *D* 向作为主视图，细虚线较多，显然没有 *B* 向清楚；*C* 向与 *A* 向视图虽然虚实线的情况相同，但如以 *C* 向作为主视图，则左视图上会出现较多细虚线，没有 *A* 向好；再比较 *B* 向与 *A* 向视图，*B* 向更能反映轴承座各部分的轮廓特征，且 *B* 向视图的长度尺寸较大，更便于布图，所以确定以 *B* 向作为主视图的投射方向。

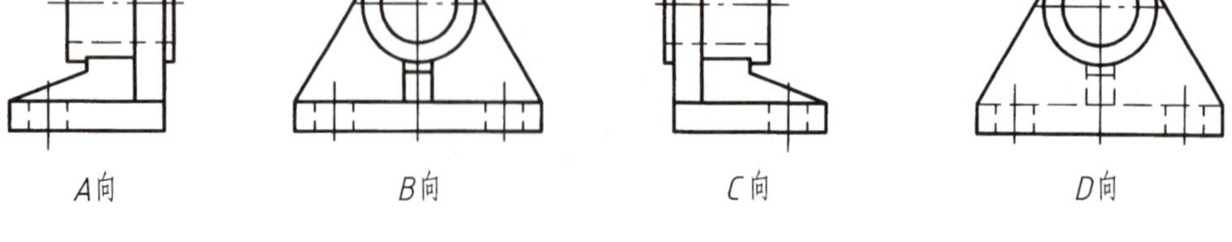

图 5-6　分析主视图的投射方向

主视图确定以后，俯视图和左视图的投射方向也就确定了，即图 5-5b 中的 E 向和 C 向。

（三）画三视图

先选好适当的比例和图纸幅面，然后确定视图位置，画出各视图的轴线、对称中心线和定位线的位置。按形体分析法将组合体分解而成的各基本体的相对位置以及表面连接关系，由主要的基本体和便于绘图出发，逐个画出它们的三视图，最后以组合体是一个整体进行校核，如有错误，即行改正，擦去多余的作图线，按规定线型加深。具体的作图步骤如图 5-7所示。

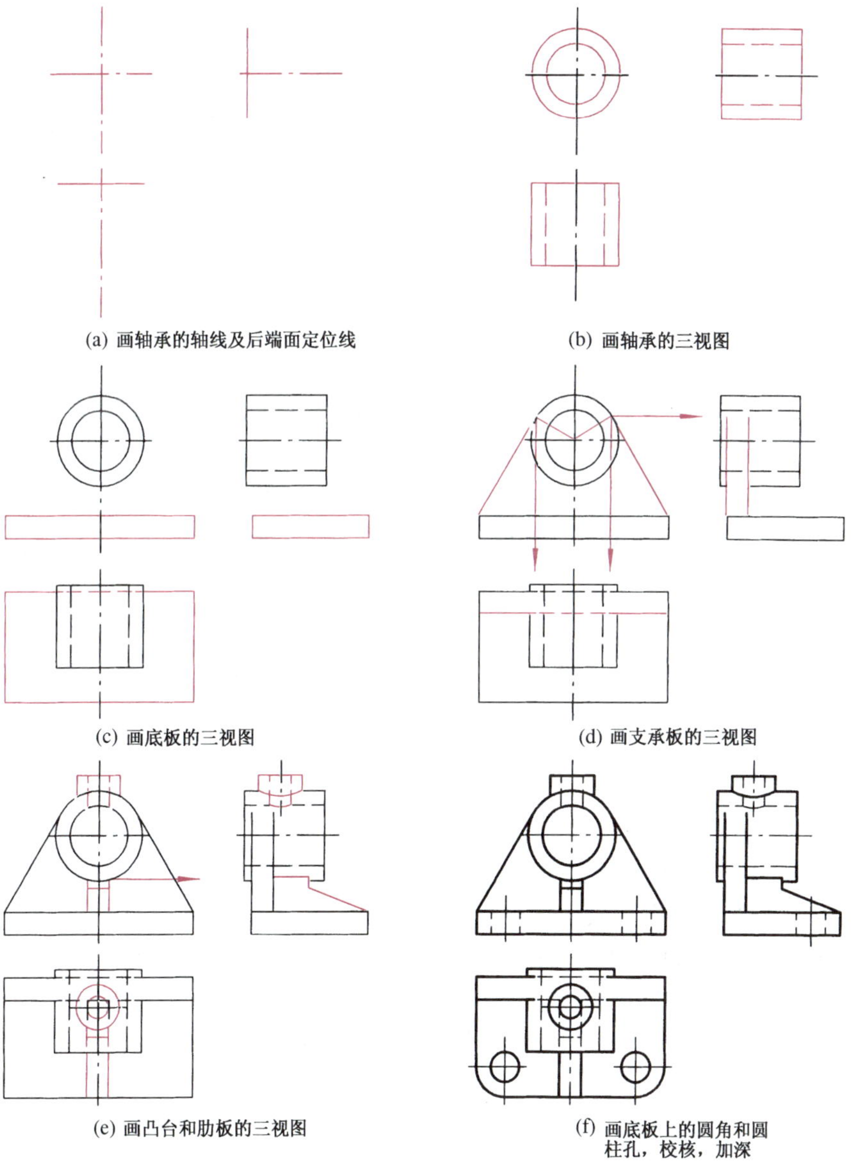

(a) 画轴承的轴线及后端面定位线

(b) 画轴承的三视图

(c) 画底板的三视图

(d) 画支承板的三视图

(e) 画凸台和肋板的三视图

(f) 画底板上的圆角和圆柱孔，校核，加深

图 5-7　轴承座的作图过程

画组合体的三视图应注意以下几点：

（1）运用形体分析法，逐个画出各基本体。同一基本体的三视图应按投影关系同时画出，而不是先画完组合体的一个完整的视图后，再画另一个视图。这样既能保证各基本体之间的相对位置和投影关系，又能提高绘图速度。

（2）画每一个基本体时，应先画反映该部分形状特征的视图。例如圆筒和支承板在主视图上反映其形状特征，宜先画主视图，再画俯、左视图。

（3）在逐个画各基本体的三视图时，还应同时思考和检查基本体表面连接处的投影是否正确，若发现错误应立即修改。例如支承板两侧面与圆筒表面相切，支承板的侧面轮廓线在俯、左视图上应画到切点处；凸台与圆筒相交，在左视图上要画出内、外相贯线；肋板与圆筒相交，在左视图上要正确画出肋板侧面与圆柱面的交线。

【例 5-1】 根据图 5-8 中黑色图形所示的镶块的立体图，画出三视图。这个镶块左端有上、中、下三层，中层正中有一个横向的圆柱形通孔，立体图中只画出了这个通孔的左孔口的不可见的细虚线封闭曲线，其他的所有不可见的虚线都省略未画。

【解】 镶块可看作是右端切割成圆柱面的长方体逐步切割掉一些基本体而形成。由于镶块的形状比较复杂，可在形体分析的基础上，结合线面的投影分析，便能较快地画出三视图。

（一）形体分析和线面的投影分析

镶块原先是一个长方体，右端切割为圆柱面，在前、后方分别用水平面和正平面各切割掉前后对称的右端有部分圆柱面的板，左端中间切割掉一块右端有圆柱面的板，并横向贯穿一个圆柱形通孔，在左端的上方和下方再分别切割掉半径不等的两个半圆柱板。画图时必须注意分析，每当切割掉一块基本体以后，在镶块表面上所产生的交线及其投影。

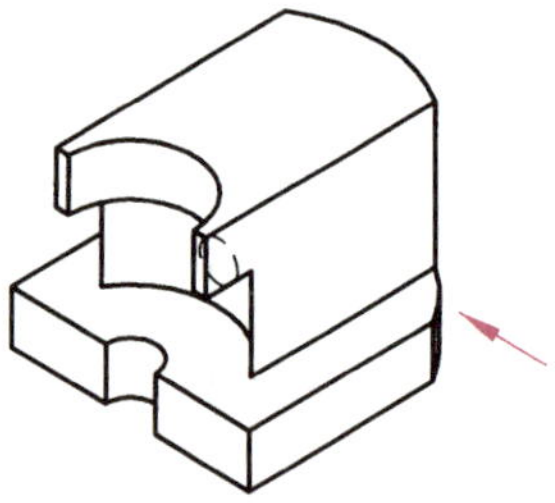

图 5-8　镶块的立体图

（二）选择主视图

按自然位置安放好镶块后，选定图 5-8 中的红色箭头所示方向为主视图的投射方向。

（三）画图步骤

如图 5-9 所示：

（1）如图 5-9a 所示，画右端切割为圆柱面的长方体三视图，应先画出俯视图。

（2）如图 5-9b 所示，切割掉前、后对称的两块。应先画出切割后的左视图，再按三视图的投影关系作出俯视图，最后作主视图。

（3）如图 5-9c 所示，切割掉左端中间的一块。应先画出俯视图上有积聚性的圆柱面投影（细虚线圆弧），再画出主、左视图。

（4）如图 5-9d 所示，画圆柱形通孔。应先画左视图和俯视图，然后画主视图。

（5）如图 5-9e 所示，切割出左端上、下两个半径不等的半圆柱槽。应先画俯视图，再画主、左视图。

（6）最后进行校核和加深，如图 5-9f 所示。

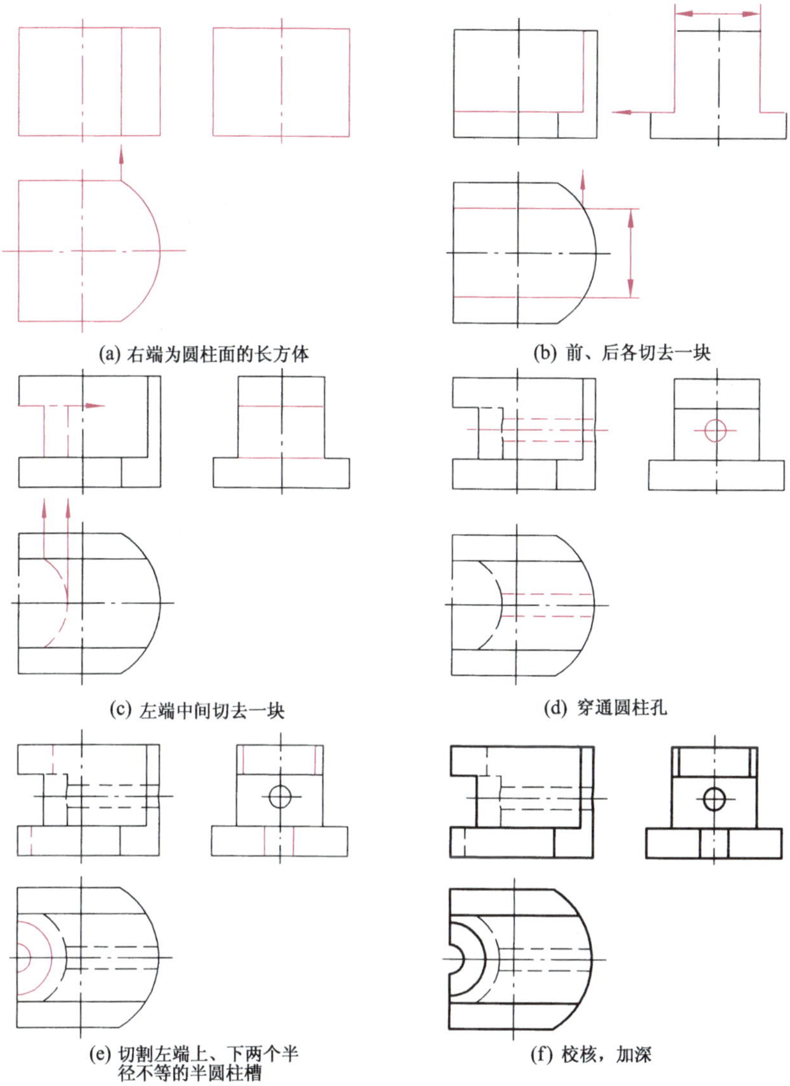
(a) 右端为圆柱面的长方体
(b) 前、后各切去一块
(c) 左端中间切去一块
(d) 穿通圆柱孔
(e) 切割左端上、下两个半径不等的半圆柱槽
(f) 校核，加深

图 5-9　镶块三视图的作图过程

§5-3　读组合体的视图

画图是将物体按正投影方法表达在平面的图纸上，读图则是根据已经画出的视图，通过形体分析和线面的投影分析，想象出物体的形状。画图与读图是相辅相成的，读图是画图的逆过程。为了正确、迅速地读懂视图，必须掌握读图的基本要领和基本方法。

一、读图的基本要领

（一）将各个视图联系起来识读

组合体的形状一般是通过几个视图来表达的，每个视图只能反映物体一个方向的形状，仅由一个或两个视图不一定能唯一地确定组合体的形状。

如图 5-10 所示的五组视图，它们的主视图都相同，但实际上表示了五种不同形状的物体。

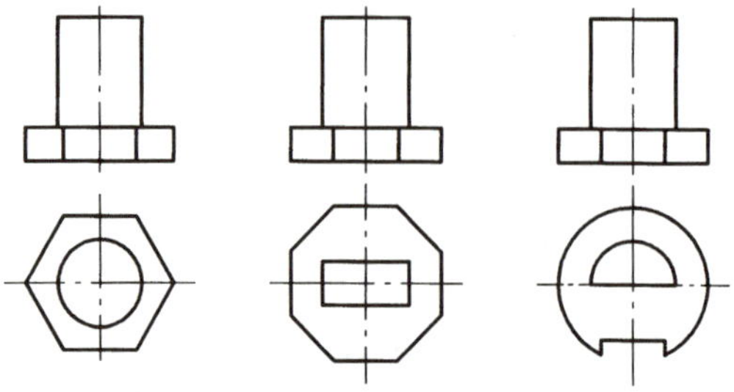

(a) (b) (c) (d) (e)

图 5-10 由一个视图可想象出不同形状物体示例

又如图 5-11 所示的四组视图，它们的主、俯视图都相同，但也表示了四种不同形状的物体。

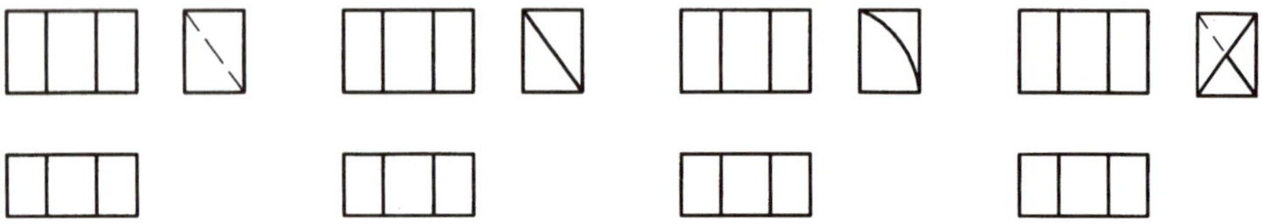

(a) (b) (c) (d)

图 5-11 由两个视图可想象出不同形状物体示例

实际上，根据图 5-10 的主视图以及图 5-11 的主、俯视图还可以分别想象出更多种不同形状的物体。由此可见，读图时必须将所给出的全部视图联系起来分析识读，才能想象出组合体的完整形状。

（二）理解视图中线框和图线的含义

1. 视图中的每个封闭线框，通常都是物体的一个表面（平面或曲面）的投影。如图 5-12a 所示，主视图中有四个封闭线框，对照俯视图可知，线框 a'、b'、c'分别是六棱柱前面的三个棱面 A、B、C 与其后面的对称棱面相重合的投影。线框 d'则是圆柱体前半圆柱面与后半圆柱面相重合的投影。

视图中的线框也可能是体的投影，如图 5-12a 中的矩形线框 d'是圆柱体的投影；还可能是孔的投影，如图 5-13 主视图和俯视图中的圆线框，都是圆柱孔的投影。

2. 视图中每条图线，可能是物体表面有积聚性的投影，或者是两个表面的交线的投影，也可能是曲面投影的转向轮廓线。如图 5-12b 所示的主视图中的 $1'$是圆柱顶面有积聚性的投影，主视图中的 $2'$是六棱柱两个棱面的交线的投影，主视图中的 $3'$是圆柱面正面投影的转向轮廓线。

（三）从反映形体特征的视图入手

形体特征是指形状特征和位置特征。

1. 能清楚表达物体形状特征的视图，称为形状特征视图。通常主视图能较多反映组合体整体的形体特征，所以读图时常从主视图入手。但组合体中各基本体的形状特征不一定都集中在

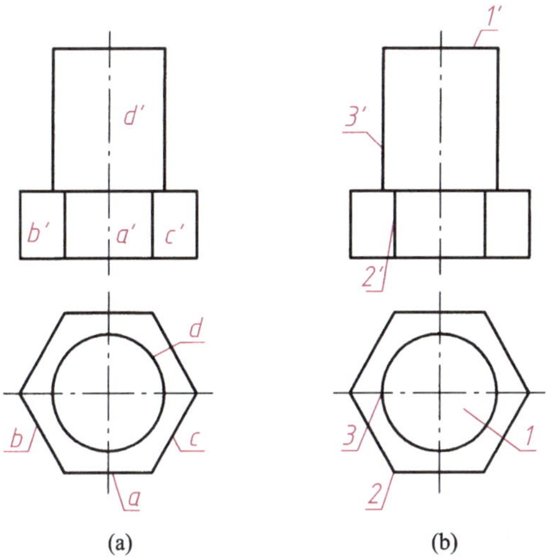

图 5-12　线框和图线的含义

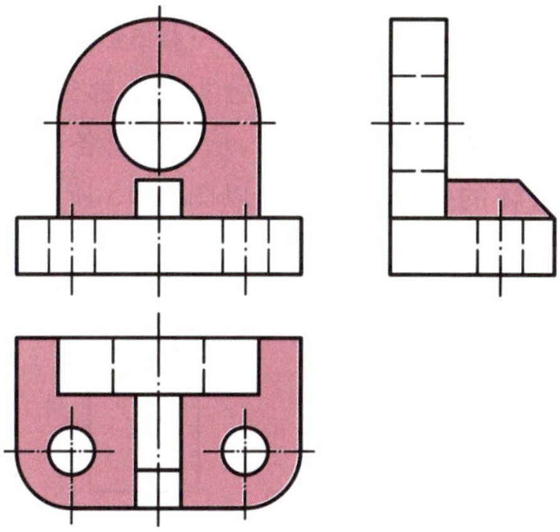

图 5-13　线框的含义和各基本体的形状特征视图

主视图上，如图 5-13 所示支架，由三部分叠加而成，主视图反映竖板的形状特征以及竖板与底板、肋板的相对位置，而底板和肋板的形状特征则分别在俯、左视图上反映，图中的红色线框就分别是各基本体的形状特征视图。因此，读图时若先找出各基本体的形状特征视图，再配合各基本体的其他视图识读，按这个组合体的各基本体的相对位置拼合起来，就能迅速、正确地想象出该组合体的空间形状。

2. 能清楚表达构成组合体的各形体之间相互位置关系的视图，称为**位置特征视图**。如图 5-14a 和 b 所示的两个物体，主视图中的线框 *I* 内的小线框 *II*、*III*，它们的形状特征很明显，但前后的相对位置不清楚。线框内的两个小线框表示物体上不同位置的两个表面。对照俯视图可看出，圆形和矩形线框中一个是孔，另一个向前凸出，但并不能确定哪个形体是孔，哪个形体向前凸出，只有对照主、左视图识读才能确定。因此，图 5-14a 和 b 的左视图就是凸块和孔的位置特征视图。于是，逐个读懂了各基本体的形状，按主视图中所示的各基本体之间的相对位置，就能想出这个组合体的整体形状。

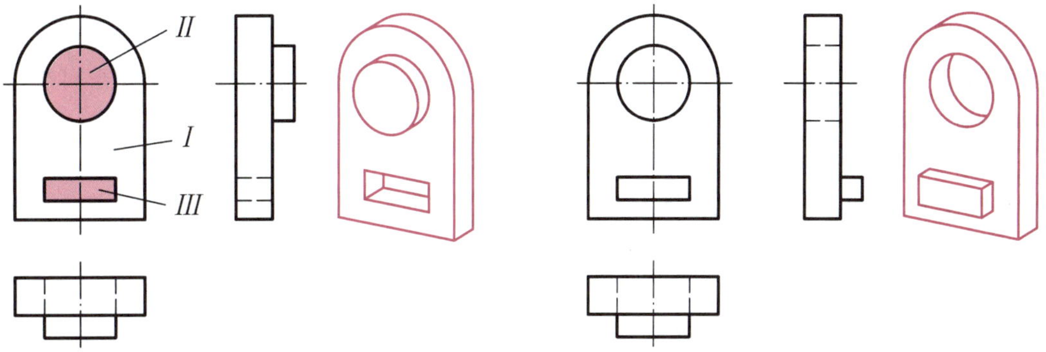

(a)　　(b)

图 5-14　分析各基本体的位置特征的视图

二、读图的基本方法

1. 形体分析法

读图的基本方法与画图一样，主要也是运用形体分析法。在反映形状特征比较明显的主视图上先按线框将组合体划分为几个部分，即几个基本体，然后通过投影关系找到各线框所表示的部分在其他视图中的投影，从而分析各部分的形状以及它们之间的相对位置。最后综合起来想象组合体的整体形状。现以图 5-15 所示的组合体三视图说明运用形体分析法识读组合体视图的方法与步骤。

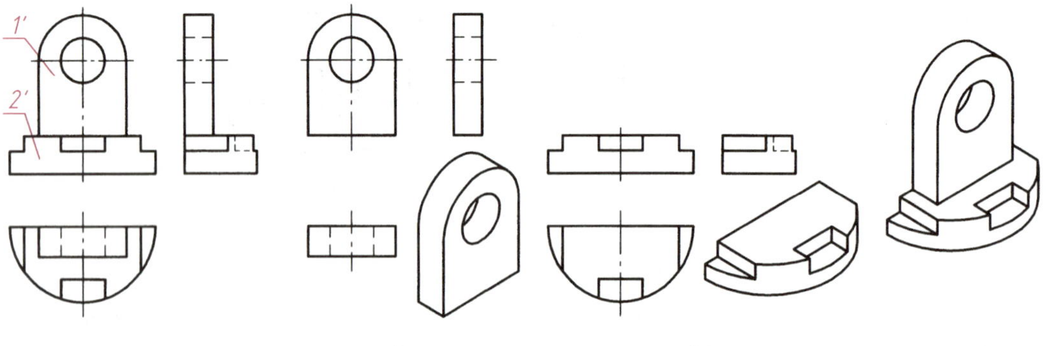

图 5-15　用形体分析法读图的方法和步骤

（1）在表达该组合体形状特征较明显的视图中划分线框，分基本体。

现从主视图入手，将组合体划分为上、下两个封闭线框，可以认为该组合体是由上、下两部分，即上、下两个基本体组成，如图 5-15a。

（2）分别按各线框对投影，想象出各部分的形状。

由主视图中的上部线框 *1′* 与俯、左视图对投影，分别对应矩形线框，不难想象出它是一块平行于正面的板，在主视图中反映真形，而图中的小圆线框对应俯、左视图中的细虚线，所以是一个圆柱通孔。由此可想象出上部的形状，如图 5-15b。

主视图中的下部线框 2′ 是一个左右缺角的矩形，与俯视图对投影可以想象，它是一个左右各切去一块的半圆平板。缺角矩形中间上方的小矩形线框所表达的细部，可能是在这块半圆平板向外凸出的形体，也可能是向内凹进的槽。通过对投影，从俯、左视图中对应的图形可想象出是半圆平板中间上方被切去一块后的凹槽，如图 5-15c。

（3）将各部分按主视图中所示的相对位置合起来，得出组合体的整体形状。

在读懂上、下两部分形状的基础上，再根据该组合体的三视图所显示的上、下两部分之间的相对位置和连接关系，把两部分构成一个整体，就能想出这个组合体的整体形状，如图 5-15d 所示的立体图。

由此可以归纳小结读组合体视图的步骤是：（1）划分线框，分基本体；（2）对投影，想出各基本体的形状；（3）合起来，想整体形状。

【例 5-2】　如图 5-16 所示，已知支撑的主、左视图，补画俯视图。

【**解**】 先进行初步分析：

如图 5-16 中的红字所示，将主视图划分为三个封闭线框，看作组成支撑的三个部分的投影：“*1′*”是下部倒凹字形线框；“*2′*”是上部矩形线框；“*3′*”是圆形线框(线框内还有小圆线框)。对照左视图，逐个边想象形状，边补图。然后，分析它们之间的相对位置和表面连接关系，综合想出这个支撑的整体形状。最后，从整体出发，校核和加深已补出的俯视图。

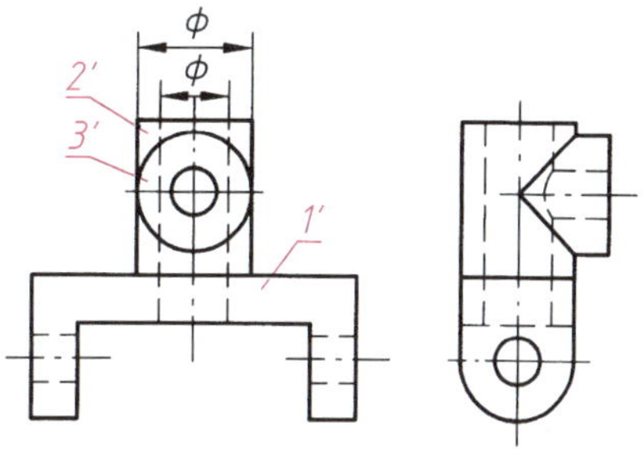

图 5-16　支撑的主、左视图

作图过程如图 5-17 所示：

(1) 在主视图上分离出底板的线框“*1′*”，由主、左视图对投影，可看出它是一块倒凹字形底板，左右两侧有带圆孔的下端为半圆形的耳板。画出底板的俯视图，如图 5-17a 所示。

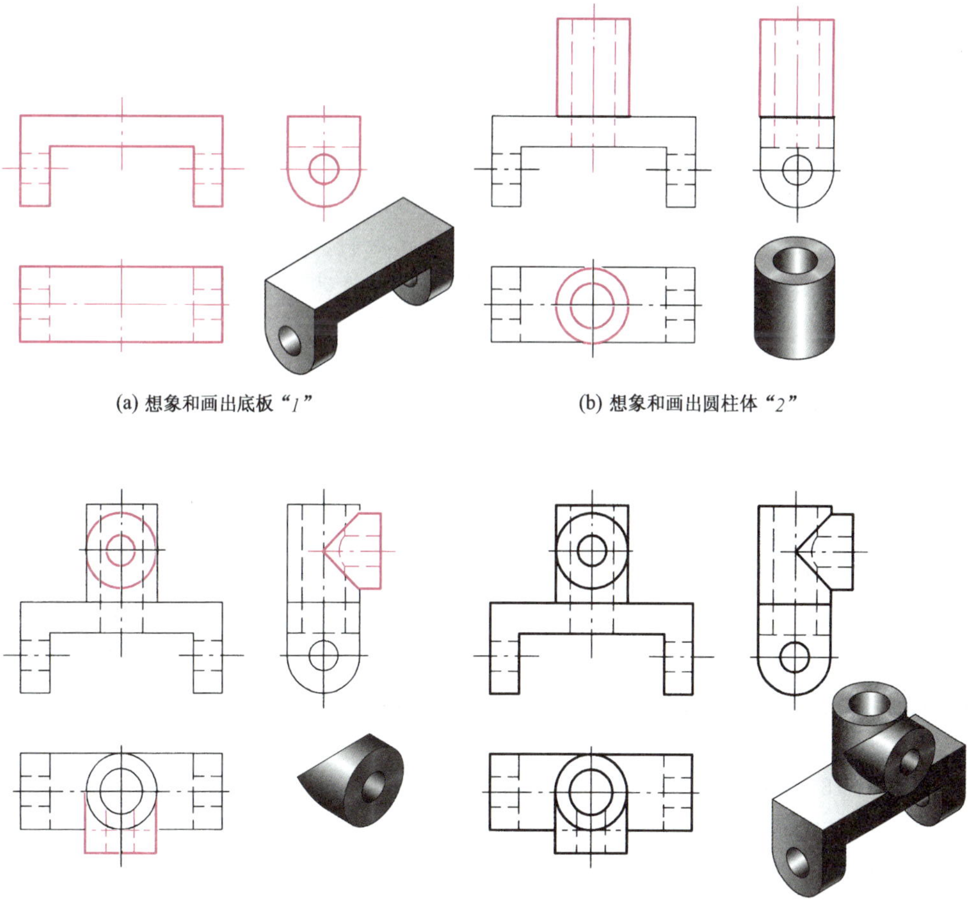

(a) 想象和画出底板“*1*”　(b) 想象和画出圆柱体“*2*”

(c) 想象和画出圆柱体“*3*”　(d) 想象支撑的整体形状，校核，完成俯视图

图 5-17　想象支撑的形状和补画俯视图

（2）在主视图上分离出上部矩形线框“$2'$”，由于在图 5-16 中注有直径 ϕ，对照左视图可知，它是轴线垂直于水平面的圆柱体，中间有穿通底板的圆柱孔（因而在底板上还有红色细虚线的圆柱孔，与已知的主、左两视图相同），圆柱与底板的前后端面相切。画出具有穿通底板的圆柱孔的铅垂圆柱体的俯视图，如图 5-17b 所示。

（3）在主视图上分离出圆形线框“$3'$”（中间还有一个小圆线框），对照左视图可知，它是一个中间有圆柱通孔、轴线垂直于正面的圆柱体，其直径与垂直于水平面的圆柱体直径相等，而孔的直径比铅垂的圆柱孔小，它们的轴线垂直相交，且都平行于侧面。画出具有通孔的正垂圆柱的俯视图，由于倒凹字形底板的俯视图有一部分前壁的积聚投影被正垂圆柱所遮，已画出的实线要改成细虚线。如图 5-17c 所示。

（4）根据底板和两个圆柱体的形状，以及它们之间的相对位置，可以想象出支撑的整体形状。最后，按想出的整形状校核补画的俯视图，完成题目的要求，如图 5-17d 所示。

2. 线面分析法

读形状比较复杂的组合体的视图时，在运用形体分析法的同时，对于不易读懂的部分，还常用**线面分析法**来帮助想象和读懂这些局部形状。实际上在前述画形状比较复杂的组合体的视图时，对不易画出的局部，也常用线面分析法来帮助分析、想象，从而帮助画出视图中该部分的图形。例如在图 5-7 所示的画组合体轴承座的三视图的小结中所讲的：在逐个画各个基本体的三视图时，还应同时思考和检查基本体表面交接处的投影是否正确，若发现错误，应立即修改；又如在例 5-1 的解题分析中所讲的：在形体分析的基础上，结合线面的投影分析，便能较快地帮助画出形状比较复杂的组合体的三视图。因此，线面分析法是绘制、阅读形状比较复杂的组合体的视图时，在形体分析的基础上，根据线和面的空间形状、位置等情况和投影特性，结合分析视图中的封闭线框、图线的含义，分析组合体的各个表面和表面交线，帮助想象和理解不易表达的一些局部，从而使能较快地正确画出、读懂这个组合体视图的辅助方法。

构成物体的各个表面，不论其形状如何，它们的投影如果不具有积聚性，一般都是一个封闭线框。在读图过程中，常用线和面的投影特性来帮助分析物体各部分的形状和相对位置，从而想象出物体的整体形状。下面以图 5-18a 所示组合体为例，说明线面分析法在读图中的应用。

（1）由于图 5-18a 所示组合体的三个视图的外形轮廓基本上都是长方形，主、俯视图上有缺角和左视图上有缺口，可以想象出该组合体是由一个长方体被切割掉若干部分所形成。

（2）如图 5-18b 所示，由俯视图左边的十边形线框 a 对投影，在主视图上找到对应的斜线 a'，在左视图上找到类似的十边形 a''。根据投影面垂直面的投影特性，就可判断 A 面是一个正垂面。

（3）如图 5-18c 所示，由主视图左边的四边形 b' 对投影，在俯视图上找到对应的前、后对称的两条斜线 b，在左视图上找到对应的前、后对称的两个类似的四边形 b''。可确定有前、后对称的两个铅垂面 B。

（4）如图 5-18d 所示，由左视图上的缺口的底边对投影，从主、俯视图中对应的投影对照思考，可想象出是在长方体的上部中间，用前后对称的两个正平面和一个水平面切割出的一个侧垂的矩形通槽的底面，从而想出这个通槽。

（5）通过上述线面分析，可想象出该组合体是一个长方体在左端被一个正垂面和两个前后

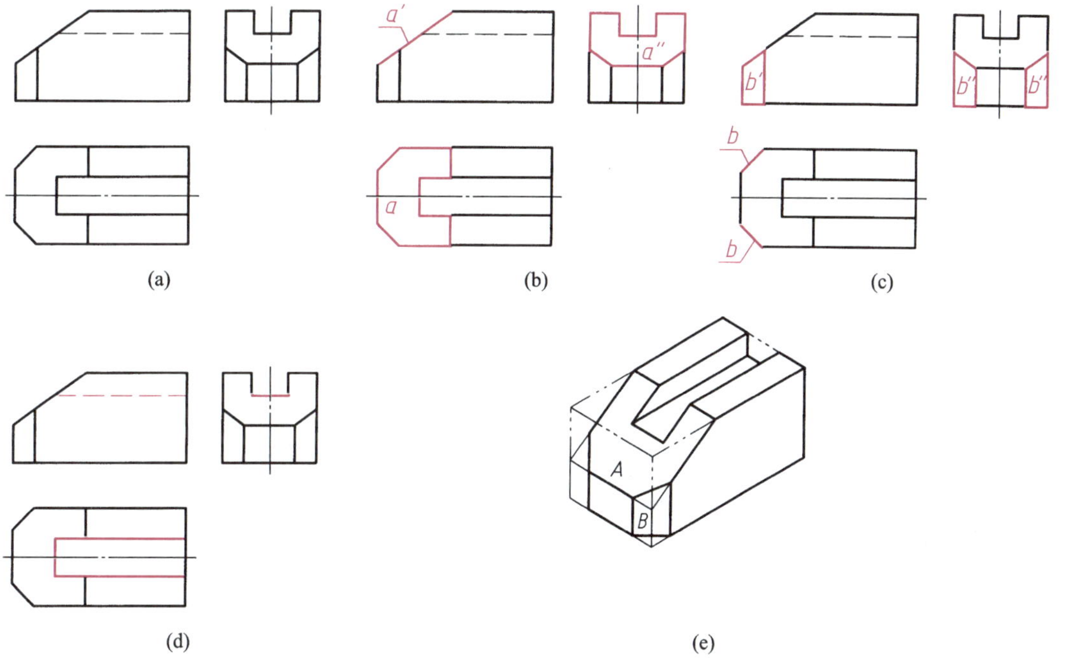

图 5-18　用线面分析法读组合体视图示例

对称的铅垂面切割后，再在上部中间用两个前后对称的正平面和一个水平面切割一个侧垂的矩形槽而形成的。从而就能想出这个组合体的整体形状，如图 5-18e 所示。

【例 5-3】 如图 5-19a 所示，补画组合体三视图中所缺的图线。

【解】 从已知三视图的三个外形轮廓分析，该组合体是一个长方体被几个不同位置的平面切割而成。结合形体分析和线面分析，采用边想象切割、边补线的方法逐个画出三个视图中的漏线。在补图过程中，应充分运用“长对正、高平齐、宽相等和前后对应”的投影关系，并徒手画出立体草图，逐个记录构思想象的过程。

想象和作图过程如下：

（1）由图 5-19a 中左视图上的一条斜线可想象出，长方体被侧垂面切去前上角，如图 5-19b 所示。然后，在主、俯视图上补画因切角而产生的图线，同时画出长方体的徒手立体草图，并在其上也切去左上角。

（2）由图 5-19a 中主视图上的凹口可知，长方体的上部中间挖了一个正垂的矩形槽，如图 5-19c所示。然后，补画俯、左视图上因开槽而产生的图线，同时继续在已画的徒手立体草图上也画出矩形槽。

（3）从图 5-19a 中俯视图前方左、右两侧分别有左右对称的缺角可看出，长方体前方的左、右两侧分别被正平面和侧平面对称地各切去一块，如图 5-19d 所示。然后，补画主、左视图中的漏线。同样，继续在徒手立体草图中切去这两块。最后，按徒手画出的立体草图对照校核补全图线的三视图，作图结果如图 5-19d 所示（实际上还应擦去解释作图过程的所有内容，现图中未完全擦去）。

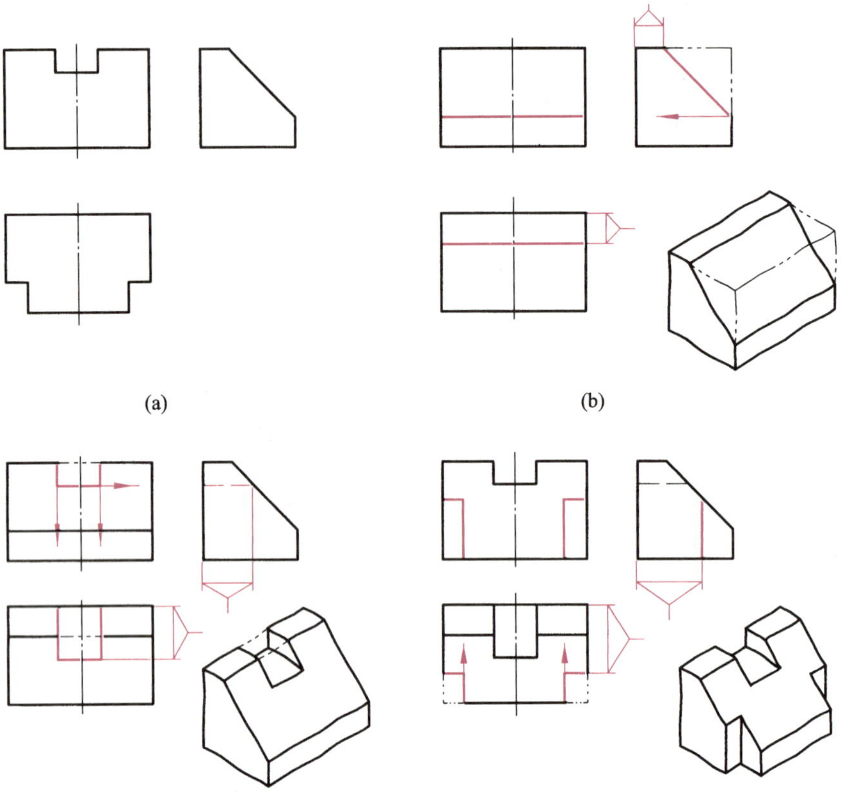

(a)　(b)　(c)　(d)

图 5-19　补画组合体三视图中所缺的图线

【例 5-4】 如图 5-20 中的黑色图形所示,已知架体的主、俯视图,补画左视图。

【解】 如前所述,视图中的封闭线框通常表示物体上一个面的投影,而视图中两个相邻的封闭线框通常是物体上相交或平行的两个面的投影。如果大线框中套有小线框,则表示物体上不同位置的两个表面的投影。在一个视图中,要确定面与面之间的相对位置,必须通过其他视图来分析。如图 5-20中的红色标注所示,主视图中的三个封闭线框 a'、b'、c'所表示的面,在俯视图中可能分别对应 a、b、c 三条水平线。按投影关系对照主视图和俯视图可见,这个架体分前、中、后三层:前层切割成一个直径较小的半圆柱槽,中层切割成一个直径较大的半圆柱槽,后层切割成一个直径最小的穿通的半圆柱槽;另外,中层和后层有一个圆柱形通孔。由这三个半圆柱槽的主视图和俯视图可以看出:具有最低的较小直径的半圆柱槽的这一层位于前层,而具有最高的最小直径的半圆柱槽的那一层位于后层。因此,前述的分析是正确的。于是就想象出架体的整体形状,并如图 5-21 所示,逐步补画出左视图,校核,加深。

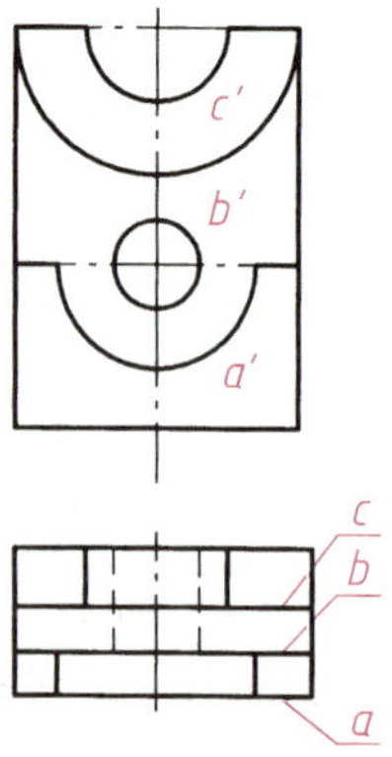

图 5-20　补画架体的左视图

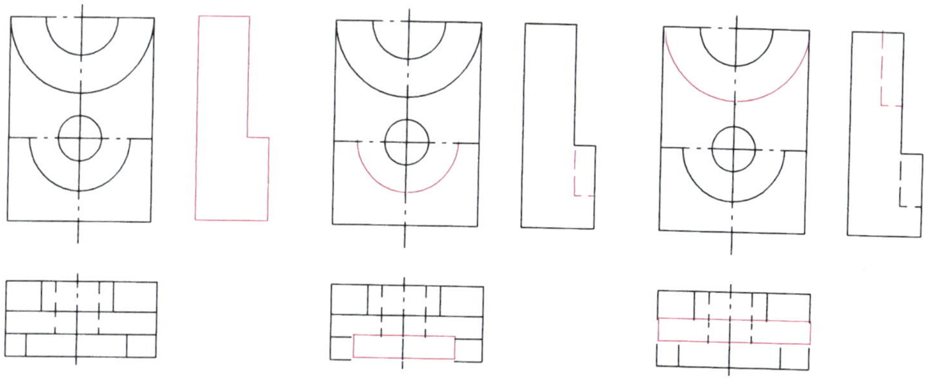

(a) 画轮廓线　(b) 画前层半圆柱槽　(c) 画中层半圆柱槽

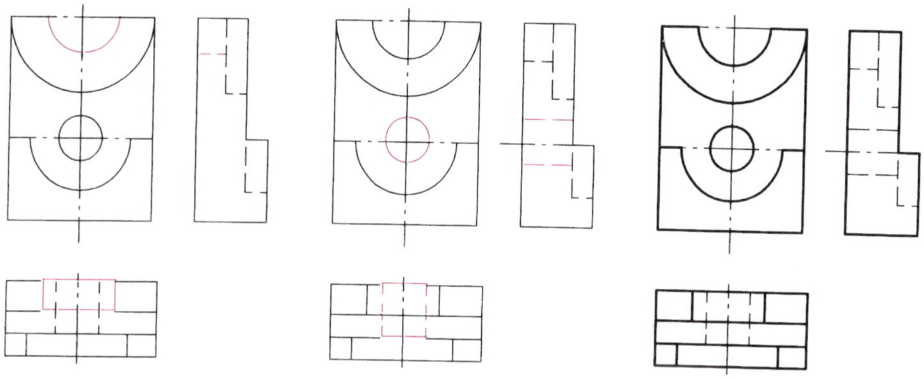

(d) 画后层半圆柱槽　(e) 画中层和后层的圆柱通孔　(f) 校核、加深补画的左视图

图 5-21　补画架体左视图的作图过程

§5-4 组合体的尺寸标注

视图只能表达组合体的形状，而组合体各部分的大小及其相对位置，还要通过标注尺寸来确定。组合体的尺寸标注，与§1-3的平面图形的尺寸注法相同，首先需确定基准，但除了长度、高度基准外，还要确定宽度基准。尺寸标注的基本要求仍是正确、完整和清晰。

为使组合体的尺寸标注完整，仍用形体分析法假想将组合体分解为若干基本体，注出各基本体的定形尺寸以及确定它们之间相对位置的定位尺寸，最后根据组合体的结构特点注出总体尺寸。因此，在分析组合体的尺寸标注时，必须熟悉基本体的尺寸标注。值得注意的是：在标注各基本体的定形尺寸或各基本体之间的定位尺寸时，还需同时注意基本体本身的各细部之间是否也有定位尺寸需要标注，如有遗漏，需及时补上。

一、基本体的尺寸标注

图 5-22、图 5-23、图 5-24 分别列出了基本体、被切割或穿孔后的不完整基本体、零件上

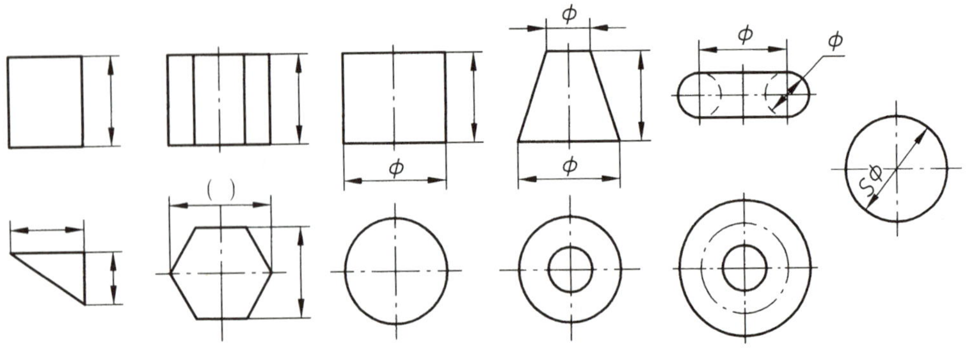

图 5-22 基本体的尺寸标注示例

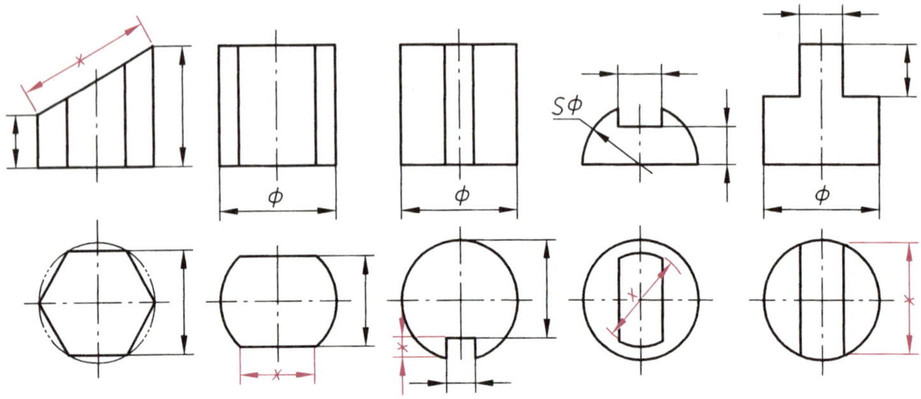

图 5-23 具有斜截面或缺口的基本体的尺寸标注示例

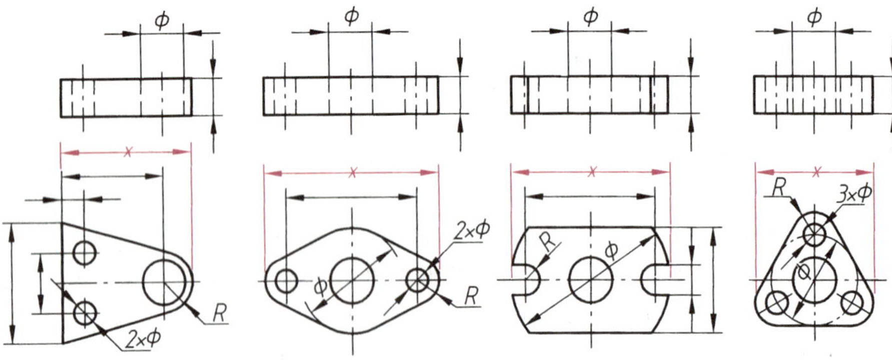

图 5-24 不注底板总长的尺寸标注示例

常见的几种底板的尺寸标注示例。必须注意的是：图 5-22 中正六棱柱的底面尺寸有两种标注形式，一种是注出正六边形的对角尺寸（外接圆直径），另一种是注出正六边形的对边尺寸（内切圆直径），但只需注出两者之一，若两个尺寸都注上，应将其中任一个尺寸作为参考尺寸，加上括号;对于圆柱、圆台、环等回转体,其直径尺寸一般注在非圆的视图上,当完整标注了它们的尺寸后,只用一个视图就能确定其形状和大小,其他视图可省略不画。在标注图 5-23 中具有斜截面或缺口的基本体的尺寸时,应注出截平面或缺口的定位尺寸,不要标注截交线的尺寸,图中画上红色"×"号的尺寸都是不应该标注的。在图 5-24 所示的四个机件的底板,为什么都不应或不宜标注它们的总长,即图中画上红色"×"号的尺寸,请读者自行分析。

二、组合体的尺寸分析

图 5-25 为已经标注了尺寸的组合体的两视图,由形体分析可知:这个左右对称的组合体由底板和竖板两部分组成,通过这个例图来分析标注组合体的尺寸,怎样才能达到完整和清晰的要求。

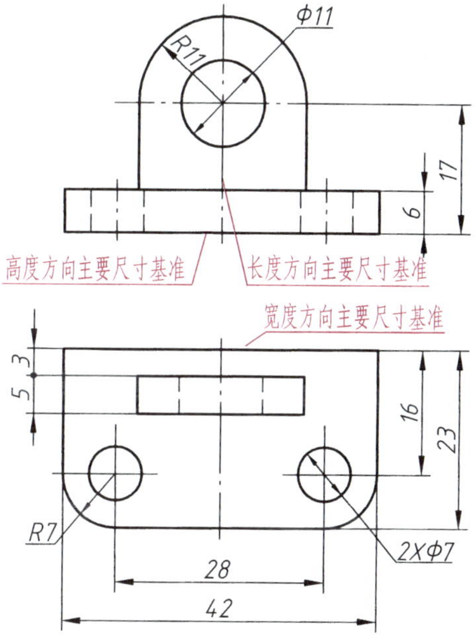

图 5-25　组合体的尺寸分析

1. 尺寸基准

尺寸基准是确定尺寸位置的点、直线和平面。也是组合体中各基本体定位的基准。因此,为了完整和清晰地标注组合体的尺寸,必须在长、宽、高三个方向上分别选定主要尺寸基准,它们分别称为长度方向主要尺寸基准、宽度方向主要尺寸基准、高度方向主要尺寸基准,简称长度主要尺寸基准、宽度主要尺寸基准、高度主要尺寸基准。通常选择组合体的对称平面、端面、底面,以及主要回转体的轴线等作为主要尺寸基准。图 5-25 中分别选定了左右对称平面、底板后壁和底板底面,作为长、宽、高三个方向的主要尺寸基准。

2. 尺寸完整

图 5-25 所示组合体由底板和竖板两部分组成,带圆角的底板上有两个小圆孔,半圆头竖板中间有圆孔。从尺寸完整出发,分别分析图中标注的定形尺寸、定位尺寸和总体尺寸。

(1) 定形尺寸　底板已注出长、宽、高的尺寸 42、23、6,底板上圆角和圆孔尺寸 $R7$ 和 $2\times\phi7$。必须注意,相同的圆孔应标注直径,只需标注一处,并同时注写数量,如 $2\times\phi7$;但对称的圆角结构的相同的圆角半径,如 $R7$ 也只需标注一处,但不注写数量。通过这样的分析可知,底板的定形尺寸已注全。竖板已注宽度尺寸 5,半圆头半径尺寸 $R11$,圆孔尺寸 $\phi11$,长度尺寸即为半圆头的直径,由半圆头的半径尺寸 $R11$ 表明,不应重复标注,高度尺寸可由图中已注出的尺寸 17、6 和 $R11$ 计算得出,即 $17-6+11=22$,所以也不必标注。于是,竖板的定形尺寸也已标注完整。

(2) 定位尺寸　确定组合体中各基本体之间的定位尺寸之前,还需检查基本体本身的各细部之间是否还有定位尺寸遗漏,如有,需补上,例如图 5-27 中底板上的两个小圆孔,分别从底板的左右对称面和后壁出发,标注出两圆孔轴线在长度、宽度方向上的定位尺寸 28、16。然后逐个检查各个基本体的定位尺寸是否完整。竖板与底板相对位置的定位尺寸:由于竖板与底板有共同的左右对称面,长度方向不必标注定位尺寸,竖板的底面即底板的顶面,高度方向也不必标注定位尺寸，宽度方向在图中注出了竖板的后壁在底板后壁之前3。为了画图和看图方便，也可以将高度尺寸17看作竖板对底板的定位尺寸，还可看作在竖板上的圆孔的定位尺寸。

（3）总体尺寸　经过形体分析标注了各基本体的定形和定位尺寸后，还要标注组合体的总体尺寸。该组合体的总长和总宽即底板的长、宽尺寸42、23，不必重复标注。总高尺寸应该是17加竖板半圆头的半径$R11$，等于28，在这种情况下，为了要清晰标出半圆头和圆孔的尺寸，宜保留尺寸17和$R11$，不标总高尺寸28。

值得注意的是：有时为了画图方便、读图清晰、便于加工起见，虽然按上述步骤标注了所有尺寸，最后，有些尺寸可以通过已注的尺寸计算获得，但仍都注出。例如：底板的长度方向的定形尺寸42等于圆角的定位尺寸28加两个圆角的定形尺寸半径7之和，同样，底板的宽度方向的定形尺寸23等于圆角的定位尺寸16加一个圆角的定形尺寸半径7之和，它们都全部注出。

3. 尺寸清晰

要使尺寸标注清晰，应注意以下几点（仍如图5-25所示）：

（1）突出特征　定形尺寸尽量标注在反映该部分形状特征的视图上，如底板上的圆角和圆孔的尺寸应标注在俯视图上，竖板的半圆头和圆孔的尺寸应标注在主视图上。

（2）相对集中　同一基本体的定形与定位尺寸，尽量集中标注，便于读图时查找。如底板的长、宽尺寸和底板上圆孔的定形、定位尺寸，竖板的定形尺寸和竖板上圆孔的定位尺寸，分别集中标注在俯视图和主视图上。

（3）布局整齐　同方向的平行尺寸，应使小尺寸在内，大尺寸在外，避免尺寸线与尺寸界线相交，如俯视图中的28和42、16和23。同方向的串联尺寸应排列在一条直线上，既整齐又便于画图，如俯视图中的尺寸5和3。

（4）尺寸尽量标注在视图外部，配置在两视图之间，不仅能保持图形清晰，且便于读图。

三、标注组合体尺寸的方法与步骤

下面以图5-26所示的轴承座为例，说明标注组合体尺寸的方法与步骤如下：

1. 形体分析和初步考虑各基本体的定形尺寸

当在自己绘制的组合体视图中标注尺寸时，已对这个组合体作过形体分析，对各基本体的定形尺寸也已经有了初步考虑，如图5-26a所示，图中带括号的红色数字的尺寸是由别的基本体已标注或由计算可得出的重复尺寸①。实际上用比例尺一边量尺寸一边绘图的过程，也很接近标注尺寸的顺序。

当阅读别人绘制的组合体视图中的尺寸时，则应先按形体分析看懂三视图，然后考虑各个基本体的定形尺寸和定位尺寸是否完整。

2. 选定尺寸基准

组合体的长、宽、高三个方向的主要尺寸基准，仍如前述，常采用组合体的底面、端面、对称面以及主要回转体的轴线等。对于这个轴承座所选的主要尺寸基准如图5-26b所示；用这个轴承座的左右对称面作为长度方向的主要尺寸基准；用轴承的后端面作为宽度方向的主要尺寸基准；

① 例如，支承板的尺寸46和肋板的尺寸21是可由轴承的轴线离底板底面的定位尺寸、底板的厚度尺寸、轴承的外径尺寸计算得到的，因而是重复尺寸。凸台不必注高度尺寸，后面将讲述理由。

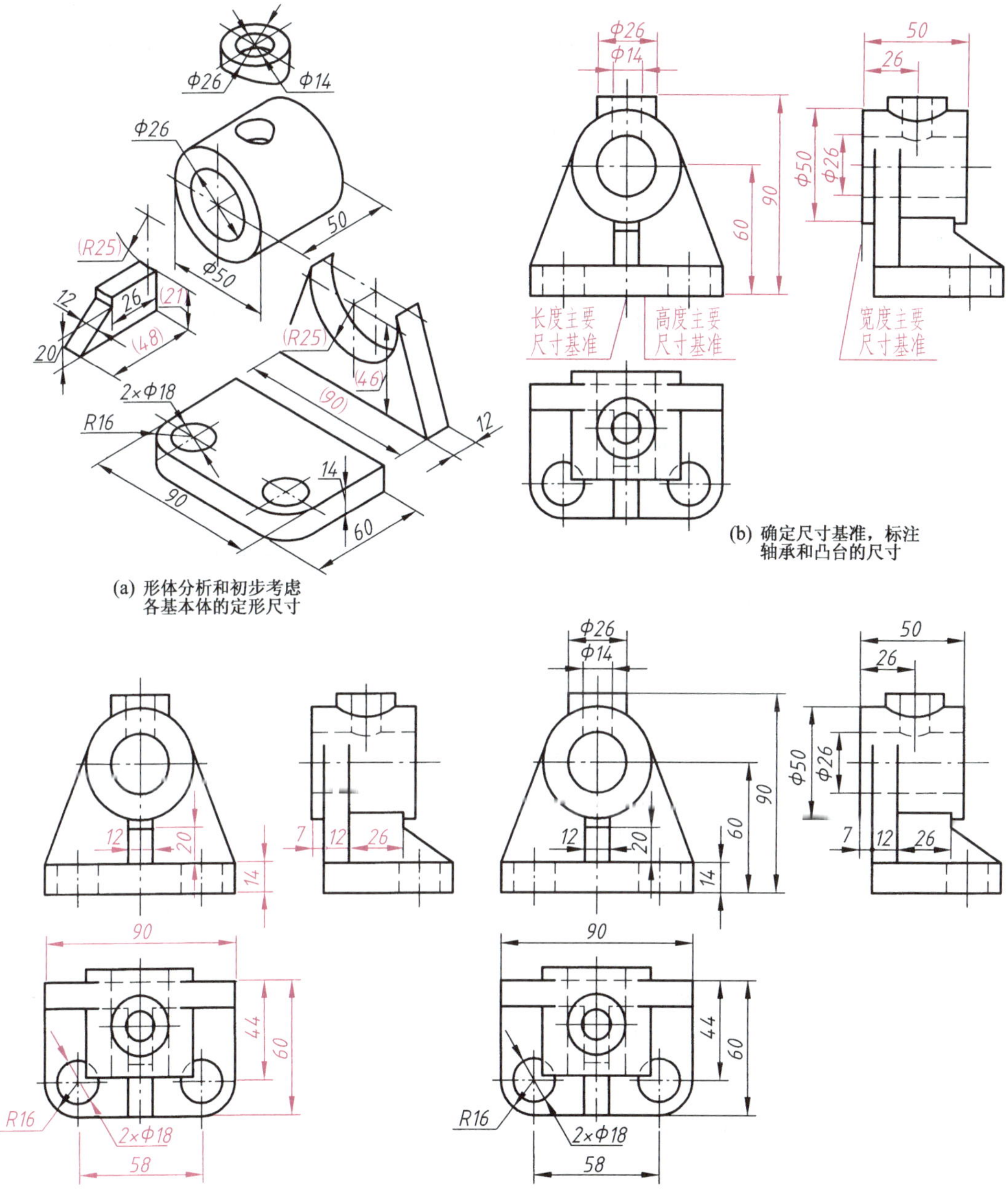

(a) 形体分析和初步考虑各基本体的定形尺寸

(b) 确定尺寸基准，标注轴承和凸台的尺寸

(c) 标注底板、支承板、肋板的尺寸，并考虑总体尺寸

(d) 校核后的标注结果

图 5-26　标注轴承座的尺寸

用底板的底面作为高度方向的主要尺寸基准。

3. 逐个地分别标注各基本体的定位和定形尺寸

通常先标注组合体中最主要的基本体的尺寸，在这个轴承座中是轴承，然后在留下的基本体中标注与主要尺寸基准有直接联系的基本体的尺寸，或标注在已标注尺寸的基本体旁边且与它有尺寸联系的基本体。

（1）轴承

如图 5-26b 所示，在左右对称面内从高度主要尺寸基准（轴承座底面）标注轴承轴线的定位尺寸 60。以这条轴线作为径向基准，注出轴承内外圆柱面的定形尺寸 $\phi 26$ 和 $\phi 50$。从宽度主要尺寸基准（轴承后端面）出发，注轴承长度的定形尺寸 50。这样，就完整地标注了轴承的定位尺寸与定形尺寸。

（2）凸台

仍如图 5-26b 所示，从宽度主要尺寸基准出发的定位尺寸 26，定出凸台的轴线，以此为径向基准，注出定形尺寸 $\phi 14$ 和 $\phi 26$。用从高度基准出发的定位尺寸 90，定出凸台顶面的位置；由于轴承和凸台都已定位，则凸台的高度也就确定了，不应再标注。于是便完整地标注了凸台的定位尺寸和定形尺寸。

（3）底板

如图 5-26c 所示，从宽度主要尺寸基准出发标注定位尺寸 7，定出底板后壁面的位置，并由此作为宽度辅助尺寸基准注出板宽的定形尺寸 60 和底板上圆柱孔的定位尺寸 44。从长度主要尺寸基准出发注出板长的定形尺寸 90 和底板上圆柱孔的定位尺寸 58，注出连接圆弧的定形尺寸 $R16$。由上述定位尺寸 44 和 58 定出圆柱孔的轴线，以此为径向尺寸基准，注出定形尺寸 $2\times\phi 18$。从高度主要尺寸基准出发，注出板厚定形尺寸 14。也就完整地标注了底板的定位尺寸和定形尺寸。

（4）支承板

在图 5-26c 中还用已注出的从宽度主要尺寸基准出发的定位尺寸 7，定出了支承板后壁的位置，由此注出板厚定形尺寸 12。底板的厚度尺寸 14，就是支承板底面在高度方向的定位尺寸。支承板底面的长度尺寸就是已注出的底板的长度尺寸 90，不应再标。左、右两侧与轴承相切的斜面可直接由作图确定，不应标注任何尺寸。由此完整地标注了支承板的定位和定形尺寸。

（5）肋板

如图 5-26c 所示，因肋板对这个轴承座的左右对称面对称，可从长度主要尺寸基准出发标出肋板厚度的定形尺寸 12。肋板底面在高度方向的定位尺寸因肋板的底面与底板的顶面共面而不需标注，又因肋板后壁与支承板的前壁共面，不需标注宽度方向的定位尺寸，便可由肋板的底面和后壁出发，分别标注定形尺寸 20 和 26。肋板的底面的宽度尺寸可由底板的宽度尺寸 60 减去支承板的厚度尺寸 12 得出，不应标注；肋板两侧壁面与轴承的截交线由作图确定，不应标注高度尺寸。于是便完整标注了肋板的定位尺寸和定形尺寸。

4. 标注总体尺寸

标注了组合体各基本体的定位和定形尺寸以后，对于整个轴承座还要考虑总体尺寸的标注。仍如图 5-26b 和 c 所示，轴承座的总长和总高都是 90，在图上已经注出。总宽尺寸应为 67，但是这个尺寸以不注为宜，因为如果注出总宽尺寸 67，那么尺寸 7 或 60 就是不应标注的重复尺寸，而且注出上述两个尺寸 60 和 7，有利于明显表示底板的宽度以及支承板的定位。如果保留了 7 和 60 这两个尺寸，还想标注总宽尺寸，则可标注总宽 67 后再加一个括号，作为参考尺寸注出。

5. 校核

最后，对已标注的尺寸，按正确、完整、清晰的要求进行检查，如有不妥，应作适当修改或调整。经校核后无不妥之处，就完成了尺寸标注，如图 5-26d 所示。

§5-5 形体构思

在初步掌握画图和读图方法的基础上，根据给定的条件构思出不同结构、不同形状的组合体，并画出视图，这种训练方法可以把空间想象、形体构思和图样表达三者结合起来，不仅可以促进画图和读图能力的提高，还能进一步加强空间思维能力的培养，为今后的工程构型设计打下基础。

一、形体构思基础

如果善于将前面教师讲授的和教材上叙述的如何用三视图或两视图完整表达基本体、组合体的内容及时归纳小结，不仅可以加深对所学知识点的理解，也会激发学习兴趣，进一步认真分析、思考，熟悉其中的规律，从而打好形体构思基础。

1. 分析基本体三视图的图示特征

(1) 三视图中若主、左视图的外轮廓为矩形，该基本体通常为柱(图 5-27a)；三视图中若主、左视图的外轮廓为三角形，该基本体通常为锥(图 5-27b)；三视图中若主、左视图的外轮廓为等腰梯形，该基本体为通常棱台或圆台(图 5-27c)。

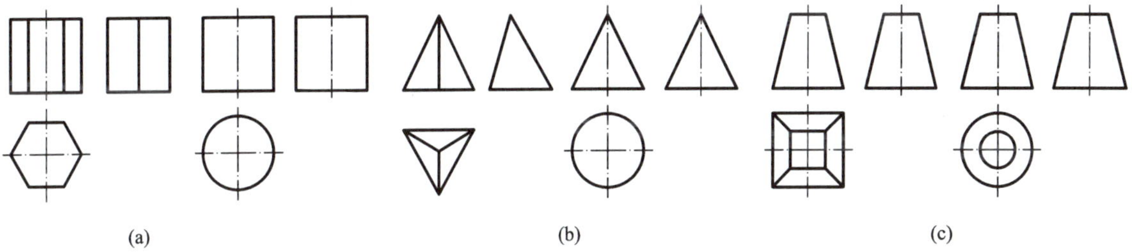

图 5-27 基本体的图示特征示例

(2) 要明确判断上述基本体是棱柱、棱锥或棱台、圆柱、圆锥或圆台，必须看俯视图的形状。如果俯视图外轮廓是多边形，该基本体是棱柱、棱锥或棱台；如果外轮廓是圆，则该基本体是圆柱、圆锥或圆台。

(3) 组合体可分析为由若干基本体通过叠加、切割等型式所构成，组合体的投影是构成该组合体的各基本体投影的组合。因此，若能记住常见的基本体的三视图的图示特征，会有助于正确、迅速地读懂组合体的视图。

2. 在形体分析的基础上，进一步用线面分析帮助思考

组合体也可看成是由组合体各个表面围成的实体。形体分析法是从“体”的角度分析组合体，线面分析则是从“线”和“面”的角度分析构成组合体视图中的线框和图线的投影特性以及它们之间的相对位置，从而看懂组合体的视图。运用线面分析读图的要点是：从反映形体图示特征的视图入手，联系其他视图，利用面或线的投影的积聚性、真实性和类似性等特性来解题。因此，读图时理解视图中的线框和图线的含义和掌握在视图中找对应关系的方法十分重要。

图 5-28 所示的三个组合体的视图中，成对应关系的红色线框都分别是同一平面表面的类

似形投影。如果类似形是多边形，它们的边数相等，且平行边对应平行边，凸出或凹入的方位也一致。便得出第一条规律：

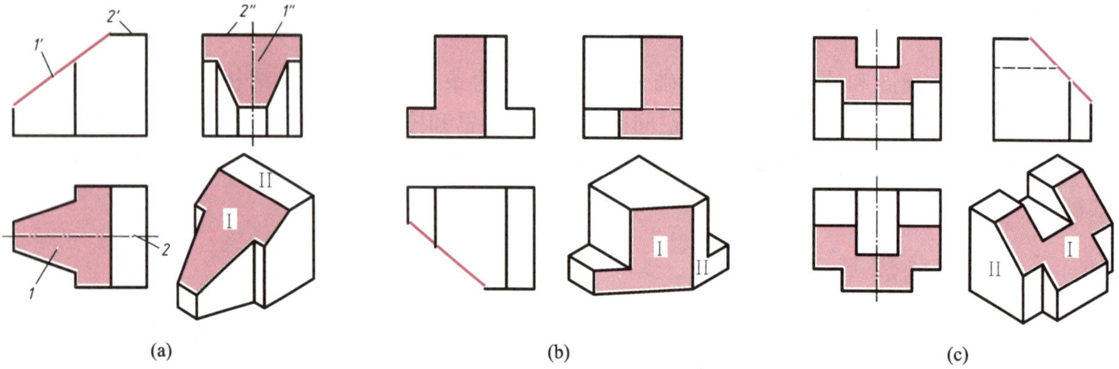

图 5-28　在组合体视图中对类似形线框的投影分析示例

(1) 相邻视图中对应的一对线框，如果是组合体上同一平面表面的投影，它们必定是类似形。

如果某一视图中的一个线框在相邻视图中找不到对应的类似形线框时，在相邻视图中一定能找到与其对应的积聚成直线段的投影。图 5-28a 所示的俯视图中的线框 *1* 和 *2*，在主视图中无对应的类似形，按投影关系只能对应主视图中的斜线 *1′*(正垂面的积聚投影)和水平线 *2′*(水平面的积聚投影)。便得出第二条规律：

(2) 相邻视图中无类似形对应，必对应有积聚性的直线段。

图 5-28b 和 c 请读者自行阅读分析。

3. 不是所有物体都必须画出三视图才能完整表达其形状

本书前面所讲述的用视图表示的物体的例图都是通过三个视图或两个视图来表达的，说明了不是所有物体都必须画出三视图才能完整表达其形状。有些物体标注尺寸以后，只要一个视图就可确定其形状，如标注了直径 ϕ 和轴向长度的圆柱、标注了底圆直径 ϕ 和轴向高度的圆锥和标注了球径 $S\phi$ 的球等。有些物体在主、俯、左三个视图中，可以用某两个视图完整地表达，但用另两个视图则不能完整表达；有些物体一定要用三个视图才能完整表达(今以图 5-29 所示的三组视图示例说明如下)。

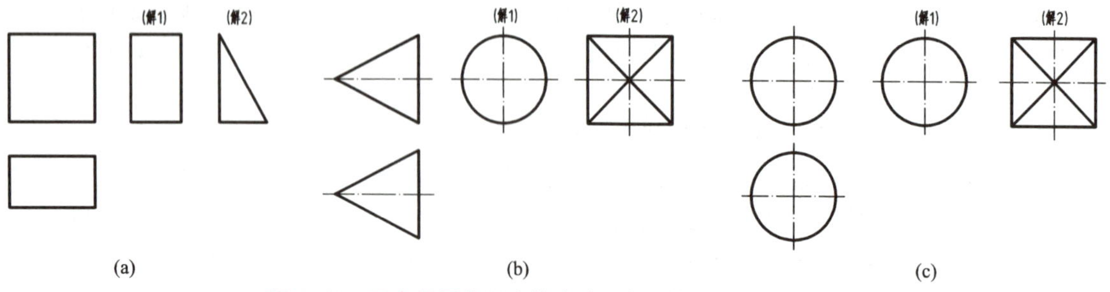

图 5-29　两个视图能否完整表达一个物体形状的讨论示例

如图 5-29a、b、c 所示，若已知物体的主、俯视图，要补画出它们的左视图，至少可以分别得出图中所示的各两个不同的解：图 a 的解 1 和解 2 所示的物体是四棱柱和三棱柱；图 b 的解 1 和解 2 所示的物体是圆锥和四棱锥；图 c 的解 1 所示的物体是球，图 c 的解 2 所示的物体是两个在轴线中点垂直相交的等径圆柱相贯体，一个圆柱的轴线是正垂线，一个圆柱的轴线是铅垂线，这两个圆柱的轴线沿轴向的长度都等于它们的直径长度。由此可见，用图 5-29a、b、c 三组视图中的主视图和俯视图都不能唯一地确定它们所表示的物体的形状，也就是不能完整表达一个物体的形状；若用它们与上述解 1 或解 2 的左视图，则用三视图就可分别表达完整地表达出上述这六个物体的形状。用上述同样的方法就可以知道：由图 a 的主视图及其解 2 的左视图、由图 b 的主视图及其解 1 或解 2 的左视图、由图 c 的主视图及其解 2 的左视图，能够完整表达一个物体的形状；但由图 a 的主视图及其解 1 的左视图、由图 c 的主视图及其解 1 的左视图则不能完整表达一个物体的形状，必须用三个视图表达。请读者自行读图、分析、思考和理解。

二、形体构思训练

在工程实际中，机件的结构形状千变万化，形体构思是零件构型设计的基础。通过形体构思训练可以启迪思维，开拓思路，培养对空间形体的表达能力和创新能力。

1. 要多做由给出的一个或两个视图构思不同形状的组合体的练习

如果只给定一个视图，组合体的形状是不确定的，可以构思出多种形状的组合体。如图 5-30a所示，给出的主视图中有四个线框，表示组合体上的四个表面，它们可以是平面或曲面，也可以是平面与曲面相切的复合表面，其位置可前可后，通过凸出、凹入或斜交等各种形式构成不同的组合体。经过构思可想象出如图 5-30b ~ f 中的立体图所示的各种符合已知条件的组合体。

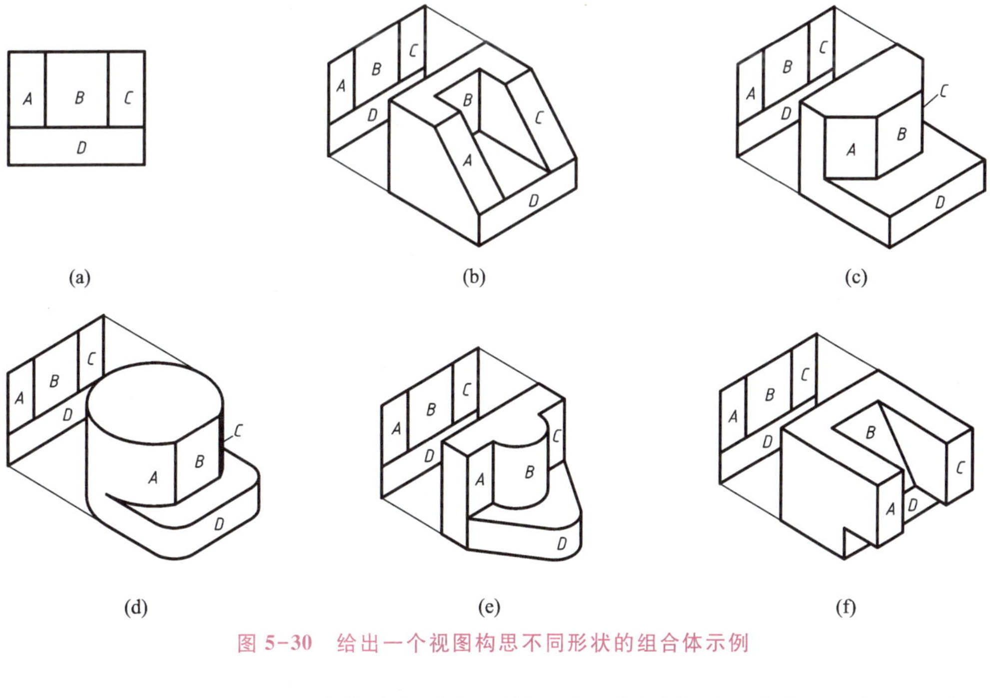

图 5-30　给出一个视图构思不同形状的组合体示例

图 5-31a 和 b 是按给出的组合体的主、俯视图构思出不同形状的组合体的示例。图中通过补画它们的左视图分别作出了各两个解，构思出解的下方以立体图画出的两个不同形状的组合体。

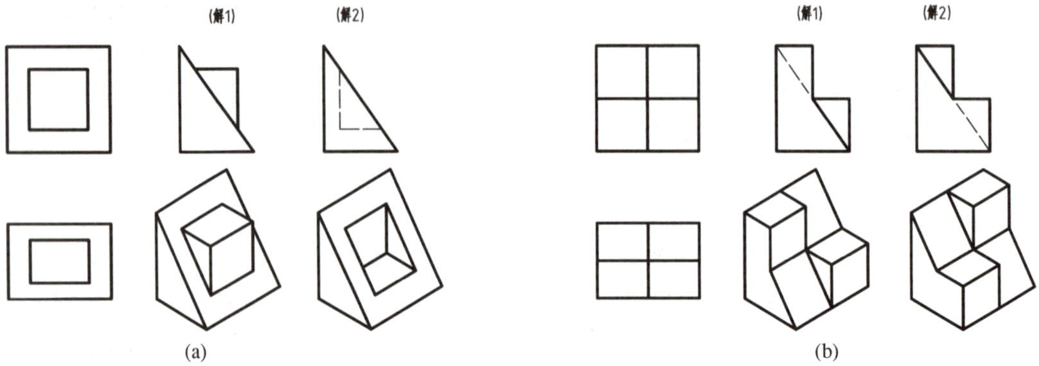

图 5-31　给出两个视图构思不同形状的组合体示例

2. 要拓展思路,勤于思考

对给出的组合体的已知条件作适当改变,想象改变后组合体的形状变化,从而产生新的组合体。如图 5-32a 所示的棱柱切割体,根据给出的主、俯视图画出了四种不同形状的切割体的左视图。如按图 5-32b 所示,将主、俯视图改变成圆柱切割体,又画出了四种不同形状的切割体的左视图。

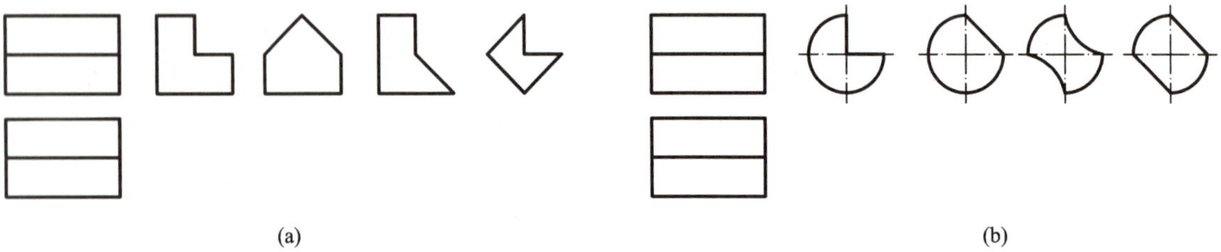

图 5-32　改变已知条件构思不同形状的组合体(一)

如图 5-33a、c 所示,给出了组合体的主、俯视图,并补画了它们的左视图。若俯视图不变,而将主视图外轮廓内的一条指定的粗实线改为细虚线,也补画了改变后的不同形状的组合体的左视图,如图 5-33b、d 所示。

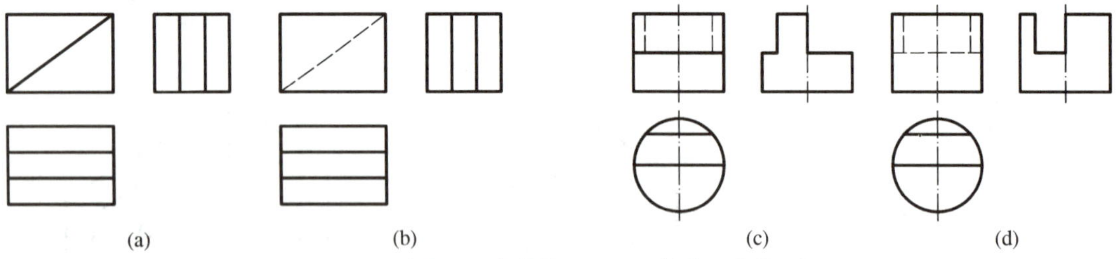

图 5-33　改变已知条件构思不同形状的组合体(二)

3. 要善于边判析边构思组合体的空间形状

读图的过程是“由图想物”的过程,也是形体“形体构思”的过程,例如要根据图 5-34a 所给的组合体的主、俯视图构思组合体的空间形状,与已给出的主、俯视图对照,不断修正想象中的组合体的形状,直到两者完全吻合;图 5-34b 表示了形体构思的判析和想象的过程。形体构思完成后,再补画出该组合体的左视图,并将想象出的组合体与它的三视图核对,核对无误,说明形体构思的结果是正确的。

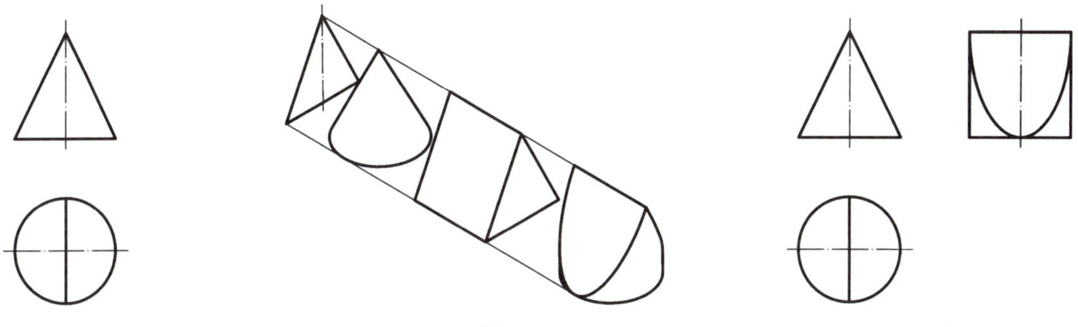

(a) (b) (c)

图 5-34 形体构思的判析和想象的过程示例

图 5-34a 是一个物体的主、俯视图，按图 5-34b 很容易想到这个物体可能是圆锥，但俯视图中间有一条正垂线，显然该物体不是圆锥；如果假设该物体是三棱柱，则俯视图的外轮廓不可能是圆，也不符合题设条件；通过构思，再假设是在铅垂圆柱上用两个正垂面对称地切去左右两块，两个正垂面的交线为正垂线，其水平投影成 Y 轴方向的直线，正面投影积聚成点，完全符合题目给定的主、俯视图，补画出该物体的左视图(图 5-34c)。

三、在限定条件下进行构型设计

构建任何形体都是有目的、有条件的。构型设计必须了解清楚题意和要求，在满足一定条件的基础上进行构思、设计。例如，要求构建一个平面立体，其表面必须包含七种与投影面不同相对位置的平面：图 5-35 就是满足上述限定条件而构建的一个平面立体，这个平面立体有 10 个多边形平面表面，除了紧靠在 H、V、W 面上的底面，后壁和右壁外，表面 A、B、C 分别为水平面、正平面、侧平面，表面 P、Q、R 分别为铅垂面、正垂面、侧垂面，表面 M 为一般位置平面。

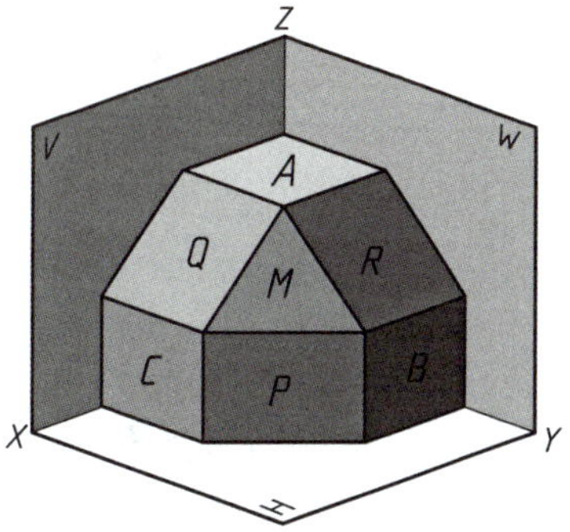

图 5-35 根据限定条件构型示例(一)

如前所述，若只给定组合体的一个或两个视图，物体的形状通常是不能唯一确定的，可以得到多种不同形状的组合体。因此，若给定组合体的一个或两个视图，可以通过构型设计不同结构、形式多样的多种组合体。在设计前，应先对给出的一个或两个视图作形体分析，然后按构建方便设定这个组合体为叠加型、切割型、综合型中的任一种组合体，作出具体的设计，最后按构型设计的结果补画所缺的视图。分别举例如下：

1. 按叠加型组合体构建

如图 5-36 中的黑色图形所示，已知组合体的主视图和俯视图，需任意构建三个不同的组合体，并作出左视图。构思过程画在所作左视图答案的下方，构思过程和左视图都以红色图形画出。

2. 按切割型组合体构建

如图 5-37 中的黑色图形所示，已知组合体的主视图，需任意构建三个不同的组合体，并作出俯视图和左视图。构思过程画在所作的俯视图之右，左视图之下，构思过程以及俯、左视图都

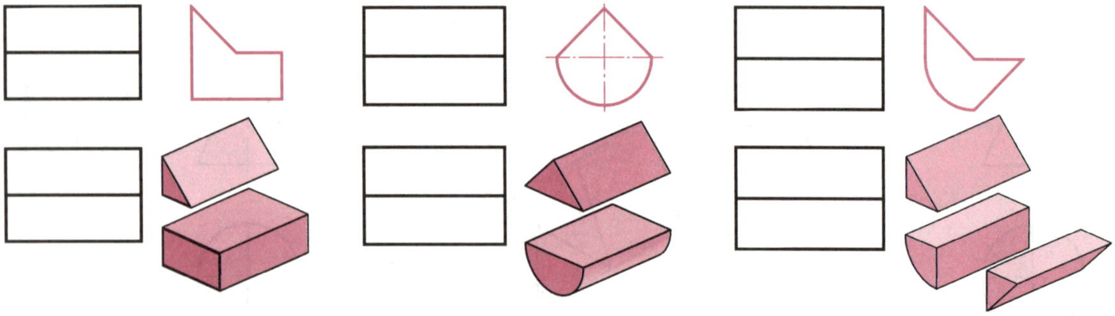

图 5-36　根据限定条件构型示例(二)

以红色图形画出。图 5-37a 的构型为将一个端面为直角三角形的三棱柱,先在前下方以一个正平面和一个水平面切割掉一个四棱柱而形成缺口,再在下部正中切割掉一个正垂的半圆柱而形成半圆柱面的通槽;图 5-37b 的构型为将一个铅垂圆柱先在前上方用一个正平面和一个水平面切割掉一个半圆柱而形成一个缺口,再在下方正中开一个正垂的半圆柱面通槽;图 5-37c 的构型为将一个长方体先在前上方用一个正平面和一个水平面切割成一个具有 3 处小圆角的侧垂的 L 形柱体,再将其上端切割成侧垂的半圆柱面,最后在下方正中开一个半圆柱面通槽。

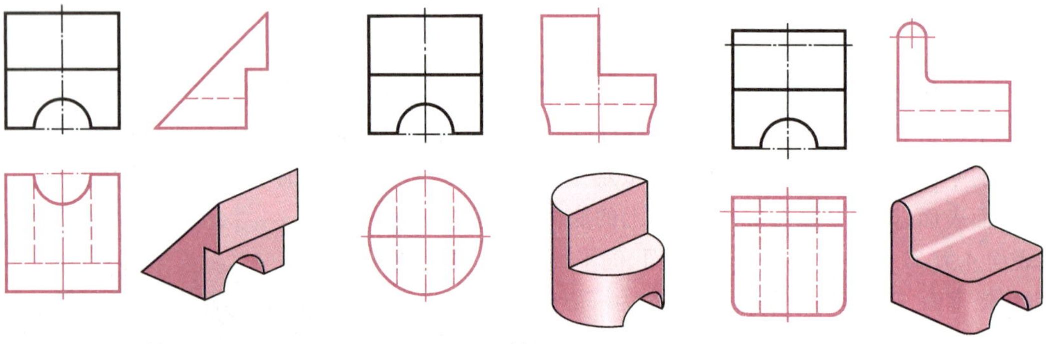

(a)　　(b)　　(c)

图 5-37　根据限定条件构型示例(三)

3. 按综合型组合体构建

如图 5-38 中的黑色图形所示,已知组合体的主视图,需任意构建三个不同的组合体,并作出俯、左视图。构思过程和俯、左视图都以红色图形画出。图 5-38a 的构型为先由一个半径较小的四分之一侧垂圆柱和其后方的一个半径较大的四分之一侧垂圆柱叠加,使它们的各一个矩形平面的表面拼接成一个大的矩形平面,而另外的各一个矩形平面的表面则互相叠合在一起,然后在下部正中切割掉一个正垂的半圆柱面通槽。必须注意:在俯视图中的前、后两个槽口不是前后对称的,孔口线的水平投影的弯曲度不同,应该按相贯线(圆柱面与圆柱面的交线)分别作出;图 5-38b 的构型为表面分别平行于投影面的长方体与一个两端面都为侧平面直角梯形的侧垂四棱柱叠加,它们的长度相等,前者的底面与后者的顶面是全等的矩形,叠加时,使前者的底面与后者的顶面全部重合,两者的后壁共面,然后在下部正中开一个半圆柱面通槽;图 5-38c 的构型为在上方的一个下棱面为水平面的侧垂三棱柱和在下方的一个各面都分别平行于投影面的长方体叠加，两者的长和宽都分别对应相等，亦即三棱柱的下棱面和长方体的顶面全部重合，构成叠加型组合体，再从这个组合体的左侧面正中从左向右切割掉一个长方体，形成一个矩形通槽，最后在这个综合型组合体的下部正中，从前向后再切割掉两个半圆柱，形成前、后两个互相对正的两个半圆柱面通槽，并与左右向的矩形通槽相通。

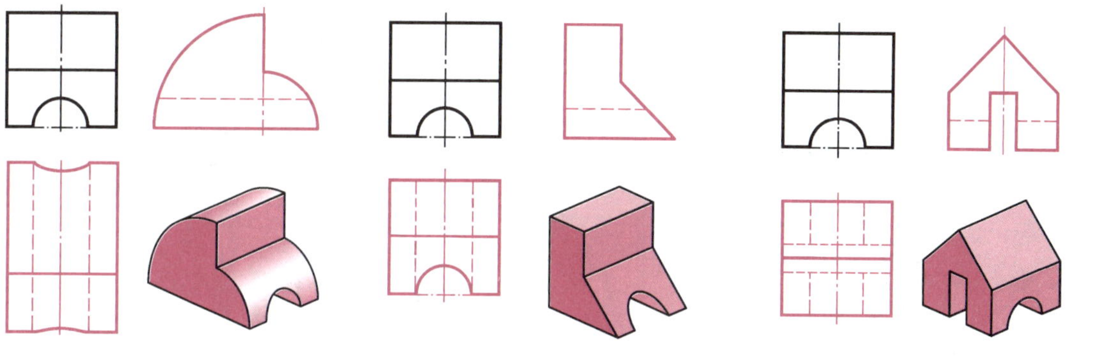

(a) (b) (c)

图 5-38　根据限定条件构型示例(四)

§5-6　AutoCAD 绘制三视图

用 AutoCAD 画三视图有两种方法：一种是用二维方法来绘制；或先创建三维模型，然后将模型投射成三视图。

一、用二维方法绘制三视图

在画三视图时，投影要满足“长对正、高平齐、宽相等”的三等投影关系。AutoCAD 提供的极轴、对象捕捉和对象追踪保证三视图的三等投影关系的精确实施。例如要绘制如图 5-39 所示的三视图时，绘图步骤如下：

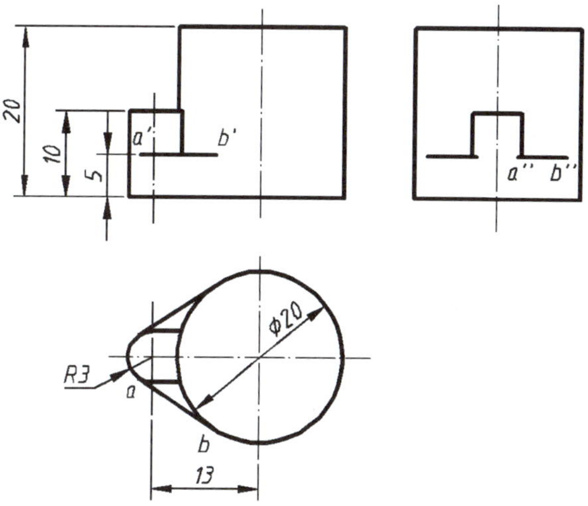

图 5-39　三视图

1. 先用直线(L)命令绘制各视图基准线，然后绘制俯视图，确定 *A*、*B* 两切点的位置，如图 5-40所示。

2. 将主视图和左视图的底边线用偏移(Offset)命令按尺寸向上逐条偏移，如图 5-41 所示。

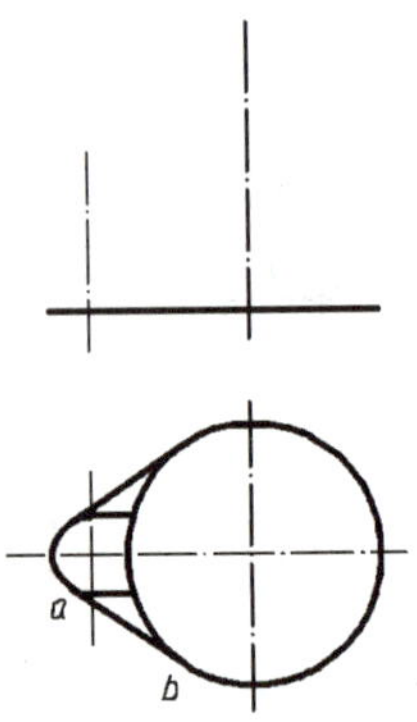

图 5-40　绘图步骤(一)

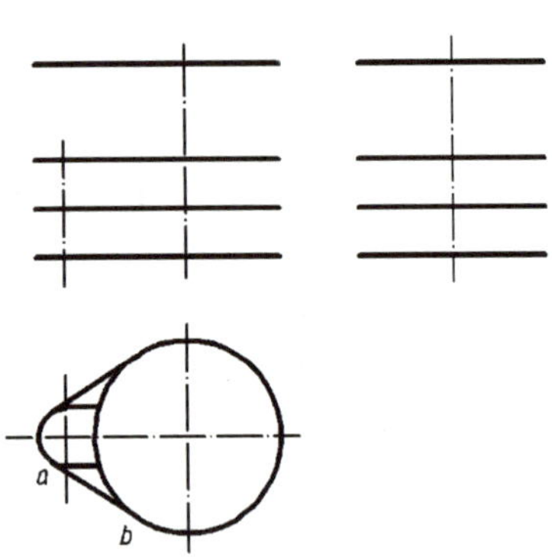

图 5-41　绘图步骤(二)

3. 将极轴、对象捕捉和对象跟踪设成有效状态，用直线(L)命令绘制主视图上的竖直线并确定水平线的长度，如图 5-42 所示。注意：在绘制时，启动直线命令后，先将光标移至俯视图的某个需要对齐的投影点，悬停一下，待出现此点的特征名称后，垂直向上移动(此时，对象跟踪出现)至主视图对应的某根线上，然后点击左键，再移动光标至另一根线，画出竖直线。

4. 用修剪(TR)命令修剪主视图上多余的线段得主视图，如图 5-43 所示。

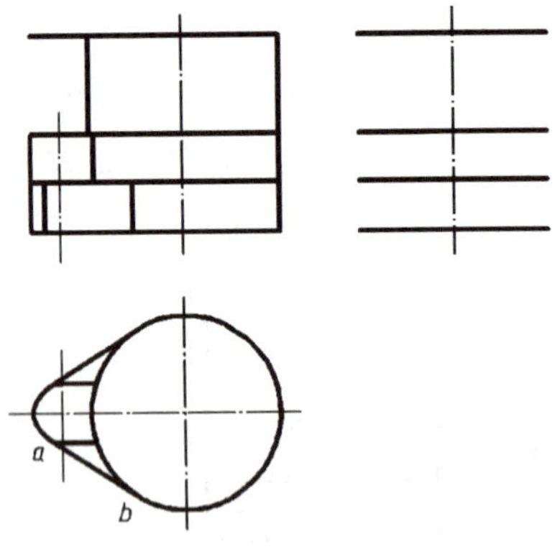

图 5-42　绘图步骤(三)

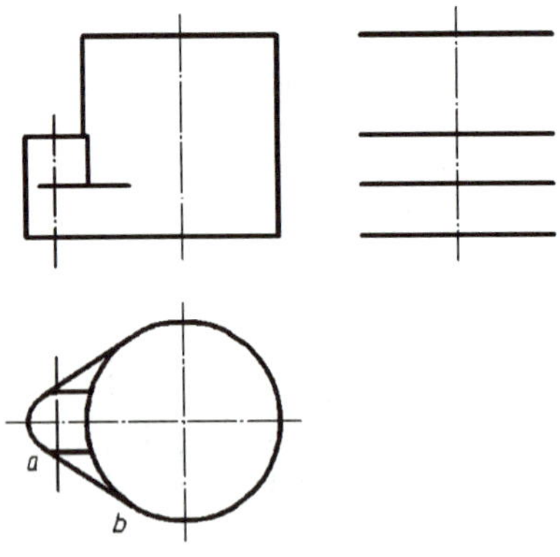

图 5-43　绘图步骤(四)

5. 绘制左视图时，先将俯视图和左视图的中心线延长至相交，过交点作 45°斜线，然后利用对象跟踪，启动直线命令，在俯视图上找一点，悬停一下，等待捕捉特征名称的显示，然后水平移动至 45°斜线，再悬停一下，出现交点特征名后点击左键，然后垂直向上移到左视图的有投影关系的线上再点击左键，如图 5-44 所示。

6. 修剪整理后就可完成图形的绘制，如图 5-45 所示。

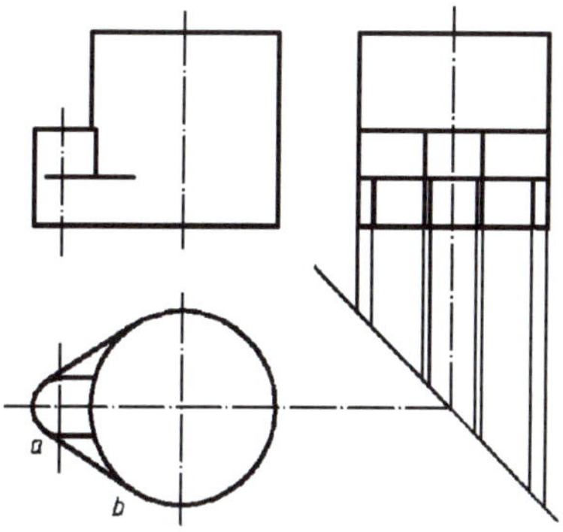

图 5-44　绘图步骤(五)

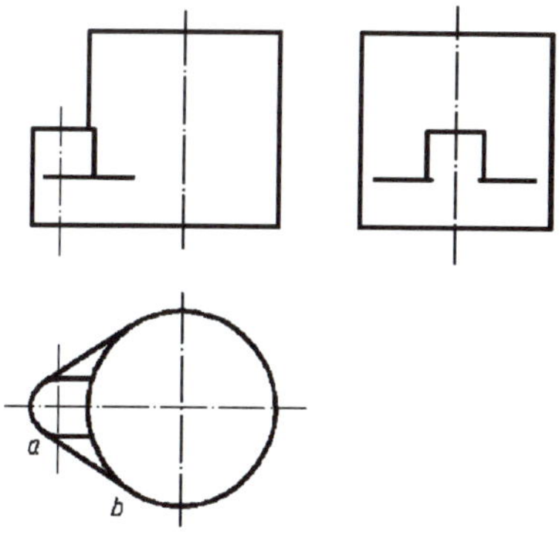

图 5-45　绘图步骤(六)

二、从三维模型投射成三视图

下面以绘制如图 5-46 所示的物体为例,说明建模和从三维模型投射成三视图的过程。

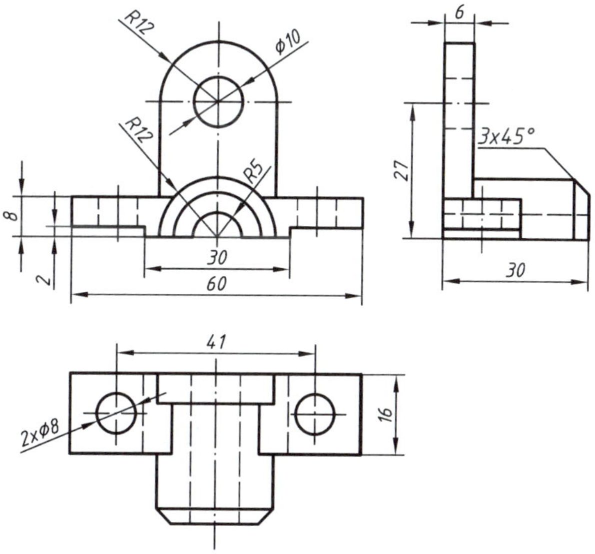

图 5-46　三视图

1. 建模

根据形体分析,可以将形体分成四个部分,空心的半圆柱、正面一块板和左、右各有一块水平的板,这些板可以用拉伸生成,然后通过合并操作,作上半圆柱前端倒角和水平板挖孔来完成建模。

(1) 将主视图的可见轮廓线画出,不必画出其他线条,如图 5-47 所示。

(2) 启动边界(BO)命令,用拾取点方法构造五个可拉伸的线框。

(3) 用拉伸命令分三次拉伸实体,第一次拉伸中间正面的板和板上的小圆孔,拉伸距离为 6,第二次拉伸左、右两块水平的板,拉伸距离为 16,第三次拉伸中间的空心半圆柱,拉伸距离为 30。用自由三维观察命令调整好观察角度,如图 5-48 所示。

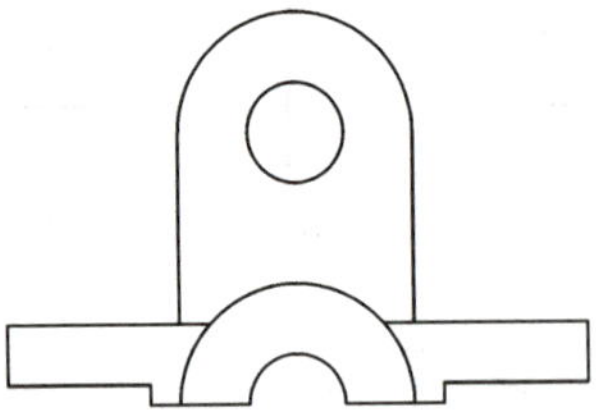

图 5-47　二维线框

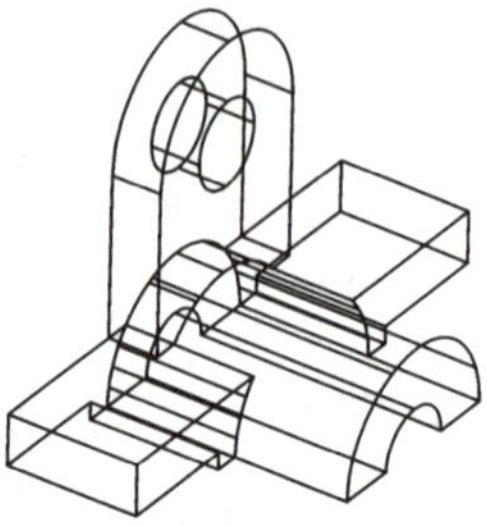

图 5-48　拉伸

(4) 用差集将小圆柱从正面板中挖去,然后用并集将所有的实体合并起来,如图 5-49 所示。

(5) 将工作空间切换到"AutoCAD 经典"模式,从下拉菜单"修改"⇨"三维编辑"⇨复制边,用复制边命令将水平板左端上面的边向右复制,距离为 9.5,并在此线的中点绘制直径为 8 的圆,如图 5-50 所示。画圆时要确保自动捕捉中点和动态 UCS 在有效状态。

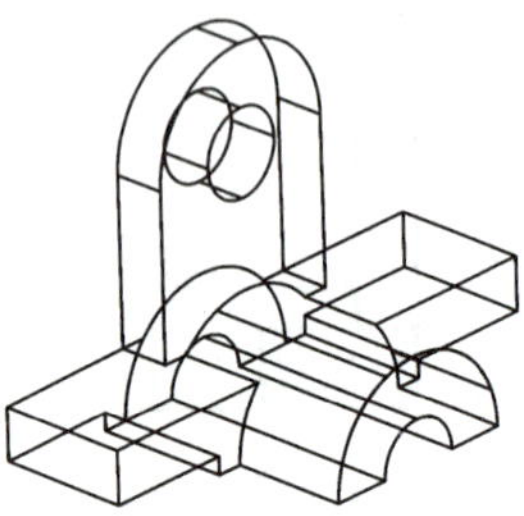

图 5-49　合并

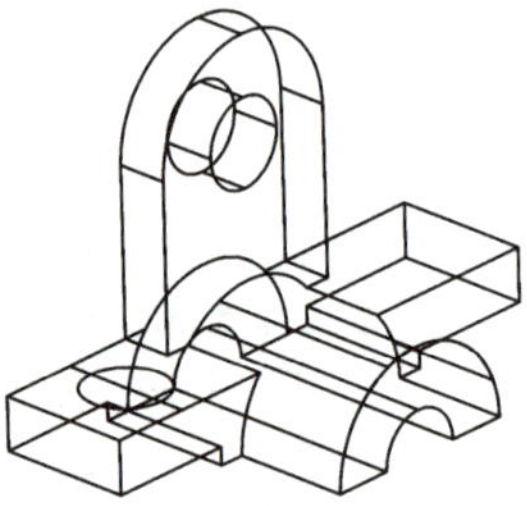

图 5-50　绘制小孔的圆

(6) 用拉伸命令将直径为 8 的圆向下拉伸成圆柱体,长度等于板厚。从下拉菜单"修改"⇨"三维操作"⇨"三维镜像",用三维镜像命令将小圆柱镜像到右边。再用差集命令将两个小圆柱挖去,如图 5-51 所示。

(7) 从下拉菜单"修改"⇨"倒角",倒角命令在二维和三维中都可以用,倒角边长度为 3,倒角后,建模完成,如图 5-52 所示。

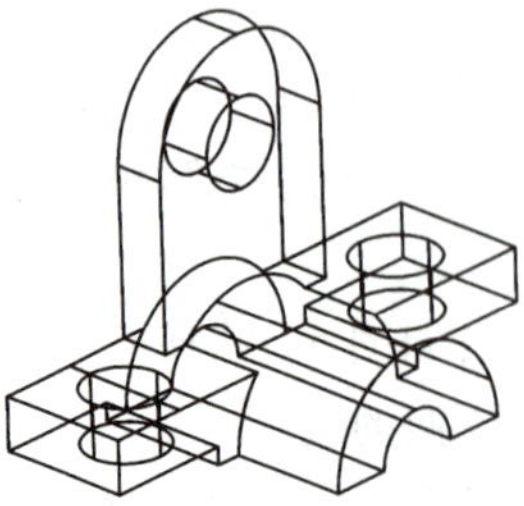

图 5-51　挖孔

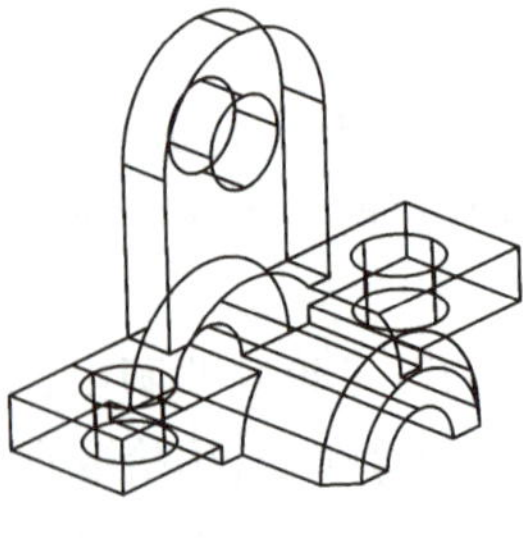

图 5-52　倒角,完成建模

2. 将模型投射成三视图

（1）将模型投射成三视图前，先要设置视图，从下拉菜单“绘图”⇨“建模”⇨“设置”⇨“视图”，设置视图命令执行如下：

命令：SOLVIEW

输入选项［UCS（U）/正交（O）/辅助（A）/截面（S）］：u（用用户坐标系统）

输入选项［命名（N）/世界（W）/？/当前（C）］<当前>：（用当前使用用户坐标系统，作为投影面）

输入视图比例<1>：（根据实际情况可以改变投影的大小）

指定视图中心：（在屏幕上指定第一个视图的中心位置）

指定视图中心<指定视口>：（如果上一步指定的位置不合适，可以重新指定，回车确认视图中心）

指定视口的第一个角点：（在屏幕上指定视口的第一个角点）

指定视口的对角点：

输入视图名：font（必须给视图一个名称）

输入选项［UCS（U）/正交（O）/辅助（A）/截面（S）］：o（第二个视口采用与第一个视口正交投影的方式）

指定视口要投影的那一侧：（在第一个视口的边线上选定一个中点，然后向边线的垂直方向投影）

指定视图中心：（指定第二个视图的中心点）

指定视图中心<指定视口>：

指定视口的第一个角点：

指定视口的对角点：

输入视图名：top

输入选项［UCS（U）/正交（O）/辅助（A）/截面（S）］：o

指定视口要投影的那一侧：

指定视图中心：

指定视图中心<指定视口>：

指定视口的第一个角点：

指定视口的对角点：

输入视图名：left

输入选项［UCS（U）/正交（O）/辅助（A）/截面（S）］：（回车，结束视图的设置）

设置视图是为三视图定好位置，设置视图自动切换到布局状态，完成后如图 5-53 所示。

（2）设置图形，从下拉菜单“绘图”⇨“建模”⇨“设置”⇨“图形”。设置图形时，选中三个视口的边框，然后按回车，如图 5-54 所示。设置图形实际上就是将模型向三个投影面投射，投射时会自动将可见轮廓线和不可见轮廓线放置在不同的层上，可见轮廓线的图层名是“视图名”+“-VIS”，不可见轮廓线的图层名是“视图名”+“-HID”。

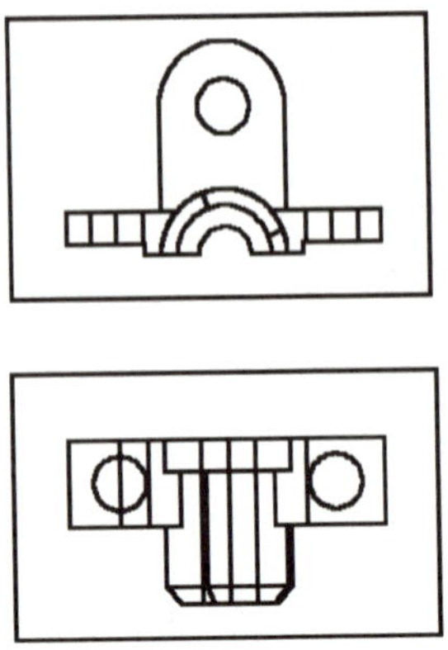

图 5-53　设置视图

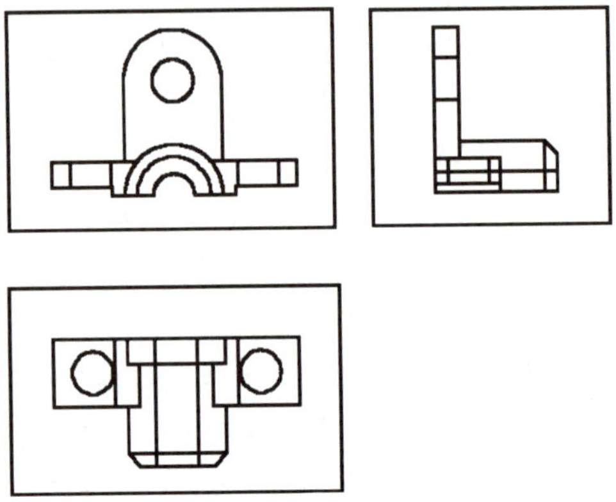

图 5-54　设置图形

(3) 关闭在执行“视图”(SOLVIEW)时自动生成的“VPORTS”图层,让视口边框不可见。将不可见轮廓线图层的线型设为细虚线,将可见轮廓线图层的线宽设成 0.7,添加中心线,完成全图,如图 5-55 所示。

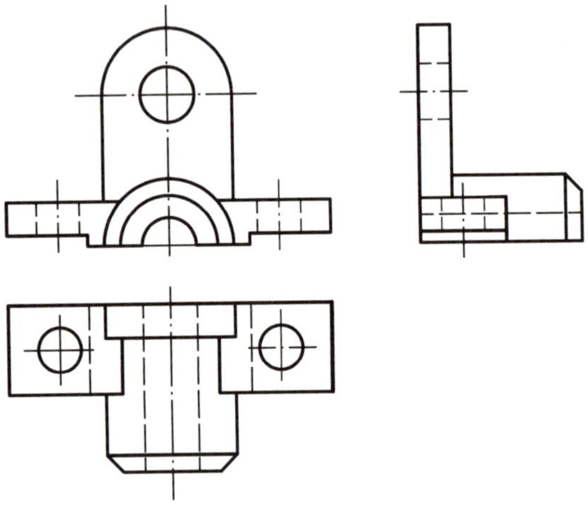

图 5-55　完成三视图

第六章　轴测图

§6-1　轴测图的基本知识

一、轴测图的形成和基本要求

上一章所讲述的物体的视图，是物体在相互垂直的两个或三个投影面上的多面正投影图，是工程上应用得最广的图样，但是只看其中的一个投影，通常不能同时反映出物体的长、宽、高三个方向的尺度和形状，缺乏立体感，需要对照其他投影和运用正投影原理进行阅读，才能想象物体的形状。GB/T 14692—2008《技术制图　投影法》规定：轴测投影是将物体连同其参考直角坐标系，沿不平行于任一坐标面的方向，用平行投影法将其投射在单一投影面上所得的具有立体感的图形，轴测投影也称轴测图，如图 6-1 所示。GB/T 4458.3—2013《机械制图　轴测图》也规定了绘制轴测图的基本方法，需要时可查阅。生成轴测图的投影面 P 称为轴测投影面，坐标轴 O_0X_0、O_0Y_0、O_0Z_0 的轴测图 OX、OY、OZ 称为轴测轴，分别简称 X 轴、Y 轴、Z 轴。

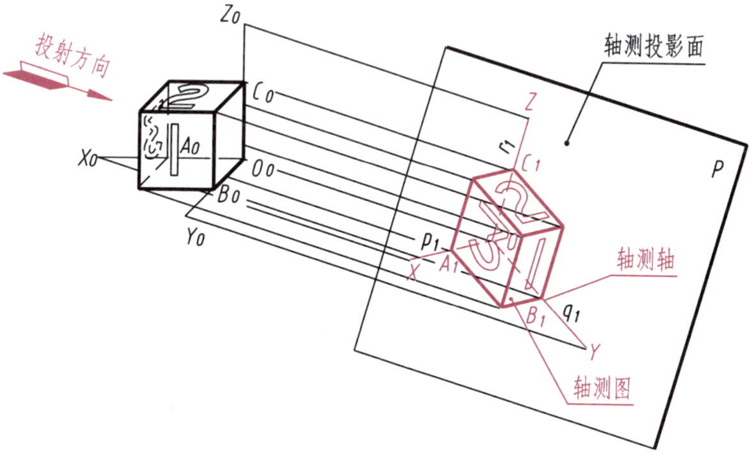

图 6-1　轴测图的形成(示意图)

GB/T 14692 还提出：轴测图中，应用粗实线画出物体的可见轮廓，必要时可用细虚线画出物体的不可见轮廓；三根轴测轴应配置成便于作图的特殊位置，绘图时轴测轴随轴测图同时画出，也可省略不画。

二、轴间角和轴向伸缩系数

仍如图 6-1 所示，在轴测图中，两根轴测轴之间的夹角 $\angle XOY$、$\angle XOZ$、$\angle YOZ$ 称为**轴间角**；轴测轴上的单位长度与相应坐标轴上的单位长度的比值，称为**轴向伸缩系数**，简称**伸缩系数**。若取三根投影轴作为坐标轴，则轴向伸缩系数就是轴测轴上的单位长度与相应投影轴上的单位长度的比值。OX、OY、OZ 轴上的伸缩系数分别用 p_1、q_1 和 r_1 表示，则：

$$p_1=\frac{OA_1}{O_0A_0},q_1=\frac{OB_1}{O_0B_0},r_1=\frac{OC_1}{O_0C_0}.$$

轴测轴 OX、OY、OZ 的伸缩系数可以简化，简化后称为**简化伸缩系数**，简称**简化系数**，分别用 p、q、r 表示。

由立体几何可以证明，与投射方向不一致的两平行直线段，它们的平行投影仍保持平行；且各线段的平行投影与原线段的长度比相等。由此可以得出：在轴测图中，物体上的平行于参考直角坐标系中的坐标轴的直线段的轴测图，仍与相应的轴测轴平行；且该线段的轴测图与原线段的长度比，就是该轴测轴的轴向伸缩系数或简化系数。因此，当确定了物体在参考直角坐标体系中的位置后，就可按选定的轴向伸缩系数或简化系数和轴间角作出它的轴测图。

三、轴测图的分类和选用

轴测图分为**正轴测图**和**斜轴测图**两大类。当投射方向垂直于轴测投影面时，称为**正轴测图**，当投射方向倾斜于轴测投影面时，称为**斜轴测图**。

由此可见：正轴测图是由正投影法得到的，而斜轴测图则是用斜投影法得到的。

轴测图按轴测轴的伸缩系数或简化系数是否相等而分成三种：当三根轴测轴的伸缩系数或简化系数都相等时，称等轴测图，简称等测；只有两根相等时，称二等轴测图，简称二测；三根都不相等时，称三测图，简称三测。

综如上述，轴测图可分为六种：**正等轴测图**、**正二等轴测图**、**正三轴测图**、**斜等轴测图**、**斜二等轴测图**、**斜三轴测图**，分别简称**正等测**、**正二测**、**正三测**、**斜等测**、**斜二测**、**斜三测**。

因此，轴测图的分类可归结为：

- 轴测图
  - 正轴测图
    - 正等测
    - 正二测
    - 正三测
  - 斜轴测图
    - 斜等测
    - 斜二测
    - 斜三测

GB/T 14692—2008 中列出了技术制图中常用的轴测图，需用时可查阅该标准。

作物体的轴测图时，应先选择画哪一种轴测图，从而确定各轴向伸缩系数和轴间角。轴测轴

① 在本章中，除了直角坐标体系的原点 O_0 和坐标轴 O_0X_0、O_0Y_0、O_0Z_0 的轴测图写作 O 和 OX、OY、OZ 外，点的轴测图符号都加注脚“1”。

可根据已确定的轴间角，按表达清晰和作图方便来安排，而 Z 轴常画成竖直位置。

机械制图较常用的是 $p=q=r=1$ 的正等测和轴测投影面平行于坐标面或多面正投影中的投影面 $X_0O_0Z_0$、$p_1=r_1=1$ 和 $q_1=1/2$ 的斜二测。本章也只讲述这两种轴测图。

虽然可用§6-2、§6-3 所述的按用仪器绘图的方法和步骤用计算机绘制物体的轴测图，但人们通常都是通过 Auto CAD 三维实体建模，并设置观察方向，直接生成所要表达的物体的相应的正等轴测图，所以在本书中就不再讲述用计算机按用仪器绘图的方法和步骤绘制物体的正等测和斜二测了，而是在本章最后另设一节§6-4，简要地介绍由 AutoCAD 直接按需画出物体的正等轴测图的操作过程。同样，徒手绘画物体轴测草图的方法和步骤也与用绘图仪器绘图相同，只是不用绘图仪器和工具，而按目测比例徒手画出而已，所以也不再讲述，但宜向读者提及的是：绘画物体的正等测草图，有时为了绘画方便起见，可用由两组与水平方向成 30°角的斜线和竖直线构成的浅色正三角形网格纸画出，需用时可参阅书后所列的参考文献[3]或[5]；也可在长方体正等测顶面上画出由两组与水平方向成 30°角的斜线构成的菱形网格和分别在前面、左面上画出上述各一组相应的斜线与竖直线构成的菱形网格的浅色菱形网格纸画出，可参阅与本书配套的习题集第 19 页题目图中所示的八个立体图。

§6-2 正等测

一、轴间角和轴测轴的简化系数

如图 6-2a 所示，使三条坐标轴对轴测投影面处于倾角都相等的位置，也就是将图中立方体的对角线 A_0O_0 放成垂直于轴测投影面的位置，并以 A_0O_0 的方向作为投射方向，所得到的轴测图就是正等测。

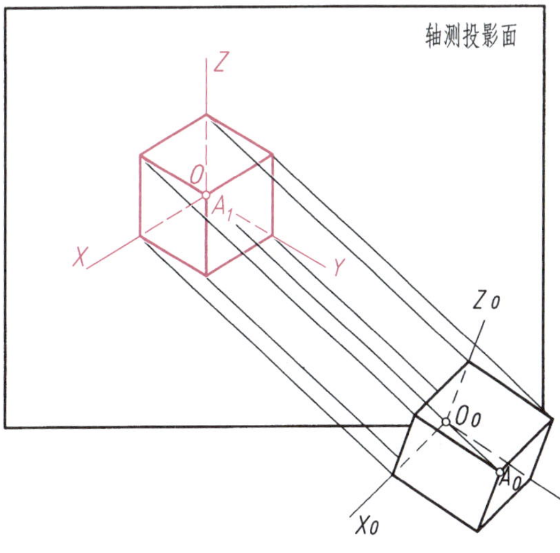

(a) 正等测的形成(示意图)

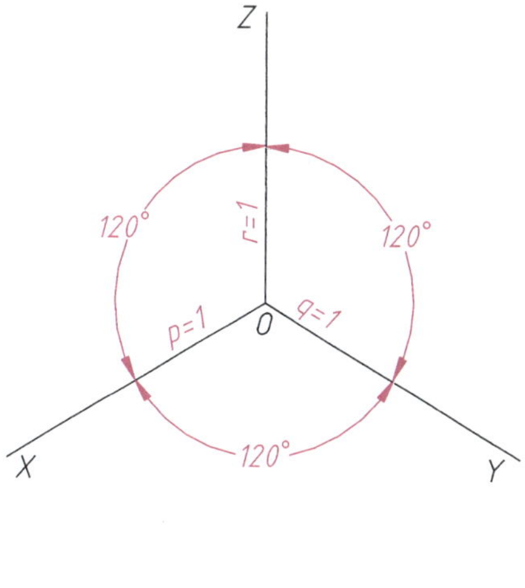

(b) 轴间角和轴测轴的简化系数

图 6-2 正等测

如图 6-2b 所示，正等测的轴间角都是 120°，各轴向伸缩系数都相等，即 $p_1=q_1=r_1\approx0.82$。为了作图简便起见，常采用简化系数，即 $p=q=r=1$。采用简化系数作图时，沿各轴向的所有尺寸都用真实长度量取，简捷方便。因而画出的图形沿各轴向的长度都分别放大了约 $1/0.82\approx1.22$ 倍，但因为这个图形与用各轴向伸缩系数 0.82 画出的轴测图是相似图形，所以通常都用简化系数画正等测，本书也只要求用简化系数画正等测。

二、平行于坐标面的圆的正等测

图 6-3 是一个圆柱的两视图和正等测。因为圆柱的顶圆和底圆分别在坐标面 $X_0O_0Y_0$ 及其平行面上，与轴测投影面都不平行，所以这些圆的正等测都是椭圆，可用四段圆弧连成的近似椭圆画出，这个圆柱的正等测的作图过程可参阅例 6-3 解答中前面部分的有关内容。作图时，可将这个圆柱的顶圆和底圆看作四条边分别平行于坐标轴 X、Y 的正方形的内切圆。坐标面 $X_0O_0Y_0$ 上的圆的正等测近似椭圆的作图过程，则如图6-4所示。

图 6-5 画出了立方体表面上三个内切圆的正等测椭圆，它们都可以用图 6-4 的作法分别作出。

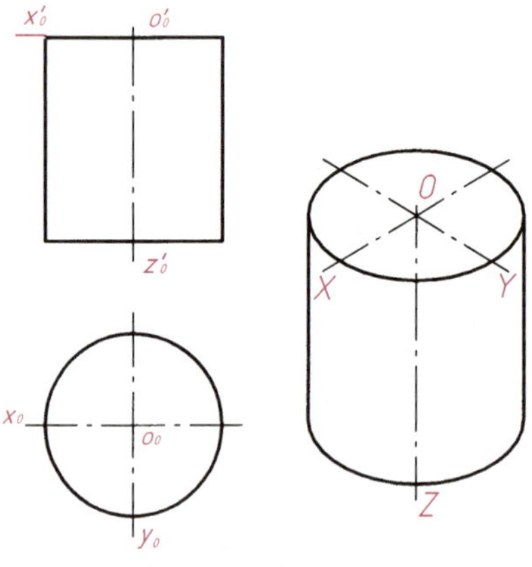

(a) 两面投影图　　(b) 正等轴测图

图 6-3　圆柱

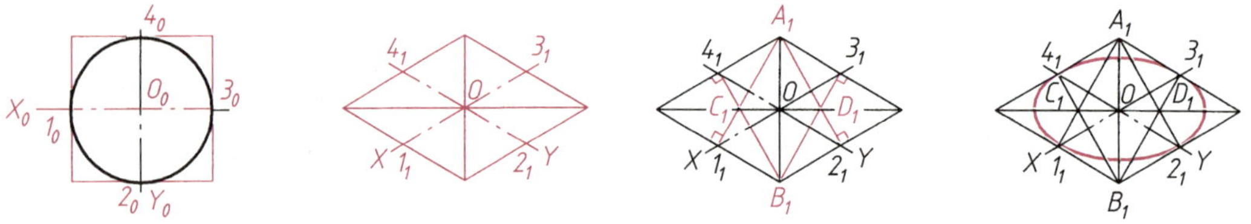

(a) 通过圆心 O_0 作坐标轴和圆的外切正方形，切点为 1_0、2_0、3_0、4_0

(b) 作轴测轴和切点 1_1、2_1、3_1、4_1，通过这些点作外切正方形的正等测菱形，并作对角线

(c) 过 1_1、2_1、3_1、4_1 作各边的垂线，交得点 A_1、B_1、C_1、D_1。A_1、B_1 即短对角线的顶点，C_1、D_1 在长对角线上

(d) 以 A_1、B_1 为圆心，A_11_1 为半径，作 $\widehat{1_12_1}$、$\widehat{3_14_1}$；以 C_1、D_1 为圆心，C_11_1 为半径，作 $\widehat{1_14_1}$、$\widehat{3_12_1}$，连成近似椭圆

图 6-4　平行于坐标面的圆的正等测——近似椭圆的作法

平行于坐标面的圆的正等测都是椭圆，通常都用图 6-4 所示的作法画成以圆弧拼得的近似椭圆。椭圆的长轴，垂直于与圆平面垂直的坐标轴的轴测图（轴测轴）；短轴则平行于这条轴测轴。例如平行坐标面 $X_0O_0Y_0$ 的圆的正等测椭圆的长轴垂直于 Z 轴，而短轴则平行于 Z 轴。用简化系数画出的正等测椭圆，其长轴约等于 $1.22d$（d 为圆的直径），短轴约等于 $0.7d$。

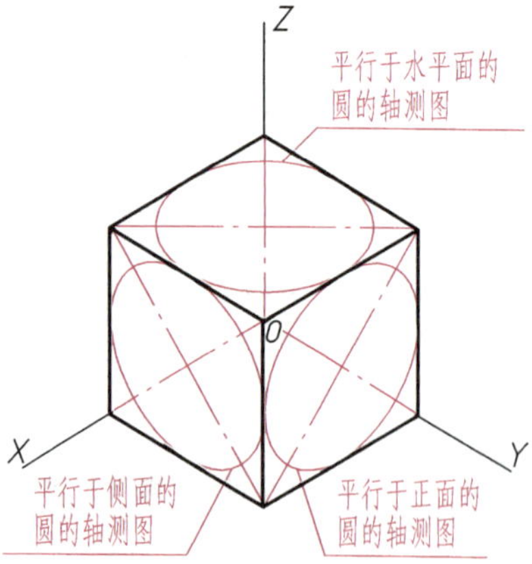

图 6-5　平行于坐标面的圆的正等测

三、画法举例

用简化系数画物体的正等测，作图颇方便。因此，在一般情况下常用正等测绘制物体的轴测图。尤其当物体

上具有平行于两个或三个坐标面的圆时，由于正等测椭圆的作法较为简便，因而绘制轴测图时，更适宜选用正等测。

画轴测图的方法常用坐标法或综合法。坐标法用于画简单立体或叠加型组合体；综合法用于画切割型组合体或综合型组合体，也就是用坐标法先画出简单立体或叠加型组合体后，再切割成所画物体的轴测图。

通常可按下列步骤作出物体的正等测：

（1）对物体进行形体分析，确定坐标轴，选择画轴测图的方法。

（2）作轴测轴，按坐标关系画出物体上点和线，从而连成物体的正等测。若物体上有平行于坐标面的圆时，则用图 6-4 所示的作法作近似椭圆。

应该注意：在确定坐标轴和具体作图时，要考虑作图简便，有利于按坐标关系定位和度量，并尽可能减少作图线。

【例 6-1】 作图 6-6 中黑色图形所示的正六棱柱的正等测。

【解】 解题过程如下：

（1）形体分析，确定坐标轴，选择画轴测图的方法。

如图 6-6 所示，因为正六棱柱的顶面和底面都是处于水平位置的正六边形，顶面在轴测图中可见，六条顶边都要画出，且画轴测图需从平行于坐标轴的直线量取尺寸，所以取顶面的中心 O 为原点，确定如图中所附加的坐标轴，用坐标法作轴测图。通过这样的安排，当画出了轴测轴和可见的顶面的轴测图后，接着画高度方向的棱线和底面的底边时，就不必全部画出，只需画出它们的可见轮廓线即可，使作图简明。为了使读者理解作图过程，在两视图中不仅附加了坐标轴，在俯视图中附加了顶面正六边形的六个顶点和前、后两边中点的投影符号，在主视图中标注了这个正六棱柱的高度尺寸。

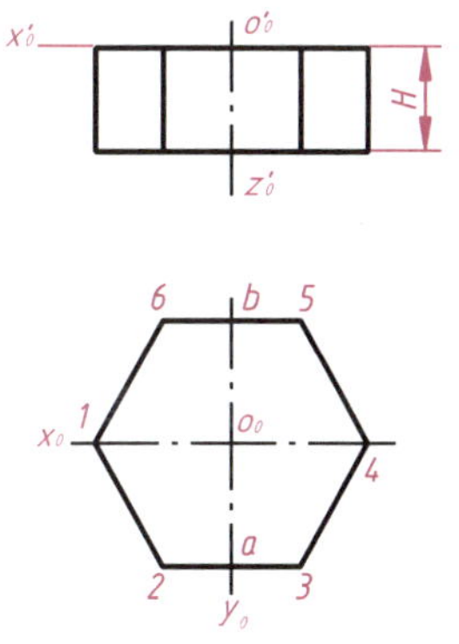

图 6-6 正六棱柱的两视图

（2）作图过程见图 6-7。

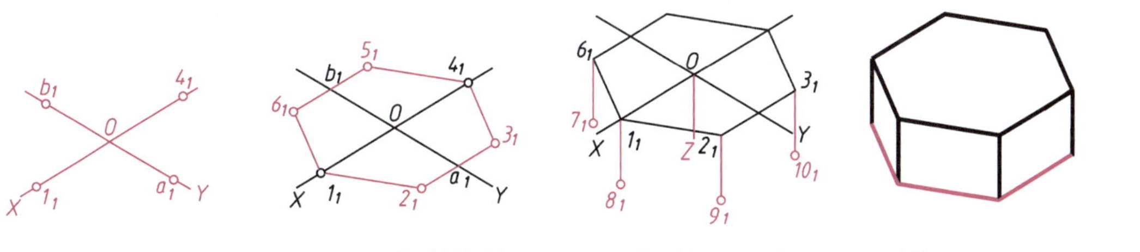

(a) 作轴测轴 OX、OY，并在其上量得 1_1、4_1 和 a_1、b_1

(b) 通过 a_1、b_1 作 X 轴的平行线，量得 2_1、3_1 和 5_1、6_1，连成顶面

(c) 作轴测轴 OZ，由点 6_1、1_1、2_1、3_1 作 Z 轴的平行线，沿 Z 轴量 H，得 7_1、8_1、9_1、10_1

(d) 连接 7_1、8_1、9_1、10_1，擦去作图线和符号，加深，作图结果如图所示

图 6-7 作正六棱柱的正等测

【例 6-2】 作图 6-8 中黑色图形所示的垫块的正等测。

【解】 解题过程如下：

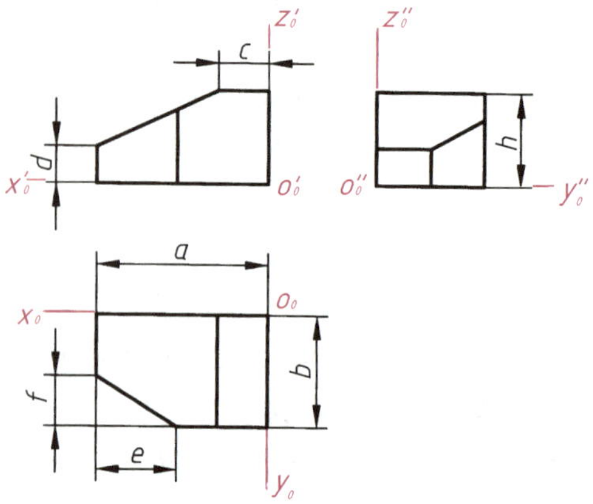

图 6-8　垫块的三视图

（1）形体分析，确定坐标轴，选择画轴测图的方法。

由图 6-8 所示的三视图通过形体分析和线面分析可知，垫块是由长方体被一个正垂面和一个铅垂面切割而成。所以可先确定如图 6-8 中所附加的坐标轴，用坐标法画出长方体的正等测；然后把长方体上需要切割掉的部分逐个切去，即可完成垫块的正等测，用综合法画轴测图。

（2）作图过程见图 6-9。

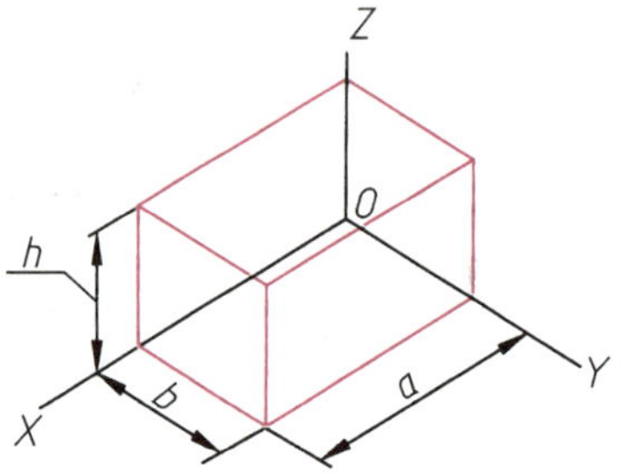

(a) 作轴测轴。按尺寸 a、b、h 画出尚未切割时的长方体的正等测

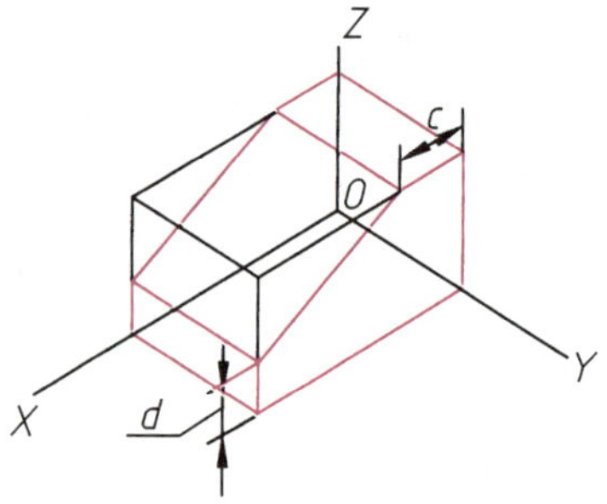

(b) 根据三视图中尺寸 c 和 d 画出长方体左上角被正垂面切割掉一个三棱柱后的正等测

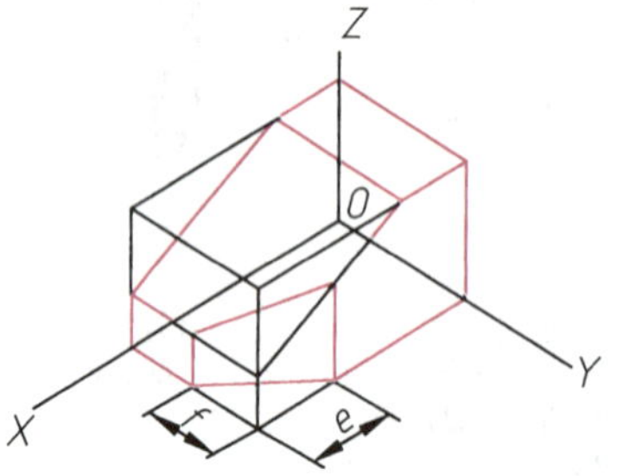

(c) 在长方体被正垂面切割后，再根据三视图中的尺寸 e 和 f 画出左前角被一个铅垂面切割掉的三棱柱后的正等测

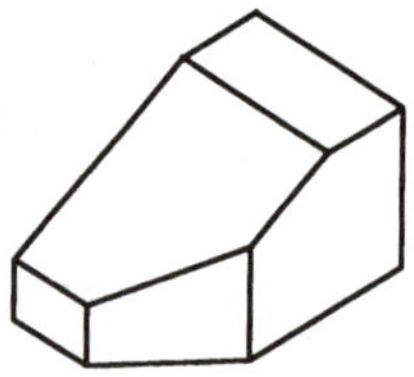

(d) 擦去作图线，加深，作图结果如图所示

图 6-9　作垫块的正等测

【例 6-3】 作图 6-10 中的黑色图形所示的轴套的正等测。

【解】 解题过程如下：

（1）形体分析，确定坐标轴，选择画轴测图的方法。

如图 6-10 所示，因为轴套的轴线是铅垂线，由圆柱穿孔和开槽而形成，圆柱体的顶圆和底圆都水平圆，顶圆的轴测图可见，于是取顶圆的圆心为原点，顶圆的横向、纵向中心线和圆柱的轴线为坐标轴，从而确定如图中所附加的坐标轴。宜选择用综合法画轴测图，即先用坐标法作出圆柱，开孔，并作出在顶面上的槽口，再切割出整条槽，在轴测图中画出可见轮廓线。为了便于阐述作图过程，在已知的黑色图形中标注了尺寸 H 和 L、顶面槽口后边上的三个点的水平投影 1、2、3。

（2）作图过程见图 6-11。

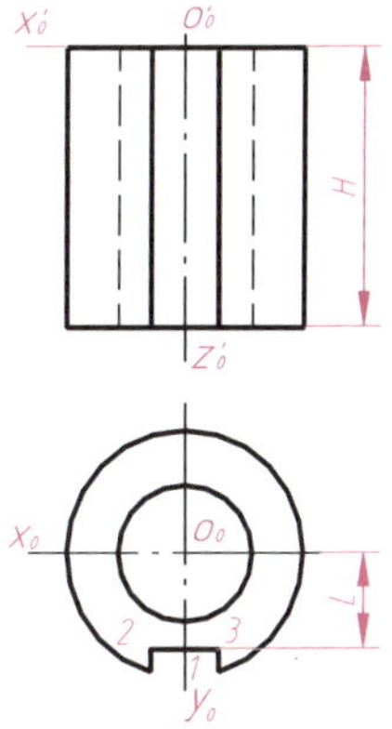

图 6-10 轴套的两视图

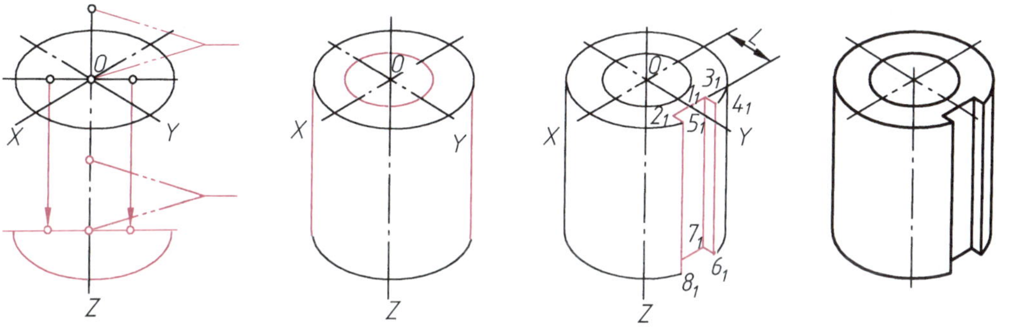

(a) 作轴测轴。画圆柱顶面的近似椭圆，再如红色图形所示，把三段圆弧的圆心向下移 H，作底面近似椭圆的可见部分

(b) 作与两个椭圆相切的圆柱面轴测图的转向轮廓线及轴孔

(c) 由 L 定出 1_1。由 1_1 定 2_1、3_1；由 3_1、2_1 定 4_1、5_1。再作平行于轴测轴的诸轮廓线，定出 6_1、7_1、8_1，画出槽的可见轮廓

(d) 擦去作图线，加深

图 6-11 作轴套的正等测

【例 6-4】 作图 6-12 中黑色图形所示的支架的正等测。

【解】 解题过程如下：

（1）形体分析，确定坐标轴，选择画轴测图的方法。

如图 6-12 所示，支架由上、下两块板组成。上面一块竖板的顶部是圆柱面，两侧的斜壁与圆柱面相切，中间有一个圆柱通孔。下面是一块带圆角的长方形底板，底板的左、右两边都有圆柱通孔。作图时，宜先作未切割圆角的长方形底板，再顺序作竖板，穿孔，切割圆角。因支架左右对称，可取后底边的中点为原点，确定如图中所附加的坐标轴，用综合法作这个支架的正等测图。为阐述方便起见，加注了一些尺寸和竖板圆孔轴线以及竖板与底板叠合处的投影符号。

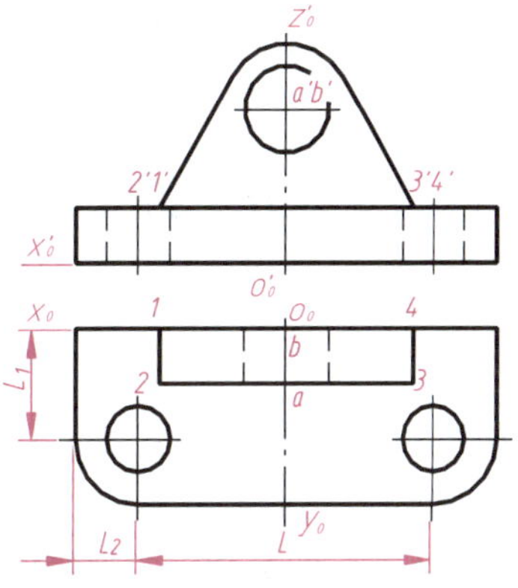

图 6-12 支架的两视图

（2）作图过程见图 6-13。

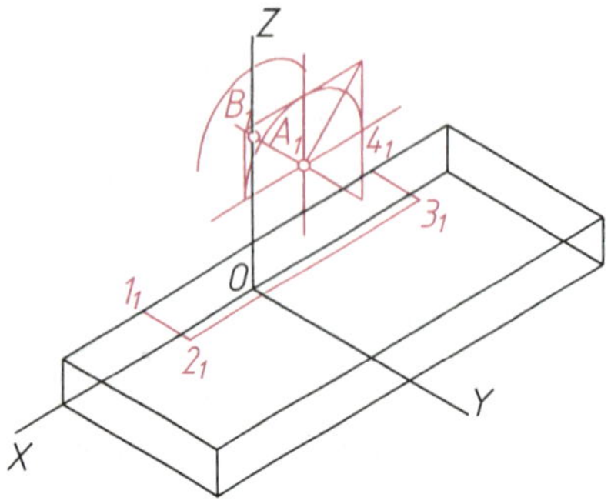

(a) 作轴测轴。先画底板的轮廓，再如红色图形所示，画竖板与它的交线 $1_1 2_1 3_1 4_1$。确定竖板后孔口的圆心 B_1，由 B_1 定出前孔口的圆心 A_1，画出竖板圆柱面顶部的正等测近似椭圆

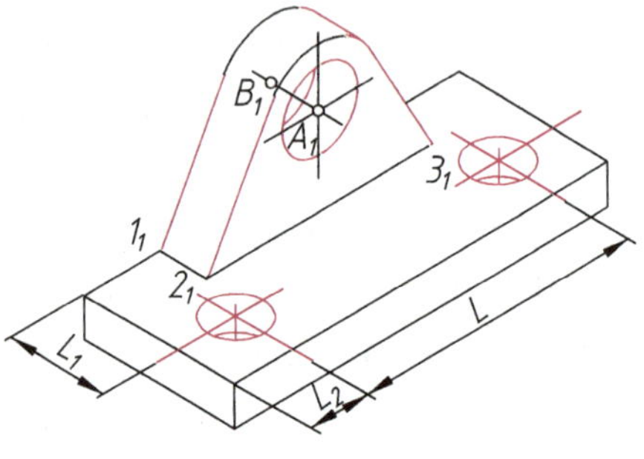

(b) 由 1_1、2_1、3_1 诸点作切线，再作出竖板右上方的圆弧轮廓线的公切线和竖板上的圆柱孔，完成竖板的正等测。由 L_1、L_2 和 L 确定底板顶面上两个圆柱孔口和圆角的中心线、圆心，作出这两个孔和底板顶面上圆角切点的正等测

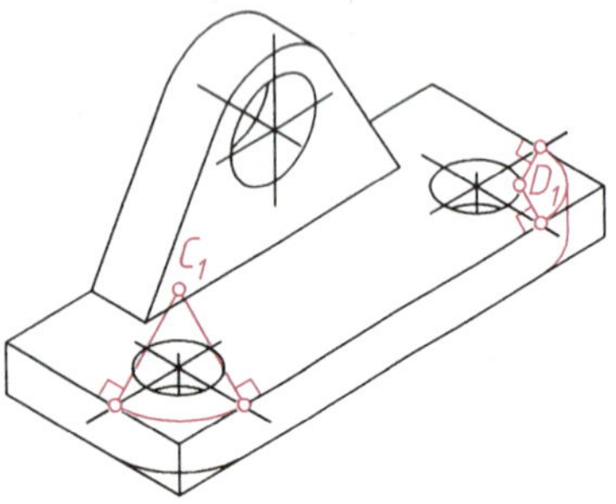

(c) 从底板顶面上圆角的切点作切线的垂线，交得圆心 C_1、D_1，再分别在切点间作圆弧，得顶面圆角的正等测。再作出底面圆角的正等测。最后，作右边两圆弧的公切线，完成切割成带两个圆角的底板的正等测

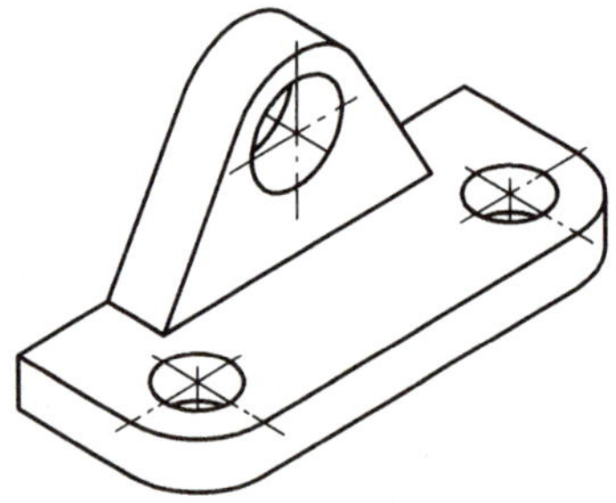

(d) 擦去作图线，加深，作图结果如图所示

图 6-13　作支架的正等测

§6-3　斜二测

一、轴间角和轴向伸缩系数

如图 6-14a 所示，将直角坐标系的坐标轴 O_0Z_0 放置成竖直位置，并使坐标面 $X_0O_0Z_0$ 平行于轴测投影面。在轴测投影面上的任意位置作与坐标轴 O_0Z_0、O_0X_0 相平行的轴测轴 OZ、OX，并画出与 OZ、OX 都成 135°的轴测轴 OY，在 OY 上量取 OA_1 等于长方体 O_0A_0 的长度之半，连 A_0 与 A_1，以 A_0A_1 为投射方向，就可在轴测投影面上作出红色图形所示的这个长方体的斜二测。这样的斜二测就是在 GB/T 14692—2008 中所列的常用的斜二测，这种斜二测的轴间角和轴向伸缩系数是：$\angle XOZ=90°$，$\angle XOY=\angle YOZ=135°$，$p_1=r_1=1$，$q_1=1/2$，如图 6-14b 所示。本书所讲述的也

就是这种斜二测。因为这种斜二测的坐标面 $X_0O_0Z_0$ 平行于轴测投影面，所以物体在坐标面 $X_0O_0Z_0$ 上或平行于坐标面 $X_0O_0Z_0$ 的平面图形，在轴测图中的形状和大小都不变。

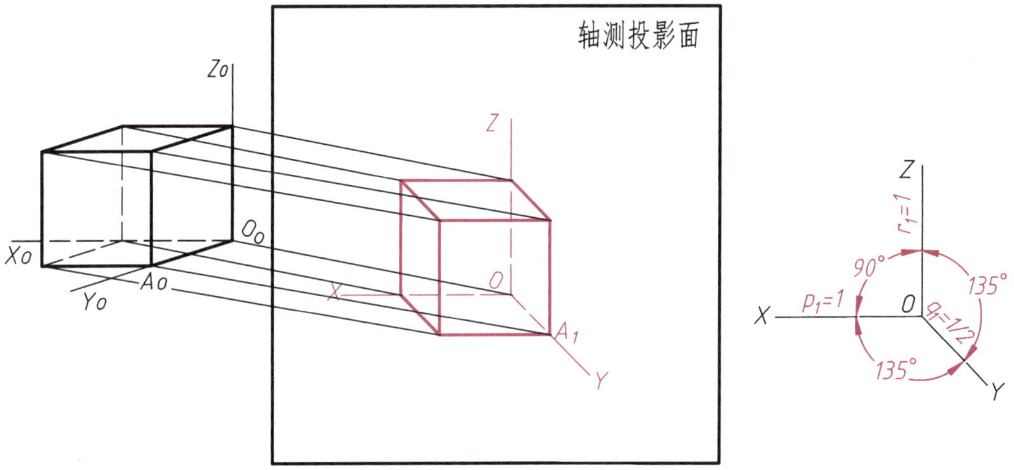

(a) 斜二测的形成（示意图）　　(b) 轴间角和轴向伸缩系数

图 6-14　斜二测

二、平行于坐标面的圆的斜二测

图 6-15 画出了立方体表面上的三个内切圆的斜二测。平行于坐标面 $X_0O_0Z_0$ 的圆的斜二测，仍是大小相同的圆；平行于坐标面 $X_0O_0Y_0$ 和 $Y_0O_0Z_0$ 的圆的斜二测是椭圆。

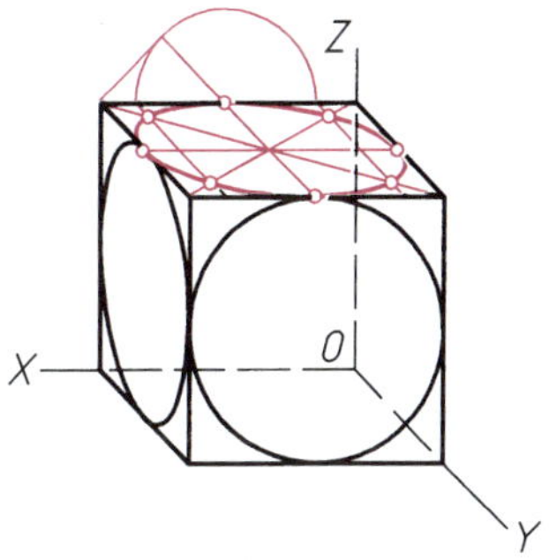

图 6-15　平行于坐标面的圆的斜二测

作平行于坐标面 $X_0O_0Y_0$ 或 $Y_0O_0Z_0$ 的圆的斜二测时，可用八点法作椭圆：先画出圆心和两条平行于坐标轴的直径的斜二测，就是斜二测椭圆的一对共轭直径，由这对共轭直径按第一章图 1-22中所讲述的由一对共轭轴用八点法作椭圆的方法作斜二测椭圆。图 6-15 中表示了平行于坐标面 $X_0O_0Y_0$ 的圆的斜二测图椭圆的画法。同样地也可作出平行于坐标面 $Y_0O_0Z_0$ 的圆的斜二测椭圆。

作平行于坐标面 $X_0O_0Y_0$ 或 $Y_0O_0Z_0$ 的圆的斜二测椭圆，也可用由四段圆弧相切拼成的近似椭圆，这种作法可参阅书后所列的参考文献[3]，但画法较麻烦，所以通常就用八点法绘制。又因为用八点法绘椭圆也不是很方便，所以当物体只有平行于坐标面 $X_0O_0Z_0$ 的圆时，采用斜二测最有利。当有平行于坐标面 $X_0O_0Y_0$ 或 $Y_0O_0Z_0$ 的圆时，则最好避免选用斜二测，而以选用正等测为宜。

三、画法举例

作轴测图时，在物体上有比较多的平行于坐标面 $X_0O_0Z_0$ 的圆或圆弧时，常选用斜二测，作图较为方便。画斜二测的方法和步骤与作正等测相同。

【例 6-5】 作图 6-16 中黑色图形所示的具有圆柱孔的圆台的斜二测。

【解】 解题过程如下：

（1）形体分析，确定坐标轴，选择画轴测图的方法。

图 6-16 是一个具有同一正垂轴的圆柱孔的圆台，圆台的前、后端面和孔口都是正平圆，按这个位置画斜二测，前端面的轴测图都可见。因此，可先画圆台的轴线，接着画未穿孔的圆台，再切割圆柱孔，作图就很方便。于是取后端面的圆心为原点，确定图中所附加的坐标轴，用综合法作这个具有圆柱孔的圆台的斜二测。为了便于阐述和便于读者读图，在图中还附加了前端面的圆心 A 的投影符号和标注了圆台的长度尺寸 L。

（2）作图过程见图 6-17。

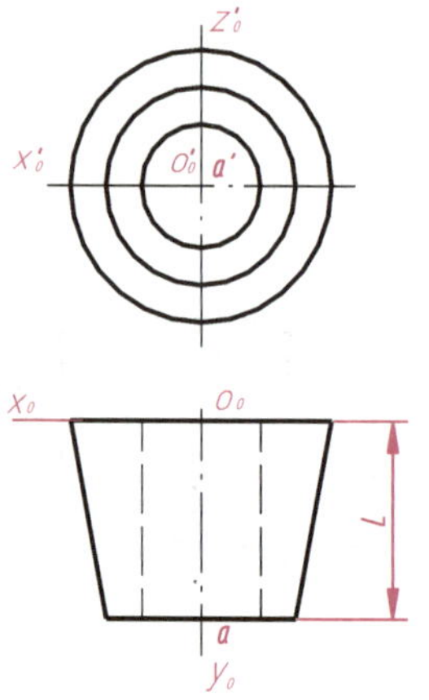

图 6-16　具有圆柱孔的圆台的两视图

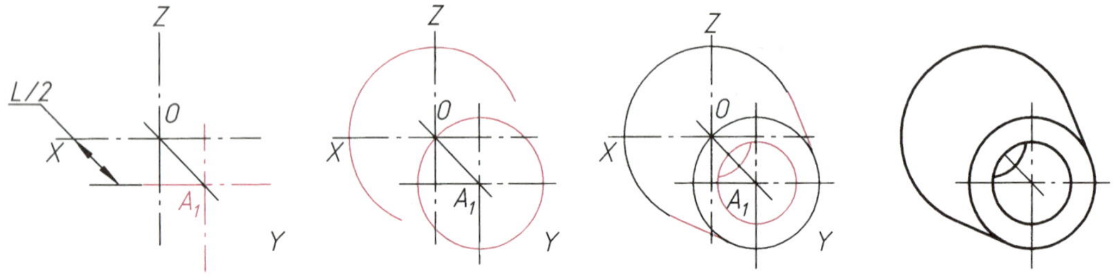

(a)作轴测轴，并在 Y 轴上量取 $L/2$，定出前端面圆的圆心 A_1

(b)画出前、后两个端面的外轮廓圆的斜二测

(c)作两端面外轮廓圆的公切线以及可见的前、后孔口

(d)擦去作图线，加深，作图结果如图所示

图 6-17　作具有圆柱孔的圆台的斜二测

【例 6-6】 作图 6-18 中黑色图形所示组合体的斜二测。

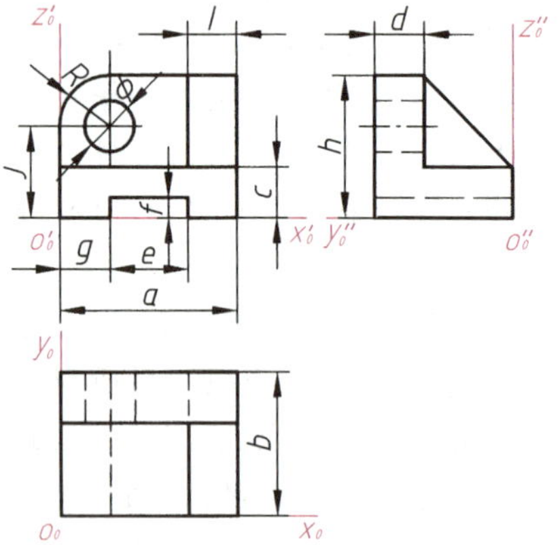

图 6-18　组合体的三视图

【解】 解题过程如下：

（1）形体分析，确定坐标轴，选择画轴测图的方法。

如图 6-18 所示，组合体由一块底部切割成通槽的长方形底板、一块左上角为圆角的竖板、一块支撑三角板叠加而成，竖板上还切割有圆柱通孔。为作图方便起见，可先画出未切割通槽时的长方形底板，开槽，再画未穿孔时的竖板，穿孔，最后画支撑三角板。于是取底板底面的左前角点为原点，确定如图中所附加的坐标轴，用综合法画这个组合体的斜二测。

（2）作图过程见图 6-19。

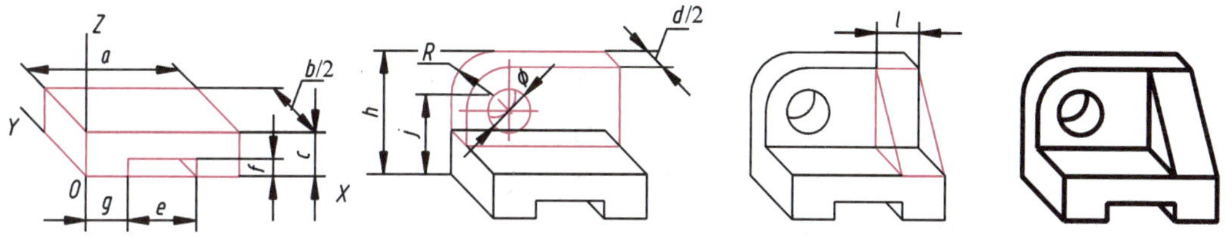

(a)作轴测轴。由尺寸 a、$b/2$、c画出未开槽时的底板，由尺寸 e、f、g 画出底部通槽的可见轮廓线

(b)擦去轴测轴和开槽后底板被剖切掉的一段前底边。由尺寸 h、d、j、R 在底板的后上方按同一后壁画出未穿孔时的竖板，分别以竖板前、后壁面上圆角轮廓的圆心为圆心，由尺寸 ϕ 画出竖板上可见的圆柱通孔

(c)擦去形体分析后多余的图线，由尺寸 l 在竖板和底板的右端画出支撑三角板

(d)擦去形体分析后多余的图线，加深，作图结果如图所示

图 6-19　作组合体的斜二测

§6-4　AutoCAD 绘制正等测

用 AutoCAD 绘制正等测有两种方法：一种是利用系统提供的等轴测捕捉功能进行仿手工的绘制；另一种是先建立三维模型然后进行轮廓投影生成正等测。AutoCAD 没有提供斜二测的绘制工具。

一、用等轴测捕捉功能绘制正等测

（1）在“草图设置”对话框的“捕捉和栅格”标签中的“捕捉类型”中选择“等轴测捕捉”。

（2）系统光标会变成正等轴测坐标的样子，光标仍是两条线，显示当前的一个轴测坐标面。用“F5”功能键或“Ctrl+E”组合键可以切换坐标面。

（3）将状态栏中的“正交”功能打开。

（4）画直线时用“LINE”命令，点击起始点后，光标就会顺着轴测轴方向移动，然后用键盘输入需要的长度。这样可以画出所有与轴测轴平行的直线。用端点捕捉绘制与轴测轴不平行的直线。

（5）平行于轴测坐标面的圆在正等轴测图中是椭圆，它可以用“ELLIPSE”命令，输入椭圆命令后会有提示：

指定椭圆轴的端点或[圆弧(A)/中心点(C)/等轴测圆(I)]：

此时，一定要输入“I”选择等轴测圆。然后指定圆心位置和半径大小即可绘出椭圆。特别要注意是坐标一定先要切换到需要的轴测坐标面。

二、用三维建模绘制正等测

（1）以第五章图 5-46 为例，先建立三维模型（图 5-52）。

（2）让模型以“西南等轴测”方式显示。

（3）将绘图区域切换到“布局”模式。

（4）在状态栏中将“模型和图纸空间”切换到“模型”空间。

（5）输入“SOLPROF”轮廓命令，然后选择要创建轮廓的模型，其他提示时，按回车键，直到命令完成。这时三维模型的可见轮廓在“PV-xx”图层上，不可见轮廓在“PH-xx”图层上，都与三维模型重叠显示在一起。“xx”为系统随机产生的两位数字。

（6）关闭模型所在的图层和关闭“PH-xx”的图层，就能得到需要的正等测。

第七章　机件的常用表达方法

在生产实际中，当机件的形状和结构比较复杂时，如果仍用前面所讲的两视图或三视图，就难于把它们的内外形状准确、完整、清晰地表达出来。为了满足这些要求，GB/T 4458. 1—2002《机械制图　图样画法　视图》、GB/T 4458. 6—2002《机械制图　图样画法　剖视图和断面图》、GB/T 4457. 5—2013《机械制图　剖面区域的表示法》和 GB/T 17451—1998《技术制图　图样画法　视图》、GB/T 17452—1998《技术制图　图样画法　剖视图和断面图》、GB/T 17453—2005《技术制图　图样画法　剖面区域的表示法》，以及GB/T 16675. 1—2012《技术制图　简化表示法　第1部分：图样画法》、GB/T 16675.2—2012《技术制图　简化表示法　第2部分：尺寸注法》等国家标准规定了各种画法——视图、剖视图、断面图、局部放大图、简化画法和规定画法等，本章着重介绍机件的一些常用表达方法。

技术图样应采用正投影法绘制，并优先采用第一角画法。绘制技术图样时，应首先考虑看图方便。根据物体的结构特点，选用适当的表达方法，在完整、清晰表达物体形状的前提下，力求制图简便。在图中应用粗实线画出物体的可见轮廓，必要时，还可用细虚线画出物体的不可见轮廓。

§7-1　视图

视图通常有基本视图、向视图、局部视图和斜视图，可按需选用，分别介绍如下。

一、基本视图

对于形状比较复杂的机件，用两个或三个视图尚不能完整、清楚地表达它们的内外形状时，则可根据国标规定，如图 7-1a 所示，在原有三个投影面的基础上，再增设三个投影面，组成一个正六面体，这六个投影面称为基本投影面。机件向基本投影面投射所得的视图，称为基本视图。除了前面已介绍的三个视图以外，还有：由右向左投射所得的右视图，由下向上投射所得的仰视图，由后向前投射所得的后视图。投影面按图 7-1a 展成同一个平面后，基本视图的配置关系如图 7-1b 所示。在同一张图纸内按图 7-1b 配置视图时，一律不标注视图的名称，即不注图7-1b 中带括号的套红的图名。

在表达机件的图样时，不必六个基本视图都画，在明确表示机件的前提下，应使视图（包括后面所讲的剖视图和断面图）的数量为最少。今以表达图 7-2 所示的阀体为例，说明表达机件的方法和步骤。图 7-2 是用基本视图表示的这个阀体，右下方所附的是它的轴测图，供读者参考。

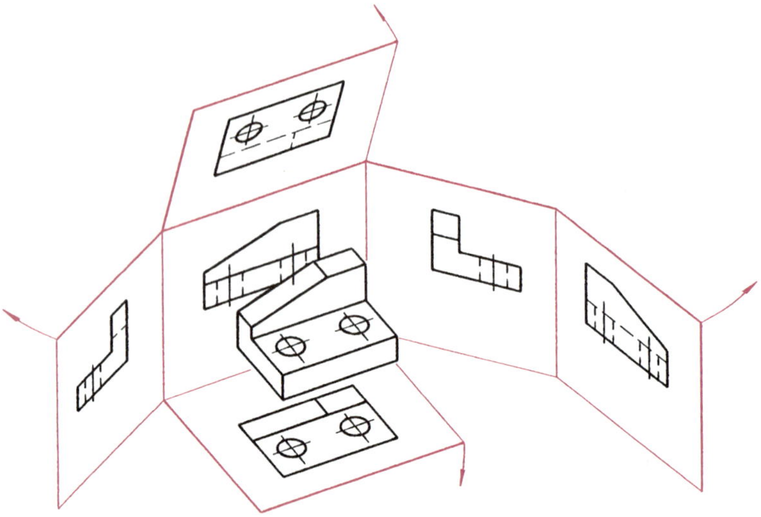

(a) 基本视图的形成

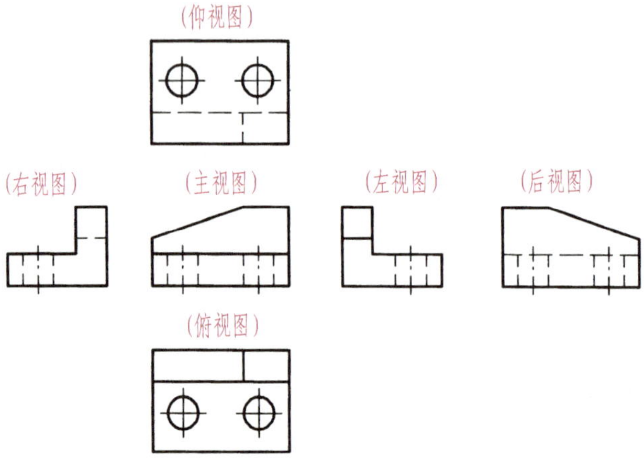

(b) 基本视图的规定配置

图 7-1　基本视图

用视图表达机件的步骤是：首先，按自然位置（通常是它的工作位置，或加工位置，或安装位置）安放这个机件；然后，选定能表示该机件信息量最多的那个视图（包括改画成剖视图）为主视图，即最能全面反映该阀体各部分主要形状特征和相对位置的视图作为主视图；最后，确定再选用哪些视图（包括剖视图和断面图），使能完整清晰地表达这个机件。这些视图应按下述原则选取：在明确表示这个机件的前提下，使视图的数量为最少，尽量避免使用虚线表示机件的轮廓及棱线，避免不必要的细节重复。在图 7-2 中，如果用主、俯、左三个视图表达这个阀体，虽然能完整地表达这个阀体，但由于阀体左、右两侧的形状不同，则左视图将出现许多细虚线，影响图形的清晰程度和增加标注尺寸的困难。现再增加一个右视图，就能完整和比较清晰地表达这个阀体。根据上述考虑，在图 7-2 中采用四个视图，并在主视图中用细虚线画出了显示阀体的内腔结构以及各个孔的不可见投影，由于将这四个视图对照联系起来阅读，已能清晰、完整地表达出这个阀体的各

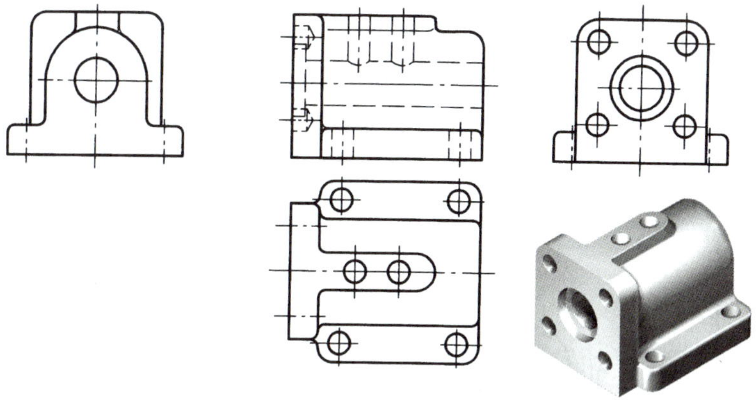

图 7-2　阀体的视图和轴测图

部分的结构和形状，所以在其他三个视图中不必画出不可见投影，不再画出表示它们的细虚线。因为本书尚未讲述剖视图、断面图，故在图 7-2 的视图选择中没有考虑到剖视图、断面图，当学习了剖视图和断面图后，还应考虑是否要用剖视图和断面图。

二、向视图

向视图是可自由配置的视图。若一个机件的基本视图不按基本视图的规定配置，或不能画在同一张图纸上，则可画向视图，这时，应在视图上方标注大写拉丁字母“×”，称为×向视图，在相应的视图附近用箭头指明投射方向，并注写相同的字母，如图 7-3 中的 *A* 向视图、*B* 向视图和 *C* 向视图所示。

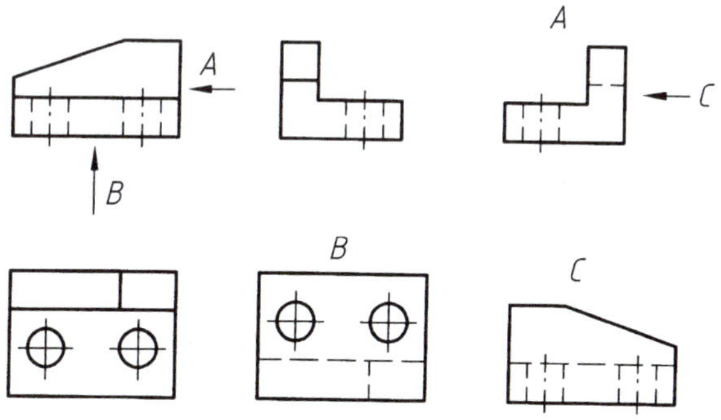

图 7-3　向视图及其标注

三、局部视图

局部视图是将物体的某一部分向基本投影面投射所得的视图。局部视图可按基本视图的配置形式配置，也可按向视图的配置形式配置并标注，在采用第一角画法绘制的图样中，还可按第三角画法配置（具体的画法见 §7-5）。如图 7-4a 是按基本视图配置的局部视图示例，在左视图位置所画的视图，就是局部视图；图 7-4b 是按向视图配置的局部视图示例，图中的 *A* 向、*B* 向视图，都是局部视图。

画局部视图时应注意：当局部视图按基本视图的规定位置配置，中间又没有其他图形隔开时，则不必标注，如图 7-4a 所示；局部视图用波浪线或双折线表示断裂边界，如图 7-4a 和图 7-4b 中的 *A* 向视图所示；当所表示的局部结构的外轮线成封闭时，则不必画出其断裂边界线，如图 7-4b 中的 *B* 向视图所示。

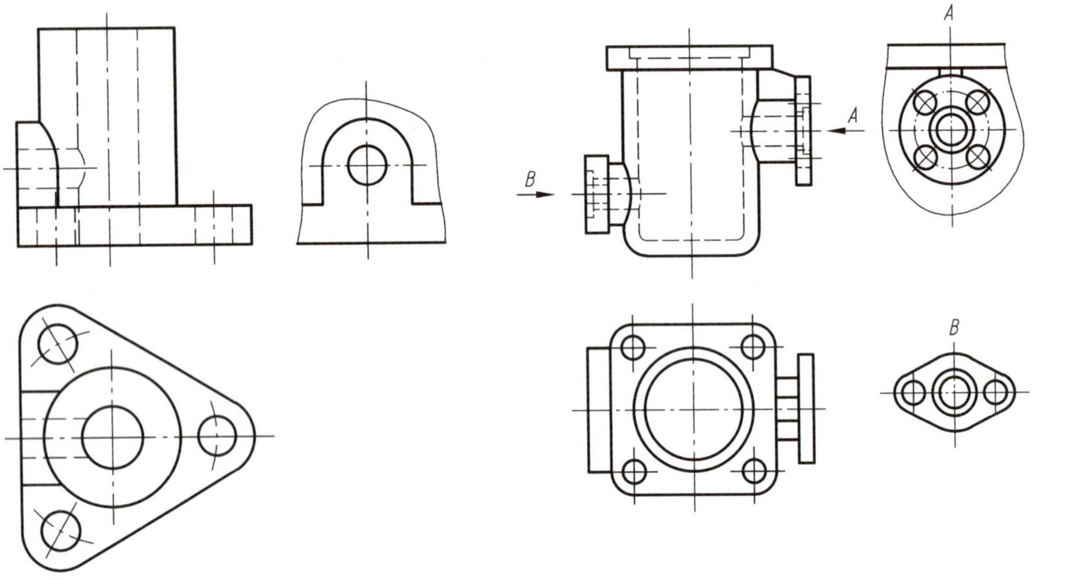

(a) 按基本视图配置示例　　(b) 按向视图配置示例

图 7-4　局部视图

四、斜视图

图 7-5a 是用基本视图表达的压紧杆。由于压紧杆的耳板是倾斜的，所以它的俯视图和左视图都不反映真形，表达得不够清楚，画图又较困难，读图也不方便。为了清晰地表达压紧杆的倾斜结构，可以用换面法作出它的真形，如图 7-5b 所示，加一个平行于倾斜结构两侧端面的正垂面作为新投影面，然后将倾斜结构按垂直于新投影面的方向 *A* 作投影，就可得到反映它的真形的视图，得到了倾斜结构耳板的真形后，就将压紧杆的视图用波浪线断开。机件向不平行于基本投影面的平面投射所得的视图称为斜视图。斜视图通常按向视图的配置形式配置并标注，如图 7-5c 所示；必要时，允许将斜视图旋转配置，这时，图名应加旋转符号，表示该视图名称的大写拉丁字母"×"应靠近旋转符号的箭头端，也允许将旋转角度标注在字母之后，标注形式为"↷×"或"↷×旋转角度"，如图 7-5d 中的↷*A* 或↷*A*45°，箭头为旋转方向。旋转符号是半径为字母高度的半圆弧，符号笔画宽度为字母高度的$\frac{1}{10}$或$\frac{1}{14}$。因为画压紧杆的斜视图只是为了表达它们的倾斜结构的局部形状，所以画出了它的真形后，就可以用双折线或波浪线断开，不画其他部分的视图，成为一个局部的斜视图。此外，还应注意：若画双折线，双折线的两端应超出图形的轮

廓线；若画波浪线，波浪线应画到轮廓线为止，且只能画在表示物体的实体的图形上。

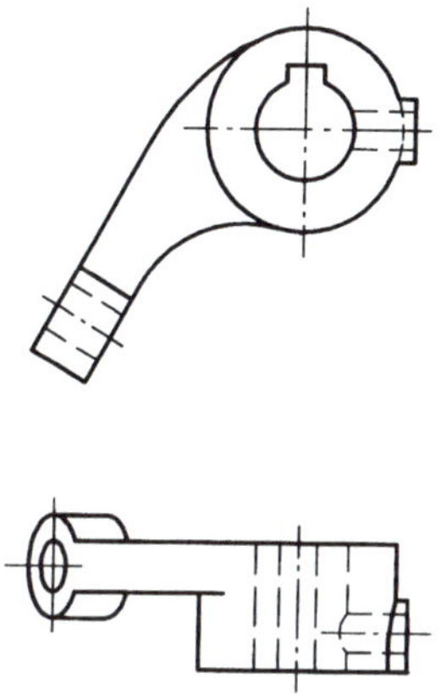

(a) 用基本视图表达的压紧杆不清晰，画图、读图都不便

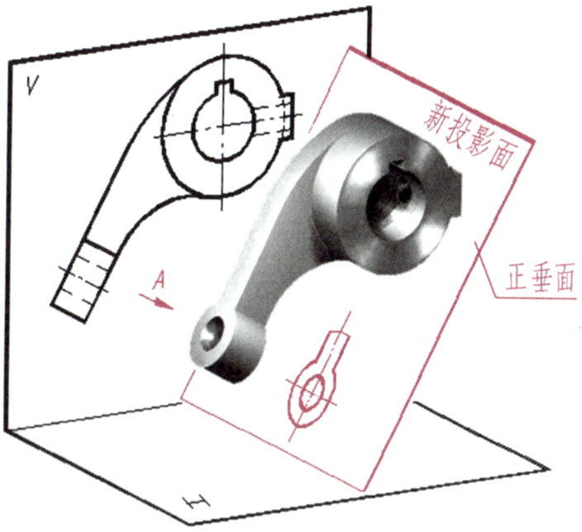

(b) 压紧杆的倾斜结构的斜视图的形成过程

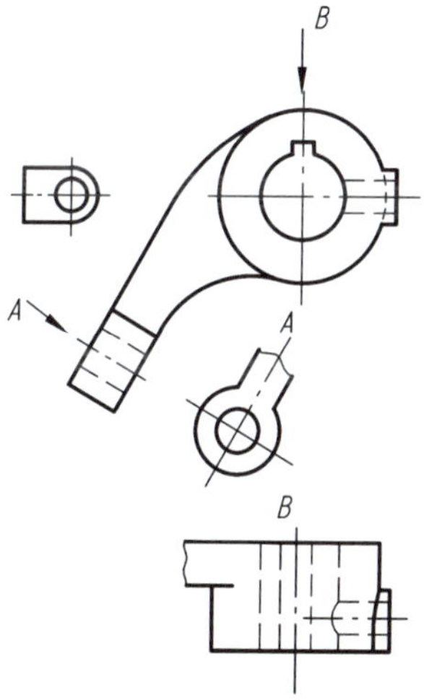

(c) 斜视图的一种表达形式

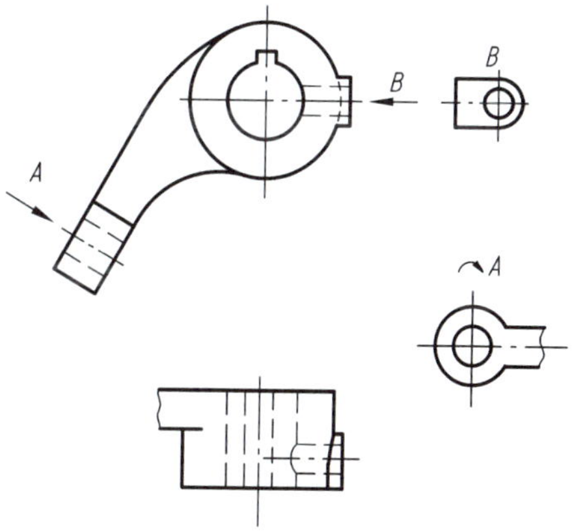

(d) 斜视图的另一种表达形式

图 7-5 斜视图以及用斜视图表示机件的倾斜结构示例

§7-2 剖视图

一、剖视图的概念和基本画法

剖视图主要用于表达机件内部的结构形状。当机件的视图中需表达内部结构形状的细虚线过多，甚至细虚线与细虚线、细虚线与粗实线重叠，影响到清晰读图和标注尺寸时，常常用剖视图表达。例如图 7-6a 所示的压盖的主视图，就出现一些表达内部结构的细虚线。为了清楚地表达机件的内部形状，假想用剖切面剖开物体，将处在观察者和剖切面之间的部分移去，而将其余

部分向投影面投射所得的图形，称为剖视图，可简称剖视。例如在图 7-6b 和 c 中是假想用机件的平行于正面的对称平面为剖切面切开机件后，移去了观察者和剖切面之间的一半，将留下的一半向正立投影面投射，就得到图 7-6d 中处于主视图位置上的剖视图。

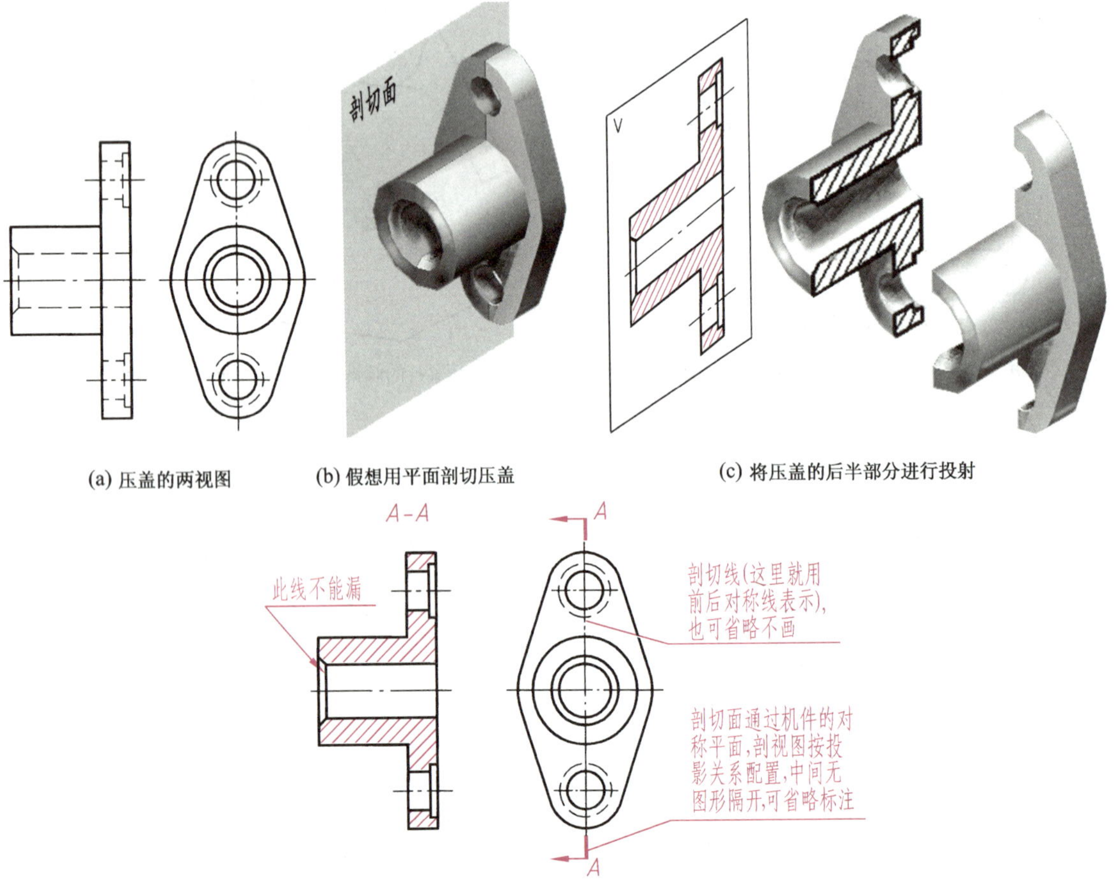

(a) 压盖的两视图　(b) 假想用平面剖切压盖　(c) 将压盖的后半部分进行投射

(d) 将压盖的主视图画成剖视图

图 7-6　剖视的概念

下面以画图 7-6a 所示的压盖的剖视图为例，说明画剖视图的步骤：

(1) 确定剖切面的位置　如图 7-6b 所示，选取平行于正面的对称面为剖切面。

(2) 画剖视图　如图 7-6c 所示，将剖开的压盖移去前半部分，并将剖切面截切压盖所得断面以及压盖的后半部分向正面 *V* 投射，画出如图 7-6d 所示的剖视图。请读者注意：画这个压盖时，可先画出左视图，再由左视图按投影关系画出剖视图；有些表达内部形状的图形，如压盖左边圆柱孔的倒角圆锥面与圆柱面交线的投影等，不要遗漏；由于剖视图是假想剖开物体后画出的，因此，当物体的一个视图画成剖视后，其他视图不受影响，仍应完整地画出。

(3) 画剖面符号或剖面线　假想用剖切面剖开零件，剖切面与零件的接触部分称为剖面区域。在剖面区域中应按表 7-1 的规定绘制剖面符号，以表示该零件的材料类别，例如在图7-6d

所示的压盖的剖视图中，就画出了这个压盖的金属材料的剖面符号。金属材料的剖面符号通常称为剖面线，若不需表示材料类别时，剖面符号也可按习惯用剖面线表示，这样的剖面线，也称通用剖面线。剖面线应以适当角度的同方向、等间距的细实线绘制，最好与主要轮廓线或剖面区域的对称线成45°角。在零件图中，各个剖面区域中的剖面线的方向和间距必须一致。

表 7-1 剖面符号

材料	剖面符号	材料	剖面符号
金属材料(已有规定剖面符号者除外)	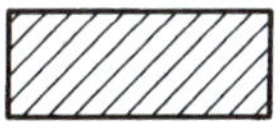	木质胶合板	
线圈绕组元件	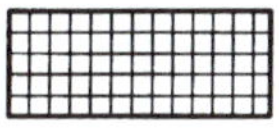	基础周围的泥土	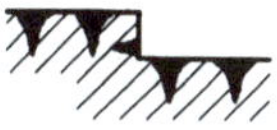
转子、电枢、变压器和电抗器等的叠钢片	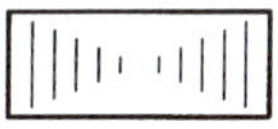	混凝土	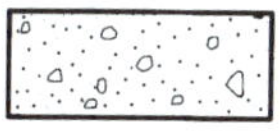
非金属材料(已有规定剖面符号者除外)		钢筋混凝土	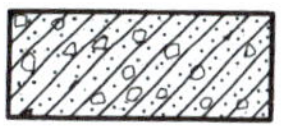
型砂、填砂、粉末冶金、砂轮、陶瓷刀片、硬质合金刀片等	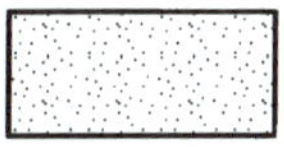	砖	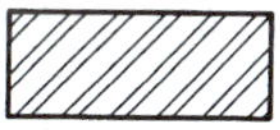
玻璃及供观察用的其他透明材料	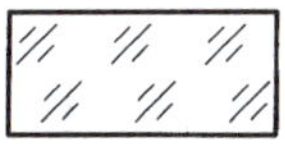	格网(筛网、过滤网等)	
木材 纵剖面		液体	
木材 横剖面			

注：1. 剖面符号仅表示材料的类别，材料的代号和名称必须另行注明。
2. 叠钢片的剖面线方向，应与束装中叠钢片的方向一致。
3. 液面用细实线绘制。

（4）画剖切符号、剖切线和标注剖视图的名称　一般应在剖视图的上方用字母"×"标出剖视图的名称"×—×"；剖切线是表示剖切面位置的细点画线，也可省略不画；在相应的视图上画出剖切符号，剖切符号是指示剖切面的起、迄和转折位置(用粗短画表示)及投射方向(用箭头或粗短画表示)的符号，在剖切面的起、讫和转折处标注相同的字母"×"，如图7-6d和图7-17a所示，但当转折处地位有限又不致引起误解时，允许省略转折处的字母，如图7-17b所示。当剖视图按投影关系配置，中间又没有其他图形隔开时，可省略箭头，见图7-9d；当单一剖切平面通过机件的对称平面或基本对称的平面，且剖视图按投影关系配置，中间又没有其他图形隔开时，可省略标注，见图 7-7c，同样，在图 7-6d 中，也可省略标注。

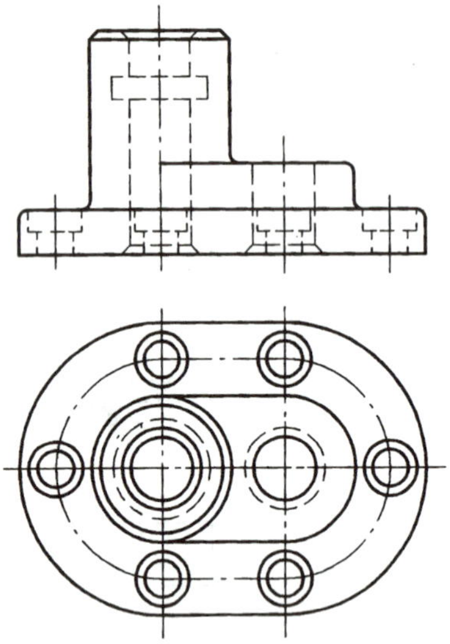

(a) 泵盖的两视图

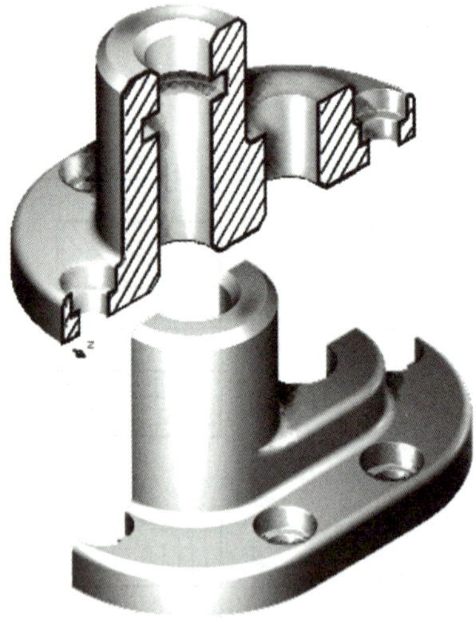

(b) 完全地剖开泵盖

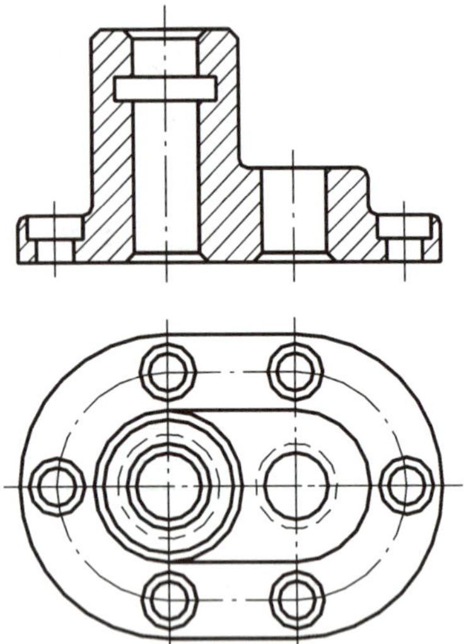

(c) 将泵盖的主视图画成全剖视图

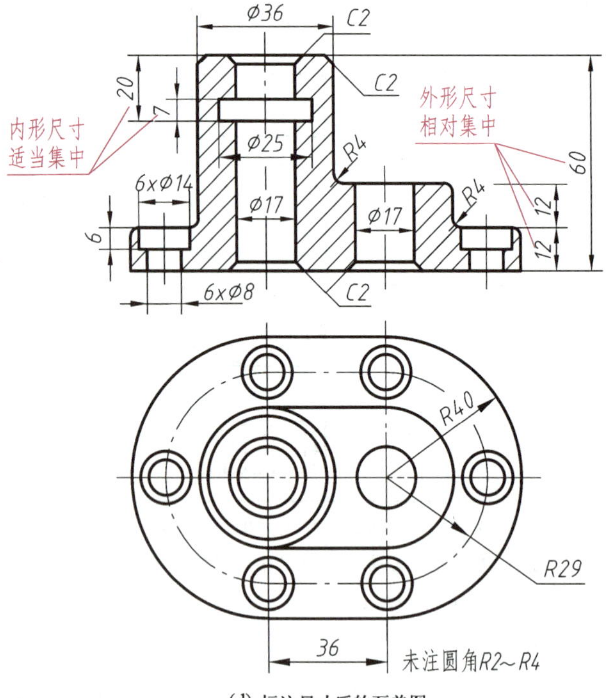

(d) 标注尺寸后的泵盖图

图 7-7　全剖视图的画法示例

二、剖视图的分类

按照剖切面剖开物体范围的不同情况，剖视图分为全剖视图、半剖视图和局部剖视图。

（一）全剖视图

用剖切平面完全地剖开物体所得的剖视图，称为全剖视图。图 7-7a 是泵盖的两视图，从图中可看出它的外形比较简单，内形比较复杂，前后对称，上下和左右都不对称。如图 7-7b 所示，假想用一个剖切平面沿泵盖的前后对称面将它完全剖开，移去前半部分，向正立投影面投射，便得出泵盖的全剖视图，如图 7-7c 中所示。在图 7-7d 所示的泵盖图中，清楚地标注了尺寸。为了便于读图，有关的外形和内形尺寸应尽可能分别集中标注在相近的地方；由于标注尺寸后，ϕ25 的槽和 ϕ17 孔的倒角都已表达清楚，所以在图 7-7c 的俯视图中所画的两个细虚线圆，在图 7-7d中都省略不画。

由于剖切平面与泵盖的对称平面重合，且视图按投影关系配置，中间又没有其他图形隔开，因此，在图 7-7c 和 d 中可以不标注剖切符号和剖视图的名称。

图 7-8 画出了一个拨叉，从图中可见，拨叉的左右端用水平板连接，中间还有起加强连接作用的肋。国标规定：对于机件的肋、轮辐及薄壁等，如按纵向剖切，这些结构通常按不剖绘制，即不画剖面符号，而用粗实线将它与邻接部分分开。在图 7-8 所示的拨叉的全剖视图中的肋，就是按上述规定画出的。

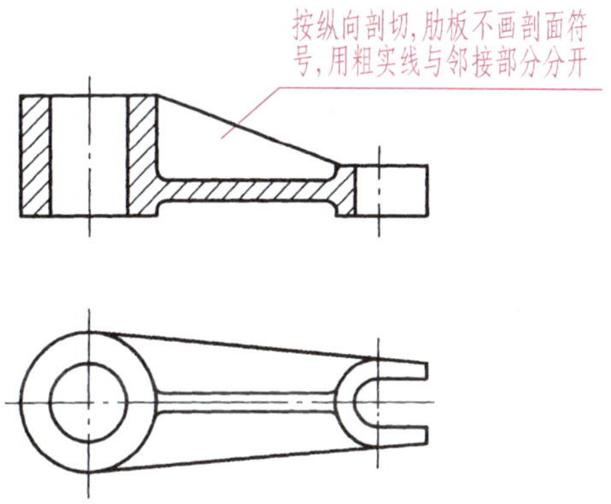

图 7-8　剖视图中肋的规定画法

（二）半剖视图

当物体具有对称平面时，向垂直于对称平面的投影面上投射所得的图形，可以对称中心线为界，一半画成剖视图，另一半画成视图，这种剖视图称为半剖视图。图 7-9a 为支架的两视图，从图中可知，该零件的内、外形状都比较复杂，但前后和左右都对称。为了清楚地表达这个支架，可用图 7-9b 和 c 所示的剖切方法，将主视图和俯视图都画成半剖视图(图 7-9d)。从图 7-9d 中可见：如果主视图采用全剖视图，则顶板下的凸台就不能表达出来；如果俯视图采用全剖视图，则长方形顶板及其四个小孔也不能表达出来。

画图时必须注意：在半剖视图中，半个外形视图和半个剖视图的分界线应画成细点画线，不能画成粗实线。由于图形对称，零件的内部形状已在半个剖视图中表示清楚，所以在表达外部形状的半个视图中，细虚线应省略不画。但是，如果机件的某些内部形状在半剖视图中没有表达清楚，则在表达外部形状的半个视图中，应该用细虚线画出，如在图 7-9d 中的顶板上的圆柱孔、底板上的具有沉孔的圆柱孔，都用细虚线画出。

如图 7-9d 所示，用前后对称平面剖切后所得的半剖视图，可省略标注；而用水平面剖切后所得的半剖视图，因为剖切面不是支架的对称平面，所以必须在这个半剖视图的上方标出剖视图的名称 A-A，并在另一个图形中用带字母 A 的剖切符号表示剖切位置，但由于图形按投影关系配置，中间又没有其他图形隔开，便可省略表示投射方向的箭头。

图 7-9e 是在支架的半剖视图中清晰完整地标注了尺寸。在半剖视图中，有些与机件的对称面相对称的尺寸，有一端没有画全时，可按表 1-5 中板状零件所示的对称机件的情况标注。例如在图 7-9e 的处于主视图地位的半剖视图中，由于支架中部的孔在外形视图上省略不画细虚线，因此，ϕ22、ϕ25、钻孔锥顶角 120°等的尺寸线，一端画出箭头，指到尺寸界线，而另一端只要

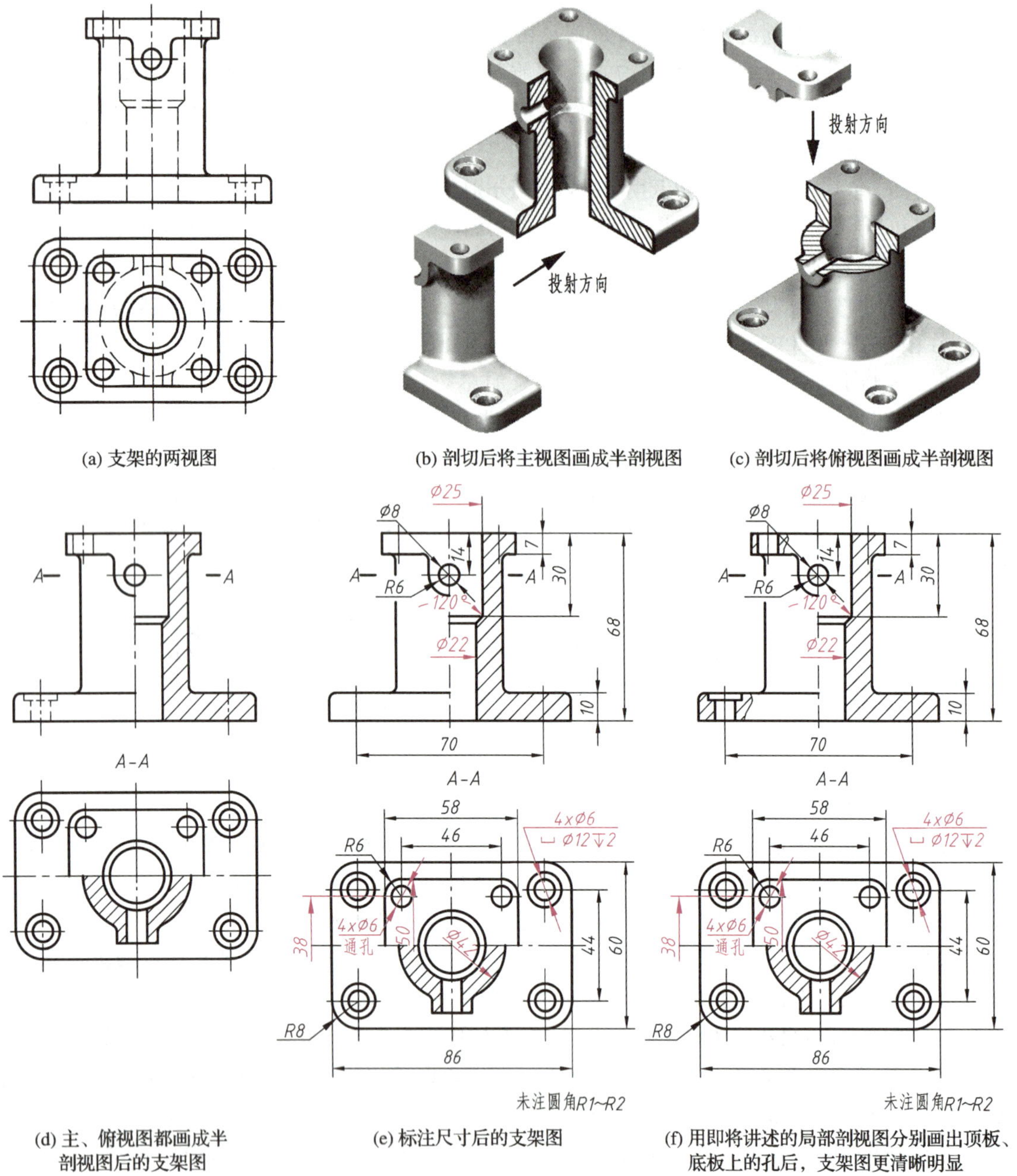

(a) 支架的两视图

(b) 剖切后将主视图画成半剖视图

(c) 剖切后将俯视图画成半剖视图

(d) 主、俯视图都画成半剖视图后的支架图

(e) 标注尺寸后的支架图

(f) 用即将讲述的局部剖视图分别画出顶板、底板上的孔后，支架图更清晰明显

图 7-9　半剖视图的画法示例

略超出对称中心线，不画箭头。在 *A-A* 剖视图中，顶板上四个小圆孔的中心线之间的尺寸 38、顶板的宽 50 以及圆柱体的外径尺寸 ϕ42 等的尺寸线也属这种情况。由于在 *A-A* 剖视图中，注明了支架顶板上四个圆柱孔是通孔，底板上四个圆柱孔是具有沉孔（沉孔的尺寸也已注明）的圆柱孔，所以在主视图中就不必如图 7-9d 那样画出这些孔的细虚线，但是仍要画出这些孔的轴线。

当读者学习了下面即将讲述的局部剖视图后，就可想到分别将图 7-9e 中支架顶板、底板上的孔用局部剖视图剖开表示，则这个支架表达得更清晰明显，如图 7-9f 所示。

当物体的形状接近于对称，且不对称部分已另有图形表达清楚时，也可以画成半剖视。如图 7-10所示的带轮，由于带轮的上下不对称的局部只是在轴孔的键槽处，而轴孔和键槽已由 *A* 向局部视图表达清楚，所以也可将主视图画成半剖视图。

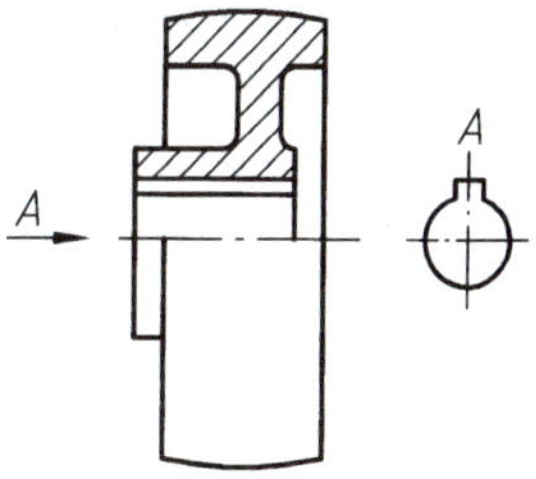

图 7-10　带轮

（三）局部剖视图

用剖切平面局部地剖开物体所得的剖视图，称为局部剖视图。

图 7-11a 为箱体的两视图。根据对箱体的形体分析可以看出：顶部有一个矩形孔，底部是一块具有四个安装孔的底板，左下面有一个轴承孔。从箱体所表达的两个视图可以看出：上下、左右、前后都不对称。为了使箱体的内部和外部都能表示清楚，它的两视图既不宜用全剖视图表达，也不能用半剖视图来表达，而以局部地剖开这个箱体表达为宜，图 7-11b 就是箱体的局部剖视图，图中还清晰完整地标注了尺寸。

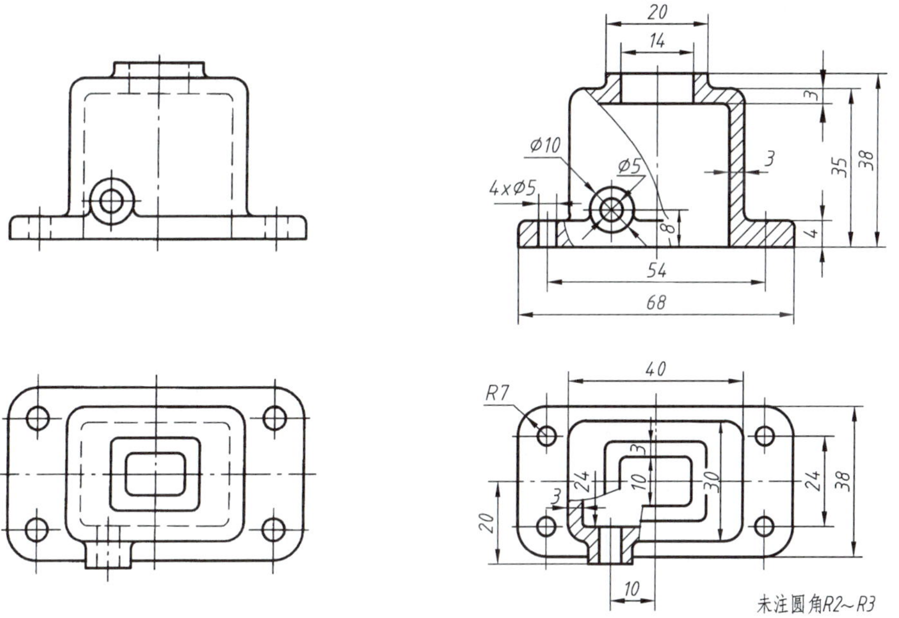

(a) 箱体的两视图　　(b) 箱体的局部剖视图

图 7-11　局部剖视图的画法示例

画局部剖视图时必须注意：*当单一剖切平面的剖切位置明显时，可以省略局部剖视图的标注*，如图 7-11b 所示。*局部剖视图用波浪线分界，波浪线不应与图样上其他图线重合；当被剖切结构为回转体时，允许用这个结构的轴线作为局部剖视与视图的分界线*，如图 7-12 主视图中右边的局部剖视。*在一个视图中，局部剖视的数量不宜过多，以免使图形过于破碎。局部剖视是一种比较灵活的表达方法，当在剖视图中既不宜采用全剖视图，也不宜采用半剖视图时，则可采用局部剖视图表达*。例如在图 7-9e 的主视图的半个表达外部形状的视图中，若把顶板、底板上的孔用局部剖视表达，就显得比较清楚，如图 7-9f 所示。又如图 7-13 所示的手柄，由于两侧都是实心杆，并拟保留主视图中的过渡线①，因而就不宜采用全剖视图；同时，中间的方孔虽然左右对称，但由于在主视图的对称中心线与孔壁交线的投影相重合，也不宜采用半剖视图，因而在主视图中采用局部剖视，就既能保留左侧的过渡线，又能将这条孔壁交线表达出来，显得清晰明了。图 7-14 所表示的三个机件，虽然前后、左右都对称，但因主视图的左右对称面上，都分别有外壁或内壁的交线存在，因此，主视图不宜画成半剖视图，而应画成局部剖视图，并尽可能把机件的内壁或外壁的交线清晰地显示出来。

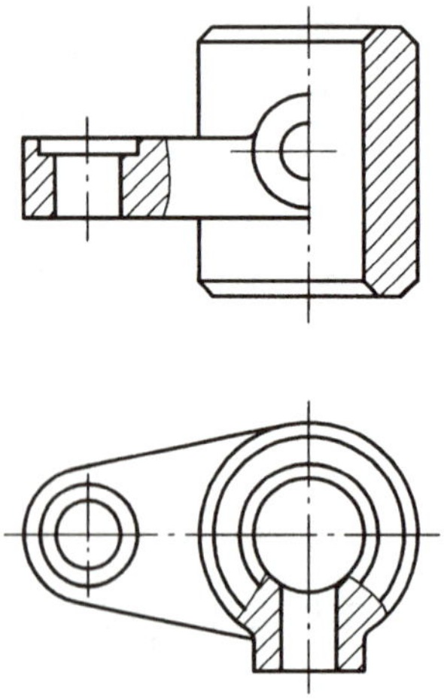

图 7-12　用回转体结构的轴线作为局部剖视与视图的分界线

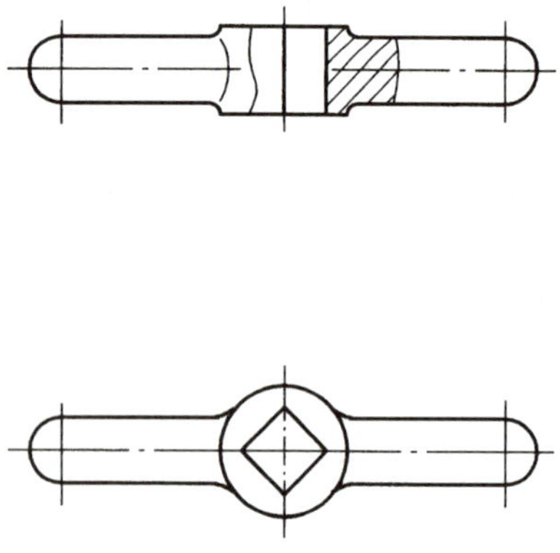

图 7-13　手柄

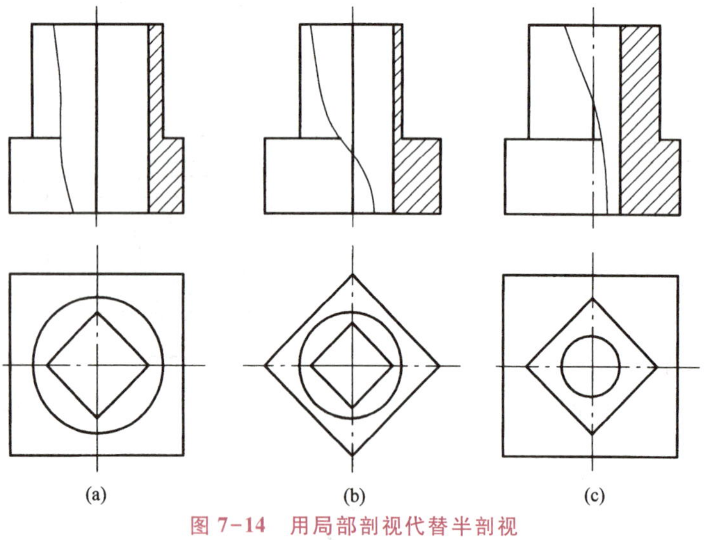

图 7-14　用局部剖视代替半剖视

三、剖切面的分类和剖切方法

一般用平面剖切机件，也可用柱面剖切机件。这里所述的剖切面，不仅适用于画剖视图，也

① 过渡线的概念与画法参见 § 9-6。

适用于画§7-3所述的断面图。今结合介绍剖切面的分类，同时也介绍各种剖切方法①。

（一）单一剖切面

1. 用平行于某一基本投影面的平面剖切

前面所讲的全剖视图、半剖视图和局部剖视图，都是用平行于某一基本投影面的剖切平面剖开机件后所得出的，用平行于某一基本投影面的平面剖切，是最常用的剖切方法。

2. 用柱面剖切

按 GB/T 4458.6—2002 规定：采用柱面剖切机件时，剖视图应按展开绘制。如图 7-15 中的 *B-B* 剖视图所示，将采用柱面剖切后的机件展开成平行于投影面后，再画其剖视图，并在图名后加注“展开”两字。图 7-15 中的 *A-A* 剖视图的剖切符号，因图形按投影关系配置，中间又没有图形隔开，所以省略不画表示投射方向的箭头。

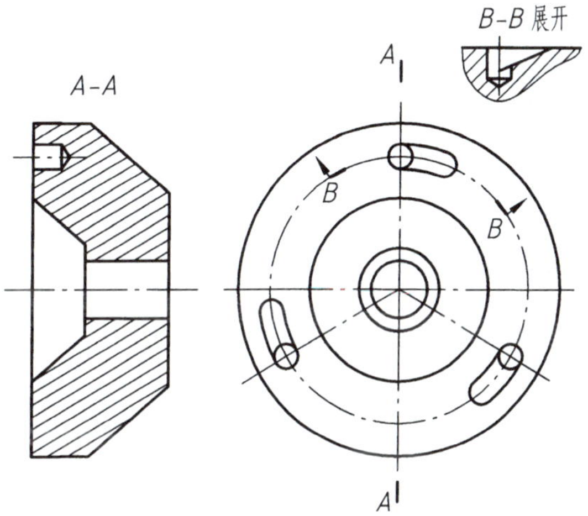

图 7-15 用圆柱面剖切

3. 用不平行于任何基本投影面的剖切平面剖切

用不平行于任何基本投影面的剖切平面剖开机件的方法，习惯上称为斜剖。如图 7-16 中的 *A-A* 全剖视图就是用斜剖画出的，它表达了弯管及其顶部凸缘、凸台与通孔。

采用斜剖画剖视图时，剖视图可如图 7-16 那样，按投影关系配置在与剖切符号相对应的位置；也可将剖视图平移至图纸的适当位置；在不致引起误解时，还允许将图形旋转，但旋转后的图名应在“×-×”后（也可在前）加旋转方向的符号，例如在图 7-16 中，可将黑色的 *A-A* 剖视图改用红色的旋转后的 *A-A* ↶剖视图表示。

（二）几个相交的剖切面（交线垂直于某一投影面）

用几个相交的剖切平面（交线垂直于某一基本投影面）剖开机件的方法，习惯上称为旋转剖。采用旋转剖画剖视图时，先假想按剖切位置剖开机件，然后将被剖切面剖开的结构及其有关部分旋转到与选定的投影面平行后，再进行投射。在剖切平面后的其他结构，一般仍按

① 本书在这里讲述了 GB/T 4458.6 所述的用三种剖切面获得剖视图的各种剖切方法的主要内容，不够详尽处可查阅该标准。需要时还可综合运用这里所述的剖切面和剖切方法获得剖视图，习惯上称为复合剖。

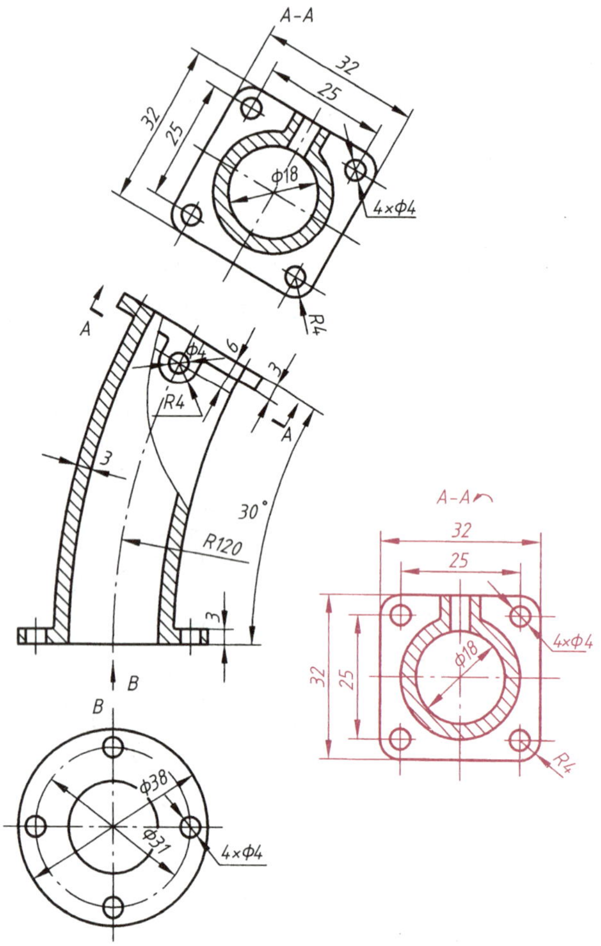

图 7-16　斜剖

原来位置投射①。例如图 7-17a，为了将泵盖的结构和各种孔的形状都表达清楚，就采用了旋转剖的方法：先假想用图中剖切符号所表示的、交线垂直于正面的两个平面剖开泵盖，将处于观察者与剖切平面之间的部分移去，并将被倾斜的剖切平面剖开的结构及有关部分旋转到与选定的基本投影面（在图 7-17 中是侧立投影面）平行，然后再进行投射，便得到图中的 *A-A* 全剖视图。

又如在图 7-17b 中所示的摇杆的 *A-A* 剖视图，也是用旋转剖画出的。图中是将被倾斜剖切面剖开的结构及有关部分旋转到与选定的水平投影面平行后，再进行投射而得到 *A-A* 剖视图的。应注意：图 7-17b 中在剖切平面后的油孔，是按原来位置投射画出的。

画旋转剖时，应如图 7-17a 所示，画出剖切符号，并在剖视图上方注明剖视图的名称；也可

---

① 用旋转剖绘制剖视图，GB/T 4458.6—2002 还有两条规定：当剖切后产生不完整要素时，应将此部分按不剖绘制；用两组或两组以上相交的剖切平面画旋转剖时，其剖切符号相交处用大写字母“*O*”标注。需用时可查阅该标准。

如图 7-17b 所示，允许省略标注转折处的字母。

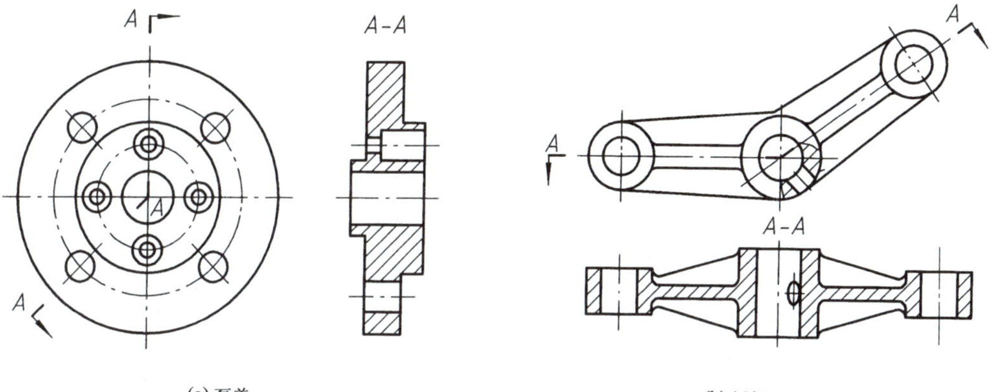

(a) 泵盖　　(b) 摇杆

图 7-17　旋转剖

在图 7-18 中，用旋转剖画出了一个连杆的 $A-A$ 全剖视图。又如图 7-19 所示，按主视图中的剖切符号画出了机件的 $A-A$ 全剖视图。旋转剖通常可用展开画法画出，当用展开画法时，图名应标注“×-×展开”，也可称为展开绘制的剖视图。如图 7-19 所示的展开图，就是用展开画法连续展开成一个平行于侧立投影面的平面后画出的。

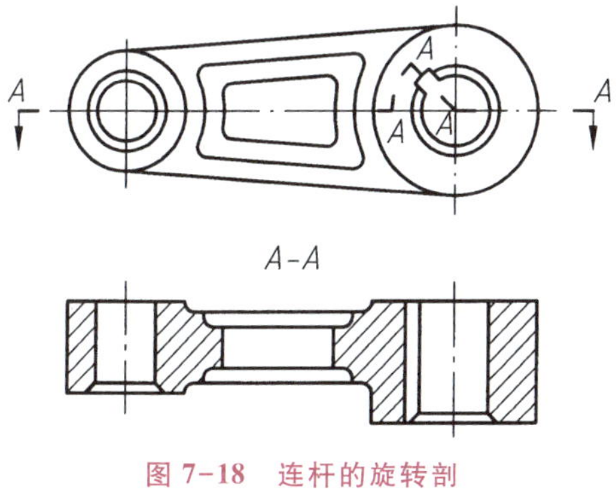

图 7-18　连杆的旋转剖

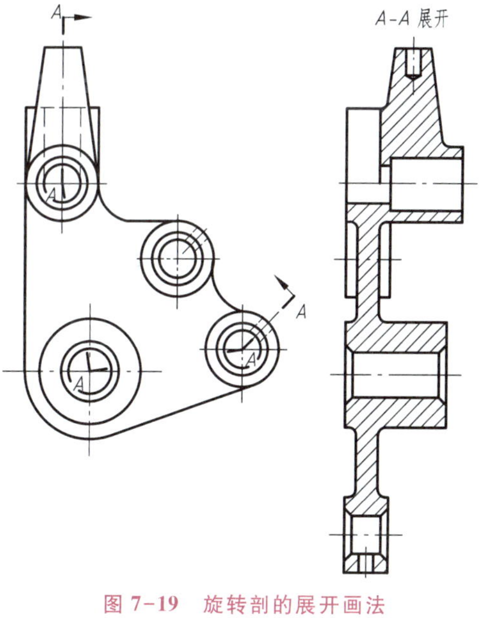

图 7-19　旋转剖的展开画法

（三）几个平行的剖切平面

用几个平行的剖切平面剖开机件的方法，习惯上称为阶梯剖。图 7-20a 表示用两个平行平面以阶梯剖的方法剖开支架，将处在观察者与剖切平面之间的部分移去，再向正立投影面投射，就能清楚地表达出底板底部的凹槽、四角的沉孔和中间的一些孔的结构，画出图 7-20b 中所示的 *A-A* 全剖视图，并在俯视图中，标注了阶梯剖的剖切符号，标注方法与旋转剖的标注相同，但由于剖视图按投影关系配置，中间又没有其他图形隔开，所以在图中省略了剖切符号中的箭头。在图 7-20b 的俯视图中，还局部剖视了支架上的两个孔。

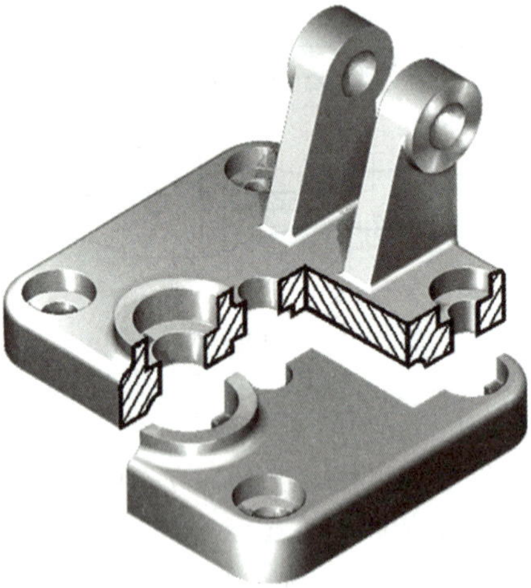

(a) 剖开支架

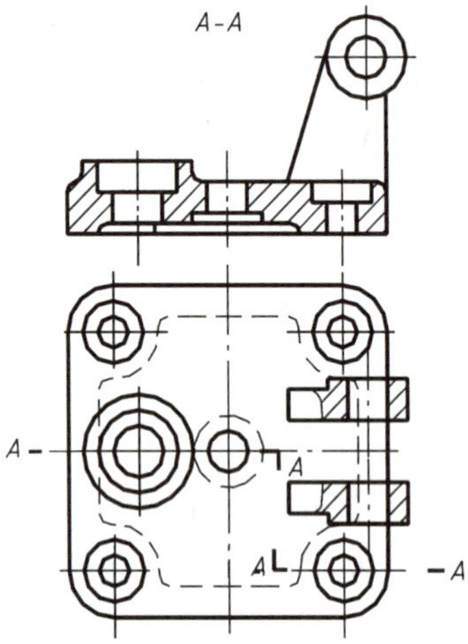

(b) 支架的剖视图

图 7-20　阶梯剖

用阶梯剖画出的剖视图，不应画出剖切平面转折处的界线，剖切平面的转折处也不应与图中的轮廓线重合，且在图形内不应出现不完整的要素。仅当两个要素在图形上具有公共对称中心线或轴线时，才可以出现不完整要素，这时，应各画一半，并以对称中心线或轴线为界，如图7-21所示。

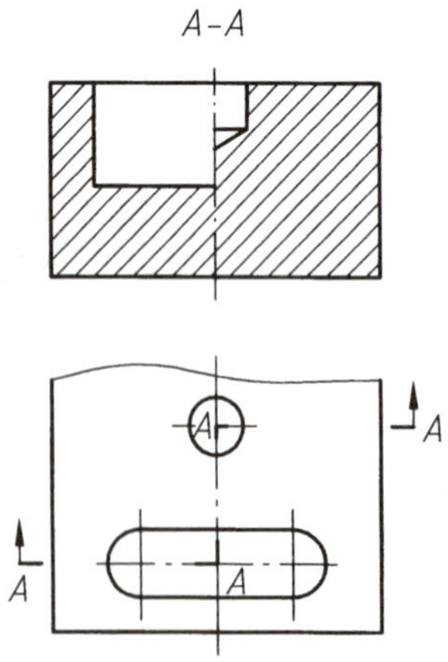

图 7-21　允许出现不完整要素的阶梯剖

§7-3 断面图

一、基本概念

假想用剖切面将物体的某处切断，仅画出该剖切面与物体接触部分的图形，这个图形称为断面图，可简称断面[①]。通常在断面图上画出剖面符号，断面图常用来表示机件上某一局部的断面形状，如机件上的肋、轮辐，以及轴上的键槽和孔等。

图 7-22a、b 是一根轴的轴测图和两视图。在图 7-22b 的左视图中，画出了表示各段直径不相同的轴和键槽的投影，图形很不清楚。为了得到具有键槽的这段轴的断面的清晰形状，可如图 7-22c 所示，假想在键槽处用一个垂直于轴的剖切平面将轴切断，画出它的断面图。在断面图上要画出剖面符号，如图 7-22d 所示。若画剖视图，则如图 7-22e 所示。

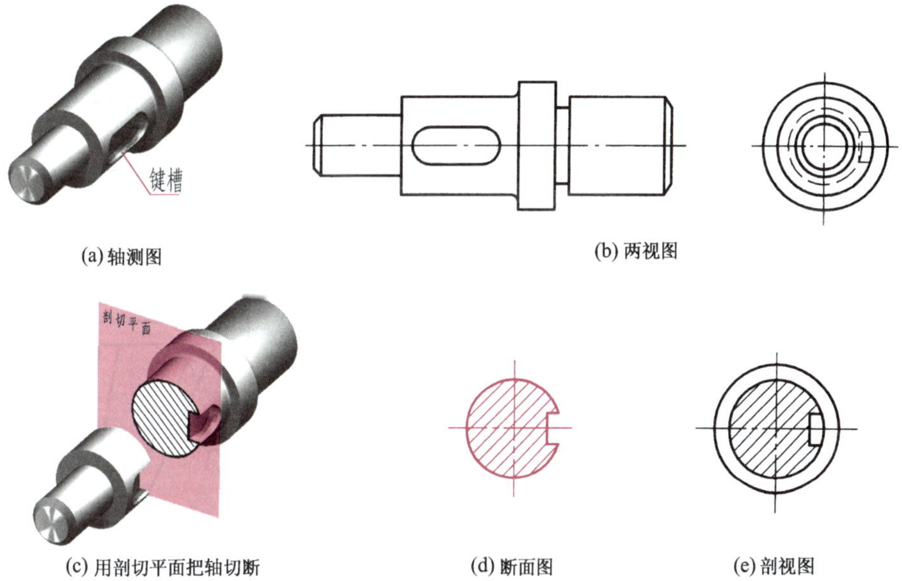

图 7-22　轴的断面，断面与剖视的区别

对比图 7-22d 和 e 可知，断面图与剖视图的区别是：断面图只画出机件的断面形状，而剖视图则将机件处在观察者和剖切平面之间的部分移去后，除了断面形状以外，还要画出机件留下部分的投影。

二、断面图的分类

断面图分移出断面图和重合断面图，通常也简称移出断面和重合断面。

（一）移出断面图

如图 7-23 所示，画在视图外的断面，称为移出断面。

---

① 这里所述的断面图和断面，也就是本书第四章中已讲述的断面。

如图 7-23a 所示，移出断面的轮廓线用粗实线绘制，配置在剖切线（细点画线）的延长线上；断面图形对称时，也可如图 7-23b 所示，画在视图的中断处；必要时可将移出断面配置在其他适当的位置，如图 7-23c、d、e 所示；在不致引起误解时，允许将图形旋转，如图 7-23f 所示，移出断面在旋转后，加注旋转方向的符号，并使符号的箭头端靠近图名的拉丁字母。

如图 7-23g 所示，由两个或多个相交平面剖切得出的移出断面，中间应断开。

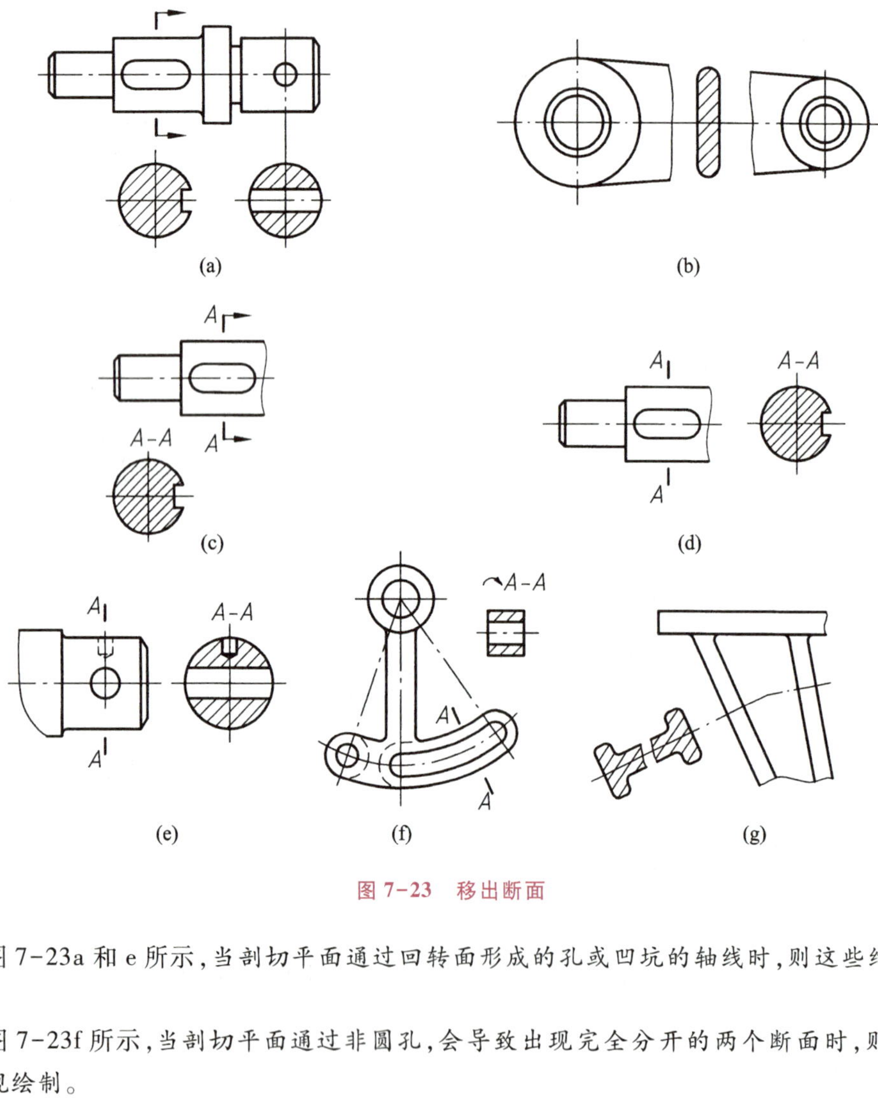

图 7-23　移出断面

如图 7-23a 和 e 所示，当剖切平面通过回转面形成的孔或凹坑的轴线时，则这些结构应按剖视绘制。

如图 7-23f 所示，当剖切平面通过非圆孔，会导致出现完全分开的两个断面时，则这些结构应按剖视绘制。

按 GB/T 4458.6—2002 对移出断面的剖切位置与断面图的标注规定：一般应用大写的拉丁字母标注断面的名称“×-×”，在相应的视图上用剖切符号表示剖切位置和投射方向（用箭头表示），并标注相同的字母，见图 7-23c，剖切符号之间的剖切线可省略不画；配置在剖切符号延长线上的不对称移出断面不必标注字母，见图 7-23a；不配置在剖切符号延长线上的对称移出断面（图 7-23f）以及按投影关系配置的移出断面（图 7-23d 和 e），一般不必标注箭头；配置在剖切线延长线上的对称移出断面，不必标注字母和箭头，见图 7-23a。

（二）重合断面图

在不影响图形清晰条件下，断面也可按投影关系画在视图内。画在视图内的断面称为重合断面。重合断面的轮廓线用细实线绘制。当视图中的轮廓线与重合断面图形重叠时，视图中的轮廓线仍应连续画出，不可间断。

如图 7-24a 所示的支架的肋的断面图，是对称的重合断面，不必标注。图 7-24b 所示的角钢的断面图是不对称的重合断面，也可省略标注。

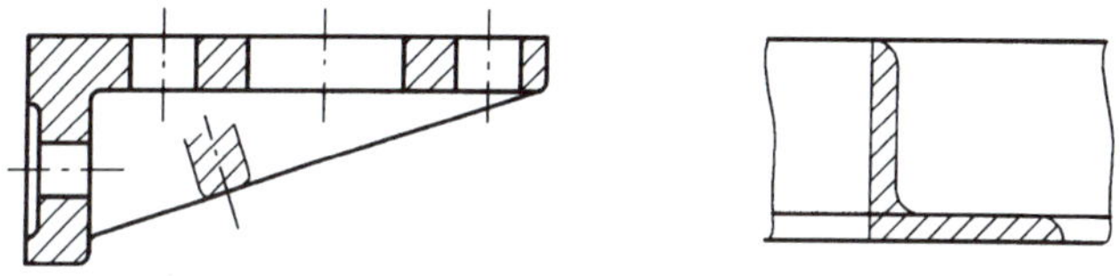

(a) 支架　　(b) 角钢

图 7-24　重合断面

§7-4　局部放大图、简化画法和其他规定画法

一、局部放大图

如图 7-25 所示，将机件的部分结构，用大于原图形所采用的比例画出的图形，称为局部放大图。GB/T 4458.1—2002 规定了局部放大图的画法和标注。

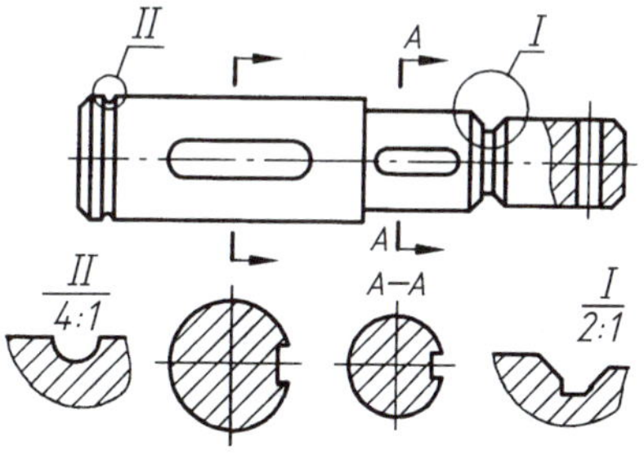

图 7-25　局部放大图

局部放大图可画成视图、剖视图、断面图，它与被放大部分的表达方式无关。

局部放大图应尽量配置在被放大部位的附近。

除螺纹牙型、齿轮和链轮的齿形外，应用细实线圈出被放大的部位。当同一机件上有几个被放大的部分时，必须用罗马数字依次标明被放大的部位，并在局部放大图的上方标出相应的罗马数字和所采用的比例。

当机件上被放大的部分仅一个时，在局部放大图的上方只需注明所采用的比例。同一机件上不同部位的局部放大图，当图形相同或对称时，只需要画出一个。

如图 7-26 所示，必要时可用几个图形表达同一被放大部分的结构。

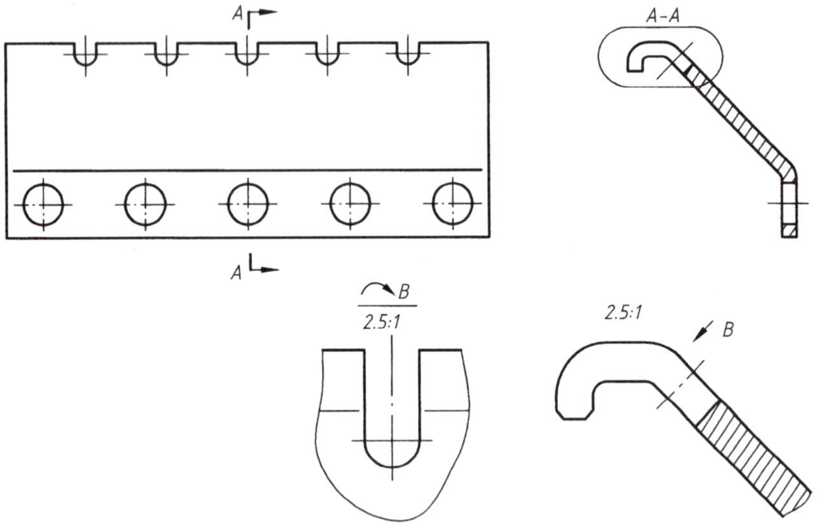

图 7-26　用几个图形表达一个放大结构

二、简化画法和规定画法示例

图 7-27 再扼要地补充介绍 GB/T 4458.1—2002、GB/T 4458.6—2002、GB/T 16675.1—2012、GB/T 16675.2—2012 所规定的一部分简化画法和规定画法示例，这里未述及的其他有关内容，请查阅上述各个标准。

(1) 在不致引起误解时，在剖视图、断面图中可省略剖面符号，如图 7-27a 所示。

(2) 零件中成规律分布的重复结构，允许只绘制出其中一个或几个完整的结构，并反映其分布情况，重复结构的数量和类型的表示应遵循 GB/T 4458.4—2003《机械制图　尺寸注法》中的有关要求，如图 7-27b 和 c 所示。对称的重复结构用细点画线表示各对称结构要素的位置，见图 7-27b；不对称的重复结构，则用相连的细实线代替，如图 7-27c 所示。

(3) 滚花、槽沟等网状结构，应用粗实线完全或部分地表示出来，但也可用简化表示法省略不画，在零件图中需注明这些结构的技术要求，如图 7-27d 所示。

(4) 零件上的肋、轮辐，紧固件、轴，其纵向剖视图通常按不剖绘制。如图 7-27e 中的肋不画剖面符号，用粗实线与邻接部分分开；当零件回转体上均匀分布的肋、孔等结构不处于剖切平面上时，可将这些结构转到剖切平面上画出，如图 7-27e 中所示的肋和孔，由于旋转后的剖视图中两侧的孔是相同的，所以可将其中一侧的孔简化成只画一条轴线。

(5) 为了避免增加视图、剖视图或断面图，可用细实线绘出对角线表示平面，如图 7-27f 所示。

(6) 一个零件上有两个或两个以上图形相同的视图，可以只画出一个视图，并用箭头、字母和数字表示其投射方向和位置，如图 7-27g 所示。

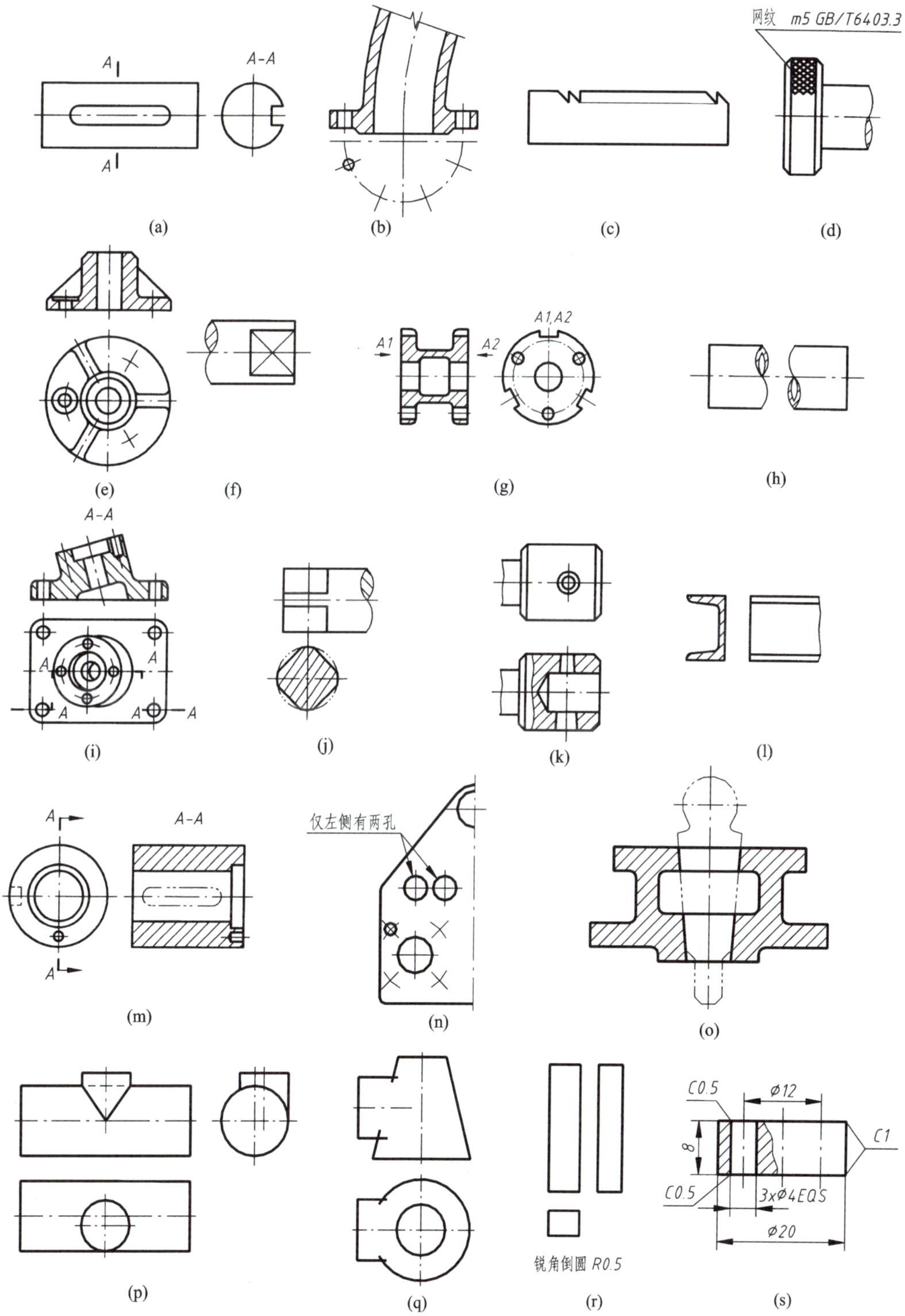

图 7-27 简化画法和其他规定画法示例

(7) 较长的机件(轴、杆、型材、连杆等)沿长度方向的形状一致或按一定规律变化时,可断开后缩短绘制,但标注长度尺寸时,应按未缩短时的实际尺寸标注,如图 7-27h 所示。图 7-27d 和图 7-27h 所画的分别是实心和空心圆柱断裂处的特殊画法。上述各种较长的机件(包括实心和空心的圆柱)的断裂处,都可用波浪线或双折线表示,如图 7-27k 和 l 所示。

(8) 与投影面倾斜角度小于或等于 30°的圆或圆弧,手工绘图时,其投影可用圆或圆弧代替,如图 7-27i 所示。

(9) 当机件上较小的结构已在一个图形中表示清楚时,其他图形应当简化或省略,如图 7-27j 和 k 所示。图 7-27j 中圆柱左端被切割后的结构和图 7-27k 中正垂圆锥孔在主视图中的图形,就作了适当的简化或省略。

(10) 机件上斜度和锥度等较小的结构,如在一个图形中已表达清楚时,其他图形可按小端画出,如图 7-27l 所示。

(11) 在需要表示位于剖切平面前的结构轮廓线时,用细双点画线表示,如图 7-27m 所示。

(12) 基本对称的零件仍可按对称零件的方式绘图,但应对其中不对称的部分加以说明,如图 7-27n 所示。

(13) 相邻的辅助零件用细双点画线绘制,相邻的辅助零件不应覆盖为主的零件,而可以被为主的零件遮挡,相邻的辅助零件的剖面区域不画剖面线,如图 7-27o 所示。

(14) 在不致引起误解时,图形中的相贯线可以简化:例如图 7-27p 用圆弧或直线代替非圆曲线;也可如图 7-27q 采用模糊画法表示相贯形体。但当使用简化画法会影响对图形的理解时,则应避免使用。

(15) 在不致引起误解时,零件图中的小圆角或 45°小倒角可以省略不画,但必须注明尺寸或另加说明,其尺寸也可简化标注。例如图 7-27r 所示的长方体,在所有的棱边处,都有 $R0.5$ 的小倒圆;又如图 7-27s 所示的具有三个均布孔 $\phi4$ 的圆盘,在圆盘的顶边和底边处,各有 1×45°的小倒角,而在三个均布孔 $\phi4$ 的顶边和底边处,分别各有 0.5×45°的小倒角。按国标规定,还可将图 7-27s 中所示的圆盘和圆孔的顶边和底边上的小倒角再进一步简化成只需在顶边或底边标注一次,但这时应分别注写 2×C1 和 2×C0.5。

§7-5 第三角画法

一、第三角画法及其有关规定

绘制物体的多面正投影图的正投影法有两种表示法:一是用第一角投影表示,亦即第一角画法,本书前面所讲述的多面正投影图的画法,都是第一角画法,且已在第五章中阐明,它是将物体置于第一分角内,并使其处于观察者与投影面之间进行投射,然后按规定展开投影面而得到多面正投影图的画法;二是用第三角投影表示,亦即第三角画法,是将物体置于第三分角内,使投影面处于观察者和物体之间进行投射,然后按规定展开投影面而得到多面正投影图的画法。

前已述及 GB/T 17451—1998《技术制图　图样画法　视图》规定,技术图样应采用正投影法,并优先采用第一角画法。因为世界上有些国家用第一角画法,有些国家则采用第三角画法,所以 GB/T 14692—2008《技术制图　投影法》规定,必要时(如按合同规定等),允许使用第三角画法。当前国际间技术交流和国际贸易日益增长，我们在今后的工作中，也可能会有阅读和绘制第三角画法的图样的需要，因而也应该对第三角画法有所了解。

采用第三角画法时，如图 7-28a 所示，将物体置于正立投影面 V 和水平投影面 H 所组成的两投影面体系中的第三分角内，再在右侧加设与投影面 V 和 H 都垂直的投影面 W；于三投影面体系中作物体的多面正投影图：在 V 面上形成由前向后投射所得的主视图，在 H 面上形成由上向下投射所得的俯视图，在 W 面上形成由右向左投射所得的右视图，然后沿 H 面和 W 面的交线分开这两个投影面，令 V 面保持正立位置不动，将 H 面、W 面分别绕它们与 V 面的交线向上、向右转 90°，使这三个面展成同一个平面，得到物体的三视图，如图 7-28b 中的黑色图形所示。如图 7-28b 中的红色注释所示，与第一角画法相类似，采用第三角画法的三视图也有下述特性，即多面正投影的投影规律：主、俯视图长对正；主、右视图高平齐；俯、右视图宽相等，前后对应。

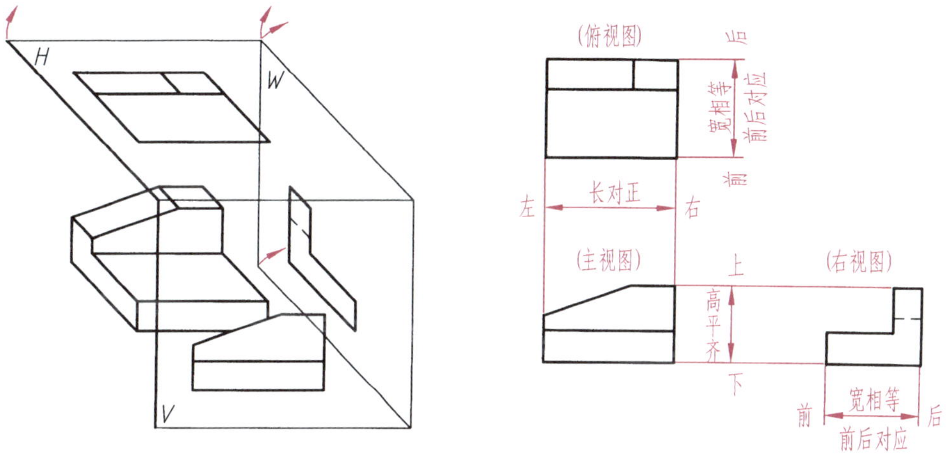

(a) 形成过程　　(b) 三视图及其特性

图 7-28　采用第三角画法的三视图

采用第三角画法所得的投影图及其可见性，是在下述的假设条件下确定的：投影面是透明的玻璃平面，投射线按从观察者向投影面和物体的方向，以正投影法投射，假设观察者位于距离投影面的无穷远处，视线不是从视点（相当于投射中心）出发，而是都成为垂直于投影面、投向投影面的无数平行平行线，因而视线与正投影法的投射线完全一致，观察方向与投射方向完全一致。

采用第三角画法时，与第一角画法相类似，如图 7-29a 所示，除了在图 7-28a 中已画出的 V、H、W 三个基本投影面外，还可分别增设与它们相平行的三个基本投影面，组成一个长方体，从而在这些基本投影面上分别得到一个视图，除了主视图、俯视图、右视图以外，还有由左向右投射所得的左视图，由下向上投射所得的仰视图，以及由后向前投射所得的后视图。然后，仍令 V 面保持正立位置不动，将诸投影面按图 7-29a 所示展开成同一个平面，展开后各视图的配置关系如图 7-29b 所示。在同一张图纸内按图 7-29b 配置视图时，一律不注视图名称。

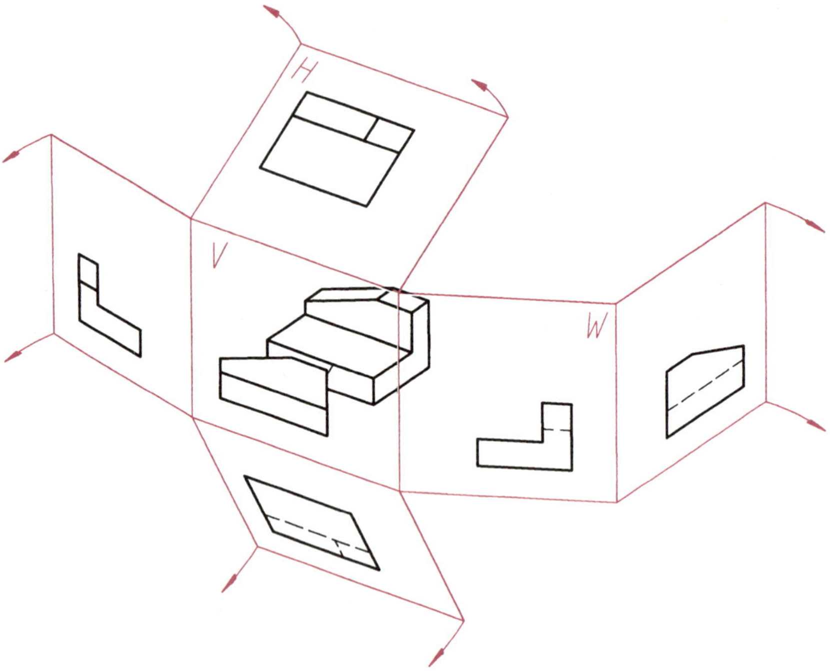

(a) 六个基本投影面及其展开

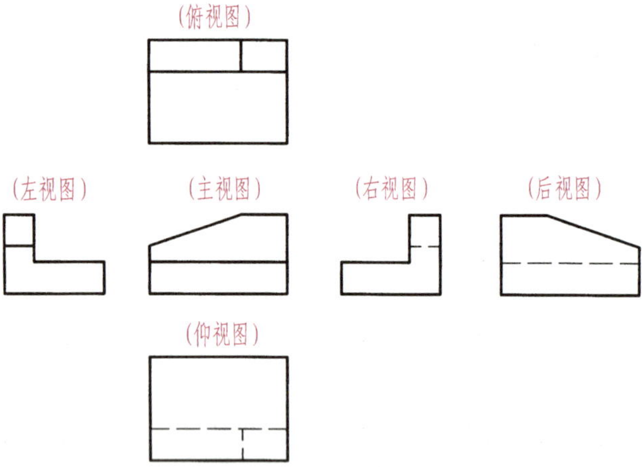

(b) 六个基本视图及其配置

图 7-29　采用第三角画法的六个基本视图

二、第三角画法和第一角画法的投影识别符号

按 GB/T 14692—2008《技术制图　投影法》规定：采用第三角画法时，必须在图样中画出第三角画法的投影识别符号；用第一角画法，必要时可画出第一角画法的投影识别符号。GB/T 14689—2008《技术制图　图纸幅面和格式》以及 GB/T 10609.1—2008《技术制图　标题栏》规定：在标题栏（见第一章中的图 1-2）中的投影符号框格内标注如图 7-30a 所示

的第一角画法或如图 7-30b 所示的第三角画法的投影识别符号，如采用第一角画法时，可省略标注。编者建议读者可按需采用图 7-30 所示的投影识别符号。GB/T 14692—2008《技术制图　投影法》还对投影识别符号的具体画法作了一些说明：符号中的两个圆是同心圆，等腰梯形的短平行边的长度等于小圆的直径长度，大圆的直径长度、等腰梯形的长平行边的长度、等腰梯形的两平行边之间的距离都分别是小圆的直径长度的两倍，小圆的直径长度相当于图中尺寸字体的高度等。读者如需进一步更详细的了解，可查阅该标准。

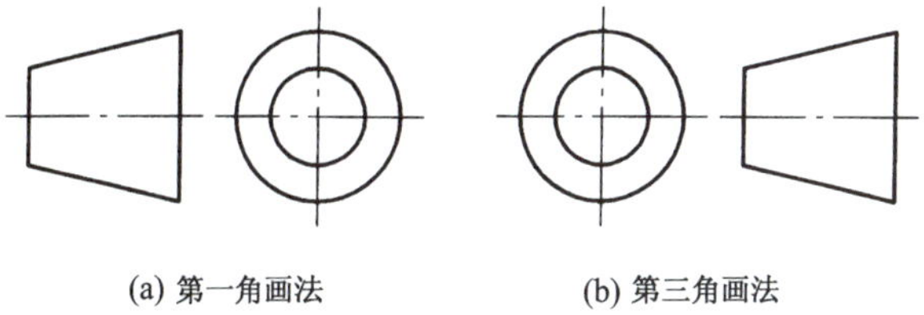

图 7-30　第一角画法和第三角画法的投影识别符号

三、按第三角画法配置的局部视图

在 §7-1 中讲述了在采用第一角画法绘制的图样中，局部视图可按基本视图的配置形式配置、按向视图的配置形式配置、按第三角画法配置，并说明在本节讲述按第三角画法配置的局部视图的具体画法。GB/T 4458.1—2002《机械制图　图样画法　视图》规定：按第三角配置的局部视图，应配置在视图上所需表示物体局部结构的附近，并用细点画线将两者相连。例如：在图 7-31 中，按第三角画法在主视图上方配置了俯视方向的局部视图，在图 7-32 中，按第三角画法在主视图右方配置了右视方向的局部视图。这两个局部视图都配置在所需表示物体局部结构的主视图附近，并用细点画线将两者相连。

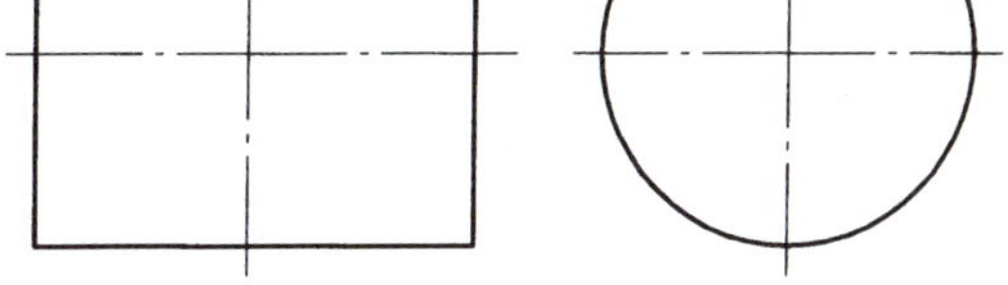

图 7-31　按第三角画法配置的局部视图示例一

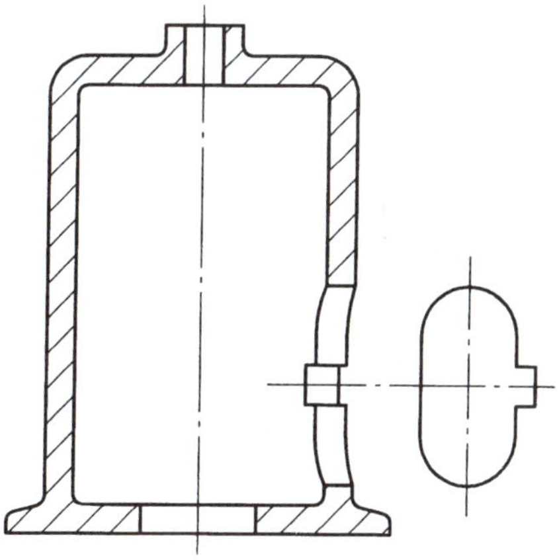

图 7-32　按第三角画法配置的局部视图示例二

§7-6 表达方法综合应用示例和用 AutoCAD 绘制剖视图

在画图时，应根据机件的具体情况，正确、灵活地选择各种表达方法，包括视图、剖视图和断面图等，将机件的内外结构和形状清晰完整地表达出来。一个机件往往可以有几种不同的表达方案。每一个视图都有一个表达重点，各视图之间相互补充。选择表达方案的原则是：首先考虑看图方便，在完整、清晰地表达机件内外结构和形状的前提下，力求作图简便。

下面通过四通管（图 7-33）来说明表达方法的选择。

一、形体分析

从图 7-33 可知，四通管主要由三部分组成，中间是上下贯通且上下带有不同形状连接盘（也称法兰盘）的圆管，上部左侧和中部右偏前处是带有不同形状连接盘的水平圆管，与中间竖管相通。

二、表达方案选择

为了清楚地表达四通管的连通情况，主视图需要进行剖切，由于两侧圆管的轴线和中间圆管的轴线不在同一平面内，所以不能采用单一剖面剖切，而采用旋转剖较为适宜，如图 7-34 所示，其中主视图采用了 A—A 旋转剖，主要表达内孔的连通情况，同时各管的每段直径大小也表达清楚了。为了表达右偏前的水平圆管的位置还必须有俯视图，那么，俯视图要不要剖切呢？不剖的话，中间竖管两端的连接盘在俯视图上就重叠在一起，看起来不清楚，因此，通过两水平圆管的

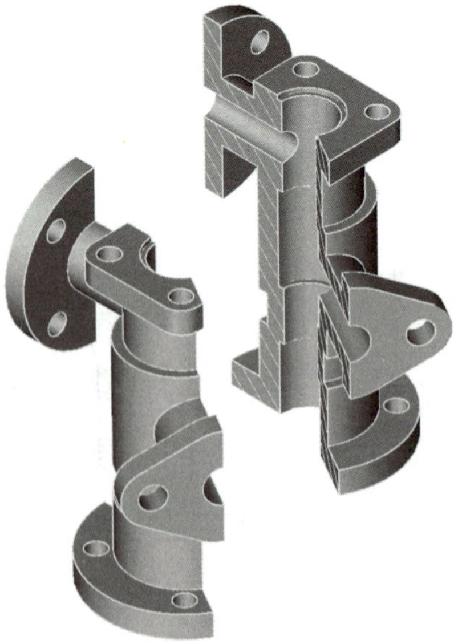

图 7-33　四通管

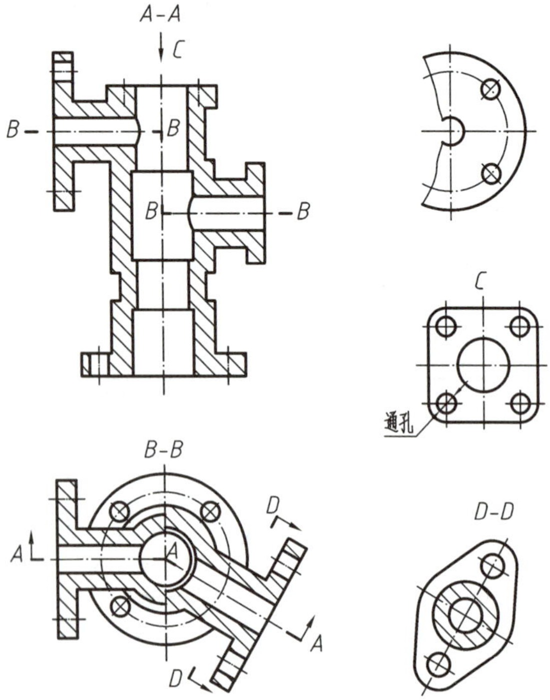

图 7-34　四通管的表达方案

轴线作 $B—B$ 阶梯剖，主要用来表达右边对正面倾斜的水平管的位置和下底板的形状。有了主视图和俯视图，四通管的大致结构已经清楚，但还有三个管口的连接盘形状没有表达清楚，因此，用 C 向局部视图来主要表达竖管上方连接盘的形状及其上四个孔的分布情况；$D—D$ 斜剖视图来主要表达右前水平管的连接盘形状及其上两个孔的分布情况，左上方的水平管的连接盘形状及其上四个孔的分布也采用局部视图表达，由于其符合基本视图的投影关系，所以省略了标注，又由于图形对称，采用了大于一半的简化画法。整个表达方案采用了两个基本视图、两个局部视图和一个斜剖视图，就清晰地表达了这个四通管。如果把 $D—D$ 斜剖视改用一个斜视图表达，同样也可以将这根右前水平管的连接盘形状及其上两个孔的分布情况表达清楚。

三、用 AutoCAD 绘制剖视图

在用 AutoCAD 绘制剖视图时，可以用图案填充命令绘制剖面符号、用多段线命令绘制剖切符号和用样条曲线命令绘制波浪线。

1. 图案填充(H/BH)命令

功能：以某种图案或渐变色对封闭的区域进行填充，在机械图样中可以用来绘制剖面符号。

操作规则："常用"标签⇨"绘图"面板⇨"图案填充"。图案填充命令执行后将显示"图案填充和渐变色"对话框(图 7-35)。各选项的操作如下：

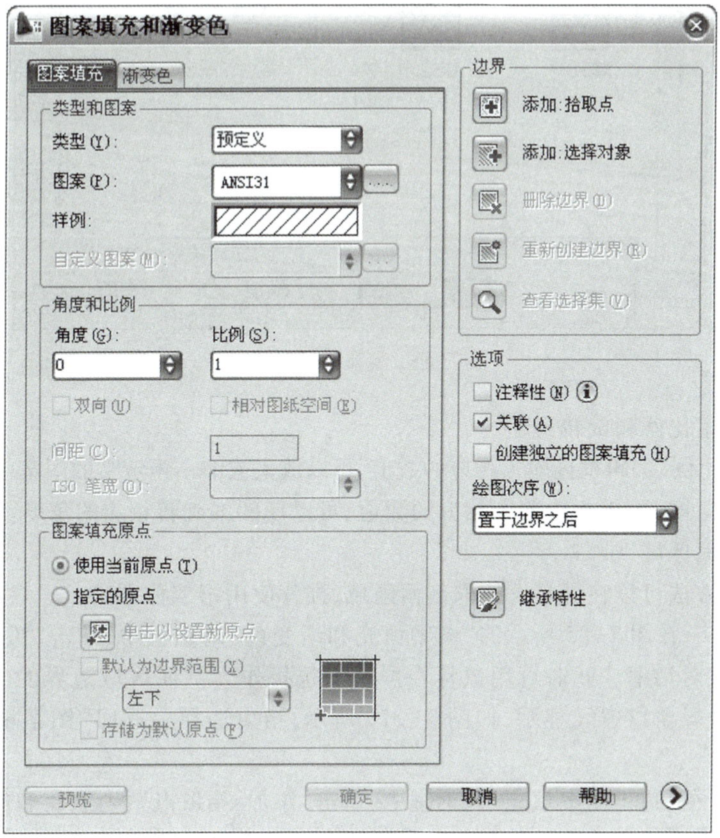

图 7-35　图案填充和渐变色对话框

（1）选择剖面符号图案

“图案填充和渐变色”对话框中的“类型”下拉列表提供选择剖面符号图案的三种类型：预定义、用户定义和自定义。

一般情况下使用预定义图案，这时，点击“样例”右边的图案会弹出“填充图案选项板”，如图 7-36所示，通常选择“ANSI”标签中的“ANSI31”（用于一般金属材料）。

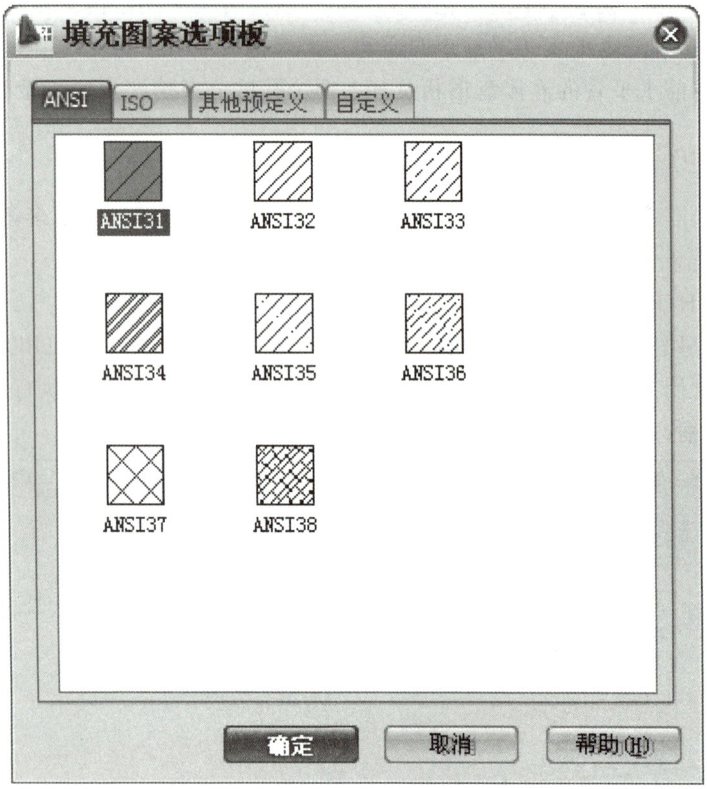

图 7-36　填充图案选项板

（2）设置图案比例和旋转角度

1）通过在“比例”编辑框内输入相应的数值，可以放大或缩小预定义的图案中线条间的距离。

2）通过在“角度”编辑框内输入相应的数值，可以使图案旋转相应的角度。

（3）选择剖面区域

有以下两种方法可以在屏幕上拾取剖面区域，推荐使用第二种方法。

1）选择对象　在图 7-35 所示的“图案填充和渐变色”对话框中，单击“添加：选择对象”按钮，将暂时关闭该对话框。此时可用鼠标在屏幕上选择作为剖面区域边界的实体，如图 7-37a 所示，被选择的边界将以虚线显示，如图 7-37b 所示，结束选择后返回“图案填充和渐变色”对话框。

2）拾取点　在“边界图案填充”对话框中，单击“添加：拾取点”按钮，将暂时关闭该对话框。此时用户可用鼠标在希望画剖面符号的封闭区域内任意拾取一点，注意千万别点在边界线上，如图 7-38a 所示，此时系统自动搜索该区域的封闭边界，如果搜索成功则边界以虚线显示（如

图 7-38b)，否则报错。此时，若要删除不需要的边界，则在单击“删除边界”按钮后，从屏幕上拾取要删除的边界，如图 7-39b 所示。

(4) 创建剖面线

完成剖面线的设置和确定了剖面区域之后，在“图案填充和渐变色”对话框中，单击“预览”可以预览结果，不满意可以再调整，调整后再“预览”，满意后，点击“确定”按钮，结束图案填充命令，按指定的方式画出剖面线，如图 7-37c、7-38c、7-39c 所示。

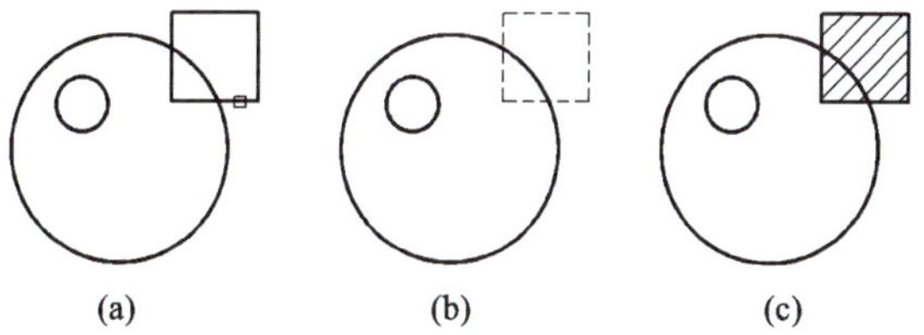

图 7-37 用选择对象选取边界

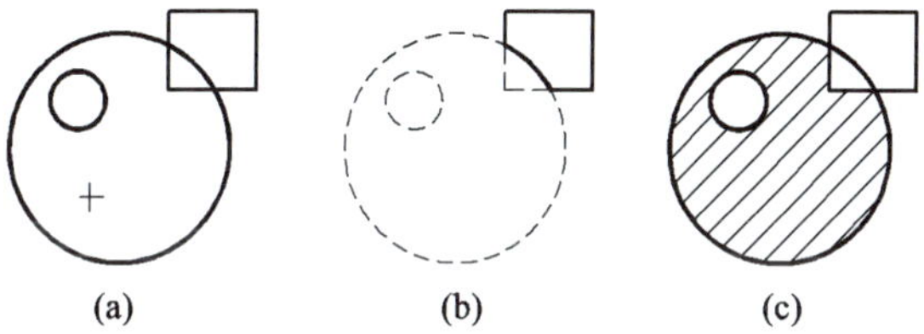

图 7-38 用拾取点选择边界

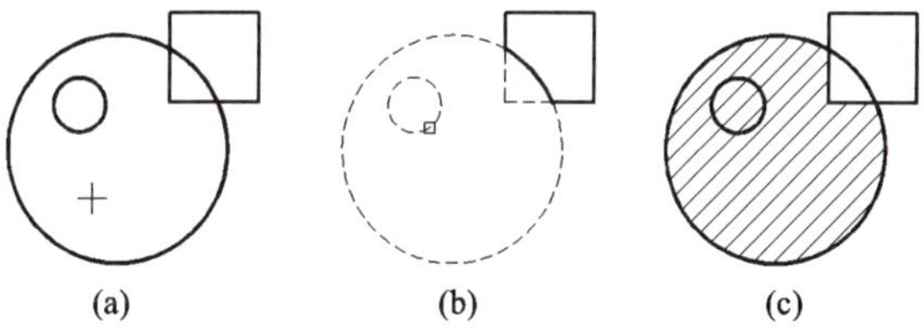

图 7-39 删除不需要的边界

2. 剖切符号的画法

剖切符号是剖视图经常要绘制的内容，可以利用多段线(Pline)命令绘制，多段线可用 Pedit 命令进行编辑或用 Explode 命令将其分解成单独的直线段和弧线段。

绘制图 7-40 所示的剖切符号的操作步骤如下：

图 7-40 剖切符号

命令：_pline

指定起点：

当前线宽为 0.0000

指定下一个点或[圆弧(A)/半宽(H)/长度(L)/放弃(U)/宽度(W)]：W ↵(要改变线宽)

指定起点宽度<0.0000>：1 ↵

指定端点宽度<1.0000>：↵

指定下一个点或[圆弧(A)/半宽(H)/长度(L)/放弃(U)/宽度(W)]:@0,5↵

指定下一点或[圆弧(A)/闭合(C)/半宽(H)/长度(L)/放弃(U)/宽度(W)]:w↵

指定起点宽度<1.0000>:0↵

指定端点宽度<0.0000>:↵

指定下一点或[圆弧(A)/闭合(C)/半宽(H)/长度(L)/放弃(U)/宽度(W)]:@5,0↵

指定下一点或[圆弧(A)/闭合(C)/半宽(H)/长度/(L)/放弃(U)/宽度(W)]:w↵

指定起点宽度<0.0000>:1↵

指定端点宽度<1.0000>:0↵

指定下一点或[圆弧(A)/闭合(C)/半宽(H)/长度(L)/放弃(U)/宽度(W)]:@4,0↵

指定下一点或[圆弧(A)/闭合(C)/半宽(H)/长度(L)/放弃(U)/宽度(W)]:↵

其他类型的剖切符号或箭头,可参考这种方法画出。

3. 波浪线的画法

在绘制局部视图和局部剖视图时,通常要绘制波浪线。波浪线可以用样条曲线(Spline)命令绘制。在绘制波浪线时,对象捕捉应设置“最近点”有效,这样可以保证波浪线的起点一定在轮廓线上,以避免在填充剖面符号时出现边界未闭合的错误。如果绘制出的波浪线的弯曲程度不满意,可以选中此线,用夹点编辑的方式移动控制点,从而达到满意的效果。

第八章　标准件和齿轮

在机器或部件的装配中，广泛使用螺纹紧固件或其他连接件进行紧固、连接。同时，在机械的传动、支承、减振等方面，也广泛使用齿轮、轴承、弹簧等机件。这些在机器中大量使用的机件，有的已经标准化，有的已将部分结构标准化、系列化。凡在结构、尺寸、画法、标记等各个方面，直到成品质量，都由国家或行业批准发布了标准，按标准由专业厂生产的机件，称为标准件。在机械设计中，由于标准件一般都是根据标记直接采购的，所以不要单独画出它们的零件图或部件图。在机器或部件中，除了标准件以外的其他零件，称为一般零件。例如，图 8-1是将各种零件分解画出的齿轮油泵（在机器中输油用）轴测图，其中的螺钉、螺栓、螺母、垫圈、键、销等属标准件；其他都是一般零件。

图 8-1　齿轮油泵中的标准件和一般零件

为了提高劳动生产率，降低成本，确保产品质量，国家有关部门批准发布了某些广泛使用的一般零件的部分结构要素的标准，从而在加工这些零件时，可以使用标准的刀具或专用机床，能在高效益的情况下获得产品；在绘图时，对这些已标准化的结构形状，如螺纹的牙型、齿轮的齿廓等标准结构不需按真实投影画出，只要根据标准规定的画法、代号或标记进行绘画和标注，它们的结构和尺寸可查阅相应的国家标准或机械零件手册得出。这些应用广泛、结构定型、某些部分的结构形状与尺寸已标准化的一般零件，如齿轮、花键等，习惯上称为常用件。由于当前本课程的学时偏少以及教材的篇幅已偏大，本书对花键就不讲述了，需用时可查阅 GB/T 4459.3《机械制图　花键表示法》和参阅书后所列的参考文献[3][5][6]。在机械设计中，使用标准件的规定标记和标准结构的规定画法，还可加快绘图速度。

本章将介绍一些在机器中最常见的标准件、常用件和标准结构的规定画法，为下一阶段绘制和阅读机械图打下基础。请读者们注意：按本课程教学基本要求的规定，一定要熟练掌握螺纹、常用螺纹紧固件及其连接的画法规定，并能按已知条件进行标注；掌握圆柱齿轮及其啮合的画法；了解平键、圆柱销、圆柱螺旋压缩弹簧的画法规定；了解滚动轴承的表示法规定。本书附录摘录了部分常用的标准件和部分常用的零件结构要素的国家标准，供读者查阅参考，这些标准中述及的有关材料性能、热处理及表面处理，尺寸公差，表面结构，极限与配合等，都将于下一章零件图中讲述。

§8-1　螺纹和螺纹紧固件

一、螺纹的形成、要素和结构

（一）螺纹的形成

螺纹是在圆柱、圆锥等回转面上沿着螺旋线所形成的、具有相同轴向断面的连续凸起和沟槽。螺纹在螺钉、螺栓、螺母和丝杠等零件上起连接或传动作用。在圆柱、圆锥等外表面上所形成的螺纹称外螺纹；在孔腔圆柱、圆锥等内表面上所形成的螺纹称内螺纹。形成螺纹的加工方法很多，图 8-2a 表示在车床上车削外螺纹的情况。内螺纹也可以在车床上车削；对于加工直径较小的螺孔，可如图 8-2b 所示，先用钻头钻出光孔，再用丝锥攻螺纹。由于钻头的钻尖顶角接近 120°，所以不穿通孔的锥顶角画成 120°。

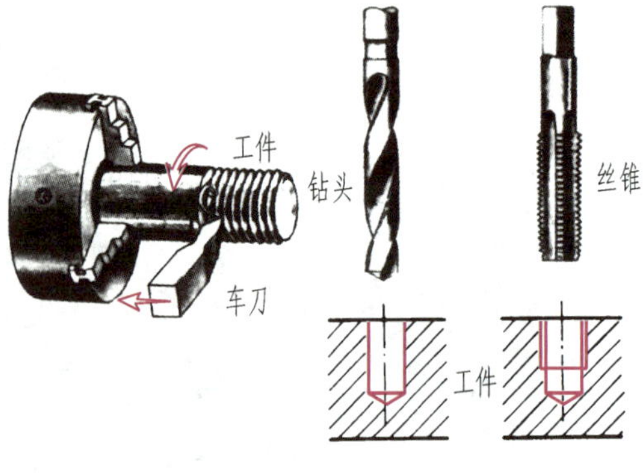

(a) 车削外螺纹　　(b) 加工内螺纹

图 8-2　螺纹加工方法示例

从图 8-2a 可以看出，在车削外螺纹时，刀具相对工件的运动轨道是圆柱螺旋线。圆柱螺旋线是一动点沿圆柱的母线方向作等速直线运动，同时，该母线绕圆柱的轴线作等角速旋转，在圆柱面上所形成的曲线。按圆柱螺旋线的形成规律，在加工螺纹时，动点的等速旋转运动是由车床的主轴带动工件的转动来实现的；而动点沿圆柱素线方向的等速直线运动，则是由刀尖的移动来实现的。螺纹的形成可看作是一个与工件轴线共面的平面图形（如三角形、梯形、锯齿形等），沿着圆柱螺旋线运动而产生的，这个平面图形就是螺纹的牙型，例如图 8-3 所示的内、外螺纹是三角形牙型的螺纹。

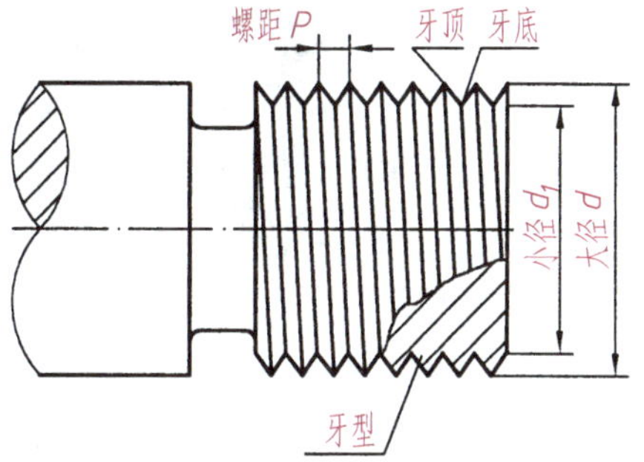

(a) 外螺纹

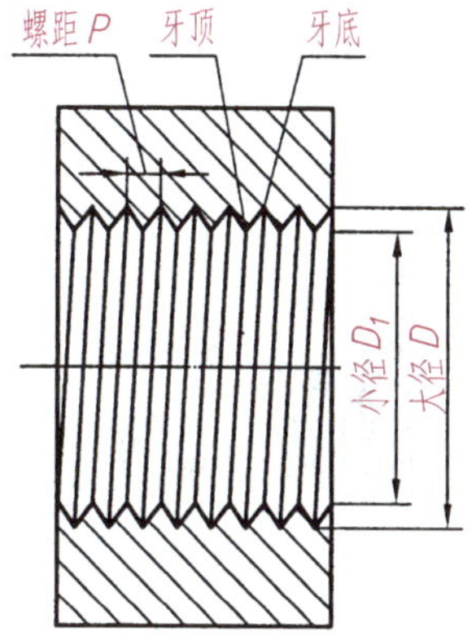

(b) 内螺纹

图 8-3　螺纹的牙型、大径、小径和螺距

（二）螺纹的要素

内、外螺纹连接时，螺纹的下列要素必须一致：

1. 牙型　在通过螺纹轴线的断面上，螺纹的轮廓形状，称为螺纹牙型。它有三角形、梯形、锯齿形等。不同的螺纹牙型，有不同的用途。

2. 公称直径　公称直径是代表螺纹尺寸的直径，指螺纹大径的基本尺寸。如图 8-3 所示，螺纹的基本大径（本书简称大径）是与外螺纹牙顶或内螺纹牙底相重合的假想圆柱面的直径，用 d（外螺纹）或 D（内螺纹）表示；与外螺纹牙底或内螺纹牙顶相重合的假想圆柱面的直径，称为螺纹的基本小径，本书简称小径，用 d_1（外螺纹）或 D_1（内螺纹）表示。

3. 线数 n　如图 8-4 所示，螺纹有单线和多线之分：沿一条螺旋线形成的螺纹为单线螺纹；沿轴向等距分布的两条或两条以上的螺旋线所形成的螺纹为多线螺纹。

4. 螺距 P 和导程 Ph　螺纹相邻两牙在中径线①上对应两点间的轴向距离，称为螺距。同一条螺旋线上的相邻两牙在中径线上对应两点间的轴向距离，称为导程。单线螺纹的导程等于螺距，即 $Ph=P$，如图 8-4a 所示；多线螺纹的导程等于线数乘螺距，即 $Ph=nP$，图 8-4b 为双线螺纹，其导程等于螺距的两倍，即 $Ph=2P$。

5. 旋向　螺纹分右旋（RH）和左旋（LH）两种。如图 8-5 所示，顺时针旋转时旋入的螺纹，称为右旋螺纹；逆时针旋转时旋入的螺纹，称为左旋螺纹。工程上常用右旋螺纹，因而右旋螺纹在标记中省略标注 RH。

改变上述五项要素中的任何一项，就会得到不同规格和不同尺寸的螺纹。为了便于设计计算和加工制造，国家标准对有些螺纹（如普通螺纹、梯形螺纹等）的牙型、公称直径和螺距，都做了规定。凡是这三项都符合标准的，称为标准螺纹。而牙型符合标准，直径或螺距不符合标准

① 牙型上沟槽和凸起宽度相等的地方的假想圆柱的直径，称为基本中径，本书简称中径，中径圆柱的母线称为中径线。

的，称为特殊螺纹。对于牙型不符合标准的，如方牙螺纹，称为非标准螺纹，见后述的图 8-11b 所示的螺纹。

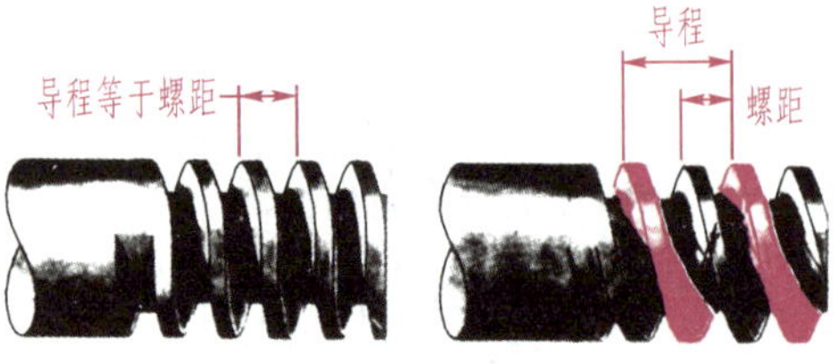

(a) 单线螺纹　　(b) 双线螺纹

图 8-4　螺纹的线数、导程与螺距

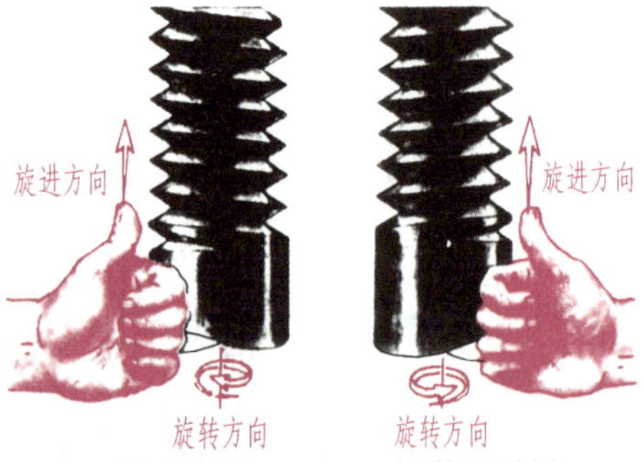

(a) 左旋螺纹　　(b) 右旋螺纹

图 8-5　螺纹的旋向

（三）螺纹的结构

图 8-6 画出了螺纹的末端、收尾和退刀槽。关于普通螺纹的倒角和退刀槽可查阅附录附表 27。

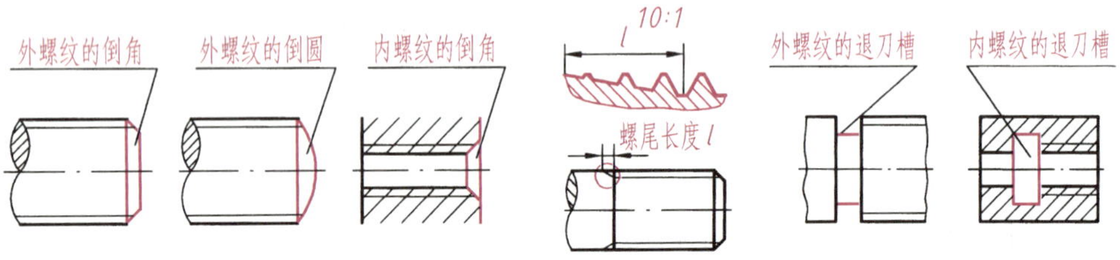

(a) 螺纹的倒角和倒圆　　(b) 螺纹收尾　　(c) 螺纹的退刀槽

图 8-6　螺纹的结构示例

1. 螺纹的末端　为了便于装配和防止螺纹起始圈损坏，常在螺纹的起始处加工成一定的形式，如倒角、倒圆等，如图 8-6a 所示。

2. 螺纹的收尾和退刀槽　车削螺纹时，刀具接近螺纹末尾处要逐渐离开工件，因此，螺纹收尾部分的牙型是不完整的，螺纹的一段牙型不完整的收尾部分称为螺尾，如图 8-6b 所示。为了避免产生螺尾，可以预先在螺纹末尾处加工出退刀槽，然后再车削螺纹，如图 8-6c 所示。

二、螺纹的规定画法

GB/T 4459.1—1995《机械制图　螺纹及螺纹紧固件表示法》规定了在机械图样中螺纹和螺纹紧固件的画法。

（一）内、外螺纹的规定画法

1. 外螺纹　螺纹牙顶所在的轮廓线（即大径），画成粗实线；螺纹牙底所在的轮廓线（即小径），画成细实线，在螺杆的倒角或倒圆部分也应画出，如图 8-6a 的左两图所示。小径通常画成大径的 0.85 倍（实际的小径数值可查阅有关标准），如图 8-7 的主视图所示。在垂直于螺纹轴线的投影面上的视图中，表示牙底的细实线圆（小径）只画约 3/4 圈，此时倒角省略不画，如图 8-7 的左视图所示。

2. 内螺纹　在剖视图中，螺纹牙顶所在的轮廓线（即小径），画成粗实线；螺纹牙底所在的轮廓线（即大径），画成细实线，如图 8-8 的主视图所示。在不可见的螺纹中，除螺孔的轴线为细点画线外，所有图线均按细虚线绘制，如图 8-9 所示。

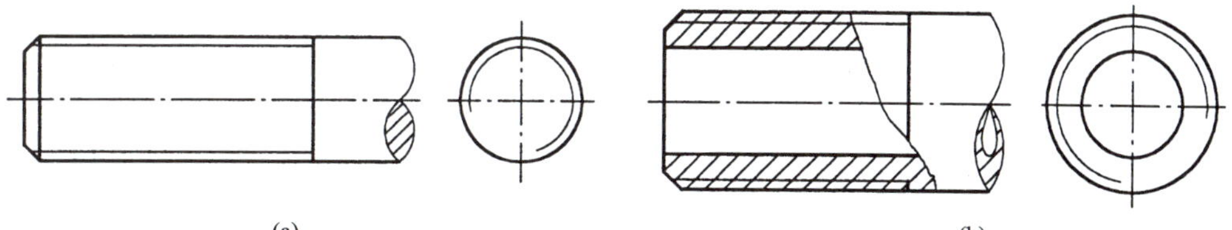

图 8-7　外螺纹的规定画法

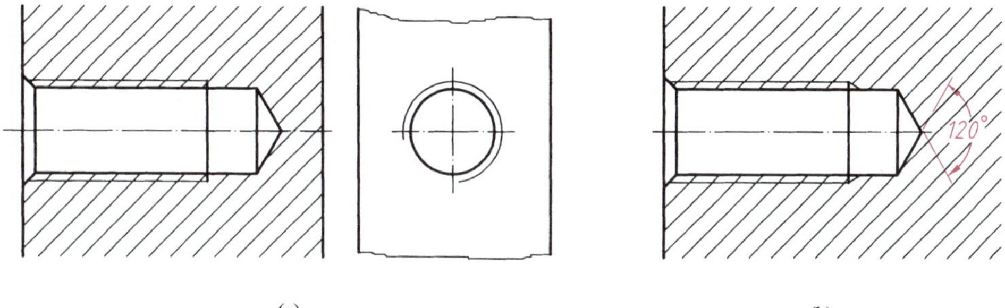

图 8-8　内螺纹的规定画法

如图 8-8a 和图 8-9 的左视图所示，在垂直于螺纹轴线的投影面上的视图中，分别表示牙底的细实线圆（大径）和细虚线圆（大径），也只画约 3/4 圈，倒角也省略不画。

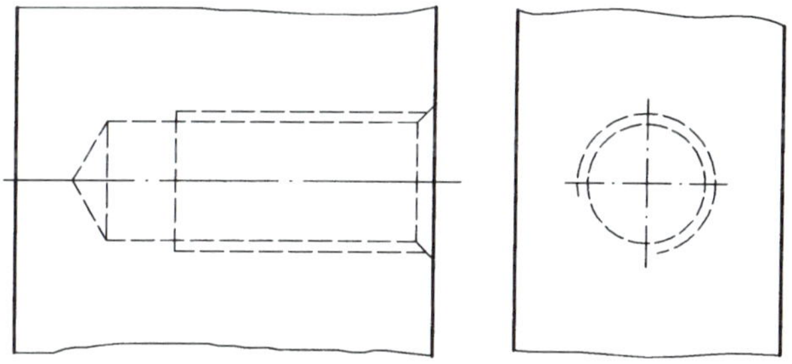

图 8-9　不可见的内螺纹画法

3. 其他的一些规定画法

完整螺纹的终止界线（简称螺纹终止线）用粗实线表示，外螺纹终止线如图 8-7 所示，内螺纹终止线如图 8-8 和图 8-9 所示。螺纹的长度是指完整螺纹的长度，也就是不包含螺尾在内的有效螺纹长度。

螺尾部分一般不必画出；当需要表示螺纹收尾时，螺尾部分的牙底用与轴线成 30°的细实线绘制，如图 8-6b 和图 8-8b 所示。

绘制不穿通的螺孔，一般应将钻孔深度和螺纹部分的深度分别画出，钻孔深度应比螺孔深度深，通常取 0.5D。由于钻头的刃锥角约等于 120°，因此，钻孔底部以下的圆锥坑的锥角应画成 120°，不要画成 90°，如图 8-8b 所示。

无论是外螺纹或内螺纹，在剖视图或断面图中的剖面线都必须画到粗实线。

（二）螺纹旋合的规定画法

如图 8-10 所示，以剖视图表示内、外螺纹旋合时，其旋合部分应按外螺纹绘制，其余部分仍按各自的画法表示。应该注意的是：表示大、小径的粗实线和细实线应分别对齐，而与倒角的大小无关。

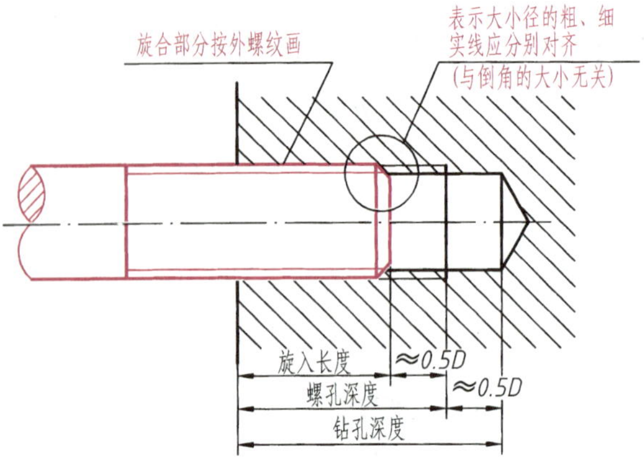

图 8-10　螺纹旋合的规定画法

（三）螺纹牙型的表示法

当需要表示螺纹牙型时，可用图8-11a所示的局部剖视图或图 8-11b 所示的局部放大图表达。

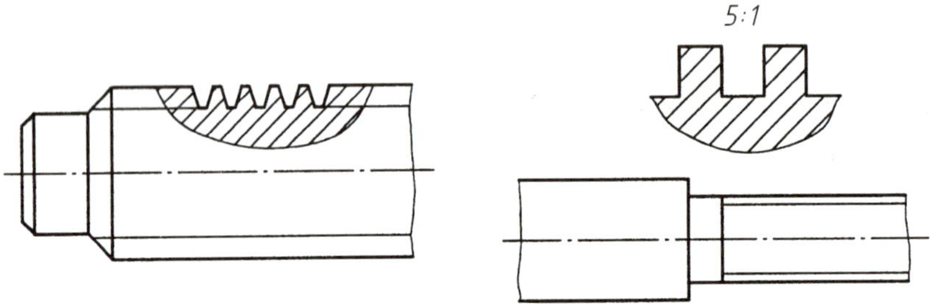

(a) 局部剖视图　　(b) 局部放大图

图 8-11　螺纹牙型的表示法

三、常用螺纹的分类和标注

螺纹按用途分为连接螺纹和传动螺纹两类，前者起连接作用，后者用于传递动力和运动。常用螺纹的分类如下：

- 螺纹
  - 连接螺纹
    - 普通螺纹
      - 粗牙普通螺纹
      - 细牙普通螺纹
    - 管螺纹
      - 非螺纹密封的管螺纹
      - 用螺纹密封的管螺纹
  - 传动螺纹
    - 梯形螺纹
    - 锯齿形螺纹

螺纹按国标的规定画法画出后，图上并未表明牙型、公称直径、螺距、线数和旋向等要素，因此，需要用标注代号或标记的方式①来说明。各种常用螺纹的分类和标记示例见表 8-1。

① 内、外螺纹旋合到一起后，称为螺纹副。表 8-1 未列出螺纹副的标记示例，如需在螺纹旋合处标注螺纹副时，也应标注在外螺纹上。普通螺纹、55°密封管螺纹、梯形螺纹的螺纹副的标记示例分别如下：M16×1.5-6H/6g、$R_c/R_2$3/4、Tr40×7-7H/7e-*L*，其中 6H/6g 的分子和分母分别是内、外螺纹公差带代号，供读者参考。

表 8-1　常用螺纹的分类和标记示例

螺纹分类		牙型放大图	特征代号	标记示例		说　明
连接螺纹	普通螺纹	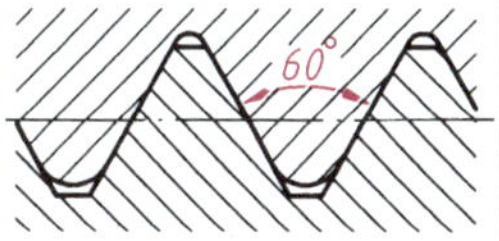	M	粗牙	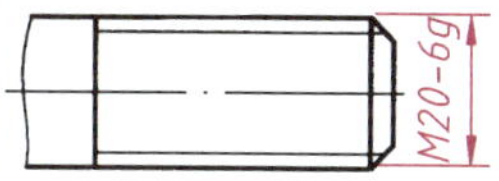	粗牙普通螺纹,公称直径 20 mm,右旋。螺纹公差带:中径、大径均为 6 g。中等旋合长度。
				细牙	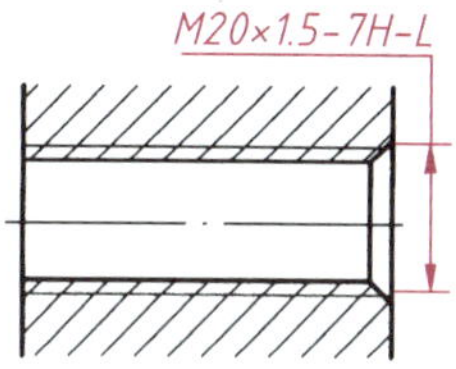	细牙普通螺纹,公称直径 20 mm,螺距为 1.5 mm,右旋。螺纹公差带:中径、小径均为 7H。长旋合长度。
	管螺纹	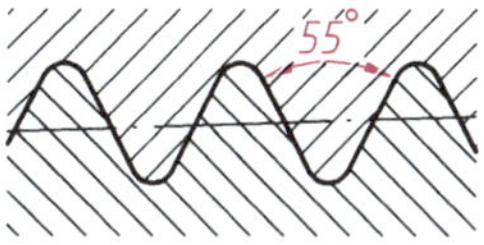	G	55°非密封管螺纹	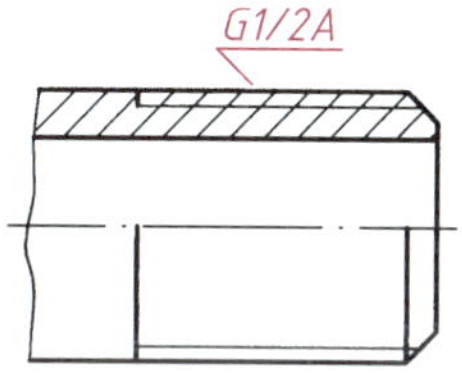	55°非密封圆柱外螺纹,尺寸代号 1/2,公差等级为 A 级,右旋。用引出标注。
		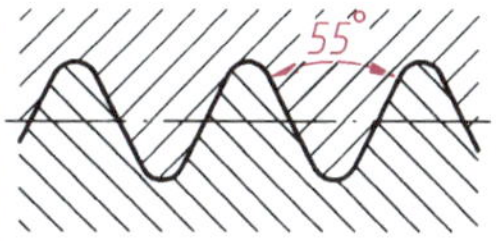	R_p R_1 R_c R_2	55°密封管螺纹	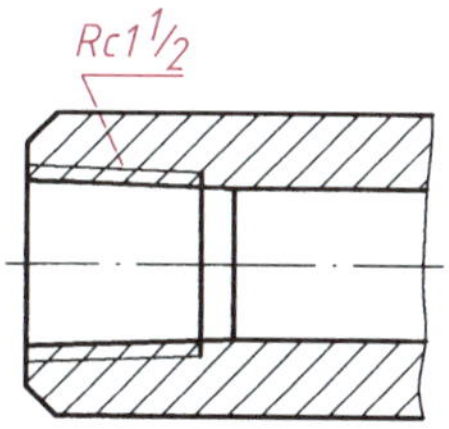	55°密封的与圆锥外螺纹旋合的圆锥内螺纹,尺寸代号 1½,右旋。用引出标注。 与圆锥内螺纹旋合的圆锥外螺纹的特征代号为 R_2。 圆柱内螺纹与圆锥外螺纹旋合时,前者和后者的特征代号分别为 R_p 和 R_1。
传动螺纹	梯形螺纹	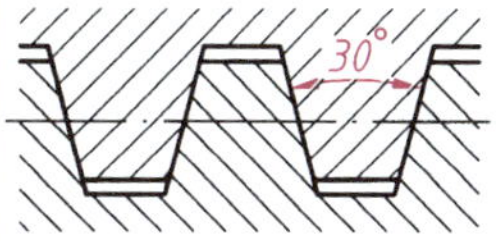	Tr		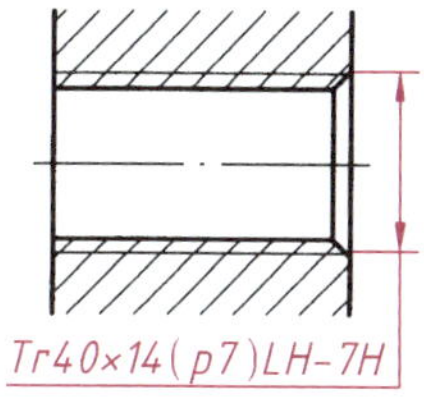	梯形螺纹,公称直径 40 mm,双线螺纹,导程 14 mm,螺距 7 mm,左旋(代号为 LH)。螺纹公差带:中径为 7H。中等旋合长度。
	锯齿形螺纹	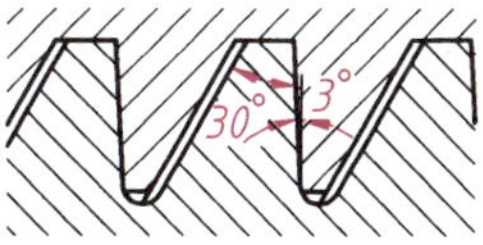	B		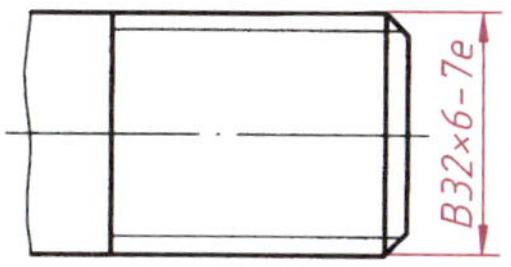	锯齿形螺纹,公称直径 32 mm,单线螺纹,螺距 6 mm,右旋。螺纹公差带:中径为 7e。中等旋合长度。

（一）普通螺纹

普通螺纹分为粗牙螺纹和细牙螺纹两种。细牙螺纹由于螺距较小，通常用在紧密零件和薄壁零件上。普通螺纹的公称直径（大径）、中径、小径直径和螺距可查附录附表 1 和附表 2。

普通螺纹标记格式：

[螺纹特征代号][尺寸代号]—[公差带代号]—[旋合长度代号]—[旋向代号]

其中：

螺纹特征代号　表示牙型，不同牙型的螺纹有不同的螺纹特征代号。普通螺纹的特征代号为“M”。

尺寸代号　表示螺纹的大小，包括公称直径、导程和螺距。单线螺纹标注为“公称直径×螺距”，多线螺纹标注为“公称直径×*Ph* 导程 *P* 螺距”，单线粗牙螺纹可省略标注螺距，只需标注为“公称直径”。

公差带代号　表示螺纹的径向尺寸公差，包括中径公差带代号和顶径[①]公差带[②]代号。公差带代号有数字和字母（内螺纹用大写字母，外螺纹用小写字母）组成，数字为精度等级代号，字母为基本偏差代号。当中径公差带代号和顶径公差带代号相同时，只需标注一个公差带代号。中等公差精度的螺纹，当公称直径≥1.4 mm 且公差带代号为 5H 和 6h，以及当公称直径≥1.6 mm 且公差带代号为 6H 和 6g 时，公差带代号不标注。

旋合长度代号　表示内、外螺纹旋合时的长度。旋合长度代号分为短旋合长度组、中等旋合长度组和长旋合长度组三种，分别用 S、N 和 L 表示，中等旋合长度组的螺纹不标注旋合长度代号 N。

旋向代号　表示螺纹的旋向。左旋标注 LH，右旋螺纹不标注旋向代号。

普通螺纹标记示例：

1. M14×*Ph*6*P*2-7H-L-LH　表示 3 线普通螺纹，公称直径为 14，导程为 6，螺距为 2，中径和顶径的公差带代号都是 7H（内螺纹），旋合长度为长，旋向为左旋。

2. M10　表示单线粗牙普通螺纹、中径公差带和顶径公差带都为 6h、6g、5H 或 6H，中等公差精度的粗牙外螺纹或内螺纹，旋合长度为中等，旋向为右旋。

3. M10×1-5g6g　表示单线细牙普通螺纹、中径公差带代号为 5g、顶径（大径）的公差带代号为 6g（外螺纹）、旋合长度为中等、旋向为右旋。

（二）管螺纹

管螺纹是位于管壁上用于管子连接的螺纹，有 55°非密封管螺纹和 55°密封管螺纹。非密封管螺纹连接由圆柱外螺纹和圆柱内螺纹旋合获得，密封管螺纹连接则由圆锥外螺纹和圆锥内螺纹或圆柱内螺纹旋合获得。圆锥螺纹设计牙型的锥度为 1∶16。管螺纹的尺寸代号与带有外螺纹的管子的孔径的英寸数相近。管螺纹的设计牙型、尺寸代号及基本尺寸（包括每 25.4 mm 内所含的牙数、螺距、牙高、大径、中径、小径等，圆锥螺纹还有基准距离和外螺纹的有效长度）、标记示例，可查阅附录附表 3。

55°非密封管螺纹的内、外螺纹的特征代号都是 G。55°密封管螺纹的特征代号分别是：与圆

---

① 顶径是与牙顶相重合的假想圆柱的直径，指外螺纹的大径和内螺纹的小径。

② 公差带的概念可查阅 § 9-5 中的极限与配合部分；普通螺纹的公差和标记的有关内容可查阅 GB/T 197—2003。

锥外螺纹旋合的圆柱内螺纹 R_p；与圆锥外螺纹旋合的圆锥内螺纹 R_c；与圆柱内螺纹旋合的圆锥外螺纹 R_1；与圆锥内螺纹旋合的圆锥外螺纹 R_2。

管螺纹的标记由特征代号、尺寸代号组成，当螺纹为左旋时，在尺寸代号后需注明代号 LH。由于 55°非密封管螺纹的外螺纹的公差等级有 A 级和 B 级，所以标记时需在尺寸代号之后或尺寸代号与左旋代号 LH 之间，加注公差等级 A 或 B。例如：尺寸代号 2、右旋、非密封的内螺纹的标记是 G2；尺寸代号 4、左旋、公差等级 B 级、非密封的外螺纹的标记是 G4B-LH；尺寸代号 3、右旋、与圆锥内螺纹旋合的密封的圆锥外螺纹的标记是 $R_2$3；尺寸代号 3/4、左旋、与圆锥外螺纹旋合的圆锥内螺纹的标记是 R_c3/4LH。

（三）梯形螺纹

梯形螺纹用来传递双向动力，如机床的丝杠。梯形螺纹的直径和螺距系列、基本尺寸，可查阅附录附表 4。

1. 螺纹标记

梯形螺纹的标记应由特征代号“Tr”和尺寸代号组成。尺寸代号包括公称直径和导程的毫米值、螺距代号“*P*”和螺距的毫米值，公称直径与导程之间用“×”号分开，螺距代号“*P*”和螺距值用圆括号括上，对单线梯形螺纹，其标记应省略括号部分。对左旋螺纹，其标记内应添加左旋代号“LH”，右旋螺纹不标注其旋向代号。

例如：“Tr40×7”表示公称直径为 40 mm，螺距为 7 mm 的右旋单线梯形螺纹；“Tr40×14（*P*7）LH”表示公称直径为 40 mm，导程为 14 mm，螺距为 7 mm 的左旋双线梯形螺纹。

2. 完整的梯形螺纹标记

完整的梯形螺纹标记应包括螺纹特征代号、尺寸代号、公差带代号和旋合长度代号。公差带代号只标注中径公差带代号。公差带代号由公差等级数字和公差带位置字母（内螺纹用大写字母，外螺纹用小写字母）组成。螺纹尺寸代号与公差带代号间用“-”号分开。旋合长度分中等旋合长度（*N*）和长旋合长度（*L*）两组。当旋合长度为 *N* 组时，不标注旋合长度代号；当旋合长度为 *L* 组时，应标注其代号 *L*，写在公差带代号的后面，并用“-”号隔开。需用梯形螺纹的公差时，可查阅 GB/T 5796.4—2005。

例如：“Tr40×7-7H”表示公称直径为 40 mm，螺距为 7 mm 的单线右旋梯形螺纹（内螺纹），中径公差带为 7H，中等旋合长度；“Tr40×14（*P*7）LH-8e-*L*”表示公称直径为 40 mm，导程为 14 mm，螺距为 7 mm 的双线左旋梯形螺纹（外螺纹），中径公差带为 8e，长旋合长度。

（四）锯齿形螺纹

锯齿形螺纹用来传递单向动力，如千斤顶中的螺杆。

锯齿形螺纹的代号和标记的标注方法，与梯形螺纹相同，只要将梯形螺纹的特征代号 Tr 改为锯齿形螺纹的特征代号 B 就可以了。

例如：“B40×10（*P*5）LH-8C”表示：锯齿形螺纹（内螺纹），公称直径为 40 mm，螺距为5 mm，导程为 10 mm，双线螺纹，左旋，中径公差带代号 8C，中等旋合长度。

有关锯齿形螺纹的各项数据，需用时可查阅 GB/T 13576.1～13576.4—2008。

四、常用的螺纹紧固件及其规定画法与标记

螺纹紧固件是运用一对内、外螺纹来连接和紧固零件的零件。常用的螺纹紧固件有螺钉、螺栓、螺柱（亦称双头螺柱）、螺母和垫圈等，示例见图 8-12，是标准件，它们的结构、尺寸都已标准

化，并由有关专业工厂大量生产。根据这些螺纹紧固件的规定标记，就能在相应的标准中，查出有关的尺寸和资料。本书在附录的附表 5 至附表 14 中，分别列出了一部分最常用的螺纹紧固件的国家标准。

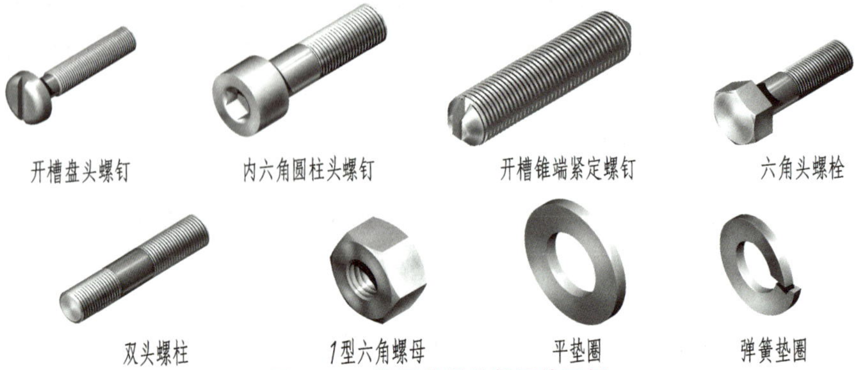

图 8-12　常用的螺纹紧固件示例

紧固件的标记方法见 GB/T 1237—2000，表 8-2 是图 8-12 所示的一些常用的螺纹紧固件的视图、主要尺寸及规定标记示例。GB/T 1237—2000《紧固件标记方法》规定紧固件有完整标记和简化标记两种标记方法，本书采用不同程度的简化标记，有关完整标记的内容和顺序，需用时

表 8-2　常用的螺纹紧固件及其标记示例

名称及视图	规定标记示例	名称及视图	规定标记示例
开槽盘头螺钉 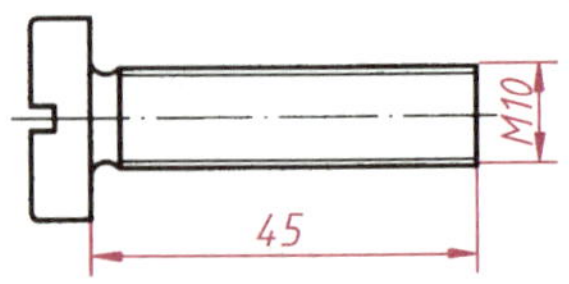	螺钉　GB/T 67—2008 M10×45	双头螺柱 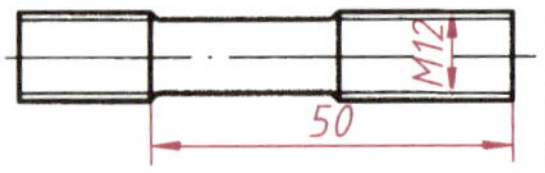	螺柱　GB/T 899 M12×50
内六角圆柱头螺钉 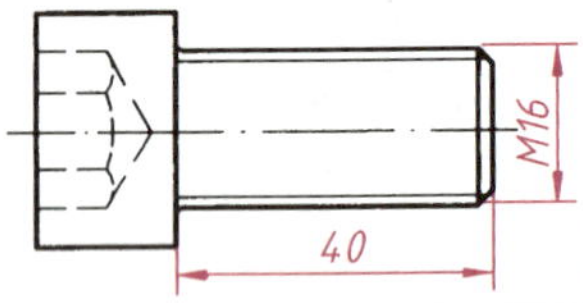	螺钉　GB/T 70. 1—2008 M16×40	1 型六角螺母 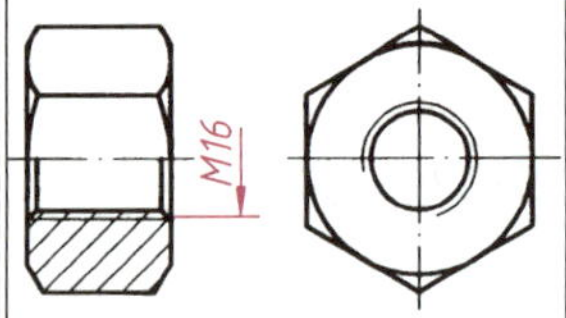	螺母　GB/T 6170—2000 M16
开槽锥端紧定螺钉 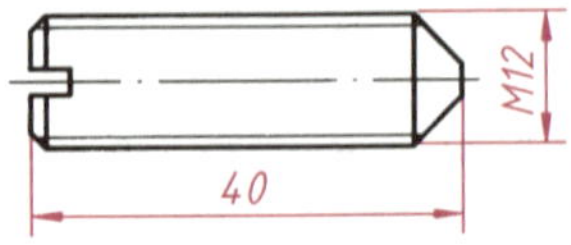	螺钉　GB/T 71　M12×40	平垫圈　A 级 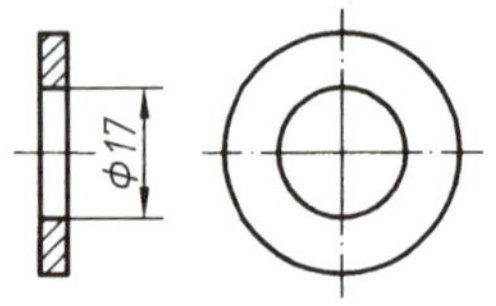	垫圈　GB/T 97. 1—2002 16—200HV
六角头螺栓 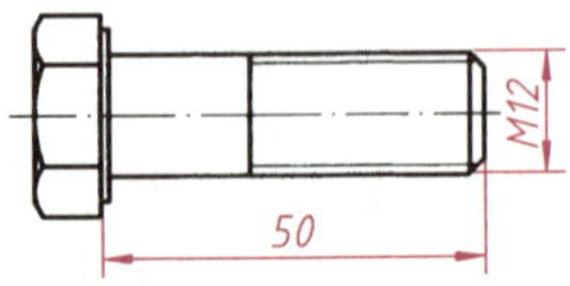	螺栓　GB/T 5782—2000 M12×50	标准型弹簧垫圈 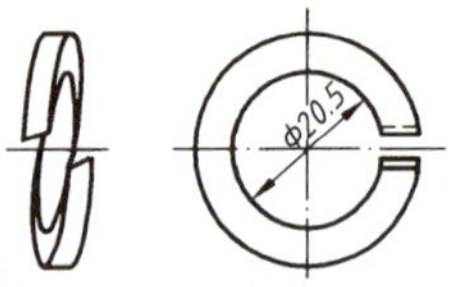	垫圈　GB/T 93—1987 20

可查阅该标准或书后所列的参考文献[3]或[5]。

从表 8-2 所示的常用螺纹紧固件标记中可以看出：

(1) 接近完整的标记应是：名称　标准编号　螺纹规格(或螺纹规格×公称长度)—性能等级或硬度。如表中的平垫圈的标记所示，标记中的 HV 表示维氏硬度，200 为硬度值。

(2) 采用现行标准规定的各螺纹紧固件时，标准编号中的年号可以省略，如表中的双头螺柱的标记。

(3) 在标准编号后，螺纹代号或公称规格前，不论是否省略年号，都要空一格。如表中的开槽锥端紧定螺钉的标记所示。表中其他的各螺纹紧固件的标记，由于都恰好在标准编号后转行，所以未能明显表示出来。

(4) 当性能等级或硬度是标准规定的常用等级时，可以省略不注明。如表中除平垫圈外的各螺纹紧固件的标记所示。实际上，表中所示的标准顺序号为 97.1 的 A 级平垫圈，标准中规定的常用等级为硬度 200 HV、300 HV，所以也可以省略不注明。

(5) 写螺纹紧固件的标准编号，不仅可以省略年号，还可省略标准编号前的螺纹紧固件名称，如表中的开槽锥端紧定螺钉的标记所示。

五、螺纹紧固件的连接画法

(一) 螺钉连接

螺钉按用途分为连接螺钉和紧定螺钉两类。前者用来连接零件；后者主要是用来固定零件。

1. 连接螺钉

连接螺钉用于连接不经常拆卸，并且受力不大的零件。在图 8-1 所示的齿轮油泵中的左、右端盖和泵体，就是分别用 6 个内六角圆柱头螺钉连接的。图 8-13 所示的左端盖、垫片和泵体，都画成局部的形状。图 8-13a 表示连接前的情况，左端盖的通孔带有圆柱形沉孔，以便螺钉的头部放入。通孔的直径应比螺钉的大径 d 稍大(孔径 $\approx 1.1d$)，以便装配。设计时，沉孔和通孔的尺寸可按附录中附表 28 选用。泵体上有螺孔，以便与螺钉连接。图 8-13b 表示连接后的装配画法，按装配画法的规定，当螺钉通过其轴线剖切时，作为不剖画出。对于垫片这样的零件，在图中绘制宽度≤2 mm的断面时，可用涂黑的方式代替剖面符号。从图 8-13b 中还可以看出，同一零件断面上的剖面线应方向相同、间距相等；相邻零件的剖面线方向应相反或方向相同、间距不等。两零件的接触表面画一条线；不接触表面，如螺钉头与沉孔之间、螺钉大径与通孔之间，都画成两条线。

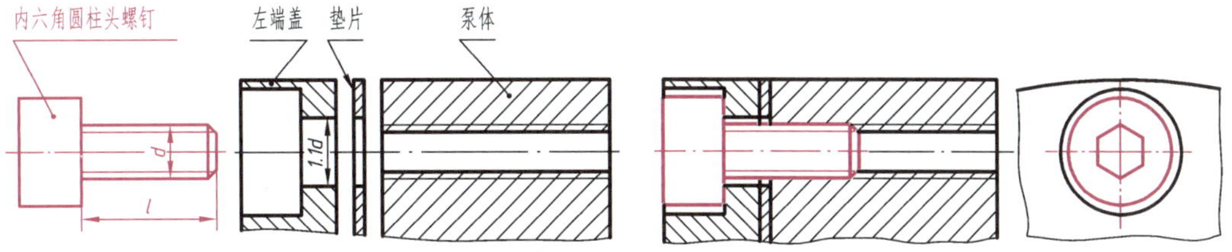

(a) 连接前　　(b) 连接后

图 8-13　螺钉连接的画法

2. 紧定螺钉

紧定螺钉用来固定两个零件的相对位置,使它们不产生相对运动。例如图 8-14 中的轴和齿轮(图中齿轮只画出轮毂部分),用一个开槽锥端紧定螺钉旋入轮毂的螺孔,使螺钉端部的 90°锥顶角与轴上的 90°锥坑压紧,从而固定了轴和齿轮的相对位置。

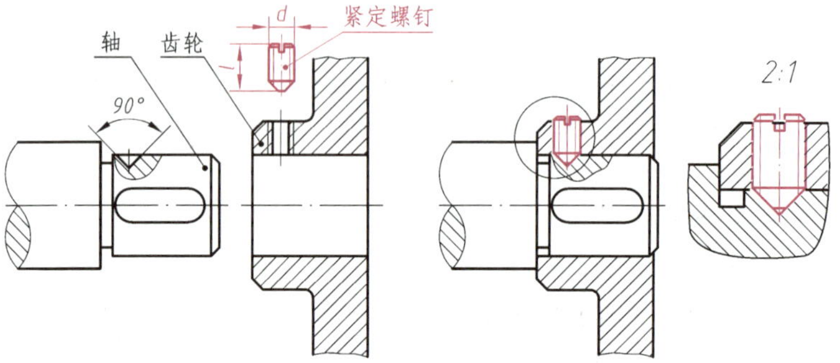

(a) 连接前　　(b) 连接后

图 8-14　紧定螺钉连接的画法

3. 螺钉连接在装配图中常用的简化画法和比例画法

在螺钉连接的装配图中,螺钉头部的一字槽,可按图 8-15 中所示的方法用加粗的粗实线绘制,并在俯视图中画成与水平线成 45°角。

结合图 8-15 再补充说明:在装配图中,螺孔有的是通孔,如图 8-15a 所示;有的是盲孔,如图 8-15b 所示。后者要注意底部有 120°的锥角,应尽可能画成图 8-10 所示的形式,但按惯例也可简化画成图 8-15b 的形式(省略不画钻孔深度大于螺孔深度的一段)。

具体作图时,螺钉头部可按公称直径 d 用比例画法画出。例如图 8-16a 和 b 中,都表示了开光孔的被连接零件上的通孔的孔径为 1.1d;图 8-16a详细表示了开槽圆柱头螺钉和开槽盘头螺钉头部的比例画法,并将螺钉头部都简化画成没有圆角的直圆柱;图 8-16b 详细表示了开槽沉头螺钉头部的比例画法。

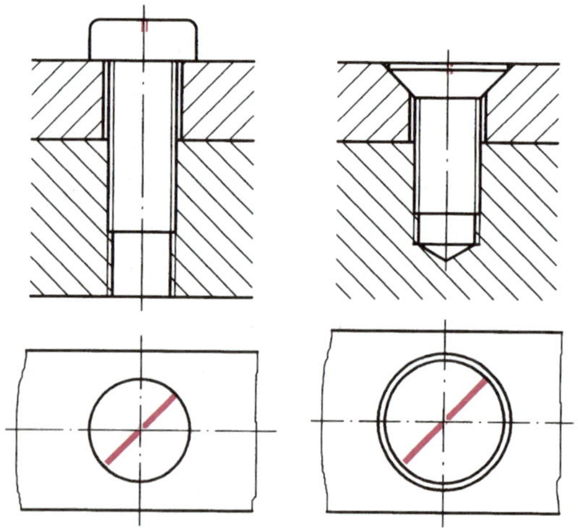

(a) 开槽盘头螺钉　　(b) 开槽沉头螺钉

图 8-15　螺钉头部一字槽的简化画法以及不穿通的螺孔可省略不画大于螺孔深度的一段光孔深度

4. 螺钉的规定标记和查表

螺钉的种类很多,各种螺钉的形式、尺寸及其标记,可查阅附录附表 5 至附表 9 或有关标准。

螺钉的规定标记类似于螺纹,例如图 8-13 所示的螺钉,其规定标记是:

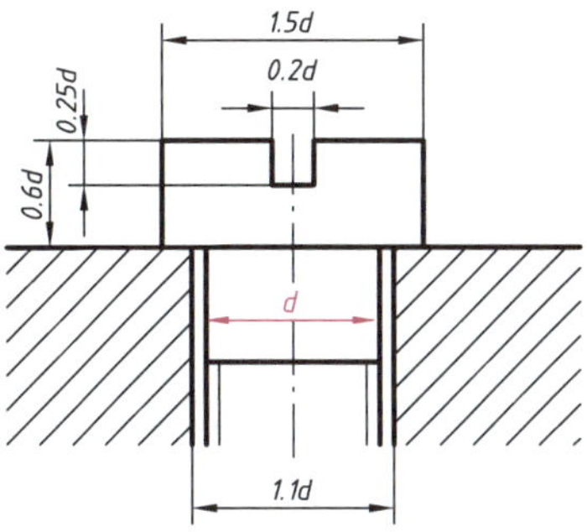

(a) 开槽圆柱头螺钉和开槽盘头螺钉

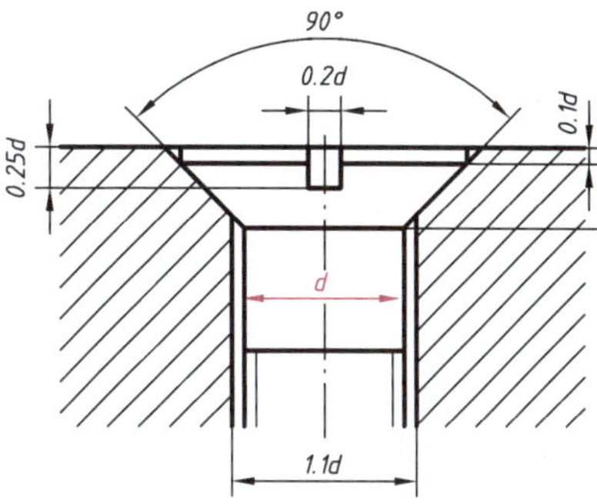

(b) 开槽沉头螺钉

图 8-16　螺钉头部的比例画法

螺钉　GB/T 70.1—2008　M*d*×*l*

它表示公称直径为 *d* mm、长度为 *l* mm 的内六角圆柱头螺钉。GB/T 70.1—2008 是内六角圆柱头螺钉的标准编号。

又如图 8-14 所示的螺钉，其规定标记是：

螺钉　GB/T 71—1985　M*d*×*l*

它表示公称直径为 *d* mm、长度为 *l* mm 的开槽锥端紧定螺钉。GB/T 71—1985 是开槽锥端紧定螺钉的标准编号。

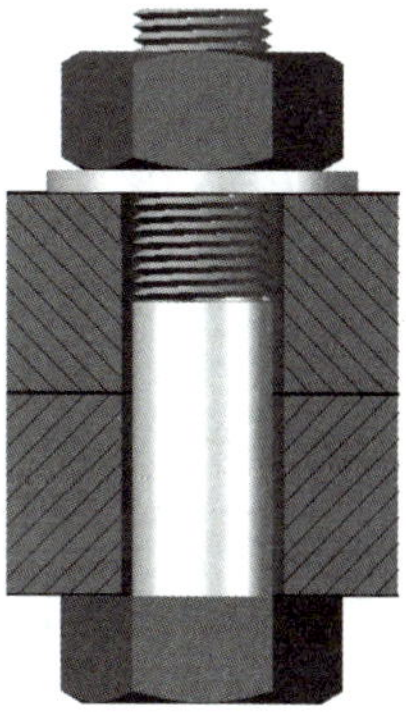

图 8-17　螺栓连接的示意图

（二）螺栓连接

1. 螺栓连接的装配图及其画法

螺栓用来连接不太厚的、并能钻成通孔的零件。图 8-1 所示的齿轮油泵，就是利用两个螺栓安装在机器上的。图 8-17 为螺栓连接的示意图。图 8-18 表示用螺栓连接两块板的画法。图8-18a画出了连接前的情况，被连接的两块板上钻有直径比螺栓大径略大的孔（孔径≈1.1*d*，设计时可按附录附表 28 选用），连接时，先将螺栓伸进这两个孔中，一般以螺栓的头部抵住被连接板的下端面，然后，在螺栓上部套上垫圈，以增加支承面积和防止损伤零件的表面，最后，用螺母拧紧。图 8-18b 表示用螺栓连接两块板的装配画法；也可以采用图 8-18c 所示的简化画法，螺栓末端、螺栓头部和螺母的倒角都省略不画，若采用有倒角的垫圈，垫圈的倒角也省略不画，在装配图中常用这种画法。

2. 螺栓、螺母和垫圈的比例画法

单个螺纹紧固件的画法，可根据公称直径查附录附表 5 至附表 14 或有关标准，得出各部分的尺寸。但在绘制螺栓、螺母和垫圈时，通常按螺栓的螺纹规格 *d*、螺母的螺纹规格 *D*、垫圈的公称尺寸 *d* 进行比例折算，得出各部分尺寸后按比例画法画出，如图 8-19 所示。

3. 选定所用的螺纹紧固件，写出标记

图 8-18 中的螺纹紧固件，今选用 GB/T 5780、GB/T 6170、GB/T97.1 所列的螺栓、螺母、垫圈，需按螺纹规格或公称规格查阅有关标准，计算和选定螺栓的公称长度 *l*。

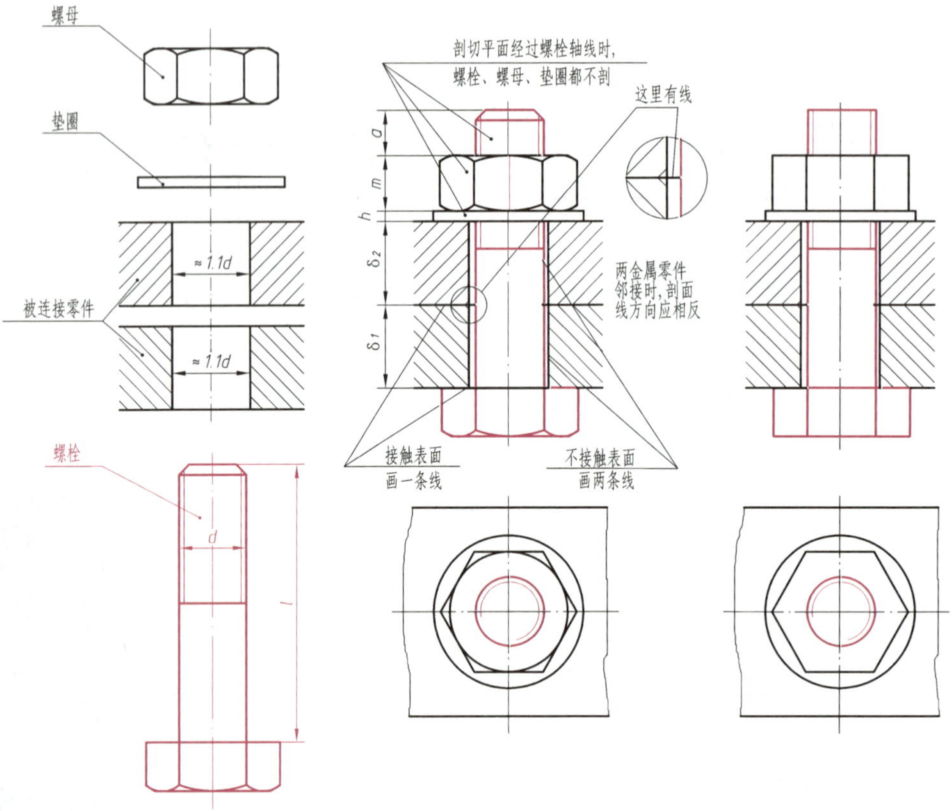

(a) 连接前　　(b) 连接后　　(c) 简化画法

图 8-18　螺栓连接的画法

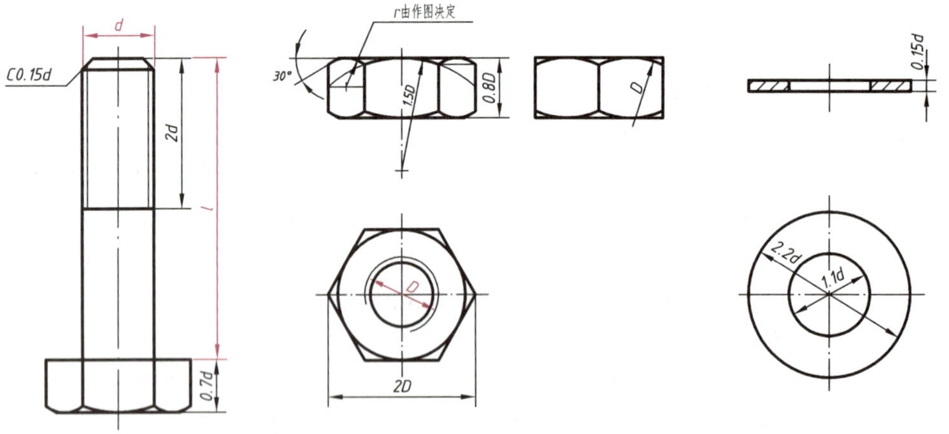

(a) 螺栓　　(b) 螺母　　(c) 垫圈

图 8-19　单个紧固件的比例画法

螺栓的公称长度 l，应分别查阅所选用的垫圈、螺母的标准（附录附表 13、12），得出它们的厚度 h、m，再加上被连接零件的厚度 δ_1、δ_2 等，经计算后选定。从图 8-18b 可知：

$$螺栓的估计公称长度\ l=\delta_1+\delta_2+h+m+a$$

其中 a 是螺栓伸出螺母的估计长度，一般可取 $0.3d$ 左右（d 是螺栓的螺纹规格，即公称直径）。

由上式计算得出数值后，再从相应的螺栓标准所规定的长度系列中，选取与它较接近的合适的 l 值。

图 8-19 中螺栓、螺母和垫圈的规定标记是：

螺栓　GB/T 5780—2000　M$d\times l$

表示螺纹规格为 d mm，公称长度 l mm，GB/T 5780—2000 是六角头螺栓—C 级的标准编号。

螺母　GB/T 6170—2000　MD

表示螺纹规格为 D mm，GB/T 6170—2000 是 1 型六角螺母的标准编号。

垫圈　GB/T 97.1—2002　d

表示公称规格为 d mm（即与螺纹规格为 d 的螺栓配用）的平垫圈，GB/T 97.1—2002 是平垫圈（A 级）的标准编号。

（三）双头螺柱连接

当两个被连接的零件中，有一个较厚或不适宜用螺栓连接时，常采用双头螺柱连接。双头螺柱、双头螺柱连接简称螺柱、螺柱连接。图 8-20 是双头螺柱连接的示意图。先在较薄的零件上钻孔（孔径≈1.1d），并在较厚的零件上制出螺孔。双头螺柱的两端都制有螺纹，一端旋入较厚零件的螺孔中，称为**旋入端**；另一端穿过较薄的零件上的通孔，套上垫圈，再用螺母拧紧，称为**紧固端**。从图 8-20 可以看出：双头螺柱连接的上半部与螺栓连接相似，而下半部则与螺钉连接相似。

若双头螺柱紧固端套上的垫圈选用图 8-20 中所示的标准型弹簧垫圈，图 8-21 指出了其中的被连接零件上的螺孔与通孔、弹簧垫圈的比例画法，按双头螺柱的螺纹规格 d 进行比例折算。双头螺柱紧固端的螺纹长度为 2d，倒角为 0.15$d\times45°$，旋入端的螺纹长度为 b_m。b_m 根据国标规定，有四种长度：

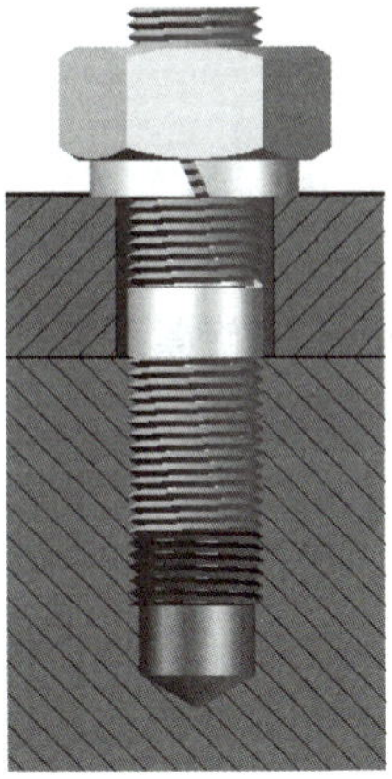

图 8-20　双头螺柱连接的示意图

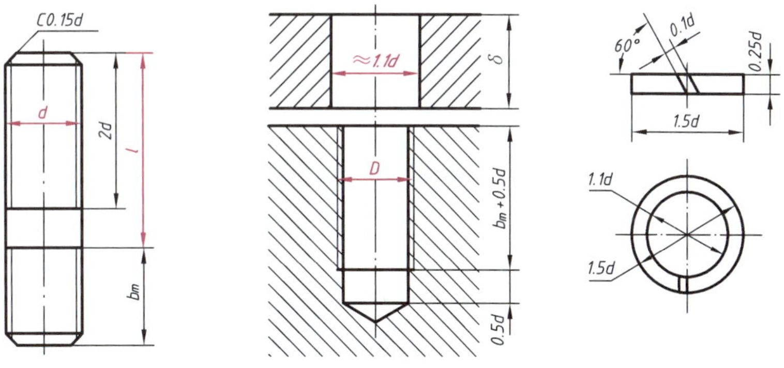

(a) 双头螺柱　(b) 被连接零件上的螺孔与通孔　(c) 弹簧垫圈套进紧固端被旋紧的螺母压平后

图 8-21　双头螺柱、被连接零件上的螺孔与通孔、弹簧垫圈被旋紧的螺母压平后的比例画法

$b_m=d$（GB/T 897—1988）　$b_m=1.25d$（GB/T 898—1988）

$b_m=1.5d$（GB/T 899—1988）　$b_m=2d$（GB/T 900—1988）

可根据螺孔的材料选用。通常当被旋入零件的材料为钢和青铜时，取 $b_m=d$，为铸铁时，取 $b_m=1.25d$ 或 $1.5d$；为铝时，取 $b_m=2d$。螺孔的长度为 $b_m+0.5d$，光孔长度为 0.5d。上述情况见

图 8-21a 和 b。标准型弹簧垫圈在套进双头螺柱的紧固端被旋紧的螺母压平后的情况见图 8-21c。

双头螺柱、标准型弹簧垫圈的尺寸和规定标记等资料，可查阅附录附表 11、附表 14。

关于双头螺柱的公称长度 l 的确定，与用螺栓连接时确定螺栓的公称尺寸相类似，读者可参照图 8-18b，阅读图 8-20、图 8-21 和后述的图 8-22a，就能想出应先按被连接的较薄的开通孔的零件的厚度 δ、选用的垫圈厚度 h、选用的螺母厚度 m 和紧固后双头螺柱紧固端伸出螺母的估计长度 a（计算时取 $0.3d$，d 为该双头螺柱的螺纹规格，即公称直径）用下式

$$螺柱的估计公称长度\ l=\delta+h+m+a$$

计算得出其值后，仍应从双头螺柱标准中所规定的长度系列里，选取与它较接近的合适的 l 值。

还应向读者说明的是：在机械设计中可供选用的螺纹紧固件的标准件很多，本书的附录中只是列出了一些最常用的。在螺栓连接和螺柱连接中，可按需选用各种垫圈、螺母配套使用，不受书中所举的例图限制。弹簧垫圈是一种开有斜口、形状扭曲、具有弹性的一种垫圈，当螺母拧紧后，垫圈被压平，产生弹力，作用在螺母和机件上，使摩擦力增大，可防止螺母自动松脱。在画图时要注意斜口的方向应与螺栓或螺柱的螺纹旋向相反（一般螺栓或螺柱上的螺纹为右旋，斜口的方向相当于左旋）。当螺栓连接和螺柱连接中使用弹簧垫圈时，上述初步计算螺栓和螺柱的估计公称长度 l 的式子中的垫圈的厚度 h，应是弹簧垫圈被旋紧压平后的厚度尺寸 s，亦即式中的 h 用附录附表 14 的尺寸 s 代替。

【例 8-1】 用粗牙普通螺纹、公称直径 $d=10$ mm、末端为倒角端、与中间无螺纹的光杆相接处分别有螺纹退刀槽的双头螺柱连接两个零件。较厚的一个零件（基座）的材料是铸铁，选用 $b_m=1.25d$，另一个较薄的开光孔的零件的厚度 $\delta=10$ mm，按 GB/T 93—1987 选用标准型弹簧垫圈、GB/T 6170—2000 选用 1 型六角螺母紧固。请查阅附录中的有关附表计算双头螺柱的估计公称长度，选定其公称长度，写出所选用的螺柱、垫圈、螺母的规定标记，并用比例画法画出它们连接后的局部装配图。

【解】 按题目所给的螺柱的已知条件，查对附录附表 11 可知，该螺柱是国标号为 GB/T 898—1988 中的 A 型双头螺柱，它的估计公称长度 l = 另一个较薄零件的厚度 δ + 垫圈的厚度 h（因为这里选用的是标准型弹簧垫圈，应该按附录附表 14 中的弹簧垫圈在紧固后被旋紧的螺母压平的厚度，对照附表 14 的图例，由公称规格，即螺柱螺纹的大径，也就是螺柱螺纹的公称直径 10 mm，在附表中查得压平后的厚度为 $s=2.6$ mm）+ 螺母的厚度 m（因为双头螺柱紧固端的螺纹的公称直径为 10 mm，已选用 GB/T 6170—2000 规定的螺母，对照附表 12，与该双头螺柱配套的螺母的螺纹规格为 M10，在附表 12 中，就可由 M10 查得它的厚度 $m=8.4$ mm）+ a（螺柱的紧固端伸出螺母的长度，取 0.3×螺柱紧固端螺纹的公称直径，现为 0.3×10 mm = 3 mm），于是它的估计公称长度 $l=10+2.6+8.4+3=24$ mm，在附录附表 11 的公称长度系列中取与它较接近的合适的 l 值为25 mm。从而对照附录附表 11、14、12 写出所选用的螺柱、垫圈、螺母的规定标记是：

螺柱　GB/T 898　AM10×25

垫圈　GB/T 93　10

螺母　GB/T 6170 M10

最后，参照前述的图 8-21、图 8-19b 的主视图以及螺纹的规定画法、用比例画法画出它们连接后的局部装配图，如下面的例 8-2 中的图 8-22a 所示。请读者注意的是：在俯视图中，弹簧垫

圈因被螺母全部遮掉了，所以不应画出；螺柱紧固端伸出螺母的部分，按螺纹的规定画法，在主视图中按外螺纹画，应画出倒角；在俯视图中，则应按外螺纹在垂直于螺纹轴线的投影面上的视图中的规定画法画，并应省略不画倒角。

【例 8-2】 对比图 8-22a 和 b，试说明图 8-22b圈出处的错误画法。

【解】 经过对比可知，图 8-22b 中圈出处的错误画法是：

（1）双头螺柱伸出螺母处，漏画表示螺纹小径的细实线。

（2）上部被连接零件的孔径，应比双头螺柱的大径稍大（孔径≈1.1d），此处不是接触面，应画两条线。同时，剖面线应画到表示孔壁的粗实线为止。

（3）两相邻零件的剖面线方向，没有画成相反或错开。

（4）基座螺孔中表示螺纹小径的粗实线和表示钻孔的粗实线，未与双头螺柱表示小径的细实线对齐。

（5）钻孔底部的锥角，未画成 120°。

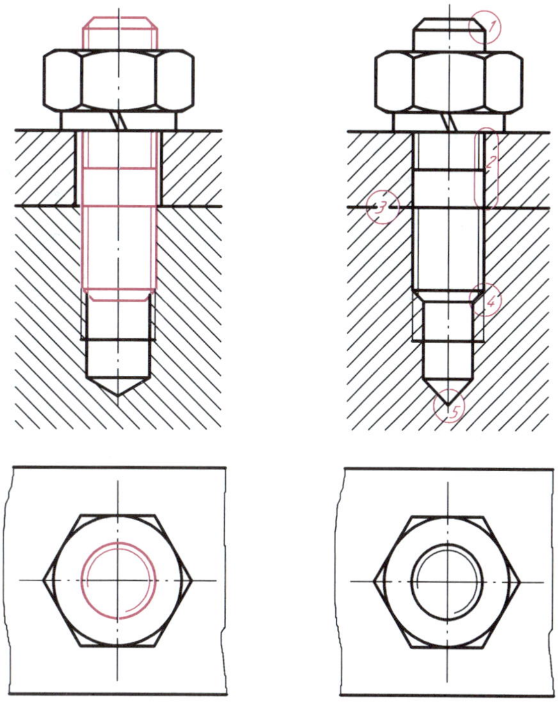

(a) 正确　　(b) 错误

图 8-22　双头螺柱连接的画法

从上述螺纹紧固件的连接画法所绘制的局部装配图中可以看出，画装配图应遵守下述基本规定：

（1）两零件接触表面画一条线，不接触表面画两条线。

（2）两零件邻接时，不同零件的剖面线方向应相反，或者方向一致、间隔不等。

（3）对于紧固件和实心零件（如螺钉、螺栓、螺母、垫圈、键、销、球及轴等），若剖切平面通过它们的基本轴线时，则这些零件都按不剖绘制，仍画外形；需要时，可采用局部剖视。

这三条基本规定也就是在机械制图中绘制部件装配图和总装配图（见本书第十章）的基本规定。

§8-2　齿轮

一、齿轮

齿轮是广泛用于机器或部件中的传动零件。齿轮的参数中只有模数、齿形角已经标准化。因此，它属于一般零件。齿轮不仅可以用来传递动力，并且还能改变转速和回转方向。例如在图 8-1所示的齿轮油泵中，就是依靠一对齿轮的啮合传动来加压输油的。

图 8-23 表示三种常见的齿轮传动形式。圆柱齿轮通常用于平行两轴之间的传动；锥齿轮用于相交两轴之间的传动；蜗杆与蜗轮则用于交错两轴之间的传动。

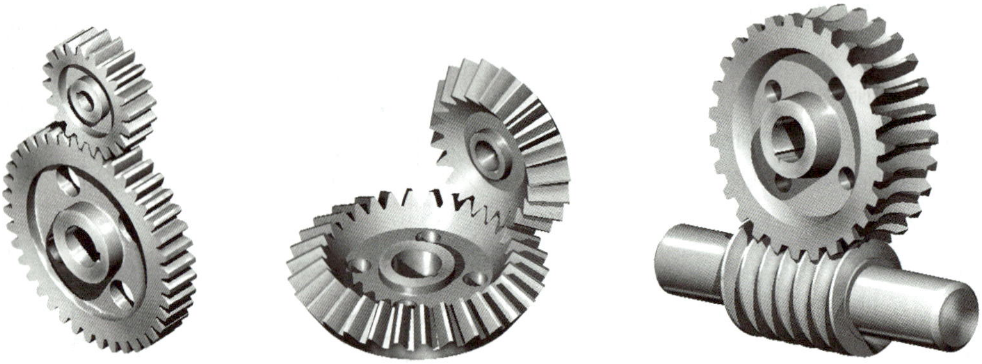

(a) 圆柱齿轮　　(b) 锥齿轮　　(c) 蜗杆与蜗轮

图 8-23　常见的齿轮传动

本书仅介绍直齿圆柱齿轮的画法；锥齿轮、蜗杆与蜗轮的画法，需用时可参阅书后所列的参考文献［3］、［5］、［6］中的任一册，也可查阅 GB/T 4459.2—2003《机械制图　齿轮表示法》。

圆柱齿轮的轮齿有直齿、斜齿和人字齿等，下面主要介绍直齿圆柱齿轮的几何要素和规定画法。

二、直齿圆柱齿轮各几何要素的名称、代号和尺寸计算

（一）名称和代号

图 8-24 是两个啮合的圆柱齿轮示意图，从图中可以看出圆柱齿轮各部分的几何要素。

1. 节圆直径 d' 和分度圆直径 d　O_1、O_2 分别为两啮合齿轮的中心，两齿轮的一对齿廓的啮合接触点是在连心线 O_1O_2 上的点 P（称节点）。分别以 O_1、O_2 为圆心，O_1P、O_2P 为半径作圆，齿轮的传动可假想为这两个圆作无滑动的纯滚动。这两个圆称为齿轮的节圆，其直径以 d' 表示。对于标准齿轮来说，节圆和分度圆是一致的。对单个齿轮而言，分度圆是设计、制造齿轮时进行各部分尺寸计算的基准圆，也是分齿的圆，所以称为分度圆，其直径以 d 表示。

2. 分度圆齿距 p 和分度圆齿厚 s　分度圆上相邻两齿廓对应点之间的弧长，称为分度圆齿距 p。两啮合齿轮的齿距应相等。每个齿廓在分度圆上的弧长，称为分度圆齿厚 s。对于标准齿轮来说，齿厚为齿距的一半，即 $s=\dfrac{p}{2}$。

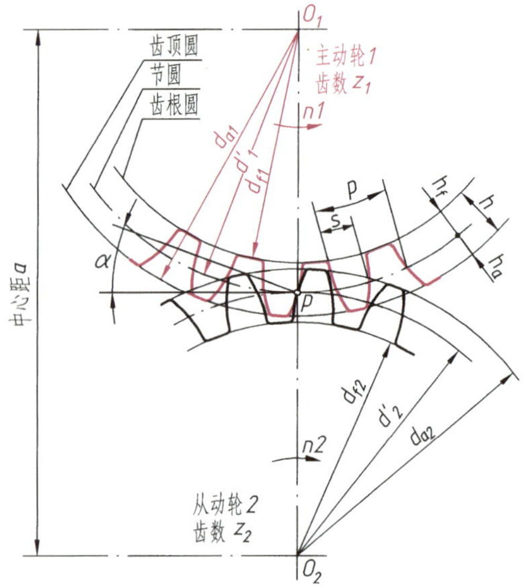

图 8-24　啮合的圆柱齿轮示意图

3. 模数 m　以 z 表示齿轮的齿数，那么，分度圆周长 $=\pi d=zp$，也就是 $d=\dfrac{p}{\pi}z$。令 $\dfrac{p}{\pi}=m$，则 $d=mz$。这里，m 就是齿轮的模数，它等于齿距 p 与

π 的比值。因为两啮合齿轮的齿距 p 必须相等，所以它们的模数也必须相等。

模数 m 是设计、制造齿轮的重要参数。模数大，则齿距 p 也增大，随之齿厚 s 也增大。因而齿轮的承载能力大。不同模数的齿轮，要用不同模数的刀具来加工制造。为了便于设计和加工，模数的数值已系列化，其数值如表 8-3 所示。

表 8-3　齿轮模数系列（GB/T 1357—2008）

第一系列	1	1.25	1.5	2	2.5	3	4	5	6	8	10	12
	16	20	25	32	40	50						
第二系列	1.125	1.375	1.75	2.25	2.75	3.5	4.5	5.5	(6.5)			
	7	9	11	14	18	22	28	36	45			

注：选用模数时，应优先选用第一系列；其次选用第二系列；括号内的模数尽可能不用。

4. 齿形角 α　在节点 P 处，两齿廓曲线的公法线（即齿廓的受力方向）与两节圆的公切线（即节点 P 处的瞬时运动方向）所夹的锐角，称为齿形角。我国采用的齿形角 $\alpha=20°$，已标准化。只有模数和齿形角都相等的齿轮才能相互啮合。

5. 传动比 i　传动比 i 为主动齿轮的转速 n_1（r/min）与从动齿轮的转速 n_2（r/min）之比，即 $\frac{n_1}{n_2}$。用于减速的一对啮合齿轮，其传动比>1。由 $n_1z_1=n_2z_2$ 可得：

$$i=\frac{n_1}{n_2}=\frac{z_2}{z_1}。$$

6. 中心距 a　两圆柱齿轮轴线之间的最短距离，称为中心距，即

$$a=\frac{d'_1+d'_2}{2}=\frac{m(z_1+z_2)}{2}。$$

（二）几何要素的尺寸计算

如图 8-24 所示，通过圆柱齿轮齿顶的曲面为齿顶圆柱面，通过圆柱齿轮齿根的曲面为齿根圆柱面。而齿顶圆柱面与端平面的交线，称为齿顶圆；齿根圆柱面与端平面的交线，称为齿根圆。它们的直径分别称为齿顶圆直径和齿根圆直径，以 d_a 和 d_f 表示。齿顶圆与分度圆之间的、齿根圆与分度圆之间的、齿顶圆与齿根圆之间的径向距离，分别称为齿顶高 h_a、齿根高 h_f 和齿高 h。以上这些几何要素，都与模数 m 有关，其计算公式见表 8-4。

表 8-4　直齿圆柱齿轮各几何要素的尺寸计算

基本几何要素：模数 m；齿数 z		
名　称	代　号	计算公式
齿顶高	h_a	$h_a=m$
齿根高	h_f	$h_f=1.25m$
齿高	h	$h=2.25m$
分度圆直径	d	$d=mz$
齿顶圆直径	d_a	$d_a=m(z+2)$
齿根圆直径	d_f	$d_f=m(z-2.5)$

只要已知齿轮的模数 m、齿数 z，就能按上表计算出各几何要素的尺寸。

三、圆柱齿轮的规定画法

（一）单个圆柱齿轮

根据 GB/T 4459.2—2003 规定的齿轮画法，齿顶圆和齿顶线用粗实线绘制，分度圆和分度线用细点画线绘制，在视图中齿根圆和齿根线用细实线绘制（也可省略不画），如图 8-25a 所示；在剖视图中，当剖切平面通过齿轮的轴线时，轮齿一律按不剖处理，齿根线用粗实线绘制，如图 8-25b 所示。当需要表示斜齿与人字齿的齿线的形状时，可用三条与齿线方向一致的细实线表示，如图8-25c、d所示。

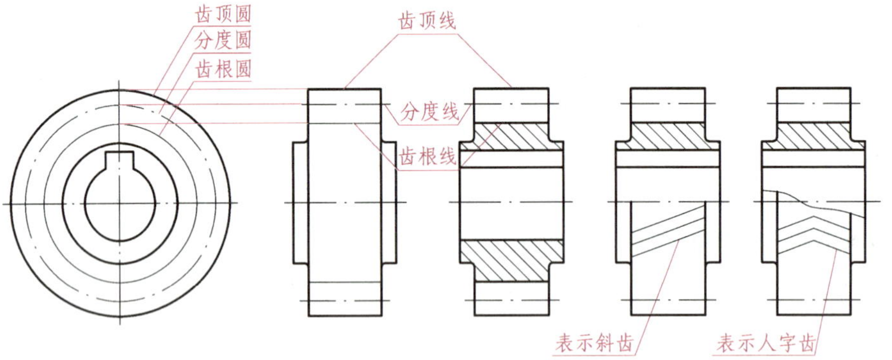

(a) 直齿(外形视图)　(b) 直齿(全剖视图)　(c) 斜齿(半剖视图)　(d) 人字齿(局部剖视图)

图 8-25　圆柱齿轮的规定画法

（二）啮合的圆柱齿轮

在垂直于圆柱齿轮轴线的投影面上的视图中，啮合区内齿顶圆均用粗实线绘制，如图 8-26a 所示的左视图；或按省略画法不画，如图 8-26b 所示。在剖视图中，当剖切平面通过两啮合齿轮轴线时，在啮合区内，将一个齿轮的轮齿用粗线绘制；另一个齿轮的轮齿被遮挡的部分用细虚线绘制，如图 8-26a 的主视图所示，但被遮挡的部分也可省略不画。在平行于圆柱齿轮轴线的投影面的外形视图中，啮合区的齿顶线不需画出，节线用粗实线绘制，但是分度线仍用细点画线绘制，如图 8-26c、d 所示。

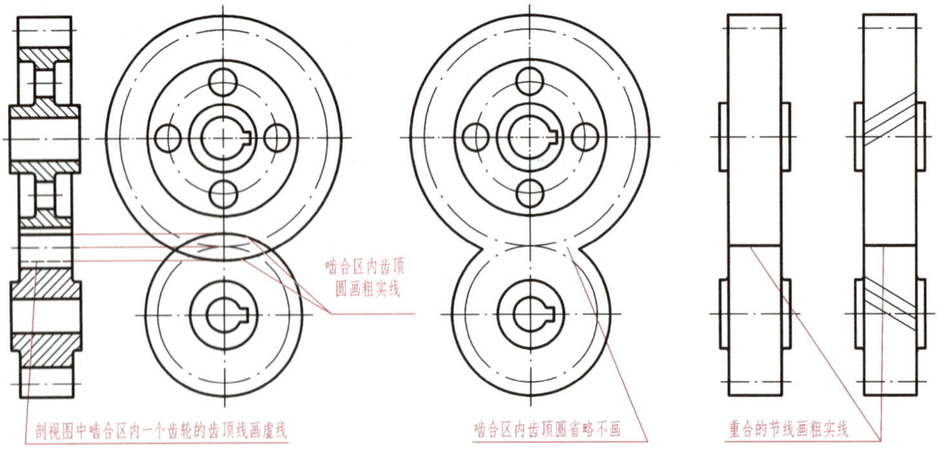

(a) 规定画法　(b) 省略画法　(c) 外形视图(直齿)　(d) 外形视图(斜齿)

图 8-26　圆柱齿轮啮合的规定画法

如图 8-27 所示，在齿轮啮合的剖视图中，由于齿根高与齿顶高相差 0.25m，因此，一个齿轮的齿顶线和另一个齿轮的齿根线之间，应有 0.25m 的间隙。

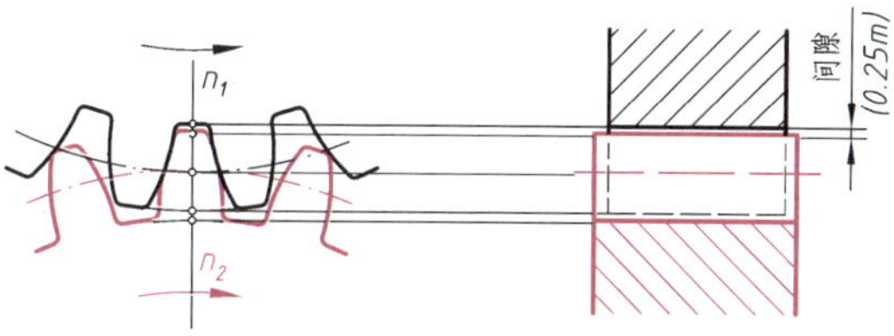

图 8-27 啮合齿轮的间隙

四、齿轮与齿条啮合的画法

当齿轮的直径无限大时，齿轮就成为齿条，如图 8-28a 所示。此时，齿顶圆、分度圆、齿根圆和齿廓曲线(渐开线)都成为直线。绘制齿轮、齿条啮合图时，在齿轮表达为圆的外形视图中，齿轮节圆和齿条节线应相切。在剖视图中，应将啮合区内齿顶线之一画成粗实线，另一轮齿被遮部分画成细虚线或省略不画，如图 8-28b 所示(图中省略不画被遮的部分)。在图 8-28b 中，齿条的主视图画了左端轮齿的齿廓，其余的齿根线用细实线画出。

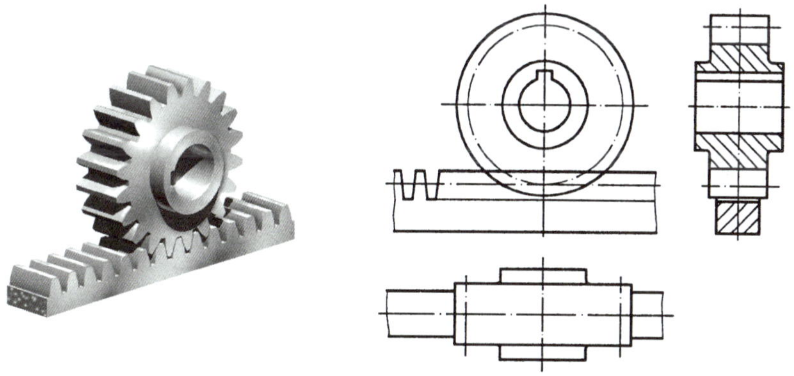

(a) 轴测图　　(b) 规定画法

图 8-28 齿轮、齿条啮合的画法

五、圆柱齿轮的零件图示例

图 8-29 是一个直齿圆柱齿轮的零件图。包括一组完整的视图，如图中为全剖视的主视图和轮孔的局部视图；一组完整的尺寸；必需的技术要求，如尺寸公差、表面粗糙度、技术要求标题下的热处理等，这些技术要求的内容将在第九章中作简要介绍；在图纸的右上角的表格中，还列出了制造和检验这个齿轮所需要的项目，其中的大部分项目将在后继的机械零件等有关课程中叙述，本课程不必探讨，只要知道在制造这个齿轮的图纸上应有这类内容就可以了。

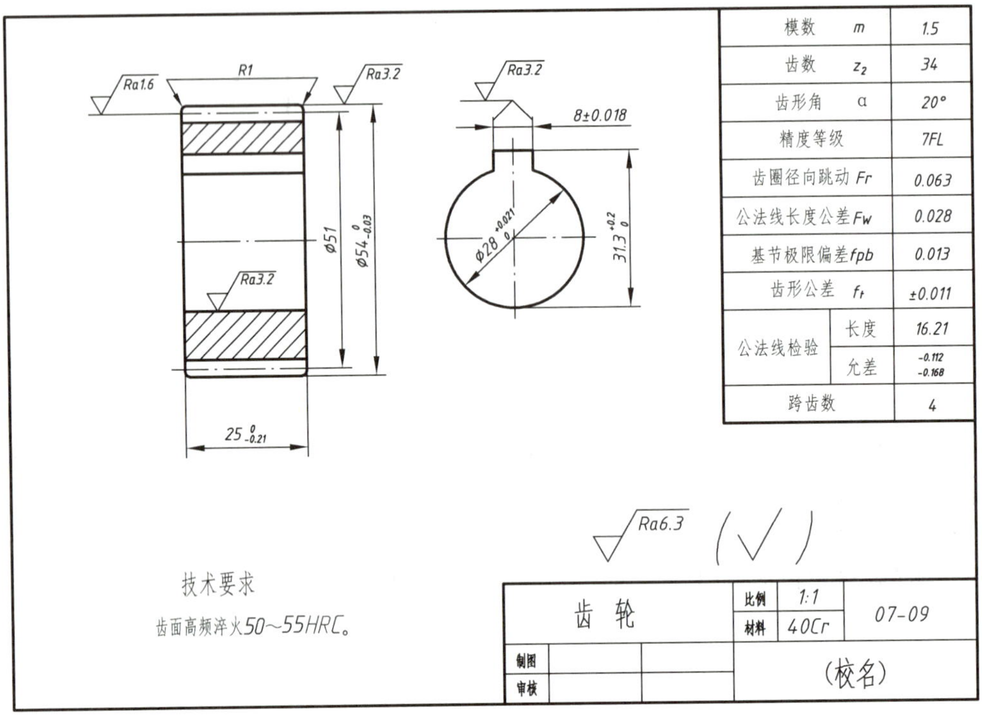

图 8-29　圆柱齿轮零件图示例

§8-3　键和销

一、键联结

键通常用来联结轴和装在轴上的转动零件(如齿轮、带轮等),起传递扭矩的作用。常用的键有普通型平键、普通型半圆键、钩头型楔键等,见图 8-30。

(a) 普通型平键　(b) 普通型半圆键　(c) 钩头型楔键

图 8-30　常用的键

从图 8-1 的齿轮油泵的右端可见,传动齿轮轴的伸出端与传动齿轮是依靠普通型平键联结的。把平键先嵌入轴的键槽内,再把轴与键对准齿轮孔上的键槽插入,使轴与齿轮联结。这样,当齿轮转动时,就带动轴一起转动,从而使一对齿轮起输油作用。

键是标准件,最常用的是普通型平键。普通型平键的尺寸及其键槽的剖面尺寸,可查阅附录附表 16 和 15。普通型半圆键和钩头型楔键，本书不作介绍了，它们的标准编号分别是 GB/T 1099.1—2003 和 GB/T 1565—2003，需用时可参阅书后所列的参考文献[3]、[5]、[6]中的任一册和这两个标准。

普通型平键的型式有 A、B、C 三种，其形状和尺寸见图 8-31。在标记时，A 型平键省略字母 A，而 B 型、C 型应写出字母 B 或 C。

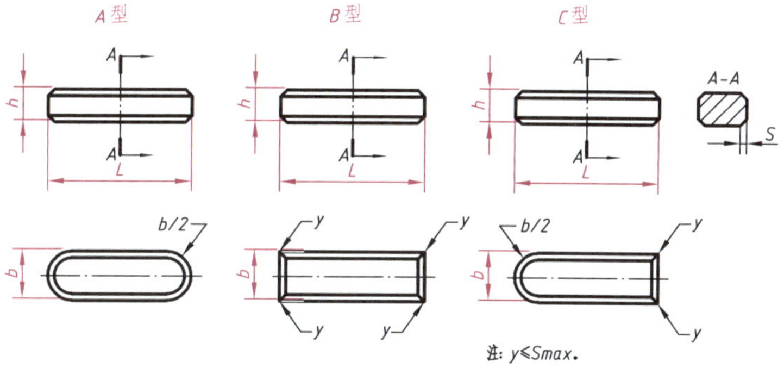

图 8-31　普通平键的型式和尺寸

例如 $b=18$ mm、$h=11$ mm、$L=100$ mm 的普通 A 型平键可标记为：

GB/T 1096　键 18×11×100

又如 $b=18$ mm、$h=11$ mm、$L=100$ mm 的普通 C 型平键可标记为：

GB/T 1096　键 C18×11×100

图 8-32a 表示轴和齿轮轮毂上的键槽的画法及其尺寸注法；图 8-32b 表示它们用键联结的装配画法。

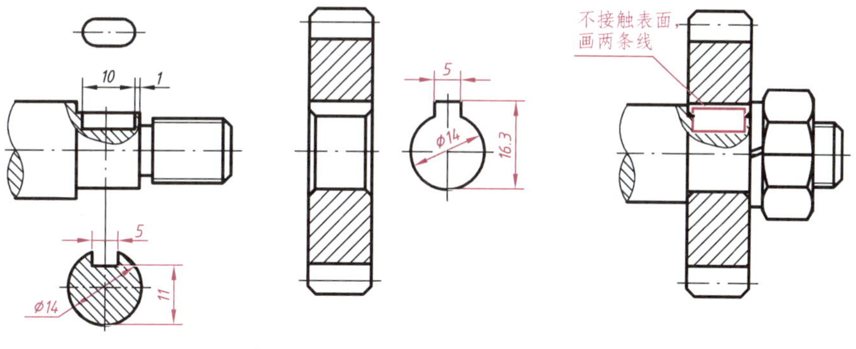

(a) 联结前　　(b) 联结后

图 8-32　轴和轮毂上的键槽的画法和尺寸注法以及它们用键联结后的装配画法

图 8-32 是以图 8-1 中的传动齿轮轴在左端直径为 $\phi14$ 处与齿轮的孔 $\phi14$ 用 GB/T 1096 键 5×5×10 联结为例来说明的。请读者参考对照附录附表 15 及其图例阅读联结前的图 8-32a 所示的轴和轮毂上的键槽的画法和尺寸注法：轴的键槽用轴的主视图（局部剖视）、在键槽处的移出断面、按俯视方向以第三角画法画出的键槽的局部视图表示，尺寸则要注出轴径 ϕd（$\phi14$）、键槽沿轴的长度方向的定位尺寸（如图中所注的长度方向的数值为“1”的这个尺寸）、键槽的长度 L（10）、键槽的宽度 b（5），轴槽深用 $d-t_1$ 标注（t_1 是轴槽深的基本尺寸，可由键尺寸 5×5 在附录附

表 15 中查得为 3 mm，所以图中所注的 $d-t_1=14-3=11$ mm）；齿轮轮毂上的键槽用通过齿轮轮毂上的孔和轮毂槽的前后对称面剖切后的全剖视图、齿轮轮毂上的孔和轮毂槽的局部视图表示，尺寸则应注轮毂槽的宽度 b(5)、轮毂孔的孔径 ϕd(ϕ14)、轮毂槽深用 $d+t_2$ 标注（t_2 是轮毂槽深的基本尺寸，可由键尺寸 5×5 在附录附表 15 中查得为 2.3 mm，所以图中所注的 $d+t_2=14+2.3=16.3$ mm）。再请读者参考对照附录附表 15 及其图例，阅读它们用键联结后的图 8-32b 所示的装配画法：用通过轴、齿轮、键、弹簧垫圈、螺母的共同的前后对称面为剖切面，画出轴与齿轮用键联结、并用螺母旋紧紧固，将弹簧垫圈压平后的全剖视图（由于弹簧垫圈的斜口可想到只是在前方正中有，后方没有，所以这个剖切面对弹簧垫圈而言，也只能说成基本上是前后对称面），就是它们的装配图，轴、齿轮、键、垫圈、螺母按图中所示的形式画出。为了表示出轴上的键槽，采用了局部剖视；键的顶面和轮毂键槽的底面间有间隙，是不接触面，应画两条线，而键的底面与轴上键槽的底面间无间隙，是接触面，应画一条线。

二、销连接

销也是标准件，通常用于零件间的连接或定位。常用的销有圆柱销、圆锥销和开口销等，如图 8-33 所示。

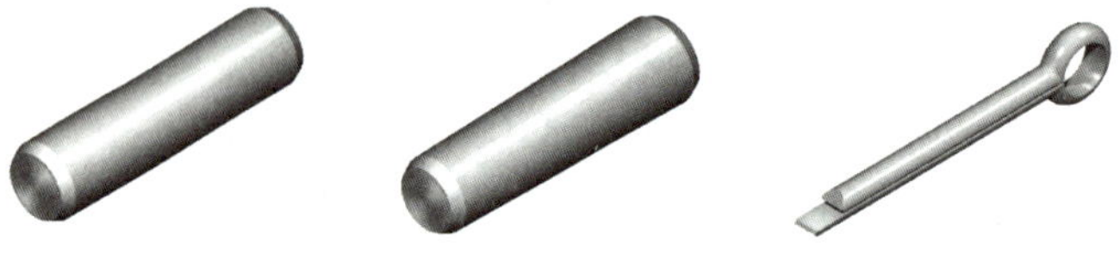

(a) 圆柱销　　(b) 圆锥销　　(c) 开口销

图 8-33　常用的销

圆柱销有由 GB/T 119.1—2000 规定的用不淬硬钢和奥氏体不锈钢的圆柱销和由 GB/T 119.2—2000 规定的用淬硬钢和马氏体不锈钢的圆柱销两种。它们的型式与尺寸，见图 8-34，具体尺寸和标记可查阅附录附表 17。

例如，表示公称直径 $d=6$ mm、公差 m6、公称长度 $L=30$ mm、材料为不经淬火、不经表面处理的钢的圆柱销的标记为：

销　GB/T 119.1　6m6×30

圆柱销的连接画法，如图 8-35 所示。当剖切平面通过销的轴线时，销作为不剖处理。图 8-1 中左端盖与泵体的定位，就是用圆柱销定位的实例。

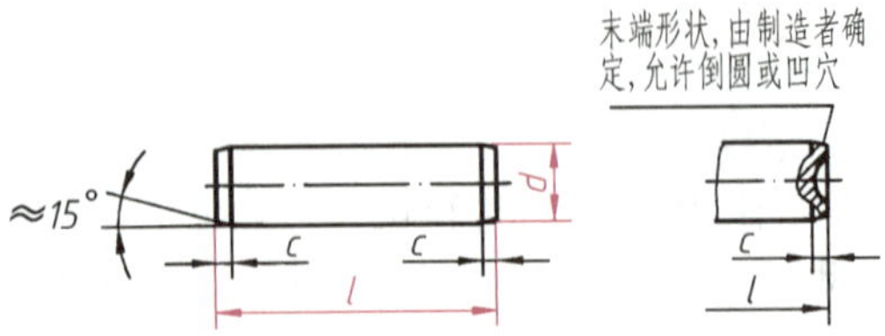

图 8-34　圆柱销的型式及尺寸

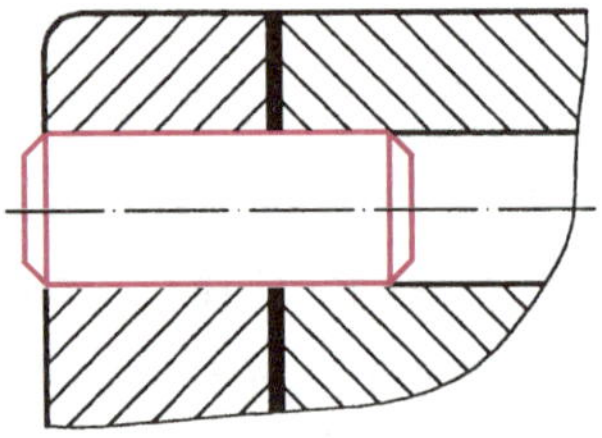

图 8-35　圆柱销的连接画法

需用圆锥销时，可查阅 GB/T 117—2000，它的型式、尺寸和标记见附录中的附表 18。读者应注意它的公称直径是小端直径。若需了解它的应用示例，可参阅后述的图 10-21 所示的减速器装配图中所用的圆锥销，是用它来使箱盖与箱体装配时能准确对中定位。

需用开口销时，可查阅参考文献[5]或[7]及附录中的 GB/T 91—2000。在用带孔螺栓和六角开槽螺母时，将它穿过螺母的槽口和螺栓的孔，并在销的尾部叉开，使螺母与螺栓防止松脱，见后述的图 10-8d；在一些电器上，也可将开口销穿过小轴一端的孔，叉开尾部，开口销的环形转折端和叉开的尾部就可在支承小轴的支架外侧，于小轴穿过支架的孔处，形成一个防止小轴脱落的结构，如要进一步了解实例，可参阅参考文献[7]中的例图。

§8-4 滚动轴承

滚动轴承是一种支承旋转轴的组件。它具有摩擦小、结构紧凑的优点，已被广泛使用在机器或部件中，滚动轴承也是标准件。本书只介绍三种常用的滚动轴承，其型式与尺寸可查阅附录附表 19~附表 21。有关滚动轴承较详细的介绍，可参阅书后所列的参考文献[3]。

一、滚动轴承的结构及其画法

滚动轴承种类很多，但其结构大体相同，今以图 8-36a 所示的深沟球轴承为例说明，这种滚动轴承由外圈、内圈、滚动体及保持架组成，通常外圈装在机座的孔内，固定不动，而内圈套在转动的轴上，随轴转动。

GB/T 4459.7—1998《机械制图　滚动轴承表示法》规定，滚动轴承可以用通用画法、特征画法和规定画法三种画法绘制。在剖视图中，当不需要确切地表示滚动轴承的外形轮廓、载荷特性、结构特征时，可用矩形线框及位于线框中央正立的、不与矩形线框接触的十字符号的通用画法画出，见图 8-36b；滚动轴承与轴装配在一起时，在轴的两侧以同样方式画出，如图 8-36c 所示。

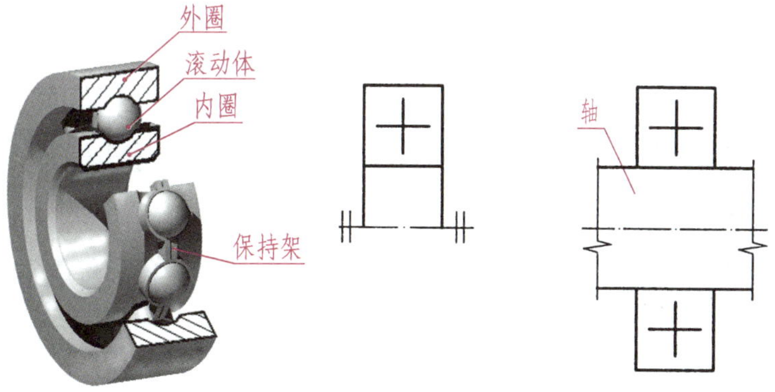

(a) 结构示例　(b) 单个轴承　(c) 轴承与轴装配在一起

图 8-36　滚动轴承的结构和通用画法示例

常用的滚动轴承的代号、结构型式、规定画法、特征画法和用途，见表 8-5。表格中的尺寸除 A 可计算得出外，其余尺寸可查附录附表 19~附表 21。

表 8-5 常用滚动轴承的型式、画法和用途

轴承类型及标准编号	结构型式	规定画法	特征画法	用途
深沟球轴承 60000 型 (GB/T 276—2013)		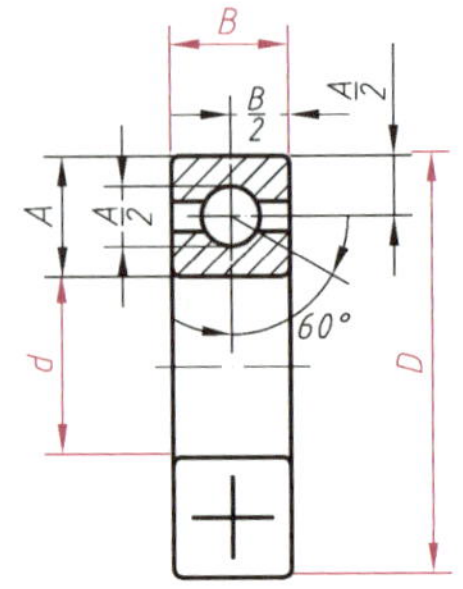	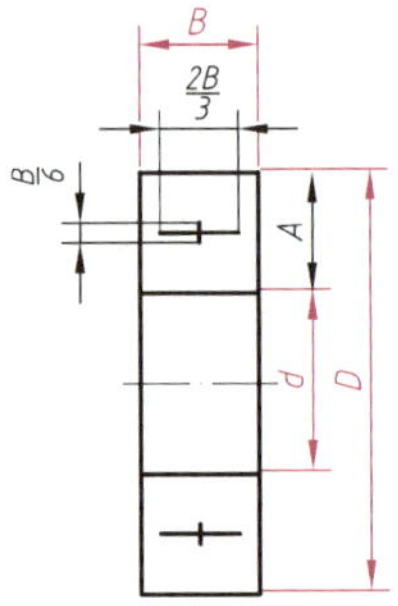	主要承受径向力
圆锥滚子轴承 30000 型 (GB/T 297—1994)		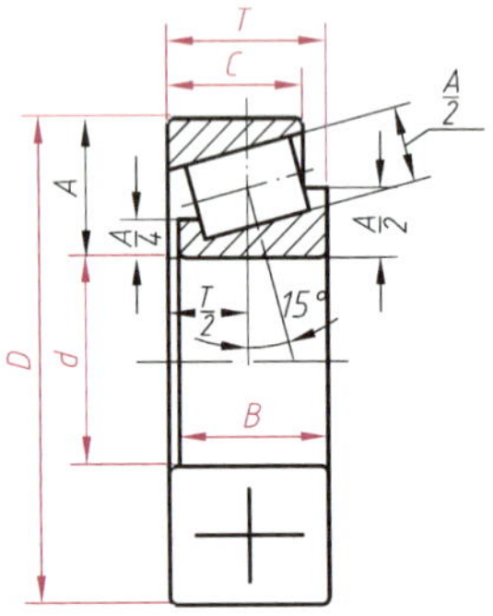	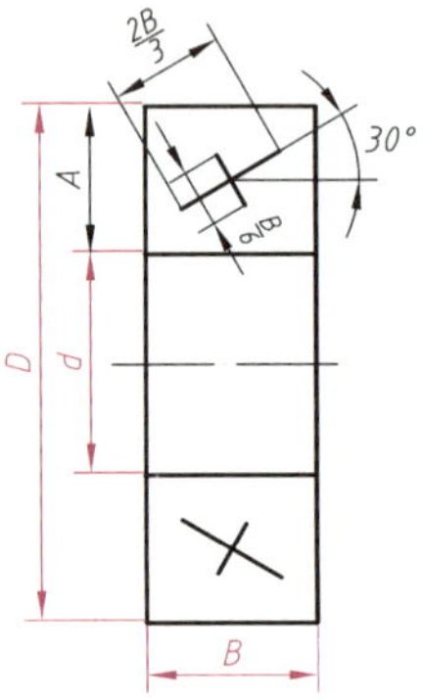	可同时承受径向力和轴向力
推力球轴承 51000 型 (GB/T 301—1995)		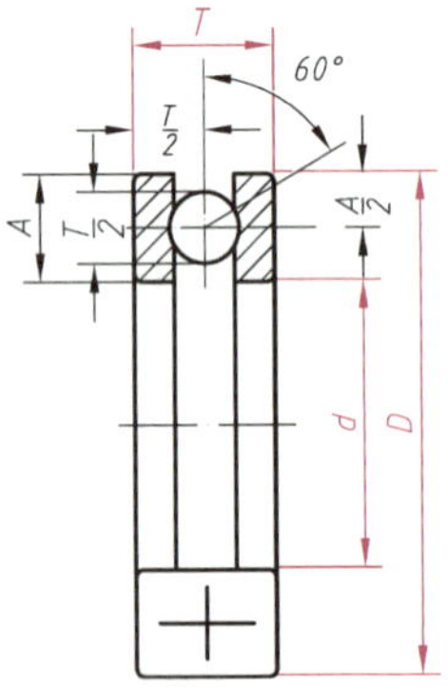	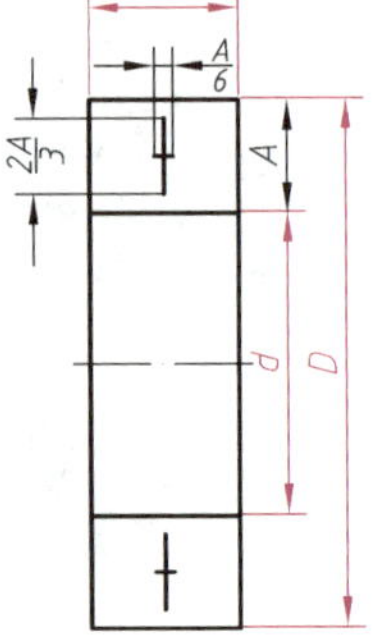	承受单方向的轴向力

二、滚动轴承的代号和标记

滚动轴承的代号、滚动轴承的分类可分别查阅 GB/T 272—1993、GB/T 271—2008，当游隙为基本组和公差等级为 G 级时，滚动轴承常用基本代号表示，基本代号的书写顺序是：轴承类型代号（例如："6"表示深沟球轴承，"3"表示圆锥滚子轴承，"5"表示平底球轴承），尺寸系列代号［由轴承的宽（高）度系列代号（一位数字）和外径系列代号（一位数字）左、右排列组成］，内径代号（当 10 mm ≤ 内径 d ≤ 495 mm 时，代号数字 00、01、02、03 分别表示内径 d = 10 mm、12 mm、15 mm、17 mm；代号数字 ≥ 04，则代号数字乘以 5，即为轴承内径 d 的毫米数）。

滚动轴承的规定标记是："滚动轴承　基本代号　标准编号"。举例说明如下：

滚动轴承 6208 GB/T 276—2013

滚动轴承 6 2 08 GB/T 276—2013

- GB/T 276—2013：深沟球轴承的标准编号
- 08：内径代号：内径 d=8×5=40 mm
- 2：尺寸系列代号："2"——(0)2尺寸系列
- 6：类型代号："6"—— 深沟球轴承

滚动轴承 51207 GB/T 301—1995

滚动轴承 5 12 07 GB/T 301—1995

- GB/T 301—1995：51000型推力球轴承的标准编号
- 07：内径代号：内径 d=7×5=35mm
- 12：尺寸系列代号："12"——51000型的12系列
- 5：类型代号："5"—— 推力球轴承

§8-5　弹簧

一、常用的弹簧

弹簧的用途很广，主要用于减振、夹紧、储存能量和测力等方面。弹簧的特点是：去掉外力后，弹簧能立即恢复原状。用得较多的弹簧如图 8-37 所示。在机械制图中，弹簧应按 GB/T 4459.4—2003《机械制图　弹簧表示法》绘制。本节只着重介绍圆柱螺旋压缩弹簧的画法和尺寸计算。圆柱螺旋压缩弹簧的尺寸及参数由 GB/T 2089—2009 规定，需用时可查阅附录附表 22。

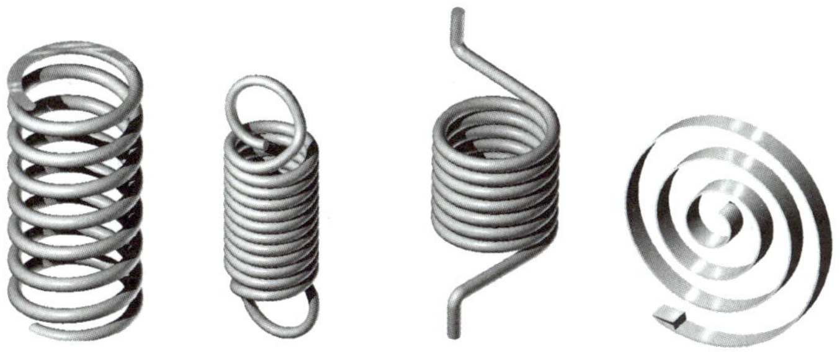

(a) 压缩弹簧　(b) 拉伸弹簧　(c) 扭转弹簧　(d) 平面蜗卷弹簧

图 8-37　常用的弹簧

二、圆柱螺旋压缩弹簧的规定画法

圆柱螺旋压缩弹簧的画法，如图 8-38 和图 8-39 所示：

1. 在平行于弹簧轴线的投影面上的视图中，其各圈的轮廓线应画成直线，并按图 8-38 的形式绘制。

2. 螺旋弹簧均可画成右旋[①]，对必须保证的旋向要求应在"技术要求"中注明；左旋弹簧在弹簧标记中应注明旋向代号为左。

3. 螺旋压缩弹簧，如要求两端并紧且磨平或制扁时，不论支承圈的圈数多少和末端贴紧情况如何，均按图 8-38 所示的支承圈数为 2.5 的形式绘制；必要时也可按支承圈的实际结构绘制。

4. 有效圈数在四圈以上的螺旋弹簧，中间部分可以省略，圆柱螺旋弹簧中间部分省略后，允许适当缩短图形的长度。

5. 在装配图中，被弹簧挡住的结构一般不画出，可见部分应从弹簧的外轮廓线或从弹簧钢丝断面的中心线画起，如图 8-39 所示。

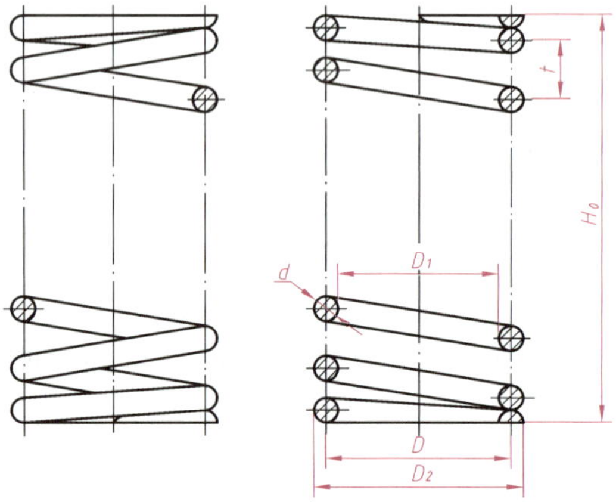

图 8-38　圆柱螺旋压缩弹簧的画法

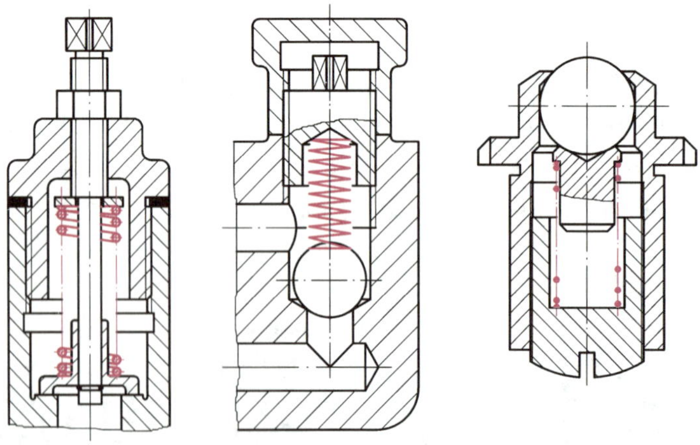

(a) 不画挡住部分的零件轮廓　(b) 簧丝示意画法　(c) 簧丝断面涂黑

图 8-39　圆柱螺旋压缩弹簧在装配图中的画法

① 弹簧旋向的定义，和螺旋线旋向的定义相同。

6. 在装配图中，如弹簧钢丝（简称簧丝）断面的直径，在图形上等于或小于 2 mm 时，允许用示意图表示，如图 8-39b 所示；当弹簧被剖切时，簧丝断面也可用涂黑表示，如图 8-39c 所示。

三、圆柱螺旋压缩弹簧的参数及其尺寸

今对照图 8-38 中的右图及所注的尺寸，说明圆柱螺旋压缩弹簧的参数以及有关的尺寸计算：

1. 材料直径 d　弹簧钢丝的直径。

2. 弹簧中径 D　弹簧的平均直径。

弹簧内径 D_1　弹簧的最小直径，$D_1=D-d$。

弹簧外径 D_2　弹簧的最大直径，$D_2=D+d$。

3. 节距 t　除支承圈外，相邻两圈的轴向距离。

4. 有效圈数 n、支承圈数 n_z 和总圈数 n_1　为了使螺旋压缩弹簧工作时受力均匀，增加弹簧的平稳性，弹簧的两端并紧、磨平或制扁。并紧、磨平或制扁的各圈仅起支承作用，称为支承圈，两端的支承圈数之和，就是支承圈数 n_z，n_z 一般为 1.5 圈、2 圈、2.5 圈。保持相等节距的圈数，称为有效圈数。有效圈数与支承圈数之和，称为总圈数。由此可知：有效圈数＝总圈数－支承圈数，即 $n=n_1-n_z$。

5. 自由高度 H_0　弹簧在不受外力作用时的高度（长度），$H_0=nt+(n_z-0.5)d$，当支承圈数 n_z 为 1.5、2、2.5 时，H_0 分别为 $nt+d$、$nt+1.5d$、$nt+2d$。

6. 展开长度 L　制造弹簧时坯料的长度，$L\approx n_1\sqrt{(\pi D)^2+t^2}$。

四、圆柱螺旋压缩弹簧画法示例

【例 8-3】 已知弹簧中径 $D=45$ mm，材料直径 $d=6$ mm，自由高度 $H_0=105$ mm，有效圈数 $n=6.5$，支承圈数 $n_z=2$，右旋，试画出这个 YA 型圆柱螺旋压缩弹簧。

【解】 先进行计算，然后作图。因为 $H_0=nt+(n_z-0.5)d$，所以 $t=[H_0-(n_z-0.5)d]/n=[105-(2-0.5)\times6]/6.5=(105-9)/6.5=14.8$ mm。当由 d、H_0、n、n_z 计算出节距 t 后，虽然 $n_z=2$，但绘图时，两端的支承圈则按照 GB/T 4459.4—2003 规定，用 $n_z=2.5$ 圈绘制。

画图步骤见图 8-40 及其说明。

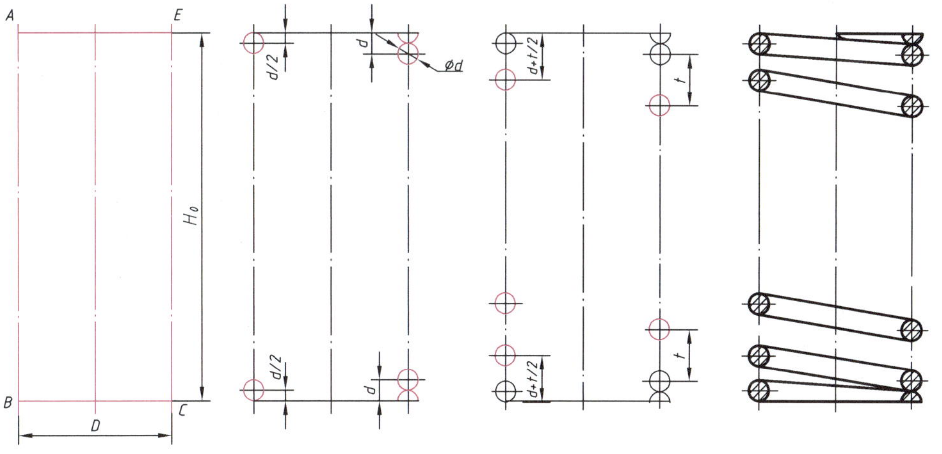

(a) 以自由高度 H_0 和弹簧中径 D 作矩形 $ABCD$　(b) 按材料直径 d 画出支承圈的簧丝断面的圆和半圆　(c) 根据节距 t 作簧丝断面　(d) 按右旋方向作簧丝断面的切线，校核，加深，画剖面线

图 8-40　圆柱螺旋压缩弹簧的画图步骤

五、圆柱螺旋压缩弹簧的标记

GB/T 2089—2009 规定了圆柱螺旋压缩弹簧的标记，由类型代号、规格、精度代号、旋向代号和标准编号组成，规定如下：

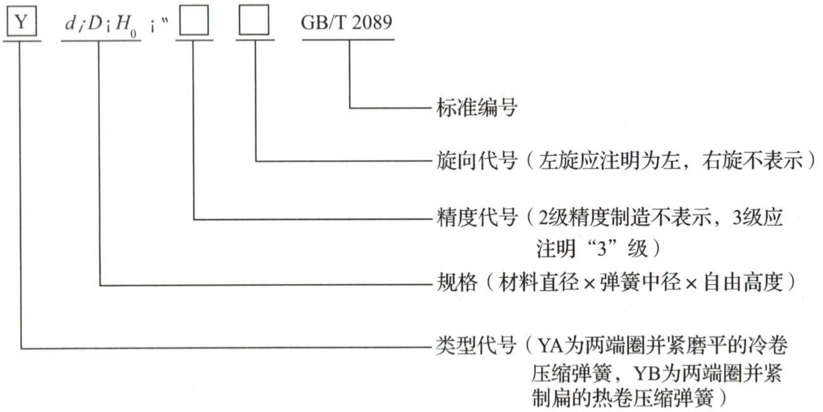

例如：YB 型弹簧，材料直径为 30 mm，弹簧中径为 160 mm，自由高度 310 mm，精度等级为 3 级，右旋的并紧制扁的热卷压缩弹簧的标记应为：

YB 30×160×310-3　GB/T 2089—2009

六、圆柱螺旋压缩弹簧的图样格式示例

在 GB/T 4459.4—2003 中提出了对弹簧图样的要求：弹簧的参数应直接标注在图形上，当直接标注有困难时，可在“技术要求”中说明，一般用图解方式表示弹簧特性，圆柱螺旋压缩弹簧的机械性能曲线均画成直线，标注在主视图上方，用粗实线绘制。该标准以示例方式提供了圆柱螺旋压缩弹簧的图样格式的两个图例，并说明绘制图样时应按实际需要增、减图例中的内容，需用时可查阅该标准。图 8-41 是参照其中的一个图例适当改画后的圆柱螺旋压缩弹簧的图样格式示例：图样用一个主视图表达这个弹簧；按代号标注出这个螺簧的尺寸，如有需要，应按需注出必要的尺寸公差和几何公差；画出了弹簧的表面结构的图形符号，绘图时应按需注出所要求的表面粗糙度参数代号及其数值；在主视图上方用图解方式表示出这个弹簧的机械性能特性；在图形上难以直接标注的参数、其他技术条件和检验要求，都写在技术要求中。在图 8-41 中，还按新修订的 GB/T 131—2006《产品几何技术规范（GPS）　技术产品文件中表面结构的表示法》和 GB/T 2089—2009 修改了GB/T 4459.4—2003所示的圆柱螺旋压缩弹簧的图样格式图例中的表面结构图形符号及其标注方法，表示弹簧的机械性能特性的图形中的参数代号和内容。有关零件图中的技术要求和 GB/T 131—2006 所规定的主要内容将在第九章中讲述。

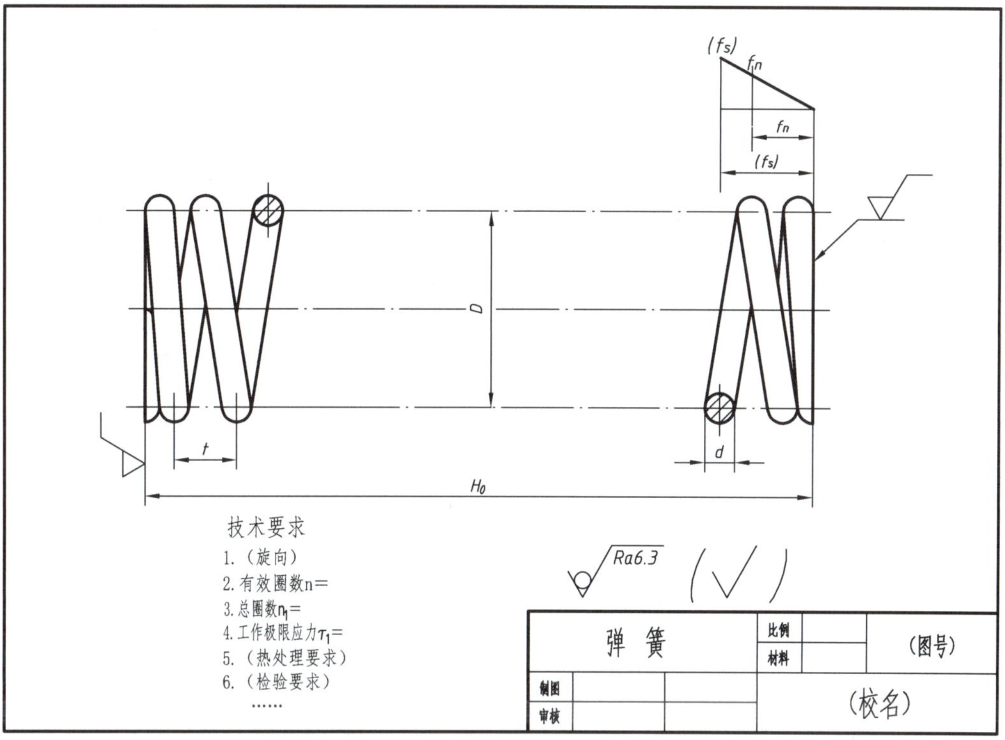

图 8-41　圆柱螺旋压缩弹簧的图样格式示例

§8-6　AutoCAD中图形库的建立和应用

块是多个对象的集合，在用计算机绘制机械图时，可以把一些常用的图形，如螺母、螺栓等标准件，定义成块存储起来，绘图时，可随时将它们添加到当前图形指定的位置，而不必一个一个地去画，从而提高绘图的效率。

用创建块（Block）命令将对象定义成块，然后用插入块（Insert）命令将已定义的块按指定的插入点、比例和旋转角度插入到当前图形中。如果块插入后发现块的定义中有错误，可以重新定义此块，重新定义后不必重新插入，系统会自动更新。下面以螺栓连接主视图为例，介绍块的操作步骤。

在用比例画法画螺栓、螺母和垫圈时，其大小是随公称直径 d 的大小成比例变化的。根据对螺栓连接图（图 8-42d）的分析，可将螺栓连接分成三部分，上面部分包括螺母、垫圈和螺栓的伸出部分（图 8-42a），下面部分为螺栓头（图 8-42b），中间部分为两块带孔的板（图 8-42c）。其中，上面部分和下面部分可定义成块，便于按比例插入到不同规格的螺栓连接图中，板厚不随用公称直径而变化的，所以不宜定义成块。图 8-42 是以公称直径 $d=10$ 来绘制螺栓、垫圈和螺母的。

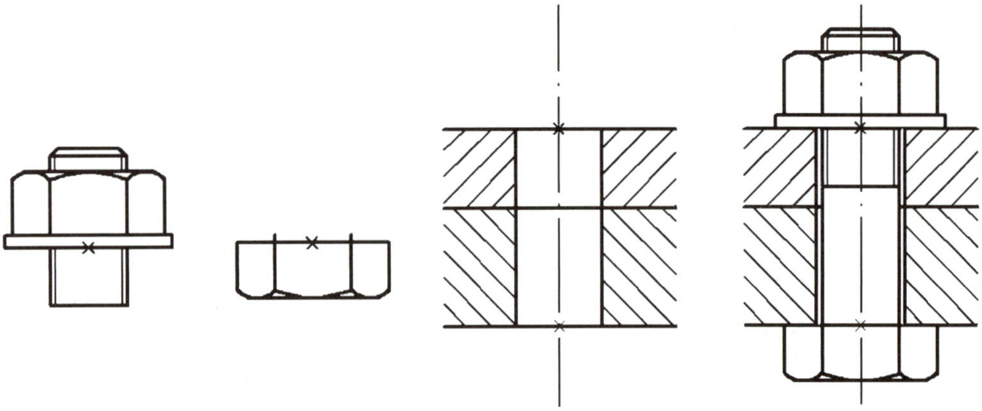

(a)　(b)　(c)　(d)

图 8-42　螺栓连接分解图

一、块定义(B)

功能:通过选定对象,指定插入点并为它们命名来创建块定义。

操作规则:"常用"标签⇨"块"面板⇨"创建"。创建(B)命令执行后,将显示一个"块定义"对话框,如图 8-43 所示。

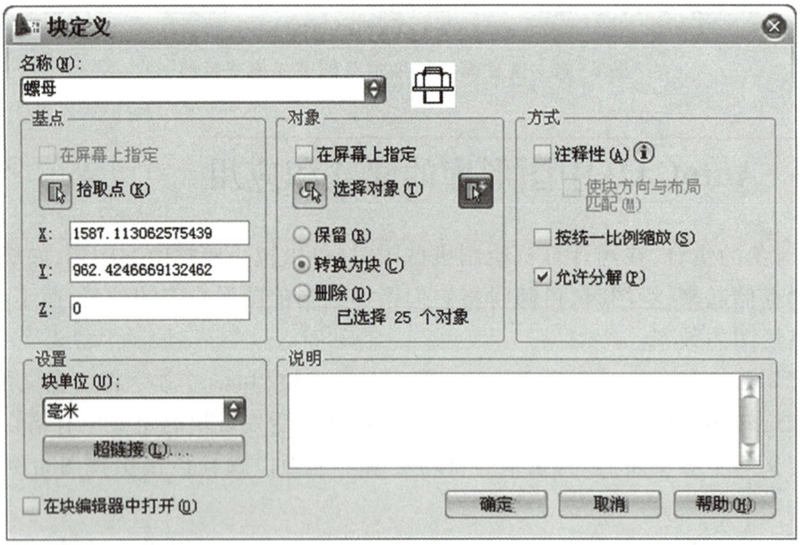

图 8-43　块定义对话框

(1) 在"名称(N)"分栏内输入块名"螺母"。

(2) 点击"基点"分栏内的"拾取点"按钮,选择图 8-42a 所示的×点为螺母插入基点。

(3) 点击"对象"分栏内的"选择对象"按钮,选择需要定义成块的图形(图 8-42a)。

（4）点击对话框中“确定”，即完成螺栓块的定义。

使用同样方法，将图 8-42b 的图形定义成名为螺栓的块。

二、插入块（I）

功能：将已定义的块插入到图中。

操作规则：“常用”标签⇨“块”面板⇨“插入”。

以绘制螺栓连接图，来说明“插入”的使用，插入（I）命令执行后将显示一个“插入”对话框，如图 8-44 所示。

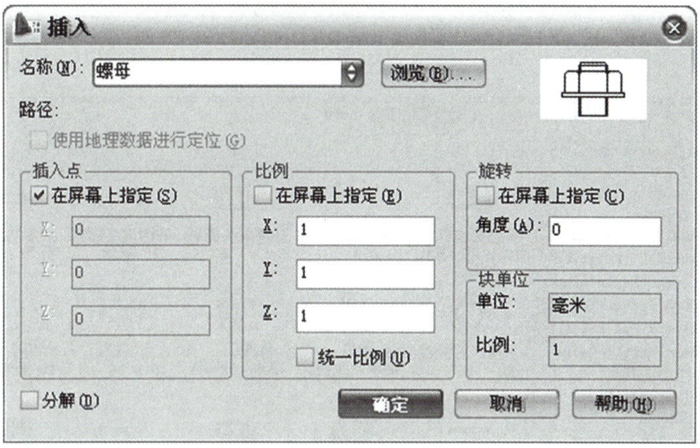

图 8-44　插入对话框

（1）在“名称（N）”选择项中，选中图块名：螺母。右上角有图形预览。

（2）在“插入点”分栏内，选中“在屏幕上指定”的选择框，“比例”X、Y、Z 均为 1，“旋转”角度为 0，点击“确定”。将鼠标指向图 8-42c 中上面的“×”点作为螺母块的插入点。

用同样方法，完成螺栓的插入，插入点是图 8-42c 中下面的“×”点。

（3）补出螺栓中间段缺少的螺杆的转向轮廓线，并删除被螺栓挡住的两板结合面的线。

这样就能很便捷地画出 $d=10$ 的螺栓连接的一个视图。

说明：

1）如果要绘制公称直径 $d=20$ 的螺栓连接，只要在插入块时将比例均改成 2 即可。

2）使用 INSERT 命令时，可调用图块，也可调用已存在的图形文件。点击“浏览”，选择磁盘上的图形文件，但需插入的图形文件在存盘前最好使用 Base 命令设定文件作为块插入时的基点。如果不设定的话，系统默认以图形文件的坐标原点（0，0）为插入时的基点。

3）块被插入后，在图形文件中被看成是一个对象，如果要对块中的对象进行编辑，可以用分解（X）命令将其分解，或者在插入对话框（图 8-44）中，选择“分解”，这样插入时自动分解。块经过分解以后，可以对其包含的对象进行编辑。

4）如果要使当前文件中的块能被其他文件调用，则可以用 Wblock 命令把图块定义写入磁盘中，保存为图形文件。

三、设计中心(ADC)

功能:通过设计中心,用户可以组织对图形、块、图案填充和其他图形内容的访问,可以将源图形中的任何内容拖动到当前图形中。源图形可以位于用户的计算机、网络位置或网站上。另外,如果打开了多个图形,则可以通过设计中心在图形之间复制和粘贴其他内容(如图层定义、布局和文字样式等)来简化绘图过程。

操作规则:“视图”选项卡⇨“选项卡”面板⇨“设计中心”。启动设计中心后会弹出图 8-45 所示的对话框。右边是文件目录树,其打开的默认位置是“DesignCenter”,这个目录下是 AutoCAD 自带的不同类型的图形库文件,每个文件内包含许多块,每个块都可以直接拖到当前编辑的图形文件中。

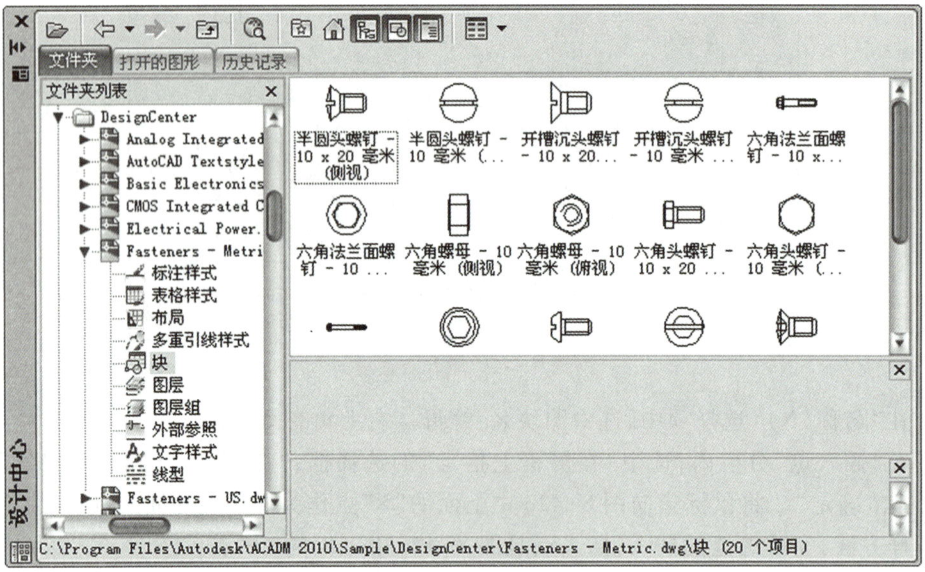

图 8-45 设计中心

可以将自己常用的一些图形分别定义成块,将其保存在同一文件中,这样就构成了自己的图形库,用到图形库里的图形时,只要启动设计中心,打开需要的库文件就可以了。

第九章　零件图

任何一台机器或部件都是由若干零件按一定的装配关系装配而成的。表达单个零件的图称为零件图,它是制造和检验零件的主要依据。

本章将介绍识读和绘制零件图的基本方法,并简要介绍在零件图上标注尺寸的合理性、零件的加工工艺结构以及制造零件时应满足的技术要求等内容。

§9-1　零件图概述

一、零件图与装配图的关系

零件图表示零件的结构形状、大小和有关技术要求,并根据它加工制造零件。装配图表示机器或部件的工作原理、零件间的装配关系和技术要求。产品在设计过程中,一般先画出装配图,再根据装配图绘制零件图。装配时,根据装配图将零件装配成部件或机器。因此,零件与部件以及零件图与装配图之间的关系十分密切。

学习本章时,要注意零件与部件、零件图与装配图之间的关系。在识读或绘制零件图时,要考虑零件在部件中的位置、作用,以及与其他零件之间的装配关系,从而理解各个零件的形状、结构和加工方法。在识读或绘制装配图(在第十章中叙述)时,也必须了解部件中主要零件的形状、结构和作用,以及各零件间的相互关系等。

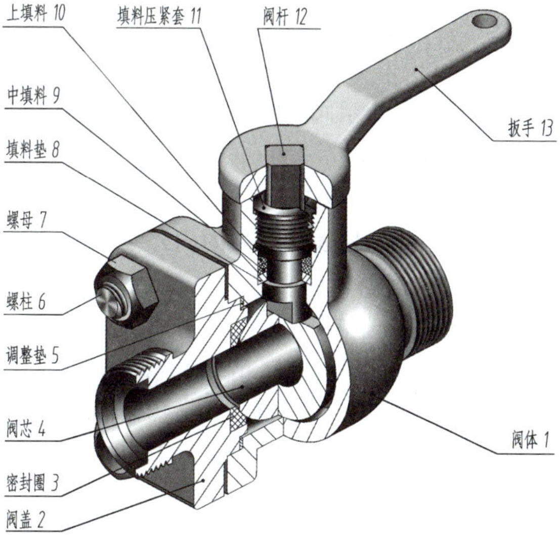

图 9-1　球阀轴测装配图

图 9-1 是一个球阀的轴测装配图。球阀是管道系统中控制流体流量和启闭的部件,由 13 种零件组成。当球阀的阀芯处于图 9-1所示的位置时,阀门全部开启,管道畅通。转动扳手带动阀杆和阀芯旋转 90°时,则阀门全部关闭,管道断流。该球阀的装配图见第十章的图 10-1。制造这个球阀

时，必须有除了标准件以外的所有零件的零件图，例如图 9-2 就是该球阀装配图中序号为 *4* 的零件(阀芯)的零件图。

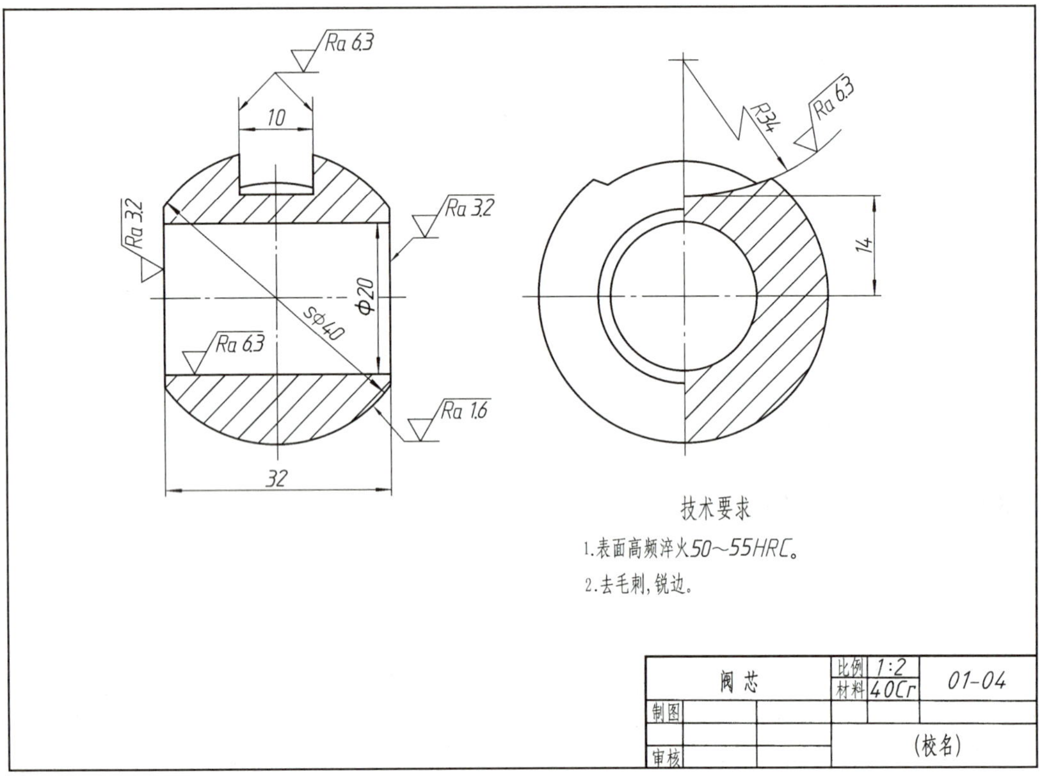

图 9-2　阀芯零件图

二、零件图的内容

今以图 9-2 所示阀芯零件图为例，说明零件图应包含下述内容。

1. 一组视图

用一组视图(包括在第七章机件的常用表达方法中所讲述的视图、剖视图、断面图、局部放大图等)完整、清晰地表达零件的内外结构形状。该阀芯用主、左视图表达，主视图采用全剖视，左视图采用半剖视。

2. 完整的尺寸

零件图中应正确、完整、清晰、合理地标注零件在制造和检验时所需要的全部尺寸。如图 9-2阀芯的主视图中标注的尺寸 $S\phi40$ 和 32 确定了阀芯的轮廓形状，中间的通孔为 $\phi20$，上部凹槽的形状和位置通过主视图中尺寸 10 和左视图中尺寸 $R34$、14 来确定。

3. 技术要求

用规定的符号、代号、标记和简要的文字表达出对零件制造和检验时所应达到的各项技术指标和要求。如图 9-2 中注出的表面粗糙度 Ra6.3 μm、3.2 μm、1.6 μm，以及表面高频淬火(50~55)HRC(应进行这种表面淬火的热处理，并达到这样的硬度)和去毛刺、锐边的说明等。

4. 标题栏

在标题栏中一般应填写单位名称、图名(零件的名称)、材料、重量、比例、图号,以及设计、审核、批准人员的签名与日期等,见图 1-2 所示;学生作业自行绘制的标题栏仍按图 1-3 绘制。

§9-2 零件图的视图选择

零件图要求将零件的结构形状完整、清晰地表达出来。要满足这些要求,首先要对零件的结构形状特点进行分析,并尽可能了解零件在机器或部件中的位置和作用,如图 9-2 所示的阀芯是球阀中的关键零件,它与阀体的外形一致,都是球形,中间是流通流体的通孔,上部的凹槽与阀杆下部的凸块配合,以便阀杆带动阀芯转动。由此可见,零件的结构形状和大小是根据它在装配体中的作用以及与其他零件之间的装配关系来确定的。然后选择主视图,确其他视图,灵活地采用视图、剖视图、断面图以及其他各种表达方法,将零件表达清楚。由此可见,完整清晰地表达零件结构形状的关键是合理地选择主视图和其他视图,确定一个比较合理的表达方案。

一、主视图的选择

主视图是一组视图的核心,选择主视图时,要确定零件的安放位置和投射方向。

1. 确定零件的安放位置

应使主视图尽可能反映零件的主要加工位置或在机器中的工作位置。

加工位置是指按零件在主要加工工序中的装夹位置选取主视图,主视图与加工位置一致是为了制造者看图方便。如轴、套、轮盘等零件的主要加工工序是在车床或磨床上进行的,因此,这类零件的主视图应将其轴线水平放置。如图 9-3 所示的泵轴,是使主视图反映加工位置而将轴线水平安放的。

工作位置是指零件在机器或部件中工作时的位置,如支座、箱壳等零件,它们的结构形状比较复杂,加工工序较多,加工时的装夹位置经常变化,所以在画图时的零件安放位置是按使主视图反映工作位置确定的,这样使零件图便于与装配图直接对照。如图 9-6 所示的轴承架就是这样安放后画图的。

2. 确定主视图的投射方向

当零件的安放位置确定以后,再按主视图能较好地反映零件的加工位置或工作位置,并以能较明显地反映该零件各部分结构形状和它们之间相对位置的一面作为主视图,从而选定主视图的投射方向。如图 9-6 所示的轴承架选取方向 A 作为主视图的投射方向,由此画出的主视图如图 9-7 所示。

二、视图表达方案的选择

主视图确定以后,要分析该零件在主视图上还有哪些尚未表达清楚的结构,对这些结构应选用其他视图,并采用各种方法表达出来,使每个视图都有表达的重点,几个视图互相补充而不重复。在选择视图时,优先选用基本视图以及在基本视图上作适当的剖视,在充分表达清楚零件结构形状的前提下,尽量减少视图数量,力求制图和读图简便。

三、典型零件的视图表达方案选择示例

零件的结构形状多种多样，但大体可分为回转体和非回转体两类。

1. 回转体类零件

回转体类零件一般指轴、套、盘、盖等。这类零件的结构特点是各组成部分多为同轴线的回转体，通常以加工位置将轴线水平横放的主视图表达零件的主体结构，轴、套类零件可按需再用局部剖视或其他辅助视图表达局部结构形状；盘、盖类零件常用两个基本视图表达，主视图用全剖视表达内部结构，另一视图表达外形轮廓和其他组成部分。轴、套零件如图 9-3 所示的泵轴，除主视图采用了局部剖视外，又补充了断面图和局部放大图，用来表达键槽、销孔和退刀槽等局部结构。图 9-4 所示法兰盘是盘盖零件，其主体部分也是由回转体组成，主视图按加工位置将轴线水平横放画出，用全剖视图表达内部结构，左视图表达外形轮廓、均布的阶梯孔和前上角切割掉的圆弧形凹槽等。

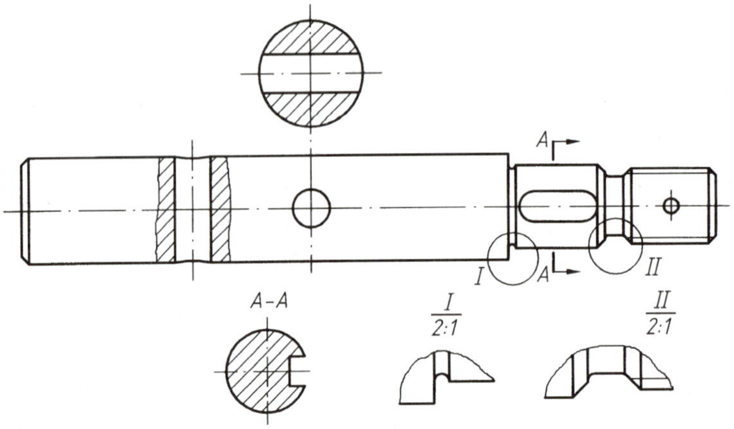

图 9-3　泵轴的视图选择

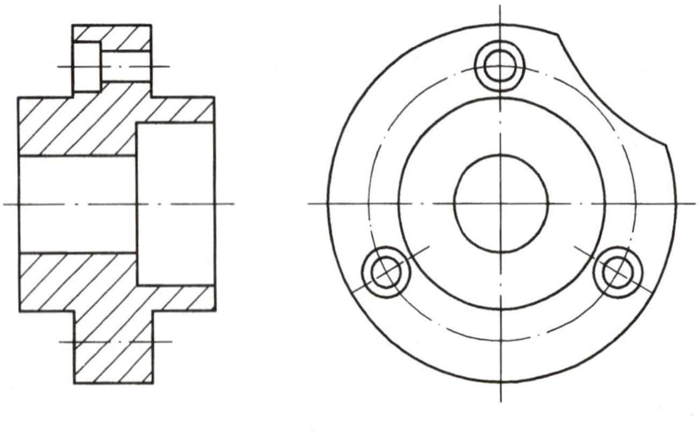

图 9-4　法兰盘的视图选择

2. 非回转体类零件

非回转体类零件一般指叉、架、箱体等。这类零件形状都比较复杂，加工位置多变，通常以自然位置或工作位置安放，选定投射方向，将能比较明显反映形状特征和相对位置的一面作为主视图。一般要 2 至 3 个或更多的基本视图，并按需要选用合适的辅助视图，以适当的表达方法来表达其复杂的内外结构形状。

如图 9-5a 所示的踏脚座，采用主视图、俯视图和右视图的表达方案，可以表达清楚踏脚座的结构形状。但是如果采用图 9-5b 所示的另一种表达方案，除主视图、俯视图外，再用 *A* 向局部视图表达安装板左端面的形状，用移出断面表达肋板的断面形状。这个表达方案显然比用右视图的表达方案（图 9-5a）更为简练、清晰。

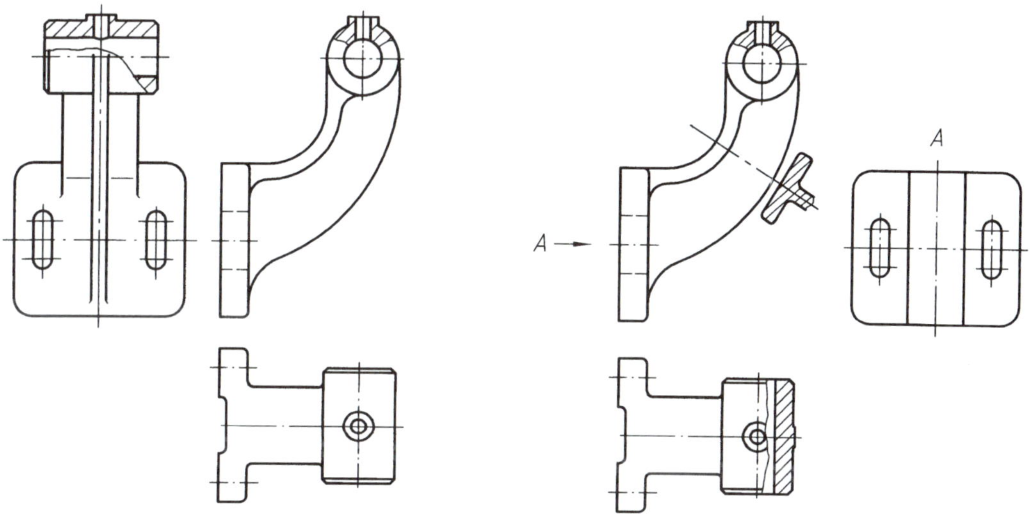

(a)　　(b)

图 9-5　踏脚座的视图选择方案

图 9-6 是一个轴承架的轴测图。该轴承架由三部分构成：上部是轴承（圆筒），孔内安装回转轴，其顶部有凸台，凸台中间的螺孔用于安装油杯，以润滑运动轴；轴承一端与安装板连接，安装板下部有两个对称的通孔；圆筒与安装板之间是加强结构强度的三角形肋板。

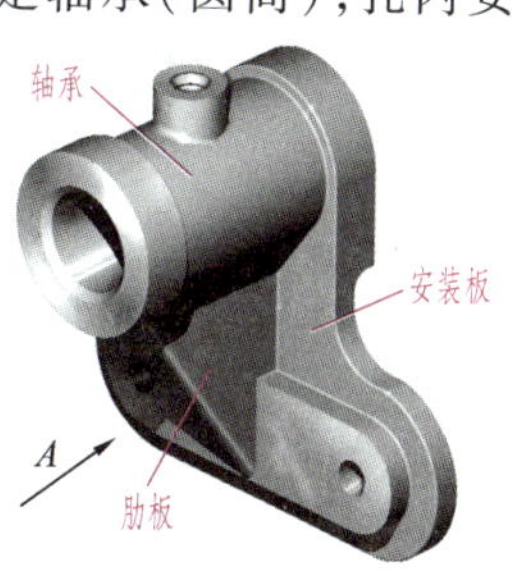

图 9-6　轴承架的轴测图

零件的表达就是选择一组恰当的视图将零件的结构形状表达清楚。由于零件的结构形状有简有繁，因此表达其形状所需的视图就有多有少，同一个零件可以有不同的表达方案。如图 9-7 所示，方案 Ⅰ 用了四个视图（主、左视图，*A* 向局部视图和 *B*—*B* 断面图）；方案 Ⅱ 用了五个视图和一个移出断面；方案 Ⅲ 仅用了三个视图和两个重合断面。

以上三种表达方案都已将轴承架的结构形状表达清楚，但三种方案在选择主视图和采用的视图数量、表示方法等方面都不尽相同而各有特点。下面从两方面来分析比较这三种表达方案。

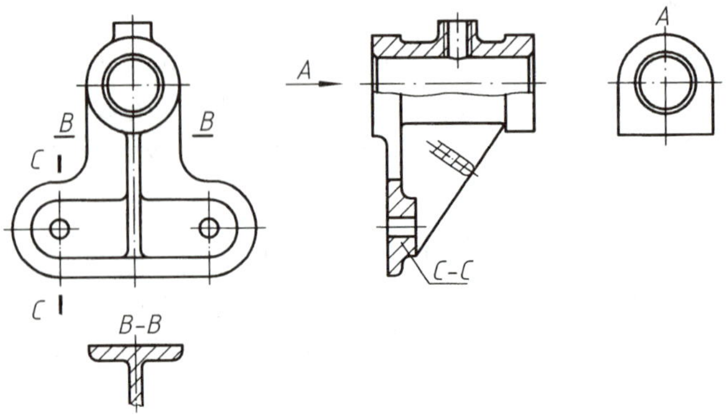

(a) 方案I

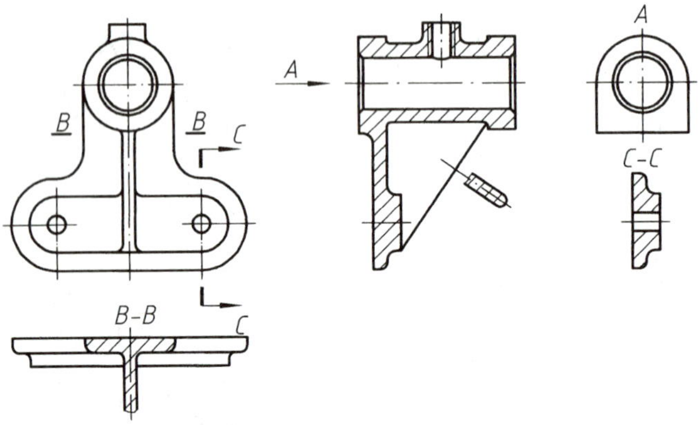

(b) 方案II

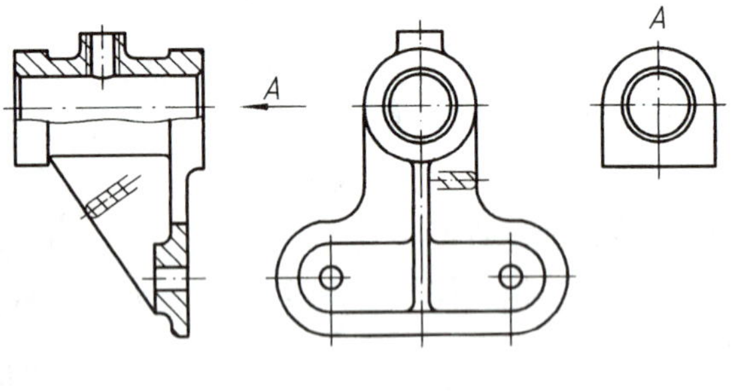

(c) 方案III

图 9-7　轴承架的表达方案

（1）主视图的比较　三种方案的主视图都符合零件的主要加工位置或工作位置。方案Ⅰ、Ⅱ的主视图投射方向相同，主要反映安装板的形状特征及其与轴承、肋板的关系；方案Ⅲ的主视图突出表示轴承以及凸台、螺孔的结构形状。对于轴承架来说，轴承是它的主要结构，在主视图上直接显示轴承的结构比反映安装板的形状更为重要。所以方案Ⅲ的主视图选择比较合理。

(2) 其他视图的比较　主视图确定以后,应考虑需要再画出哪几个视图才能完整、清晰地表达轴承架的结构形状?三个方案都采用 A 向视图表示轴承另一端凸缘的不同外形,也都采用了两个基本视图——主视图和左视图。为了表示安装板和肋板的断面形状,方案Ⅰ补充了一个 $B—B$ 断面图,方案Ⅱ添加了一个 $B—B$ 全剖视图,又增加一个 $C—C$ 断面图。比较两个方案,方案Ⅱ采用 $B—B$ 剖视图表示安装板和肋板的断面形状,显然不如方案Ⅰ采用 $B—B$ 断面图简明;对于安装板上的两个圆孔,方案Ⅰ在左视图中采用局部剖视表达,而方案Ⅱ则多画了一个 $C—C$ 断面图,无此必要。所以方案Ⅰ比方案Ⅱ显得简明。但方案Ⅲ对于安装板和肋板以及安装板上圆孔的表达更为简练,因为通过主视图和左视图已将安装板和肋板的外形表示清楚了,只要用重合断面表示它们的轮廓形状和厚度即可。

综上所述,方案Ⅲ由于抓住了选择主视图这一关键,用较少的视图正确、完整、清晰地表达了轴承架的结构形状,所以它是三种方案中的最佳表达方案。

§9-3　零件的尺寸标注

零件图中的尺寸包括公称尺寸和上、下极限偏差[①],尺寸除了要满足前面各章讲述的正确、完整和清晰的要求外,还应使尺寸标注合理。本节所叙述的尺寸仅指公称尺寸。

标注尺寸合理是指所注尺寸既要符合设计要求,保证机器的使用性能,又要满足加工工艺要求,以便于零件的加工、测量和检验。要达到合理的要求,必须具备一定的生产实际经验和掌握有关专业知识。因此,本节仅着重介绍合理标注尺寸应考虑的几个问题。

一、主要尺寸直接注出

主要尺寸是指直接影响零件在机器或部件中的工作性能和准确位置的尺寸,如零件间的配合尺寸、重要的安装定位尺寸等。如图 9-8a 所示轴承座,轴承孔的中心高 h_1 和安装孔的间距尺寸 l_1 必须直接注出,而不应如图 9-8b 所示,主要尺寸 h_1、l_1 没有直接注出,要通过其他尺寸 h_2、h_3 和 l_2、l_3 间接计算得到,从而造成尺寸误差的积累。

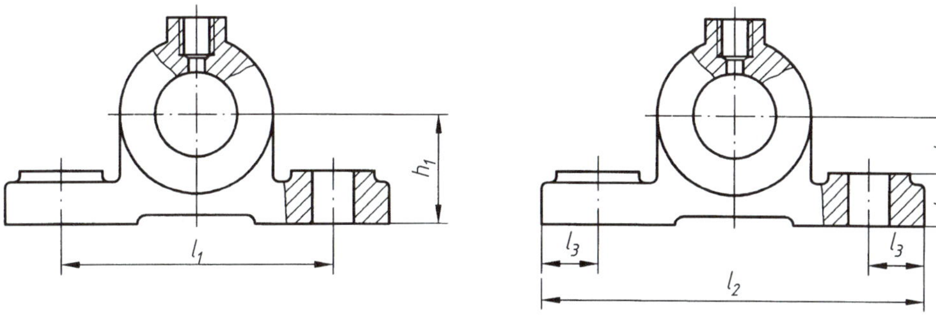

(a) 正确　　(b) 不正确

图 9-8　主要尺寸应直接注出

① 公称尺寸和上、下极限偏差的定义见 §9-5。

二、合理选择基准

尺寸基准一般选择零件上的一些平面和直线。面基准常选择零件上较大的加工面、与其他零件的结合面、零件的对称平面、重要端面和轴肩等。如图 9-9 所示的轴承座，高度方向的主要尺寸基准是安装面，也是最大的加工面；长度方向尺寸以左右对称面为主要基准；宽度方向尺寸以前后对称面为主要基准。线基准一般选择轴和孔的轴线、对称中心线等。如图 9-10 所示的轴，长度方向（轴向）尺寸以端面 *I*（重要端面）为主要基准，并以轴线作为直径方向的尺寸基准（径向基准），同时也是高度和宽度方向的尺寸基准。

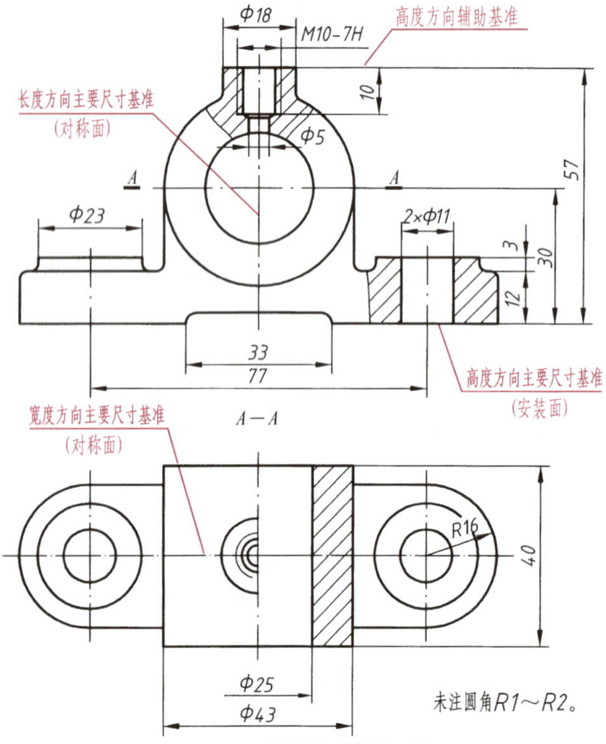

图 9-9　基准的选择（一）

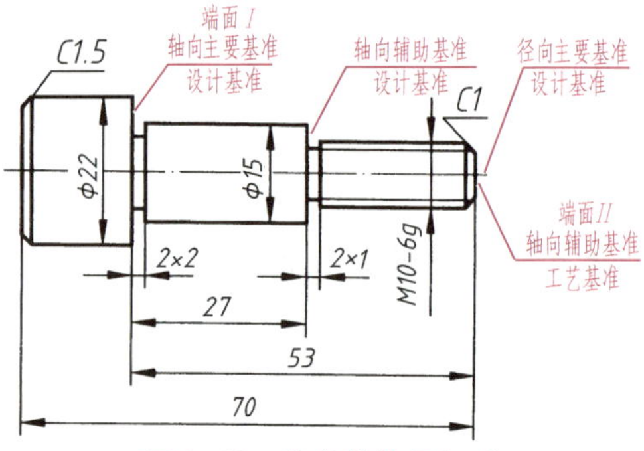

图 9-10　基准的选择（二）

由于每个零件都有长、宽、高三个方向的尺寸，因此每个方向都有一个主要尺寸基准。在同一方向上还可以有一个或几个与主要尺寸基准有尺寸联系的辅助基准。基准按用途可分为设计基准和工艺基准：设计基准是用来确定零件在部件中准确位置的基准，常选其中之一作为尺寸标注的主要基准；工艺基准是为便于加工和测量而选定的基准。如图 9-9 所示，轴承座的底面为高度方向的主要基准，也是设计基准，由此出发标注轴承孔中心高度 30 和总高 57，再以顶面作为高度方向的辅助基准，也是工艺基准，由此标注顶面上螺孔的深度尺寸 10。如图 9-10 所示的轴，要求各圆柱面同轴线，所以轴线为径向（高度和宽度）尺寸的设计基准，由此注出尺寸 φ22、φ15、M10 等。轴肩处的端面 *I* 是设计基准，又是轴向（长度）尺寸的主要基准，由此注出尺寸 27、53 和 2×2；以右端面 *II* 为长度方向的辅助基准（工艺基准），标注尺寸 70，再以螺纹退刀槽的左端面为长度方向的辅助基准，标注尺寸 2×1。

三、避免出现封闭尺寸链

零件同一方向上的尺寸可以首尾相接，列成尺寸链的形式，如图 9-11a 所示的阶梯轴上标注的尺寸 l_2、l_3、l_4；但不能如图 9-11b 所示，长度方向尺寸 l_1、l_2、l_3、l_4 首尾相接，从一个始点开始，一个尺寸接一个尺寸，最后又回到始点，构成封闭尺寸链，这种情况应该避免。因为 l_4 是 l_1、l_2、l_3 之和，而每个尺寸在加工后都有误差，则 l_4 的误差为另外三个尺寸误差的总和，可能使 l_4 达不到设计要求。所以应选一个次要尺寸（例如 l_1）空出不注，以便所有的尺寸误差都积累到这一段，保证尺寸 l_4 的精度，见图 9-11a，没有注出 l_1，就避免了标注封闭尺寸链的情况。

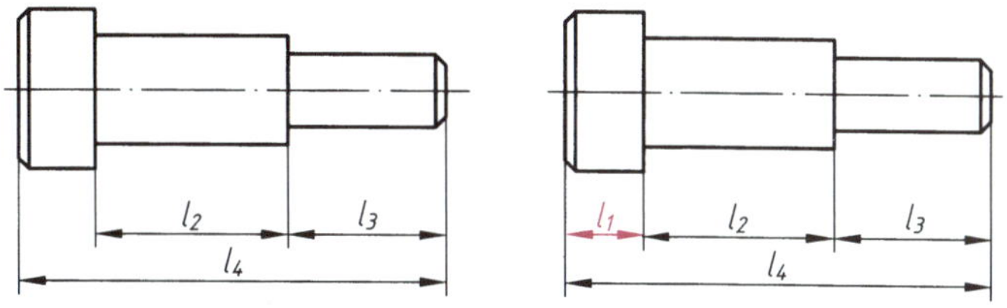

(a) 正确　　(b) 不正确

图 9-11　避免出现尺寸封闭链示例

四、标注尺寸要便于加工和测量

1. 考虑符合加工顺序的要求

如图 9-12a 所示的小轴，长度方向尺寸的标注符合加工顺序。从图 9-12b 所示的小轴在车

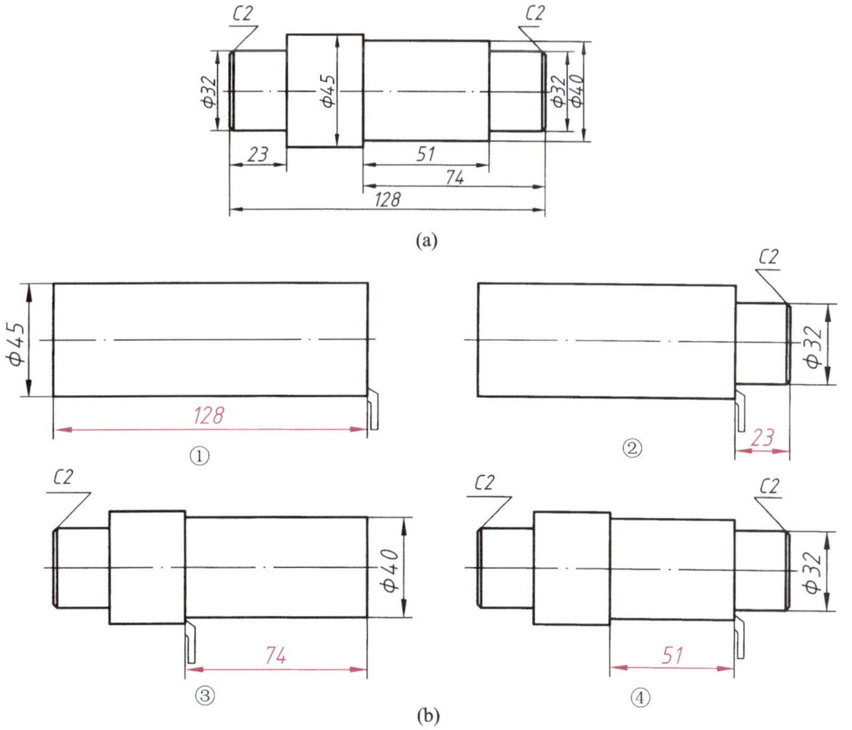

图 9-12　标注尺寸宜符合加工工序

床上的加工顺序可看出，从下料到每一加工工序①～④，都在图中直接注出所需尺寸（图中第②道工序后，将小轴调头；尺寸 51 为设计要求的主要尺寸）。

2. 考虑测量、检验方便的要求

图 9-13 是常见的几种断面形状，显然图 9-13a 中标注的尺寸便于测量、检验，而图 9-13b 中标注的尺寸不便于测量。同理，在图 9-14 所示的套筒中所标注的长度尺寸，请读者自行分析，为什么图 9-14a 中标注的尺寸便于测量检验。

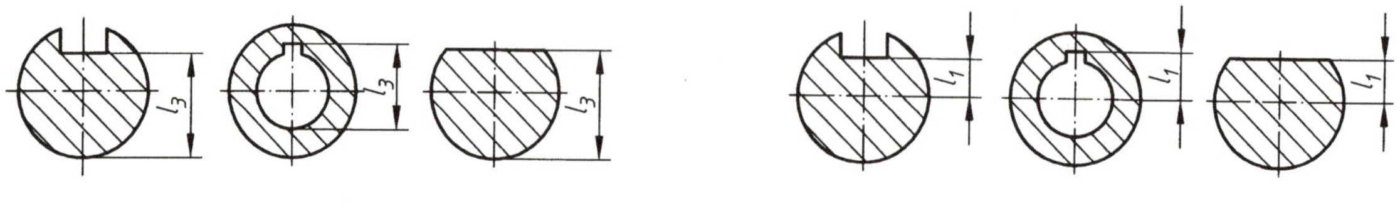

图 9-13　标注尺寸要考虑便于测量、检验示例（一）

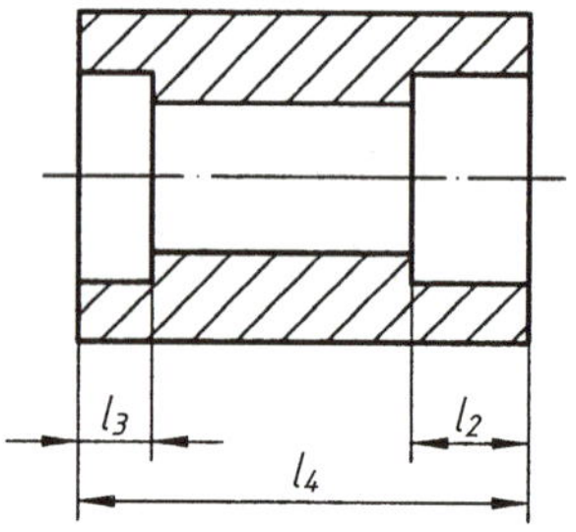

图 9-14　标注尺寸要考虑便于测量、检验示例（二）

【例 9-1】　标注减速器中从动轴的尺寸（图 9-15）。

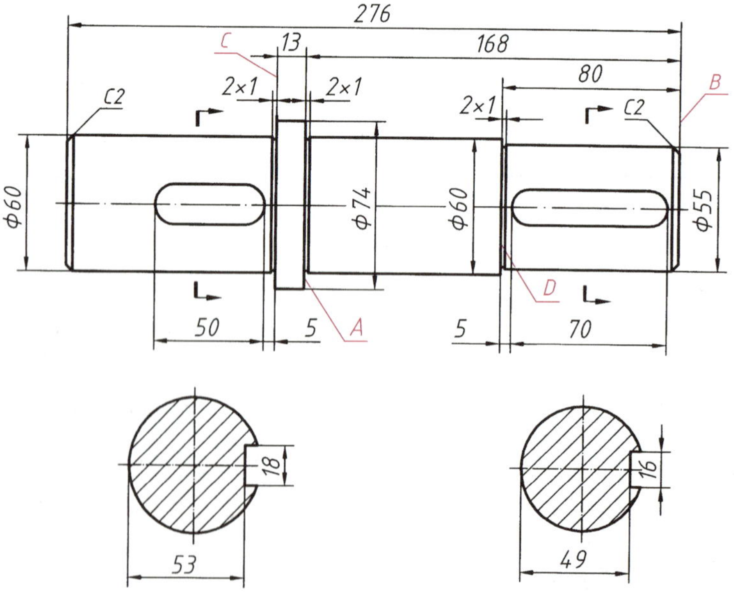

图 9-15　标注尺寸示例（一）

【解】 按轴的加工特点和工作情况，选择轴线为宽度和高度方向的主要基准，端面 A 为长度方向的主要基准，对回转体类零件常用这样的基准，前者即为径向基准，后者则为轴向基准。

标注尺寸的顺序如下：

（1）由径向基准直接注出尺寸 $\phi74$、$\phi60$、$\phi60$、$\phi55$。

（2）由轴向主要基准端面 A 直接注出尺寸 168 和 13，定出轴向辅助基准 B 和 C，由轴向辅助基准 B 标注尺寸 80，定出轴向辅助基准 D。

（3）由轴向辅助基准 C、D 分别注出两个键槽的定位尺寸 5，并注出两个键槽的长度 50、70。

（4）按尺寸注法的规定注出键槽的断面尺寸以及砂轮越程槽和倒角的尺寸。

【例 9-2】 标注踏脚座的尺寸（图 9-16）。

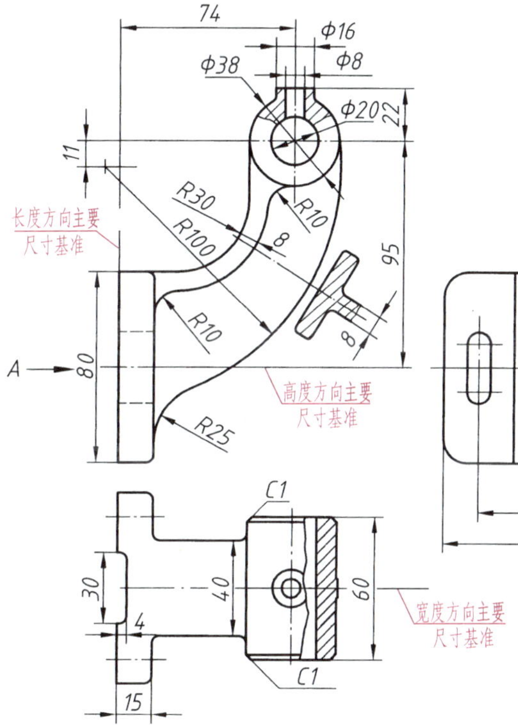

图 9-16 标注尺寸示例（二）

【解】 对于非回转体类零件，标注尺寸时通常选用较大的加工面、重要的安装面、与其他零件的结合面或主要结构的对称面作为主要尺寸基准。图 9-16 所示的踏脚座，选取安装板左端面作为长度方向的主要尺寸基准；选取安装板的上下对称面作为高度方向的主要尺寸基准；选取踏脚座前后对称面作为宽度方向的主要尺寸基准。标注尺寸的顺序如下：

（1）由长度方向主要尺寸基准安装板左端面注出尺寸 74，由高度方向主要尺寸基准安装板上下对称面注出尺寸 95，从而确定上部轴承的轴线位置。

（2）以轴承的轴线作为径向辅助基准，注出轴承的径向尺寸 $\phi20$、$\phi38$。由轴承的轴线出发，按高度方向分别注出 22、11，确定轴承顶面和踏脚座连接板 $R100$ 的圆心位置。

（3）由宽度方向的主要尺寸基准踏脚座的前后对称面，在俯视图中注出尺寸 30、40、60，以及在 A 向局部视图中注出尺寸 60、90。

其他的尺寸请读者自行继续分析和标注。

§9-4 表面结构在图样上的表示法

零件图中除了图形和尺寸外，还有制造该零件时应满足的一些加工要求，通常称为“技术要求”，如表面粗糙度、尺寸公差、几何公差以及材料热处理等。在机械图样上，为保证零件装配后的使用要求，除了对零件各部分结构给出尺寸公差、几何公差的要求外，还要根据功能需要对零件的表面质量——表面结构给出要求。表面结构是表面粗糙度、表面波纹度、表面缺陷、表面纹理和表面几何形状的总称。表面结构的各项要求在图样、说明书、合同、报告中的表示法在 GB/T 131—2006《产品几何技术规范(GPS) 技术产品文件中表面结构的表示法》中均有具体规定。本节主要讲述表面粗糙度在图样上的表示法，并简略介绍表面结构的一些其他补充要求，未详尽处需用时请查阅 GB/T 131—2006。

一、基本概念及术语

1. 表面粗糙度　零件经过机械加工后的表面会留有许多高低不平的凸峰和凹谷，零件加工表面上具有较小间距和峰谷所组成的微观几何形状特性称为表面粗糙度。表面粗糙度与加工方法、切削刀具和工件材料等各种因素都有密切关系。

表面粗糙度是评定零件表面质量的一项重要技术指标，对于零件的配合、耐磨性、抗腐蚀性以及密封性等都有显著影响，是零件图中必不可少的一项技术要求。

零件表面粗糙度的选用，应该既满足零件表面的功能要求，又要考虑经济合理。一般情况下，凡是零件上有配合要求或有相对运动的表面，粗糙度参数值要小，参数值越小，表面质量越高，但加工成本也越高。因此，在满足使用要求的前提下，应尽量选用较大的粗糙度参数值，以降低成本。

2. 表面波纹度　在机械加工过程中，由于机床、工件和刀具系统的振动，在工件表面所形成的间距比粗糙度大得多的表面不平度称为波纹度。零件表面的波纹度是影响零件使用寿命和引起振动的主要因素。

3. 形状误差　主要由加工机床的几何精度、工件的安装误差、热处理变形等因素造成的误差。

表面粗糙度、表面波纹度以及表面几何形状误差总是同时生成并存在于同一表面(图 9-17)。

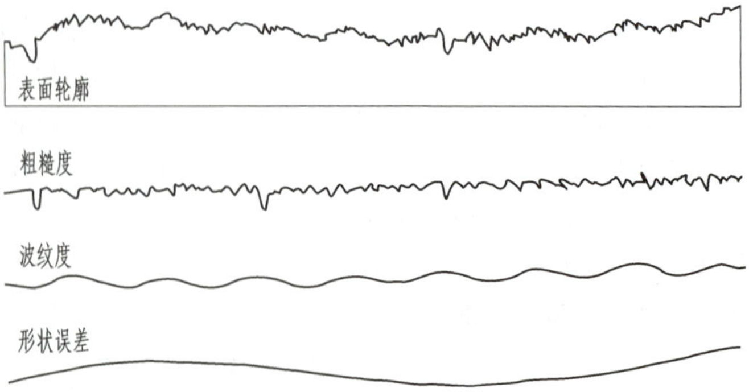

图 9-17　表面轮廓的构成

4. 评定表面结构常用的轮廓参数　对于零件表面结构的状况，可由三类参数加以评定：轮廓参数（由 GB/T 3505—2000 定义）、图形参数（由 GB/T 18618—2002 定义）、支承率曲线参数（由 GB/T 18778.2—2003 和 GB/T 18778.3—2006 定义）。其中轮廓参数是我国机械图样中最常用的评定参数。本节仅主要介绍轮廓参数中评定粗糙度轮廓（*R* 轮廓）的两个高度参数 *Ra* 和 *Rz*。

（1）算术平均偏差 *Ra*　指在一个取样长度内，纵坐标 $Z(x)$ 绝对值的算术平均值（图 9-18）。

（2）轮廓的最大高度 *Rz*　指在一个取样长度内，最大轮廓峰高与最大轮廓谷深之和的高度（图 9-18）。

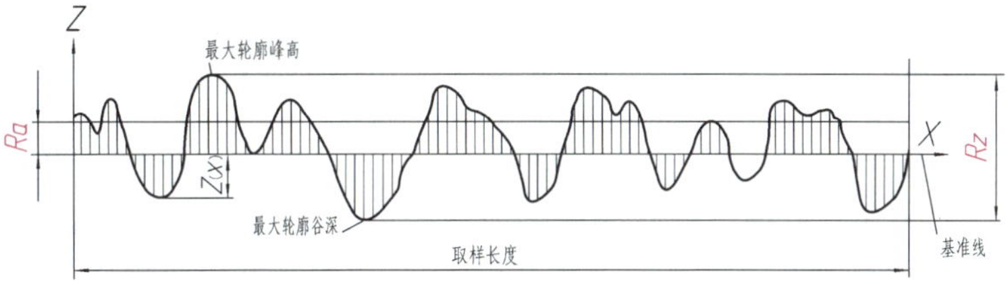

图 9-18　算术平均偏差 *Ra* 和轮廓的最大高度 *Rz*

通常选用高度参数 *Ra*、*Rz* 控制零件的表面粗糙度已能满足功能要求，轮廓算术平均偏差 *Ra* 是各国普遍采用的一个参数，既能反映加工表面的微观几何形状特征，又能反映凸峰高度；轮廓最大高度 *Rz* 只能反映表面轮廓的最大高度，不能反映轮廓微观几何形状特征，对某些表面不允许出现微观较深的加工痕迹（影响疲劳强度）和小零件表面（如轴承、仪表等）有实用意义。具体选用时，可参照生产中的实例，用类比法分别在 GB/T 1031—2009《产品几何技术规范（GPS）表面结构 轮廓法 表面粗糙度参数及其数值》所规定的这两个高度参数的数值系列中确定。*Ra* 的数值系列见表 9-1；*Rz* 的数值系列为：0.025 μm、0.05 μm、0.1 μm、0.2 μm、0.4 μm、0.8 μm、1.6 μm、3.2 μm、6.3 μm、12.5 μm、25 μm、50 μm、100 μm、200 μm、400 μm、800 μm、1 600 μm。在表 9-1 中列举了 *Ra* 在上述数值系列中的各不同数值时的表面外观情况、加工方法、应用示例，使读者有所了解，供读者在读图和画图时参考。根据表面功能和生产经济合理性，当选用上述 *Ra*、*Rz* 的系列值不能满足要求时，可分别选取它们的补充系列值，需用时可查阅 GB/T 1031 的附录 A。

表 9-1　*Ra* 的数值系列以及不同表面粗糙度的外观情况、加工方法和应用举例　μm

Ra 的数值系列	表面外观情况	主要加工方法	应用示例
50、100	明显可见刀痕	粗车、粗铣、粗刨、钻、粗纹锉刀和粗砂轮加工。	粗糙度值最大的加工面，一般很少应用。
25	可见刀痕		
12.5	微见刀痕	粗车、刨、立铣、平铣、钻。	不接触表面、不重要的接触面，如螺钉孔、倒角、机座底面等。
6.3	可见加工痕迹	精车、精铣、精刨、铰、镗、粗磨等。	没有相对运动的零件接触面，如箱、盖、套筒要求紧贴的表面、键和键槽工作表面；相对运动速度不高的接触面，如支架孔、衬套、带轮轴孔的工作表面。
3.2	微见加工痕迹		
1.6	看不见加工痕迹		

续表

Ra 的数值系列	表面外观情况	主要加工方法	应用示例
0.8	可辨加工痕迹方向	精车、精铰、精拉、精镗、精磨等。	要求很好密合的接触面,如与滚动轴承配合的表面、锥销孔等;相对运动速度较高的接触面,如滑动轴承的配合表面,齿轮轮齿的工作表面等。
0.4	微辨加工痕迹方向		
0.2	不可辨加工痕迹方向		
0.1	暗光泽面	研磨、抛光、超级精细研磨等。	精密量具的表面、极重要零件的摩擦面,如汽缸的内表面、精密机床的主轴颈、坐标镗床的主轴颈等。
0.05	亮光泽面		
0.025	镜状光泽面		
0.012	雾状镜面		

5. 有关检验规范的基本术语　检验评定表面结构的参数值必须在特定条件下进行。国家标准规定,图样中注写参数代号及其数值要求的同时,还应明确其检验规范。

有关检验规范方面的基本术语有取样长度和评定长度、轮廓滤波器和传输带、极限值判断规则、单向极限或双向极限等。

(1) 取样长度和评定长度　以粗糙度高度参数的测量为例,由于表面轮廓的不规则性,测量结果与测量段的长度密切相关。当测量段过短时,各处的测量结果会产生很大差异;当测量段过长时,测量的高度值中将不可避免地包含波纹度的幅值。因此,应在图 9-2 中所示的 *X* 轴(即基准线)上选取一段适当长度进行测量,这段长度称为**取样长度** l_r。

在每一取样长度内的测得值通常是不等的,为取得表面粗糙度最可靠的值,一般取几个连续的取样长度进行测量,并以各取样长度内测量值的平均值作为测得的参数值。这段在 *X* 轴方向上用于评定轮廓的、包含着一个或几个取样长度的测量段称为**评定长度** l_n。

当参数代号后未注明取样长度个数时,评定长度即默认为 5 个取样长度,否则应注明个数。例如,在 *Rz* 0.4、*Ra* 3 0. 8、*Rz*1 3.2 中,0.8、0.4 和 3.2 分别是 *Ra*、*Rz* 的参数值,单位为 μm;参数代号与参数值之间的数字表示取样长度的个数,在 *Rz*0.4 的参数代号后未注明个数,即默认 5 个,在 *Ra*3　0.8 和 *Rz*1　3.2 中分别注明为 3 个和 1 个。

GB/T 1031—2009《产品几何技术规范(GPS)　表面结构　轮廓法　表面粗糙度参数及其数值》还提出了在一般情况下测量 *Ra*、*Rz* 时,推荐按表 9-2 和表 9-3 选用对应的取样长度,此时取样长度值的标注在图样上或技术文件中可省略。当有特殊要求时,应给出相应的取样长度值,并在图样上或技术文件中注出。对本书未述及的该标准中的其他内容,需用时请查阅该标准。

表 9-2　*Ra* 参数值与取样长度 l_r 值的对应关系

Ra/μm	l_r/mm	l_n/mm($l_n=5\times l_r$)
≥0.008～0.02	0.08	0.4
>0.02～0.1	0.25	1.25
>0.1～2.0	0.8	4.0
>2.0～10.0	2.5	12.5
>1.0～80.0	8.0	40.0

表 9-3　*Rz* 参数值与取样长度 l_r 的对应关系

Rz/μm	l_r/mm	l_n/mm($l_n=5\times l_r$)
≥0.025～0.10	0.08	0.4
>0.10～0.50	0.25	1.25
>0.50～10.0	0.8	4.0
>10.0～50.0	2.5	12.5
>50～320	8.0	40.0

（2）轮廓滤波器和传输带　国家标准规定用轮廓法对物体表面进行分析，平面与物体表面相交所得的轮廓称为表面轮廓。将表面轮廓在特定的仪器上进行滤波，以便分离获得所需波长范围的轮廓，这种可将轮廓分成长波和短波的仪器称为轮廓滤波器。由两个不同截止波长的滤波器分离获得的轮廓波长范围称为传输带。一般使用高斯（GS）轮廓滤波器，按滤波器的不同截止波长值由小到大顺次分为 λs、λc、λf 三种。对表面轮廓用 λs 滤波器滤波，即抑制波长比 λs 更短的短波成分，所得的轮廓称为原始轮廓（*P* 轮廓）；对原始轮廓再用 λc 滤波器滤波，即抑制波长比 λc 更长的长波成分，所得的轮廓称为粗糙度轮廓（*R* 轮廓）；对原始轮廓连续用 λc、λf 滤波器滤波所得的轮廓称为波纹度轮廓（*W* 轮廓）。*R* 轮廓传输带的截止波长代号是 λs 和 λc，λc 与取样长度 l_r 在数值上相等。

当参数代号前没有标注传输带时，表面结构采用默认的传输带。如果没有定义默认传输带、默认的短波滤波器或默认的取样长度（长波滤波器），则表面结构标注应该指定传输带，即短波滤波器或长波滤波器，以保证表面结构明确的要求。传输带应标注在参数代号的前面，并用斜线“/”隔开。传输带标注包括滤波器截止波长（mm），短波滤波器在前，长波滤波器在后，并用连字号“-”隔开，例如 0.002 5-0.8/*Rz*3.2。在某些情况下，在传输带中只标注两个滤波器中的一个，如果存在第二个滤波器，使用默认的截止波长值；如果只标注一个滤波器，应保留连字号来区分是短波滤波器，还是长波滤波器，例如 0.008-是短波滤波器标注，-0.25 是长波滤波器标注。

（3）极限值判断规则　完工零件的表面按检验规范测得轮廓参数值后，需与图样上给定的极限值比较，以判断其是否合格。极限值判断规则有两种：

1）16%规则　运用本规则时，当被检表面测得的全部参数值中超过极限值的个数不多于总个数的 16%时，该表面是合格的。

2）最大规则　运用本规则时，被检的整个表面上测得的参数值一个也不应超过给定的极限值。

16%规则是所有表面结构要求标注的默认规则，即当参数代号后未注写“max”字样时，均默认为应用 16%规则（例如 *Ra* 0.8）。反之，则应用最大规则（例如 *Ra* max 0.8）。

（4）单向极限或双向极限的标注　当只标注参数代号、参数值和传输带时，单向极限应默认为参数的上限值；如作为参数的单向下限值标注时，参数代号前应加 *L*，例如 *L Ra*0.32。表示双向极限值时，应标注极限代号，上限值在上方用 *U* 表示，下极限在下方用 *L* 表示，例如 $\begin{matrix} U\ Rz\ 0.8 \\ L\ Ra0.2 \end{matrix}$。如果同一参数具有双向极限要求，在不引起歧义的情况下，可以不加 *U*、*L*。上、下极限值可以用不同的参数代号和传输带表达。

二、标注表面结构的图形符号

标注表面结构要求时的图形符号见表 9-4。

表 9-4　标注表面结构要求时的图形符号

符号名称	符　　号	含　　义
基本图形符号		未指定工艺方法的表面，当通过一个注释解释时可单独使用。
扩展图形符号		用去除材料方法获得的表面，仅当其含义是“被加工表面”时可单独使用。
		不去除材料的表面，也可用于保持上道工序形成的表面，不管这种状况是通过去除或不去除材料形成的。
完整图形符号	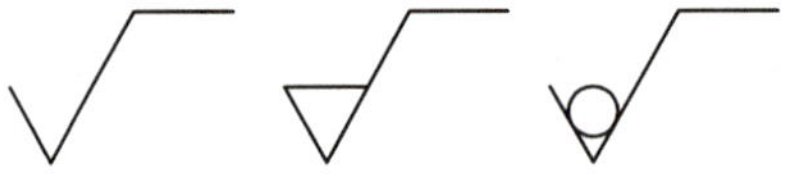	在以上各种符号的长边上加一横线，以便注写对表面粗糙度的各种要求。

当图样中某个视图上构成封闭轮廓的各表面有相同的表面结构要求时，在完整图形符号上加一圆圈，标注在封闭轮廓线上，如图 9-19 所示，图中的表面结构符号是指对图形中封闭轮廓的六个面的共同要求（不包括前后面）。

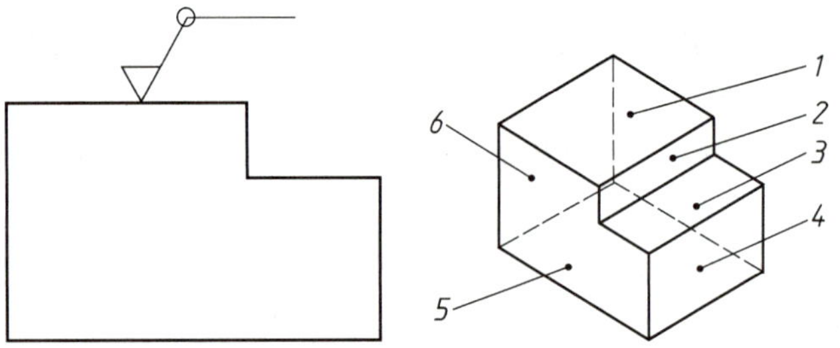

图 9-19　对周边各面有相同的表面结构要求的注法

三、图形符号的尺寸以及表面结构和补充要求的注写位置

为了明确表面结构要求，除了标注表面粗糙度参数代号和数值外，必要时应标注补充要求，包括传输带、取样长度、加工工艺、表面纹理及方向、加工余量等。图形符号的尺寸和这些要求在图形符号中的注写位置如图 9-20 所示。

四、表面结构代号

表面结构符号中注写了具体参数代号及参数值等要求后，称为表面结构代号。表面结构代号及其含义示例见表 9-5。

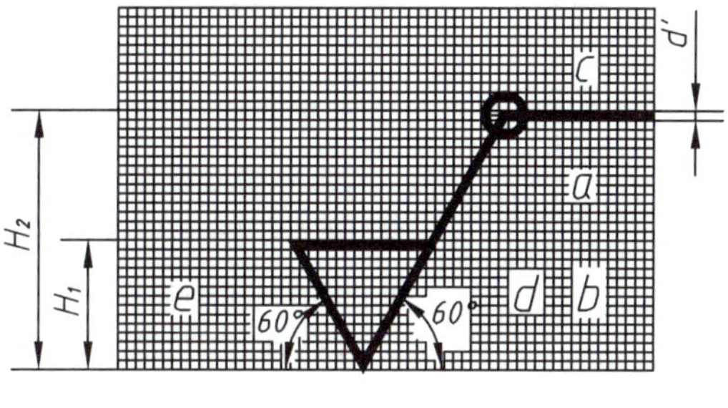

设图样的尺寸数字和字母高度为 h，则高度 H_1 等于比 h 大一号字体的高度；高度 H_2 的最小值 = $3h$，取决于标注内容；图形符号的线宽 d' = 字母线宽 $d = h/10$ mm

位置 *a*　注写表面结构的单一要求

位置 *a* 和 *b*　若需注写两个表面结构要求时，*a* 处注写第一个要求，*b* 处注写第二个要求；若要注写第三个或更多个要求，图形符号应在垂直方向扩大，以空出足够的空间，*a* 和 *b* 的位置随之上移，其下方紧接书写第三个或更多个要求，每个要求各自写成一行

位置 *c*　注写加工方法、表面处理、涂层等要求，如车、磨、铣、镀等

位置 *d*　注写表面纹理和纹理的方向，如 =、⊥、X、M 等符号，分别表示纹理平行、垂直于视图所在的投影面，纹理呈两斜向交叉与视图所在的投影面相交，纹理呈多方向等

位置 *e*　注写加工余量，以毫米为单位给出数值

图 9-20　表面结构图形符号的尺寸以及补充要求的注写位置

表 9-5　表面结构代号及其含义示例

序号	代号示例	含义/解释	补充说明
1	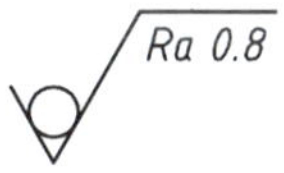	表示不允许去除材料，单向上限值，默认传输带，*R* 轮廓，算术平均偏差为 0.8 μm，评定长度为 5 个取样长度（默认），16%规则（默认）。	参数代号与极限值之间应留空格。本例未标注传输带，应理解为默认传输带，此时取样长度可在表 9-2 中查得为 0.8 mm，评定长度为 4 mm。
2	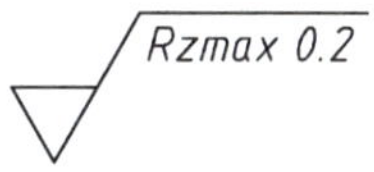	表示去除材料，单向上限值，默认传输带，*R* 轮廓，轮廓最大高度的最大值为0.2 μm，评定长度为 5 个取样长度（默认），最大规则。	示例 1～4 均为单向极限要求，且均为单向上限值，则均可不加注"*U*"；若为单向下限值，则应加注"*L*"。可从表 9-3 中查得取样长度为0.25 mm，评定长度为 1.25 mm。
3	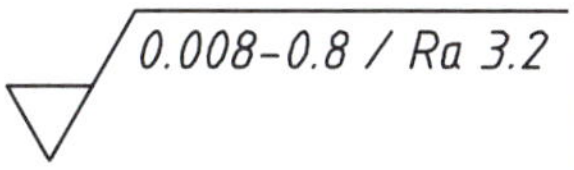	表示去除材料，单向上限值，传输带 0.008-0.8 mm，*R* 轮廓，算术平均偏差为 3.2 μm，评定长度为 5 个取样长度（默认），16%规则（默认）。	传输带"0.008－0.8"中的前后数值分别为短波和长波滤波器的截止波长（λs-λc），以示波长范围，此时取样长度等于 λc，即 l_r = 0.8 mm，评定长度为 4 mm。
4	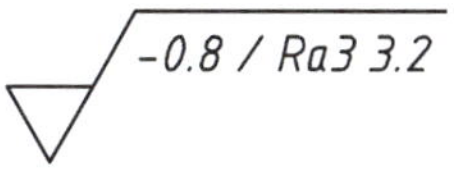	表示去除材料，单向上限值，传输带 0.002 5-0.8 mm，*R* 轮廓，算术平均偏差为 3.2 μm，评定长度包含 3 个取样长度，16%规则（默认）。	传输带仅注出一个截止波长值（本例 0.8 表示 λc 值）时，另一截止波长值 λs 应理解为默认值，由GB/T 6062中查知 λs = 0.002 5 mm。由表 9-2可知 l_r = 8.0 mm。l_n = 8.0×3 = 24.0 mm。

序号	代号示例	含义/解释	补充说明
5	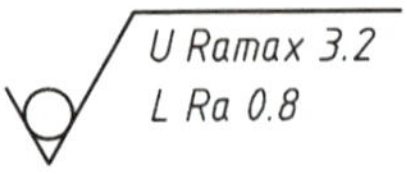	表示不允许去除材料，双向极限值，两极限值均使用默认传输带，*R* 轮廓。上限值：算术平均偏差为 3.2 μm，评定长度为 5 个取样长度（默认），最大规则。下限值：算术平均偏差为 0.8 μm，评定长度为 5 个取样长度（默认），16%规则（默认）。	本例为双向极限要求，用“*U*”和“*L*”分别表示上限值和下限值，在不致引起歧义时，可不加注“*U*”和“*L*”。

五、表面结构要求在图样中的注法

1. 表面结构要求对每一表面一般只注一次，并尽可能注在相应的尺寸及其公差的同一视图上。除非另有说明，所标注的表面结构要求是对完工零件表面的要求。

2. 表面结构的注写和读取方向与尺寸的注写和读取方向一致。表面结构要求可标注在轮廓线上，其符号应从材料外指向并接触表面（图 9-21）。必要时，表面结构也可用带箭头或黑点的指引线引出标注（图 9-21 和图 9-22）。

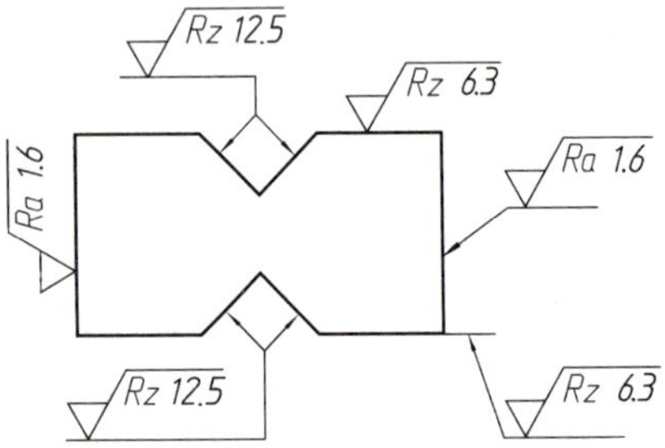

图 9-21　表面结构要求在轮廓线上的标注

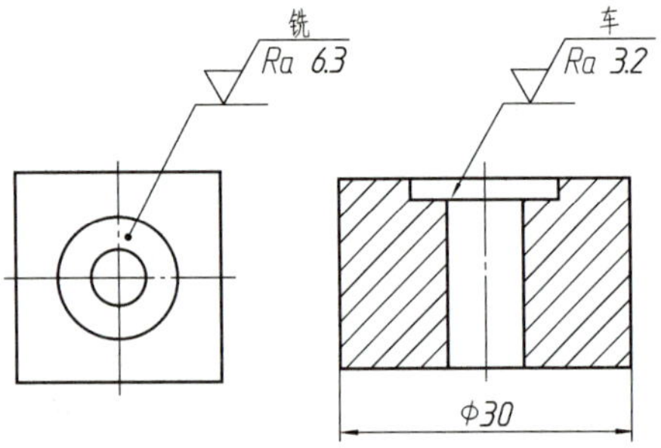

图 9-22　用指引线引出标注表面结构要求

3. 在不致引起误解时，表面结构要求可以标注在给定的尺寸线上（图 9-23）。

4. 表面结构要求可标注在几何公差框格①的上方（图 9-24）。

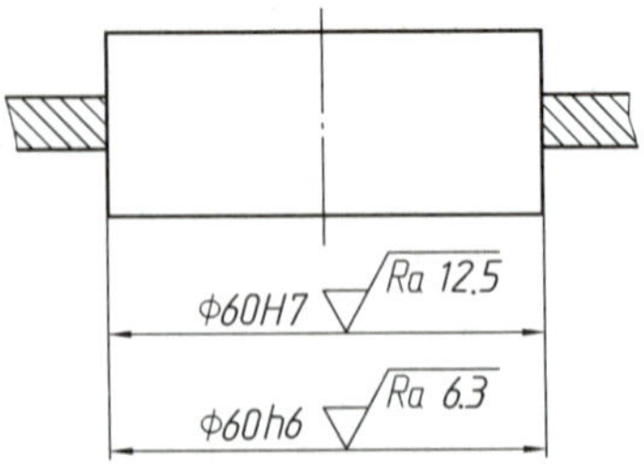

图 9-23　表面结构要求标注在尺寸线上

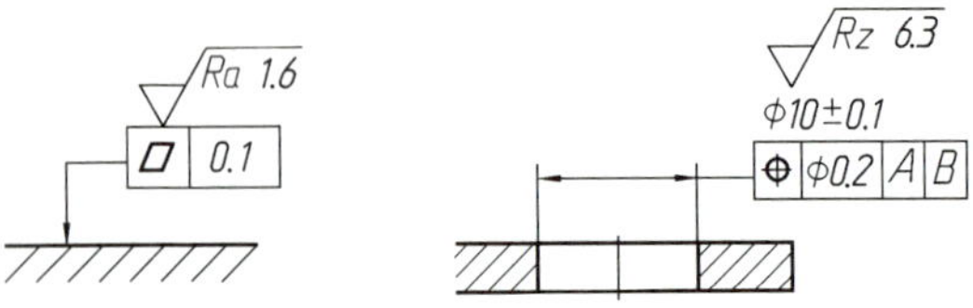

图 9-24　表面结构要求标注在几何公差框格的上方

① 几何公差将于 § 9-5 中作简介。

5. 圆柱和棱柱的表面结构要求只标注一次。圆柱的表面结构要求标注在圆柱特征或其轮廓线上(图 9-25 和图 9-26)。如果每个棱柱表面有不同的表面结构要求,则应分别单独标注(图 9-26)。

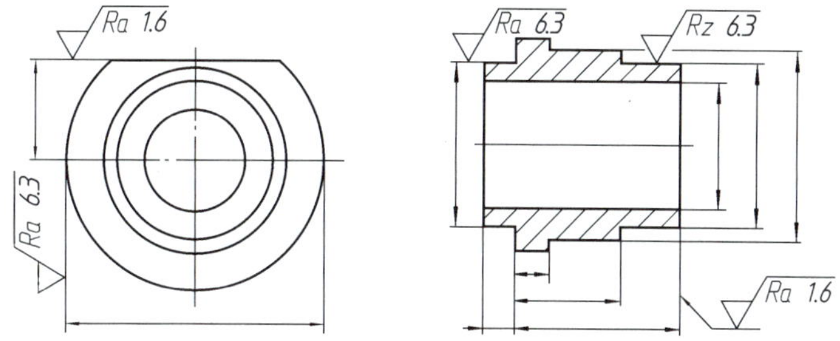

图 9-25　表面结构要求标注在圆柱特征或其延长线上

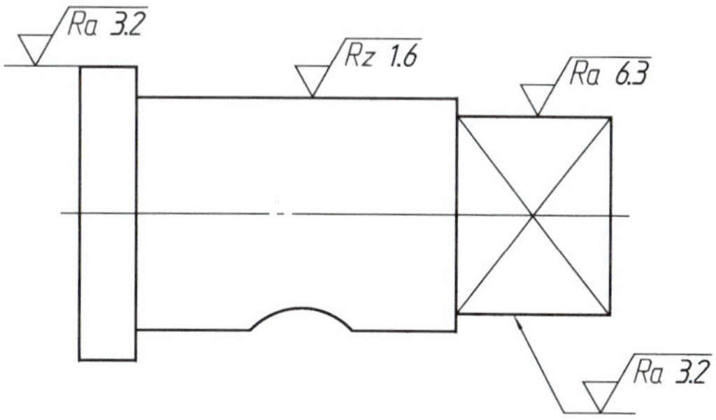

图 9-26　圆柱和棱柱的表面结构要求的注法

六、表面结构要求在图样中的简化注法

1. 有相同表面结构要求的简化注法　如图 9-27 所示,如果在工件的多数(包括全部)表面有相同的表面结构要求时,则其表面结构要求可统一标注在图样的标题栏附近(不同的表面结构要求应直接标注在图形中)。此时,表面结构要求的符号后面应有:在圆括号内给出无任何其他标注的基本符号(图 9-27a)或在圆括号内给出不同的表面结构要求(图 9-27b)。

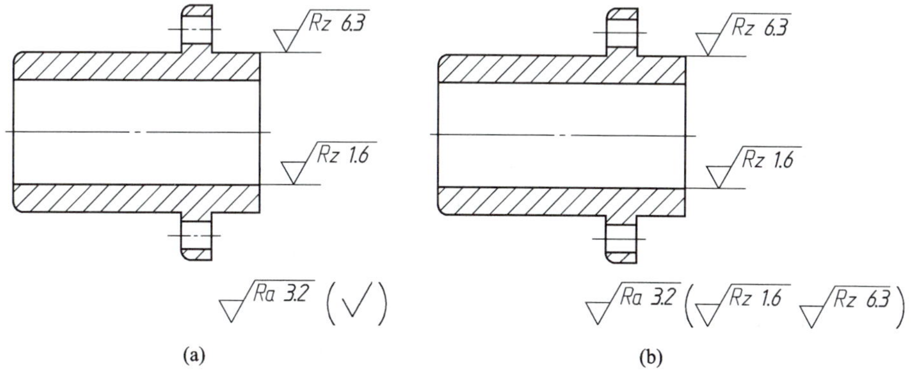

图 9-27　大多数表面有相同表面粗糙度要求的简化注法

2. 多个表面有共同要求的注法

(1) 用带字母的完整符号的简化注法　如图 9-28 所示,用带字母的完整符号以等式的形式,在图形或标题栏附近对有相同表面结构要求的表面进行简化标注。

图 9-28　在图纸空间有限时的简化注法

(2) 只用表面结构符号的简化注法　如图 9-29 所示，用表面结构符号以等式的形式给出多个表面共同的表面结构要求。图中的这三个简化注法，分别表示未指定工艺方法、要求去除材料、不允许去除材料的表面结构代号。

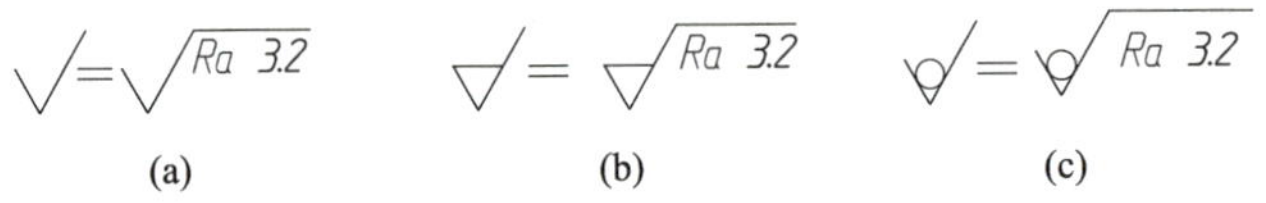

图 9-29　多个表面结构要求的简化注法

3. 两种或多种工艺获得的同一表面的注法

由几种不同的工艺方法获得的同一表面，当需要明确每种工艺方法的表面结构要求时，可按图 9-30a 所示进行标注(图中 Fe 表示基体材料为钢，Ep 表示加工工艺为电镀)。

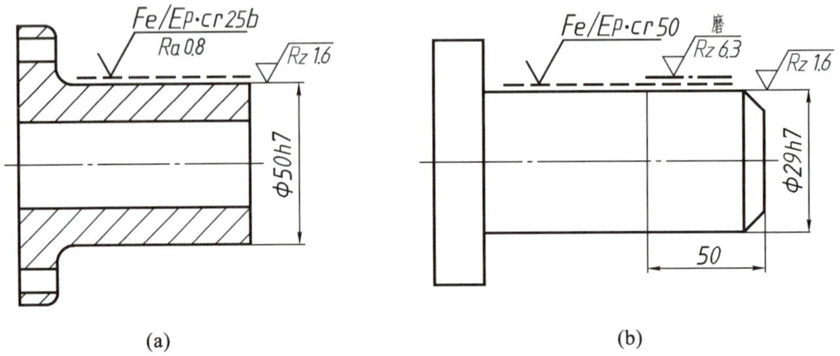

图 9-30　多种工艺获得同一表面的注法

图 9-30b 所示为三个连续的加工工序的表面结构、尺寸和表面处理的标注。

第一道工序：单向上限值，Rz = 1.6 μm，“16%规则”(默认)，默认评定长度，默认传输带，表面纹理没有要求，去除材料的工艺。

第二道工序：镀铬，无其他表面结构要求。

第三道工序：一个单向上限值，仅对长为 50mm 的圆柱表面有效，Rz = 6.3 μm，“16%规则”(默认)，默认评定长度，默认传输带，表面纹理没有要求，磨削加工工艺。

§9-5　极限与配合以及几何公差简介

极限与配合[①]以及几何公差，是零件图和装配图中重要的技术要求，也是检验产品质量的技术指标。国家发布了有关极限与配合、几何公差的标准。

① 配合的内容将在第十章装配图中应用。

一、极限与配合的基本概念

（一）零件的互换性

当装配一台机器或部件时，从一批规格相同的零件中任取一件，不经修配就能立即装到机器或部件上，并能保证使用要求。零件的这种性质称为互换性。零件具有互换性，不仅给机器的装配、维修带来方便，而且满足生产部门广泛的协作要求，为大批量和专门化生产创造条件，从而缩短生产周期，提高劳动效率和经济效益。机器或部件中的零件，不论是标准件或非标准件要具有互换性，还需由极限制与配合制来保证。互换性是制订极限与配合标准的依据。

（二）尺寸公差

零件在制造过程中，由于机床精度、刀具磨损、测量误差等因素的影响，完工后的尺寸与公称尺寸间总会存在一定的误差，所以在设计中对零件的尺寸应分别规定合理的尺寸精度。精度高，误差小，但加工难，成本高；若精度低，则相反。所以应在满足设计要求的前提下，考虑加工的可能性和经济性，尽量选用较低的精度，按选用的精度等级，必须将零件的尺寸控制在允许变动的范围内。为保证零件的互换性，也必须将零件的尺寸控制在允许变动的范围内。这些允许的尺寸变动量称为尺寸公差。关于极限与配合制所确定的一些主要术语，以图 9-31a圆柱孔的尺寸 $\phi30\pm0.01$为例，简要说明如下：

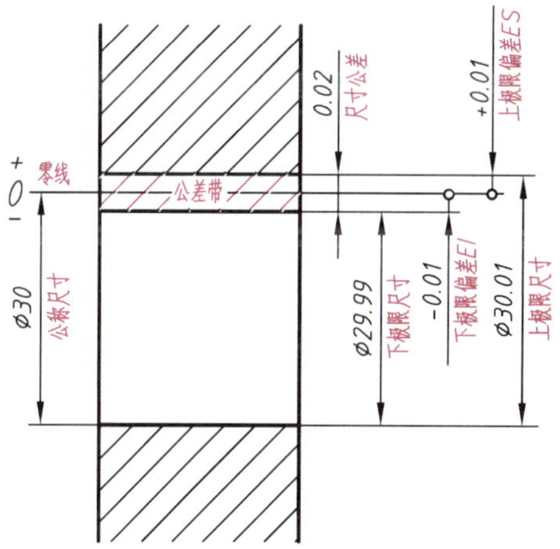

(a) 术语解释

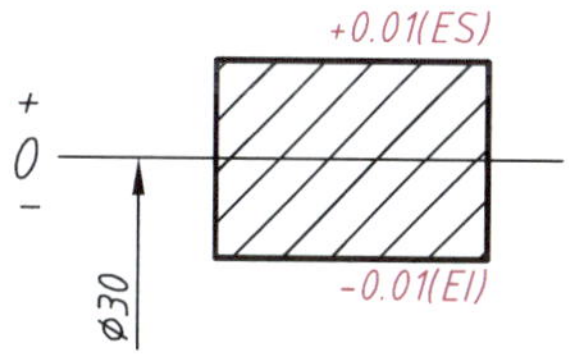

(b) 公差带图

图 9-31　极限与配合制中的一些术语解释及公差带图

1. 公称尺寸　由图样规范确定的理想形状要素的尺寸：$\phi30$，是设计给定的尺寸。

2. 极限尺寸　允许尺寸变动的两个极限值：

上极限尺寸　30+0.01=30.01 mm，即允许的最大尺寸。

下极限尺寸　30−0.01=29.99 mm，即允许的最小尺寸。

3. 极限偏差　极限尺寸减公称尺寸所得的代数差。即上极限尺寸和下极限尺寸减公称尺寸所得的代数差，分别为上极限偏差和下极限偏差，统称极限偏差。孔的上、下极限偏差代号分别用大写字母 ES 和 EI 表示；轴的上、下极限偏差代号分别用小写字母 es 和 ei 表示。

上极限偏差　ES=30.01−30=+0.01 mm

下极限偏差　EI=29.99-30=-0.01 mm

4. 尺寸公差　允许尺寸的变动量，即上极限尺寸减下极限尺寸，也等于上极限偏差减下极限偏差所得的代数差。尺寸公差是一个没有符号的绝对值。

公差：30.01-29.99=0.02 mm

或 |0.01-(-0.01)|=0.02 mm

5. 公差带、公差带图和零线　公差带是表示公差大小和相对零线位置的一个区域。为简化起见，一般只画出上、下极限偏差围成的矩形框简图，称为公差带图，如图 9-31b 所示。在公差带图中，零线是表示公称尺寸的一条直线，以其为基准确定偏差和公差（图 9-31）。零线通常沿水平方向绘制，正偏差位于其上，负偏差位于其下。

6. 极限制　经标准化的公差与偏差制度，称为极限制。

（三）配合

公称尺寸相同的、相互结合的孔和轴公差带之间的关系，称为配合。由于制造完工后的零件的孔和轴的尺寸不同，配合后会产生间隙或过盈。孔的尺寸减去相配合轴的尺寸之差为正时是间隙，为负时是过盈。

根据实际需要，配合分为三类：间隙配合、过盈配合、过渡配合。

1. 间隙配合

具有间隙（包括最小间隙等于零）的配合，称为间隙配合。此时，孔的公差带在轴的公差带之上（图 9-32a）。当孔与轴处于间隙配合时，通常轴在孔中能做相对运动。

2. 过盈配合

具有过盈（包括最小过盈等于零）的配合，称为过盈配合。此时，孔的公差带在轴的公差带之下（图 9-32b）。当孔与轴处于过盈配合时，通常需要一定的外力或使带孔的零件加热膨胀后才能将轴装入孔中，所以轴与孔装配后不能做相对运动。

3. 过渡配合

可能具有间隙或过盈的配合，称为过渡配合。此时，孔的公差带与轴的公差带相互交叠（图 9-32c）。

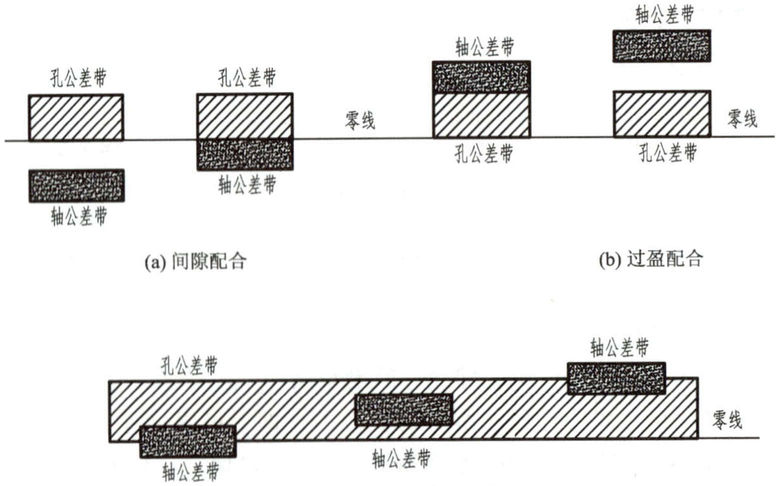

图 9-32　三类配合的示意图

（四）标准公差与基本偏差

为了满足不同的配合要求，国家标准规定，孔、轴公差带由标准公差和基本偏差两个要素组成。标准公差确定公差带大小，基本偏差确定公差带位置，如图 9-33 所示。

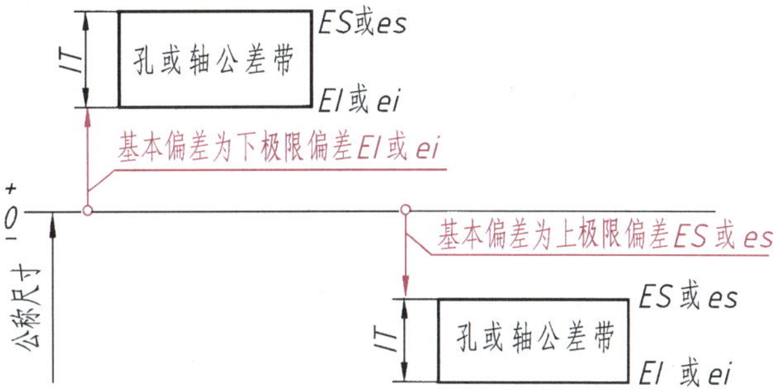

图 9-33　公差带大小及位置

1. 标准公差（IT）

标准公差是 GB/T 1800.1—2009 极限与配合制中所规定的任一公差。标准公差的数值由公称尺寸和公差等级来确定，其中公差等级确定尺寸的精确程度。标准公差顺次分为 20 个等级，即 IT01、IT0、IT1、…IT18。IT 表示公差，数字表示公差等级，IT01 公差值最小，精度最高；IT18 公差值最大，精度最低。在 20 个标准公差等级中，IT01～IT12 用于配合尺寸。各级标准公差的数值可查阅表 9-6。

表 9-6　标准公差数值（GB/T 1800.1—2009）

公称尺寸/mm		标准公差等级																	
		IT1	IT2	IT3	IT4	IT5	IT6	IT7	IT8	IT9	IT10	IT11	IT12	IT13	IT14	IT15	IT16	IT17	IT18
大于	至	μm											mm						
—	3	0.8	1.2	2	3	4	6	10	14	25	40	60	0.1	0.14	0.25	0.4	0.6	1	1.4
3	6	1	1.5	2.5	4	5	8	12	18	30	48	75	0.12	0.18	0.3	0.48	0.75	1.2	1.8
6	10	1	1.5	2.5	4	6	9	15	22	36	58	90	0.15	0.22	0.36	0.58	0.9	1.5	2.2
10	18	1.2	2	3	5	8	11	18	27	43	70	110	0.18	0.27	0.43	0.7	1.1	1.8	2.7
18	30	1.5	2.5	4	6	9	13	21	33	52	84	130	0.21	0.33	0.52	0.84	1.3	2.1	3.3
30	50	1.5	2.5	4	7	11	16	25	39	62	100	160	0.25	0.39	0.62	1	1.5	2.5	3.9
50	80	2	3	5	8	13	19	30	46	74	120	190	0.3	0.46	0.74	1.2	1.9	3	4.6
80	120	2.5	4	6	10	15	22	35	54	87	140	220	0.35	0.54	0.87	1.4	2.2	3.5	5.4
120	180	3.5	5	8	12	18	25	40	63	100	160	250	0.4	0.63	1	1.6	2.5	4	6.3
180	250	4.5	7	10	14	20	29	46	72	115	185	290	0.46	0.72	1.15	1.85	2.9	4.6	7.2
250	315	6	8	12	16	23	32	52	81	130	210	320	0.52	0.81	1.3	2.1	3.2	5.2	8.1
315	400	7	9	13	18	25	36	57	89	140	230	360	0.57	0.89	1.4	2.3	3.6	5.7	8.9
400	500	8	10	15	20	27	40	63	97	155	250	400	0.63	0.97	1.55	2.5	4	6.3	9.7

注：公称尺寸≤1 mm 时，无 IT14～IT18。公称尺寸在 500～3 150 mm 范围内的标准公差数值本表未列入，标准公差等级 IT01 和 IT0 在工业中很少用到，本表也未列入，需用时可查阅该标准。

2. 基本偏差

基本偏差是 GB/T 1800.1—2009 极限与配合制中，确定公差带相对零线位置的上极限偏差或下极限偏差，一般是指孔和轴的公差带中靠近零线的那个偏差。当公差带在零线的上方时，基本偏差为下极限偏差；反之则为上极限偏差，如图 9-33 所示。基本偏差代号对孔用大写字母 A、…、ZC 表示，对轴用小写字母 a、…、zc 表示。

GB/T 1800.1—2009 对孔和轴各规定了 28 个基本偏差，如图 9-34 所示。其中 A~H（a~h）用于间隙配合；J~ZC（j~zc）用于过渡配合和过盈配合。从基本偏差系列图中可以看到：孔的基本偏差 A~H 为下极限偏差，J~ZC 为上极限偏差；轴的基本偏差 a~h 为上极限偏差；j~zc 为下极限偏差；JS 和 js 的上、下极限偏差对零线对称，孔和轴的上、下极限偏差分别都是 $+\frac{IT}{2}$、$-\frac{IT}{2}$。基本偏差系列示意图只表示公差带的位置，不表示公差带的大小，因此，公差带的一端是开口的，开口的另一端由标准公差限定。

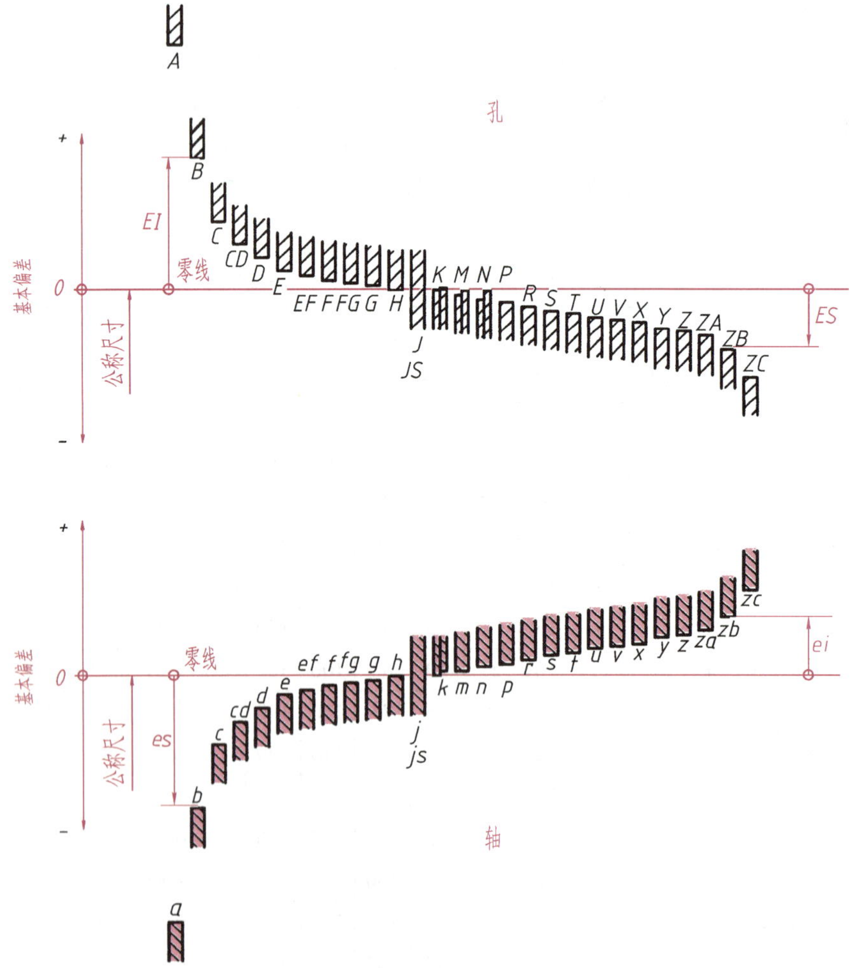

图 9-34 基本偏差系列示意图

如果基本偏差和标准公差等级确定了,那么孔和轴的公差带位置和大小就确定了,这时它们的配合类别也确定了。

根据尺寸公差的定义,基本偏差和标准公差有以下计算式:

$$ES = EI + IT \text{ 或 } EI = ES - IT$$

$$ei = es - IT \text{ 或 } es = ei + IT$$

轴和孔的公差带由基本偏差代号与公差等级数字表示。例如:

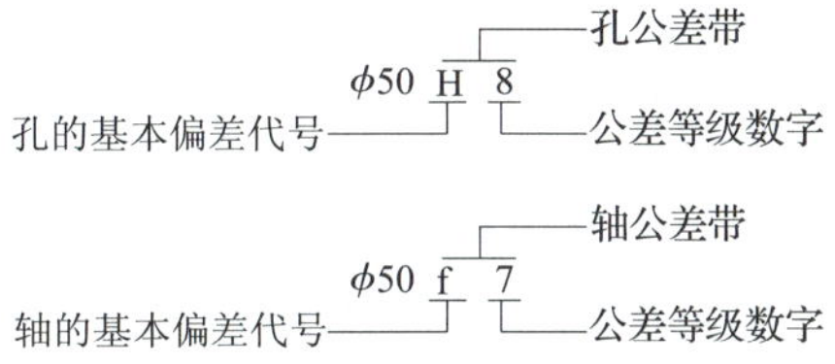

(五)配合制

同一极限制的孔和轴组成的一种配合制度,称为配合制。亦即在制造互相配合的零件时,使其中一种零件作为基准件,它的基本偏差固定,通过改变另一种非基准件的偏差来获得各种不同性质的配合制度。根据生产实际需要,GB/T 1800.1—2009 规定了两种配合制:基孔制配合和基轴制配合。与标准件配合时,通常选择标准件为基准件,例如滚动轴承内圈与轴的配合为基孔制配合,外圈与座孔的配合为基轴制配合。因此,在装配图中与滚动轴承配合的轴和孔,只标注轴或孔的公差带代号,滚动轴承内、外直径尺寸的极限偏差另有标准,规定一般不标注。

1. 基孔制配合　基本偏差为一定的孔的公差带,与不同基本偏差的轴的公差带形成各种配合的一种制度。基孔制配合的孔称为基准孔,其基本偏差代号为 H,下极限偏差为零,即它的下极限尺寸等于公称尺寸。图 9-35 所示就是采用基孔制配合的三种配合示例。

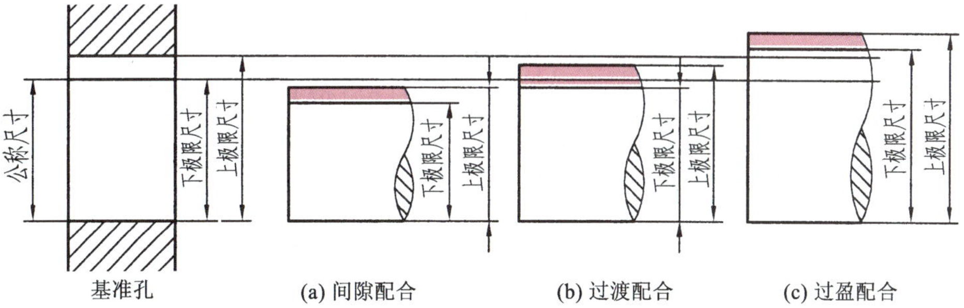

图 9-35　基孔制配合

2. 基轴制配合　基本偏差为一定的轴的公差带,与不同基本偏差的孔的公差带形成各种配合的一种制度。基轴制配合的轴称为基准轴,其基本偏差代号为 h,上极限偏差为零,即它的上极限尺寸等于公称尺寸。图 9-36 所示就是采用基轴制配合的三种配合示例。

(六)优先、常用配合

从经济性出发,避免刃和量具品种、规格不必要的繁杂,GB/T 1800.2—2009 对公差带的选择作了限制,但仍然很广。GB/T 1801—2009 作了进一步的限制,规定了公称尺寸至 3 150 mm的孔、轴公差带的选择范围,并将允许选用的公称尺寸至500 mm 的孔、轴公差带分为

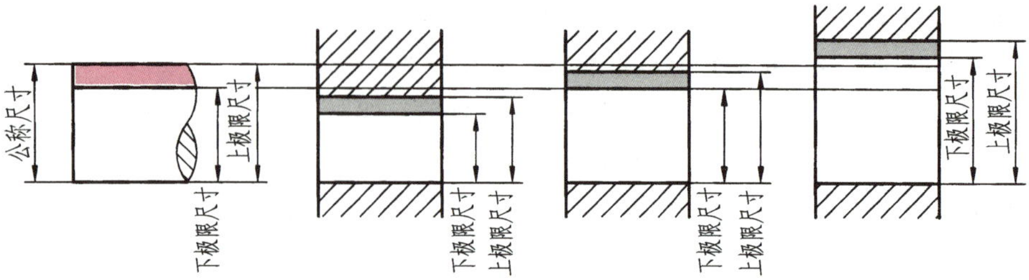

基准轴　(a) 过盈配合　(b) 过渡配合　(c) 间隙配合

图 9-36　基轴制配合

“优先选用”、“其次选用”和“最后选用”三个层次，通常将优先选用和其次选用合称为常用。基孔制常用配合共 59 种，其中优先配合 13 种，见表 9-7；基轴制常用配合共 47 种，其中优先配合 13 种，见表 9-8。

表 9-7　基孔制优先、常用配合

基准孔	轴																				
	a	b	c	d	e	f	g	h	js	k	m	n	p	r	s	t	u	v	x	y	z
	间隙配合								过渡配合			过盈配合									
H6						H6/f5	H6/g5	H6/h5	H6/js5	H6/k5	H6/m5	H6/n5	H6/p5	H6/r5	H6/s5	H6/t5					
H7						H7/f6	H7/g6	H7/h6	H7/js6	H7/k6	H7/m6	H7/n6	H7/p6	H7/r6	H7/s6	H7/t6	H7/u6	H7/v6	H7/x6	H7/y6	H7/z6
H8					H8/e7	H8/f7	H8/g7	H8/h7	H8/js7	H8/k7	H8/m7	H8/n7	H8/p7	H8/r7	H8/s7	H8/t7	H8/u7				
				H8/d8	H8/e8	H8/f8		H8/h8													
H9			H9/c9	H9/d9	H9/e9	H9/f9		H9/h9													
H10			H10/c10	H10/d10				H10/h10													
H11	H11/a11	H11/b11	H11/c11	H11/d11				H11/h11													
H12		H12/b12						H12/h12	1. 常用配合共 59 种，其中优先配合 13 种。红色字为优先配合。 2. H6/n5、H7/p6 在公称尺寸小于或等于 3 mm 和 H8/r7 在小于或等于 100 mm 时为过渡配合。												

表 9-8　基轴制优先、常用配合

基准轴	孔																				
	A	B	C	D	E	F	G	H	JS	K	M	N	P	R	S	T	U	V	X	Y	Z
	间隙配合								过渡配合			过盈配合									
h5						F6/h5	G6/h5	H6/h5	JS6/h5	K6/h5	M6/h5	N6/h5	P6/h5	R6/h5	S6/h5	T6/h5					
h6						F7/h6	**G7/h6**	**H7/h6**	JS7/h6	**K7/h6**	M7/h6	**N7/h6**	**P7/h6**	R7/h6	**S7/h6**	T7/h6	**U7/h6**				
h7					E8/h7	**F8/h7**		**H8/h7**	JS8/h7	K8/h7	M8/h7	N8/h7									
h8				D8/h8	E8/h8	F8/h8		H8/h8													
h9				**D9/h9**	E9/h9	F9/h9		**H9/h9**													
h10				D10/h10				H10/h10													
h11	A11/h11	B11/h11	**C11/h11**	D11/h11				**H11/h11**													
h12		B12/h12						H12/h12	常用配合共 47 种，其中优先配合 13 种。红色字为优先配合。												

附录附表 29 和 30 分别是从 GB/T 1801—2009 和 GB/T 1800.2—2009 摘录并整理后得出的优先配合中轴和孔的上、下极限偏差数值，可供读者在阅读教材和做习题作业时按需查阅。

二、极限与配合的标注与查表

（一）极限与配合在图样上的标注

1. 在装配图上的标注形式

在装配图上标注配合代号，如图 9-37 所示，在公称尺寸 $\phi18$ 和 $\phi14$ 后面，分别用一分式表示：分子为孔的公差带代号，分母为轴的公差带代号。通常分子中含 H 的为基孔制配合，分母中含 h 的为基轴制配合。

2. 在零件图上的标注形式

在零件图上线性尺寸的公差有三种注法：

（1）在孔或轴的尺寸后面，注出基本偏差代号和公差等级数字，即在孔或轴的公称尺寸的后面，注出孔或轴的公差带代号，用公称尺寸数字的同号字体书写，如 $\phi18H7$（图 9-37b），这种形式常用于工程设计的图纸中，便于体现设计思想和设计要求；也常用于大批量生产的零件图上，和采用专用量具检验零件统一起来。

（2）在孔或轴的公称尺寸后面，注出偏差值。上极限偏差注写在公称尺寸的右上方，下极限偏差注写在公称尺寸的同一底线上，偏差值的字体比公称尺寸数字的字体小一号，如图 9-37c 中的 $\phi18^{+0.029}_{+0.018}$ 和 $\phi14^{+0.045}_{+0.016}$。若上、下极限偏差相同，而符号相反，可简化标注，如 $\phi50\pm0.02$（小数

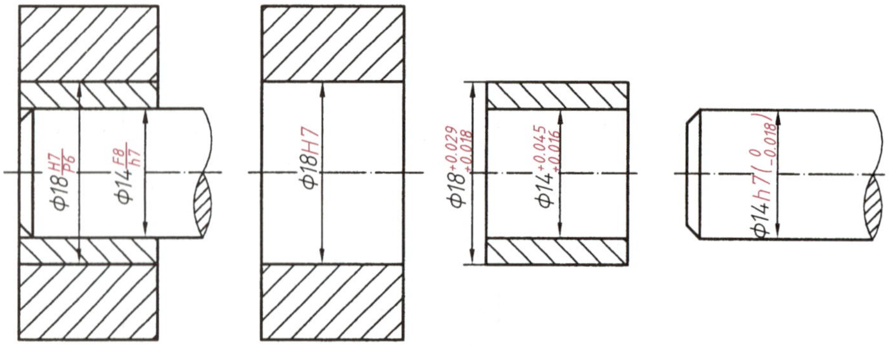

(a) (b) (c) (d)

图 9-37 在图样上公差与配合的标注方法

点后的最后一位数若为零，可省略不写）。若上极限偏差或下极限偏差为零，应注明“0”，且与另一偏差的个位对齐，如 $\phi30^{+0.015}_{0}$。这种形式应用在工艺阶段的图样，尤其是在工序的图中，也常用于单件或小批量生产的零件图上，以便于加工和检验时减少辅助时间。

（3）在孔或轴的公称尺寸后面，既注出孔公差带或轴公差带，又同时注出上、下极限偏差数值（偏差数值加圆括号），如图 9-37d 中的 $\phi14h7(^{0}_{-0.018})$。这种形式用于生产批量不明、检测工具未定的零件图上。

（二）查表方法

互相配合的孔和轴，按公称尺寸和公差带可通过查阅 GB/T 1800.2—2009 中所列的表格获得上、下极限偏差数值。优先配合中的轴和孔的上、下极限偏差数值可直接查阅附录附表 29 和 30。

【例 9-3】 查表写出 $\phi18H8/f7$ 的上、下极限偏差数值。

【解】 对照表 9-7 可知，H8/f7 是基孔制的优先配合，其中 H8 是基准孔的公差带；f7 是配合轴的公差带。

（1）$\phi18H8$ 基准孔的上、下极限偏差可由附录附表 30 中查得。在表中由公称尺寸从大于 14 至 18 的行和孔的公差带 H8 的列相交处查得 $^{+27}_{0}$（即 $^{+0.027}_{0}$ mm），这就是基准孔的上、下极限偏差，所以 $\phi18H8$ 可写成 $\phi18^{+0.027}_{0}$。

（2）$\phi18f7$ 配合轴的上、下极限偏差，可由附录附表 29 中查得。在表中由公称尺寸从大于 14 至 18 的行和轴的公差带 f7 的列相交处查得 $^{-16}_{-34}$，就是配合轴的上极限偏差和下极限偏差，所以 $\phi18f7$ 可写成 $\phi18^{-0.016}_{-0.034}$。

零件图上的任何尺寸都必须有明确的公差要求才能加工，为了保证产品的质量和生产效益，对零件上较低精度的非配合尺寸也要控制误差、规定公差，这种公差称为一般公差，它们的公差等级和极限偏差值可查阅《一般公差　未注公差的线性和角度尺寸的公差》GB/T 1804—2000。

三、几何公差简介

（一）基本概念

在机器中某些精确度程度较高的零件，不仅需要保证其尺寸公差，而且还要保证其几何公差。《产品几何技术规范（GPS）几何公差　形状、方向、位置和跳动公差标注》GB/T 1182—2008 规定了工件几何公差标注的基本要求和方法。零件的几何特性是零件的实际要素对其几何理想要素的偏离情况，它是决定零件功能的因素之一，几何误差包括形状、方向、位置和跳动误差。为了保证机器的质量，要限制零件对几何误差的最大变动量，称为几何公差，允许变动量的值称为公差值。

对要求较高的零件，应根据设计要求，在零件图上注出有关的几何公差。如图 9-38a 所示的滚柱，为了保证滚柱工作质量，除了注出直径的尺寸公差外，还需要注滚柱轴线的形状公差 [— | ϕ0.006]，这个代号表示滚柱实际轴线与理想轴线之间的变动量——直线度，必须保持在 ϕ0.006 mm 的圆柱面内。又如图 9-38b 所示，箱体上两个孔是安装锥齿轮的轴的孔，如果两孔轴线歪斜太大，就会影响锥齿轮的啮合传动。为了保证正常的啮合，应该使两孔轴线保持一定的垂直位置，所以要注上位置公差——垂直度，图中 [⊥ | 0.05 | A] 说明水平孔的轴线，必须位于距离为 0.05 mm、且垂直于铅垂孔的轴线的两平行平面之间，A 为基准符号字母。

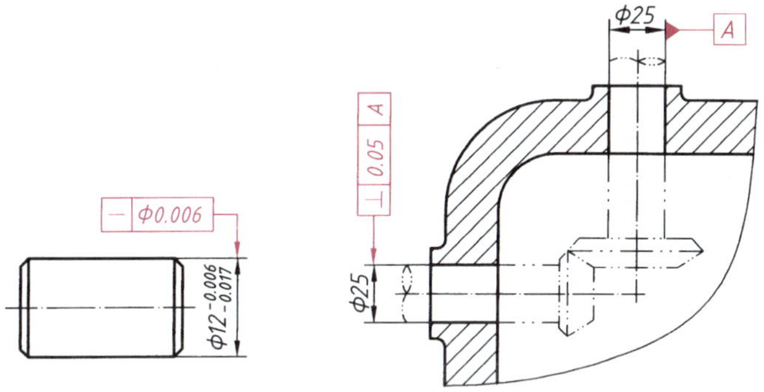

(a) (b)

图 9-38 几何公差示例

（二）几何特征和符号

几何公差的类型、几何特征和符号见表 9-9。

表 9-9 几何特征符号

<table>
<tr><th>公差类型</th><th>几何特征</th><th>符号</th><th>有无基准</th><th>公差类型</th><th>几何特征</th><th>符号</th><th>有无基准</th></tr>
<tr><td rowspan="6">形状公差</td><td>直线度</td><td>—</td><td rowspan="6">无</td><td rowspan="9">位置公差</td><td>位置度</td><td>⌖</td><td>有或无</td></tr>
<tr><td>平面度</td><td>▱</td><td rowspan="3">同心度（用于中心点）</td><td rowspan="5">◎</td><td rowspan="10">有</td></tr>
<tr><td>圆度</td><td>○</td></tr>
<tr><td>圆柱度</td><td>⌭</td></tr>
<tr><td>线轮廓度</td><td>⌒</td><td rowspan="2">同轴度（用于轴线）</td></tr>
<tr><td>面轮廓度</td><td>⌓</td></tr>
<tr><td rowspan="5">方向公差</td><td>平行度</td><td>//</td><td rowspan="5">有</td><td>对称度</td><td>⌯</td></tr>
<tr><td>垂直度</td><td>⊥</td><td>线轮廓度</td><td>⌒</td></tr>
<tr><td>倾斜度</td><td>∠</td><td>面轮廓度</td><td>⌓</td></tr>
<tr><td>线轮廓度</td><td>⌒</td><td rowspan="2">跳动公差</td><td>圆跳动</td><td>↗</td></tr>
<tr><td>面轮廓度</td><td>⌓</td><td>全跳动</td><td>⌰</td></tr>
</table>

（三）附加符号及其标注

本节仅简要说明 GB/T 1182—2008 中标注被测要素几何公差的附加符号——公差框格，以及基准要素的附加符号。需用其他的附加符号时，读者可查阅该标准。

1. 公差框格

用公差框格标注几何公差时，公差要求注写在划分成两格或多格的矩形框格内。框格的高度为框内字高 h 的两倍，用细实线画出，框格总长按需自定，框格中的数字、字母和符号与图样中数字等高，如下图所示，各格自左至右顺序标注以下内容：

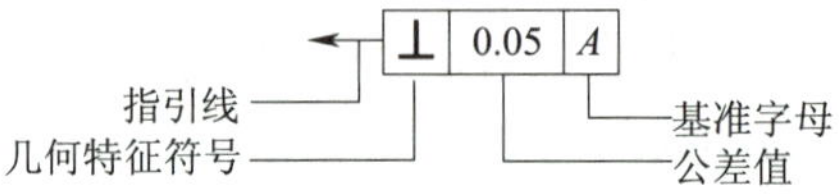

2. 被测要素

按下列方式之一用指引线连接被测要素和公差框格。指引线引自框格的任意一侧，终端带一箭头。

（1）当公差涉及轮廓线或轮廓面时，箭头指向该要素的轮廓线或其延长线（应与尺寸线明显错开），如图 9-39a、b 所示。箭头也可指向引出线的水平线，引出线引自被测面，如图 9-39c 所示。

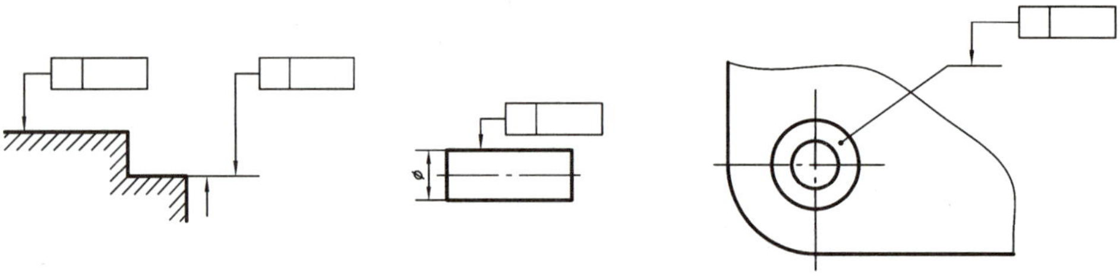

(a) (b) (c)

图 9-39　被测要素的标注方法（一）

（2）当公差涉及要素的中心线、中心面或中心点时，箭头应位于相应尺寸线的延长线上，如图 9-40 所示。

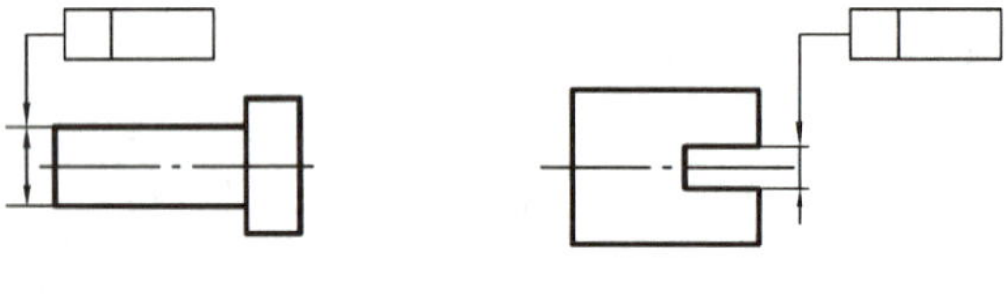

图 9-40　被测要素的标注方法（二）

3. 基准

（1）与被测要素相关的基准用一个大写字母表示。字母标注在正方形的基准方格内，与一个涂黑的或空白的等边三角形用细实线相连以表示基准，细实线与基准要素垂直，如图 9-41 所示。表示基准的字母还应标注在公差框格内。涂黑的和空白的

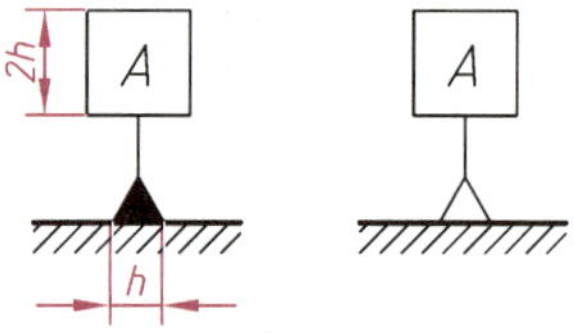

图 9-41　基准符号

基准三角形含义相同,图中 h 为字母高度,线宽为 $h/10$。

(2) 带基准的基准三角形应按如下规定放置:

当基准要素是轮廓线或轮廓面时,基准三角形放置在要素的轮廓线或其延长线上(与尺寸线明显错开),如图 9-42a 所示;基准三角形也可放置在该轮廓面引出线的水平线上,如图 9-42b 所示。

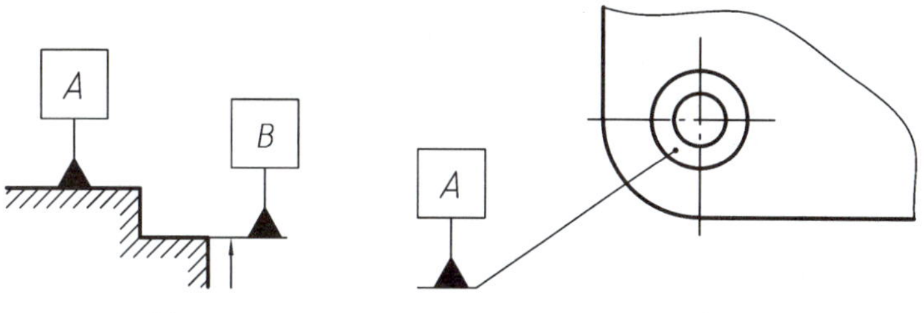

图 9-42　基准要素的常用标注方法(一)

当基准是尺寸要素确定的轴线、中心面或中心点时,基准三角形应放置在该尺寸线的延长线上,如图 9-43a 所示。如果没有足够的位置标注基准要素尺寸的两个尺寸箭头,则其中一个箭头可用基准三角形代替,如图 9-43b 所示。

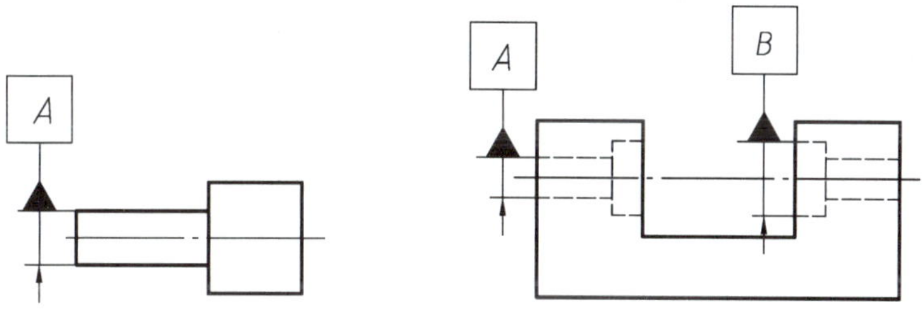

图 9-43　基准要素常用标注方法(二)

(3) 以单个要素作基准时,在公差框格内用一个大写字母表示,如图 9-44a 所示。以两个要素建立公共基准体系时,用中间加连字符的两个大写字母表示,如图 9-44b 所示。以两个或三个基准建立基准体系(即采用多基准)时,表示基准的大写字母按基准的优先顺序自左至右填写在各个框格内,如图 9-44c 所示。

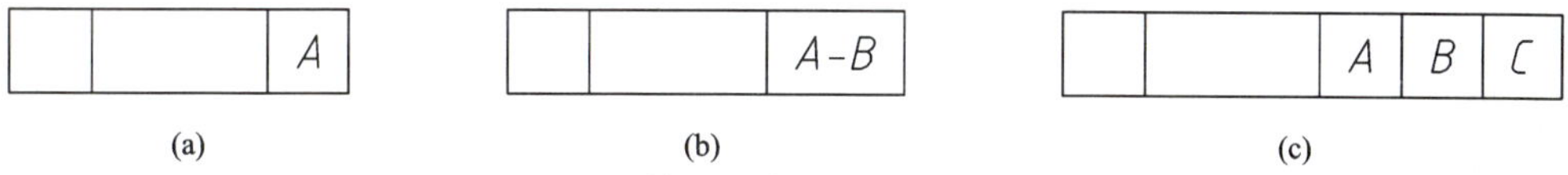

图 9-44　基准要素常用标注方法(三)

(四) 几何公差标注示例

图 9-45 是一根气门阀杆,在图中所标注的几何公差附近添加的用红色印刷的文字,只是为了给读者作说明而重复写上的,在实际的图样中不应重复注写。从图中可以看到,当被测要素为线或表面时,从框格引出的指引线箭头,应指在该要素的轮廓线或其延长线上。当被测要素是轴线时,应将箭头与该要素的尺寸线对齐,如 M8×1 轴线的同轴度注法。当基准要素是轴线时,应将基准符号与该要素的尺寸线对齐,如基准 A。

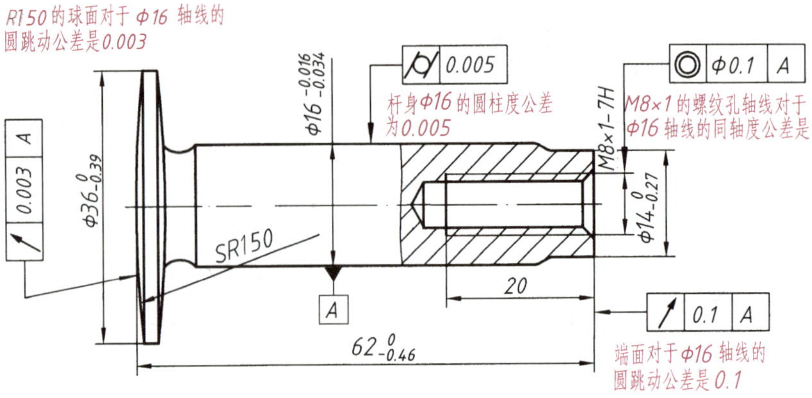

图 9-45　几何公差标注示例

§9-6　零件的一些常见工艺简介

零件的结构形状，主要是根据它在部件（或机器）中的作用决定的。但是，制造工艺对零件的结构也有某些要求。因此，在画零件图时，应使零件的结构既能满足使用上的要求，又要方便制造。下面举一些常见的工艺结构，供画图时参考。

一、铸造零件的工艺结构

（一）起模斜度

用铸造的方法制造零件的毛坯时，为了便于从砂型中取出模样，一般沿模样起模方向作成约 1:20的斜度，叫做**起模斜度**。因此，在铸件上也有相应的起模斜度，如图 9-46a 所示。但这种斜度在图样上可不予标注，也可以不画出，如图 9-46b 所示；必要时，可以在技术要求中用文字说明。

（二）铸造圆角

在铸件毛坯各表面的相交处，都有铸造圆角（图 9-47），这样既能方便起模，又能防止浇铸铁水时将砂型转角处冲坏，还可避免铸件在冷却时产生裂缝或缩孔。铸造圆角在图样上一般不予标注，常集中注写在技术要求中。

(a)　(b)

图 9-46　起模斜度

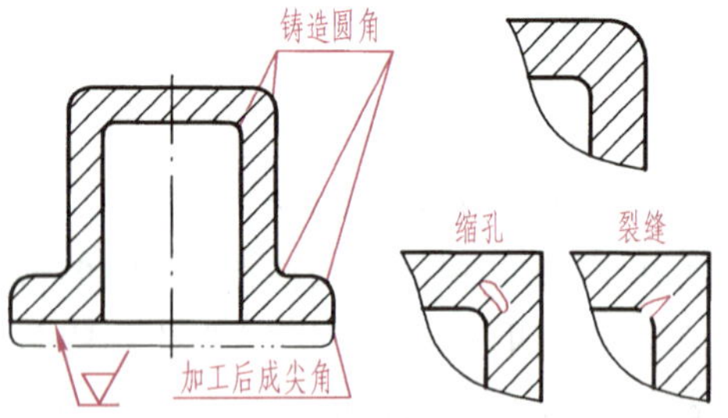

图 9-47　铸造圆角

机器中有许多零件是铸件或锻件，它们的表面相交处通常用小圆角光滑过渡。由于圆角的影响，使机件表面的交线变得不很明显，这种交线称为**过渡线**，过渡线用细实线绘制。

如图 9-48 所示，过渡线的画法与画相贯线或截交线一样，只是在过渡线的端部应留有空隙。图 9-48a 所示的铸件，外表面未经切削加工，外表面的交线应画过渡线，过渡线的画法如图中所示；图 9-48b 和 c 也分别是铸件，前者是轴线垂直相交的两个直径相等的圆柱体，后者是同轴的圆柱与球相交，由于相交处都是圆角过渡，所以图中也都画成过渡线。

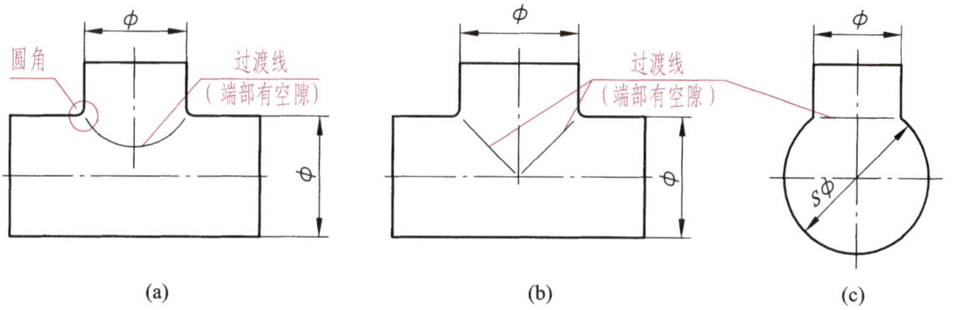

图 9-48　曲面与曲面相交处的过渡线画法示例

图 9-49 为零件上常见的板与圆柱相交或相切处的过渡线画法示例。对照立体图可知：俯视图中用细线画出的图形是板的断面真形，分别是带小圆角的长方形和长圆形；过渡线在主视图中的投影形状，主要决定于板的断面形状以及板与圆柱的组合形式。值得注意的是：应该画出在长方形板的前、后表面与圆柱面相交处的过渡线的正面投影；不能画出长方形板的前、后表面与圆柱面的切线正面投影，也就是说，在相切处没有过渡线；在长圆形板前、后端圆柱面和圆柱的公共切平面上的切线的交点处，过渡线的正面投影应留有空隙。

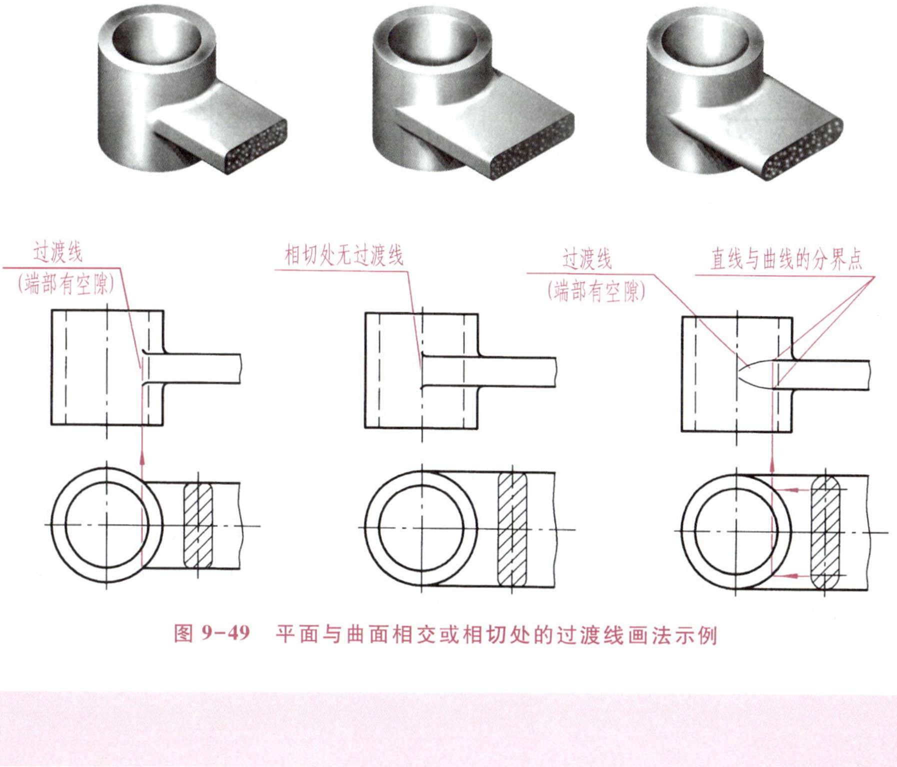

图 9-49　平面与曲面相交或相切处的过渡线画法示例

（三）铸件壁厚

在浇铸零件时，为了避免因各部分冷却速度的不同而产生缩孔或裂缝，铸件壁厚应保持大致相等或逐渐过渡，如图 9-50 所示。

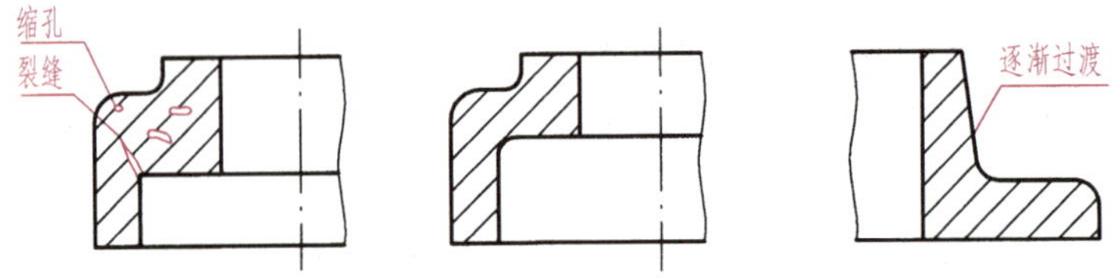

(a) 产生缩孔或裂缝　(b) 壁厚均匀　(c) 逐渐过渡

图 9-50　铸件壁厚

二、零件加工面的工艺结构

（一）倒角和倒圆

如图 9-51 所示，为了去除零件的毛刺、锐边和便于装配，在轴或孔的端部，一般都加工成倒角；为了避免因应力集中而产生裂纹，在轴肩处通常加工成圆角的过渡形式，称为倒圆。倒角和倒圆的尺寸系列，可查阅附录附表 25 和 26。

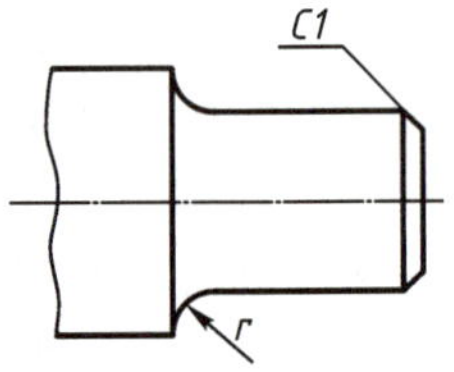

图 9-51　倒角和倒圆

（二）螺纹退刀槽和砂轮越程槽

在切削加工中，特别是在车螺纹和磨削时，为了便于退出刀具或使砂轮可以稍稍越过加工面，通常在零件待加工面的末端，先车出螺纹退刀槽或砂轮越程槽，如图 9-52、图 9-53 所示。

螺纹退刀槽和砂轮越程槽的结构尺寸系列，可查阅附录附表 27 和 24。

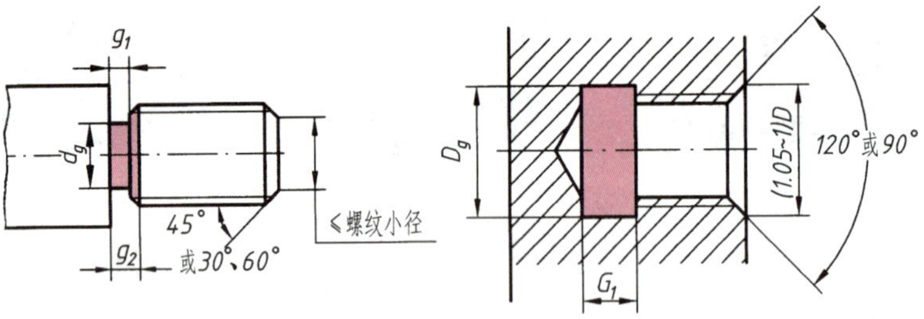

(a) 外螺纹　(b) 内螺纹

图 9-52　螺纹退刀槽

（三）钻孔结构

用钻头钻出的盲孔，在底部有一个 120°的锥角，钻孔深度指的是圆柱部分的深度，不包括锥坑，如图 9-54a 所示。在阶梯形钻孔的过渡处，也存在锥角 120°的圆台，其画法及尺寸注法，如图 9-54b 所示。用钻头钻孔时，要求钻头轴线尽量垂直于被钻孔的端面，以保证钻孔准确和避免钻头折断。图 9-55 表示了三种钻孔端面的正确结构。

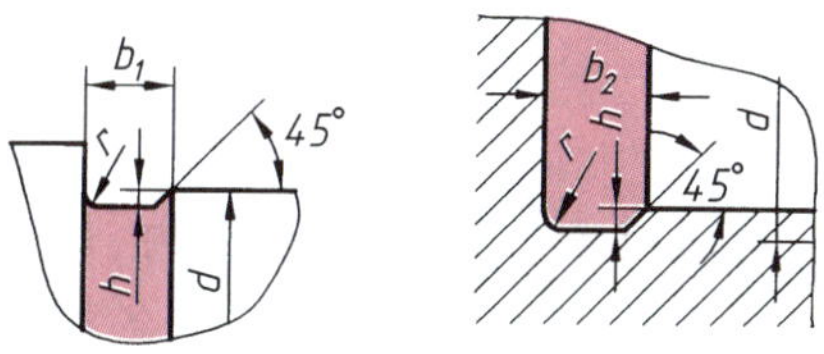

(a)　　(b)

图 9-53　砂轮越程槽

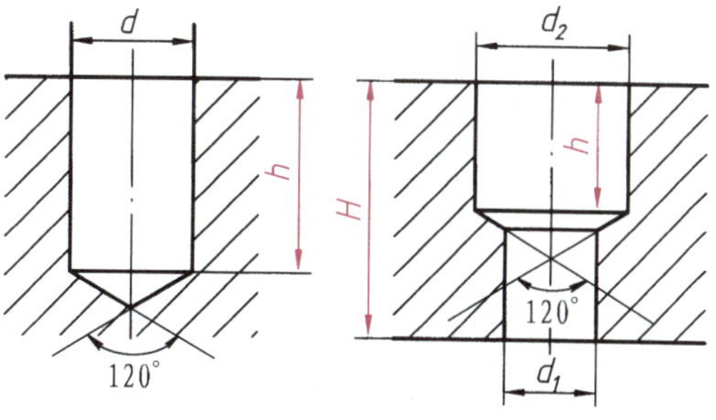

(a) 盲孔　　(b) 阶梯孔

图 9-54　钻孔结构

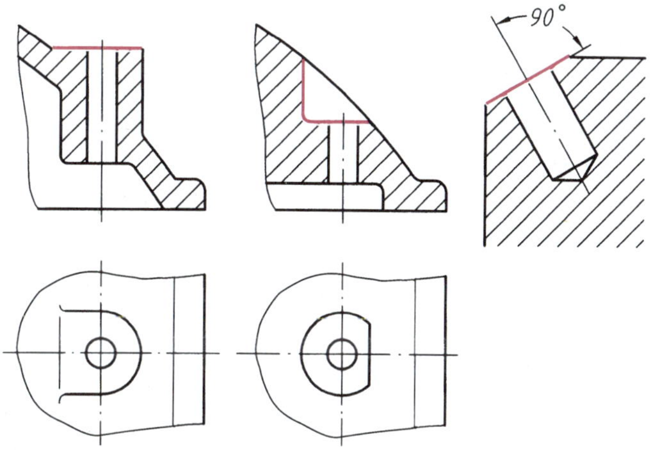

(a) 凸台　　(b) 凹坑　　(c) 斜面

图 9-55　钻孔的端面

（四）凸台和凹坑

零件上与其他零件的接触面，一般都要加工。为了减少加工面积，并保证零件表面之间有良好的接触，通常在铸件上设计出凸台、凹坑。图9-56a、b是螺栓连接的支承面，做成凸台或凹坑的形式；图 9-56c、d 是为了减少加工面积而做成凹槽、凹腔的结构。

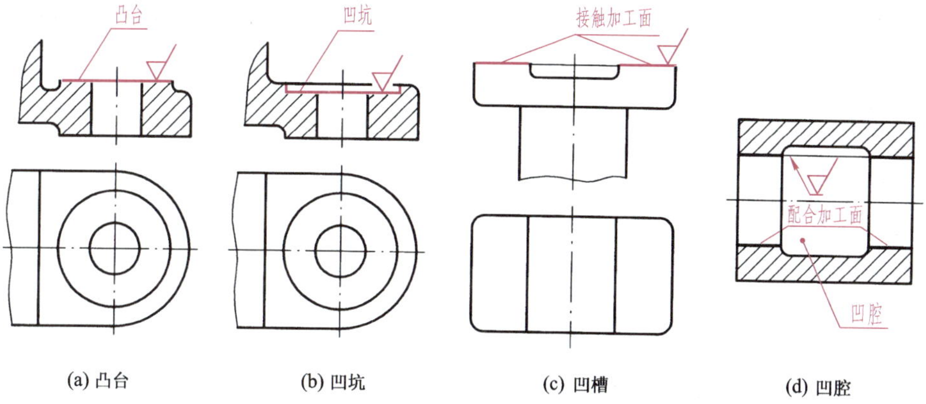

(a) 凸台　　(b) 凹坑　　(c) 凹槽　　(d) 凹腔

图 9-56　凸台、凹坑等结构

§9-7 读零件图

一、读零件图的方法和步骤

零件图是生产中指导制造和检验该零件的主要图样，它不仅应将零件的材料，内、外结构形状和大小表达清楚，而且还要对零件的加工、检验、测量提供必要的技术要求。从事各种专业的技术人员，必须具备识读零件图的能力。读零件图时，应联系零件在机器或部件中的位置、作用，以及与其他零件的关系，才能理解和读懂零件图。识读零件图的一般方法和步骤如下：

（一）概括了解

从标题栏了解零件的名称、材料、比例、质量等内容。从名称可判断该零件属于哪一类零件，从材料可大致了解其加工方法，从绘图比例可估计零件的实际大小。必要时，最好对照机器、部件实物或装配图了解该零件的装配关系等，从而对零件有初步的了解。

（二）分析视图和零件的结构形状

分析零件各视图的配置以及相互之间的投影关系，运用形体分析和线面分析读懂零件各部分结构，想象出零件的形状。看懂零件的结构形状是读零件图的重点，组合体的读图方法仍适用于读零件图。读图的一般顺序是先整体、后局部；先主体结构、后局部结构；先读懂简单部分，再分析复杂部分。

（三）分析尺寸和技术要求

分析零件的长、宽、高三个方向的尺寸基准，从基准出发查找各部分的定形、定位尺寸，并分析尺寸的加工精度要求。必要时还要联系机器或部件与该零件有关的零件一起分析，以便深入理解尺寸之间的关系，以及所标注的尺寸公差、几何公差和表面粗糙度等技术要求。

（四）综合归纳

零件图表达了零件的结构形式、尺寸及其精度要求等内容，它们之间是相互关联的。读图时应将视图、尺寸和技术要求综合考虑，才能对这个零件形成完整的认识。

二、读零件图举例

下面以识读图 9-1 球阀轴测装配图所示的球阀中的主要零件：阀杆、阀盖和阀体为例，说明识读零件图的方法和步骤，最后的综合归纳，读者自行思考。

（一）阀杆（图 9-57）

1. 概括了解

从标题栏可知，阀杆按 1∶1 绘制，与实物大小一致。材料为 40Cr（合金结构钢）。常用的金属和非金属材料的名称、牌号，可分别查阅附录附表 31、附表 32。从图中可以看出，它是回转体经切削加工而形成的，因而属于回转体类零件。

对照球阀的轴测装配图（图 9-1）可以看出，阀杆的上部是四个角上为圆柱面的四棱柱体，与扳手的方孔配合；阀杆下部的凸榫与阀芯上部的凹槽配合。阀杆的作用是通过转动扳手而带动阀芯旋转，以控制球阀的启闭和流量。

2. 分析视图和零件的结构形状

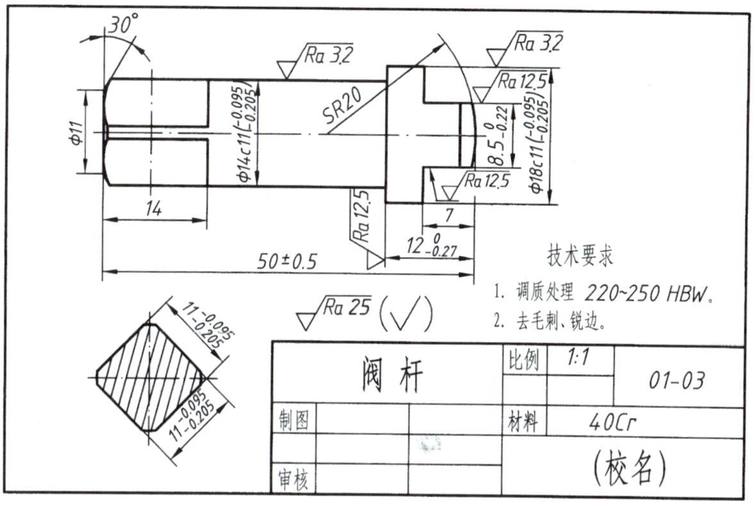

图 9-57　阀杆

阀杆零件图用一个基本视图和一个断面图表达，主视图按加工位置将阀杆水平横放。左端的四棱柱体采用移出断面表示。

3. 分析尺寸和技术要求

阀杆以水平轴线作为径向尺寸基准，也是高度和宽度方向的尺寸基准。由此注出径向各部分尺寸 $\phi11$、$\phi14c11(^{-0.095}_{-0.205})$、$\phi18c11(^{-0.095}_{-0.205})$。凡是尺寸数字后面注写公差代号或偏差值，说明零件该部分与其他零件有配合关系。如 $\phi14c11(^{-0.095}_{-0.205})$ 和 $\phi18c11(^{-0.095}_{-0.205})$ 分别与球阀中的填料压紧套和阀体有配合关系（参阅图 9-1），所以表面粗糙度的要求较严，*Ra* 值为 3.2 μm。

选择表面粗糙度为 *Ra* 12.5 的端面作为阀杆的轴向主要尺寸基准，也是长度方向的尺寸基准，由此注出尺寸 $12^{\ 0}_{-0.27}$，以右端面为轴向的第一辅助基准，注出尺寸 7、50±0.5，以左端面为轴向的第二辅助基准，注出尺寸 14。

阀杆应经过调质处理 220～250 HBW，以提高材料的韧性和强度。调质和 HBW（布氏硬度），以及后面的阀盖、阀体例图中出现的时效处理等，都是热处理和表面处理中的专门名词，有关的解释见附录附表 33。

（二）阀盖（图 9-58）

1. 概括了解

从标题栏可知，阀盖按比例 1∶2 绘制，材料为铸钢。从图中可见，虽然阀盖的方形凸缘不是回转体，但其他各部分都是回转体，因而仍将它看作回转体类零件。阀盖的制造过程是先铸成毛坯，经时效处理后，再切削加工而形成。

2. 视图表达和结构形状分析

阀盖由主视图和左视图表达。主视图采用全剖视，表示了两端的阶梯孔、中间通孔的形状及其相对位置，右端的圆形凸缘，以及左端有用于连接管道系统的外螺纹。选用轴线水平安放的主视图，既符合主要加工位置，又符合阀盖在球阀中的工作位置。左视图清晰地表示了带圆角的方形凸缘及其四个角上的通孔和其他可见的轮廓形状。

3. 分析尺寸

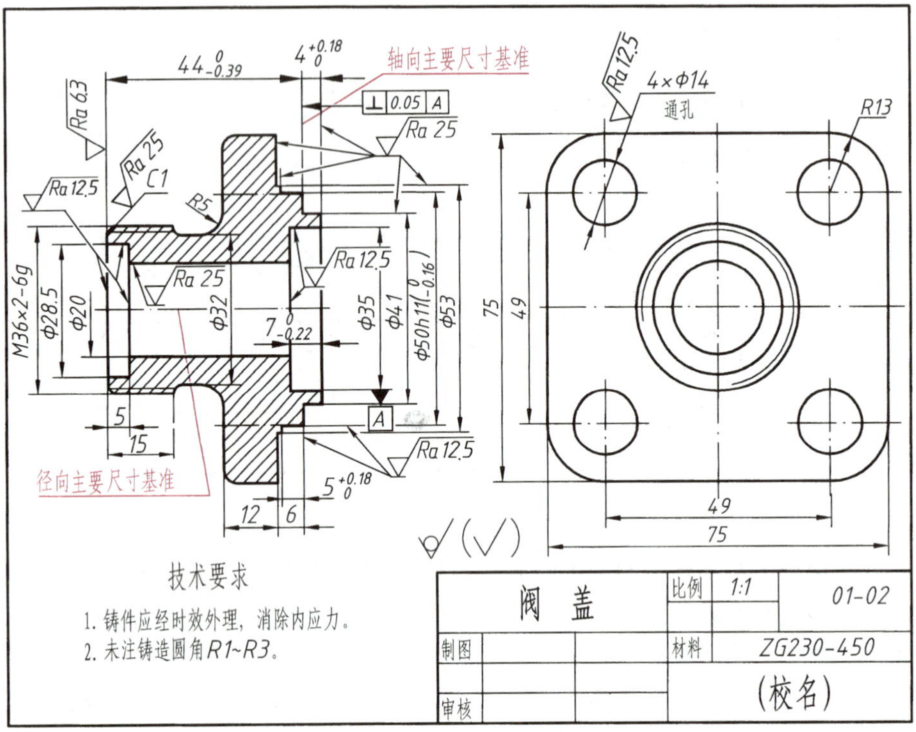

图 9-58 阀盖

多数盘盖零件的主体部分是回转体，所以通常以轴孔的轴线作为径向主要尺寸基准，由此注出阀盖各部分同轴线的直径尺寸和螺纹尺寸，方形凸缘也用它作为高度和宽度方向主要尺寸基准。注有公差的尺寸 $\phi 50\text{h}11(^{0}_{-0.16})$ 的外圆柱面与阀体有配合要求。

外圆柱面 $\phi 50$h11 的右端面是阀盖的定位面，作为轴向主要尺寸基准，即长度方向的主要尺寸基准，就是注有表面粗糙度 *Ra*12.5 的右端凸缘的端面。由此注出尺寸 $4^{+0.18}_{0}$、$44^{0}_{-0.39}$ 以及 $5^{+0.18}_{0}$、6 等。有关长度方向的辅助基准和联系尺寸，请读者自行分析。

4. 了解技术要求

阀盖是铸件，需进行时效处理，消除内应力。视图中有小圆角（铸造圆角 *R*1 ~ *R*3）过渡的表面是不切削加工表面。注有尺寸公差的 $\phi 50$，对照球阀轴测装配图可看出，与阀体有配合关系，但由于相互之间没有相对运动，所以表面粗糙度要求不严，*Ra* 值为 12.5 μm。作为径向主要尺寸基准（即长度主要尺寸基准）的端面相对阀盖水平轴线的垂直度位置公差为 0.05 mm。

（三）阀体（图 9-59）

1. 概括了解

从标题栏可知，阀体的材料选用铸钢，毛坯是铸件，但其内、外表面都有一部分需要进行切削加工，因而加工前应作时效处理。阀体是球阀中的一个主要零件，虽然按形体分析可将它看作是具有水平轴线和铅垂轴线的两个回转体构成的组合体，但不是主要由一条单一的轴线形成的回转体，所以应属非回转体类零件。

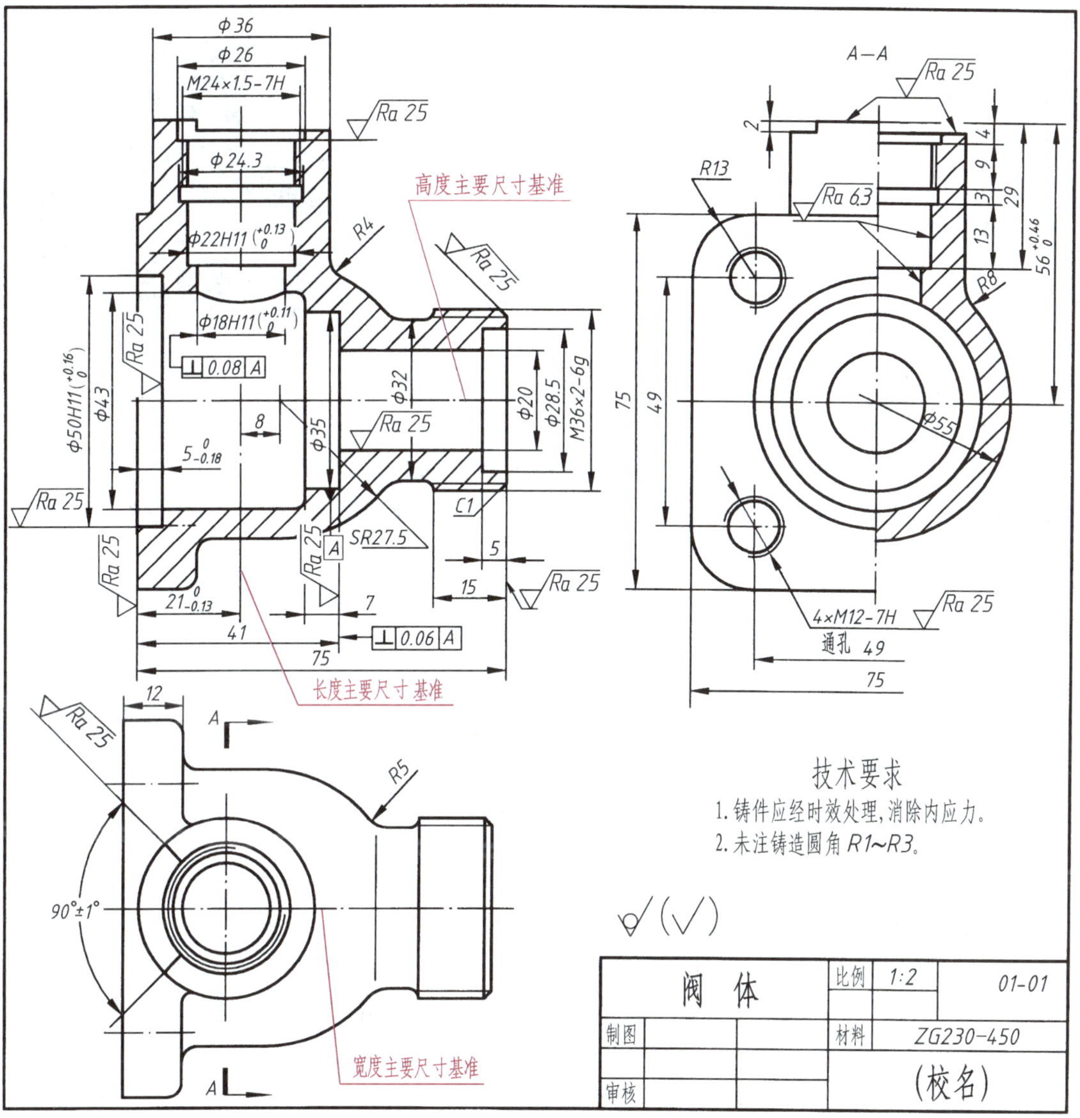

图 9-59 阀体

2. 视图表达和结构形状分析

对照球阀轴测装配图（图 9-1）可知，阀体左端通过螺柱和螺母与阀盖连接，形成球阀容纳阀芯的 $\phi43$ 圆柱空腔。左端的 $\phi50\mathrm{H}11(^{+0.16}_{0})$ 圆柱形槽与阀盖的圆柱形凸缘相配合。阀体空腔右侧 $\phi35$ 圆柱形槽用来放置密封圈，以保证在球阀关闭时不泄漏流体。阀体右端有用于连接管道系统的外螺纹 M36×2-6g；内部有阶梯孔 $\phi28.5$、$\phi20$ 与空腔相通。在阀体上部的 $\phi36$ 圆柱体中，有 $\phi26$、$\phi22\mathrm{H}11(^{+0.13}_{0})$、$\phi18\mathrm{H}11(^{+0.11}_{0})$ 的阶梯孔，与空腔相通，在阶梯孔内容纳阀杆、填料压紧套、填料等；阶梯孔的顶端有一个 90°扇形限位块（对照俯、左视图可看清楚），用来控制扳手和阀杆的旋转角度，在孔 $\phi22\mathrm{H}11(^{+0.13}_{0})$ 的上端制出具有退刀槽的内螺纹 M24×1.5-7H，与填料压紧套的外螺纹旋合，将填料压紧；孔 $\phi18\mathrm{H}11(^{+0.11}_{0})$ 则与阀杆下部的凸缘相配合，阀杆的凸缘在这个孔内转动。由此可想象出阀体的形状，如图 9-60 所示的阀体的轴测剖视图。

3. 分析尺寸

阀体的结构形状比较复杂，标注的尺寸很多，这里仅分析其中的一些主要尺寸，其余的尺寸请读者自行分析。

以阀体水平孔的轴线为径向尺寸基准，它同时也是高度和宽度主要尺寸基准，注出水平方向孔的直径尺寸 $\phi50H11(^{+0.16}_{0})$、$\phi43$、$\phi35$、$\phi20$、$\phi28.5$、$\phi32$，以及右端的外螺纹 M36×2-6g 等。同时，也由这个径向基准注出了阀体下部的侧垂圆柱面的外形尺寸 $\phi55$。

带有公差的尺寸为配合尺寸，如 $\phi50H11(^{+0.16}_{0})$ 就是与阀盖相配合的尺寸。

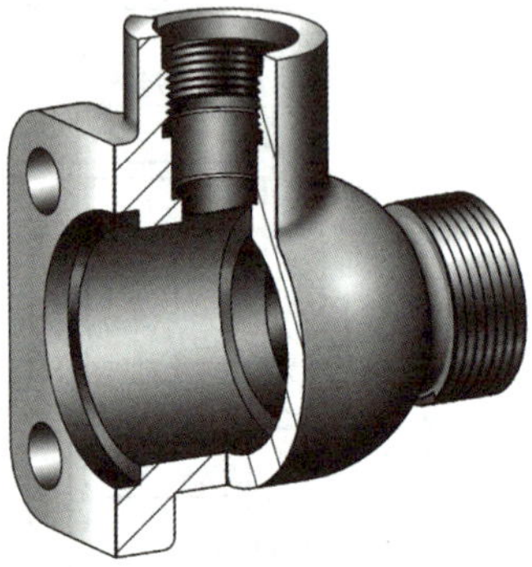

图 9-60 阀体的轴测剖视图

以阀体竖直孔的轴线为径向尺寸基准，它同时也是长度和宽度主要尺寸基准，注出 $\phi36$、$\phi26$、M24×1.5-7H、$\phi24.3$、$\phi22H11(^{+0.13}_{0})$、$\phi18H11(^{+0.11}_{0})$ 等。同时注出竖直孔轴线到左端面的距离 $21^{0}_{-0.13}$。

以过竖直孔的轴线的侧平面为长度主要尺寸基准，在水平轴线上向右 8，就是阀体的球形外轮廓的球心，在主视图中由球心注出球半径 $SR27.5$；向左 $21^{0}_{-0.13}$，就是阀体的左端面。将左端面作为长度方向的第一辅助基准，注出尺寸 41 和 75，再将由这两个尺寸确定的 $\phi35$ 的圆柱形槽底和阀体右端面为长度方向的第二辅助基准，注出其余的长度尺寸。

以阀体的水平轴线和竖直轴线确定的正平面为宽度主要尺寸基准，注出阀体前后对称的左端方形凸缘的宽度尺寸 75 以及四个圆角和螺孔的宽度方向定位尺寸 49，同时在俯视图上注出前后对称的扇形限位块的角度尺寸 90°±1°。

以通过阀体的水平轴线的水平面为高度主要尺寸基准，注出左端面方形凸缘的高度尺寸 75，四个圆角和螺孔的高度方向定位尺寸 49，以及扇形限位块顶面的定位尺寸 $56^{+0.46}_{0}$，然后以限位块顶面为高度方向的第一辅助基准，注出有关尺寸 2、4 和 29；再以由尺寸 29 确定的垂直台阶孔的 $\phi22H11$ 槽底为高度方向的第二辅助基准，注出 13，由此再注出螺纹退刀槽的尺寸 3。

此外，在图中还注出了左端面方形凸缘上四个圆角的半径尺寸和四个穿通的螺孔的尺寸，较大的铸造圆角的半径尺寸等。

4. 了解技术要求

通过以上分析可以看出，阀体中比较重要的尺寸都标注了偏差数值，与此对应的表面粗糙度要求也较高，Ra 值一般为 6.3 μm。阀体左端的阶梯孔 $\phi50$ 虽与阀盖有配合关系，但阀体与阀盖间有调整垫，在垂直台阶孔的 $\phi22$ 槽底与聚四氟乙烯填料之间也设有垫料垫，所以相应的表面粗糙度要求不必很严，Ra 值为 12.5 μm。零件上不太重要的加工表面的表面粗糙度 Ra 值一般为 25 μm。

主视图中对于阀体的几何公差要求是：空腔 $\phi35$ 槽的右端面相对水平轴线的垂直度公差为 0.06 mm，$\phi18H11(^{+0.11}_{0})$ 圆柱孔轴线相对水平轴线的垂直度公差为0.08 mm。

此外，在图中还用文字补充说明了有关热处理和未注铸造圆角 $R1\sim R3$ 等技术要求。

§9-8 用 AutoCAD 绘制零件图

一、绘图环境的设置

绘图环境的好坏直接影响绘图的效率,为了提高绘图效率应该设定绘图环境,然后将其保存成自己的样板文件。一般启动 AutoCAD 后系统默认的样板文件是 acadiso. dwt,这是按国际标准要求设定的绘图环境,我们可以在此基础上做一些修改。

定义图层　根据需要定义若干个图层,并设置好每个图层的线型、颜色和线宽。可参考表2-5。

定义文字样式　参考图 2-10。

定义尺寸样式　参考图 2-37～图 2-43。

除了以上三方面的定义,也可以定义其他常用内容,如图块的定义等。所有想要定义的内容定义好后,用"另存为"保存文件,保存时选择保存文件类型为样板图,其扩展名为 . dwt。以后每次开始新的绘图时就打开自己的样板图,可以减少很多重复操作,从而提高工作效率。

二、绘制零件图时有关问题的处理方法

在绘制零件图时,我们经常会遇到如倒角、圆角、粗糙度标注、尺寸公差标注、形位公差(即几何公差,这里按 AutoCAD 中名称讲述,称为形位公差)标注和技术要求的注写等内容。

1. 倒角和圆角绘制

倒角可以使用倒角命令(Cha)来绘制。绘制倒角有两种情况:一种是 45°倒角,另一种是非 45°倒角。45°倒角只要把两条边的倒角距离设成相同即可。非 45°倒角可以设定第一条边的倒角距离加上与第一条边的夹角来完成。

圆角可以使用圆角(F)命令来绘制,具体操作参见第二章。

利用圆角命令的零半径和倒角命令的零距离可以快速延伸和修剪线段。

2. 表面粗糙度代号

用创建块(B)命令创建用于去除材料的粗糙度代号块,然后用插入(I)命令将其插入需要标注的表面,注意插入前务必使"最近点"对象捕捉功能有效。创建块时需先按图 9-61 所示的尺寸绘制出用于去除材料的粗糙度代号。图中的尺寸数字高度为3. 5 mm。

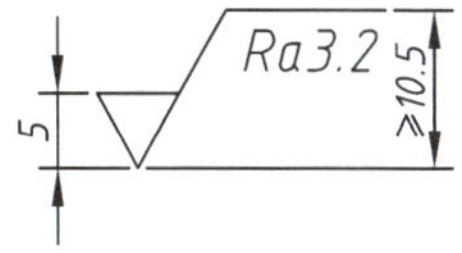

图 9-61　表面粗糙度代号

对于不同的粗糙度参数值可以做多个块,也可以把粗糙度参数值定义成"属性"后再创建块,这样一个块插入可输入不同的粗糙度参数值。

对于其他较常用的基本图形或符号,也可以分别做成图块存放在一个图形文件中,利用设计中心的功能,拖入到当前绘图窗口中。

3. 技术要求的注写

零件图中的技术要求和其他的一些文本可以用多行文字(Mtext)和单行文字(Dtext 或 Text)命令。一般来说技术要求用多行文字命令注写,而图上的视图名称等单行文字用单行文字命令注写更方便。

4. 形位公差[①]标注

AutoCAD 在尺寸标注工具栏上提供了专门的形位公差标注工具，但在标注时不要用此图标，因为用它标注没有指引线，用“快速引线(Qleader)”标注形位公差能满足我们的需要，其操作过程为：

(1) 标注工具栏的“快速引线”按钮或命令行输入“Qleader”命令。

(2) 命令行提示“指定第一个引线点或[设置(S)]〈设置〉:”。

(3) 回车，会弹出图 9-62 所示的引线设置对话框。

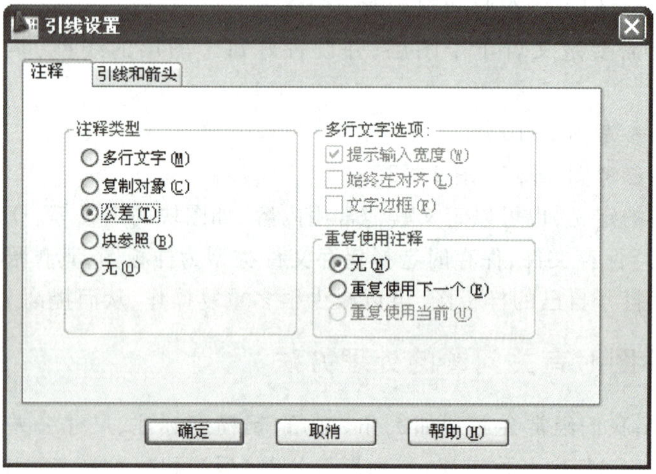

图 9-62 引线设置对话框

(4) 在“注释”标签下选中“公差”项，按“确定”按钮退出对话框。

(5) 在被测要素上指定指引线的起点，指引线画好后系统自动弹出图 9-63 所示的形位公差对话框。

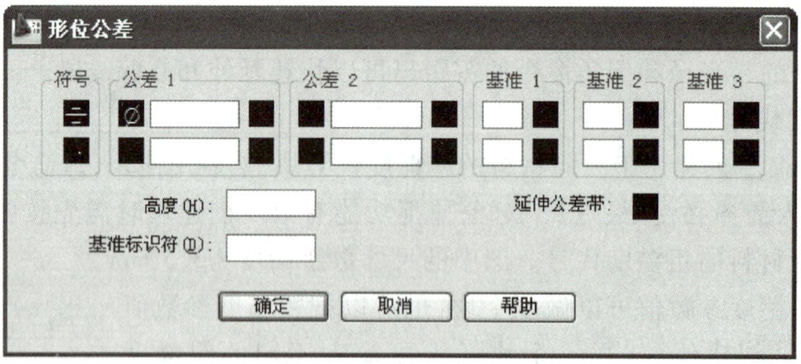

图 9-63 形位公差对话框

(6) 点击“形位公差”对话框中“符号”分栏内小方框，弹出图 9-64 所示的形位公差特征项目符号表，选取即可。

(7) 单击“公差 1”分栏内左边第一方框，可出现一个符号“ϕ”(公差带为圆柱时使用)。

---

① §9-5 中所述的几何公差，以前称为形位公差。由于在 Auto CAD 中，现仍称形位公差，所以这里也跟着称为形位公差。

(8) 在“公差 1”分栏内第二长方框中输入公差值。

(9) 单击“公差 1”分栏内第三方框,弹出附加符号表,需要时可选择。

(10) 当有两项公差要求时,在“公差 2”分栏内重复操作。

(11) 在“基准 1”分栏内左边第一框格内输入基准字母,点击第二方框后可选择基准要求的附加符号。

(12) 当基准为多个时,在“基准 2”和“基准 3”分栏内重复操作。

(13) 单击“确定”,对话框消失,系统自动在指引线结束处画出形位公差框。

(14) 当同一要素有两个形位公差特征要求时,在对话框中第二行各分栏内重复操作。

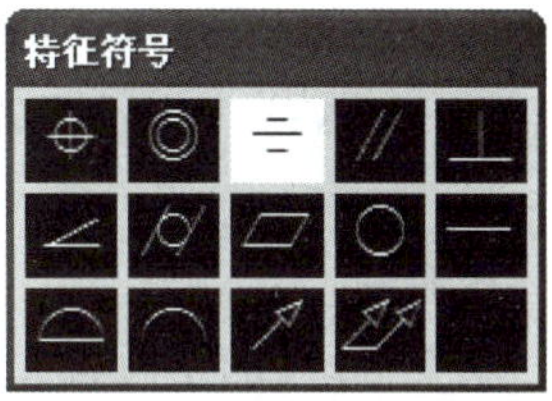

图 9-64　特征符号表

5. 尺寸公差标注

在标注尺寸时,可以运用“尺寸样式”设置尺寸标注的样式,并设定尺寸公差的值,但由于一张零件图上尺寸公差相同的尺寸较少,为每一个尺寸设定一个样式没有必要,可以在尺寸样式中设定为无公差,如图 9-65 所示。但在设定无公差的样式之前,可将精度改成 0.000,将高度比例改成 0.7。这样可以省去为每个公差都要修改这两个值的麻烦。

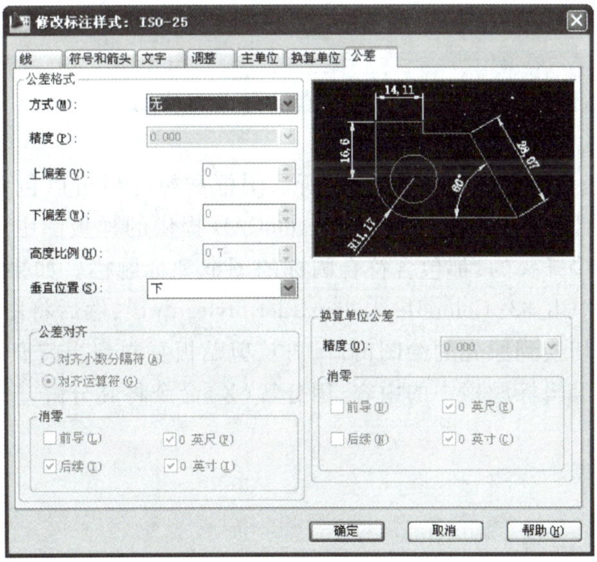

图 9-65　修改公差标注样式

有公差的尺寸先标注成没有公差的尺寸,然后可双击此尺寸启动“特性”对话框,在特性编辑表内对公差的尺寸进行编辑,例如,上下偏差是$^{-0.009}_{-0.025}$,有两种标注方法:

(1) 修改表中“公差”的有关参数,如图 9-66 所示,此方法对人为修改过的尺寸数值无效。在填写参数值时,注意表格中下偏差在上,上偏差在下,默认符号为上偏差为正,下偏差为负,因此若上偏差为负值在数值前加“-”号,下偏差为正值时在数值前加“-”号。

（2）用文字格式控制符对有公差的尺寸文字进行修改，可在尺寸属性编辑表中的文本替代处输入“\A0;<>\H0.7X;\S-0.009^-0.025”即可，如图 9-67 所示。

其中：

“\A0;”　表示公差数值与尺寸数值底边对齐；

“<>”　表示系统自动测量的尺寸数值，也可写成具体的数字；

“\H0.7X;”　表示公差数值的字高是尺寸数字高度的 0.7 倍；

“\S……^……”　表示堆叠，“^”符号前的数字是上偏差（-0.009），“^”符号后的数字是下偏差（-0.025）。

注意，输入的字符都是半角字符，且“\”后的控制符必须是大写字母。

公差	
显示公差	极限偏差
公差下偏差	0.025
公差上偏差	-0.009
水平放置公差	下
公差精度	0.000
公差消去前导零	否
公差消去后续零	否
公差消去零英尺	是
公差消去零英寸	是
公差文字高度	0.7
换算公差精度	0.000
换算公差消去前导零	否
换算公差消去后续零	否
换算公差消去零英尺	是
换算公差消去零英寸	是

图 9-66　设定公差值（一）

文字	
分数类型	水平
文字颜色	白色
文字高度	2.5
文字偏移	0.625
文字界外对齐	开
水平放置文字	置中
垂直放置文字	上方
文字样式	dim
文字界内对齐	开
文字位置 X 坐标	271.266
文字位置 Y 坐标	150.872
文字旋转	0
测量单位	9.8
文字替代	\A0;<>\H0.7X;\S-0.009^-0.025

图 9-67　设定公差值（二）

以上两种方法请勿同时使用，如果尺寸数值没有人为改动，推荐使用第一种方法。

6. 图框和标题栏的绘制

一张完整的零件图必须有图框和标题栏，所以图框和标题栏可以包含在样板文件里。如果自定义的样板图中没有图框和标题栏，可以从 AutoCAD 提供的样板图中复制过来。AutoCAD 的样板图中文件名以“GB”开头的，都包含符合国标的图框和标题栏。如果需要插入 A3 图框和标题栏，可打开文件名为“Gb_a3-Color Dependent Plot Styles.dwt”，然后将图框和标题栏选中，将其复制到剪贴板，把窗口切换到原先的绘图窗口，再从剪贴板复制到当前窗口中。复制过来的图框和标题栏是个图块，要编辑标题栏中的内容，用分解（X）命令将其分解。

第十章　装配图

装配图是用来表达机器或部件的图样。表示一台完整机器的图样，称为总装配图，表示一个部件的图样，称为部件装配图。

装配图主要是表达机器或部件的工作原理、装配关系、结构形状和技术要求，用以指导机器或部件的装配、检验、调试、操作或维修等。因此，装配图是机械设计、制造、使用、维修以及进行技术交流的重要技术文件。

§10-1　装配图的内容和视图表达方法

一、装配图的内容

图 10-1 是第九章图 9-1 所示球阀的装配图，关于球阀的功用和工作原理在 §9-1 中已经说明，不再重复。球阀的主要零件阀杆、阀盖和阀体，以及各零件之间的装配关系，在第九章中已作了详细叙述。现仍以球阀为例说明装配图的内容。

1. 一组视图

用一组视图表达机器或部件的工作原理、零件间的装配关系、连接方式，以及主要零件的结构形状。如图 10-1 球阀装配图中的主视图采用全剖视，反映球阀的工作原理和各主要零件间的装配关系；俯视图表示主要零件的外形，并采用局部剖视表示扳手与阀体的连接关系；左视图采用半剖视，表达阀盖的外形以及阀体、阀杆、阀芯间的装配关系。

2. 必要的尺寸

包括机器或部件的规格（性能）尺寸、零件间的配合尺寸、外形尺寸、机器或部件的安装尺寸以及设计时确定的其他重要尺寸。

3. 技术要求

用文字或符号说明机器或部件的装配、安装、调试、检验、使用与维护等方面的技术要求。

4. 序号、明细栏和标题栏

在装配图中，必须对每个零件编写序号，可在明细栏中列出零件序号、代号、名称、数量、材料、单件和总计的重量、备注等。其中，代号列内填写标准件的标准编号或非标准零件的零件图的图号。标题栏中写明装配体名称、图号、绘图比例以及设计、制图、审核人员的签名和日期等。在 §1-1 中已讲述 GB/T 10609.1—2008 对标题栏作了规定，而学生作业的标题栏建议按图 1-3

的格式绘制；装配图中明细栏的内容、格式与尺寸等，则应按 GB/T 10609.2—2009 的规定编绘，学生作业建议采用图 10-1 的格式。明细栏中的代号填写图样中相应组成部分的图样代号或标准号（非标准件填写图样代号，标准件填写标准号），明细栏中的材料填写图样中相应组成部分的材料牌号，由于标准件都是按规定标记采购来装配的，所以在明细栏中只要能给出规定标记所需的有关信息，也可不填写材料牌号。本章在明细栏的代号中省略未填非标准件的图样代号，在材料中对非标准件和标准件都填写了材料牌号，但在最后的一个装配图（图 10-21）的明细栏中作为示例，填写了非标准件的图样代号，不填写标准件的材料牌号。

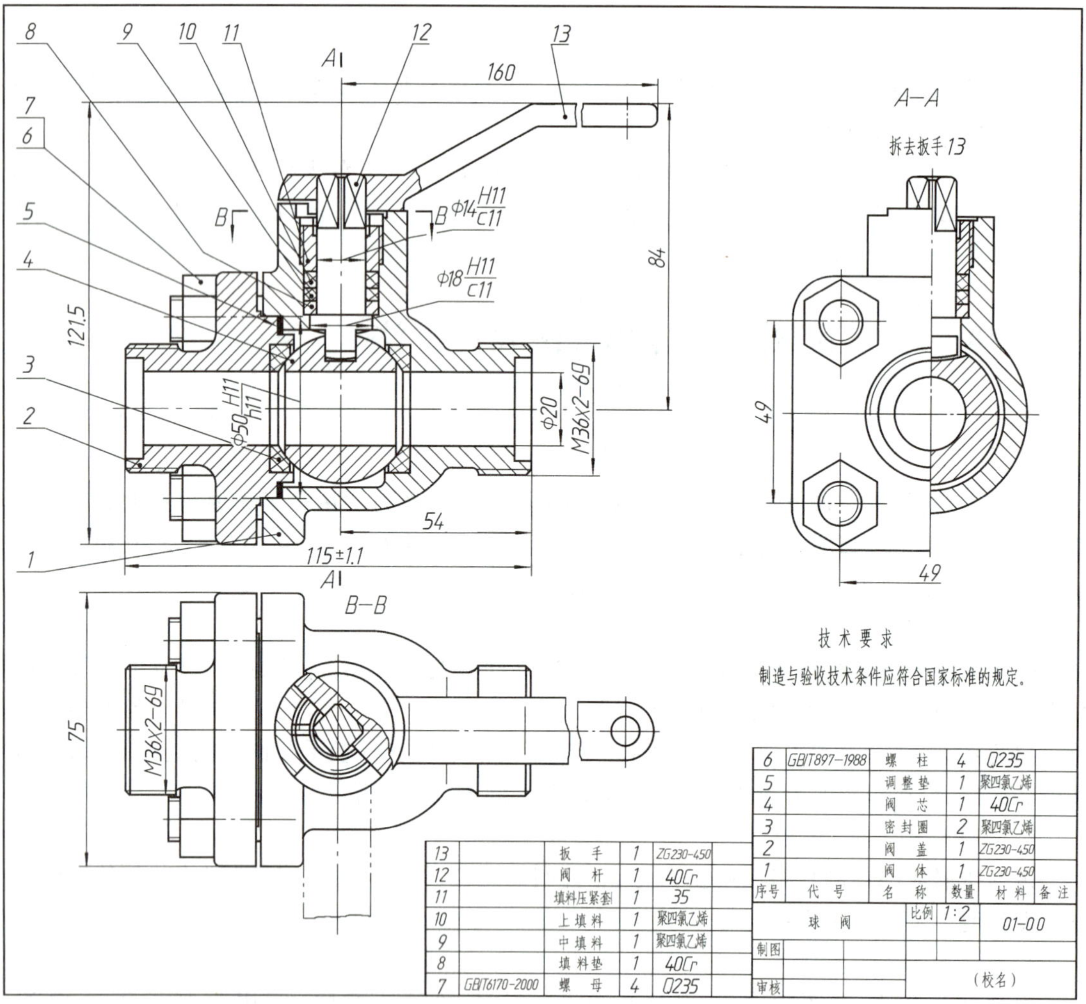

图 10-1　球阀装配图

二、装配图画法

1. 相邻零件的画法

（1）相邻零件的轮廓线画法

装配图中，零件间的接触面和两零件的配合表面，如图 10-2 中轴和轴承孔的配合面等，都只画一条线。不接触或不配合的表面，如图 10-2 中不配合的螺钉与通孔，即便间隙很小，也应画成两条线。

（2）相邻零件的剖面线画法

如图 10-2 所示，为了区别不同零件，在装配图中，相邻两金属零件的剖面线倾斜方向应相反；当三个零件相邻时，其中两个零件的剖面线倾斜方向一致，但要间隔不相等。在各视图中，同一零件的剖面线倾斜方向和间隔应一致。

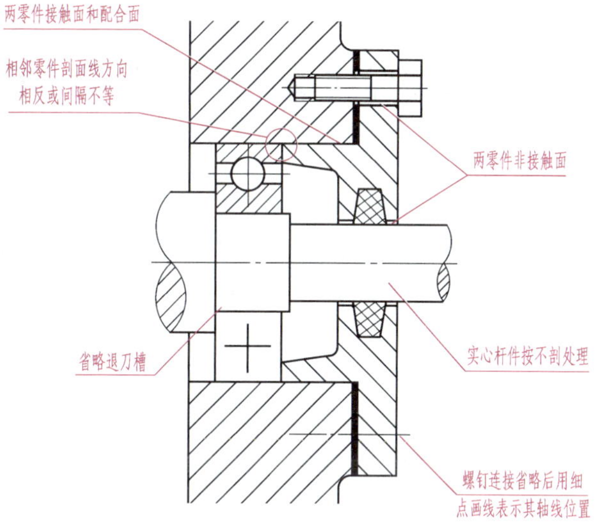

图 10-2　装配图的规定画法

2. 假想画法

为了表示运动零件的极限位置，部件和相邻零件或部件的相互关系，可以用细双点画线画出其轮廓，如图 10-1 中的俯视图用细双点画线画出了扳手的一个极限位置；又如图 10-14 齿轮油泵的左视图中用细双点画线画出了安装该油泵的泵体的安装板。

3. 夸大画法

对薄片零件、细丝弹簧、微小间隙等，若按它们的实际尺寸在装配图中很难画或难以明显表达时，都可不按比例而采用夸大画法，图 10-1 所示球阀中的调整垫厚度，就是夸大画出的。

4. 简化画法

（1）实心零件画法

为了简化作图，在剖视图中，对一些实心杆件（如轴、连杆等）和一些标准件（如螺栓、螺母、键、销等），若剖切平面通过其轴线或对称平面剖切这些零件时，则这些零件按不剖画，如图 10-1 中的件 *12* 阀杆、件 *6*、*7* 螺柱螺母等。如果实心零件上有些结构和装配关系需要表达时，可采用局部剖视，如图 10-1 中件 *13* 手柄。当剖切平面垂直其轴线或对称面剖切时，必须画出剖面线，如图 10-1 俯视图中件 *12* 阀杆等。

（2）在装配图中，零件的工艺结构如倒角、圆角、退刀槽等允许省略不画（图 10-2）。

（3）在装配图中对于规格相同的零件组，如图 10-2 中的螺钉连接，可详细地画出一处，其余用细点画线表示其装配位置。

(4) 沿零件的结合面剖切和拆卸画法

在装配图中，当某些零件遮住了需要表达的结构和装配关系时，可假想沿某些零件的结合面剖切或假想将某些零件拆卸后绘制。需要说明时，可在相应的视图上方加注“拆去××等”。如图10-1所示球阀装配图中的左视图是拆去扳手 *13* 后画出的。图10-14所示齿轮油泵装配图中的左视图，是沿泵体和垫片的结合面剖切后画出的半剖视图。在零件的结合面上不画剖面线，但被剖切到的齿轮轴、螺钉和销按规定必须画出剖面线。

§10-2 装配图的尺寸标注及零件序号、明细栏

一、装配图的尺寸标注

装配图不是制造零件的直接依据。因此，装配图中不需注出零件的全部尺寸，而只需标注出一些必要的尺寸，这些尺寸按其作用的不同，大致可以分为以下几类，仍以图10-1所示球阀装配图中的一些尺寸为例，说明如下：

1. 性能(规格)尺寸

表示机器或部件性能(规格)的尺寸，在设计时就已经确定，也是设计和选用该机器或部件的依据，如图10-1中球阀的公称直径 $\phi 20$。

2. 装配尺寸

包括有关零件间配合性质的尺寸、保证零件间相对位置的尺寸、装配时进行加工的有关尺寸等，如图10-1中阀盖和阀体的配合尺寸 $\phi 50H11/h11$ 等。

3. 安装尺寸

机器或部件安装时所需的尺寸，如图10-1中与安装有关的尺寸：84、54、M36×2-6g 等。

4. 外形尺寸

表示机器或部件外形轮廓的大小，即总长、总宽和总高。它为包装、运输和安装过程所占的空间大小提供了数据。如图10-1中球阀的总长、总宽和总高为 115±1.1、75 和 121.5。

5. 其他重要尺寸

它们是在设计中确定，又不属于上述几类尺寸的一些重要尺寸。如运动零件的极限尺寸等。

上述五类尺寸之间并不是孤立无关的。实际上有的尺寸往往同时具有多种作用，例如球阀中的尺寸 115±1.1，它既是外形尺寸，又与安装有关。此外，一张装配图中有时也并不全部具备上述五类尺寸。因此，对装配图中的尺寸需要具体分析，然后进行标注。

二、装配图中零、部件序号和明细栏

为了便于读图、便于图样管理以及做好生产准备工作，装配图中的所有零、部件都必须遵循 GB/T 4458.2—2003《机械制图　装配图中零、部件序号及其编排方法》编写序号，装配图中相同的零、部件用一个序号。一般只标注一次，多处出现的相同的零、部件，必要时也可重复标注。图中的序号应与明细栏中的序号一致。

1. 编写序号的方法

（1）编写序号的常见形式如下：在所指的零、部件的可见轮廓内画一圆点，然后从圆点开始画指引线（细实线），在指引线的另一端画一水平线或圆（也都是细实线），在水平线上或圆内注写序号，序号的字高应比尺寸数字大一号或两号，如图 10-3a 所示；对很薄的零件或涂黑的断面，可在指引线末端画箭头，并指向该部分的轮廓，如图 10-3b 所示。

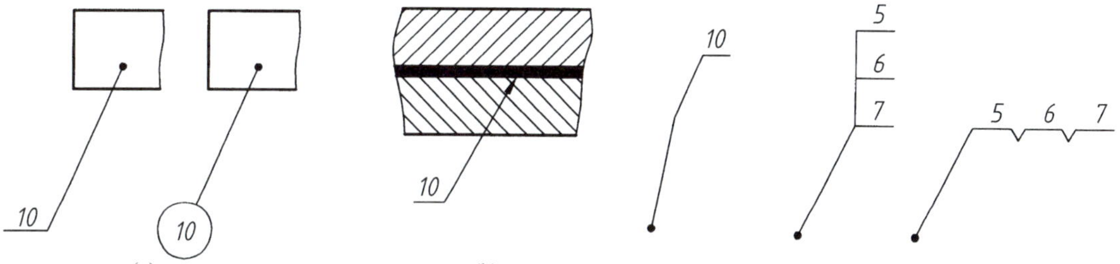

图 10-3　零件序号的编写形式

（2）指引线相互不能相交；当它通过有剖面线的区域时，不应与剖面线平行；必要时，指引线可以画成折线，但只允许曲折一次，如图 10-3c 所示。

（3）一组紧固件以及装配关系清楚的零件组，可采用公共指引线，如图 10-3d 所示。

（4）装配图中的标准化组件（如油杯、滚动轴承、电动机等）看作为一个整体，只编写一个序号。

（5）零、部件序号应沿水平或垂直方向按顺时针（或逆时针）方向顺次排列整齐，并尽可能均匀分布，如图 10-1 所示。

（6）部件中的标准件，通常如图 10-1 所示，与非标准零件同样地编写序号；也可如图 10-11 所示，不编写序号，而将标准件的数量与规格直接用指引线标明在图中。

2. 明细栏

明细栏是机器或部件中全部零、部件的详细目录，应画在标题栏的上方，零、部件的序号应自下而上填写。地位不够时，可将明细栏分段画在标题栏的左方。当明细栏不能配置在标题栏的上方时，可作为装配图的续页，按 A4 幅面单独绘制，其填写顺序应自上而下。

§10-3　装配结构的合理性简介

在设计和绘制装配图的过程中，应该考虑到装配结构的合理性，以保证机器和部件的性能，并给零件的加工和装拆带来方便。确定合理的装配结构，必须具有丰富的实际经验，并作深入细致的分析比较。这里对机器或部件中的常见装配结构常用的密封装置和防松装置作一些简介，举例说明如下，以供画装配图时学习参考。

一、常见装配结构

1. 当轴和孔配合，且轴肩与孔的端面相互接触时，应在孔的接触端面制成倒角或在轴肩根部切槽，以保证两零件接触良好。图 10-4 为轴肩与孔的端面相互接触时的正误对比。

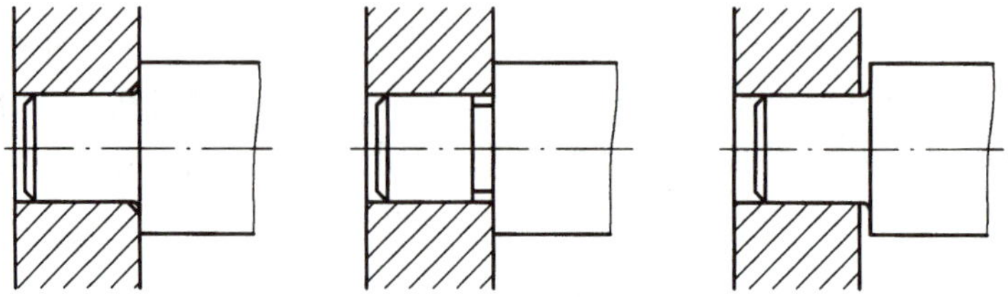

(a) 正确　　(b) 正确　　(c) 错误

图 10-4　常见装配结构(一)

2. 当两个零件接触时,在同一方向上的接触面,只有一个,这样既可满足装配要求,制造也较方便。图 10-5 为平面接触的正误对比。

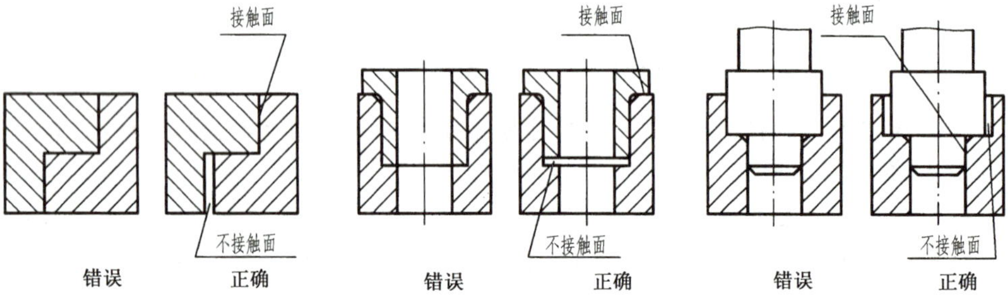

(a)　　(b)　　(c)

图 10-5　常见装配结构(二)

3. 为了保证两零件在装拆前后不降低装配精度,通常用圆柱销或圆锥销将两零件定位,如图 10-6a 所示。为了加工和装拆的方便,在可能时最好将销孔做成通孔,如图 10-6b 所示。

(a) 销定位　　(b) 可能时最好做成通孔

图 10-6　常见装配结构(三)

二、常用密封装置

为防止机器或部件内部的液体或气体向外渗漏,同时也避免外部的灰尘、杂质等侵入,必须采用密封装置。图 10-7 为常用的密封装置,通过压盖或螺母将填料压紧而起防漏作用。

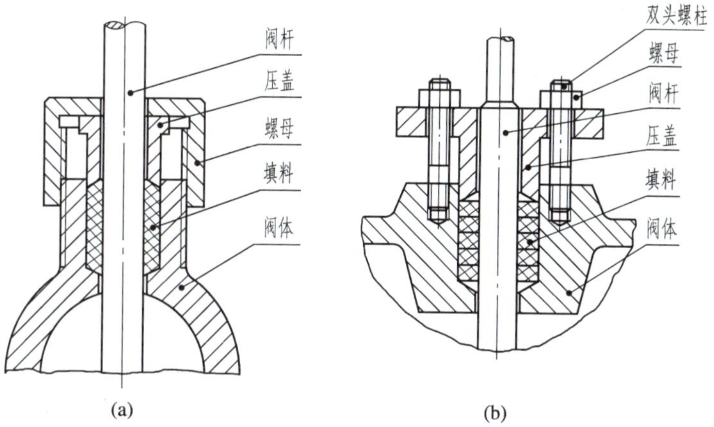

图 10-7　密封装置

三、常用防松装置

机器或部件在工作时，由于受到冲击或振动，一些紧固件可能产生松动现象。因此，在某些装置中需采用防松结构，如图 10-8 所示为几种常用的防松结构。

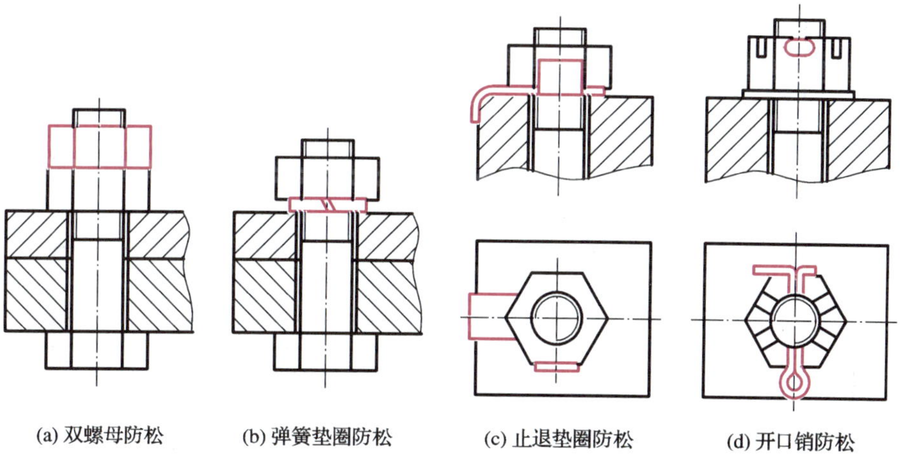

图 10-8　防松装置

§10-4　由零件图画装配图

部件是由若干零件装配而成的，根据这些零件图及有关资料，可以看清各零件的结构形状，了解装配体的用途、工作原理、连接和装配关系，然后拼画成部件的装配图。现以图 10-1 所示的球阀为例，说明由零件图画装配图的方法和步骤。球阀各主要零件的零件图，阀芯、阀杆、阀盖、阀体已在第九章中以图 9-2、图 9-57、图 9-58、图 9-59 画出，现再补充这个球阀的其他零件：密封圈、填料压紧套、扳手的零件图（图 10-9）。还有一些非标准件的零件图，因限于篇幅，不再全部列出。

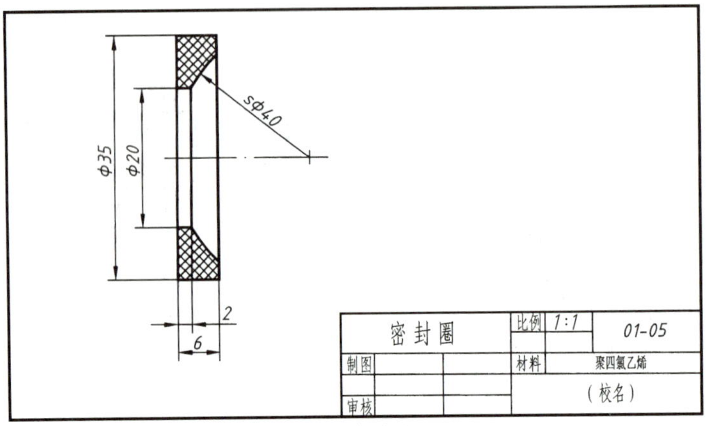

(a) 密封圈

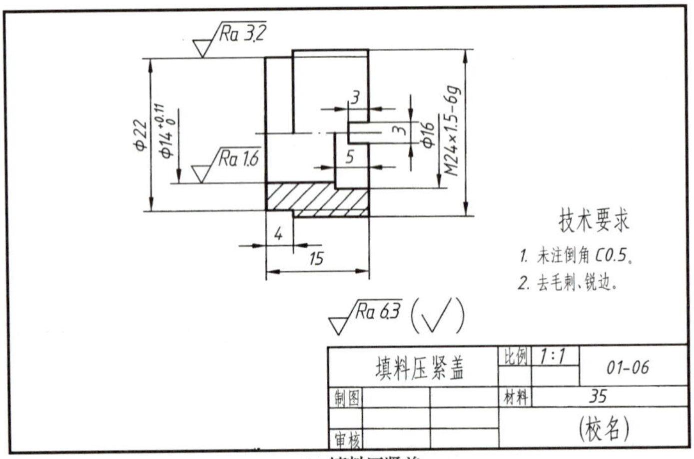

(b) 填料压紧盖

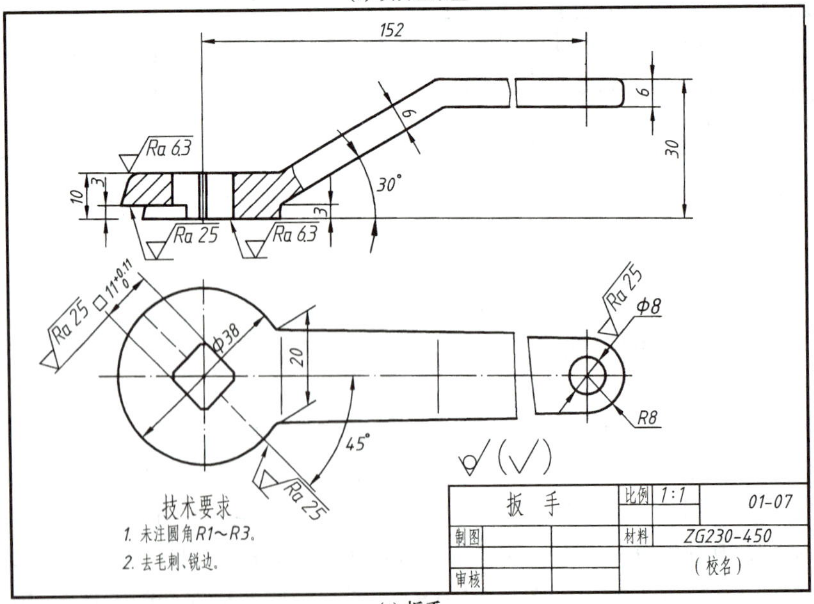

(c) 扳手

图 10-9　球阀的其他零件图

由零件图画装配图宜按下述步骤进行，今仍以图 9-1 轴测装配图所示的球阀的零件图画装配图为例说明：

一、了解部件的装配关系和工作原理

对部件实物或图 9-1 所示的球阀轴测装配图进行仔细分析，了解各零件间的装配关系和部件的工作原理。该球阀的装配关系是：阀体 *1* 和阀盖 *2* 都带有方形凸缘，它们用四个螺柱 *6* 和螺母 *7* 连接，并用合适的调整垫 *5* 调节阀芯 *4* 与密封圈 *3* 之间的松紧程度。在阀体上部有阀杆 *12*，阀杆下部有凸块，榫接阀芯 *4* 上的凹槽。为了密封，在阀体与阀杆之间加进填料垫 *8*、中填料 *9* 和上填料 *10*，并旋入填料压紧套 *11*。球阀的工作原理是：将扳手 *13* 的方孔套进阀杆 *12* 上部的四棱柱，当扳手处于图 10-1 所示的位置时，阀门全部开启，管道畅通；当扳手按顺时针方向旋转 90°时（扳手处于图 10-1 装配图的俯视图中细双点画线所示的位置），则阀门全部关闭，管道断流。从装配图中俯视图的 *B—B* 局部剖视图，可看到阀体 *1* 顶部限位凸块的形状（为 90°扇形），该凸块用来限制扳手 *13* 的旋转位置。

二、确定表达方案

画装配图与画零件图一样，应先确定表达方案，根据已学过的机件的各种表达方法（包括装配图的一些表达方法），考虑选用哪一些表达方法能较好地反映出部件的装配关系、工作原理和主要零件的结构形状，实质上也就是视图选择：首先，选定部件的安放位置和选择主视图；然后，再选择其他视图。

（一）装配图的主视图选择

部件的安放位置，应与部件的工作位置相符合，这样对于设计和指导装配都会带来方便。如球阀的工作位置情况多变，但一般是将其通路放成水平位置。当部件的工作位置确定后，接着就选择部件的主视图投射方向。经过比较，应选用以能清楚地反映主要装配关系和工作原理的那个视图作为主视图，并采取适当的剖视，比较清晰地表达各个主要零件以及零件间的相互关系。图 10-1 中所选定的球阀的主视图，就体现了上述选择主视图的原则。

（二）其他视图的选择

根据确定的主视图，再选取能反映其他装配关系、外形及局部结构的视图。如图 10-1 所示，球阀沿前后对称面剖开的主视图，虽清楚地反映了各零件间的主要装配关系和球阀工作原理，可是球阀的外形结构以及其他一些装配关系还没有表达清楚。于是选取左视图，补充反映了它的一些内、外结构形状；选取俯视图，并作 *B—B* 局部剖视，反映扳手与定位凸块的关系。

三、画装配图

确定了部件的视图表达方案后，根据视图表达方案以及部件的大小与复杂程度，选取适当比例，安排各视图的位置，从而选定图幅，便可着手画图。在安排各视图的位置时，要注意留有供编写零、部件序号、明细栏，以及注写尺寸和技术要求的地位。

画图时，应先画出各视图的主要轴线（装配干线）、对称中心线和作图基线（某些零件的基面或端面）。由主视图开始，几个视图配合进行。画剖视图时，以装配干线为准，由内向外逐个画出各个零件，也可由外向里画，视作图方便而定。图 10-10 表示了绘制球阀装配图视图底稿的画图步骤。底稿完成后，需经校核，再加深，画剖面线，注尺寸。最后，编写零、部件序号，填写明细栏，再经校核，签署姓名，完成后的球阀装配图，如图 10-1 所示。

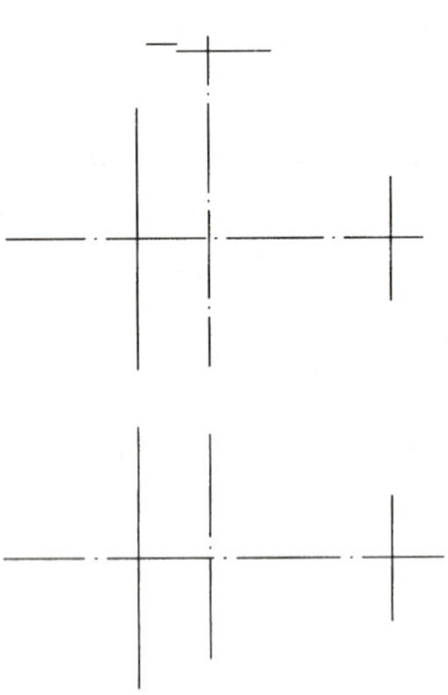

(a) 画出各视图的主要轴线、对称中心线及作图基线

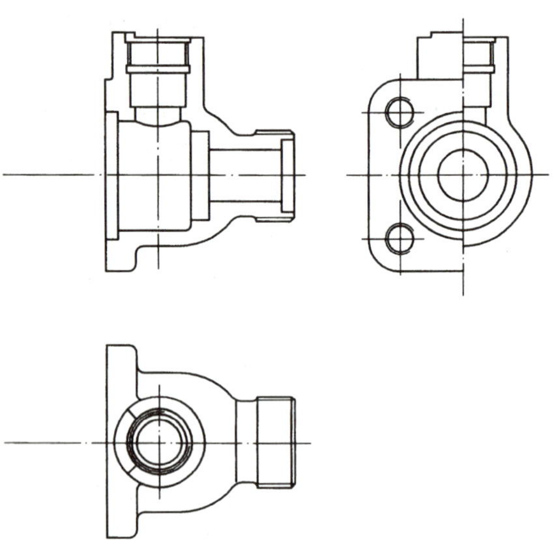

(b) 先画轴线上的主要零件（阀体）的轮廓线，三个视图要联系起来画

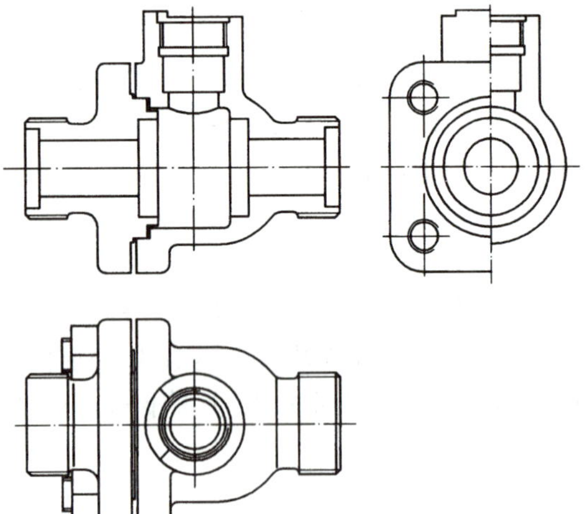

(c) 根据阀盖和阀体的相对位置，沿水平轴线画出阀盖的三视图

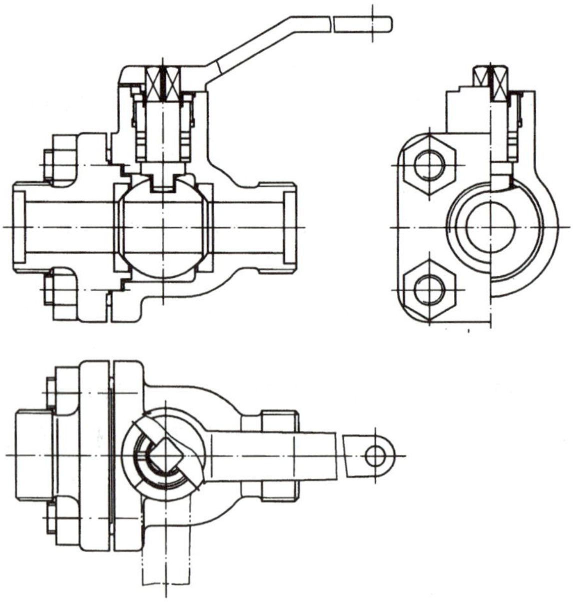

(d) 沿水平轴线画出各个零件，再沿竖直轴线画出各个零件，然后画出其他零件，最后画出扳手的极限位置

图 10-10 画装配图视图底稿的步骤

§ 10－5　读装配图及由装配图拆画零件图

读装配图的目的，是从装配图中了解部件中各个零件的装配关系和部件的工作原理，分析和读懂其中主要零件及其他有关零件的结构形状。在设计时，还要根据装配图画出该部件的零件图。

一、读装配图及由装配图拆画零件图的步骤和方法

（一）概括了解

1. 通过阅读明细栏、说明书了解部件的名称和用途。

2. 了解部件中所含的标准零、部件和组件，以及非标准零、部件和组件的名称与数量；对照零、部件和组件序号，在装配图上查找这些零、部件和组件的位置。组件是部件中所含的多个零件集成的单元。

3. 对视图进行分析，根据装配图上视图的表达情况，明确视图间的投影关系，剖视图、断面图的剖切位置及投射方向，从而搞清各视图的表达重点。

通过以上这些内容的了解，并参阅有关尺寸，对部件有一个概略的印象。

（二）了解装配关系和工作原理

对照视图仔细研究部件的装配关系和工作原理，是读装配图的一个重要环节。在概括了解的基础上，分析各条装配干线，弄清零件间相互配合的要求，以及零件间的定位、连接方式、密封等问题。再进一步搞清运动零件与非运动零件的相对运动关系。经过这样的观察分析，就可以对部件的工作原理和装配关系有所了解。

（三）分析零件，读懂零件的结构形状

分析零件，就是弄清每个零件的结构形状及其作用。一般先从主要零件着手，然后是其他零件。当零件在装配图中表达不完整时，可对有关的其他零件仔细观察和分析，然后再作结构分析，从而确定该零件的内外形状。

（四）由装配图拆画零件图

在设计部件时，需要根据装配图拆画零件图，简称拆图。拆图时，应对所拆零件的作用进行分析，然后从装配图中分离该零件（即把零件从与其组装的其他零件中分离出来）。具体方法是在各视图的投影轮廓中划出该零件的范围，结合分析，补齐所缺的轮廓线。有时还需要根据零件图的视图表达要求，重新安排视图。选定和画出视图以后，应按零件图的要求，注写尺寸及技术要求。

二、读装配图举例

（一）读镜头架装配图（图 10－11）

1. 概括了解

镜头架是电影放映机上用来放置放映镜头和调整焦距使图像清晰的一个部件。从图中可以看出，它由 10 种零件（6 种非标准件和 4 种标准件）组成。镜头架的装配图由两个视图表达，主视图用 *A—A* 阶梯剖，它反映了镜头架的装配关系和工作原理；左视图采用 *B—B* 局部剖视，从这里可以看到镜头架的外形轮廓，以及调节齿轮 *5* 与内衬圈 *2* 上的齿条相啮合的情况。

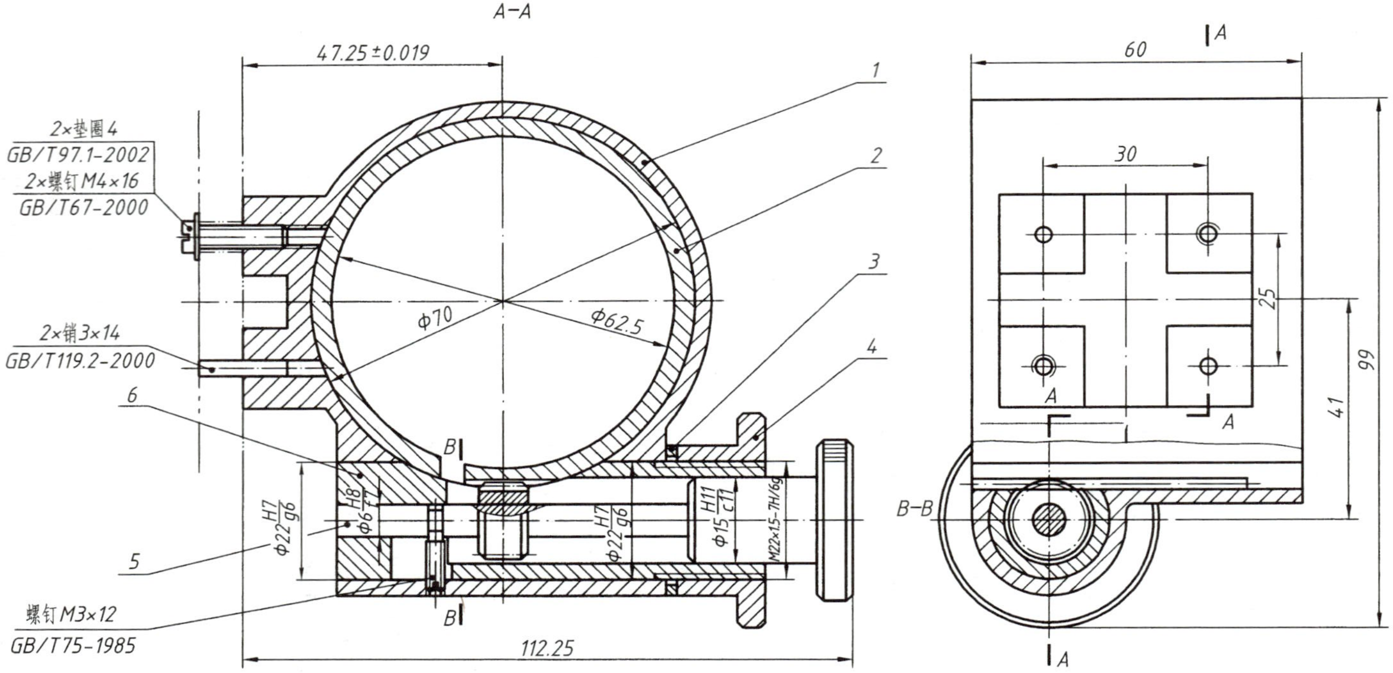

技术要求

传动应平稳轻巧，不允许有卡阻爬行现象。

序号	代号	名称	数量	材料	备注
6		锁紧套	1	2A12	
5		调节齿轮	1	组件	m=0.6 z=22
4		锁紧螺母	1	2A12	
3		垫圈	1	Q235	
2		内衬圈	1	ZAlSi12	
1		架体	1	ZAlSi12	

镜头架	比例	1:1	03-00
制图			
审核			（校名）

图 10-11　镜头架装配图

经过初步观察，镜头架的外形尺寸：长度、高度方向分别是 112.25、99，可知这个部件体积不大。镜头架各零件选用的材料是 ZAlSi12（铸造铝合金）、2Al2（硬铝）、Q235（碳素结构钢）等。

2. 了解装配关系和工作原理

镜头架的主视图完整地表达了它的装配关系。从图上可以看到，所有零件都装在主要零件架体 *1* 上，并由两个销和两个螺钉在放映机上定位、安装的，架体 *1* 的大孔（$\phi70$）中套有能前后移动的内衬圈 *2*。架体的水平圆柱孔（$\phi22$）的轴线是一条主要装配干线，在装配干线上装有锁紧套 *6*，它们是 H7/g6 的间隙配合。锁紧套内装有调节齿轮 *5*，它们的配合分别为 H11/c11、H8/f7，也都是间隙配合。当调节齿轮与内衬圈 *2* 就位后，用螺钉 M3×12 使调节齿轮轴向定位。锁紧套右端的外螺纹处装有锁紧螺母 *4*，当螺母旋紧时，则将锁紧套拉向右移，锁紧套上的圆柱面槽就迫使内衬圈收缩而锁紧镜头。

当旋转调节齿轮时，通过与内衬圈上的齿条啮合传动，就能带动内衬圈作前后方向的直线移动，从而达到调整焦距的目的。

3. 分析零件，拆画零件图

在这里只分析内衬圈 *2*、锁紧套 *6* 和架体 *1* 的结构形状，并拆画架体 *1* 的零件图，其余零件请读者自行阅读分析。

内衬圈 *2*　内衬圈是一个圆柱形的管状零件，在表面上铣有齿条。齿条一端未铣到头，这是调节内衬圈向后移动的极限位置。为了在收紧锁紧套时，使内衬圈变形而锁紧镜头，所以在内衬圈上开了槽。

锁紧套 *6*　根据剖面线方向和注写的 $\phi22H7/g6$，可以想象出这是一个圆柱形的零件，它的内部是大、小两个圆柱形的阶梯孔，右端的孔较大，左端的孔较小；锁紧套上部开有圆柱面槽，与内衬圈的圆柱面相配；在锁紧套下部开有长圆形孔，以便穿过使调节齿轮轴向定位的螺钉。分析上述内容后，可想象锁紧套的结构形状，如图 10-12 所示。

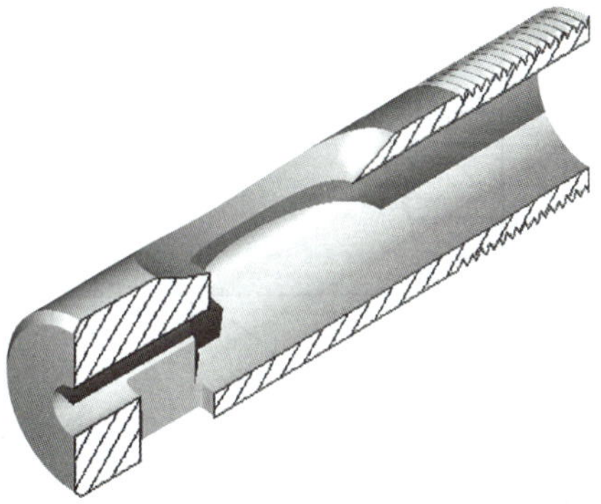
图 10-12　锁紧套

架体 *1*　架体是镜头架上的主体零件，从装配图中可以看出它的大致结构形状，这个架体主要是由一大一小相互垂直偏交的两个圆筒组成，它们的圆柱孔内壁相交贯通，大圆筒中装入带齿条的内衬圈 *2*，小圆筒内装入锁紧套 *6*。为了使架体在放映机上定位、安装，在大圆筒外壁的左侧伸出一个侧垂的四棱柱，并在这个四棱柱的左端面上，分别设置有穿通的螺孔和穿通的圆柱销孔的四个方形凸台。小圆柱筒的下部是半个圆柱体，上部是前后壁与半圆柱面相切的四棱柱。在小圆筒的下部半圆柱壁上，有一个穿通的螺孔，它与用来与使调节齿轮轴向定位的开槽长圆柱端紧定螺钉旋合。

分析了这个架体的结构形状后，就可拆画它的零件图。先从装配图的主、左视图中区分出架体的视图轮廓，它是一幅不完整的图形，如图 10-13a 中的黑色图线所示；接着，结合上述的分析，就可补画图中所缺的诸图线，如图 10-13a 中的红色图线所示。观察从分离补全后的架体的两视图可以看出：主视图不仅表示出一个方向的外部轮廓形状，还由于采用阶梯剖而清晰地显示了内部的结构形状；左视图若不用局部剖，只画外形，而用细虚线画出大圆筒内壁的上、下两条转向轮廓线，则可清晰、完整地表达内、外形状。通过这样的考虑，如图 10-13b 所示，改画了图 10-13a 中的左视图。

按零件图的要求，完整、清晰地标注出全部尺寸和技术要求，图中的尺寸公差，必须与装配图中已注的尺寸公差相同，于是就完成了拆画架体零件图的任务。

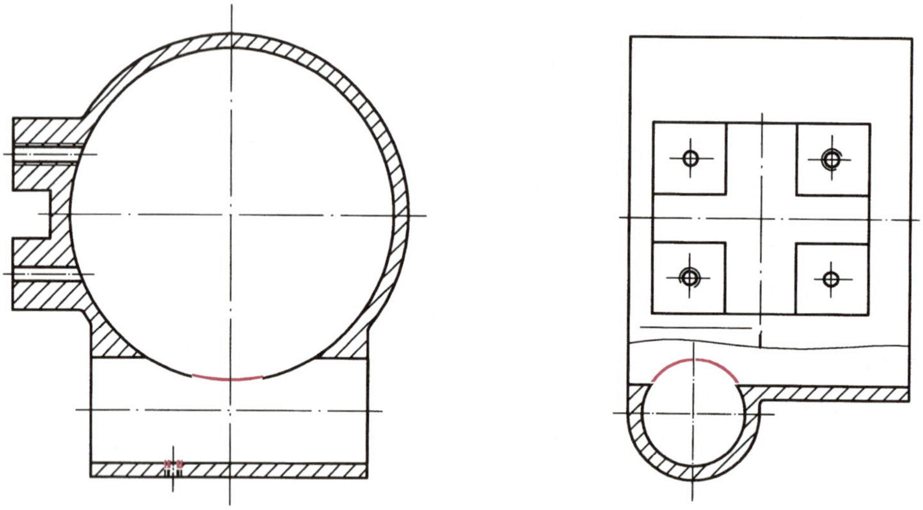

(a) 从装配图中分离和补全架体的视图

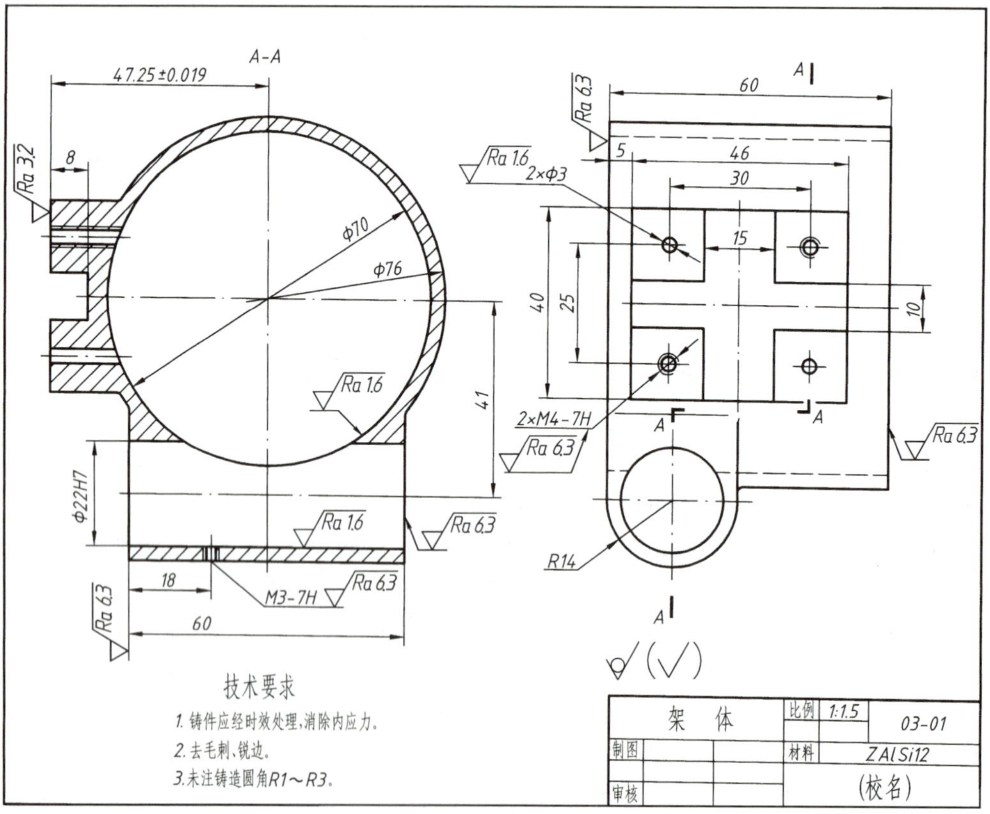

(b) 架体

图 10-13 由镜头架装配图拆画架体零件图

（二）读齿轮油泵装配图（图 10-14）

1. 概括了解

齿轮油泵是机器中用来输送润滑油的一个部件。图 10-14 所示的齿轮油泵是由泵体，左、右端盖，运动零件（传动齿轮、齿轮轴等），密封零件以及标准件等所组成。对照零件序号及明细栏可以看出：齿轮油泵由 17 种零件装配而成，采用两个视图表达。主视图采用全剖视图，反映了组成齿轮油泵的各个零件间的装配关系。左视图在采用了沿左端盖 *4* 处的垫片 *6* 与泵体 *7* 的结合面剖切产生的半剖视图 *B—B* 的基础上，又在吸、压油口处画出了其中一处的局部剖视图，它清楚地反映了这个油泵的外形，齿轮的啮合情况以及吸、压油的工作原理；局部剖视反映吸、压油口的情况。齿轮油泵长、宽、高三个方向的外形尺寸分别是 118、85、93，由此知道这个齿轮油泵的体积不大。

2. 了解装配关系及工作原理

泵体 *7* 是齿轮油泵中的主要零件之一，它的内腔容纳一对吸油和压油的齿轮。将齿轮轴 *2*、传动齿轮轴 *3* 装入泵体后，两侧有左端盖 *4*、右端盖 *8* 支承这一对齿轮轴的旋转运动。由销 *5* 将左、右端盖与泵体定位后，再用螺钉 *1* 将左、右端盖与泵体连接成整体。为了防止泵体与端盖结合面处以及传动齿轮轴 *3* 伸出端漏油，分别用垫片 *6* 及密封圈 *9*、衬套 *10*、压紧螺母 *11* 密封。

齿轮轴 2、传动齿轮轴 3、传动齿轮 *12* 等是油泵中的运动零件。当传动齿轮 *12* 按逆时针方向（从左视图观察）转动时，通过键 *15* 将扭矩传递给传动齿轮轴 *3*，经过齿轮啮合带动齿轮轴 2，从而使后者作顺时针方向转动。如图 10-15 所示，当一对齿轮在泵体内作啮合传动时，啮合区内右边空间的压力降低而产生局部真空，油池内的油在大气压力作用下进入油泵低压区内的吸油口，随着齿轮的转动，齿槽中的油不断沿箭头方向被带至左边的压油口把油压出，送至机器中需要润滑的部分。

3. 对齿轮油泵中一些配合和尺寸的分析

根据零件在部件中的作用和要求，应注出相应的公差带代号。例如传动齿轮 *12* 要带动传动齿轮轴 *3* 一起转动，除了靠键把两者连成一体传递扭矩外，还需定出相应的配合。在图中可以看到，它们之间的配合尺寸是 $\phi14H7/k6$，它属于基孔制优先过渡配合。由附录附表 30、附表 29 查得：

孔的尺寸是 $\phi14^{+0.018}_{0}$，轴的尺寸是 $\phi14^{+0.012}_{+0.001}$，即

配合的最大间隙 = 0. 018−0.001 = +0.017，

配合的最大过盈 = 0−0.012 = −0.012。

齿轮轴和传动齿轮轴与端盖的支承孔的配合尺寸是 $\phi16H7/h6$；衬套与右端盖的孔的配合尺寸是 $\phi20H7/h6$；齿轮轴和传动齿轮轴的齿顶圆与泵体内腔的配合尺寸是 $\phi33H8/f7$。它们各是什么样的配合？请读者自行解答。

尺寸 27±0. 016 是一对啮合齿轮的中心距，这个尺寸准确与否将会直接影响齿轮的啮合传动。尺寸 65 是传动齿轮轴线离泵体安装面的高度尺寸。27±0. 016 和 65 分别是设计和安装所要求的尺寸。

吸、压油口的尺寸 $R_p3/8$ 和两个螺栓 16 之间的尺寸 70，为什么要在装配图中注出，请读者思考。

图 10-16 是齿轮油泵的轴测装配图，供读者分析思考后对照参考。

4. 拆画右端盖零件图

现以拆画右端盖（序号 8）零件图为例进行分析。由主视图可见：右端盖上部有传动齿轮轴 *3* 穿过，下部有齿轮轴 2 轴颈的支承孔，在右部的凸缘的外圆柱面上有外螺纹，用压紧螺母 *11* 通过轴套 *10* 将密封圈 9 压紧在轴的四周。由左视图可见：右端盖的外形为长圆形，沿周围分布有六个具有沉孔的螺钉孔和两个圆柱销孔。

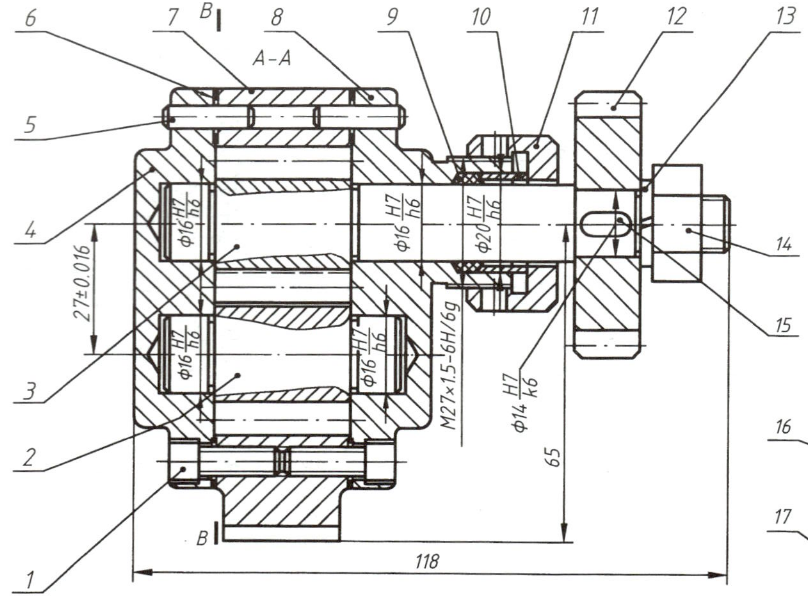

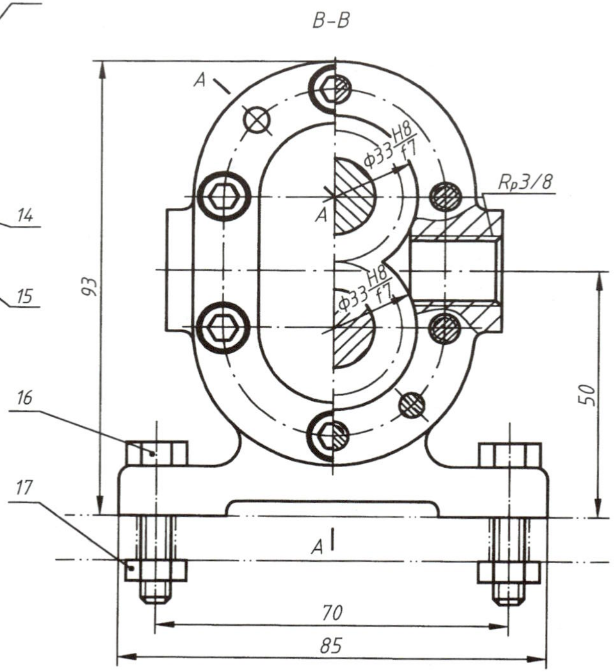

技术要求

1. 齿轮安装后，用手转动传动齿轮时，应灵活旋转。
2. 两齿轮轮齿的啮合面占齿长的3/4以上。

序号	代号	名称	数量	材料	备注
17	GB/T6170-2000	螺母 M6	2	Q235	
16	GB/T5782-2000	螺栓 M6×30	2	Q235	
15	GB/T1096-2003	键 5×5×10	1	45	
14	GB/T6170-2000	螺母 M12	1	Q235	
13	GB/T93-1987	垫圈 12	1	65Mn	
12		传动齿轮	1	45	m=2.5,z=20
11		压紧螺母	1	35	
10		衬套	1	ZCuSn5Pb5Zn5	
9		密封圈	1	橡胶	
8		右端盖	1	HT200	
7		泵体	1	HT200	
6		垫片	2	纸	δ=1
5	GB/T119.2-2000	销 5×18	4	45	
4		左端盖	1	HT200	
3		传动齿轮轴	1	45	m=3,z=9
2		齿轮轴	1	45	m=3,z=9
1	GB/T70.1-2008	螺钉	12	35	M6×16

齿轮油泵		比例		04-00
制图				
审核				(校名)

图 10-14　齿轮油泵装配图

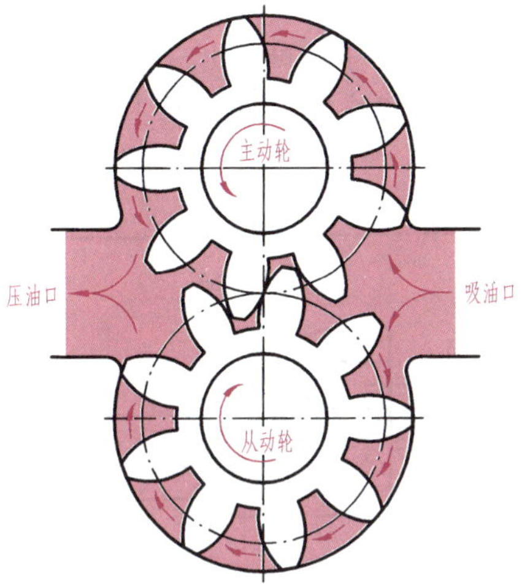

图 10-15　齿轮油泵工作原理

图 10-16　齿轮油泵装配轴测图

拆画零件图时，先从主视图上区分出右端盖的视图轮廓，由于在装配图的主视图上，右端盖的一部分可见投影被其他零件所遮，因而它是一幅不完整的图形，如图 10-17a 所示。根据此零件的作用及装配关系，可以补全所缺的轮廓线。这样的盘盖类零件一般可用两个视图表达，从装配图的主视图中拆画右端盖的图形，显示了右端盖各部分的结构，仍可作为零件图的主视图，如图 10-17b 所示。实际拆图时，没有必要像这里分图 a 和图 b 两个步骤，本书是为了让读者易于理解思考过程和便于讲述而添加了图 a 这一步，实际工作时，只要经过思考后，就直接画出图 b。

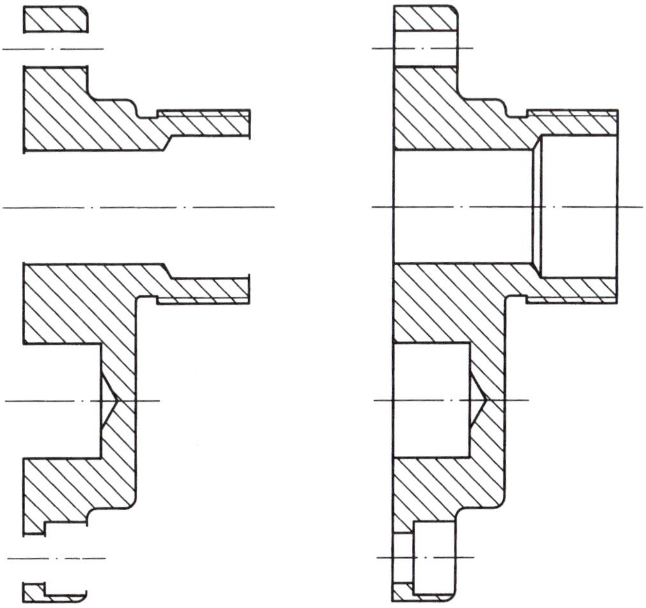

(a) 从装配图中分离出右端盖的主视图　(b) 补全图线的右端盖全剖的主视图

图 10-17　由齿轮油泵装配图拆画右端盖零件图

图 10-18 是画出了表达外形的右视图后的右端盖零件图。在图中按零件图的要求注全了尺寸和技术要求，有关的尺寸公差和螺纹的标记是按装配图中已表达的要求注写的，内六角圆柱头螺钉孔的尺寸是查附录附表 28 确定的。在全剖视的主视图中还可看出：外螺纹 M27×1.5-6g 的右端应有倒角，这里按 GB/T 16675.1—1996 省略未画，且未注尺寸，但从技术要求中可知该倒角为 *C*1。这张零件图能完整、清晰地表达这个右端盖。

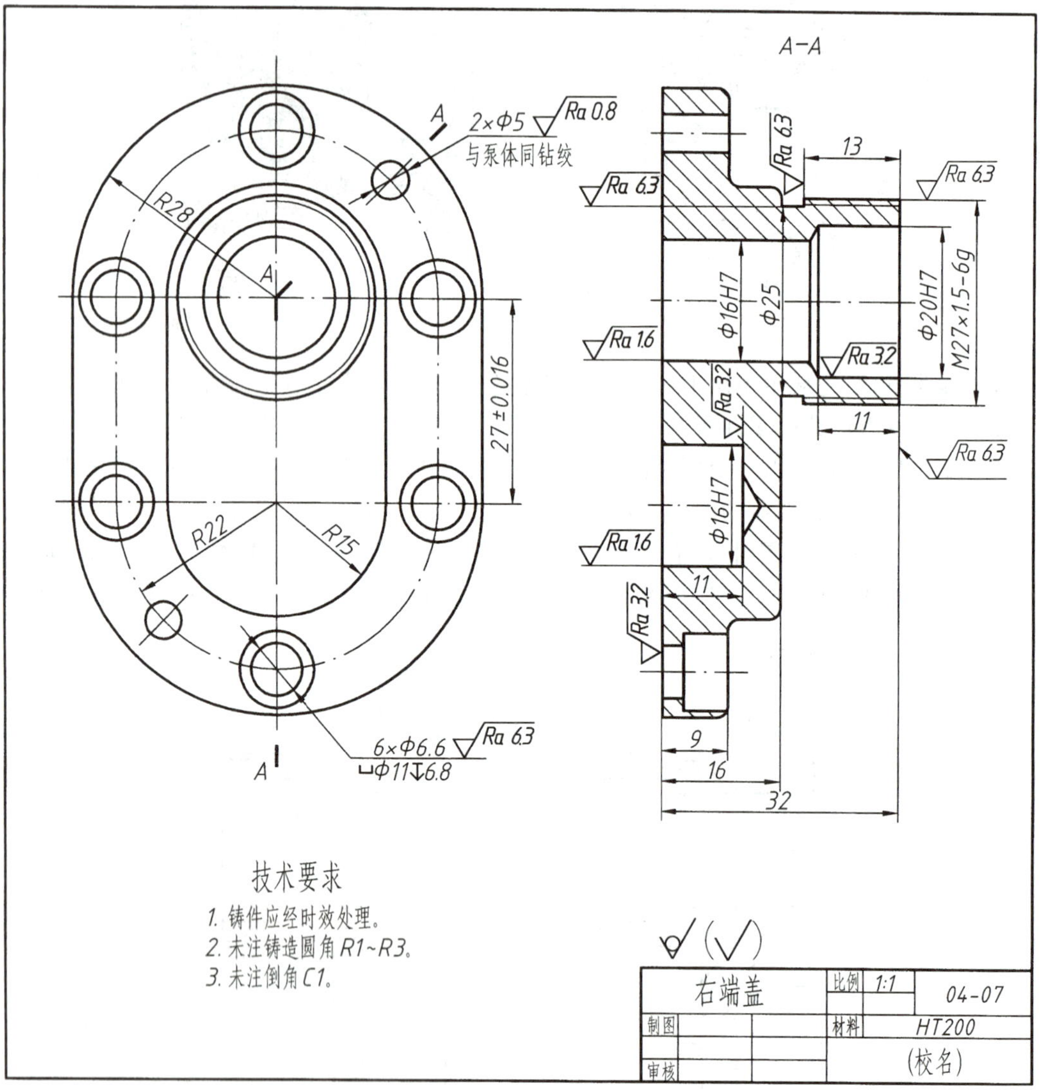

图 10-18　右端盖零件图

（三）读减速器装配图

减速器是安装在原动机（如电动机）和工作机械（如搅拌机）之间，用来降低转速和改变扭矩的独立传动部件。减速器由封闭在箱体内的圆柱齿轮或锥齿轮、蜗轮蜗杆等多种传动形式来实现减速。根据不同分级的传动情况，可分为单级、双级和三级减速器，如图 10-19 所示。

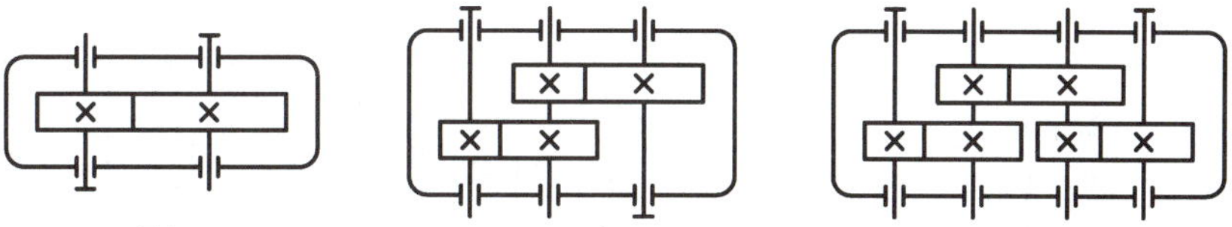

(a) 单级　　(b) 双级　　(c) 三级

图 10-19　圆柱齿轮减速器的运动简图

本例主要介绍单级圆柱齿轮减速器装配图(图 10-21)的识读方法和步骤。图 10-20 所示为 ZDY70 型单级圆柱齿轮减速器的轴测分解图。由图中可见,减速器最重要的组成部分是一对齿轮及其两个轴系组成的传动系统。识读减速器装配图时可对照轴测分解图帮助理解。

1. 概括了解

由图 10-21 所示减速器装配图的零件编号和明细栏可知,减速器由 37 种零件组成,其中标准件 14 种,主要零件是轴、齿轮、箱体和箱盖等。减速器装配图采用主、俯、左三个基本视图表达其内外结构形状,请读者在对照图 10-20 阅读图 10-21 时注意:图 10-21 中的主视图,是在图 10-20中用从后向前的投射方向画出的。

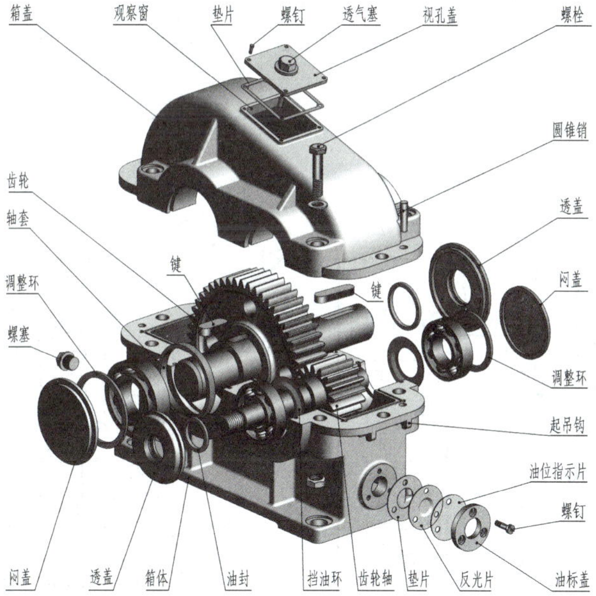

图 10-20　ZDY70 型减速器轴测分解图

(1) 俯视图采用沿箱体与箱盖的结合面剖切的全剖视图,集中表达了两轴系上的各零件及其传动关系。剖切前未抽取螺栓及圆锥销,它们被横向切断,所以俯视图中螺栓和圆锥销应画出剖面符号。被纵向剖切的两轴属实心零件,按不剖处理。但为了反映两齿轮的啮合关系,在啮合处的齿轮轴上采用了局部剖视。

(2) 主视图按减速器的工作位置确定,以表达减速器前后面外形特征为主,并在其上灵活地作了六处局部剖视,分别反映油标、观察窗、油池、排油孔、定位销和螺栓连接等装置和内部结构。

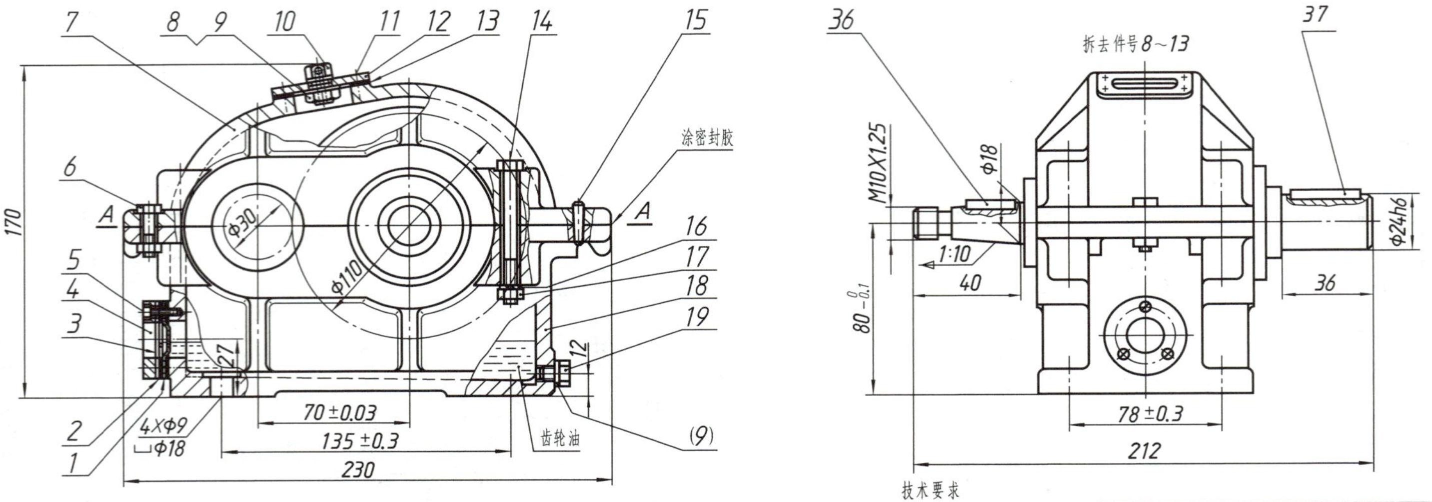

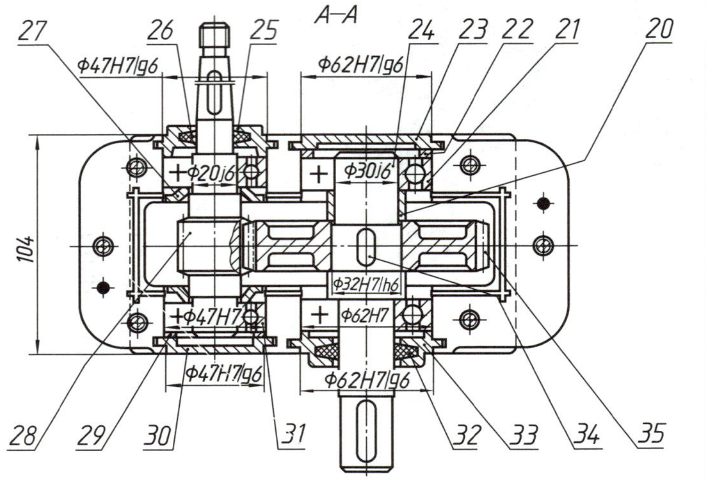

技术要求

减速器空载试验时，应运行平稳，响声均匀，连接处与密封处不能有漏油现象。

		齿轮油		L-CLD15	注入箱体中
		密封胶			涂于结合面
37	GB/T1096-2003	键8×7×25	1		
36	GB/T1096-2003	键4×4×25	1		
35	ZDY70.20	齿轮	1	40	m=2 Z_2=55
34	GB/T1096-2003	键10×8×22	1		
33	ZDY70.19	透盖	1	HT150	
32	JB/ZQ4606-1986	油封30	1		
31	GB/T276-1994	滚动轴承6204	2		
30	ZDY70.18	闷盖	1	HT150	
29	ZDY70.17	调整环	1	Q235	
28	ZDY70.16	齿轮轴	1	45	m=2 Z_1=15
27	ZDY70.15	挡油环	2	Q235	
26	JB/ZQ4606-1997	油封20	1		
25	ZDY70.14	透盖	1	HT150	
24	ZDY70.13	从动轴	1	45	
23	ZDY70.12	闷盖	1	HT150	
22	ZDY70.11	调整环	1	Q235	
21	GB/T276-1994	滚动轴承6206	2		
20	ZDY70.10	轴套	1	Q235	
19	JB/ZQ4450-1986	螺塞M10×1	1	Q235	

序号	代号	名称	数量	材料	备注
18	ZDY70.09	箱体	1	HT200	
17	GB/T6170-2000	螺母M8	6		
16	GB/T93-1987	垫圈8	6		
15	GB/T117-2000	圆锥销	2		
14	GB/T5782-2000	螺栓M8×70	4		
13	ZDY70.08	垫片	1	压纸板	
12	ZDY70.07	视孔盖	1	HT200	
11	GB/T67-2008	螺钉M3×10	4		
10	ZDY70.06	通气塞	1	Q235	
9	GB/T97.1-2002	垫圈	2		
8	GB/T6170-2000	螺母M10	1		
7	ZDY70.05	箱盖	1	HT200	
6	GB/T5782-2000	螺栓M8×35	2		
5	GB/T65-2000	螺钉M3×5	3		
4	ZDY70.04	油标盖	1	HT200	
3	ZDY70.03	油面指示片	1	赛璐珞	
2	ZDY70.02	垫片	2	毛毡	
1	ZDY70.01	反光片	1	铝	

减速器		比例	ZDY70.00
制图			
审核			（校名）

图 10-21 ZDY70 型减速器装配图

（3）左视图补充表达减速器整体的外形轮廓，并且反映油标及起吊钩的外形和位置。顶部采用拆卸画法是因为通气塞已在主视图中表示清楚，这样不仅简化了制图，还可显示观察窗的形状。

（4）装配图上还标注了必要的尺寸：

70±0.03 是两齿轮中心距的规格尺寸，该尺寸通常是减速器所命名的型号的组成部分（如 ZDY70）。

$80_{-0.1}^{0}$、78±0.3、135±0.3 等尺寸属安装尺寸。

ϕ32H7/h6、ϕ62H7/g6、ϕ47H7/g6 等尺寸属配合尺寸。

外形尺寸读者自行分析。

2. 工作原理

减速器是通过一对（或数对）齿数不同的齿轮啮合传动，达到高速旋转运动变为低速旋转运动的减速机构。在图 10-20 所示的单级圆柱齿轮减速器中，来自原动机的动力通过小齿轮（主动轮，$z_1=15$）所在的轴（主动轴，即齿轮轴 *28*）输入，再由小齿轮将动力传递给大齿轮（齿轮 *35*，即从动轮 $z_2=55$）及其由键 *34* 联结的轴（从动轴 *24*）后，便可将减速后的动力输出至工作机械。主动轴及从动轴伸出在减速箱外的轴伸处可通过带传动等形式输入和输出动力。

减速器的减速功能是通过互相啮合齿轮的齿数差来实现的，减速器减速功能的特征参数是传动比（i），其形式是

$$i=\frac{n_1}{n_2}=\frac{z_2}{z_1}$$

式中的 z_1、z_2 分别表示主动轮、从动轮的齿数，n_1、n_2 分别表示主动轮、从动轮的转速。例如，图 10-21 所示的减速器中，主动轮的齿轮 $z_1=15$，从动轮的齿数 $z_2=55$，则传动比 $i=\frac{z_2}{z_1}=\frac{11}{3}$。当主动轮转速 $n_1=960$ r/min，则从动轮将被减速为 $n_2=\frac{n_1}{i}\approx 261.8$ r/min。

由上可见，传动比 i 越大，转速降低越多。通常，直齿单级圆柱齿轮减速器的传动比 $i\leqslant 5$。

3. 装配体的结构分析（对照阅读图 10-21）

（1）减速器有两条装配干线。

一条以主动轴（即图中的齿轮轴 *28*）的轴线为公共轴心线，其上的小齿轮居中，由闷盖 *30*、两个滚动轴承 *31*、两个挡油环 *27* 和一个透盖 *25*、一个油封 *26* 装配而成。由于小齿轮的齿数较少，所以与轴做成整体，称为齿轮轴。

另一条装配干线是从与齿轮 *35*（大齿轮）配合的从动轴 *24* 的轴线为公共轴心线，大齿轮居中，用键 *34* 将两者连接，由一个透盖 *33* 和一个闷盖 *23*、两个滚动轴承 *21* 和一个油封 *32* 装配而成。

（2）轴通常由轴承支承，由于这个减速器采用圆柱齿轮传动，无轴向力，所以滚动轴承选用深沟球轴承。在减速器中，轴的位置是靠轴承和其他有关零件一起确定的，轴在工作时，只能旋转，不允许沿轴线方向移动。从俯视图可看出，齿轮轴 *28* 上装有滚动轴承 *31*、挡油环 *27* 等零件，闷盖 *30* 和透盖 *25* 分别顶住两个滚动轴承的外圈，滚动轴承的内圈通过挡油环 *27* 靠在轴的轴肩上，从而使齿轮轴在轴向定位。为了避免齿轮轴在高速旋转中因受热伸长而将滚动轴承卡住，在透盖 *25* 与滚动轴承外圈之间必须预留空隙，间隙的大小可由调整环 *29* 的厚度来控制，一般为 0.2~0.3 mm。在两轴装有闷盖 *23* 和 *30* 处的内侧装入了两个调整环（*22* 和 *29*），调整环形

同垫圈，但中间的孔较大，以保证它的端面只能与轴承外圈接触，热胀伸长后的轴端可伸入调整环孔中。调整环的厚度尺寸需在装配时确定。

（3）减速器中各运动零件的表面需要润滑，以减少磨损，因此，在减速器的箱体中装有润滑油。为了防止润滑油渗漏，在一些零件上或零件之间要有起密封作用的结构和装置。大齿轮应浸在润滑油中，其深度一般为两倍齿高。大齿轮运转时，轮齿齿面上饱蘸的油剂可带到小齿轮的齿面上，以保证两齿轮在良好的润滑状态下啮合传动，这是一种飞溅润滑方式。从俯视图（对照图 10-21）看出，两条装配干线中的闷盖 *23*、*30* 和透盖 *25*、*33* 处的油封 *26*、*32* 等都能防止润滑油沿轴的表面向外渗漏。挡油环 *27* 的作用是借助它旋转时的离心力，将环面上的油甩掉，以防止飞溅的润滑油进入滚动轴承内而稀释润滑脂。

（4）从主视图上还可以看出：箱盖 *7* 与箱体 *18* 用螺栓 *6* 和螺栓 *14* 连接，将轴的位置固定，并在接触面间涂密封胶，保证减速器的密封性。销 *15* 是使箱盖与箱体在装配时能准确对中定位。视孔盖 *12* 由螺钉 *11* 加垫片 *13* 固定在箱盖上，通过视孔盖上的观察窗观察和加油。润滑油必须定期更换，污油通过在螺塞 *19* 处的箱体上的放油孔排出，平时由螺塞 *19* 堵住。螺塞 *19* 的垫圈的序号 *9* 加了一个括号，因为这个垫圈与通气塞 *10* 处已标注的一个序号为 *9* 的垫圈相同，而一般在装配图中，相同零件的序号只标注一处，但这里为了便于看图，除了通气塞处的垫圈已标注的序号 *9* 以外，这里再加一个带有括号的序号 *9*，而且在明细栏中序号 *9* 垫圈的数量也就填写2 件。

4. 分析零件和拆画零件图

现以减速器中的主要零件从动轴和箱体为例，分析零件的结构形状以及拆画零件图的方法和步骤。

（1）从动轴

从动轴（参见图 10-21）的主要功用是装在轴承中支承齿轮传递扭矩（或动力），轴伸出的前端和中间轴段上的键槽分别是通过键与外部设备和齿轮联结；前后两端通过滚动轴承支承在箱体上；中间的凸肩是为了固定齿轮的轴向位置。为了便于装配和保护装配表面，应多处制成倒角、退刀槽等局部结构。

图 10-22 是拆画的轴零件图。由于轴类零件的结构形状比较简单，其拆画过程以及尺寸标注、技术要求的注写等，都请读者自行阅读分析，这里不再赘述。

（2）箱体

箱体的主要功能是容纳、支承轴和齿轮，并与箱盖连接。从减速器装配图的主、俯、左视图对照轴测分解图（图 10-20）分析：箱体中间的长方形空腔是容纳齿轮和润滑油的油池。箱体左下部有油标装置，油标是为观察润滑剂的液面高度而设置的。箱体内的润滑油需定期排放污油，清洗并注入新油，为此，油池底面铸成向一端倾斜的斜面，并在低位端的居中位置上（箱体右下部）钻有排油孔，孔壁制成螺孔，旋入螺塞，排放污油时拧出，排放后再拧入。箱体的前、后有半圆柱凸缘，是为了支承齿轮轴（主动轴）和从动轴（轴的两端装有滚动轴承）；箱体的顶面上有与箱盖连接的定位销孔和螺栓孔，以便最后将箱盖与箱体装配时，先定位，后连接。箱体底板上有四个安装孔，以便在使用这个减速器时，将它安装在机器上的某一固定位置。底板与半圆弧凸缘之间有加强肋使箱体牢固。从减速器装配图的俯视图中还可以看到箱体顶面上有一圈矩形槽，是为了使从油池溅到箱体与箱盖接触面间的油流回油池内。

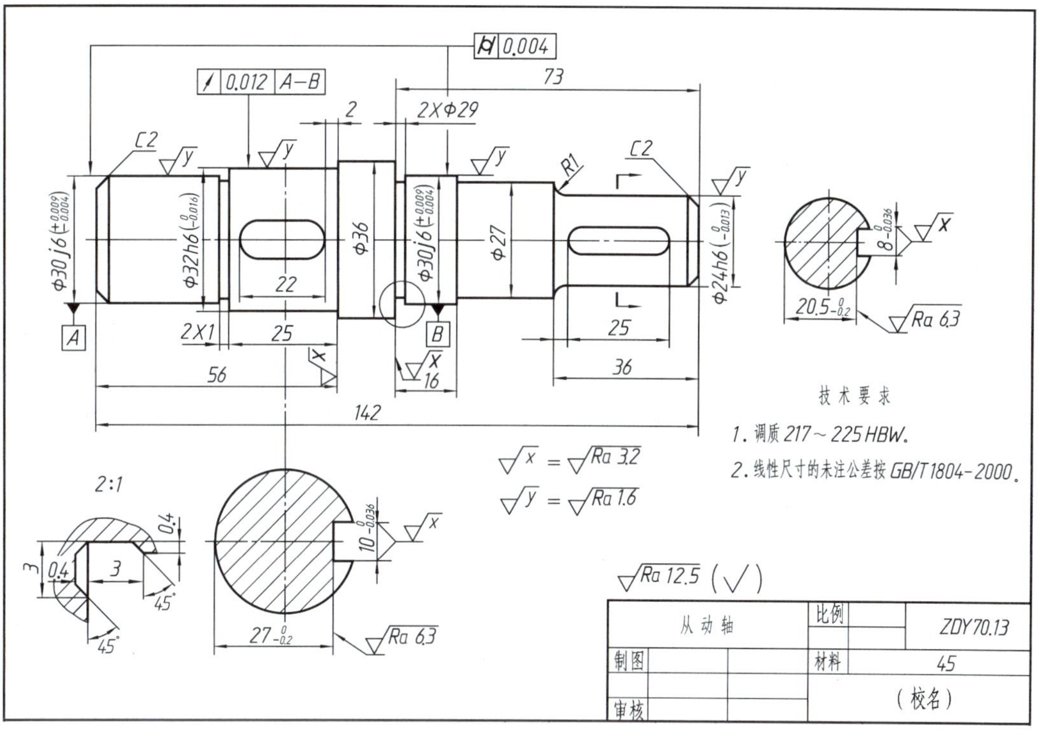

图 10-22　从动轴零件图

经过对零件的分析，对箱体的结构形状就形成了大致轮廓。在拆画箱体零件图时，首先将箱体的投影轮廓从装配图的主视图中分离出来，再按投影关系分离出俯视图和左视图上的投影轮廓，如图 10-23 所示的徒手草图。

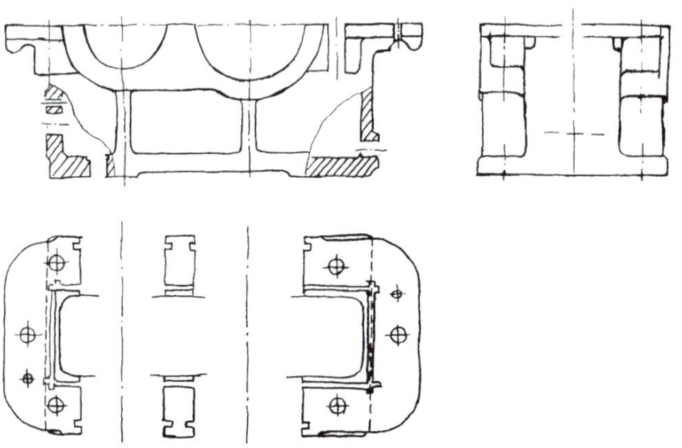

图 10-23　从装配图中分离出的箱体的三视图

然后，要根据箱体以及箱体各部构造的功用，从装配图中分离出投影轮廓，结合与箱体有装配、连接关系的其他零件，分析和想象箱体的结构形状，补齐投影；再按零件结构本身表达的需要，重新选择视图表达方案和绘图比例，画出零件图。对于装配图上省略的一些工艺结构，如小圆角、倒角、退刀槽等，绘制零件图时必须补全。

根据装配图拆画的零件图，应符合设计和工艺要求，零件结构形状合理，尺寸、配合性质和技术要求等应协调一致。拆画零件图的注意事项如下：

（1）选择视图

从装配图上拆画零件图，必须根据零件的具体形状，按照零件图的视图选择原则来考虑。因为有些零件在装配图上的位置不一定符合表达零件的要求，如这个减速箱中的从动轴 *24*，画零件图时，将它的轴线放置成水平位置作为主视图更合适，如图 10-22 所示。而对箱体来说，它的主视图应按工作位置选取，与装配图一致。图 10-24 所示为箱体零件图，其主视图与装配图上箱体的位置一致，左视图采用 *A—A* 全剖视，以表达内腔在高度上的形体特征，并使轴线方向上的一些尺寸配置清楚。俯视图表达外形特征。*G—G* 局部剖视图反映了仰视时的凸台，沉孔以及起吊钩的形状。*B* 向局部视图反映了油标安装部位的结构。必须注意：视图中的细虚线一般不必画出，但表示重要结构特征时仍应画出，如主视图中箱底斜面（为便于换油时排油，箱体内腔底面左高右低的结构，可用夸大画法适当夸大其斜度）的细虚线；俯视图中用细虚线反映底板的长方形结构、螺栓孔的分布以及油标孔和排油孔居中设置等特征。

（2）尺寸标注

装配图上已标注的尺寸是设计时确定的主要尺寸，应该直接移注到零件图上。如图 10-24 中安装两轴系的轴线之间的尺寸 70±0.03，箱体的高度尺寸 $80_{-0.1}^{\ 0}$、底面宽 104、总长 230 等，对于配合尺寸要注出偏差数值，如 ϕ47H7、ϕ62H7 在图 10-24 中，用括号分别加注了偏差数值$_{\ 0}^{+0.025}$、$_{\ 0}^{+0.03}$。对于标准结构，如螺钉沉孔、螺栓通孔直径、螺孔深度、倒角、退刀槽、键槽等，其尺寸应查阅有关标准或手册，按标准尺寸标注。零件上的不重要尺寸或非配合的自由尺寸，一般均由装配图上按比例直接量取并圆整。

相邻两零件接触面的有关尺寸及紧固件的有关定位尺寸必须保证一致。如箱体总长 230、宽 104、螺栓孔定位尺寸 74±0.3 等，应与箱盖零件图 10-25 上对应部分相一致。孔 $\phi47_{\ 0}^{+0.025}$ 和 $\phi62_{\ 0}^{+0.3}$ 两处将装配滚动轴承，为保证圆度，加工时必须将箱体与箱盖装配在一起后作最后加工。因此，在箱体和箱盖零件图上的半圆处均以直径尺寸 ϕ 注出。

当有些结构需两个零件装配在一起同时加工时，则应在该两零件图上都加以注明，如箱体零件图上标注的 2×锥销孔 ϕ3 应与图 10-25 所示箱盖零件图上所注的 2×锥销孔 ϕ3 都注明“配作”。

（3）注写技术要求

包括表面粗糙度、几何公差以及一些热处理和表面修饰等技术要求，是根据该零件在机器中的作用和要求确定的，如图 10-24 中的孔 $\phi47_{\ 0}^{+0.025}$、$\phi62_{\ 0}^{+0.03}$ 处与滚动轴承配合，精度较高，其表面粗糙度选用$\sqrt{Ra\ 3.2}$。而螺栓孔要求较低，选用$\sqrt{Ra\ 12.5}$。为保证一对齿轮能全齿均匀啮合，故两齿轮轴的轴线处要求平行度公差为 0.018。为与箱盖的底面接触紧密，箱体顶面要求平面度公差为 0.05。通常情况下，技术要求可参照同类产品加以确定，还可参考有关资料和向有经验的人员请教。

最后，对箱体零件图进行仔细核对，还要检查与它邻接的各零件（如箱盖等）的零件图相关的内容是否画全，零件的名称、材料、数量是否与减速器装配图的明细栏一致等。箱盖的零件图见图 10-25。

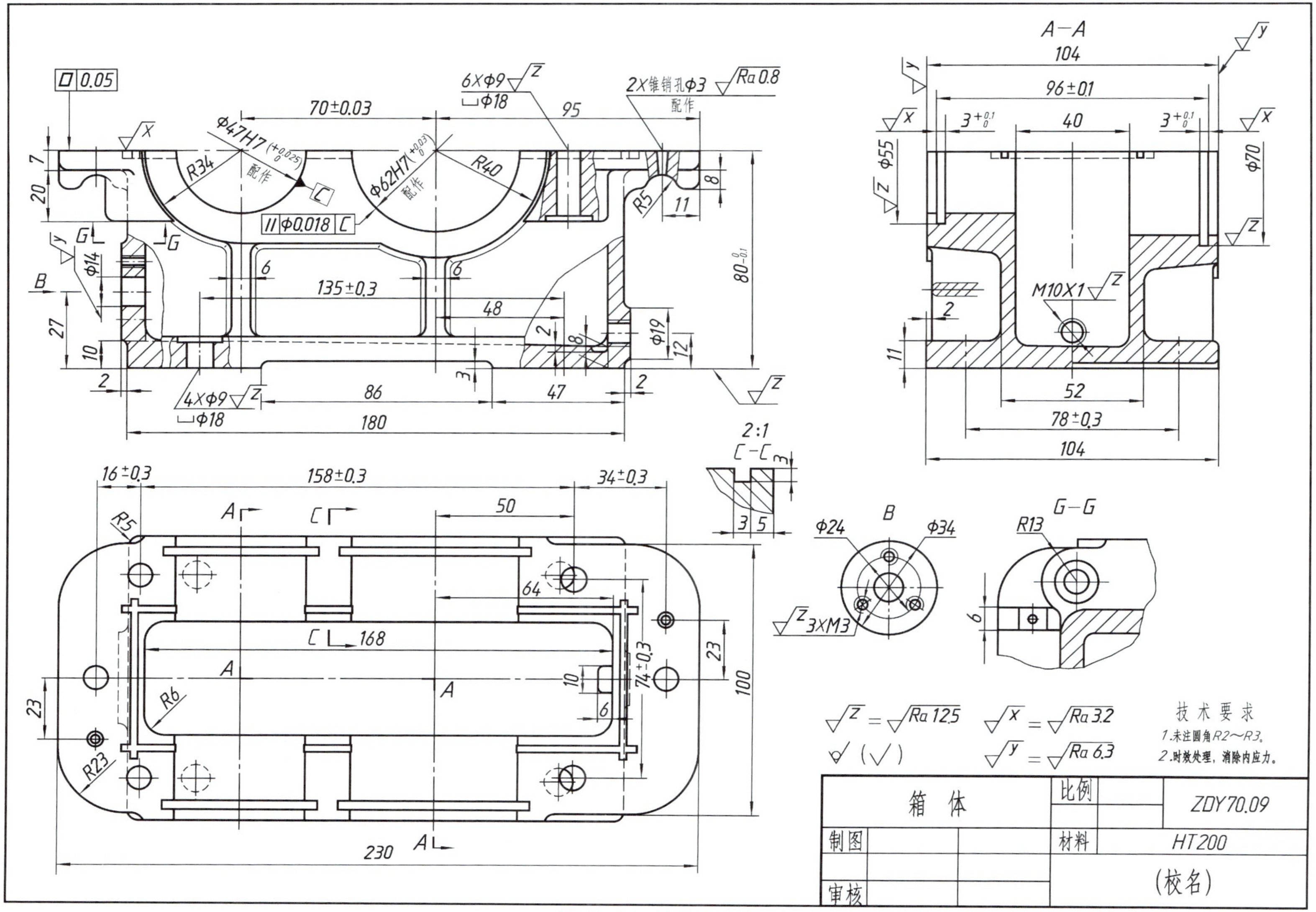
A—A
G—G
B
2:1
C—C
技术要求
1.未注圆角R2～R3。
2.时效处理，消除内应力。
箱 体
比例
ZDY70.09
制图
材料
HT200
审核
(校名)

图 10-24 箱体零件图

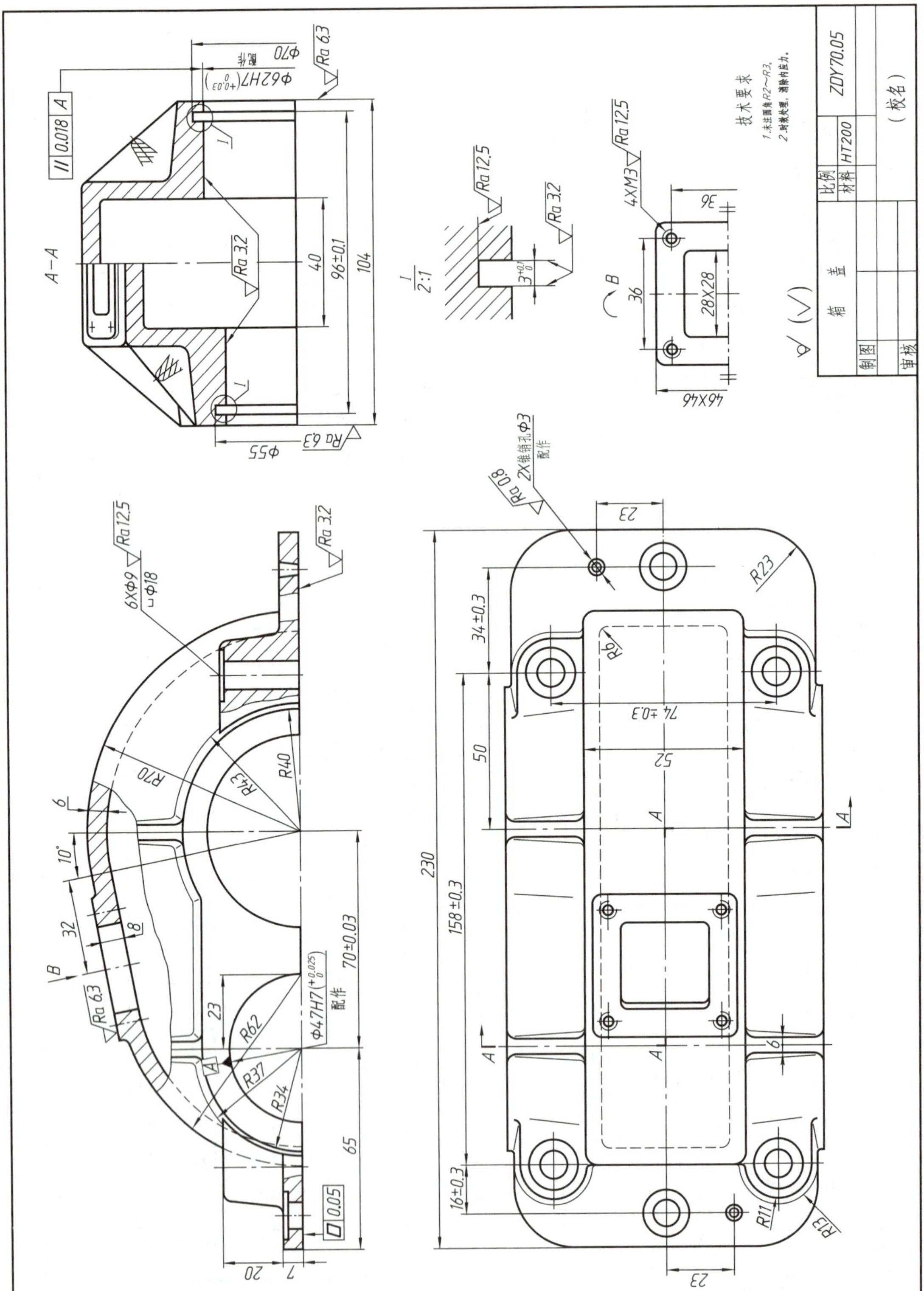
A-A
箱盖
比例
材料 HT200
ZDY70.05
制图
审核
(校名)
技术要求
4XM3
28X28
46X46
2X锥销孔Φ3 配作
6XΦ9 ⌴Φ18
Φ47H7(+0.025 0) 配作
Φ62H7(+0.03 0)
Φ70 配作
Φ55
230
158±0.3
74±0.3
52
50
34±0.3
16±0.3
70±0.03
96±0.1
104
R70
R43
R40
R62
R37
R34
R23
R11
R13
R6

图 10-25 箱盖零件图

§ 10-6 用 AutoCAD 绘制装配图

利用计算机绘制装配图的常用方法有两种：直接绘制二维装配图和由三维模型生成二维装配图。

一、直接绘制二维装配图

利用这种方式绘制装配图时，可完全按手工绘制装配图的方法，在屏幕上直接绘制出装配图。这种方法简单实用，对绘图者的软件使用水平要求不高，目前仍在使用。

1. 由零件图拼画装配图

这种画法是建立在已完成零件图的绘制的基础上的，参与装配的零件可分为标准件和非标准件。对非标准件应有已绘制完成的零件图；对标准件则无需画零件图，可采用参数化方法实现，即通过编程建立标准件库，也可将标准件做成图块或图块文件，随用随调。

零件在装配图中的表达与零件图不尽相同，在拼画装配图前，应先对零件图作以下修改：

（1）统一各零件的绘图比例。删除零件图上标注的尺寸。

（2）在每个零件图中选取画装配图时需要的若干视图，一般还需根据需要改变表达方法，如把零件图中的全剖视改为装配图中所需的局部剖视，对被遮挡的部分则需要进行裁剪处理等。

（3）将上述处理后的各零件图存为图块，并确定插入基点，也可将上述处理后的零件图存为图形文件，存盘前使用 Base 命令确定文件作为块插入时的定位点。

通过以上对零件图的处理，即可按照装配图的绘制方法用计算机拼画出装配图。

2. 绘制装配图示例

下面以图 10-26 所示的芯柱机组件为例，说明利用块功能由零件图拼装装配图的方法。图 10-26 中的标题栏和明细栏是当前在机械图样的装配图中常用的一种格式，这里只是让读者了解一下。

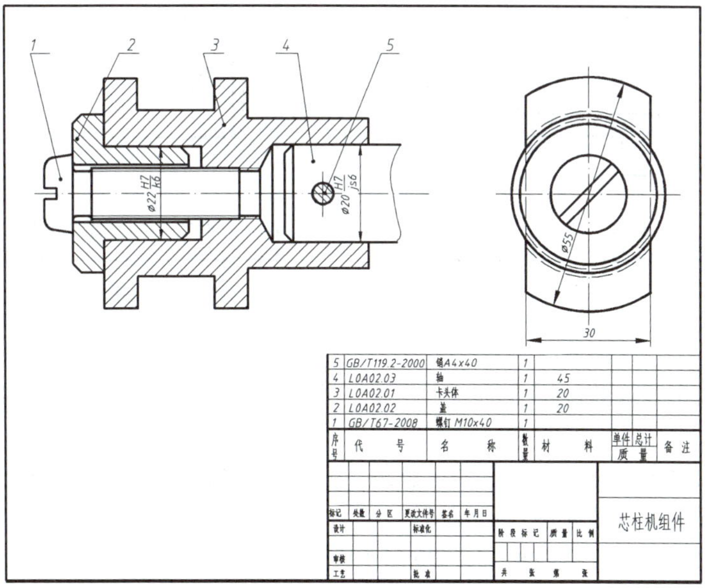

图 10-26 芯柱机组件

从明细栏中可以看出芯柱机组件由 5 个零件组成，其中 *1*、*5* 为标准件。

该装配图的绘制方法如下：

(1) 根据原有的非标准件的零件图，选择所需要的视图做成图块。例如分别选择图 10-27a 所示的卡头体和图 10-27b、c 所示的盖、轴的主视图做成图块。定义图块时要根据装配图的需要对零件图的内容作一些选择和修改，例如零件图中的尺寸一般不需要包括在图块中，有旋合的螺纹孔可以按大径画出光孔，图 10-27a 所示的卡头体中间的螺纹孔就是按大径画的光孔。另外要注意选择适当的插入基点，才能保证准确的装配。图 10-27 中各图定义图块时选择的基点用×注出。

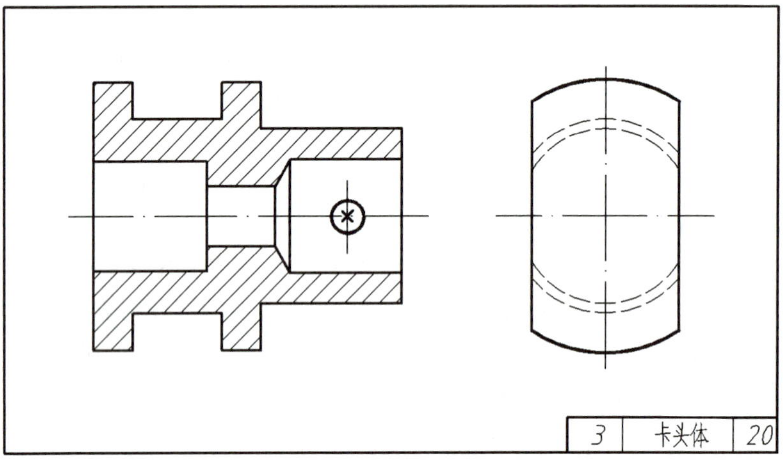

(a)

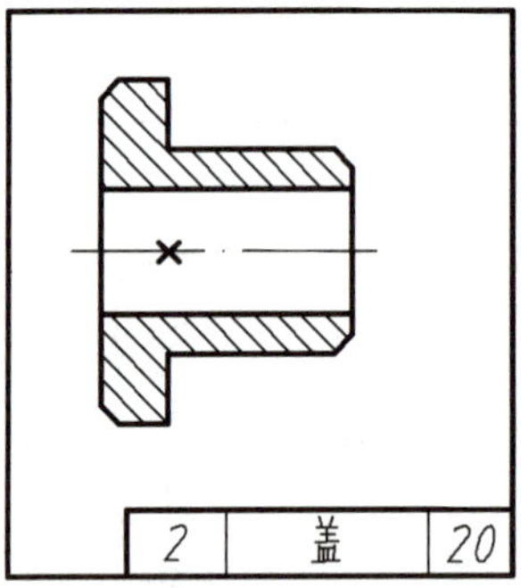

(b)

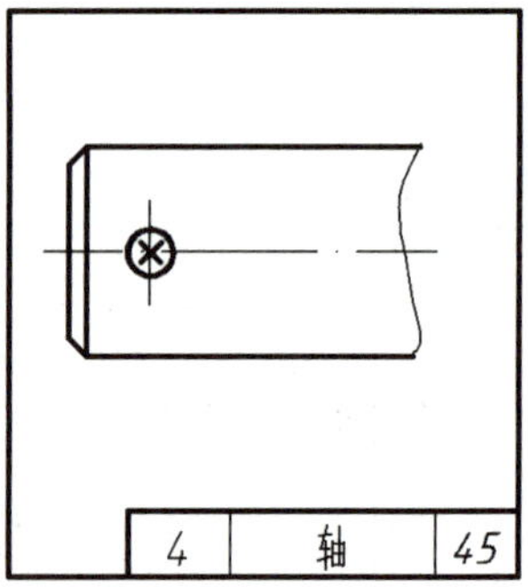

(c)

图 10-27　芯柱机组件图块

(2) 由各图块拼装成装配图中的一个视图。其中标准件由事先做好的标准件图库（也是用图块定义）中调出。

(3) 对拼装成的图形按需要进行修改整理，删去重复多余的线条，补画缺少的线条。

(4) 按类似方法完成装配图其他视图。

(5) 添加明细栏、序号、标题栏等，形成图 10-26 所示的装配图。

3. 绘制明细栏

(1) 绘制明细栏中的第一行，并填好相关的内容。

（2）用矩形阵列的方式，阵列出需要的行数。

（3）双击每行中的文字修改内容。

这样的好处是每列的文字位置是自动对齐的。

4. 绘制序号

用多重引线（Mleader）命令绘制序号。绘制前设定样式（Mleaderstyle），设置内容如下，在图 10-28所示的对话框中选中“Standard”样式，点击“修改（M）”；在图 10-29 所示的对话框中将箭头符号改成小圆点；在图 10-30 所示的对话框中将“设置基线距离”为 3；在图 10-31 所示的对话框中，将“文字高度”设为 7，左右“连接位置”都设成“最后一行加下划线”。

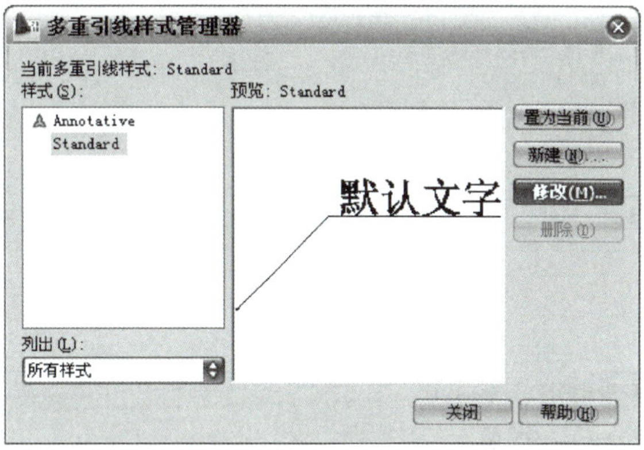

图 10-28　多重引线样式管理器

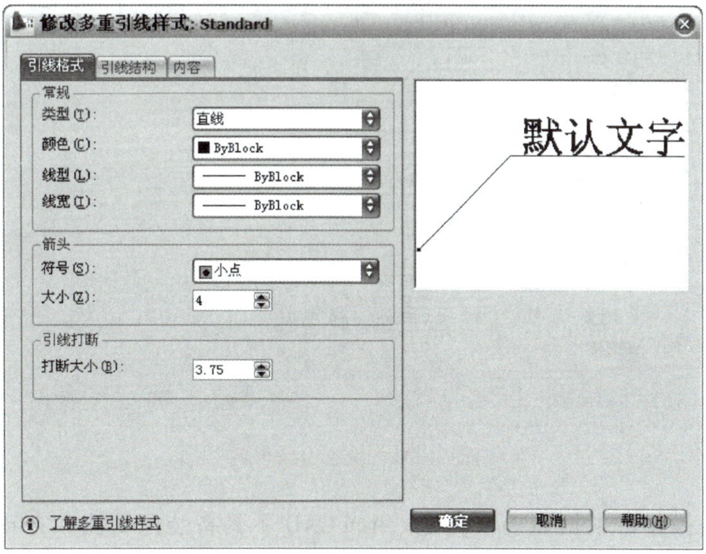

图 10-29　修改引线格式

二、由三维模型生成二维装配图

利用这种方式绘制装配图时，首先需要建立产品的三维装配实体模型，然后利用 CAD 系统提供的生成工程图功能，直接由三维实体模型生成二维装配图。装配图中视图的数量、剖切位置

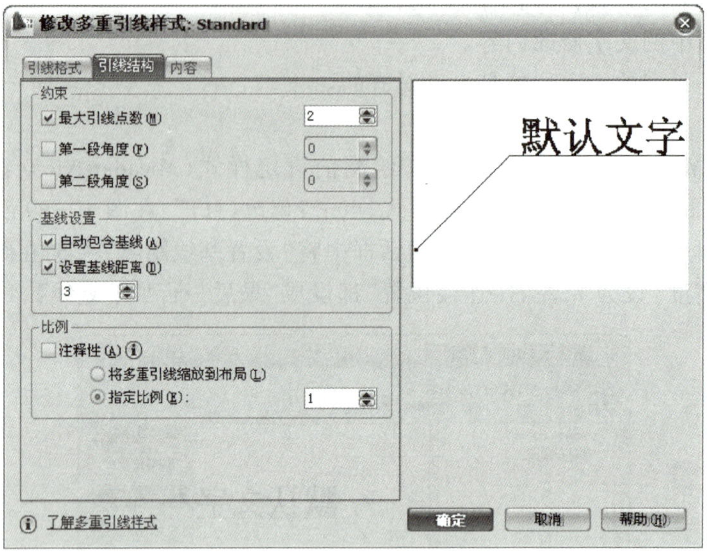

图 10-30　修改引线结构

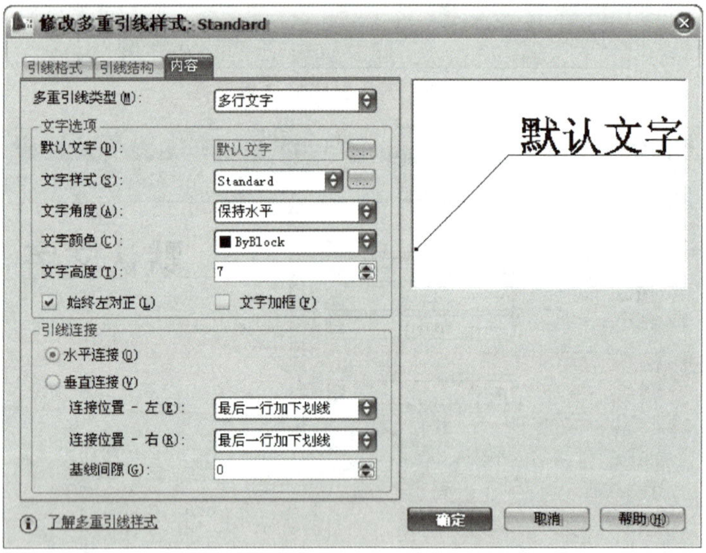

图 10-31　修改引线内容

及各种表达方法由操作者根据需要来决定。AutoCAD 不具备装配功能和自动生成工程图的功能，而 Autodesk 公司提供的另一设计软件 Autodesk Inventor Professional 就具备这样的功能。Inventor Professional 是功能完善的三维实体模型 CAD 系统。系统能从草图⇨三维模型⇨装配⇨装配图，任何零件的修改变动，装配图都会自动更新，软件同时提供了完善的标准件库和智能设计中心，是一个更专业的机械设计软件。由三维模型生成二维装配图的具体方法，本课程暂不多作讨论，读者可进一步阅读其他有关资料。

第十一章　展开图与焊接图

§11-1　展开图

在机器或设备中,常有用金属板材制成各种形状的制件,如图 11-1 所示的集粉筒。制造这类薄板件时,必须先在金属板上画出展开图,然后下料、弯卷、再经焊接组装而成。

将立体表面按其实际形状依次摊平在同一平面上的过程,称为立体表面展开。展开后所得的图形称为展开图。

立体表面有平面和曲面之分。平面都是可以展开的表面。曲面中如果相邻两素线是平行或相交的两直线,则该曲面为可展曲面,如圆柱面、圆锥面等。如果相邻两素线是交叉直线或只能以曲线为母线形成的曲面,则为不可展曲面,如球面、螺旋面等。不可展曲面常采用近似展开法画出展开图。

画立体表面展开图的实质问题是用图解法或计算法求出立体表面的实形。用图解法绘制的表面实形,精确度虽然低于计算法,但较简便,而且大都能满足生产要求,因此应用广泛。本节着重讨论用图解法画展开图。

图 11-1　金属板制设备——集粉筒

一、平面立体的表面展开

平面立体各表面均为平面,其表面展开就是把各表面的真形依次摊平在同一平面内。

(一) 棱柱管

图 11-2 为斜口四棱柱管,底面 $ABCD$ 为水平面,其水平投影反映真形,棱线为铅垂线,其正面投影反映真长。展开图的作图步骤如下:

(1) 将各底边按真长展开成一水平线,标出 A、B、C、D、A。

(2) 分别由这些点作竖直线,在其上量取各棱线的真长,即得对应端点 Ⅰ、Ⅱ、Ⅲ、Ⅳ、Ⅰ。

(3) 用直线依次连接各点,即得展开图。

(二) 棱锥和棱台管件

图 11-3a 为四棱台管件的两视图,各棱线延长后交于一点 S,形成一个无底面的四棱锥,四棱锥各棱线的真长相等,可用直角三角形法求出。顺序作出各三角形的真形,得四棱锥棱面的展

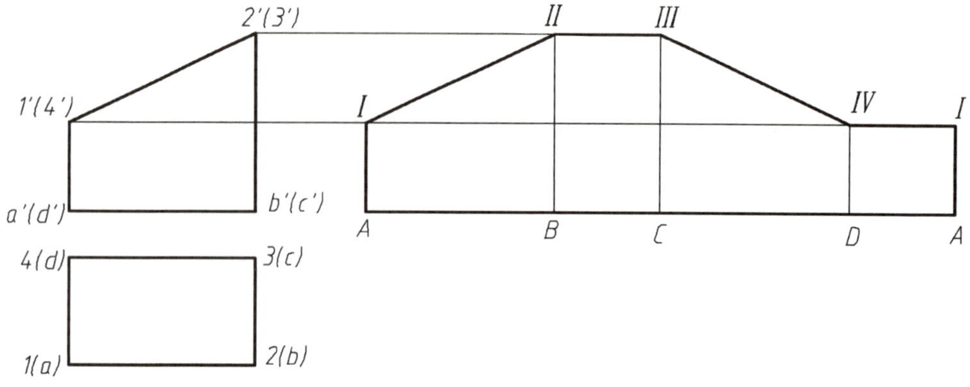

(a) 投影图　　(b) 展开图

图 11-2　斜口四棱柱管的展开

开图。再截去上段的小四棱锥的棱面，就是这个四棱台管件的展开图。这种四棱台管件常用于连接截口大小不同的两根矩形管。

四棱台管件的展开图的作图步骤如下：

（1）用直角三角形法求棱线真长。如图 11-3b 所示，以四棱锥的高 H 为一直角边 OS_0，水平投影 sa 为另一直角边 OA_0，斜边 S_0A_0 就是四棱锥的棱线 SA 的真长，再过点 $1'$ 作平行于 OX 轴的直线，交 S_0A_0 于 I_0，A_0I_0 即为四棱台棱线的真长。

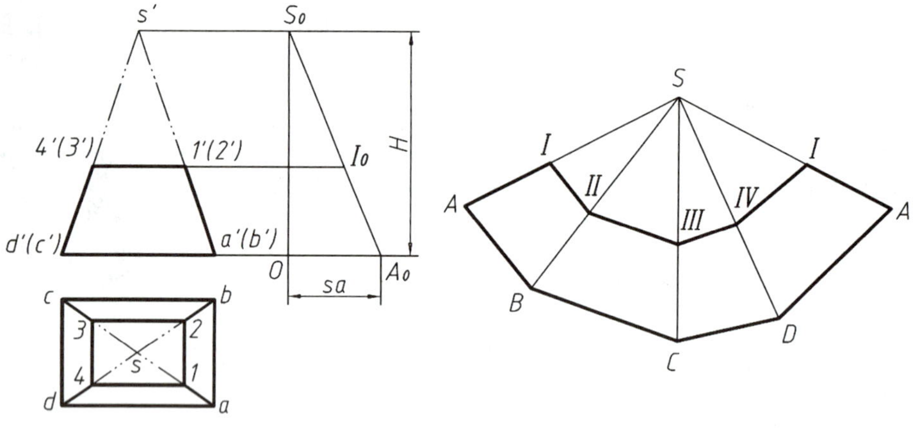

(a) 两视图　　(b) 求棱线真长　　(c) 展开图

图 11-3　四棱台管件的展开

（2）作四棱锥的展开图。如图 11-3c 所示，以 S 为圆心，S_0A_0 为半径画圆弧，在圆弧上依次截取 $AB=ab$、$BC=bc$、$CD=cd$，$DA=da$，将 S 与 A、B、C、D、A 连得棱线 SA、SB、SC、SD、SA 的展开图；AB、BC、CD、DA 就是四条底边的展开图。

（3）仍如图 11-3b 所示，在 SA 上截取点 I，使 $AI=A_0I_0$，再过点依次作底边的平行线，顺次与诸棱线交得点 I、II、III、IV、I，于是便完成了这个四棱台管件的表面展开图。

二、可展曲面的表面展开

当直纹曲面的相邻两素线相交或平行时，该直纹曲面为可展曲面。在作这些曲面的展开图时，可以把相邻两素线间很小一部分曲面当作平面进行展开。因此，圆管、圆锥管(简称锥管)的展开方法和棱柱、棱锥管件的展开方法类似。

(一) 圆管

图 11-4 为一个圆管，其展开图为一矩形，高为圆柱高 H，长为圆柱周长 πD。

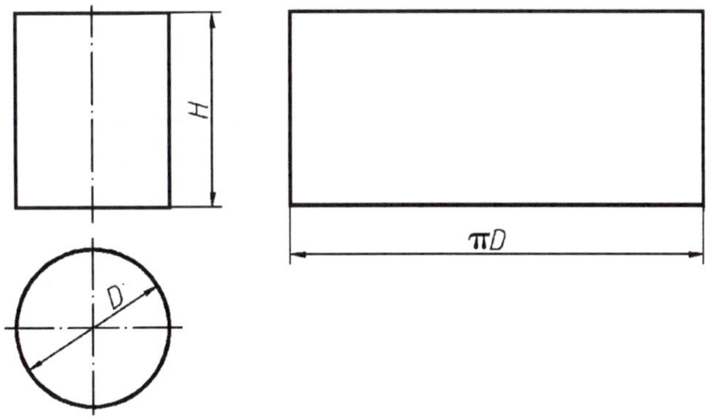

图 11-4　圆管的展开

下面介绍几种常见的圆管类型的管件的展开图。

1. 斜口圆管

图 11-5 所示的斜口圆管，其斜口部分展开成曲线，可把圆管近似看作管口是边数很多的棱柱管，便可用展开棱柱管的方法展开。

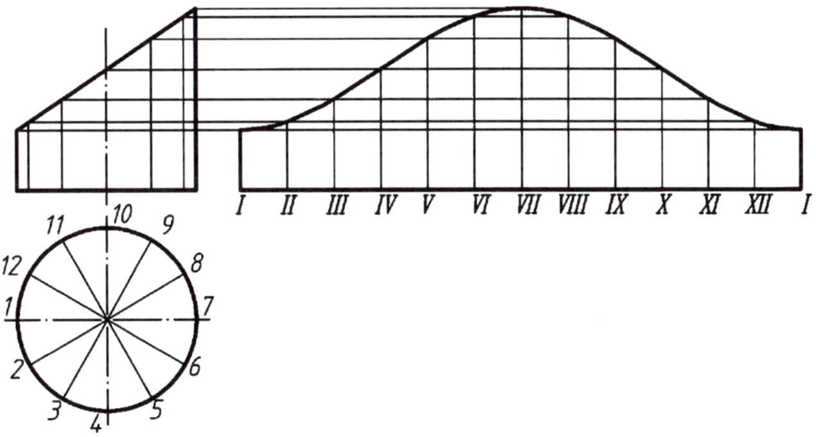

图 11-5　斜口圆管的展开

作图步骤如下：

(1) 将底圆 12 等分(等分越多，展开图越准确)，并作出对应分点素线的投影。

(2) 将底圆展开成一水平直线 $I—I$，并将其 12 等分，使它们的间距等于底圆上相邻两分点间的弧长。当等分数很多时,也可用分点间的弦长近似代替弧长,连续量取,较为方便地近似展开了底圆。

(3) 自各分点画直线 $I—I$ 的垂线,使它们分别等于相应素线的真长。

(4) 用曲线光滑连接各端点,即得展开图。

2. 等径直角弯管

等径直角弯管用于垂直地改变管道的方向的接管,其几何形状是四分之一圆环,但是圆环是不可展曲面,制造也不方便,所以工程上常常近似地采用多节斜口圆管的拼接来代替。图 11-6a 所示是一个四节直角等径弯管的主视图,弯管管径为 ϕ,弯曲半径为 R。为了简化作图和节省板材用料,可把四节圆管拼接成一个圆管来展开。

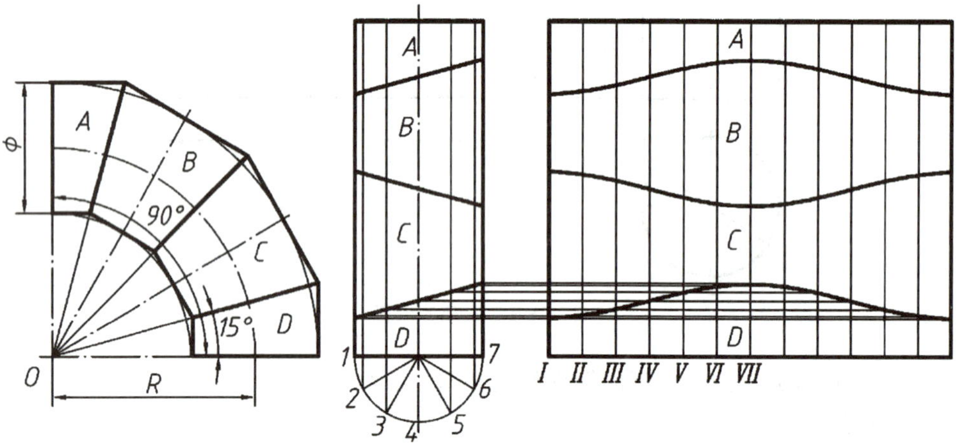

(a) 等径直角弯管　(b) 拼成一个圆管展开　(c) 展开图

图 11-6　等径直角弯管的展开

作图步骤和方法如下:

(1) 过点 O 作水平和竖直方向的细点画线,以 O 为圆心、R 为半径,在这两直线间作细点画线圆弧。

(2) 分别以 $R-\phi/2$ 和 $R+\phi/2$ 为半径画内、外两圆弧。

(3) 由于整个弯管由两个全节(B 和 C)和两个半节(A 和 D)组成,因此,半节的中心角为 15°,按 15°将直角分成六等份,画出弯管各节的分界线。

(4) 作出外切于各圆弧的切线,即完成四节直角弯管的正面投影,如图 11-6a 所示。

(5) 把 A、C 节分别绕其轴线旋转 180°后,与 B、D 节拼合成一个直圆柱管,如图 11-6b 所示。

(6) 作出各节斜口弯管展开图(可参阅图 11-5),拼在一起刚好是个矩形,如图 11-6c 所示。这样展开可既省料,又省工。

3. 异径直角三通管

如图 11-7 所示,异径直角三通管由两个不同直径的圆管垂直相交(即相贯)而成。作展开图时,必须先在视图上准确地求出相贯线的投影,然后分别作出大、小圆管的展开图。

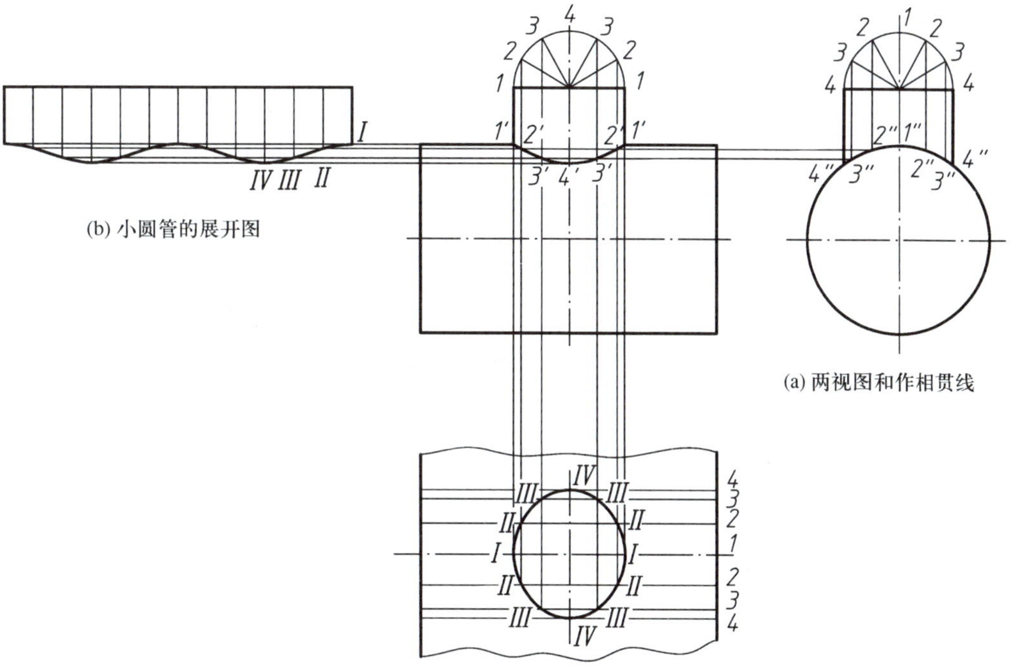

(b) 小圆管的展开图

(a) 两视图和作相贯线

(c) 大圆管的展开图

图 11-7　异径直角三通管的展开

作图方法和步骤如下：

（1）在两视图中利用积聚性求出两圆管的相贯线，如图 11-7a 所示。

（2）展开铅垂位置的小圆管，方法与前述斜口圆管的展开相同，如图 11-7b 所示。

（3）展开水平大圆管。先将大圆管展开成一个矩形，画在正面投影的正下方，矩形的长度为大管的长度，矩形的宽度为大管管口的周长，现为了作图方便和节约版面，只取了中间的一段，然后量取线段 *12* 使之等于弧长 $1''2''$，*23* 线段等于弧长 $2''3''$，*34* 线段等于弧长 $3''4''$，当等分小圆柱面的等分数较大时，通常都近似地取弦长作为弧长，就可方便地作出展开图，过 *1*、*2*、*3*、*4* 各点分别作水平线，与过正面投影中 $1'$、$2'$、$3'$、$4'$ 各点向下所作的竖直线对应相交，得交点 Ⅰ、Ⅱ、Ⅲ、Ⅳ。根据其左右、前后对称共得 12 个点。

（4）顺序光滑连接这 12 个点，得到有相贯线的大圆管的展开图，如图 11-7c 所示。

（二）锥管

锥管制件与棱锥和棱台管件相似，其展开方法也相同，即在圆锥面上作一系列呈放射状的素线，将锥面分成若干等份，将锥底近似看作是正多边形，则上述圆锥面分成的各等分锥面就近似看作全等的狭长的等腰三角形，然后求出其真形，拼成展开图。

1. 平口锥管

图 11-8a 所示的平口锥管是一种常见的圆台形连接管。展开时常将圆台面延伸成圆锥面，即延伸至圆锥面的顶点 S。

圆锥面的展开图是一扇形，其半径等于圆锥素线真长 L，扇形的圆心角为 $\theta=\frac{D}{L}180°$。作图

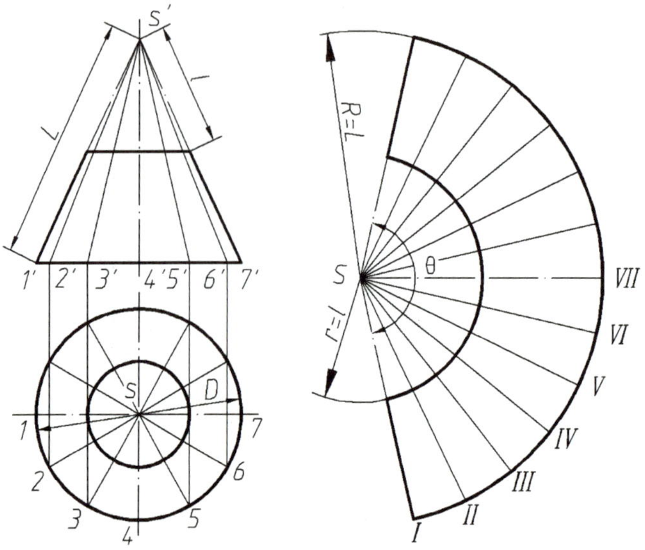

(a) 两视图和求素线真长　　　　(b) 展开图

图 11-8　平截口圆锥管的展开

时可先算出 θ 的大小，然后以 S 为中心，L 为半径画出扇形。若准确程度要求不高时，也可如图 11-8a所示，按上述的方法把底圆分成若干等份，并在圆锥上作一系列素线，展开时分别用弦长近似代替底圆上的分段弧长，依次量在以 S 为圆心，L 为半径的圆弧上，将首尾两点与 S 连接，便得到圆锥面的展开图。

在圆锥面展开图上，截去上面延伸的小圆锥面，便得到平口锥管的展开图，如图 11-8b 所示。

2. 斜口锥管

图 11-9 所示的斜口锥管，其展开与平口圆锥管的展开基本相同，仅斜口锥管的各素线长短不一，需求出斜口上若干点处的素线真长，然后在圆锥面的展开图上截去斜口之上的锥面的展开图，即得所求的斜口锥管的展开图。

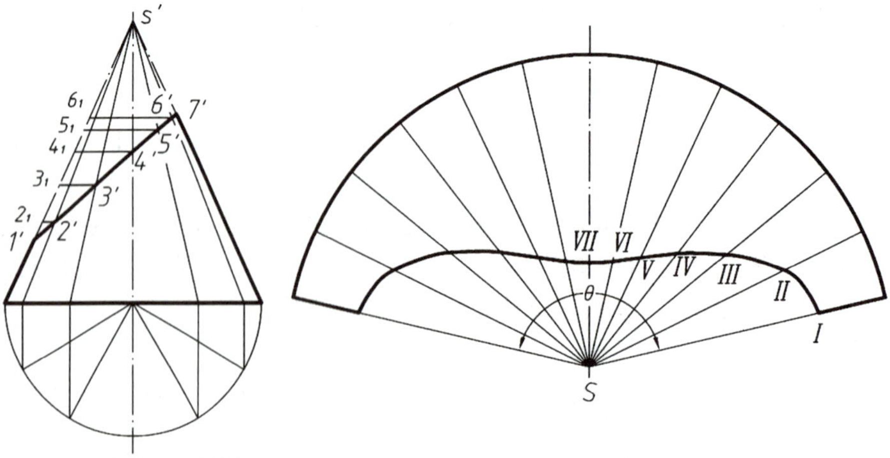

(a) 主视图和求等分素线的真长　　　　(b) 展开图

图 11-9　斜口锥管的展开

作图步骤如下：

（1）如图 11-9a 所示，将圆锥面分成若干等分（图中为 12 等分），求出各素线的正面投影 $s'1'$、$s'2'$、…、$s'6'$、$s'7'$。

（2）求各素线的真长，如图 11-9a 所示，各素线的真长分别是 $s'1'$、$s'2_1$、…、$s'6_1$、$s'7'$。

（3）作出圆锥面的展开图，并把扇形的圆心角 12 等分，作出放射状素线。

（4）在对应素线上分别取点 Ⅰ、Ⅱ、Ⅲ、…、Ⅶ，使 SⅠ$=s'1'$、SⅡ$=s'2_1$、SⅢ$=s'3_1$、…、SⅥ$=s'6_1$、SⅦ$=s'7'$。在展开图上用同样的方法作出 Ⅰ、Ⅱ、Ⅲ、…、Ⅵ 的对称点。

（5）顺序光滑连接各点，即得斜口锥管的展开图，如图 11-9b 所示。

3. 变形接头

图 11-10 是一个上圆下方变形接头，用于连接同轴线的圆管和方管。由于这个变形接头前后、左右对称，其表面可看作由全等的四个等腰三角形平面和四个部分斜圆锥面组成。展开时只需画出一个三角形平面的真形和一个部分斜圆锥面的展开图，然后依次重复连续拼接其他的三角形平面的真形和三个部分斜圆锥面的展开图即可。

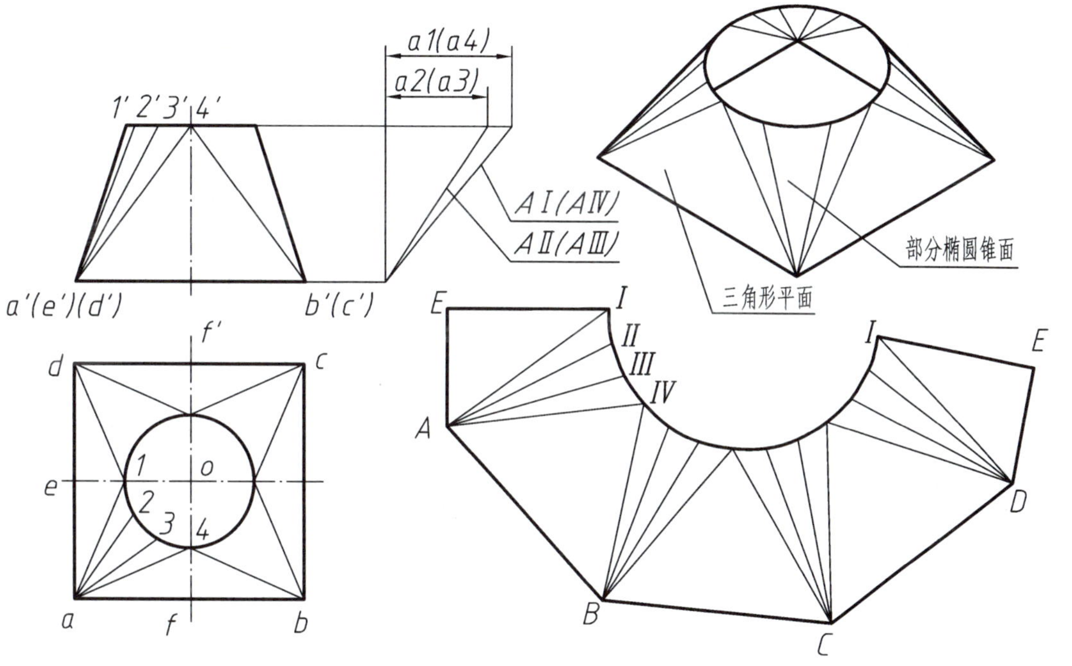

图 11-10 上圆下方变形接头的展开

（1）等分任一个部分斜圆锥面的底边，例如图中三等分以点 A 为锥顶的部分斜圆锥面的底边，画出通过各分点 Ⅰ、Ⅱ、Ⅲ、Ⅳ 的素线的两面投影。

（2）用直角三角形法求出各素线的真长，且 AⅠ＝AⅣ，AⅡ＝AⅢ，其中 AⅠ、AⅣ 是等腰三角形的腰。

（3）由已知底边（$ab=AB$）和两腰的真长 AⅣ 作等腰三角形 AⅣB 的真形。

(4) 用三个小三角形近似地代替由一个部分斜圆锥面分成的三个更小的斜圆锥面，并作其展开图。可由已知的真长 *A Ⅰ*、*A Ⅱ*、*A Ⅲ*、*A Ⅳ*，量取 *Ⅰ*、*Ⅱ*、*Ⅲ*、*Ⅳ* 各点的距离等于 *1*、*2*、*3*、*4* 点间所夹圆弧的弦长，于是确定 *Ⅳ*、*Ⅲ*、*Ⅱ*、*Ⅰ* 各点的位置，并光滑连接各点成曲线。

(5) 依次重复作图，即得完整的展开图。图中将最后画出的一个等腰三角形 *IDA* 分成两个相等的直角三角形 *IDE* 和 *IAE*，并分别拼画在两端的 *ID* 和 *IA* 处，就作出了这个变形接头的完整展开图。从图 11-10 的投影图中可以看出：$AE=ae$，$DE=de$，$IE=1'(e')$。将最后的等腰三角形分成两个全等的直角三角形是为了方便钣金制作时的弯折和焊接。

三、不可展曲面表面的近似展开

不可展曲面只能采用近似的方法展开。可假想把不可展曲面划分成若干小块，使每个小块接近于平面或可展曲面（柱面、锥面）等，然后按可展曲面将其近似展开。本书不对不可展曲面作进一步的举例阐述，需要时可参阅书后所列参考书目[3]、[4]、[6]中的任一册。

§11-2 焊接图

通过加热或加压，或两者并用，并且用或不用填充材料，使焊件达到结合的方法叫焊接。焊接不仅可以解决各种钢材的连接，而且还可以解决铝、铜等有色金属及钛、锆等特种金属材料的连接，因而已广泛应用于机械制造、造船、海洋开发、汽车制造、石油化工、航天技术、原子能、电力、电子技术及建筑等部门。

零件在焊接时，常见的焊接头有对接接头、搭接接头、T 形接头和角接接头等，如图 11-11 所示。

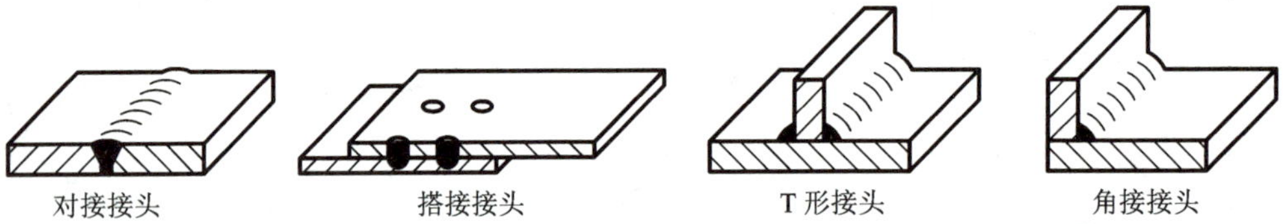

图 11-11 常见的焊接头

一、焊缝符号

焊缝符号按 GB/T 324—2008《焊缝符号表示法》和 GB/T 12212—1990《技术制图 焊缝符号的尺寸、比例及简化表示法》绘制。焊缝符号一般由基本符号与指引线组成，必要时还可以加上补充符号和焊缝尺寸符号。

1. 基本符号

基本符号表示焊缝横截面的基本形式和特征。常用的基本符号示例见表 11-1。

表 11-1　常用的基本符号示例

序号	名称	示意图	符号
1	I 形焊缝	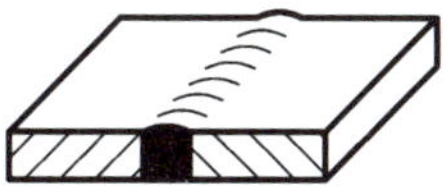	
2	V 形焊缝	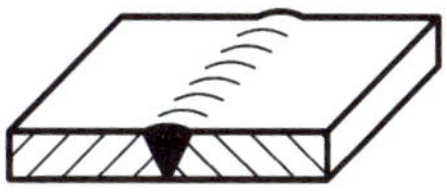	
3	角焊缝	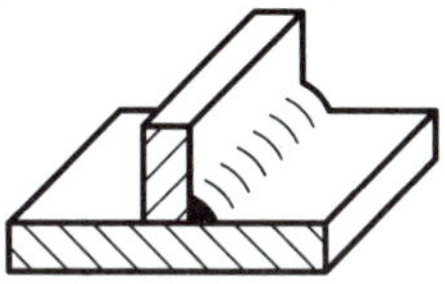	
4	点焊缝	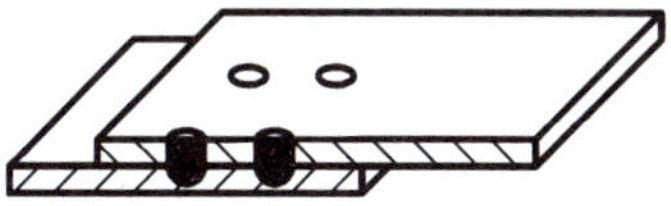	

2. 基本符号的组合

标注双面焊缝或接头时，基本符号可以组合使用，见表 11-2。

表 11-2　基本符号的组合

序号	名称	示意图	符号
1	双面 V 形焊缝 （X 焊缝）	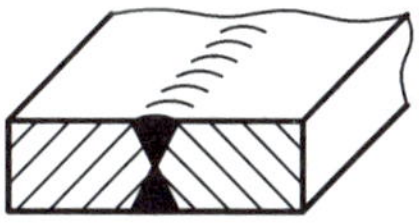	
2	双面单 V 形焊缝 （K 焊缝）		
3	带钝边的双面 V 形焊缝	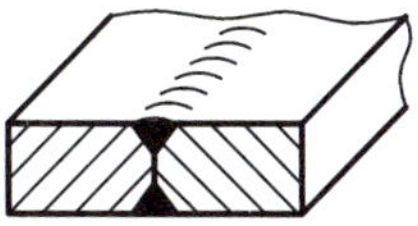	
4	带钝边的双面单 V 形焊缝		
5	双面 U 形焊缝	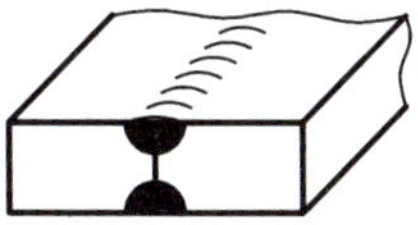	

3. 补充符号

补充符号用来补充说明有关焊缝与接头的某些特征（如表面形状、衬垫、焊缝分布、施焊地点等）。见表 11-3。

表 11-3　补充符号和标注示例

名称	符号	形式和标注示例	说明
平面	—	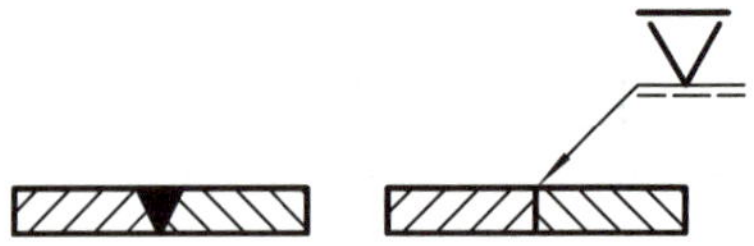	V 形焊缝表面齐平（一般通过加工）。
凹面		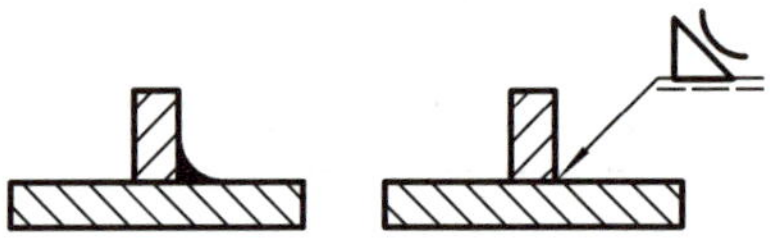	角焊缝表面凹陷。
凸面		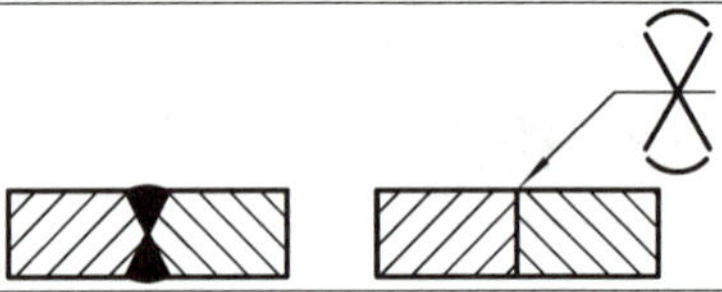	X 形对接焊缝表面凸起。
圆滑过渡		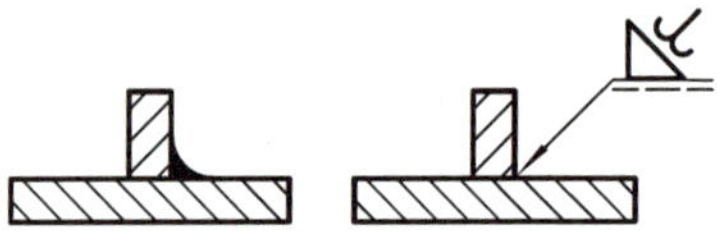	角焊缝焊趾处过渡圆滑。
永久衬垫	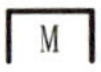	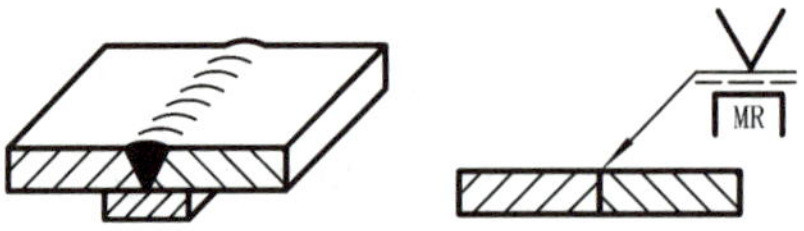	V 形焊缝的背面底部有临时衬垫，焊接完成后拆除。
临时衬垫	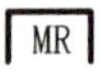		
三面焊缝		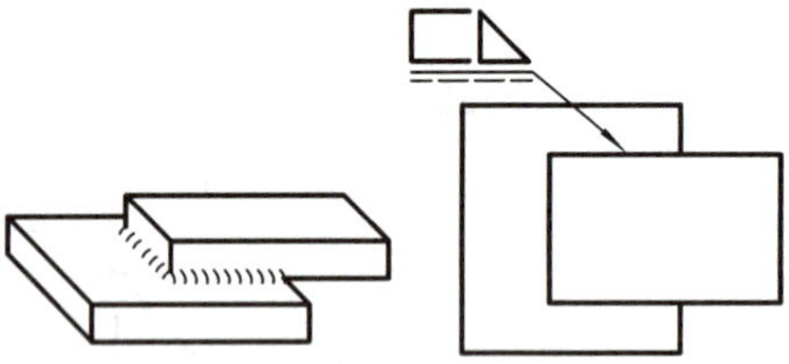	工件三面施焊，符号开口方向与实际施焊方向一致。
周围焊缝		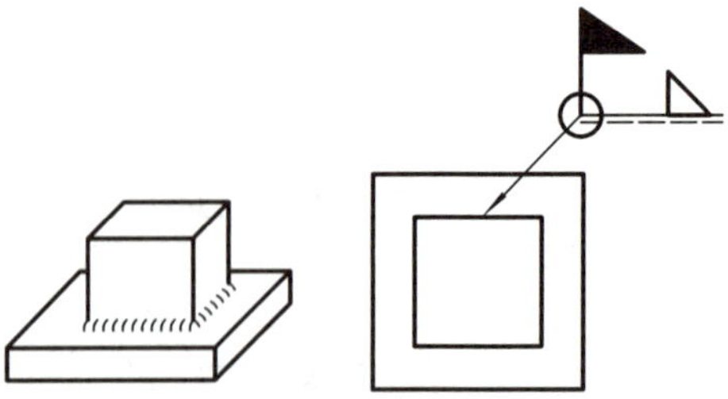	在现场沿工件周围施焊的角焊缝。
现场焊缝			

名称	符号	形式和标注示例	说明
尾部		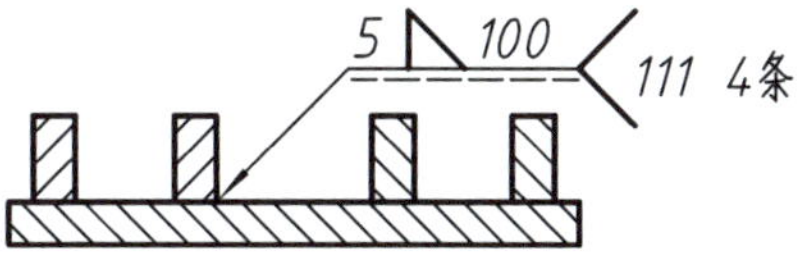	用焊条电弧焊，有 4 条相同的角焊缝。

4. 指引线

指引线是焊缝符号中的基本要素之一。焊缝的准确位置通常由基本符号和指引线之间的相对位置决定，具体位置包括：箭头线的位置、基准线的位置和基本符号的位置。指引线由箭头和基准线（实线或虚线）组成，如图 11-12 所示。

基准线一般应与图样的底边平行，必要时也可与底边垂直，实线和虚线的位置可以根据需要互换。

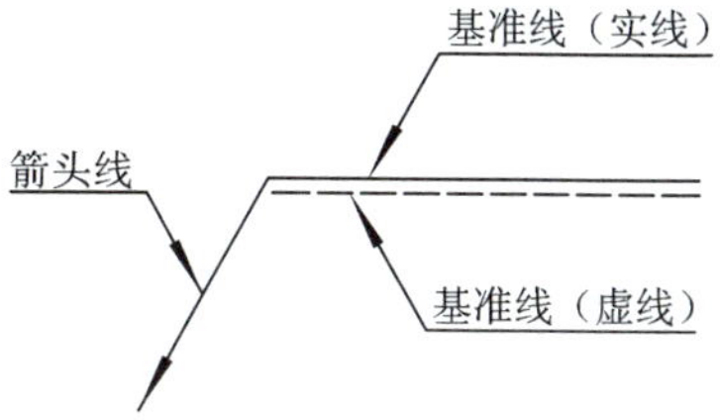

图 11-12　指引线的画法

5. 基本符号和基准线的相对位置

箭头线的箭头直接指向的接头侧为“接头的箭头侧”，与之相对的另一侧为“接头的非箭头侧”，如图 11-13 所示。

(1) 基本符号在实线侧时，表示焊缝在箭头侧，如图 11-13a 所示。

(2) 基本符号在虚线侧时，表示焊缝在非箭头侧，如图 11-13b 所示。

(3) 对称焊缝和双面焊缝允许省略虚线，如图 11-13c 所示。

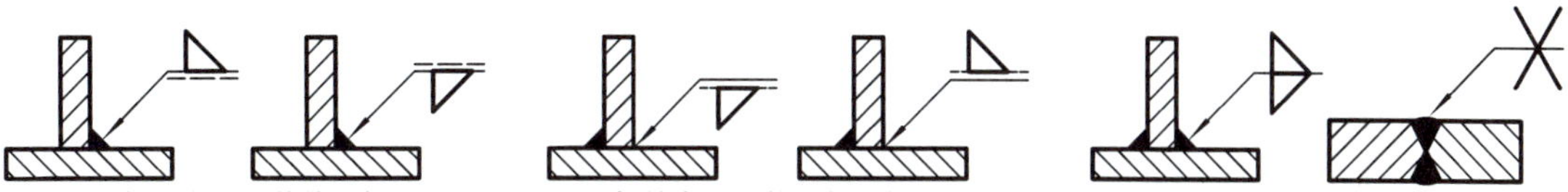

(a) 焊缝在接头的箭头侧　(b) 焊缝在接头的非箭头侧　(c) 对称焊缝和双面焊缝

图 11-13　基本符号相对基准线的位置

6. 焊缝尺寸及标注

焊缝尺寸一般不标注，必要时，可以在焊缝符号中标注尺寸。焊缝尺寸符号见表 11-4。

表 11-4　焊缝尺寸符号

名称	符号	名称	符号	名称	符号	名称	符号
工件厚度	δ	焊缝长度	l	焊缝宽度	c	点焊：熔核直径 或塞焊：孔径	d
坡口角度	a	焊缝段数	n	根部半径	R	焊缝有效厚度	S
根部间隙	b	焊缝间距	e	相同焊缝数量	N	余高	h
钝边	p	焊脚尺寸	K	坡口深度	H	坡口面角度	β

焊缝尺寸的标注方法见图 11-14。

(1) 横向尺寸标注在基本符号的左侧;

(2) 纵向尺寸标注在基本符号的右侧;

(3) 坡口角度、坡口面角度和根部间隙标注在基本符号的上侧和下侧;

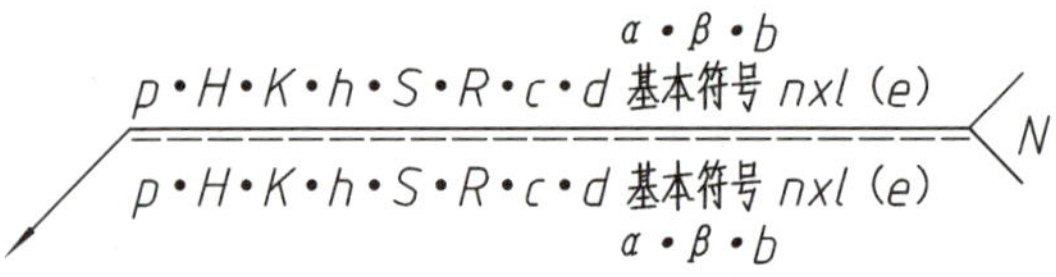

图 11-14 焊缝尺寸的标注

(4) 相同焊缝数量标注在尾部;

(5) 当尺寸较多不易分辨时,可在尺寸数据前标注相应的尺寸符号。

当箭头线方向改变时,上述规则不变。当若干条焊缝相同时,可采用公共指引线标注。

关于尺寸的其他规定还有:

(1) 确定焊缝位置的尺寸不在焊缝符号中标注,应将其标注在图样上。

(2) 在基本符号的右侧无任何尺寸标注又无其他说明时,意味着焊缝在工件的整个长度方向上是连续的。

(3) 在基本符号的左侧无任何尺寸标注又无其他说明时,意味着对接焊缝应完全焊透。

(4) 塞焊缝、槽焊缝带有斜边时,应标注其底部的尺寸。

二、焊接方法的字母符号

焊接的方法很多,常用的有焊条电弧焊、气焊、电渣焊、埋弧焊和钎焊等,其中以焊条电弧焊应用最为广泛。焊接方法可以用文字在技术要求中注明,也可以用数字代号直接注写在尾部符号中。GB/T 5185—2005《焊接及相关工艺代号方法》规定了常用焊接方法的数字代号,见表 11-5。

表 11-5 常用焊接方法的数字代号

焊接方法	数字代号	焊接方法	数字代号
焊条电弧焊	111	激光焊	52
埋弧焊	12	气焊	3
电渣焊	72	硬钎焊	91
高能束焊	5	点焊	21

当同一图样上全部焊缝所采用的焊接方法完全相同时,焊缝符号表示焊接方法的代号可以省略不注,但必须在技术要求或其他技术文件中注明“全部采用……焊”等字样;当部分焊接方法相同时,也可在技术要求或其他技术文件中注明“除图样注明的焊接方法外,其余焊缝均采用……焊”等字样。

三、焊缝的画法及标注示例

1. 焊缝的画法

(1) 在垂直于焊缝的剖视图或剖面图中,一般应画出焊缝的形式并涂黑,如图 11-15 所示。

(2) 在视图中,可用栅线表示可见焊缝(栅线为细实线,允许徒手画),如图 11-15b、c、d 所示;也可用加粗线($2b\sim3b$)表示可见焊缝,如图 11-15e、f 所示。但同一图样中,只允许采用一种画法。

（3）一般只用粗实线表示可见焊缝，如图 11-15a 所示。

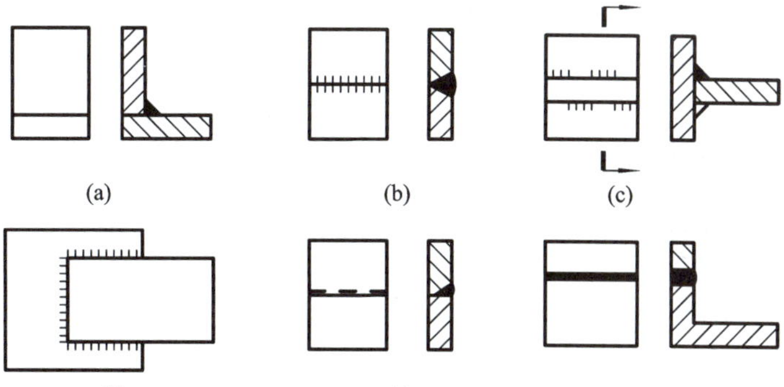

(a)　(b)　(c)　(d)　(e)　(f)

图 11-15　焊缝的画法示例

2. 焊缝的标注示例

焊缝的标注示例，见表 11-6。

表 11-6　焊缝的标注示例

接头形式	焊缝形式	标注示例	说明
对接头	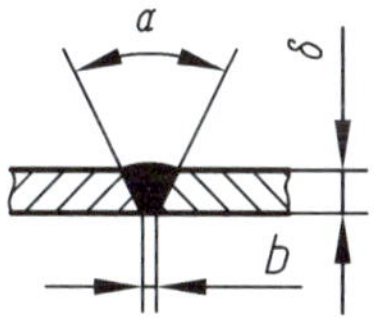	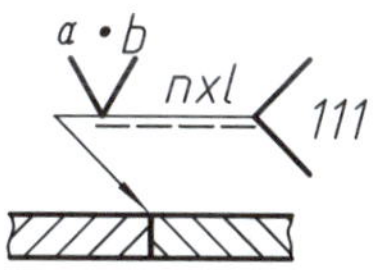	111 表示焊条电弧焊，V 形坡口，坡口角度为 α，根部间隙为 b，有 n 段焊缝，焊缝长度为 l。
T 形接头	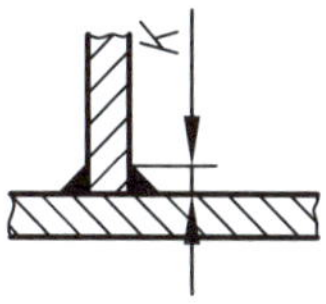	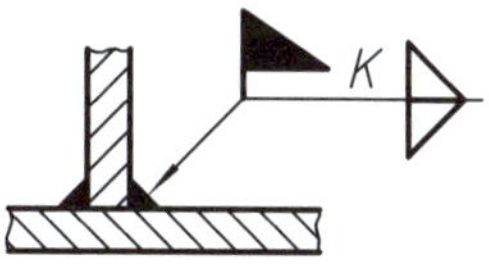	表示现场装配时焊接。 表示双面角焊缝，焊脚尺寸为 K。
	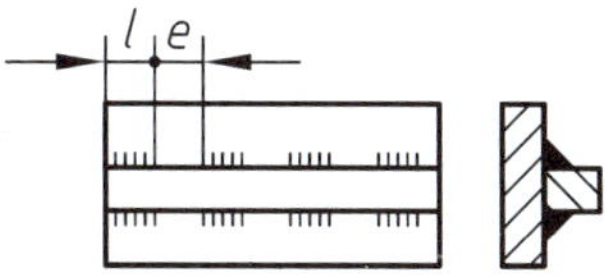	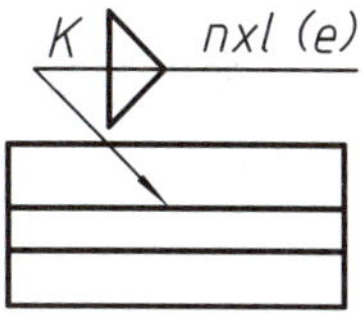	表示有 n 段断续双面角焊缝，l 表示焊缝长度，e 表示断续焊缝的间隔。
	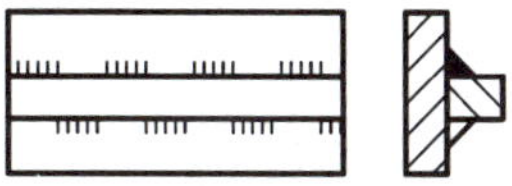	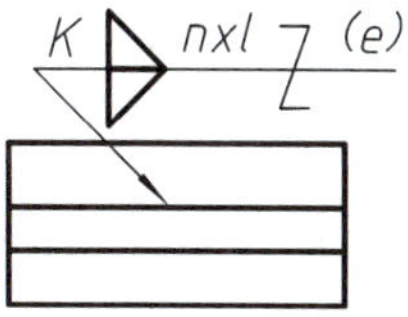	表示交叉断续焊缝。

接头形式	焊缝形式	标注示例	说明
角接接头	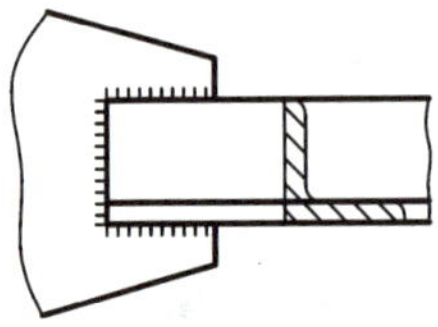	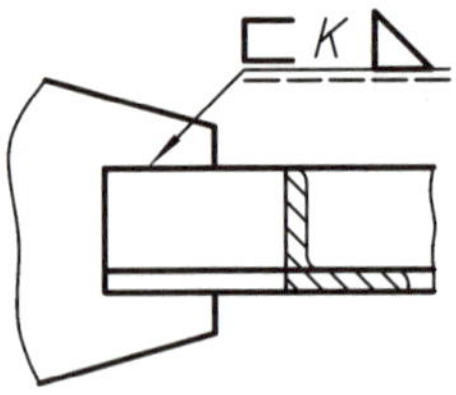	表示三面焊接的角焊缝，焊脚尺寸为 K。
	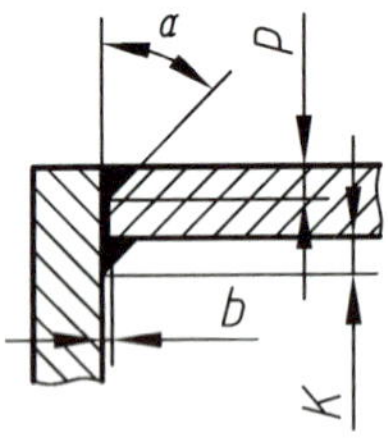	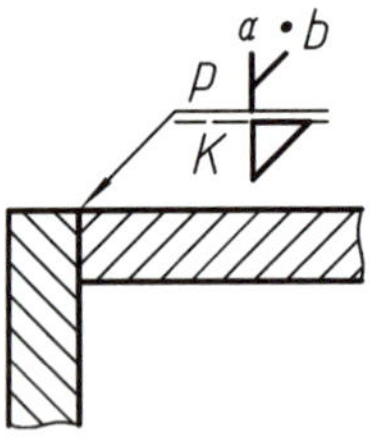	表示双面焊缝；上面为带钝边单边 V 形焊缝，下面为角焊缝。
搭接接头	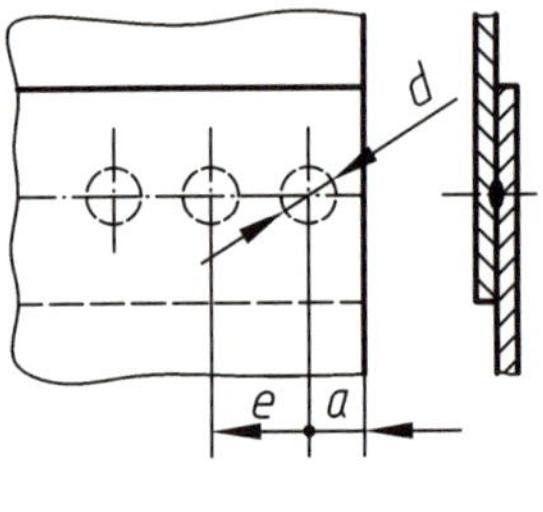	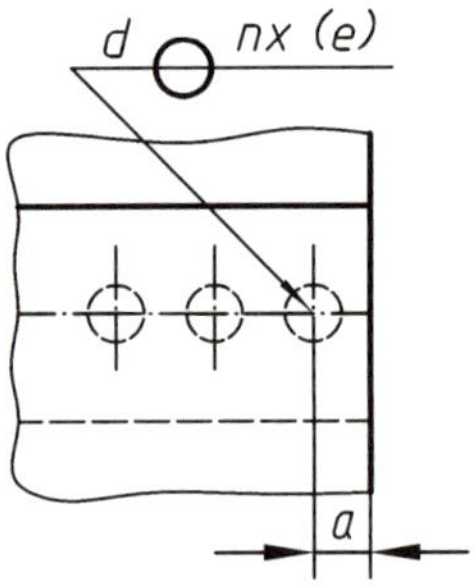	表示点焊缝，n 表示焊点数量，d 表示焊点直径，e 表示焊点的间距，a 表示焊点至板边的距离。

四、焊接件图样示例

图 11-16 所示为矿用电梯的上框架梁的焊接图。

从左视图中可以看出梁的主体是槽钢。由于梁要承受较大的载荷，因此需要在槽钢的前、后面上焊接加强板，以增加其载荷能力。

在主、俯视图之间的焊缝符号中，两条斜向指引线表示所处的前、后两块加强板的焊接要求相同，“”表示角焊缝，焊脚的尺寸为 10 mm，共有 4 条，由于焊缝基本符号的右侧无任何尺寸标注，又无其他说明，所以每条焊缝都是连续的；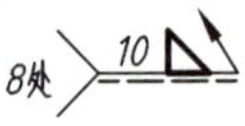表示前后两块加强板 4 个切角处的焊缝要求相同，共有 8 处。

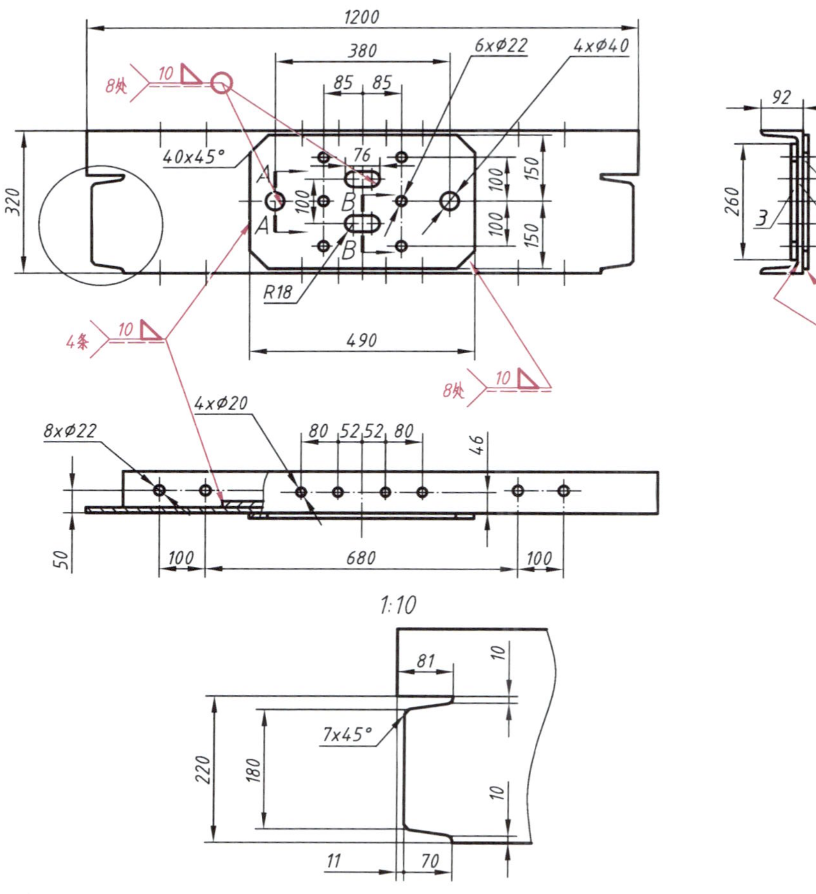

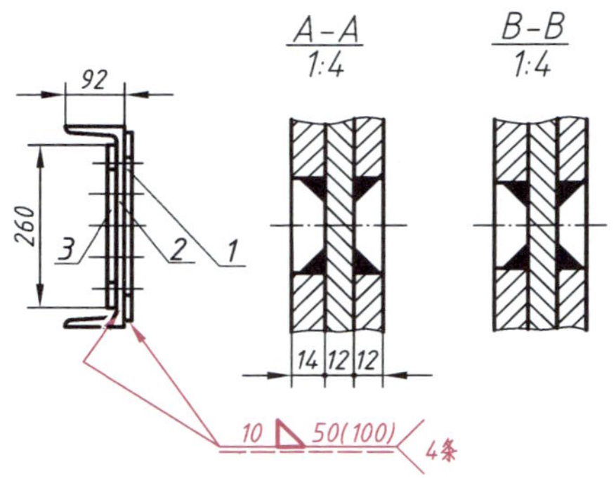

技 术 要 求

1.切割边缘表面结构为 $\sqrt{Ra50}$ ，圆孔、长圆孔的表面结构为 $\sqrt{Ra25}$ 。

2.所有焊缝不准有不透、溶蚀等缺陷。

3.本构件焊后应进行整形，最后钻6xϕ22的孔。

4.焊接加强板以后，板面如有焊渣凹凸不平时须及时铲平。

5.全部焊缝均采用焊条电弧焊。

序号	代号	名称	数量	材料	备注
3	07-03	后加强板	1	Q235	t=14
2	07-02	梁	1	Q235	
1	07-01	前加强板	1	Q235	t=12

上框架梁	比例	1:15	07-00
设计			
审核		（校 名）	

图 11-16 上框架梁的焊接图

在左视图的焊缝符号

中，“50(100)”表示断续焊缝，焊缝长度为 50 mm，断续焊缝的间距为 100 mm，每块板上下各一条，共有 4 条。

为了使加强板与槽钢之间的焊接强度达到规定的设计要求，又在前、后加强板上各加工了两个 $\phi40$ 的圆孔和两个 $R18$ 的长圆孔作为焊接之用。图上的焊缝符号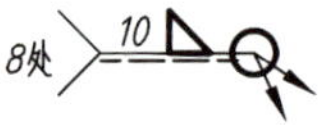

中的“○”，表示环绕孔的周围均需进行焊接，在局部放大的剖视图 *A*—*A* 和 *B*—*B* 中画出了焊缝的断面图，每块板各有 4 处，共有 8 处。

焊接图中的构件明细栏与装配图中的零件明细栏基本相同。

附　　录

一、螺纹

（一）普通螺纹（GB/T 193—2003、GB/T 196—2003）

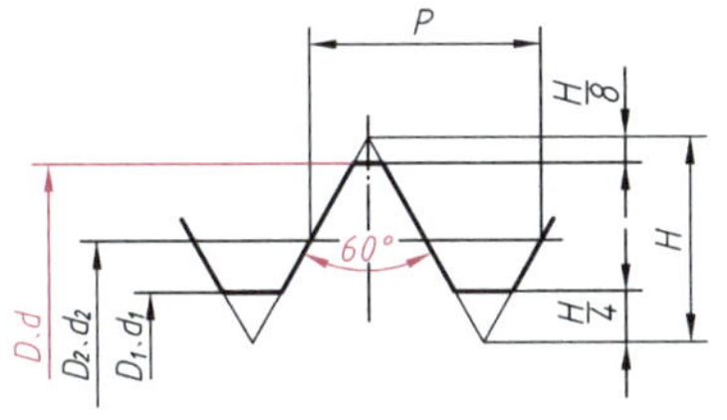

图中：$H=0.866\ 025\ 404\ P$。

$$D_2=D-2\times\frac{3}{8}H=D-6\ 495\ P;$$

$$d_2=d-2\times\frac{3}{8}H=d-6\ 495\ P;$$

$$D_1=D-2\times\frac{5}{8}H=D-1.082\ 5\ P;$$

$$d_1=d-2\times\frac{5}{8}H=d-1.082\ 5\ P。$$

标 记 示 例

公称直径 24 mm，螺距为 1.5 mm，右旋的细牙普通螺纹：

M24×1.5

直径与螺距系列见附表 1。

附　表　1　　mm

<table>
<tr><th colspan="2">公称直径 D、d</th><th colspan="2">螺距 P</th><th colspan="2">公称直径 D、d</th><th colspan="2">螺距 P</th><th colspan="2">公称直径 D、d</th><th colspan="2">螺距 P</th></tr>
<tr><th>第一系列</th><th>第二系列</th><th>粗牙</th><th>细牙</th><th>第一系列</th><th>第二系列</th><th>粗牙</th><th>细牙</th><th>第一系列</th><th>第二系列</th><th>粗牙</th><th>细牙</th></tr>
<tr><td>3</td><td></td><td>0.5</td><td rowspan="2">0.35</td><td>12</td><td></td><td>1.75</td><td>1.5，1.25，1</td><td></td><td>33</td><td>3.5</td><td>(3)，2，1.5</td></tr>
<tr><td></td><td>3.5</td><td>0.6</td><td></td><td>14</td><td rowspan="2">2</td><td>1.5，1.25*，1</td><td>36</td><td></td><td rowspan="2">4</td><td rowspan="2">3，2，1.5</td></tr>
<tr><td>4</td><td></td><td>0.7</td><td rowspan="3">0.5</td><td>16</td><td></td><td>1.5，1</td><td></td><td>39</td></tr>
<tr><td></td><td>4.5</td><td>0.75</td><td></td><td>18</td><td rowspan="3">2.5</td><td rowspan="5">2，1.5，1</td><td>42</td><td></td><td rowspan="2">4.5</td><td rowspan="6">4，3，2，1.5</td></tr>
<tr><td>5</td><td></td><td>0.8</td><td>20</td><td></td><td></td><td>45</td></tr>
<tr><td>6</td><td></td><td rowspan="2">1</td><td rowspan="2">0.75</td><td></td><td>22</td><td>48</td><td></td><td rowspan="2">5</td></tr>
<tr><td></td><td>7</td><td>24</td><td></td><td rowspan="2">3</td><td></td><td>52</td></tr>
<tr><td>8</td><td></td><td>1.25</td><td>1，0.75</td><td rowspan="2">30</td><td>27</td><td>56</td><td></td><td rowspan="2">5.5</td></tr>
<tr><td>10</td><td></td><td>1.5</td><td>1.25，1，0.75</td><td></td><td>3.5</td><td>(3)，2，1.5，1</td><td></td><td>60</td></tr>
</table>

注：1. 优先选用第一系列，其次选择第二系列，最后选择第三系列。尽可能地避免使用括号内的螺距。

2. 公称直径 D、d 为 1~2.5 和 64~300 的部分未列入；第三系列全部未列入。

3. * M14×1.25 仅用于发动机的火花塞。

基本尺寸见附表 2。

附 表 2

mm

公称直径（大径）D,d	螺距 P	中径 D_2,d_2	小径 D_1,d_1
3	0.5 0.35	2.675 2.773	2.459 2.621
3.5	0.6 0.35	3.110 3.273	2.850 3.121
4	0.7 0.5	3.545 3.675	3.242 3.459
4.5	0.75 0.5	4.013 4.175	3.688 3.859
5	0.8 0.5	4.480 4.675	4.134 4.459
6	1 0.75	5.530 5.513	4.917 5.188
7	1 0.75	6.350 6.513	5.917 6.188
8	1.25 1 0.75	7.188 7.350 7.513	6.647 6.917 7.188

公称直径（大径）D,d	螺距 P	中径 D_2,d_2	小径 D_1,d_1
10	1.5 1.25 1 0.75	9.026 9.188 9.350 9.513	8.376 8.647 8.917 9.188
12	1.75 1.5 1.25 1	10.863 11.026 11.188 11.350	10.106 10.376 10.647 10.917
14	2 1.5 1.25 1	12.701 13.026 13.188 13.350	11.835 12.376 12.647 12.917
16	2 1.5 1	14.701 15.026 15.350	13.835 14.376 14.917

公称直径（大径）D,d	螺距 P	中径 D_2,d_2	小径 D_1,d_1
18	2.5 2 1.5 1	16.376 16.701 17.026 17.350	15.294 15.835 16.376 16.917
20	2.5 2 1.5 1	18.376 18.701 19.026 19.350	17.294 17.835 18.376 18.917
22	2.5 2 1.5 1	20.376 20.701 21.026 21.350	19.294 19.835 20.376 20.917
24	3 2 1.5 1	22.051 22.701 23.026 23.350	20.752 21.835 22.376 22.917

注：公称直径 D、d 为 1~2.5 和 27~300 的部分未列入，第三系列全部未列入。

（二）管螺纹

55°密封管螺纹
- 第 1 部分　圆柱内螺纹与圆锥外螺纹（GB/T 7306.1—2000）
- 第 2 部分　圆锥内螺纹与圆锥外螺纹（GB/T 7306.2—2000）

55°非密封管螺纹（GB/T 7307—2001）

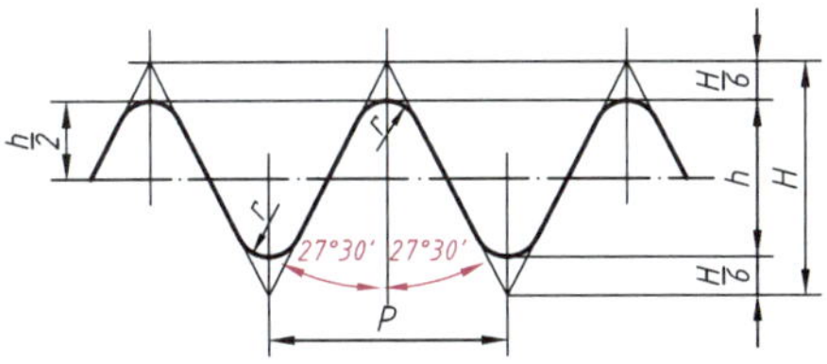

圆柱螺纹的设计牙型

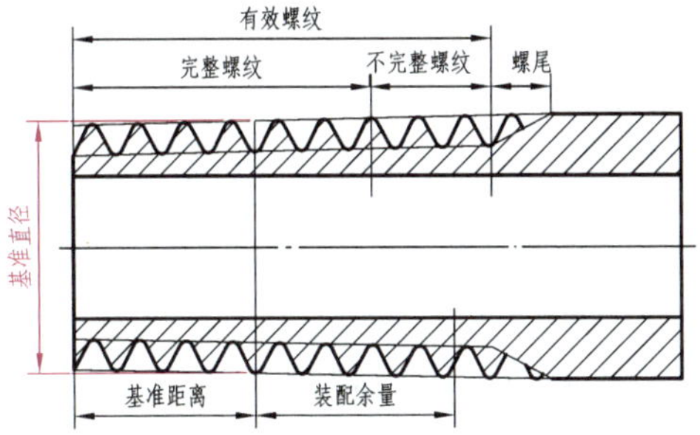

圆锥外螺纹的有关尺寸

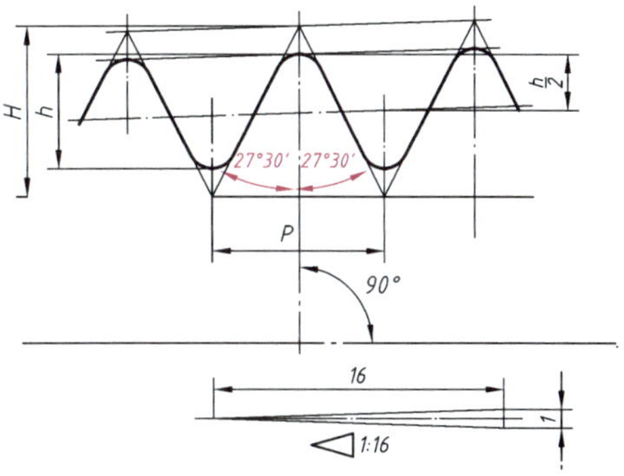

圆锥螺纹的设计牙型

标 记 示 例

GB/T 7306.1

尺寸代号 3/4,右旋,圆柱内螺纹:$R_p3/4$

尺寸代号 3,右旋,圆锥外螺纹:R_13

尺寸代号 3/4,左旋,圆柱内螺纹:$R_p3/4$ LH

GB/T 7306.2

尺寸代号 3/4,右旋,圆锥内螺纹:$R_c3/4$

尺寸代号 3,右旋,圆锥外螺纹:R_23

尺寸代号 3/4,左旋,圆锥内螺纹:$R_c3/4$ LH

GB/T 7307

尺寸代号 2,右旋,圆柱内螺纹:G2

尺寸代号 3,右旋,A 级圆柱外螺纹:G3A

尺寸代号 2,左旋,圆柱内螺纹:G2 LH

尺寸代号 4,左旋,B 级圆柱外螺纹:G4B-LH

管螺纹的尺寸代号及基本尺寸见附表 3。

附 表 3

mm

尺寸代号	每 25.4 mm 内所含的牙数 n	螺距 P	牙高 h	基本直径或基准平面内的基本直径			基准距离(基本)	外螺纹的有效螺纹不小于
				大径 $d=D$	中径 $d_2=D_2$	小径 $d_1=D_1$		
1/16	28	0.907	0.581	7.723	7.142	6.561	4	6.5
1/8	28	0.907	0.581	9.728	9.147	8.566	4	6.5
1/4	19	1.337	0.856	13.157	12.301	11.445	6	9.7
3/8	19	1.337	0.856	16.662	15.806	14.950	6.4	10.1
1/2	14	1.814	1.162	20.955	19.793	18.631	8.2	13.2

续表

尺寸代号	每 25.4 mm 内所含的牙数 n	螺距 P	牙高 h	基本直径或基准平面内的基本直径			基准距离（基本）	外螺纹的有效螺纹不小于
				大径 $d=D$	中径 $d_2=D_2$	小径 $d_1=D_1$		
3/4	14	1.814	1.162	26.441	25.279	24.117	9.5	14.5
1	11	2.309	1.479	33.249	31.770	30.291	10.4	16.8
$1\frac{1}{4}$	11	2.309	1.479	41.910	40.431	38.952	12.7	19.1
$1\frac{1}{2}$	11	2.309	1.479	47.803	46.324	44.845	12.7	19.1
2	11	2.309	1.479	59.614	58.135	56.656	15.9	23.4
$2\frac{1}{2}$	11	2.309	1.479	75.184	73.705	72.226	17.5	26.7
3	11	2.309	1.479	87.884	86.405	84.926	20.6	29.8
4	11	2.309	1.479	113.030	111.551	110.072	25.4	35.8
5	11	2.309	1.479	138.430	136.951	135.472	28.6	40.1
6	11	2.309	1.479	163.830	162.351	160.872	28.6	40.1

注:第五列中所列的是圆柱螺纹的基本直径和圆锥螺纹在基本平面内的基本直径;第六、七列只适用于圆锥螺纹。

（三）梯形螺纹(GB/T 5796.2—2005,GB/T 5796.3—2005)

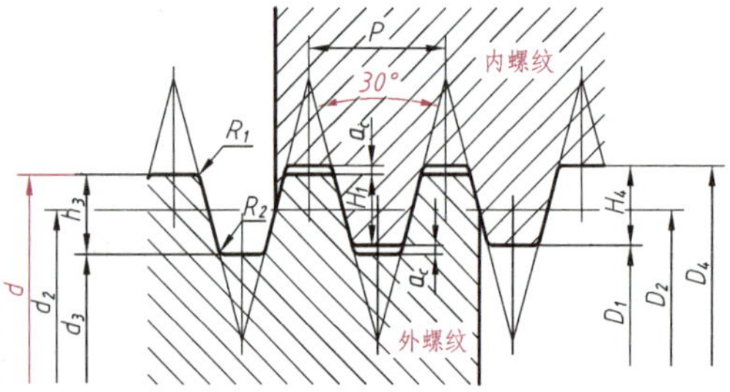

标 记 示 例

公称直径 40 mm,导程 14 mm,螺距为 7 mm 的双线左旋梯形螺纹:

Tr40×14 (P7) LH

直径与螺距系列、基本尺寸见附表 4。

附 表 4

mm

公称直径 d 第一系列	公称直径 d 第二系列	螺距 P	中径 $d_2=D_2$	大径 D_4	小径 d_3	小径 D_1
8		1.5	7.250	8.300	6.200	6.500
	9	1.5	8.250	9.300	7.200	7.500
		2	8.000	9.500	6.500	7.000
10		1.5	9.250	10.300	8.200	8.500
		2	9.000	10.500	7.500	8.000
	11	2	10.000	11.500	8.500	9.000
		3	9.500	11.500	7.500	8.000
12		2	11.000	12.500	9.500	10.000
		3	10.500	12.500	8.500	9.000

续表

公称直径 d 第一系列	公称直径 d 第二系列	螺距 P	中径 $d_2=D_2$	大径 D_4	小径 d_3	小径 D_1
	14	2	13.000	14.500	11.500	12.000
		3	12.500	14.500	10.500	11.000
16		2	15.000	16.500	13.500	14.000
		4	14.000	16.500	11.500	12.000
	18	2	17.000	18.500	15.500	16.000
		4	16.000	18.500	13.500	14.000
20		2	19.000	20.500	17.500	18.000
		4	18.000	20.500	15.500	16.000
	22	3	20.500	22.500	18.500	19.000
		5	19.500	22.500	16.500	17.000
		8	18.000	23.000	13.000	14.000
24		3	22.500	24.500	20.500	21.000
		5	21.500	24.500	18.500	19.000
		8	20.000	25.000	15.000	16.000
	26	3	24.500	26.500	22.500	23.000
		5	23.500	26.500	20.500	21.000
		8	22.000	27.000	17.000	18.000
28		3	26.500	28.500	24.500	25.000
		5	25.500	28.500	22.500	23.000
		8	24.000	29.000	19.000	20.000
	30	3	28.500	30.500	26.500	29.000
		6	27.000	31.000	23.000	24.000
		10	25.000	31.000	19.000	20.500
32		3	30.500	32.500	28.500	29.000
		6	29.000	33.000	25.000	26.000
		10	27.000	33.000	21.000	22.000
	34	3	32.500	34.500	30.500	31.000
		6	31.000	35.000	27.000	28.000
		10	29.000	35.000	23.000	24.000
36		3	34.500	36.500	32.500	33.000
		6	33.000	37.000	29.000	30.000
		10	31.000	37.000	25.000	26.000
	38	3	36.500	38.500	34.500	35.000
		7	34.500	39.000	30.000	31.000
		10	33.000	39.000	27.000	28.000
40		3	38.500	40.500	36.500	37.000
		7	36.500	41.000	32.000	33.000
		10	35.000	41.000	29.000	30.000

注：1. 优先选用第一系列，其次选用第二系列；新产品设计中，不宜选用第三系列。

2. 公称直径 $d=42\sim300$ 未列入；第三系列全部未列入。

3. 优先选用表中印红色的螺距。

二、 常用标准件

（一）螺钉

开槽圆柱头螺钉（GB/T 65—2000）

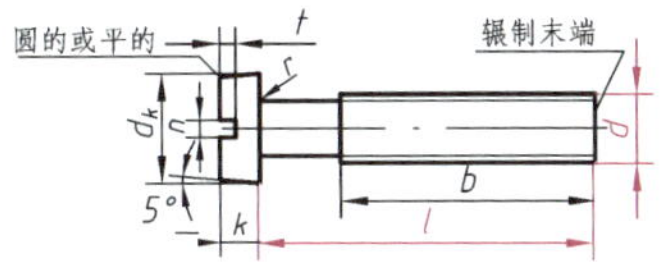

标 记 示 例

螺纹规格 d=M5、公称长度 l=20 mm、性能等级为 4.8 级，不经表面处理的 A 级开槽圆柱头螺钉：

螺钉 GB/T 65 M5×20

附　表　5　　　　mm

螺纹规格 d	M4	M5	M6	M8	M10
P(螺距)	0.7	0.8	1	1.25	1.5
b	38	38	38	38	38
d_k	7	8.5	10	13	16
k	2.6	3.3	3.9	5	6
n	1.2	1.2	1.6	2	2.5
r	0.2	0.2	0.25	0.4	0.4
t	1.1	1.3	1.6	2	2.4
公称长度 l	5~40	6~50	8~60	10~80	12~80
l 系列	5,6,8,10,12,(14),16,20,25,30,35,40,45,50,(55),60,(65),70,(75),80。				

注:1. 公称长度 $l \leqslant 40$ mm 的螺钉,制出全螺纹。

2. 括号内的规格尽可能不采用。

3. 螺纹规格 d=M1.6~M10;公称长度 l=2~80 mm。d<M4 的螺钉未列入,需用时可查阅该标准。

4. 材料为钢的螺钉性能等级有 4.8、5.8 级,其中 4.8 级为常用。

开槽盘头螺钉(GB/T 67—2008)

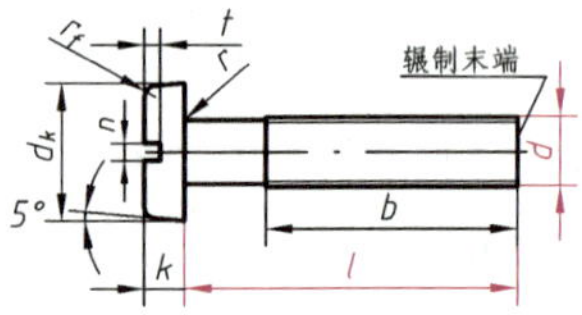

标记示例

螺纹规格 d=M5、公称长度 l=20 mm、性能等级为 4.8 级,不经表面处理的 A 级开槽盘头螺钉:

螺钉　GB/T 67　M5×20

附　表　6　　　　mm

螺纹规格 d	M3	M4	M5	M6	M8	M10
P(螺距)	0.5	0.7	0.8	1	1.25	1.5
b	25	38	38	38	38	38
d_k	5.6	8	9.5	12	16	20
k	1.8	2.4	3	3.6	4.8	6
n	0.8	1.2	1.2	1.6	2	2.5
r	0.1	0.2	0.2	0.25	0.4	0.4
t	0.7	1	1.2	1.4	1.9	2.4
r_f(参考)	0.9	1.2	1.5	1.8	2.4	3
公称长度 l	4~30	5~40	6~50	8~60	10~80	12~80
l 系列	4,5,6,8,10,12,(14),16,20,25,30,35,40,45,50,(55),60,(65),70,(75),80。					

注:1. 括号内的规格尽可能不采用。

2. 螺纹规格 d=M1.6~M10,公称长度 2~80 mm。d<M3 的螺钉未列入,需用时可查阅该标准。

3. M1.6~M3 的螺钉,公称长度 $l \leqslant 30$ mm 时,制出全螺纹。

4. M4~M10 的螺钉,公称长度 $l \leqslant 40$ mm 时,制出全螺纹。

5. 材料为钢的螺钉,性能等级有 4.8、5.8 级,其中 4.8 级为常用。

开槽沉头螺钉（GB/T 68—2000）

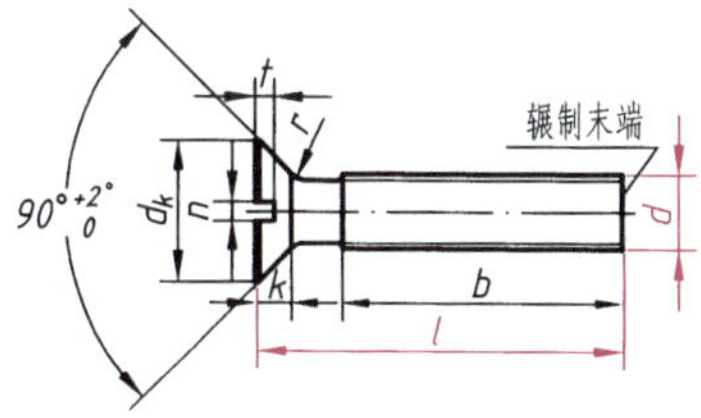

标 记 示 例

螺纹规格 d=M5、公称长度 l=20 mm、性能等级为 4.8 级，不经表面处理的 A 级开槽沉头螺钉：

螺钉 GB/T 68 M5×20

附 表 7

mm

螺纹规格 d	M1.6	M2	M2.5	M3	M4	M5	M6	M8	M10
P（螺距）	0.35	0.4	0.45	0.5	0.7	0.8	1	1.25	1.5
b	25	25	25	25	38	38	38	38	38
d_k	3.6	4.4	5.5	6.3	9.4	10.4	12.6	17.3	20
k	1	1.2	1.5	1.65	2.7	2.7	3.3	4.65	5
n	0.4	0.5	0.6	0.8	1.2	1.2	1.6	2	2.5
r	0.4	0.5	0.6	0.8	1	1.3	1.5	2	2.5
t	0.5	0.6	0.75	0.85	1.3	1.4	1.6	2.3	2.6
公称长度 l	2.5~16	3~20	4~25	5~30	6~40	8~50	8~60	10~80	12~80
l 系列	2.5,3,4,5,6,8,10,12,(14),16,20,25,30,35,40,45,50,(55),60,(65),70,(75),80。								

注：1. 螺纹规格 d=M1.6~M10。括号内的规格尽可能不采用。

2. M1.6~M3 的螺钉，公称长度 l≤30 mm 时，制出全螺纹。

3. M4~M10 的螺钉，公称长度 l≤45 mm 时，制出全螺纹。

4. 材料为钢的螺钉性能等级有 4.8、5.8 级，其中 4.8 级为常用。

内六角圆柱头螺钉（GB/T 70.1—2008）

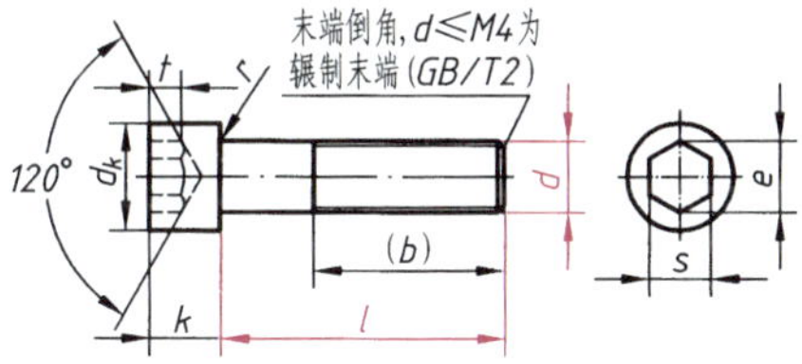

标 记 示 例

螺纹规格 d=M5、公称长度 l=20 mm、性能等级为 8.8 级，表面氧化的内六角圆柱头螺钉：

螺钉 GB/T 70.1 M5×20

附 表 8

mm

螺纹规格 d	M3	M4	M5	M6	M8	M10	M12	M16	M20
P（螺距）	0.5	0.7	0.8	1	1.25	1.5	1.75	2	2.5
b 参考	18	20	22	24	28	32	36	44	52
d_k	5.5	7	8.5	10	13	16	18	24	30
k	3	4	5	6	8	10	12	16	20
t	1.3	2	2.5	3	4	5	6	8	10

续表

螺纹规格 d	M3	M4	M5	M6	M8	M10	M12	M16	M20
s	2.5	3	4	5	6	8	10	14	17
e	2.87	3.44	4.58	5.72	6.86	9.15	11.43	16.00	19.44
r	0.1	0.2	0.2	0.25	0.4	0.4	0.6	0.6	0.8
公称长度 l	5~30	6~40	8~50	10~60	12~80	16~100	20~120	25~160	30~200
l≤表中数值时，制出全螺纹	20	25	25	30	35	40	45	55	65
l 系列	2.5,3,4,5,6,8,10,12,16,20,25,30,35,40,45,50,55,60,65,70,80,90,100,110,120,130,140,150,160,180,200,220,240,260,280,300。								

注：螺纹规格 d=M1.6~M64，小于 M3 和大于 M20 的未列入，需要时可查阅该标准。六角槽端部允许倒圆或制出沉孔。材料为钢的螺钉的性能等级有 8.8、10.9、12.9 级，8.8 级为常用。

开槽锥端紧定螺钉（GB/T 71—1985） 开槽平端紧定螺钉（GB/T 73—1985） 开槽长圆柱端紧定螺钉（GB/T 75—1985）

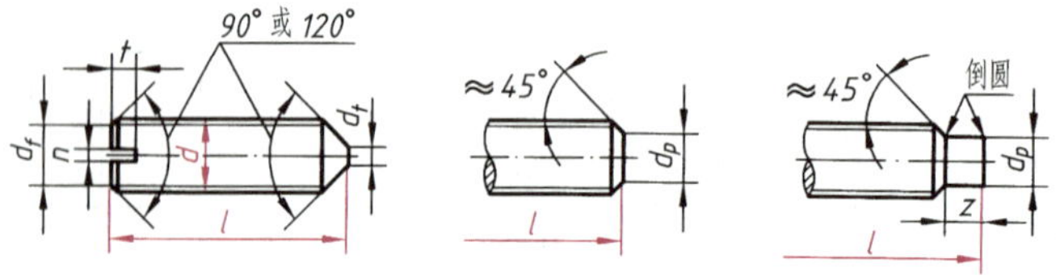

标 记 示 例

螺纹规格 d=M5，公称长度 l=12 mm、性能等级为 14H 级，表面氧化的开槽平端紧定螺钉：

螺钉 GB/T 73 M5×12-14H

附 表 9

mm

螺纹规格 d		M1.6	M2	M2.5	M3	M4	M5	M6	M8	M10	M12
P（螺距）		0.35	0.4	0.45	0.5	0.7	0.8	1	1.25	1.5	1.75
n（公称）		0.25	0.25	0.4	0.4	0.6	0.8	1	1.2	1.6	2
t		0.74	0.84	0.95	1.05	1.42	1.63	2	2.5	3	3.6
d_t		0.16	0.2	0.25	0.3	0.4	0.5	1.5	2	2.5	3
d_p		0.8	1	1.5	2	2.5	3.5	4	5.5	7	8.5
z		1.05	1.25	1.5	1.75	2.25	2.75	3.25	4.3	5.3	6.3
公称长度 l	GB/T 71—1985	2~8	3~10	3~12	4~16	6~20	8~25	8~30	10~40	12~50	14~60
	GB/T 73—1985	2~8	3~10	4~12	4~16	5~20	6~25	8~30	8~40	10~50	12~60
	GB/T 75—1985	2.5~8	4~10	5~12	6~16	8~20	10~25	12~30	16~40	20~50	25~60
l 系列		2,2.5,3,4,5,6,8,10,12,(14),16,20,25,30,35,40,45,50,(55),60。									

注：1. 括号内的规格尽可能不采用。

2. d_f 不大于螺纹小径。本表中 n 摘录的是公称值，t、d_t、d_p、z 摘录的是最大值。l 在 GB/T 71 中，当 d=M2.5、l=3 mm 时，螺钉两端倒角均为 120°，其余均为 90°。l 在 GB/T 73 和 GB/T 75 中，分别列出了头部倒角为 90°和 120°的尺寸，本表只摘录了头部倒角为 90°的尺寸。

3. 紧定螺钉性能等级有 14H、22H 级，其中 14H 级为常用。H 表示硬度，数字表示最低的维氏硬度的 1/10。

4. GB/T 71、GB/T 73 规定，d=M1.2~M12；GB/T 75 规定，d=M1.6~M12。如需用前两种紧定螺钉 M1.2 时，有关资料可查阅这两个标准。

（二）螺栓

六角头螺栓—C 级（GB/T 5780—2000）　　　六角头螺栓—A 和 B 级（GB/T 5782—2000）

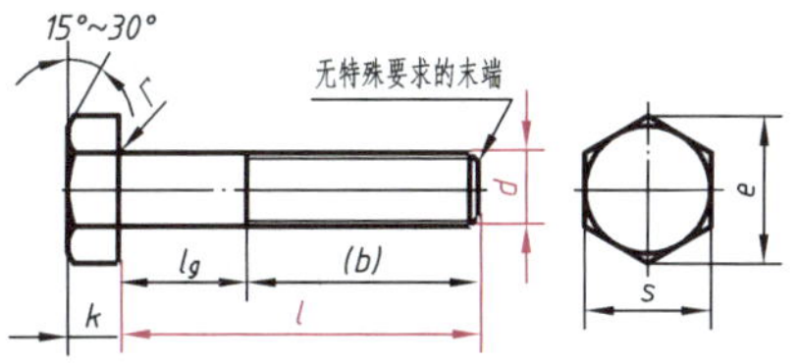

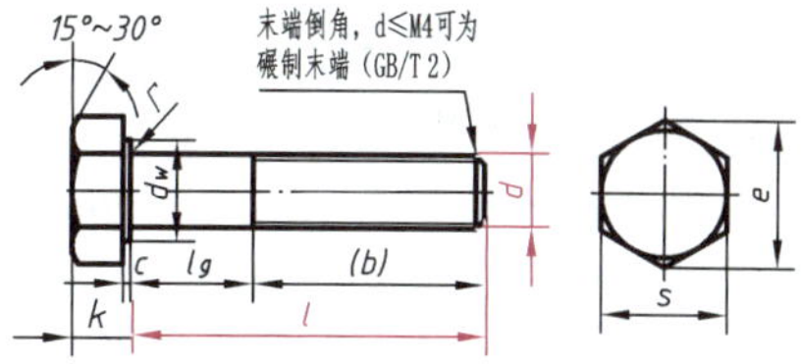

注：C 级的螺栓头也允许采用 B 级的垫圈面型式。

标 记 示 例

螺纹规格 d=M12、公称长度 l=80 mm、性能等级为 8.8 级，表面氧化、A 级的六角头螺栓：

螺栓　GB/T 5782　M12×80

附 表 10

mm

螺纹规格 d			M3	M4	M5	M6	M8	M10	M12	M16	M20	M24	M30	M36	M42
b 参考	l≤125		12	14	16	18	22	26	30	38	46	54	66	—	—
	125<l≤200		18	20	22	24	28	32	36	44	52	60	72	84	96
	l>200		31	33	35	37	41	45	49	57	65	73	85	97	109
c			0.4	0.4	0.5	0.5	0.6	0.6	0.6	0.8	0.8	0.8	0.8	0.8	1
d_w	产品等级	A	4.57	5.88	6.88	8.88	11.63	14.63	16.63	22.49	28.19	33.61	—	—	—
		B、C	4.45	5.74	6.74	8.74	11.47	14.47	16.47	22	27.7	33.25	42.75	51.11	59.95
e	产品等级	A	6.01	7.66	8.79	11.05	14.38	17.77	20.03	26.75	33.53	39.98	—	—	—
		B、C	5.88	7.50	8.63	10.89	14.20	17.59	19.85	26.17	32.95	39.55	50.85	60.79	72.02
k 公称			2	2.8	3.5	4	5.3	6.4	7.5	10	12.5	15	18.7	22.5	26
r			0.1	0.2	0.2	0.25	0.4	0.4	0.6	0.6	0.8	0.8	1	1	1.2
s 公称			5.5	7	8	10	13	16	18	24	30	36	46	55	65
l（商品规格范围）			20~30	25~40	25~50	30~60	40~80	45~100	50~120	65~160	80~200	90~240	110~300	140~360	160~400
l 系列			12,16,20,25,30,35,40,45,50,(55),60,(65),70,80,90,100,110,120,130,140,150,160,180,200,220,240,260,280,300,320,340,360,380,400,420,440,460,480,500。												

注：1. A 级用于 d≤24 mm 和 l≤10d 或≤150 mm 的螺栓；B 级用于 d>24 mm 和 l>10d 或>150 mm 的螺栓。

2. 两标准中规定的螺纹规格 d 的范围是：GB/T 5780 为 M5~M64；GB/T 5782 为 M1.6~M64。表中只列入了两标准规定的优选的螺纹规格中的一部分，表中的 M3、M4 只属于 GB/T 5780。

3. 表中 d_w 和 e 的数据，属 GB/T 5780 的螺栓查阅产品等级为 C 的行；属 GB/T 5782 的螺栓则分别按产品等级 A、B 分别查阅相应的 A、B 行。由于 GB/T 5780 的螺栓也允许采用垫圈面型式，所以在 d_w 行中也可查得 c 级螺栓采用这种型式时的 d_w 值。

4. 公称长度 l 范围：GB/T 5780 为 25~500；GB/T 5782 为 12~500。尽可能不用 l 系列中带括号的长度。

5. GB/T 5782 中材料为钢的螺栓 3 mm≤d≤16 mm 时，性能等级为 9.8；16 mm<d≤39 mm 时，性能等级有 5.6、8.8、9.8、10.9 级，其中 8.8 级为常用；d<3 mm 和 d>39 mm 时，按协议。GB/T 5780 中的螺纹的材料为钢，d≤39 mm 时的性能等级为 3.6、4.6、4.8，d>39 mm 时按协议。GB/T 5782 中材料为不锈钢或有色金属时，对材料的具体要求可查阅该标准。

（三）双头螺柱

双头螺柱—b_m = 1d（GB/T 897—1988）

双头螺柱—b_m = 1.25d（GB/T 898—1988）

双头螺柱—$b_m = 1.5d$（GB/T 899—1988）

双头螺柱—$b_m = 2d$（GB/T 900—1988）

标 记 示 例

两端均为粗牙普通螺纹，d = 10 mm，l = 50 mm，性能等级为 4.8 级，不经表面处理，B 型，$b_m = 1d$ 的双头螺柱：

螺柱 GB/T 897 M10×50

旋入端为粗牙普通螺纹，紧固端为螺距 P = 1 mm 的细牙普通螺纹，d = 10 mm，l = 50 mm，性能等级为 4.8 级，不经表面处理，A 型，$b_m = 1.25d$ 的双头螺柱：

螺柱 GB/T 898 AM10—M10×1×50

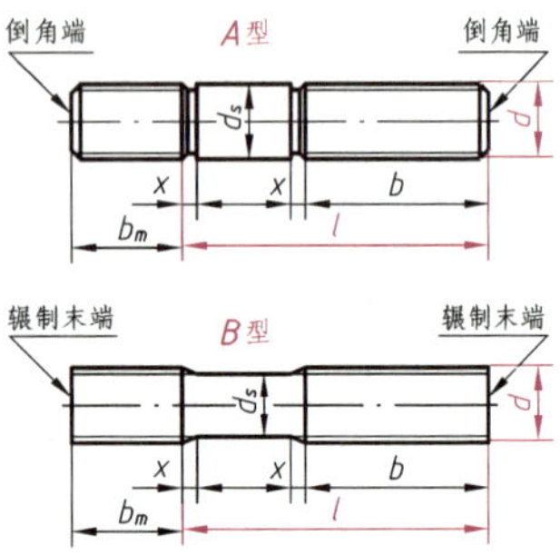

d_s≈螺纹中径（仅适用于 B 型）

附 表 11 mm

螺纹规格 d	b_m 公称 GB/T 897—1988	b_m 公称 GB/T 898—1988	d_s max	d_s min	x max	b	l 公称
M5	5	6	5	4.7	1.5P	10	16~(22)
						16	25~50
M6	6	8	6	5.7		10	20、(22)
						14	25、(28)、30
						18	(32)~(75)
M8	8	10	8	7.64		12	20、(22)
						16	25、(28)、30
						22	(32)~90
M10	10	12	10	9.64		14	25、(28)
						16	30、(38)
						26	40~120
						32	130
M12	12	15	12	11.57		16	25~30
						20	(32)~40
						30	45~120
						36	130~180
M16	16	20	16	15.57		20	30~(38)
						30	40~50
						38	60~120
						44	130~200
M20	20	25	20	19.48		25	35~40
						35	45~60
						46	(65)~120
						52	130~200

注：1. 本表未列入 GB/T 899—1988、GB/T 900—1988 两种规格。需用时可查阅这两个标准。GB/T 897、GB/T 898 规定的螺纹规格 d=M5~M48，如需用 M20 以上的双头螺柱，也可查阅这两个标准。

2. P 表示粗牙螺纹的螺距。

3. l 的长度系列：16，(18)，20，(22)，25，(28)，30，(32)，35，(38)，40，45，50，(55)，60，(65)，70，(75)，80，90，(95)，100~260(十进位)，280，300。括号内的数值尽可能不采用。

4. 材料为钢的螺柱，性能等级有 4.8、5.8、6.8、8.8、10.9、12.9 级，其中 4.8 级为常用。

（四）螺母

六角螺母—C 级（GB/T 41—2000）

1 型六角螺母—A 和 B 级（GB/T 6170—2000）

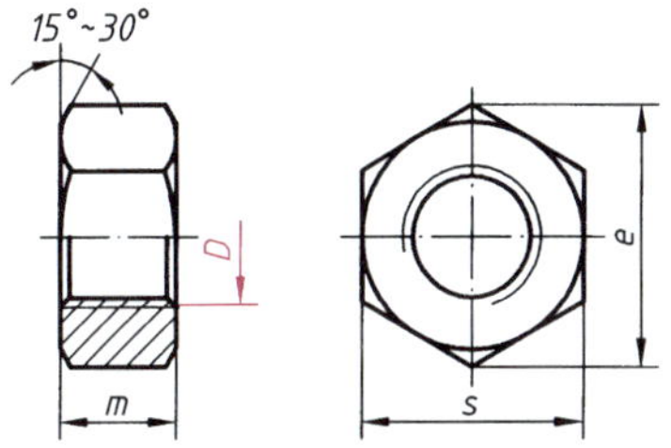

标 记 示 例

螺纹规格 D = M12、性能等级为 5 级、不经表面处理、C 级的六角螺母：

螺母 GB/T 41 M12

螺纹规格 D = M12、性能等级为 8 级、不经表面处理、A 级的 1 型六角螺母：

螺母 GB/T 6170 M12

附 表 12

mm

螺纹规格 D		M3	M4	M5	M6	M8	M10	M12	M16	M20	M24	M30	M36	M42
e	GB/T 41—2000	—	—	8.63	10.89	14.20	17.59	19.85	26.17	32.95	39.55	50.85	60.79	72.02
	GB/T 6170—2000	6.01	7.66	8.79	11.05	14.38	17.77	20.03	26.75	32.95	39.55	50.85	60.79	72.02
s	GB/T 41—2000	—	—	8	10	13	16	18	24	30	36	46	55	65
	GB/T 6170—2000	5.5	7	8	10	13	16	18	24	30	36	46	55	65
m	GB/T 41—2000	—	—	5.6	6.1	7.9	9.5	12.2	15.9	18.7	22.3	26.4	31.5	34.9
	GB/T 6170—2000	2.4	3.2	4.7	5.2	6.8	8.4	10.8	14.8	18	21.5	25.6	31	34

注：A 级用于 $D \leqslant 16$；B 级用于 $D > 16$。产品等级 A、B 由公差取值决定，A 级公差数值小。材料为钢的螺母：GB/T 6170 所属的螺母当 $M3 \leqslant D \leqslant M39$（非优先的螺纹规格）时，螺母的性能等级有 6、8、10 级，8 级为常用；GB/T 41 所属的螺母的材料为钢，性能等级为 4 和 5 级，螺纹端部无内倒角，但也允许内倒角。GB/T 41—2000 规定螺母的螺纹规格为 M5 ~ M64；GB/T 6170—2000 规定螺母的螺纹规格为 M1.6 ~ M64。本表未列入 1 型六角螺母 $D<M3$、$D>M42$、六角螺母 C 级 $D>M42$ 的螺纹规格，需用时可查阅这两个标准。1 型六角螺母也允许采用垫圈面型，如采用垫圈面型，则表中的螺母厚度尺寸 m 是已包含垫圈面型式凸出的很薄的垫圈面的厚度在内。表中所列的都是两个标准中所规定的优选的螺纹规格，非优选的螺纹规格，需用时可查阅这两个标准。1 型六角螺母的材料也可以是不锈钢或有色金属，具体的情况需用时可查阅 GB/T 6170。

（五）垫圈

小垫圈 A 级（GB/T 848—2002）

平垫圈 A 级（GB/T 97.1—2002）

平垫圈 倒角型 A 级（GB/T 97.2—2002）

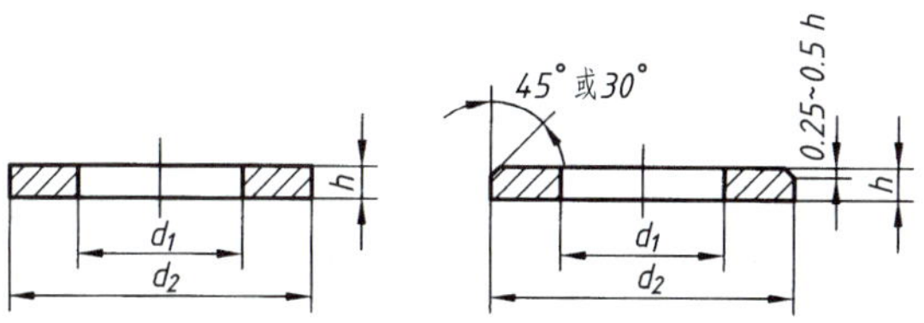

标 记 示 例

标准系列、公称规格 8 mm，由钢制造的硬度等级为 200 HV 级、不经表面处理、产品等级为 A 级的平垫圈：

垫圈 GB/T 97.1 8

附 表 13 mm

公称规格(螺纹大径)d		1.6	2	2.5	3	4	5	6	8	10	12	16	20	24	30	36
d_1	GB/T 848—2002	1.7	2.2	2.7	3.2	4.3	5.3	6.4	8.4	10.5	13	17	21	25	31	37
	GB/T 97.1—2002	1.7	2.2	2.7	3.2	4.3	5.3	6.4	8.4	10.5	13	17	21	25	31	37
	GB/T 97.2—2002	—	—	—	—	—	5.3	6.4	8.4	10.5	13	17	21	25	31	37
d_2	GB/T 848—2002	3.5	4.5	5	6	8	9	11	15	18	20	28	34	39	50	60
	GB/T 97.1—2002	4	5	6	7	9	10	12	16	20	24	30	37	44	56	66
	GB/T 97.2—2002	—	—	—	—	—	10	12	16	20	24	30	37	44	56	66
h	GB/T 848—2002	0.3	0.3	0.5	0.5	0.5	1	1.6	1.6	1.6	2	2.5	3	4	4	5
	GB/T 97.1—2002	0.3	0.3	0.5	0.5	0.8	1	1.6	1.6	2	2.5	3	3	4	4	5
	GB/T 97.2—2002	—	—	—	—	—	1	1.6	1.6	2	2.5	3	3	4	4	5

注:1. 硬度等级有 200 HV、300 HV 级;材料有钢和不锈钢两种。GB/T 97.1 和 GB/T 97.2 规定,200 HV 适用于≤8.8 级的 A 级和 B 级的或不锈钢的六角头螺栓、六角螺母和螺钉等;300 HV 适用于≥10 级的 A 级和 B 级的六角头螺栓、螺钉和螺母。GB/T 848 规定,200 HV 适用于≤8.8 级或不锈钢制造的圆柱头螺钉、内六角头螺钉等;300 HV 适用于≤10.9级的内六角圆柱头螺钉等。

2. d 的范围:GB/T 848 为 1.6~36 mm,GB/T 97.1 为 1.6~64 mm,GB/T 97.2 为 5~64 mm。表中所列的仅为 d≤36 mm 的优选尺寸;d>36 mm 的优选尺寸和非优选尺寸,可查阅这三个标准。

标准型弹簧垫圈(GB/T 93—1987)

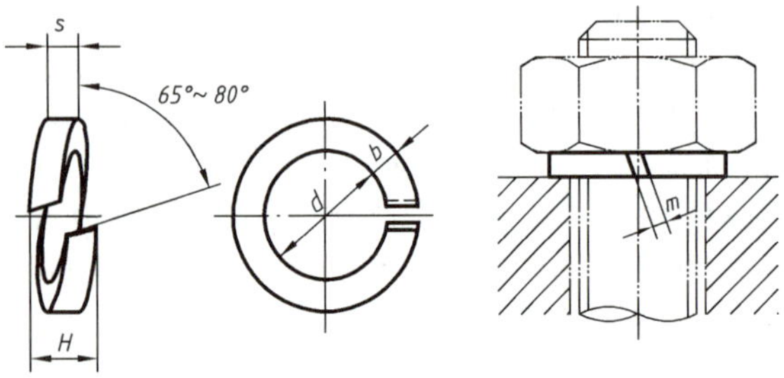

标 记 示 例

规格 16 mm,材料为 65 Mn,表面氧化的标准型弹簧垫圈:

垫圈 GB/T 93 16

附 表 14 mm

公称规格(螺纹大径)	3	4	5	6	8	10	12	(14)	16	(18)	20	(22)	24	(27)	30
d	3.1	4.1	5.1	6.1	8.1	10.2	12.2	14.2	16.2	18.2	20.2	22.5	24.5	27.5	30.5
H	1.6	2.2	2.6	3.2	4.2	5.2	6.2	7.2	8.2	9	10	11	12	13.6	15
$s(b)$	0.8	1.1	1.3	1.6	2.1	2.6	3.1	3.6	4.1	4.5	5	5.5	6	6.8	7.5
m≤	0.4	0.55	0.65	0.8	1.05	1.3	1.55	1.8	2.05	2.25	2.5	2.75	3	3.4	3.75

注:1. 公称规格为 2~48 mm,技术条件按 GB/T 94.1—1987 的规定。括号内的规格尽可能不采用。本表未列入公称规格<3 mm 和>30 mm 的垫圈,需用时可查阅该标准。

2. m 应大于零。

(六)键

平键和键槽的剖面尺寸(GB/T 1095—2003)

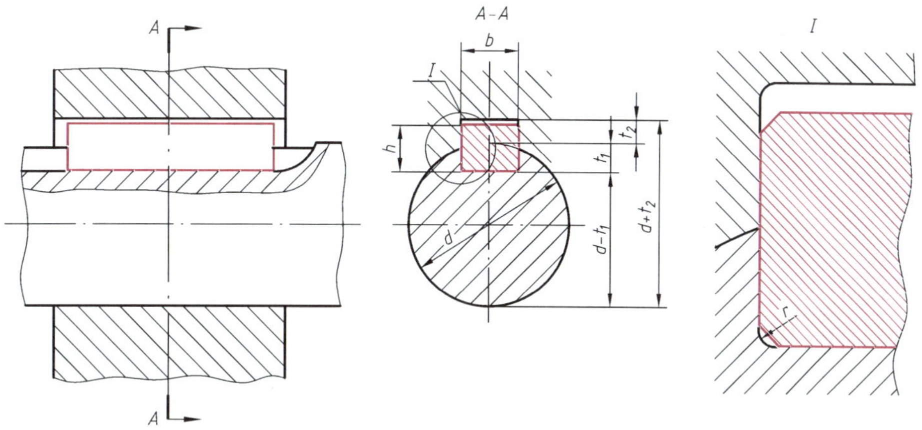

普通平键键槽的剖面尺寸与公差见上图和附表 15。

附　表　15

mm

键尺寸 b×h	键槽											
	宽度 b						深度				半径 r	
	基本尺寸	极限偏差					轴 t_1		毂 t_2			
		正常联结		紧密联结	松联结							
		轴 N9	毂 JS9	轴和毂 P9	轴 H9	毂 D10	基本尺寸	极限偏差	基本尺寸	极限偏差	min	max
2×2	2	-0.004 -0.029	±0.012 5	-0.006 -0.031	+0.025 0	+0.060 +0.020	1.2	+0.1 0	1.0	+0.1 0	0.08	0.16
3×3	3						1.8		1.4			
4×4	4	0 -0.030	±0.015	-0.012 -0.042	+0.030 0	+0.078 +0.030	2.5		1.8			
5×5	5						3.0		2.3		0.16	0.25
6×6	6						3.5		2.8			
8×7	8	0 -0.036	±0.018	-0.015 -0.051	+0.036 0	+0.098 +0.040	4.0	+0.2 0	3.3	+0.2 0		
10×8	10						5.0		3.3		0.25	0.40
12×8	12	0 -0.043	±0.021 5	-0.018 -0.061	+0.043 0	+0.120 +0.050	5.0		3.3			
14×9	14						5.5		3.8			
16×10	16						6.0		4.3			
18×11	18						7.0		4.4			
20×12	20	0 -0.052	±0.026	-0.022 -0.074	+0.052 0	+0.149 +0.065	7.5		4.9		0.40	0.60
22×14	22						9.0		5.4			
25×14	25						9.0		5.4			
28×16	28						10.0		6.4			
32×18	32						11.0		7.4			

续表

键尺寸 $b\times h$	键槽											
	宽度 b						深度				半径 r	
	基本尺寸	极限偏差					轴 t_1		毂 t_2			
		正常联结		紧密联结	松联结		基本尺寸	极限偏差	基本尺寸	极限偏差		
		轴 N9	毂 JS9	轴和毂 P9	轴 H9	毂 D10					min	max
36×20	36	0 -0.062	±0.031	-0.026 -0.088	+0.062 0	+0.180 +0.080	12.0	+0.3 0	8.4	+0.3 0	0.70	1.00
40×22	40						13.0		9.4			
45×25	45						15.0		10.4			
50×28	50						17.0		11.4			
56×32	56	0 -0.074	±0.037	-0.032 -0.106	+0.074 0	+0.220 +0.100	20.0		12.4		1.20	1.60
63×32	63						20.0		12.4			
70×36	70						22.0		14.4			
80×40	80						25.0		15.4		2.00	2.50
90×45	90	0 -0.087	±0.043 5	-0.037 -0.124	+0.087 0	+0.260 +0.120	28.0		17.4			
100×50	100						31.0		19.5			

注：1. 在零件图中，轴槽深用 $d-t_1$ 标注，$d-t_1$ 的极限偏差值应取负号，轮毂槽深用 $d+t_2$ 标注。

2. 普通型平键应符合 GB/T 1096 规定。

3. 平键轴槽的长度公差用 H14。

4. 轴槽、轮毂槽的键槽宽度 b 两侧的表面粗糙度参数 Ra 值推荐为 1.6~3.2 μm；轴槽底面、轮毂槽底面的表面粗糙度参数 Ra 值为 6.3 μm。

5. 这里未述及的有关键槽的其他技术条件，需用时可查阅该标准。

普通型平键（GB/T 1096—2003）

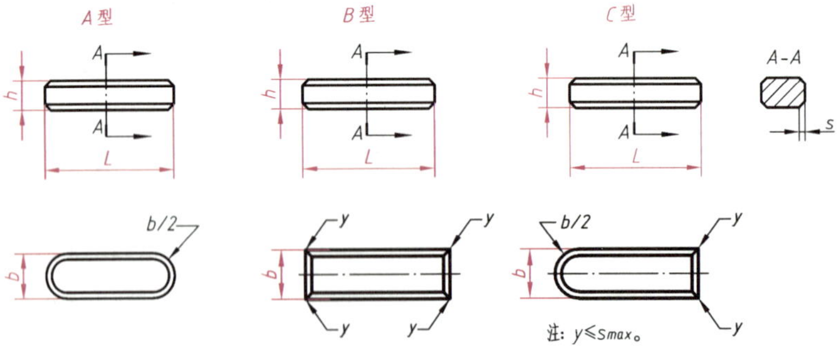

标 记 示 例

b=16 mm、h=10 mm、L=100 mm 的普通 A 型平键：GB/T 1096　键 16×10×100

b=16 mm、h=10 mm、L=100 mm 的普通 B 型平键：GB/T 1096　键 B16×10×100

b=16 mm、h=10 mm、L=100 mm 的普通 C 型平键：GB/T 1096　键 C16×10×100

普通平键的尺寸与公差见上图和附表 16。

附 表 16

mm

宽度 *b*	基本尺寸	2	3	4	5	6	8	10	12	14	16	18	20	22
	极限偏差 (h8)	0 −0.014		0 −0.018			0 −0.022		0 −0.027				0 −0.033	
高度 *h*	基本尺寸	2	3	4	5	6	7	8	8	9	10	11	12	14
	极限偏差 矩形 (h11)	—		—			0 −0.090					0 −0.110		
	极限偏差 方形 (h8)	0 −0.014		0 −0.018			—					—		
倒角或倒圆 *s*		0.16~0.25			0.25~0.40			0.40~0.60					0.60~0.80	
长度 *L* 基本尺寸	极限偏差 (h14)													
6	0 −0.36			—	—	—	—	—	—	—	—	—	—	—
8					—	—	—	—	—	—	—	—	—	—
10						—	—	—	—	—	—	—	—	—
12	0 −0.43					—	—	—	—	—	—	—	—	—
14							—	—	—	—	—	—	—	—
16							—	—	—	—	—	—	—	—
18								—	—	—	—	—	—	—
20	0 −0.52							—	—	—	—	—	—	—
22		—			标准				—	—	—	—	—	—
25		—							—	—	—	—	—	—
28		—								—	—	—	—	—
32	0 −0.62	—								—	—	—	—	—
36		—									—	—	—	—
40		—	—								—	—	—	—
45		—	—					长度				—	—	—
50		—	—	—									—	—
56	0 −0.74	—	—	—										—
63		—	—	—	—									
70		—	—	—	—									
80		—	—	—	—	—								
90	0 −0.87	—	—	—	—	—					范围			
100		—	—	—	—	—	—							
110		—	—	—	—	—	—							
125	0 −1.00	—	—	—	—	—	—	—						
140		—	—	—	—	—	—	—						
160		—	—	—	—	—	—	—	—					
180		—	—	—	—	—	—	—	—	—				
200	0 −1.15	—	—	—	—	—	—	—	—	—	—			
220		—	—	—	—	—	—	—	—	—	—	—		
250		—	—	—	—	—	—	—	—	—	—	—	—	

注：1. 标准中规定了宽度 $b=2\sim100$ mm 的普通 A 型、B 型、C 型的平键，本表未列入 $b=25\sim100$ mm 的普通型平键，需用时可查阅该标准。

2. 普通型平键的技术条件应符合 GB/T 1568 的规定，需用时可查阅该标准。材料常用 45 钢。

3. 键槽的尺寸应符合 GB/T 1095 的规定。

（七）销

圆柱销—不淬硬钢和奥氏体不锈钢(GB/T 119.1—2000)

圆柱销—淬硬钢和马氏体不锈钢(GB/T 119.2—2000)

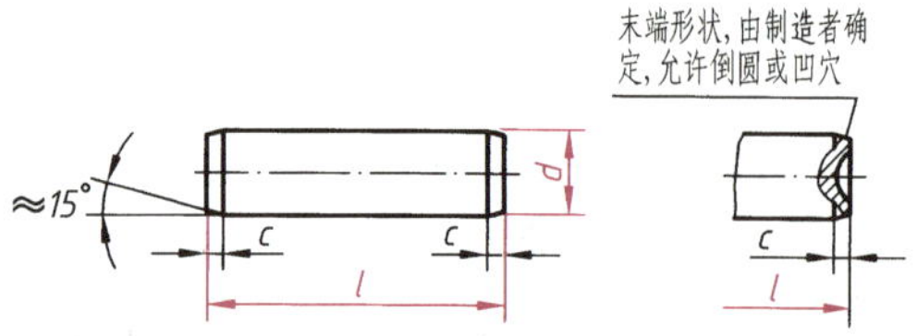

标 记 示 例

公称直径 $d=6$ mm、公差 m6、公称长度 $l=30$ mm、材料为钢、不经淬火、不经表面处理的圆柱销：

销 GB/T 119.1 6m6×30

公称直径 $d=6$ mm、公称长度 $l=30$ mm、材料为钢、普通淬火(A 型)、表面氧化处理的圆柱销：

销 GB/T 119.2 6×30

附 表 17

mm

公称直径 d		3	4	5	6	8	10	12	16	20	25	30	40	50
$c\approx$		0.50	0.63	0.80	1.2	1.6	2.0	2.5	3.0	3.5	4.0	5.0	6.3	8.0
公称长度 l	GB/T 119.1	8~30	8~40	10~50	12~60	14~80	18~95	22~140	26~180	35~200	50~200	60~200	80~200	95~200
	GB/T 119.2	8~30	10~40	12~50	14~60	18~80	22~100	26~100	40~100	50~100	—	—	—	—
l 系列		8,10,12,14,16,18,20,22,24,26,28,30,32,35,40,45,50,55,60,65,70,75,80,85,90,95,100,120,140,160,180,200…												

注：1. GB/T 119.1—2000 规定圆柱销的公称直径 $d=0.6\sim50$ mm，公称长度 $l=2\sim200$ mm，公差有 m6 和 h8。表中未列入 $d<3$ mm 的圆柱销，需用时可查阅该标准。

2. GB/T 119.2—2000 规定圆柱销的公称直径 $d=1\sim20$ mm，公称长度 $l=3\sim100$ mm，公差仅有 m6。表中未列入 $d<3$ mm的圆柱销，需用时可查阅该标准。

3. 圆柱销常用 35 钢。当圆柱销公差为 h8 时，其表面粗糙度参数 $Ra\leqslant1.6$ μm；为 m6 时，$Ra\leqslant0.8$ μm。

圆锥销(GB/T 117—2000)

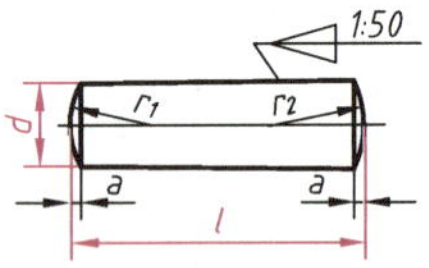

$$r_1\approx d$$

$$r_2\approx\frac{a}{2}+d+\frac{(0.02l)^2}{8a}$$

标 记 示 例

公称直径 $d=10$ mm、公称长度 $l=60$ mm、材料为 35 钢、热处理硬度(28~38)HRC、表面氧化处理的 A 型圆锥销：

销 GB/T 117 10×60

附 表 18

mm

公称直径 d	4	5	6	8	10	12	16	20	25	30	40	50
$a\approx$	0.5	0.63	0.8	1	1.2	1.6	2	2.5	3	4	5	6.3
公称长度 l	14~55	18~60	22~90	22~120	26~160	32~180	40~200	45~200	50~200	55~200	60~200	65~200
l 系列	2,3,4,5,6,8,10,12,14,16,18,20,22,24,26,28,30,32,35,40,45,50,55,60,65,70,75,80,85,90,95,100,120,140,160,180,200…											

注：1. 标准规定圆锥销的公称直径 $d=0.6\sim50$ mm。表中未列入 $d<4$ mm 的圆锥销，需用时可查阅该标准。

2. 有 A 型和 B 型。A 型为磨削，锥面表面粗糙度参数 $Ra=0.8$ μm；B 型为切削或冷镦，锥面表面粗糙度参数 $Ra=3.2$ μm。A 型和 B 型的圆锥销端面的表面粗糙度参数都是 $Ra=6.3$ μm。

3. 材料为钢或不锈钢，具体规定可查阅该标准，常用 35 钢。

（八）滚动轴承

深沟球轴承（GB/T 276—2013）

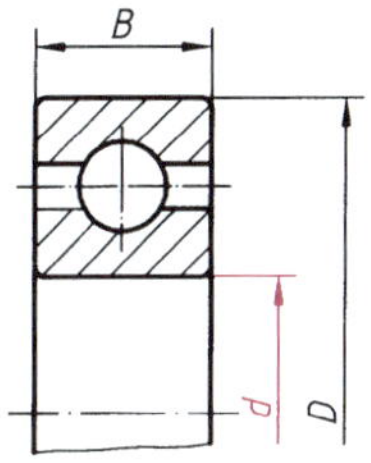

类型代号　6

标 记 示 例

内圈孔径 $d=60$ mm、尺寸系列代号为(0)2 的深沟球轴承：

滚动轴承　6212　GB/T 276—2013

附　表　19

mm

轴承代号	尺　寸		
	d	*D*	*B*
尺寸系列代号(1)0			
606	6	17	6
607	7	19	6
608	8	22	7
609	9	24	7
6000	10	26	8
6001	12	28	8
6002	15	32	9
6003	17	35	10
6004	20	42	12
60/22	22	44	12
6005	25	47	12
60/28	28	52	12
6006	30	55	13
60/32	32	58	13
6007	35	62	14
6008	40	68	15
6009	45	75	16
6010	50	80	16
6011	55	90	18
6012	60	95	18
尺寸系列代号(0)2			
623	3	10	4
624	4	13	5
625	5	16	5
626	6	19	6
627	7	22	7
628	8	24	8
629	9	26	8
6200	10	30	9
6201	12	32	10
6202	15	35	11
6203	17	40	12
6204	20	47	14
62/22	22	50	14
6205	25	52	15
62/28	28	58	16
6206	30	62	16
62/32	32	65	17
6207	35	72	17
6208	40	80	18
6209	45	85	19
6210	50	90	20
6211	55	100	21
6212	60	110	22

轴承代号	尺　寸		
	d	*D*	*B*
尺寸系列代号(0)3			
633	3	13	5
634	4	16	5
635	5	19	6
6300	10	35	11
6301	12	37	12
6302	15	42	13
6303	17	47	14
6304	20	52	15
63/22	22	56	16
6305	25	62	17
63/28	28	68	18
6306	30	72	19
63/32	32	75	20
6307	35	80	21
6308	40	90	23
6309	45	100	25
6310	50	110	27
6311	55	120	29
6312	60	130	31
尺寸系列代号(0)4			
6403	17	62	17
6404	20	72	19
6405	25	80	21
6406	30	90	23
6407	35	100	25
6408	40	110	27
6409	45	120	29
6410	50	130	31
6411	55	140	33
6412	60	150	35
6413	65	160	37
6414	70	180	42
6415	75	190	45
6416	80	200	48
6417	85	210	52
6418	90	225	54
6419	95	240	55
6420	100	250	58
6422	110	280	65

注：表中括号“(　)”，表示该数字在轴承代号中省略。

圆锥滚子轴承(GB/T 297—1994)

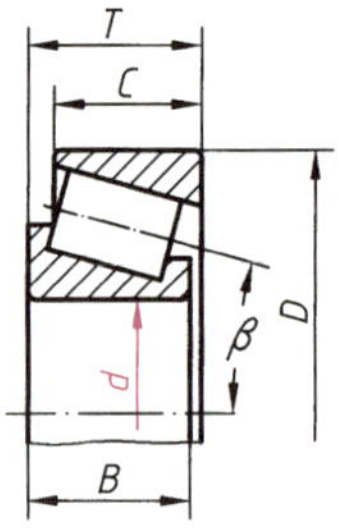

类型代号　3

标 记 示 例

内圈孔径 d=35 mm、尺寸系列代号为 03 的圆锥滚子轴承：

滚动轴承　30307　GB/T 297—1994

附　表　20

mm

轴承代号	尺寸				
	d	D	T	B	C
尺寸系列代号 02					
30202	15	35	11.75	11	10
30203	17	40	13.25	12	11
30204	20	47	15.25	14	12
30205	25	52	16.25	15	13
30206	30	62	17.25	16	14
302/32	32	65	18.25	17	15
30207	35	72	18.25	17	15
30208	40	80	19.75	18	16
30209	45	85	20.75	19	16
30210	50	90	21.75	20	17
30211	55	100	22.75	21	18
30212	60	110	23.75	22	19
30213	65	120	24.75	23	20
30214	70	125	26.75	24	21
30215	75	130	27.75	25	22
30216	80	140	28.75	26	22
30217	85	150	30.5	28	24
30218	90	160	32.5	30	26
30219	95	170	34.5	32	27
30220	100	180	37	34	29
尺寸系列代号 03					
30302	15	42	14.25	13	11
30303	17	47	15.25	14	12
30304	20	52	16.25	15	13
30305	25	62	18.25	17	15
30306	30	72	20.75	19	16
30307	35	80	22.75	21	18
30308	40	90	25.25	23	20
30309	45	100	27.25	25	22
30310	50	110	29.25	27	23
30311	55	120	31.5	29	25
30312	60	130	33.5	31	26
30313	65	140	36	33	28
30314	70	150	38	35	30
30315	75	160	40	37	31
30316	80	170	42.5	39	33
30317	85	180	44.5	41	34
30318	90	190	46.5	43	36
30319	95	200	49.5	45	38
30320	100	215	51.5	47	39

轴承代号	尺寸				
	d	D	T	B	C
尺寸系列代号 23					
32303	17	47	20.25	19	16
32304	20	52	22.25	21	18
32305	25	62	25.25	24	20
32306	30	72	28.75	27	23
32307	35	80	32.75	31	25
32308	40	90	35.25	33	27
32309	45	100	38.25	36	30
32310	50	110	42.25	40	33
32311	55	120	45.5	43	35
32312	60	130	48.5	46	37
32313	65	140	51	48	39
32314	70	150	54	51	42
32315	75	160	58	55	45
32316	80	170	61.5	58	48
尺寸系列代号 30					
33005	25	47	17	17	14
33006	30	55	20	20	16
33007	35	62	21	21	17
33008	40	68	22	22	18
33009	45	75	24	24	19
33010	50	80	24	24	19
33011	55	90	27	27	21
33012	60	95	27	27	21
33013	65	100	27	27	21
33014	70	110	31	31	25.5
33015	75	115	31	31	25.5
33016	80	125	36	36	29.5
尺寸系列代号 31					
33108	40	75	26	26	20.5
33109	45	80	26	26	20.5
33110	50	85	26	26	20
33111	55	95	30	30	23
33112	60	100	30	30	23
33113	65	110	34	34	26.5
33114	70	120	37	37	29
33115	75	125	37	37	29
33116	80	130	37	37	29

推力球轴承（GB/T 301—1995）

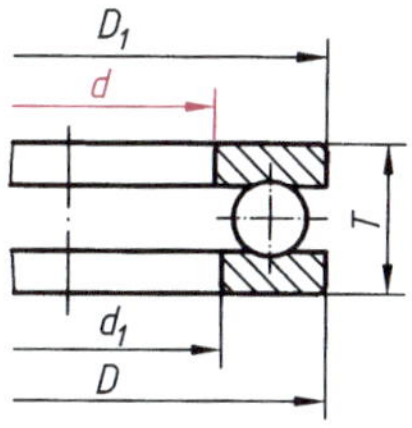

类型代号　5

标 记 示 例

内圈孔径 $d=30$ mm、尺寸系列代号为 13 的推力球轴承：

滚动轴承　51306　GB/T 301—1995

附　表　21

mm

轴承代号	尺寸					轴承代号	尺寸				
	d	D	T	d_1	D_1		d	D	T	d_1	D_1
尺寸系列代号 11						尺寸系列代号 13					
51104	20	35	10	21	35	51304	20	47	18	22	47
51105	25	42	11	26	42	51305	25	52	18	27	52
51106	30	47	11	32	47	51306	30	60	21	32	60
51107	35	52	12	37	52	51307	35	68	24	37	68
51108	40	60	13	42	60	51308	40	78	26	42	78
51109	45	65	14	47	65	51309	45	85	28	47	85
51110	50	70	14	52	70	51310	50	95	31	52	95
51111	55	78	16	57	78	51311	55	105	35	57	105
51112	60	85	17	62	85	51312	60	110	35	62	110
51113	65	90	18	67	90	51313	65	115	36	67	115
51114	70	95	18	72	95	51314	70	125	40	72	125
51115	75	100	19	77	100	51315	75	135	44	77	135
51116	80	105	19	82	105	51316	80	140	44	82	140
51117	85	110	19	87	110	51317	85	150	49	88	150
51118	90	120	22	92	120	51318	90	155	50	93	155
51120	100	135	25	102	135	51320	100	170	55	103	170
尺寸系列代号 12						尺寸系列代号 14					
51204	20	40	14	22	40	51405	25	60	24	27	60
51205	25	47	15	27	47	51406	30	70	28	32	70
51206	30	52	16	32	52	51407	35	80	32	37	80
51207	35	62	18	37	62	51408	40	90	36	42	90
51208	40	68	19	42	68	51409	45	100	39	47	100
51209	45	73	20	47	73	51410	50	110	43	52	110
51210	50	78	22	52	78	51411	55	120	48	57	120
51211	55	90	25	57	90	51412	60	130	51	62	130
51212	60	95	26	62	95	51413	65	140	56	68	140
51213	65	100	27	67	100	51414	70	150	60	73	150
51214	70	105	27	72	105	51415	75	160	65	78	160
51215	75	110	27	77	110	51416	80	170	68	83	170
51216	80	115	28	82	115	51417	85	180	72	88	177
51217	85	125	31	88	125	51418	90	190	77	93	187
51218	90	135	35	93	135	51420	100	210	85	103	205
51220	100	150	38	103	150	51422	110	230	95	113	225

注：推力球轴承有 51000 型和 52000 型，类型代号都是 5，尺寸系列代号分别为 11、12、13、14 和 21、22、23、24。52000 型推力球轴承的形式、尺寸可查阅 GB/T 301—1995 或参考文献[3]。

（九）弹簧

普通圆柱螺旋压缩弹簧尺寸及参数(两端并紧磨平或制扁)(GB/T 2089—2009)

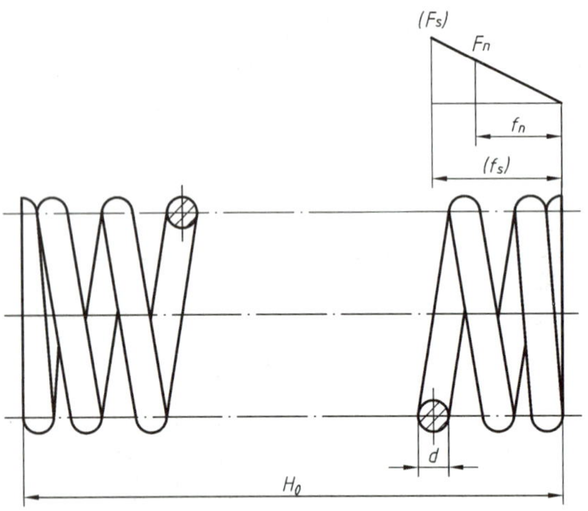

YA 型(冷卷,两端圈并紧磨平型)

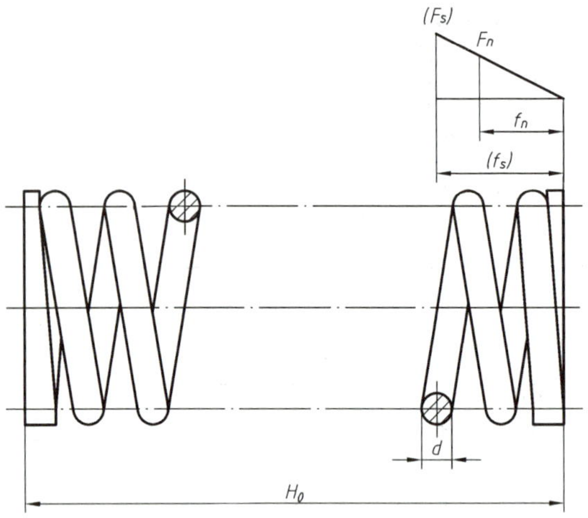

YB 型(热卷,两端圈并紧制平型)

标 记 示 例

YA 型弹簧,材料直径为 1.2 mm,弹簧中径为 8 mm,自由高度 40 mm,精度等级为 2 级,左旋的两端圈并紧磨平的冷卷压缩弹簧:

YA　1.2×8×40　左　GB/T 2089

YB 型弹簧,材料直径为 20 mm,弹簧中径为 140 mm,自由高度 260 mm,精度等级为 3 级,右旋的两端圈并紧制扁的热卷压缩弹簧:

YB　20×140×260-3　GB/T 2089

附表 22 摘录了 GB/T 2089 所列的少量弹簧的部分主要尺寸及参数的数值。

附 表 22

材料直径 d/mm	弹簧中径 D/mm	自由高度 H_0/mm	有效圈数 n/圈	最大工作负荷 F_n/N	最大工作变形量 f_n/mm
1.2	8	28	8.5	65	14
		40	12.5		20
	12	40	6.5	43	24
		48	8.5		31
4	28	50	4.5	545	21
		70	6.5		30
	30	55	4.5	509	24
		75	6.5		36

材料直径 d/mm	弹簧中径 D/mm	自由高度 H_0/mm	有效圈数 n/圈	最大工作负荷 F_n/N	最大工作变形量 f_n/mm
6	38	65	4.5	1 267	24
		90	6.5		35
	45	105	6.5	1 070	49
		140	8.5		63
10	45	140	8.5	4 605	36
		170	10.5		45
	50	190	10.5	4 145	55
		220	12.5		66
20	140	260	4.5	13 278	104
		360	6.5		149
	160	300	4.5	11 618	135
		420	6.5		197
30	160	310	4.5	39 211	90
		420	6.5		131
	200	250	2.5	31 369	78
		520	6.5		204

注：1. 支承圈数 $n_z=2$ 圈，F_n 取 $0.8F_s$（F_s 为试验负荷的代号），f_n 取 $0.8f_s$（f_s 为试验负荷下变形量的代号）。

2. GB/T 2089 中的这个表格列出了很多个弹簧，对各个弹簧还列出了更多的参数，本表仅摘录了其中的 24 个弹簧和部分参数，不够应用时，可查阅该标准。

3. 弹簧的材料：采用冷卷工艺时，选用材料性能不低于 GB/T 4357—1989 中 C 级碳素弹簧钢丝；采用热卷工艺时，选用材料性能不低于 GB/T 1222 中 60Si2MnA。

三、 常用机械加工一般规范和零件结构要素

（一）标准尺寸（摘自 GB/T 2822—2005）

附 表 23　　mm

R10	2.50，3.15，4.00，5.00，6.30，8.00，10.0，12.5，16.0，20.0，25.0，31.5，40.0，50.0，63.0，80.0，100，125，160，200，250，315，400，500，630，800，1 000。
R20	2.80，3.55，4.50，5.60，7.10，9.00，11.2，14.0，18.0，22.4，28.0，35.5，45.0，56.0，71.0，90.0，112，140，180，224，280，355，450，560，710，900。
R40	13.2，15.0，17.0，19.0，21.2，23.6，26.5，30.0，33.5，37.5，42.5，47.5，53.0，60.0，67.0，75.0，85.0，95.0，106，118，132，150，170，190，212，236，265，300，335，375，425，475，530，600，670，750，850，950。

注：1. 本表仅摘录 1～1 000 mm 范围内优先数系 R 系列中的标准尺寸，选用顺序为 R10、R20、R40。如需选用<2.50 mm或>1 000 mm 的尺寸时，可查阅该标准。

2. 该标准适用于有互换性或系列化要求的主要尺寸，如直径、长度、高度等，其他结构尺寸也尽可能采用。

3. 如果必须将数值圆整，可在相应的 R′系列中选用标准尺寸，选用的顺序为 R′10、R′20、R′40，本书未摘录，需用时可查阅该标准。

（二）砂轮越程槽（摘自 GB/T 6403.5—2008）

附　表　24　　mm

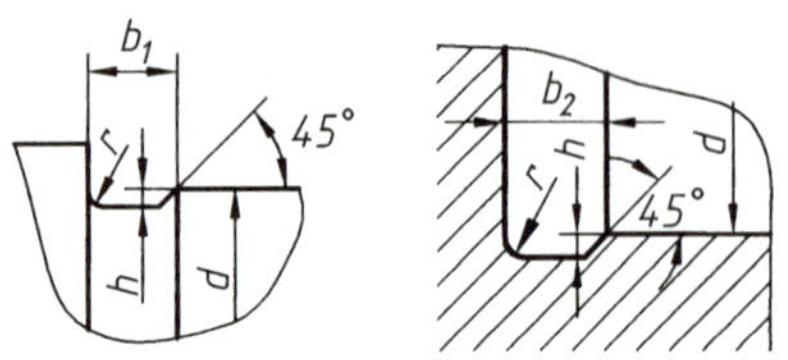

b_1	0.6	1.0	1.6	2.0	3.0	4.0	5.0	8.0	10
b_2	2.0	3.0		4.0		5.0		8.0	10
h	0.1	0.2		0.3	0.4		0.6	0.8	1.2
r	0.2	0.5		0.8	1.0		1.6	2.0	3.0
d	~10			>10~50		>50~100		>100	

注：1. 越程槽内二直线相交处，不允许产生尖角。

2. 越程槽深度 h 与圆弧半径 r，要满足 $r \leqslant 3h$。

3. 磨削具有数个直径的工件时，可使用同一规格的越程槽。

4. 直径 d 值大的零件，允许选择小规格的砂轮越程槽。

5. 砂轮越程槽的尺寸公差和表面粗糙度根据该零件的结构、性能确定。

6. 本表仅给出回转面磨外圆和磨内圆的砂轮越程槽的型式和尺寸，需了解端面、平面、V 形、燕尾导轨、矩形导轨的型式和尺寸，可查阅该标准。

（三）零件倒圆与倒角（摘自 GB/T 6403.4—2008）

倒圆与倒角的型式，倒圆、45°倒角的四种装配型式见附表 25。

附　表　25　　mm

型式

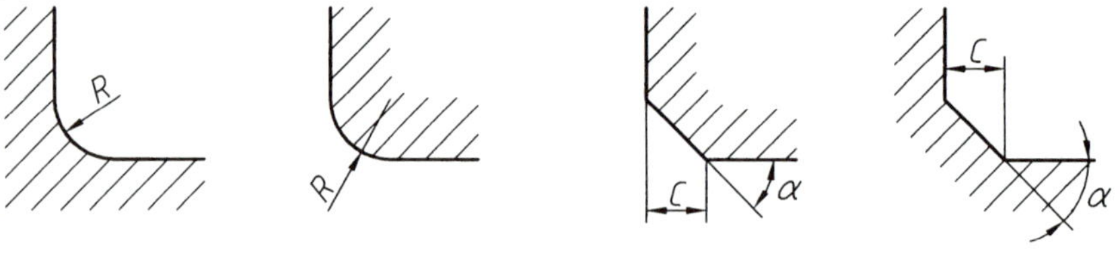

1. R、C 尺寸系列：0.1，0.2，0.3，0.4，0.5，0.6，0.8，1.0，1.2，1.6，2.0，2.5，3.0，4.0，5.0，6.0，8.0，10，12，16，20，25，32，40，50。

2. α 一般用 45°，也可用 30°或 60°。

倒圆、45°倒角的四种装配型式

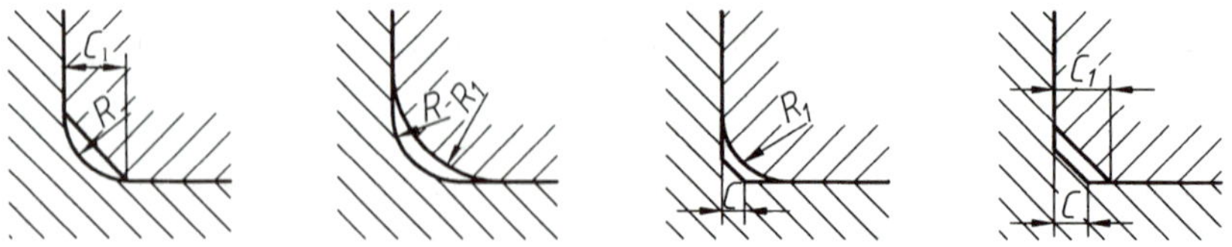

$C_1>R$　　$R_1>R$　　$C<0.58R_1$　　$C_1>C$

1. 倒角为 45°。

2. R_1、C_1 的偏差为正；R、C 的偏差为负。

3. 左起第三种装配方式，C 的最大值 C_{max} 与 R_1 的关系见下表：

R_1	0.1	0.2	0.3	0.4	0.5	0.6	0.8	1.0	1.2	1.6	2.0	2.5	3.0	4.0	5.0	6.0	8.0	10	12	16	20	25
C_{max}	—	0.1	0.1	0.2	0.2	0.3	0.4	0.5	0.6	0.8	1.0	1.2	1.6	2.0	2.5	3.0	4.0	5.0	6.0	8.0	10	12

注：按上述关系装配时，内角与外角取值要适当，外角的倒圆或倒角过大会影响零件工作面；内角的倒圆或倒角过小会产生应力集中。

与直径 ϕ 相应的倒角 C、倒圆 R 的推荐值见附表 26。

附　表　26

mm

ϕ	≤3	>3~6	>6~10	>10~18	>18~30	>30~50	>50~80	>80~120	>120~180
C 或 R	0.2	0.4	0.6	0.8	1.0	1.6	2.0	2.5	3.0
ϕ	>180~250	>250~300	>320~400	>400~500	>500~630	>630~800	>800~1 000	>1 000~1 250	>1 250~1 600
C 或 R	4.0	5.0	6.0	8.0	10	12	16	20	25

注：倒角一般用 45°，也允许用 30°、60°。

（四）普通螺纹倒角和退刀槽（摘自 GB/T 3—1997）、螺纹紧固件的螺纹倒角（摘自 GB/T 2—2001）

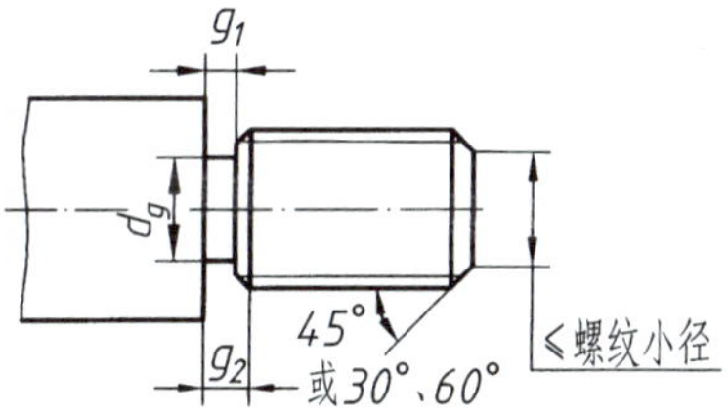

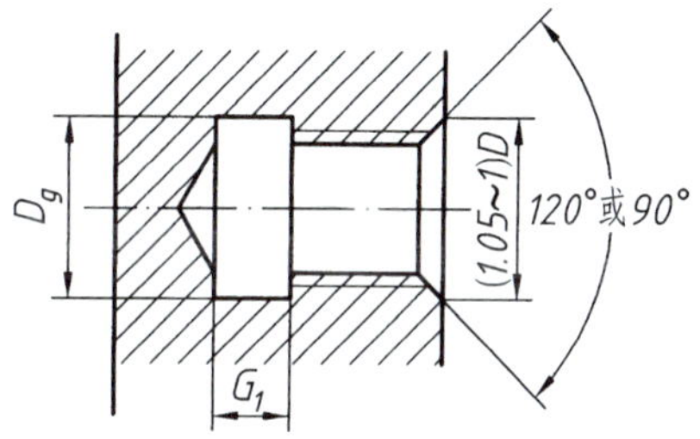

附　表　27

mm

螺距	外螺纹			内螺纹		螺距	外螺纹			内螺纹	
	g_{2max}	g_{1min}	d_g	G_1	D_g		g_{2max}	g_{1min}	d_g	G_1	D_g
0.5	1.5	0.8	d−0.8	2	D+0.3	1.75	5.25	3	d−2.6	7	D+0.5
0.7	2.1	1.1	d−1.1	2.8		2	6	3.4	d−3	8	
0.8	2.4	1.3	d−1.3	3.2		2.5	7.5	4.4	d−3.6	10	
1	3	1.6	d−1.6	4	D+0.5	3	9	5.2	d−4.4	12	
1.25	3.75	2	d−2	5		3.5	10.5	6.2	d−5	14	
1.5	4.5	2.5	d−2.3	6		4	12	7	d−5.7	16	

注：退刀槽的尺寸见上表；普通螺纹端部倒角见上面的附图。

（五）紧固件通孔（摘自 GB/T 5277—1985）及沉头座尺寸（摘自 GB/T 152.2～152.4—1988）

附 表 28

mm

螺纹规格 d			3	4	5	6	8	10	12	14	16	18	20	22	24	27	30	36
通孔直径 GB/T 5277—1985	精装配		3.2	4.3	5.3	6.4	8.4	10.5	13	15	17	19	21	23	25	28	31	37
	中等装配		3.4	4.5	5.5	6.6	9	11	13.5	15.5	17.5	20	22	24	26	30	33	39
	粗装配		3.6	4.8	5.8	7	10	12	14.5	16.5	18.5	21	24	26	28	32	35	42
六角头螺栓和六角螺母用沉孔	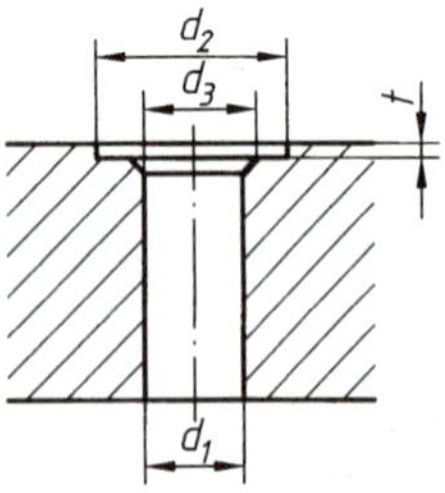 GB/T 152.4—1988	d_2	9	10	11	13	18	22	26	30	33	36	40	43	48	53	61	71
		d_3	—	—	—	—	—	—	16	18	20	22	24	26	28	33	36	42
		d_1	3.4	4.5	5.5	6.6	9.0	11.0	13.5	15.5	17.5	20.0	22.0	24	26	30	33	39
沉头用沉孔	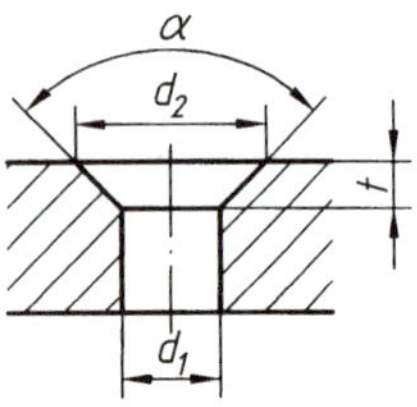 GB/T 152.2—1988	d_2	6.4	9.6	10.6	12.8	17.6	20.3	24.4	28.4	32.4	—	40.4	—	—	—	—	—
		$t\approx$	1.6	2.7	2.7	3.3	4.6	5.0	6.0	7.0	8.0	—	10.0	—	—	—	—	—
		d_1	3.4	4.5	5.5	6.6	9	11	13.5	15.5	17.5	—	22	—	—	—	—	—
		α	$90^{\circ}{}^{-2^{\circ}}_{-4^{\circ}}$															
用于内六角圆柱头螺钉的沉孔	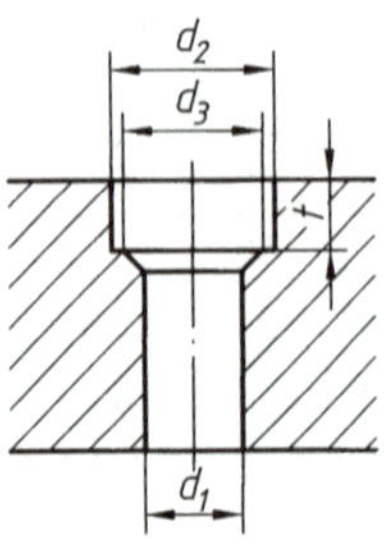 GB/T 152.3—1988	d_2	6.0	8.0	10.0	11.0	15.0	18.0	20.0	24.0	26.0	—	33.0	—	40.0	—	48.0	57.0
		t	3.4	4.6	5.7	6.8	9.0	11.0	13.0	15.0	17.5	—	21.5	—	25.5	—	32.0	38.0
		d_3	—	—	—	—	—	—	16	18	20	—	24	—	28	—	36	42
		d_1	3.4	4.5	5.5	6.6	9.0	11.0	13.5	15.5	17.5	—	22.0	—	26.0	—	33.0	39.0
用于开槽圆柱头螺钉的沉孔		d_2	—	8	10	11	15	18	20	24	26	—	33	—	—	—	—	—
		t	—	3.2	4.0	4.7	6.0	7.0	8.0	9.0	10.5	—	12.5	—	—	—	—	—
		d_3	—	—	—	—	—	—	16	18	20	—	24	—	—	—	—	—
		d_1	—	4.5	5.5	6.6	9.0	11.0	13.5	15.5	17.5	—	22.0	—	—	—	—	—

注：对螺栓和螺母用沉孔的尺寸 t，只要能制出与通孔轴线垂直的圆平面即可，即刮平圆平面为止，常称锪平。表中尺寸 d_1、d_2、t 的公差带都是 H13。

四、 极限与配合

（一）优先配合中轴的上、下极限偏差数值（从 GB/T 1801—2009 和 GB/T 1800.2—2009 摘录后整理列表）

附 表 29

μm

<table>
<tr><th colspan="2">公称尺寸
mm</th><th colspan="13">公 差 带</th></tr>
<tr><th colspan="2"></th><th>c</th><th>d</th><th>f</th><th>g</th><th colspan="4">h</th><th>k</th><th>n</th><th>p</th><th>s</th><th>u</th></tr>
<tr><th>大于</th><th>至</th><th>11</th><th>9</th><th>7</th><th>6</th><th>6</th><th>7</th><th>9</th><th>11</th><th>6</th><th>6</th><th>6</th><th>6</th><th>6</th></tr>
<tr><td>—</td><td>3</td><td>-60
-120</td><td>-20
-45</td><td>-6
-16</td><td>-2
-8</td><td>0
-6</td><td>0
-10</td><td>0
-25</td><td>0
-60</td><td>+6
0</td><td>+10
+4</td><td>+12
+6</td><td>+20
+14</td><td>+24
+18</td></tr>
<tr><td>3</td><td>6</td><td>-70
-145</td><td>-30
-60</td><td>-10
-22</td><td>-4
-12</td><td>0
-8</td><td>0
-12</td><td>0
-30</td><td>0
-75</td><td>+9
+1</td><td>+16
+8</td><td>+20
+12</td><td>+27
+19</td><td>+31
+23</td></tr>
<tr><td>6</td><td>10</td><td>-80
-170</td><td>-40
-76</td><td>-13
-28</td><td>-5
-14</td><td>0
-9</td><td>0
-15</td><td>0
-36</td><td>0
-90</td><td>+10
+1</td><td>+19
+10</td><td>+24
+15</td><td>+32
+23</td><td>+37
+28</td></tr>
<tr><td>10</td><td>14</td><td rowspan="2">-95
-205</td><td rowspan="2">-50
-93</td><td rowspan="2">-16
-34</td><td rowspan="2">-6
-17</td><td rowspan="2">0
-11</td><td rowspan="2">0
-18</td><td rowspan="2">0
-43</td><td rowspan="2">0
-110</td><td rowspan="2">+12
+1</td><td rowspan="2">+23
+12</td><td rowspan="2">+29
+18</td><td rowspan="2">+39
+28</td><td rowspan="2">+44
+33</td></tr>
<tr><td>14</td><td>18</td></tr>
<tr><td>18</td><td>24</td><td rowspan="2">-110
-240</td><td rowspan="2">-65
-117</td><td rowspan="2">-20
-41</td><td rowspan="2">-7
-20</td><td rowspan="2">0
-13</td><td rowspan="2">0
-21</td><td rowspan="2">0
-52</td><td rowspan="2">0
-130</td><td rowspan="2">+15
+2</td><td rowspan="2">+28
+15</td><td rowspan="2">+35
+22</td><td rowspan="2">+48
+35</td><td>+54
+41</td></tr>
<tr><td>24</td><td>30</td><td>+61
+48</td></tr>
<tr><td>30</td><td>40</td><td>-120
-280</td><td rowspan="2">-80
-142</td><td rowspan="2">-25
-50</td><td rowspan="2">-9
-25</td><td rowspan="2">0
-16</td><td rowspan="2">0
-25</td><td rowspan="2">0
-62</td><td rowspan="2">0
-160</td><td rowspan="2">+18
+2</td><td rowspan="2">+33
+17</td><td rowspan="2">+42
+26</td><td rowspan="2">+59
+43</td><td>+76
+60</td></tr>
<tr><td>40</td><td>50</td><td>-130
-290</td><td>+86
+70</td></tr>
<tr><td>50</td><td>65</td><td>-140
-330</td><td rowspan="2">-100
-174</td><td rowspan="2">-30
-60</td><td rowspan="2">-10
-29</td><td rowspan="2">0
-19</td><td rowspan="2">0
-30</td><td rowspan="2">0
-74</td><td rowspan="2">0
-190</td><td rowspan="2">+21
+2</td><td rowspan="2">+39
+20</td><td rowspan="2">+51
+32</td><td>+72
+53</td><td>+106
+87</td></tr>
<tr><td>65</td><td>80</td><td>-150
-340</td><td>+78
+59</td><td>+121
+102</td></tr>
</table>

续表

公称尺寸 mm		公差带												
		c	d	f	g	h				k	n	p	s	u
大于	至	11	9	7	6	6	7	9	11	6	6	6	6	6
80	100	-170 -390	-120 -207	-36 -71	-12 -34	0 -22	0 -35	0 -87	0 -220	+25 +3	+45 +23	+59 +37	+93 +71	+146 +124
100	120	-180 -400											+101 +79	+166 +144
120	140	-200 -450	-145 -245	-43 -83	-14 -39	0 -25	0 -40	0 -100	0 -250	+28 +3	+52 +27	+68 +43	+117 +92	+195 +170
140	160	-210 -460											+125 +100	+215 +190
160	180	-230 -480											+133 +108	+235 +210
180	200	-240 -530	-170 -285	-50 -96	-15 -44	0 -29	0 -46	0 -115	0 -290	+33 +4	+60 +31	+79 +50	+151 +122	+265 +236
200	225	-260 -550											+159 +130	+287 +258
225	250	-280 -570											+169 +140	+313 +284
250	280	-300 -620	-190 -320	-56 -108	-17 -49	0 -32	0 -52	0 -130	0 -320	+36 +4	+66 +34	+88 +56	+190 +158	+347 +315
280	315	-330 -650											+202 +170	+382 +350
315	355	-360 -720	-210 -350	-62 -119	-18 -54	0 -36	0 -57	0 -140	0 -360	+40 +4	+73 +37	+98 +62	+226 +190	+426 +390
355	400	-400 -760											+244 +208	+471 +435
400	450	-440 -840	-230 -385	-68 -131	-20 -60	0 -40	0 -63	0 -155	0 -400	+45 +5	+80 +40	+108 +68	+272 +232	+530 +490
450	500	-480 -880											+292 +252	+580 +540

（二）优先配合中孔的上、下极限偏差数值（从 GB/T 1801—2009 和 GB/T 1800.2—2009 摘录后整理列表）

附 表 30

μm

公称尺寸 mm		公差带												
		C	D	F	G	H				K	N	P	S	U
大于	至	11	9	8	7	7	8	9	11	7	7	7	7	7
—	3	+120 +60	+45 +20	+20 +6	+12 +2	+10 0	+14 0	+25 0	+60 0	0 -10	-4 -14	-6 -16	-14 -24	-18 -28
3	6	+145 +70	+60 +30	+28 +10	+16 +4	+12 0	+18 0	+30 0	+75 0	+3 -9	-4 -16	-8 -20	-15 -27	-19 -31
6	10	+170 +80	+76 +40	+35 +13	+20 +5	+15 0	+22 0	+36 0	+90 0	+5 -10	-4 -19	-9 -24	-17 -32	-22 -37
10	14	+205 +95	+93 +50	+43 +16	+24 +6	+18 0	+27 0	+43 0	+110 0	+6 -12	-5 -23	-11 -29	-21 -39	-26 -44
14	18													
18	24	+240 +110	+117 +65	+53 +20	+28 +7	+21 0	+33 0	+52 0	+130 0	+6 -15	-7 -28	-14 -35	-27 -48	-33 -54
24	30													-40 -61
30	40	+280 +120	+142 +80	+64 +25	+34 +9	+25 0	+39 0	+62 0	+160 0	+7 -18	-8 -33	-17 -42	-34 -59	-51 -76
40	50	+290 +130												-61 -86
50	65	+330 +140	+174 +100	+76 +30	+40 +10	+30 0	+46 0	+74 0	+190 0	+9 -21	-9 -39	-21 -51	-42 -72	-76 -106
65	80	+340 +150											-48 -78	-91 -121
80	100	+390 +170	+207 +120	+90 +36	+47 +12	+35 0	+54 0	+87 0	+220 0	+10 -25	-10 -45	-24 -59	-58 -93	-111 -146
100	120	+400 +180											-66 -101	-131 -166
120	140	+450 +200	+245 +145	+106 +43	+54 +14	+40 0	+63 0	+100 0	+250 0	+12 -28	-12 -52	-28 -68	-77 -117	-155 -195
140	160	+460 +210											-85 -125	-175 -215
160	180	+480 +230											-93 -133	-195 -235

续表

公称尺寸 mm		公差带												
		C	D	F	G	H				K	N	P	S	U
大于	至	11	9	8	7	7	8	9	11	7	7	7	7	7
180	200	+530 +240	+285 +170	+122 +50	+61 +15	+46 0	+72 0	+115 0	+290 0	+13 -33	-14 -60	-33 -79	-105 -151	-219 -265
200	225	+550 +260											-113 -159	-241 -287
225	250	+570 +280											-123 -169	-267 -313
250	280	+620 +300	+320 +190	+137 +56	+69 +17	+52 0	+81 0	+130 0	+320 0	+16 -36	-14 -66	-36 -88	-138 -190	-295 -347
280	315	+650 +330											-150 -202	-330 -382
315	355	+720 +360	+350 +210	+151 +62	+75 +18	+57 0	+89 0	+140 0	+360 0	+17 -40	-16 -73	-41 -98	-169 -226	-369 -426
355	400	+760 +400											-187 -244	-414 -471
400	450	+840 +440	+385 +230	+165 +68	+83 +20	+63 0	+97 0	+155 0	+400 0	+18 -45	-17 -80	-45 -108	-209 -272	-467 -530
450	500	+880 +480											-229 -292	-517 -580

五、 常用材料以及常用热处理、表面处理名词解释

（一）金属材料

附 表 31

标准	名称	牌号	应用举例		说明
GB/T 700—2006	碳素结构钢	Q215	A 级	金属结构件、拉杆、套圈、铆钉、螺栓。短轴、心轴、凸轮（载荷不大的）、垫圈、渗碳零件及焊接件。	“Q”为碳素结构钢屈服点“屈”字的汉语拼音首位字母，后面的数字表示屈服点的数值。如 Q235 表示碳素结构钢的屈服点为 235 N/mm^2。 新旧牌号对照： Q215—A2(A2F) Q235—A3 Q275—A5
			B 级		
		Q235	A 级	金属结构件，心部强度要求不高的渗碳或氰化零件，吊钩、拉杆、套圈、汽缸、齿轮、螺栓、螺母、连杆、轮轴、楔、盖及焊接件。	
			B 级		
			C 级		
			D 级		
		Q275	轴、轴销、刹车杆、螺母、螺栓、垫圈、连杆、齿轮以及其他强度较高的零件。		

续表

标准	名称	牌号	应用举例	说明
GB/T 699—1999	优质碳素结构钢	10	用作拉杆、卡头、垫圈、铆钉及用作焊接零件。	牌号的两位数字表示钢中平均含碳量的质量分数，45号钢即表示碳的平均含量为0.45%。 碳的质量分数≤0.25%的碳钢属低碳钢（渗碳钢）。 碳的质量分数在0.25%～0.6%之间的碳钢属中碳钢（调质钢）。 碳的质量分数>0.6%的碳钢属高碳钢。 锰的质量分数较高的钢，须加注化学元素符号“Mn”。
		15	用于受力不大和韧性较高的零件、渗碳零件及紧固件（如螺栓、螺钉）、法兰盘和化工贮器。	
		35	用于制造曲轴、转轴、轴销、杠杆、连杆、螺栓、螺母、垫圈、飞轮（多在正火、调质下使用）。	
		45	用作要求综合机械性能高的各种零件，通常经正火或调质处理后使用。用于制造轴、齿轮、齿条、链轮、螺栓、螺母、销钉、键、拉杆等。	
		60	用于制造弹簧、弹簧垫圈、凸轮、轧辊等。	
		15Mn	制作心部机械性能要求较高且须渗碳的零件。	
		65Mn	用作要求耐磨性高的圆盘、衬板、齿轮、花键轴、弹簧、弹簧垫圈等。	
GB/T 3077—1999	合金结构钢	20Mn2	用作渗碳小齿轮、小轴、活塞销、柴油机套筒、气门推杆、缸套等。	钢中加入一定量的合金元素，提高了钢的力学性能和耐磨性，也提高了钢的淬透性，保证金属在较大截面上获得高的力学性能。
		15Cr	用于要求心部韧性较高的渗碳零件，如船舶主机用螺栓，活塞销，凸轮，凸轮轴，汽轮机套环，机车小零件等。	
		40Cr	用于受变载、中速、中载、强烈磨损而无很大冲击的重要零件，如重要的齿轮、轴、曲轴、连杆、螺栓、螺母等。	
		35SiMn	耐磨、耐疲劳性均佳，适用于小型轴类、齿轮及430℃以下的重要紧固件等。	
		20CrMnTi	工艺性优，强度、韧性均高，可用于承受高速、中等或重负荷以及冲击、磨损等的重要零件，如渗碳齿轮、凸轮等。	

续表

标准	名称	牌号	应用举例	说明
GB/T 11352—2009	一般工程用铸造碳钢	ZG 230—450	轧机机架、铁道车辆摇枕、侧梁、铁砧台、机座、箱体、锤轮、450 ℃以下的管路附件等	“ZG”为“铸钢”汉语拼音的首位字母，后面的数字表示屈服点和抗拉强度。如 ZG230—450 表示屈服点为 230 N/mm^2、抗拉强度为450 N/mm^2。
		ZG 310—570	适用于各种形状的零件，如联轴器、齿轮、汽缸、轴、机架、齿圈等。	
GB/T 9439—2010	灰铸铁	HT150	用于小负荷和对耐磨性无特殊要求的零件，如端盖、外罩、手轮、一般机床的底座、床身、滑台、工作台和低压管件等。	“HT”为“灰铁”的汉语拼音的首位字母，后面的数字表示抗拉强度。如 HT200 表示抗拉强度为 200 N/mm^2 的灰铸铁。
		HT200	用于中等负荷和对耐磨性有一定要求的零件，如机床床身、立柱、飞轮、汽缸、泵体、轴承座、活塞、齿轮箱、阀体等。	
		HT250	用于中等负荷和对耐磨性有一定要求的零件，如阀壳、油缸、汽缸、联轴器、机体、齿轮、齿轮箱外壳、飞轮、液压泵和滑阀的壳体等。	
GB/T 1176—2013	5-5-5锡青铜	ZCuSn5 Pb5Zn5	耐磨性和耐蚀性均好，易加工，铸造性和气密性较好。用于较高负荷、中等滑动速度下工作的耐磨、耐腐蚀零件，如轴瓦、衬套、缸套、活塞、离合器、蜗轮等。	“Z”为“铸造”汉语拼音的首位字母，各化学元素后面的数字表示该元素的质量分数，如 ZCuAl10Fe3表示含：$w_{Al}=8.1\%\sim11\%$，$w_{Fe}=2\%\sim4\%$，其余为 Cu 的铸造铝青铜。
	10-3铝青铜	ZCuAl10 Fe3	力学性能高，耐磨性、耐蚀性、抗氧化性好，可以焊接，不易钎焊。可用于制造强度高、耐磨、耐蚀的零件，如蜗轮、轴承、衬套、管嘴、耐热管配件等。	
	25-6-3-3铝黄铜	ZCuZn25 Al6Fe3 Mn3	有很高的力学性能，铸造性良好、耐蚀性较好，可以焊接。适用于高强耐磨零件，如桥梁支承板、螺母、螺杆、耐磨板、滑块、蜗轮等。	

续表

标准	名称	牌号	应用举例	说明
GB/T 1176—2013	38-2-2锰黄铜	ZCuZn38Mn2Pb2	有较高的力学性能和耐蚀性,耐磨性较好,切削性良好。可用于一般用途的构件,如套筒、衬套、轴瓦、滑块等。	
GB/T 1173—2013	铸造铝合金	ZAlSi12 代号 ZL102	用于制造形状复杂、负荷小、耐腐蚀的薄壁零件和工作温度≤200 ℃的高气密性零件。	w_{Si} = 10%~13%的铝硅合金。
GB/T 3190—2008	硬铝	2A12(原牌号 LY12)	焊接性能好,适于制作高载荷的零件及构件(不包括冲压件和锻件)。	2A12 表示 w_{Cu} = 3.8%~4.9%、w_{Mg} = 1.2%~1.8%、w_{Mn} = 0.3%~0.9%的硬铝。
	工业纯铝	1060(原牌号 L2)	塑性、耐腐蚀性高,焊接性好,强度低。适于制作贮槽、热交换器、防污染及深冷设备等。	牌号中的第一位数1为纯铝的组别,其铝含量>99.00%,牌号中最后的两位数表示最低铝百分含量中小数点后面的两位数。例如:1060表示含杂质≤0.4%的工业纯铝。

（二）非金属材料

附表 32

标准	名称	牌号	应用举例	说明
GB/T 539—2008	耐油石棉橡胶板	NY250 HNY300	供航空发动机用的煤油、润滑油及冷气系统结合处的密封衬垫材料。	有(0.4~3.0) mm 的十种厚度规格。
GB/T 5574—2008	耐酸碱橡胶板	2707 2807 2709	具有耐酸碱性能,在温度(-30~+60) ℃的20%浓度的酸碱液体中工作,用于冲制密封性能较好的垫圈。	较高硬度 中等硬度
	耐油橡胶板	3707 3807 3709 3809	可在一定温度的全损耗系统用油、变压器油、汽油等介质中工作,适用于冲制各种形状的垫圈。	较高硬度
	耐热橡胶板	4708 4808 4710	可在(-30~+100) ℃、且压力不大的条件下,于热空气、蒸汽介质中工作,用于冲制各种垫圈及隔热垫板。	较高硬度 中等硬度

（三）常用的热处理和表面处理名词解释

附 表 33

名称	代号	说　明	目　的
退火	5111	将钢件加热到临界温度以上，保温一段时间，然后以一定速度缓慢冷却。	用于消除铸、锻、焊零件的内应力，以利切削加工，细化晶粒，改善组织，增加韧性。
正火	5121	将钢件加热到临界温度以上，保温一段时间，然后在空气中冷却。	用于处理低碳和中碳结构钢及渗碳零件，细化晶粒，增加强度和韧性，减少内应力，改善切削性能。
淬火	5131	将钢件加热到临界温度以上，保温一段时间，然后急速冷却。	提高钢件强度及耐磨性。但淬火后会引起内应力，使钢变脆，所以淬火后必须回火。
回火	5141	将淬火后的钢件重新加热到临界温度以下某一温度，保温一段时间，然后冷却到室温。	降低淬火后的内应力和脆性，提高钢的塑性和冲击韧性。
调质	5151	淬火后在 450~600 ℃进行高温回火。	提高韧性及强度。重要的齿轮、轴及丝杠等零件需调质。
表面淬火	5210	用火焰或高频电流将钢件表面迅速加热到临界温度以上，急速冷却。	提高钢件表面的硬度及耐磨性，而芯部又保持一定的韧性，使零件既耐磨又能承受冲击，常用来处理齿轮等。
渗碳	5310	将钢件在渗碳剂中加热，停留一段时间，使碳渗入钢的表面后，再淬火和低温回火。	提高钢件表面的硬度、耐磨性、抗拉强度等。主要适用于低碳、中碳（C<0.40%）结构钢的中小型零件。
渗氮	5330	将零件放入氨气内加热，使氮原子渗入零件的表面，获得含氮强化层。	提高钢件表面的硬度、耐磨性、疲劳强度和抗蚀能力。适用于合金钢、碳钢、铸铁件，如机床主轴、丝杠、重要液压元件中的零件。
时效处理	时效	机件精加工前，加热到 100~150 ℃，保温 5~20 h，空气冷却；铸件可天然时效处理，露天放一年以上。	消除内应力，稳定机件形状和尺寸，常用于处理精密机件，如精密轴承、精密丝杠等。

续表

名称	代号	说　明	目　的
发蓝 发黑	发蓝或 发黑	将零件置于氧化性介质内加热氧化，使表面形成一层氧化铁保护膜。	防腐蚀，美化，常用于螺纹连接件。
镀镍	镀镍	用电解方法，在钢件表面镀一层镍。	防腐蚀，美化。
镀铬	镀铬	用电解方法，在钢件表面镀一层铬。	提高钢件表面的硬度、耐磨性和耐蚀能力，也用于修复零件上磨损了的表面。
硬度	HBW（布氏硬度） HRC（洛氏硬度） HV（维氏硬度）	材料抵抗硬物压入其表面的能力，依测定方法不同而有布氏、洛氏、维氏硬度等几种。	用于检验材料经热处理后的硬度。HBW 用于退火、正火、调质的零件及铸件；HRC 用于经淬火、回火及表面渗碳、渗氮等处理的零件；HV 用于薄层硬化零件。

注：有些代号也可用拉丁字母表示，需用时可参阅书后的参考文献[6]。对常用的热处理和表面处理需进一步了解时，可查阅书后的参考文献[3]、[5]以及它们所介绍的有关国家标准和行业标准。

参考文献

[1] 谭建荣,等. 图学基础教程. 2 版.北京:高等教育出版社,2006.

[2] 陆国栋,等.图学应用教程.2 版.北京:高等教育出版社,2010.

[3] 刘朝儒,吴志军,高政一,等.机械制图.5 版.北京:高等教育出版社,2006.

[4] 大连理工大学工程图学教研室.画法几何学.7 版.北京:高等教育出版社,2011.

[5] 大连理工大学工程图学教研室.机械制图.7 版.北京:高等教育出版社,2013.

[6] 朱冬梅,胥北澜,何建英.画法几何及机械制图.6 版.北京:高等教育出版社,2008.

[7] 唐克中,朱同钧.画法几何及工程制图.4 版.北京:高等教育出版社,2009.

[8] 窦忠强,曹彤,陈锦昌,等.工业产品设计与表达.2 版.北京:高等教育出版社,2009.

[9] 钱可强.机械制图.4 版.北京:高等教育出版社,2014.